AFRIKA

Handbuch der praktischen Kolonialwissenschaften

AFRIKA

Handbuch der praktischen Kolonialwissenschaften

Auf Veranlassung von

GENERAL RITTER VON EPP

LEITER DES KOLONIALPOLITISCHEN AMTES DER NSDAP.

herausgegeben von

DR. ERICH OBST

O. PROFESSOR AN DER UNIVERSITÄT BRESLAU

unter Mitwirkung von

W. BEETZ, F. BEHREND, U. BERGER-LANDEFELDT, W. BÖCKLER, K. DAU, L. DIELS, E. R. DIETZE, E. DOVIFAT, L. FEINERMANN, URSULA FEYER, R. FINSTERWALDER, E. FISCHER, J. F. GELLERT, A. GOLF †, H. GOLF, J. GROBER, J. H. HELLMERS, H. HERTLING, F. HESKE, E. HÖLLER, E. HUEBER, E. HUNDERTMARK, G. JANTZEN, K. JOHANNSSEN, W. IWAN, O. KARSTEDT, K. KAYSER, E. KELLER, H. KLAUS, F.-E. KLINGNER, G. KNETSCH, W. KOOPS, TH. KRUMBACH, K. KRÜGER, G. KULENKAMPFF, K. G. LUEKEN, A. LUDIN, A. MARCUS, O. MARTENS, J. MILDBRAED, H. MORSTATT, P. MÜHLENS, A. MÜHLIG-HOFMANN, J. NAGEL, W. NIEMEYER, E. OBST, R. v. OSTERTAG †, P. PEGLOW †, H. RACKOW, K. REMY, F. ROCH, GEO A. SCHMIDT, O. C. SCHMIDT, G. K. SCHULZE-MENZ, W. SEMMELHACK, H. SÖLKEN, C. SONNENSCHEIN, E. THOMA, W. UNTEUTSCH, K. WAGENFÜHR, H. WATTENBERG, K. WEIGELT, P. v. WERDER, H. WERNER, D. WESTERMANN

Mit Unterstützung
des Reichsforschungsrates, der Deutschen Forschungsgemeinschaft,
des Reichsamtes für Landesaufnahme
und der Gruppe
Deutscher Kolonialwirtschaftlicher Unternehmungen

BERLIN 1941

WALTER DE GRUYTER & CO.

VORMALS G. J. GÖSCHENSCHE VERLAGSHANDLUNG — J. GUTTENTAG, VERLAGSBUCHHANDLUNG — GEORG REIMER — KARL J. TRÜBNER — VEIT & COMP.

BAND IX

TIERSEUCHEN UND HERDENKRANKHEITEN IN AFRIKA

VON

DR. MED. R. VON OSTERTAG †

MINISTERIALDIREKTOR A. D., GEH. REGIERUNGSRAT,
PROFESSOR EMER., DR. MED. VET. H. C., DR. RER. NAT H. C.,
DR. DER LANDWIRTSCHAFT E. H., ZULETZT IN TÜBINGEN

UND

DR. MED. VET. G. KULENKAMPFF

Z. ZT. OBERVETERINÄR D. R. BEIM
HEERES-VETERINÄRUNTERSUCHUNGSAMT IN BERLIN

BERLIN 1941

WALTER DE GRUYTER & CO.

VORMALS G. J. GÖSCHENSCHE VERLAGSHANDLUNG — J. GUTTENTAG, VERLAGSBUCH-
HANDLUNG — GEORG REIMER — KARL J. TRÜBNER — VEIT & COMP.

vormals G. J. Göschensche Verlagshandlung — J. Guttentag, Verlagsbuchhandlung
Georg Reimer — Karl J. Trübner — Veit & Comp., Berlin W. 35
Archiv-Nr. 541 241 Printed in Germany
Druck der Graphischen Kunstanstalten F. Bruckmann KG., München

INHALTSVERZEICHNIS

Seite

II. BAKTERIELLE SEUCHEN EINSCHLIESSLICH DER DURCH PILZE UND SPIROCHAETEN VERURSACHTEN ÜBERTRAGBAREN KRANKHEITEN 102

III. DURCH PROTOZOEN VERURSACHTE SEUCHEN . . . 149

A. *Allgemeines über Piroplasmosen und Anaplasmosen* . . . 149

Während der Arbeiten an der Drucklegung dieses Bandes, denen er sich noch auf dem Krankenbett unermüdlich unterzogen hat, schied

ROBERT VON OSTERTAG

am 7. Oktober 1940 im Alter von 76 Jahren aus einem an Arbeit und bedeutenden Taten reichen Leben in dem beglückenden Gefühl, daß es ihm noch vergönnt war, im Rahmen dieses Handbuches einen Beitrag für die kommende deutsche Erschließung seines geliebten Afrika liefern zu können.

K.

VORBEMERKUNGEN

1. Allgemeines über Tierseuchen, Herdenkrankheiten und sonstige Erkrankungen der Farmtiere und ihre Bedeutung

Die Vorbedingung für eine gedeihliche Entwicklung der Tierzucht in den Kolonien, in denen diese eine Rolle spielt, ist die Bekämpfung der Tierseuchen und der übrigen wichtigeren Tierkrankheiten. *Die Bekämpfung dieser Krankheiten ist die Schrittmacherin der Tierzucht.* Die wichtigsten Erkrankungen der Tiere sind die Tierseuchen, weil sie durch belebte, vermehrungsfähige Erreger verursacht, von Tier zu Tier, auch durch Zwischenträger, wie Futter, Wasser, Boden, andere Tiere, selbst Menschen, übertragen werden und dadurch zur Erkrankung ganzer Herden und der Bestände eines ganzen Bezirks führen können. Bei einem Teile der Tierseuchen erfolgt die Übertragung durch den Stich von bestimmten *Insekten* und durch den Biß von bestimmten *Zecken,* so daß von der Anwesenheit dieser das Auftreten der Seuchen abhängt und die Vernichtung der Insekten und Zecken mit zu den Mitteln zur Bekämpfung dieser Seuchen gehört.

Die *Seuchen* werden verursacht durch verschiedene Arten von Erregern. Es gibt Seuchen, die durch unsichtbare, durch Porzellan-, Ton- und Kieselgurfilter filtrierbare Erreger erzeugt werden, durch sogenannte *Vira;* diese Infektionskrankheiten nennt man *Virusseuchen.* Die Erreger einer zweiten Gruppe der Seuchen sind kleinste pflanzliche Lebewesen, *Bakterien;* diese Seuchen nennen wir *bakterielle Infektionskrankheiten.* Eine dritte Gruppe hat als Ursache sogenannte *Spirochaeten,* die naturgeschichtlich zwischen den Bakterien und den kleinsten tierischen Lebewesen, den Urtierchen oder Protozoen, stehen. Die letzte Gruppe der Seuchen wird durch *Protozoen* hervorgerufen, deren wichtigste die *Piroplasmen* und *Trypanosomen* sind; diese Krankheiten werden unter dem Namen *Protozoenkrankheiten* zusammengefaßt. Die letztgenannte Seuchengruppe wird mit einer Ausnahme (Beschälseuche) auf natürliche Weise durch stechende Insekten und blutsaugende Zecken übertragen. Die Insekten und Zecken ermöglichen den Krankheitserregern, die in dem allseitig abgeschlossenen Blutstrome im Körper kreisen, den Austritt aus dem Körper und den Übergang auf andere empfängliche Tiere.

Vorbemerkungen

Es gehört zu den Eigentümlichkeiten der Seuchen, *daß sie im allgemeinen nur für eine oder wenige Tiergruppen Ansteckungsfähigkeit besitzen,* für andere und den Menschen dagegen nicht. So ergreift die Rinderpest nur Wiederkäuer und andere Klauentiere sowie Kamele, die Pferde und den Menschen dagegen nicht. Nur für wenige Seuchen ist ein größerer Kreis von Lebewesen empfänglich, wie für den Milzbrand, der auf die meisten warmblütigen Tiere und auf den Menschen übertragen werden und bei ihnen eine häufig tödliche Erkrankung hervorrufen kann.

Neben den Seuchen spielen namentlich in tropischen und subtropischen Gebieten die *tierischen Parasiten* oder *Schmarotzer* eine große wirtschaftliche Rolle. Die heißen Gegenden sind, wie der ausgezeichnete Forscher auf dem Gebiete der tropischen Tierkrankheiten *Curasson* in einem Vortrag über die Tropenkrankheiten auf dem XIII. internationalen tierärztlichen Kongreß in Zürich 1938 gesagt hat, das Paradies der tierischen Schmarotzer. Die tierischen Schmarotzer können sich im Blute, auf der Haut, in den Eingeweiden (Lungen, Magen, Darm, Gehirn) und in der Muskulatur ansiedeln und hier leben, teils ohne auffälligere Krankheitserscheinungen hervorzurufen, teils mit der Wirkung, daß sie schwere Krankheiten erzeugen. Wenn die parasitären Krankheiten gehäuft auftreten, spricht man von *Herdenkrankheiten;* solche sind z. B. die Räude, die Lungenwurmkrankheit, die Magenwurmkrankheit, die Leberegelseuche, die Hakenwurmkrankheit, die Bandwurmseuche der Lämmer, die Drehkrankheit, die Fliegenlarvenkrankheit (Myiasis) usw.

Ein Teil der Seuchen und der Herdenkrankheiten hat besondere Bedeutung dadurch, daß sie bei der *Wartung* und *Pflege* der kranken Tiere, beim *Abhäuten* oder *Zerlegen* gefallener Tiere oder durch den *Genuß des Fleisches* geschlachteter kranker Tiere *auf den Menschen übertragen* werden können. Diese Krankheiten nennt man Tierkrankheiten des Menschen oder *Zoonosen.* Zu den Zoonosen gehören der Milzbrand, der Rotz der Einhufer, die Tollwut, das Maltafieber, die Abortusbang-Infektion, die Tuberkulose, die Finnen des Rindes und des Schweines. Auch durch *Milch* kranker Tiere können Zoonosen übertragen werden, insbesondere Tuberkulose, Maltafieber, Abortusbang-Infektion und Pocken.

Neben den Seuchen und Herdenkrankheiten spielen in bestimmten Gebieten in Afrika die sogenannten *Mangelkrankheiten* und die *Futtervergiftungen* eine große wirtschaftliche Rolle. Die Mangelkrankheiten können hervorgerufen werden durch Fehlen bestimmter Stoffe, wie z. B. des Phosphors, oder durch einen zu geringen Gehalt an Phosphor in den normalen Gras- und Kräuterbeständen der Weide.

In welch mannigfaltiger Weise *Pflanzenvergiftungen* in Afrika auftreten und beträchtlichen Schaden anrichten können, haben uns die ausgezeichneten Arbeiten des hervorragenden südafrikanischen Forschers *D. G. Steyn* gelehrt.

Auf die große Bedeutung der Schaffung und Erhaltung eines den Futtermöglichkeiten angepaßten Viehstapels für die *Ernährung des Menschen* und die *Heranbildung arbeitstüchtiger Arbeitskräfte durch Bekämpfung der Tierseuchen* braucht nicht besonders hingewiesen zu werden. Nur wenn die wirksame Bekämpfung der Tierseuchen in einem bestimmten Gebiete und deren Abwehr aus der näheren und weiteren Umgebung gesichert sind, kann sich die Viehzucht ungehindert entwickeln und die Bevölkerung regelmäßig mit den wichtigen täglichen Nahrungsmitteln, Milch und Fleisch, beliefert werden. Welche Verheerungen ungenügender Tierseuchenschutz beim Menschen hervorrufen kann, lehren die Massensterben nach Einbruch der Rinderpest in den 90er Jahren bei den Massais und anderen Eingeborenenstämmen, die sich vorwiegend oder fast ausschließlich von Milch und Fleisch ernähren. Der frühere Leiter der Landwirtschafts- und Tierseuchenabteilung der Regierung in Nordrhodesien *Smith* hat als Mitglied des dortigen Ausschusses für landwirtschaftliche Forschung und kolonialen Fortschritt mit Recht gesagt, *daß die Unterdrückung der Seuchen der schnellste Weg zur Gewinnung des Vertrauens der Eingeborenen sei.* Hierfür spricht auch eine Angabe, wonach die Eingeborenen aus einem Gebiete, in dem infolge von ungenügender Rinderpestbekämpfung große Rinderverluste auftraten, nach einem benachbarten Gebiet *auswanderten,* in dem diese Seuche von einer anderen Kolonialmacht wirksamer bekämpft wurde (Goldküste-Ber., 1933/34). Die Wirkung der Tierseuchenbekämpfung ist zum Teil so nachhaltig, daß gewisse Verwaltungsbeamten daraus eine *Überstockung* bestimmter Gebiete und das Übel der *Bodenabspülung („Soil-Erosion“)* befürchten, ohne zu bedenken, daß Überstockung durch Verwaltungs- und Erziehungsmaßnahmen bekämpft werden kann, während das Laufenlassen der Seuchen nicht bloß für das betreffende Gebiet, sondern auch für alle Nachbargebiete einen unübersehbaren Schaden herbeiführen würde. Dazu kommt, daß die Seuchen nicht „regulierend“ auf die Größe des Viehstapels einwirken, sondern oft dazu beitragen, die Überstockung und damit die Bodenabspülung, den Schrecken jedes weitsichtigen Afrikapolitikers, geradezu zu fördern. In dem unter Mandat stehenden Schutzgebiet Deutsch-Ostafrika sind es besonders die Tsetsekrankheit und das Ostküstenfieber, die die Rinderherden auf einem beschränkten Raume des Landes zusammendrängen, wo sie unter Umständen den letzten Halm abweiden, so daß Jahr für Jahr der Regen tiefere Erosionsrinnen in den ungeschützten, nackten Boden reißt, während weite fruchtbare Weidesteppen wegen der Seuchen für die Viehzucht nutzlos daliegen. Zwei Neuntel des Mandatsgebietes sind wegen ihrer hohen Lage und des offenen Pflanzenwuchses zwar tsetsefrei, aber unterbestockt wegen enzootischen Herrschens des Ostküstenfiebers, das eine Kälbersterblichkeit von 50 v. H. zur Folge hat! (Nach dem Jahresbericht der Veterinärabteilung des unter Mandat stehenden Schutzgebietes Deutsch-Ostafrika für 1934.)

Es seien nur wenige Beispiele für die grundlegende Bedeutung der tierärztlichen Tätigkeit für das Gedeihen der Kolonien angeführt, in denen die

Tierzucht einen wirtschaftlichen Faktor bildet. Der erste deutsche Kolonialtierarzt war der nach fachlicher Befähigung wie nach seiner Persönlichkeit gleich ausgezeichnete Veterinärrat Dr. *Rickmann* in *Deutsch-Südwestafrika.* Als dieser 1894 in das Schutzgebiet kam, „war wohl", wie er in einem Bericht über seine Tätigkeit als Kolonialtierarzt schrieb, „keine Farm lungenseuchenfrei". Ihm ist es durch veterinärpolizeiliche Maßnahmen, durch Notimpfung und durch Belehrung der Farmer gelungen, die Lungenseuche in der Zeit vor dem Herero-Aufstand bis auf 2 Herden auf 2 Farmen zu tilgen; von diesen beiden Herden ist die Seuche während des Aufstandes weitergetragen und im Lande verschleppt worden. Die erneuten von *Rickmann* vorgeschlagenen und durchgeführten Maßnahmen haben den Erfolg gehabt, daß die Seuche im Jahre 1910, als der eine von uns *(v. Ostertag)* im amtlichen Auftrag nach Deutsch-Südwestafrika kam, völlig getilgt war. *v. Ostertag* war dorthin wegen der Pockenseuche der Schafe, die mit den im Jahre 1909 aus Buchara eingeführten *Karakulschafen* nach Deutsch-Südwestafrika eingeschleppt worden war, geschickt worden, um die Seuche festzustellen und ihre Bekämpfung durchzuführen. Die Tilgung gelang rasch, und die Karakuls, deren neugeborene Lämmchen bekanntlich die Persianerfellchen liefern, haben sich zum wirtschaftlichen Rückgrat des deutsch-südwestafrikanischen Farmerbetriebs entwickelt. Mit dem Transport aus Buchara waren 23 Ramme und 251 Muttertiere ins Land gekommen, nachdem ein Transport von 12 Karakuls aus der Versuchswirtschaft von Geheimrat Dr. *Adametz* in Groß-Enzersdorf bei Wien vorangegangen war. Geheimrat *Adametz* hatte sich eben einen Transport echter Karakuls aus Buchara kommen lassen. Diese 12 Karakuls haben die erste Grundlage der heutigen Südwester Karakulzucht gebildet, wie der frühere Gouverneur von Deutsch-Südwestafrika, Exzellenz *v. Lindequist,* dem das Verdienst der Einfuhr der Karakuls nach Deutsch-Südwestafrika gebührt, dem einen von uns *(v. Ostertag)* mitzuteilen die Güte hatte. Auf dieser Einfuhrgrundlage ist unter dem veterinären Seuchenschutz bis 1935 ein Bestand von 800000 Karakuls herangewachsen, der 1936 bereits die Ausfuhr von 815000 Persianerfellchen, zumeist nach Leipzig, ermöglicht hat. Die Karakulzucht ist eine wichtige, sichere Bareinnahmequelle geworden, und es ist *Wülfing* zu glauben, wenn er sagt, durch die Karakulzucht seien unsere Landsleute in Südwest über die schlimmen Krisenjahre hinweggekommen. Überstieg doch nach *Langlets* Angabe im Jahre 1937 der Wert der Ausfuhr aus den Karakuls den Wert der Gesamterzeugung der Minen des unter Mandat stehenden Schutzgebietes Deutsch-Südwestafrika. Auch die *Rinderzucht* entwickelt sich in Deutsch-Südwestafrika unter dem von den deutschen Kolonialtierärzten begründeten Tierseuchenschutz gut. Im Besitz von Europäern waren 1936 125000 Stück Reinblut- und Kreuzungsrinder aus eingeführten europäischen Rassetieren gegenüber 78000 im Vorjahr, also 47000 Reinblut- und Kreuzungsrinder mehr als im Vorjahr, ein für ein subtropisches Gebiet ungewöhnlicher Fortschritt! Außerdem waren 1936 462000 gewöhnliche Rinder im Europäerbesitz. Die

Umstellung von dem von 20 bis 28 Ochsen gezogenen Ochsenwagen, dem früheren, von den Buren übernommenen Beförderungsmittel in Deutsch-Südwestafrika, auf den Kraftwagen ermöglichte die Entwicklung einer steigend an Ausdehnung und Ertrag zunehmenden *Milchwirtschaft* mit einer achtunggebietenden Ausfuhr von Butter, die auf dem englischen Markte sehr geschätzt ist. Deutsch-Südwestafrika konnte seine Viehwirtschaft so entwickeln, daß 1936 über 3 Millionen Kilogramm Butter und 11 000 Kilogramm Käse ausgeführt wurden. Die Gesamtbuttererzeugung ist 1936 gegenüber 1935 um 6 v. H., die Gesamtkäseerzeugung um 31 v. H. gestiegen. Daneben sind 1936 129 000 Schlachtrinder und 2,4 Millionen Kilogramm Fleisch außer Häuten und Fellen zur Ausfuhr gelangt. Dies alles wurde ermöglicht durch den von den deutschen Kolonialtierärzten begründeten Tierseuchenschutz, die planmäßige Tierseuchenbekämpfung im Innern und die Abwehr von Tierseuchen aus dem Ausland, insbesondere des Ostküstenfiebers und Texasfiebers aus der Südafrikanischen Union, die auf *v. Ostertags* Veranlassung bereits im Jahre 1910 mit äußerster Strenge durchgeführt wurde. Das Freibleiben des Landes von Texasfieber und Anaplasmosis — letztere wurde 1910 nur in örtlicher Beschränkung festgestellt, nimmt in letzter Zeit allerdings zu — hat die Einfuhr europäischer Rasserinder ohne besondere Vorbereitungsmaßregeln möglich gemacht, was in keinem anderen Gebiete Afrikas durchführbar ist. Deutsch-Südwestafrika ist auch heute noch ein gesundes Land für Farmtiere trotz der Krankheiten, die dort noch herrschen, da diese durch veterinäre Maßnahmen niedergehalten werden können. Zur Zeit der Anwesenheit *v. Ostertags* im Schutzgebiet herrschten dort außer der Pockenseuche der Schafe und der Anaplasmosis der Rinder in örtlicher Beschränkung noch der Rotz der Einhufer, die Sterbe der Einhufer, gegen die jetzt mit einer Impfung mit Gehirnsubstanz von Versuchstieren (Mäusen) nach den geistvollen Untersuchungen von *du Toit* und seiner Schule unter Mitwirkung von *Nieschulz* mit Erfolg vorgegangen werden kann, die Räude bei Schafen, Ziegen und Einhufern, der Milzbrand und Rauschbrand, Futtervergiftungen, die durch Phosphatmangel bedingte Lahmkrankheit und zooparasitäre Erkrankungen, insbesondere die Magenwurmseuche, die Oesophagostomiasis, die Drehkrankheit und der Bremsenschwindel der Schafe. Neuerdings ist in den zu Deutsch-Südwestafrika gehörigen, außerhalb der Farmzonen gelegenen nördlichen Eingeborenengebieten die Lungenseuche aufgetreten, die durch Massenimpfung bekämpft wird. Die Rinderrein- und Kreuzungszucht wird heute in Deutsch-Südwestafrika nicht mehr durch Viehseuchen, sondern höchstens durch Trockenperioden gefährdet, wie dies vor einigen Jahren der Fall war.

Ein zweites großes Beispiel für die Tatsache, daß in kolonialen Gebieten die Tierseuchenbekämpfung die Voraussetzung der gehobenen Tierzucht bildet, ist die überraschende Entwicklung der Milchwirtschaft in der *Südafrikanischen Union*. Als *v. Ostertag* im Jahre 1910 nach Abschluß seiner Reise durch Deutsch-Südwestafrika in die Kapkolonie kam, hat er in seinem Gasthof

Mount Nelson in Kapstadt gefrorene Butter aus Australien und Büchsenbutter aus Dänemark erhalten. Heute verfügt die Südafrikanische Union über eine so hoch entwickelte Milchwirtschaft, daß sie ein wichtiger Belieferer des Londoner Butter- und Käsemarktes geworden ist. Die ersten heimischen Buttereien und Käsereien wurden um das Jahr 1899 errichtet, aber erst seit 1910 nahm die Einrichtung den Anlauf zu einiger Entwicklung. Zur Zeit sind in der Union 95 registrierte Buttereien, 16 Rahmstationen, 110 Käsereien und 4 Fabriken zur Herstellung von kondensierter Milch im Betrieb. Auf den Europäerfarmen der Union zählte man 1929 6,7 Millionen, in den Eingeborenengebieten 3,7 Millionen Stück Rindvieh. Es gibt in der Union heute eine große Zahl Reinzuchtherden von Friesen, Jerseys, Shorthorns, Ayrshires und Red Polleds, die alle auf eingeführten Tieren aufgebaut sind. 1936 befanden sich in der Union 151 Reinzuchtherden, daneben 10264 nicht registrierte Kreuzungstiere. Der gewaltige Aufschwung der Vieh- und Milchwirtschaft in der Südafrikanischen Union ist tierärztlicher Tätigkeit zu danken. Der Tierarzt *Arnold Theiler* hat durch die *Bekämpfung des Ostküstenfiebers* in der Südafrikanischen Union durch die Methode der Zeckenbäder und die Einführung von Wechselweiden, außerdem aber durch seine in Gemeinschaft mit dem früheren Chefveterinär von Transvaal, Prof. *Stockman,* und Prof. *M'Fadyean* in London durchgeführte vorbeugende *Schutzimpfung der zur Einfuhr nach Südafrika bestimmten Rasserinder gegen das Texasfieber und die Anaplasmosis* die Vorbedingungen für die heutige hochentwickelte Viehhaltung und Milchwirtschaft in der Südafrikanischen Union geschaffen. Die Geschichte des Texasfiebers und der Anaplasmosis in der Südafrikanischen Union und die Maßnahmen zur Verhütung von Verlusten durch die Krankheiten bei der Einfuhr von Rassetieren zur Schaffung leistungsfähiger Herden ist in hohem Grade lehrreich und ihre Kenntnis auch für die künftige Tätigkeit des Kolonialtierarztes wichtig. Die nach Südafrika bestimmten Tiere wurden zur Zeit, als *v. Ostertag* seine Reise nach Deutsch-Ostafrika durchführte, in London mit Texasfieberparasiten infiziert, die von *Theiler* in infizierten Zecken übersandt worden waren und in London unter bestimmten, eine Verschleppung im Lande ausschließenden Vorsichtsmaßregeln fortgezüchtet wurden. Unbeschadet dieser ersten Immunisierung wurden die Einfuhrrinder bei der Ankunft in Afrika in besonderen Versuchsställen mit Texasfieberparasiten enthaltendem Blute reinfiziert und dann zur Festigung der durch die künstliche Infektion erzeugten Resistenz auf eine verseuchte Weide gebracht, wodurch in der Regel ein starker und nachhaltiger Schutz erzielt wurde, so daß die Tiere ohne Gefahr einer Neuerkrankung selbst auf stark verseuchte Farmen gebracht und als Zuchttiere verwendet werden konnten. Die nach Afrika eingeführten europäischen Rinder sind nach den Feststellungen von *Theiler* für die Anaplasmosis sehr empfänglich. Ursprünglich starb von den gegen das Texasfieber immun gemachten Tieren nach Verlauf von 28 bis 32 Tagen die Hälfte an Anaplasmosis. Aus diesem Grunde führte *Theiler* bei den Einfuhrrindern auch gegen die Anaplasmosis eine Schutzimpfung durch, unter Ausnützung seiner wichtigen Entdeckung, daß es zwei verschiedene Erreger der Anaplasmosis gibt, das virulente und gefährliche Anaplasma marginale und das weniger virulente, milde Anaplasma centrale, und daß man durch Impfung mit Anaplasma centrale gegen die gefährliche Form der bei eingeführten Rindern so gefürchteten Seuche, wenn auch nicht absolut, so doch bis zu einem hohen Grade schützen kann.

Diese Schutzimpfung von Einfuhrrindern ist auch bei der *Einfuhr nach Deutsch-Ostafrika* notwendig, da hier das Texasfieber und die Anaplasmosis allgemein verbreitet sind. Daß diese Schutzimpfung nicht umgangen werden kann, hat jüngst ein unternehmender Farmer im Meru-Kilimandjaro-Gebiet zu seinem Leide erfahren, der 50 Anglerkühe und 4 Anglerbullen auf seine Farm gebracht hatte, ohne für ihre vorherige Immunisierung gegen Texasfieber und Anaplasmosis bei der Einfuhr oder alsbald nach Ankunft auf der Farm Sorge zu tragen. Als wir von der Einfuhr erfuhren, haben wir sofort an den mit dem Farmer befreundeten früheren Regierungstierarzt Dr. *Trautmann* am Oldeani, ebenfalls im Meru-Kilimandjarogebiet, einen Luftpostbrief gesandt und dringend zur Durchführung der Impfung geraten. Wie man uns mitteilte, waren bis zur Ankunft unseres Briefes bereits einige Tiere an Texasfieber und Anaplasmosis gefallen, aber die sofort hierauf vorgenommene nachträgliche Schutzimpfung hatte den erfreulichen Erfolg der Erhaltung des größten Teils der Einfuhrherde, die sich im übrigen, was für weitere Einfuhren von Interesse ist, gut akklimatisiert hat.

Neben der planmäßigen Durchführung der Schutzimpfung wertvoller Einfuhrtiere ist eine wichtige Aufgabe, auf die der koloniale Tierarzt überall hinzuwirken hat, der von *v. Ostertag* bereits berührte ausreichende *Grenzschutz* gegen die Einschleppung von Tierseuchen. Grundsätzlich muß die Einfuhr von Tieren jeder Art verboten und an der Landgrenze durch ausreichende Sicherheitsmaßnahmen wirksam verhindert werden. Die Einfuhr von Tieren darf nur von Fall zu Fall mit besonderer Genehmigung der zuständigen Zentralstelle und unter den vom zuständigen Kolonialtierarzt zu bestimmenden Vorsichtsmaßnahmen erfolgen, wobei Tiere aus Ländern mit nicht völlig geklärten oder übersehbaren Tierseuchenverhältnissen — wie aus den meisten tropischen und subtropischen Ländern — von der Einfuhr grundsätzlich ausgeschlossen bleiben müssen. Welches Unheil die Einfuhr von Tieren solcher Herkunft anzurichten vermag, zeigt die Einschleppung des Texasfiebers, das jetzt im ganzen Osten der Südafrikanischen Union und in Transvaal, ferner in Ostafrika eine ständige Geißel bildet, nach Südafrika aus Madagaskar in den Jahren 1871 und 1872. Ein weiteres Beispiel des Unheils, das aus der Einfuhr von Vieh aus tropischen Gebieten erwachsen kann, ist die Einschleppung des Ostküstenfiebers nach Rhodesien (s. d.) 1901 mit einem Transport von etwa 1000 Rindern aus Australien über Portugiesisch-Ostafrika, das auch nach Transvaal und Natal übergegriffen und den Rinderbestand in großen

Teilen von Transvaal und Natal völlig vernichtet hat. Eine lehrreiche Warnung bildet auch die Einschleppung des Texasfiebers nach Australien (nach *v. Hutyra-Marek-Manninger* durch Rinder aus Amerika) mit dem Erfolg, daß ganz Australien nun, abgesehen von einer zeckenfreien Zone im Süden, verseucht ist.

2. *Grundsätzliches über die Bearbeitung der Abhandlung*

Es ist nicht Aufgabe dieser Abhandlung, die Krankheiten der afrikanischen Farmtiere im Rahmen eines Lehrbuchs oder gar eines Handbuchs der Pathologie und Therapie für Tierärzte zu beschreiben. Der Zweck ist, das Ergebnis der diesbezüglichen Forschungen seit dem Weltkriege zusammenzustellen. Damit diese aber nicht in der Luft hängen, war es bei jeder Krankheit notwendig, das vor dem Weltkriege Bekannte als Grundlage voranzustellen oder zu unterlegen. Hierzu haben wir uns folgender anerkannter, führender Werke bedient: *v. Hutyra-Marek-Manninger:* „Spezielle Pathologie und Therapie der Haustiere", 7. Aufl., Verlag von Gustav Fischer, Jena, 1938; *Fröhner-Wirth-Zwick:* „Kompendium der Speziellen Pathologie und Therapie für Tierärzte", 5. Aufl., Verlag von Ferdinand Enke, Stuttgart, 1938; *Knuth* und *du Toit:* „Tropenkrankheiten der Haustiere" in *Menses* „Handbuch der Tropenkrankheiten", Verlag von Johann Ambrosius Barth, Leipzig, 1921; *M. W. Henning:* „Animal Diseases in South Africa", South Africa: Central News Agency, 1932; *H. O. Mönnig:* „Veterinary Helminthology and Entomologie", 2. Auflage, London, Baillière, Tindall and Cox, 1938; *G. Curasson:* „Traité de Pathologie exotique vétérinaire et comparée", Paris, Vigot Frères, 1936. Da wir keine eigene Pathologie und Therapie zu verfassen in der Lage waren oder auch nur die Absicht hatten, haben wir, soweit es sich um die älteren, feststehenden, lehrbuchmäßigen Tatsachen handelte, die grundlegenden Angaben bei einer Reihe von Krankheiten mit den Worten der Verfasser den angegebenen Werken entnommen und heben hier dies ausdrücklich hervor, soweit dies nicht an einzelnen Stellen vermerkt wurde. Die von uns verfaßte Arbeit soll eine *unterrichtende Übersicht über die in Afrika vorkommenden wirtschaftlich wichtigen Tierkrankheiten mit dem Ergebnis der Forschungen seit dem Weltkriege* sein, insbesondere über *Wesen, Ursache, Erscheinungen während des Lebens, Veränderungen nach dem Tode, Vorkommen in den verschiedenen Gebieten Afrikas* und die *Besonderheiten des Vorkommens und des Krankheitsverlaufes* in diesen, *Ermittlung, Bekämpfung* und *Vorbeuge, Übertragbarkeit auf den Menschen* und *wirtschaftliche Bedeutung.* Die Angaben über die neueren Ergebnisse der Forschung stützen sich auf das Studium des in Betracht kommenden Schrifttums, das der eine von uns *(Kulenkampff)* durchgeführt hat.

Das *Schrifttum* ist von 1919 bis Anfang Dezember 1938 durchgesehen worden, soweit es in Berlin zu erhalten war. Bei der Beschaffung des Schrifttums und auch in sonstiger Weise, wie durch Zurverfügungstellung eines Arbeitsplatzes, hat uns der Direktor des Institutes für Veterinärmedizinische Parasitologie und Zoologie an der Tierärztlichen Hochschule zu Berlin, das aus der von dem einen von uns *(v. Ostertag)* vor dem Kriege begründeten Tropenabteilung des Hygienischen Institutes der genannten Hochschule hervorgegangen ist, Prof. Dr. *Wetzel,* in sehr dankenswerter Weise unterstützt.

Bei der Anführung der Autoren und Schrifttumsquellen sind wir vom Gesichtspunkt der Zweckmäßigkeit ausgegangen und haben zum Teil bei Besprechung der einzelnen Krankheiten nicht stets den ersten Autor, den Entdecker, angeführt, sondern den oder die Autoren, deren Veröffentlichungen für unsere Zwecke besonders wichtige Einzelheiten brachten.

Der verfügbare Raum verbot es, Einzelheiten, die nur für den im Laboratorium oder im wissenschaftlichen Institute tätigen Forscher von Bedeutung sind, des genaueren wiederzugeben. Der Wert der Abhandlung liegt in der mehr allgemeinverständlichen, aber auch dem *Tierarzt* genügenden Darstellung des Wesens, des Vorkommens nach Tierart und Ort, der Erscheinungen, der Behandlung und Bekämpfung, ganz besonders der Vorbeuge, sowie der wirtschaftlichen Bedeutung der Tierseuchen, damit sich auch der *Farmer* und der *Verwaltungsbeamte* ein Bild von der *Bedeutung* der verschiedenen Tierseuchen in den verschiedenen Siedlungsgebieten und über die wichtigen Mittel der *Bekämpfung* und *Verhütung* und über deren Erfolgsaussichten machen kann. Die Rücksicht auf den verfügbaren Raum gebot es außerdem, bei der Darstellung die größte zulässige Beschränkung zu üben, selbstverständlich ohne Wesentliches bei den besonders wichtigen Tierseuchen unerörtert zu lassen. Vergleiche in dieser Hinsicht z. B. die Darstellungen der Rinderpest, der Pferdesterbe, des Texasfiebers und der Anaplasmosis, des Küstenfiebers, der Nagana, der Lahmkrankheit, der Myiasis, der Räude und der Vergiftungen durch Giftpflanzen.

Zur Erläuterung wurden auch *Abbildungen,* z. T. aus vorliegenden Werken und Veröffentlichungen, beigegeben, die uns für die Erhöhung des Verständnisses des Textes wesentlich zu sein schienen *.

3. *Erläuterung häufig wiederkehrender technischer Bezeichnungen*

Da sich die vorliegende Abhandlung nicht nur an den tierärztlichen Fachmann, sondern auch an den Farmer und Verwaltungsbeamten wendet, erscheint es zur Vermeidung

* Die eingeschalteten Karten können nur ein grobes Bild vom Vorkommen der dargestellten Seuche geben; da genauere Unterlagen nicht bestehen, konnte begrenztes Vorkommen in kleineren Bezirken eines Landes nicht dargestellt werden.

von Wiederholungen zweckmäßig, häufiger wiederkehrende technische Bezeichnungen vornweg zu erläutern.

Die pflanzlichen Seuchenerreger, die *Bakterien*, werden nach ihrer Form unterschieden in stäbchenförmige oder *Bazillen*, in kugelförmige oder *Kokken*, diese wieder je nach ihrer Anordnung in reihenförmig angeordnete oder *Streptokokken* und in haufen- oder traubenförmig angeordnete oder *Staphylokokken*. Bakterien, die eine Krümmung zeigen, ähnlich der Form eines Schraubenstückes, werden Schraubenbakterien oder *Spirillen* genannt. Die Haarpilze *(Trichomyzeten, Streptotricheen, Aktinomyzeten)* sind durch das Auftreten von echten Verzweigungen gekennzeichnet und stehen dadurch den Schimmelpilzen *(Hyphomyzeten)* nahe (vgl. *H. Hetsch*, Mikrobiologie und Immunitätslehre, 1931). Zu den krankheitserzeugenden, pathogenen Schimmelpilzen gehören die Erreger des Favus und des Herpes tonsurans. Weiter gibt es krankmachende Hefepilze *(Blastomyzeten)*, die die Eigentümlichkeiten der Hefepilze, elliptische oder kugelförmige Gestalt und eine doppelt konturierte Membran, haben und sich durch Sprossung vermehren.

Zu den *Protozoen* gehören die *Piroplasmen*, runde oder birnförmige Gebilde, die in oder auf den roten Blutkörperchen leben und amöboide Anregung zeigen, und die mit einer Bewegungsgeißel ausgestatteten, zwischen den roten Blutkörperchen im Blut- und Körperserum sich lebhaft bewegenden *Trypanosomen*. Eine besondere Art von Kleinlebewesen, die als Krankheitserreger auftreten, sind die *Anaplasmen* in den roten Blutkörperchen, die im Gegensatz zu den Piroplasmen nur aus Kernsubstanz (Chromatin) bestehen. Den Anaplasmen wahrscheinlich nahestehend sind die ebenfalls in und auf den roten Blutkörperchen in Form kleiner Stäbchen und kokkenartiger Gebilde auftretenden *Bartonellen* und *Eperythrozoen*.

Die Natur der *Rickettsien* ist strittig. Es handelt sich um kleine, elliptische, fast kugelförmige Körperchen. Die Rickettsia ruminantium (s. Herzwasser) ist 0,2 bis 0,5 μ lang, mit basischen Anilinfarbstoffen färbbar. Die Rickettsien treten nur in bestimmten Zellen, wie in den Endothelien der Blutgefäße, auf.

Unter *Würmern* verstehen wir herkömmlich die Eingeweidewürmer oder Helminthen. Sie werden untergeteilt in die *Rundwürmer* (Nemathelminthen) und *Plattwürmer* (Plathelminthen) und diese wieder in die *Saugwürmer* (Trematoden) und die *Bandwürmer* (Cestoden), deren Entwicklungsstufen die *Finnen* bei den Schlachttieren (s. diese) und bei den Fischen sind. Zu den Rundwürmern gehören die Rundwürmer i. e. S. *(Nematoden)* und die Kratzer *(Acanthocephalen)*. Die als Haustierschmarotzer in Frage kommenden Nematoden zerfallen in die Unterabteilungen der *Palisadenwürmer* (Strongyloiden), der *Fadenwürmer* (Filaroiden), der *Rollschwänze* (Spiruroiden) und der *Spulwürmer* (Ascaroiden).

Weitere Haustierschmarotzer gehören zu dem Stamme der *Arthropoden* mit den Unterabteilungen der *Hexapoden* (Insekten) und der *Arachnoiden* (spinnenartige Tiere). Zu den Hexapoden gehören die *Fliegen* (Diptera), die an sich und durch ihre Larven bei den Haustieren schädigend auftreten können, zu den Arachnoiden die *Räudemilben* und die für die Pathologie der afrikanischen Tiere so wichtigen *Zecken* (Ixodiden).

Zur Erläuterung häufiger wiederkehrender technischer Bezeichnungen mögen weiter folgende Angaben dienen:

Alle Temperaturangaben beziehen sich auf Grad Celsius.

Aerobe Bakterien = Bakterien, die bei Luftzutritt wachsen, wie die Milzbrandbazillen.

Agglutination, Präzipitation und Komplementbindung = Methoden der Blutuntersuchung unter Anwendung von Stoffen, die die Anwesenheit von Infektionserregern im Blute anzeigen.

Akut = schnell verlaufend, perakut = sehr schnell verlaufend. Als akuten Verlauf bezeichnet man einen Krankheitsverlauf bis zur Dauer von 4 Wochen. Bei längerer Dauer spricht man von chronischem Verlauf.

Anaerobe Bakterien = Bakterien, die bei Luftabschluß gedeihen, wie die Rauschbrandbakterien.

Antitoxine = Gegengifte oder Stoffe, die die Gifte im Tierkörper unwirksam machen.

Blutuntersuchung s. Agglutination usw.

Chronisch = langsam oder schleichend verlaufend.

Diagnostische Impfung = Tierversuch, bestehend in der Verimpfung von infektionsverdächtigem Material auf Versuchstiere zur Sicherung der Diagnose.

Diphtherisch s. kruppös.

Enteritisch = den Darm betreffend.

Erosion = oberflächliche Schleimhautverletzung.

Finne = unentwickelte Vorstufe der Bandwürmer.

Formolvakzine = durch Zusatz von Formol (Formalin) abgeschwächte Erreger, die dadurch die Eigenschaft eines Impfstoffes zur aktiven Schutzimpfung erlangen.

Gastroenteritis = Magendarmentzündung.

Hämoglobinurie = Ausscheidung von Blutfarbstoff (Hämoglobin) mit dem Harne, im Gegensatz zur Hämaturie, der Ausscheidung von Blut mit dem Harne.

Imago = das vollentwickelte, reife Individuum bei den Insekten und Arachnoiden.

Immunität = Unempfänglichkeit gegen eine übertragbare Krankheit.

Immunserum = Schutzserum.

Infektionskrankheiten = übertragbare Krankheiten, die durch vermehrungsfähige Bakterien, Spirochaeten, filtrierbare Vira usw. hervorgerufen werden.

Inkubationszeit = Zeit zwischen Infektion und Auftreten der ersten feststellbaren Krankheitserscheinungen.

Intraperitoneal = in die Bauchhöhle.

Intrathorakal = in die Brusthöhle.

Intravenös = in die Blutbahn.

Invasionskrankheiten = Krankheiten, die durch die Einwanderung und Ansiedlung tierischer Schmarotzer (tierischer Parasiten) hervorgerufen werden.

Komplementbindung s. Agglutination.

Kruppöse und diphtherische Entzündungen der Schleimhäute sind schwere Formen der Schleimhautentzündung. Bei der kruppösen Entzündung bilden sich abziehbare gelbe Beläge auf der Schleimhaut, bei der diphtherischen Entzündung stirbt die Schleimhaut zu einer gelben Masse ab, nach deren Abstoßung Geschwüre entstehen. Der Begriff kruppös bei der Lungenentzündung betrifft eine Lungenentzündung mit kruppösem Exsudat (Ausschwitzung) in die Lungenbläschen (Alveolen).

Larven und Nymphen = die unentwickelten Vorstufen bei den Insekten und Arachnoiden.

Leukozyten = weiße Blutkörperchen mit gelapptem Kern.

Lymphozyten = weiße Blutkörperchen mit einfachem Kern.

Mikron = $^1/_{1000}$ mm; Zeichen μ.

Nekrotisch = abgestorben.

Nekrotisierend = zum Absterben führend.

Neurotrop = dem Nervensystem zugewandt.

Nymphen s. Larven.

Oedem = teigige, Fingereindrücke annehmende, nichtentzündliche, weder schmerzhafte, noch höher temperierte Anschwellung.

Obligat anaerobe Bakterien = Bakterien, die nur bei vollem Luftabschluß gedeihen, wie die Erreger des Starrkrampfes.

Perakut s. akut.

Peroral = auf dem Wege durch die Maulhöhle.

Polyvalent = vielwertig; man spricht von polyvalenten Impfstoffen, wenn sie verschiedene Typen eines Erregers oder ihrer Vakzinen enthalten, ferner von polyvalenten Seren, wenn sie die Schutzstoffe (Antistoffe) gegen verschiedene Typen eines Erregers aufweisen.

Prämunität = bestimmter Grad der Widerstandsfähigkeit (Resistenz) gegenüber späteren Infektionen mit Protozoenkrankheiten bei Tieren, bei denen der die erste Infektion verursachende Keim im Körper verbleibt. Nicht zu verwechseln mit Immunität, bei der es sich um volle Unempfänglichkeit gegen den Krankheitserreger handelt.

Quarantäne = Sperre, Aufenthalt in besonderen, sicher abgeschlossenen Räumen oder Bezirken während der Inkubationszeit einer Seuche, deren Einschleppung befürchtet wird.

Rekonvaleszentenserum = Serum durchgeseuchter Tiere.

Resistenz = unvollständige Widerstandsfähigkeit gegen eine übertragbare Krankheit.

Vorbemerkungen

Schutzimpfung, aktive = Umstimmung des Organismus i. S. des Seuchenschutzes durch Einimpfung lebender, abgeschwächter oder abgetöteter Erreger (aktive Immunität).

Schutzimpfung, passive = Einimpfung von Schutzserum, das wieder ausgeschieden wird und deshalb im Gegensatz zur aktiven Schutzimpfung, die jahrelang und sogar zeitlebens schützt, nur vorübergehenden Schutz gewährt (passive Immunität).

Schutzserum, Heilserum = Serum, das durch Einspritzung der Krankheitserreger in den Körper von Versuchstieren (Pferden, Schafen, Ziegen, Schweinen) in steigenden Mengen gewonnen wird und die Wirkung hat, die Krankheitserreger abzutöten.

Serovakzination = Schutzimpfung mit dem lebenden Erreger oder einer Vakzine unter gleichzeitiger Anwendung von Schutzserum.

Simultanimpfung s. Serovakzination.

Subakut = langsamer als akut (s. d.) verlaufend.

Subkutan = unter die oder unter der Haut.

syn. = Synonym = sinngleiche Bezeichnung.

Tierversuch = diagnostische Impfung.

Toxin = Bakteriengift.

Vakzine = Impfstoff zur Heilung und zum Schutze der Tiere, der aus den Erregern durch eine besondere Art der Züchtung oder durch Behandlung mit bakterienschädigenden Mitteln, z. B. Formol, gewonnen wird; das Formol schädigt die Virulenz der Erreger, erhält aber ihre immunisierenden Eigenschaften.

Virulenz = Ansteckungsfähigkeit.

Viszerotrop = den Eingeweiden zugewandt.

I. VIRUSSEUCHEN

1. Rinderpest

Wesen. Die Rinderpest ist eine durch ein filtrierbares Virus verursachte Allgemeinkrankheit des Rindes, die sich durch eine schwere, kruppöse und diphtherische Entzündung der Schleimhäute, namentlich des Verdauungsapparates, kennzeichnet. Das Virus ist im Blute und in allen Körperteilen enthalten.

Vorkommen. Die Rinderpest herrscht in ganz West-, Mittel- und Ostafrika. In Südafrika bis Angola, Rhodesien, Moçambique, Nyassaland und Madagaskar fehlt sie ebenso wie in den Gebieten nördlich der Sahara. In Ägypten ist sie heute selten.

Die Rinderpest war ursprünglich in Asien heimisch. Bei den engen Wirtschaftsbeziehungen, die von alters her zwischen Afrika und Asien bestanden, ist es, wie *Knuth* und *du Toit* hervorheben, erklärlich, daß auch Nordafrika, insbesondere Ägypten, mit Rinderpest verseucht wurde. Während der 30 Jahre vor dem Erscheinen des Knuth-du Toitschen Buches (1921) ist sie zweimal von Asien nach Afrika eingeschleppt worden, 1889 über eine am Roten Meer gelegene Hafenstadt, 1903 über Alexandria. Der Seuchengang, der 1889 am Roten Meer begann, verbreitete sich in der Folge über ganz Mittel- und Südafrika, insbesondere auch über Britisch- und Deutsch-Ostafrika und erreichte im Jahre 1896 die Kapkolonie, wo die Seuche 1903 durch die ergriffenen Maßnahmen endgültig getilgt worden ist. Infolge des Seucheneinbruchs im Jahre 1903 ist etwa ein Viertel des Gesamtrinderbestandes Ägyptens, in einzelnen Beständen bis zu 90 v. H., zugrunde gegangen. Im Jahre 1904 wurde die Rinderpest in Naivascha in der Nähe von Nairobi in Kenya festgestellt und alsbald getilgt. Im Jahre 1908 trat bei Nakuru (Kenya) eine der Rinderpest ähnliche Krankheit auf, die schon 1905 in Deutsch-Ostafrika in der Gegend des Viktoriasees beobachtet worden war, anfänglich für Rinderpest, später für *bösartiges Katarrhalfieber* gehalten, schließlich aber 1913 mit Sicherheit als Rinderpest festgestellt worden ist. Dabei ist es nicht ausgeschlossen, daß neben der Rinderpest auch das bösartige Katarrhalfieber als selbständige Seuche geherrscht hat, zumal da jetzt das Vorkommen des bösartigen Katarrhalfiebers in ganz Ostafrika sicher festgestellt ist. Nach *Rickmann* (1908) ist die Rinderpest im Jahre 1897 nach Deutsch-Südwestafrika eingeschleppt worden, wurde aber hier durch die Galle-Blutimpfung getilgt. Nach 3 Jahren ist die Seuche in Deutsch-

Südwestafrika erneut ausgebrochen, aber ebenfalls bald wieder ausgerottet worden.

Was das Vorkommen der Rinderpest in Afrika *nach dem Weltkrieg* anbetrifft, so ist Nordafrika nördlich der Sahara frei. Auch in *Ägypten* ist seit 1925/26 kein Rinderpestausbruch mehr vorgekommen (Ber. 1931). Eine Neueinschleppung wird nicht befürchtet, da die einzig mögliche Infektionsquelle, die Einfuhr chronisch kranker Rinder aus dem Sudan, durch die Vorschrift verstopft sei, daß diese nur zur sofortigen Schlachtung eingeführt werden dürften. Dazu komme, daß seit 1926 die vorbeugende Impfung aller 18 Monate alten Rinder angeordnet sei (Bull. Off. int. Epiz. 3. 321) und infolgedessen empfängliche Rinder nicht vorhanden seien.

Im *Englisch-ägyptischen Sudan* herrscht die Rinderpest enzootisch; die Mehrzahl der Ausbrüche wird in der Trockenzeit festgestellt, wenn sich die Rinder an den dann weniger zahlreich vorhandenen Wasserstellen anhäufen (Ber. 1933). Was die *italienischen Kolonien* anbetrifft, so ist *Abessinien* enzootisch verseucht und gilt als Ansteckungsquelle für ganz Ostafrika. Auch in *Erythrea* und *Italienisch-Somaliland* treten immer wieder schwere Verluste durch die Seuche auf. Nach *Cilli* (1937) betrachtet der Gouverneur von Erythrea die Rinderpestbekämpfung als seine wichtigste Aufgabe. Die Sterblichkeit ist in den Küstenkolonien sehr hoch, da die Rinderpest nicht enzootisch herrscht und sich dadurch allmählich abschwächt, sondern weil es sich immer wieder um Neuausbrüche handelt, bei denen die Verluste bis zu 90 v. H. betragen (*Croveri*, 1929). Auch nach *Britisch-Somaliland* wird die Seuche immer wieder aus Abessinien eingeschleppt; sie wird hier durch Sperrmaßnahmen und Simultanimpfung (Serumblutimpfung), neuerdings auch durch Anwendung der Bennettschen Glyzerinvakzine (Ber. 1936) immer wieder schnell getilgt. Dies gelingt hier vor allem auch deshalb, weil für den Fall einer Neueinschleppung dauernd große Serummengen bereitgehalten werden. Es ist in manchen Jahren möglich, das Land völlig frei zu halten.

In *Uganda* ist die Rinderpest in den letzten 15 Jahren (*Carmichael*, 1934) zweimal völlig getilgt worden. Sie wird aber immer wieder aus dem Sudan und aus Abessinien eingeschleppt und ist daher im Norden und Osten des Landes fast stets stationär. Zur Bekämpfung wird neuerdings auch hier die Glyzerinvakzine nach *Bennett* (*Katizaki*) mit gutem Erfolg verwendet (*Mettam*, Ber. 1936). Bei einem Ausbruch wird angegeben, daß seine Ausbreitung hätte verhindert werden können, wenn genügend Tierärzte vorhanden gewesen wären. In *Kenya* kommt die Seuche auch nach dem Bericht für 1935 noch häufig vor. Allerdings bleibt sie meist beschränkt auf die herumziehenden Herden der Eingeborenen, während sie in den durch Europäer besiedelten Gebieten selten beobachtet wird. Es werden in einem Jahr oft über 150 000 Dosen Serum ausgegeben, die bis 1931 zur Serumblutimpfung verwendet wurden. Seit 1931 bringt die Vakzine-Virusimpfung, Impfung mit Vakzine und Nachimpfung mit virulentem Blut (*Daubney*, Ber. 1935), beste Erfolge. In dem

Abb. 1

unter Mandat stehenden Schutzgebiet *Deutsch-Ostafrika* hatte die Seuche während des Krieges starke Verbreitung erlangt. 1924 scheint ihre Verbreitung gering gewesen zu sein; denn nach dem Veterinärbericht betrugen die Verluste durch Rinderpest nur 0,72 v. H. des gesamten Rinderbestandes von derzeit 4 Millionen Haupt. 1927 begann wieder eine starke Seuchenwelle das Land zu überfluten. Die Einschleppung war aus dem zu Kenya gehörigen Teil des Massailandes erfolgt (Ber. 1929). 1928 war der Seuchenzug noch auf 2 Provinzen an der Grenze des zum Mandatsgebiet Deutsch-Ostafrika gehörigen Teiles des Massailandes beschränkt. Er breitete sich aber von hier weiter aus und hatte 1929 seinen Höhepunkt erreicht. 1932 (Bericht) wird gemeldet, daß wieder drei Viertel des Landes frei seien; das Ziel der Maßnahmen sei die Ausrottung. Bislang hatte man sich, um nicht zusätzliche Infektionsquellen zu schaffen, der Anwendung der Serumblutimpfung gegenüber sehr ablehnend verhalten und nur Serum und Sperrmaßnahmen angewandt. 1932 glaubte man jedoch der Seuche nicht anders Herr werden zu können, als daß man auch auf die Serumblutimpfung zurückgriff (Ber. 1932). Nach dem Bericht für 1936 hat sich die Rinderpest allen Bemühungen zum Trotz weiter ausgebreitet. Eine besonders wichtige Rolle bei den stets wieder vorkommenden Verschleppungen wird *erkranktem Wild* zugeschoben. In dem unter Mandat stehenden deutschen Schutzgebiet *Ruanda-Urundi* ist die Rinderpest die häufigste Seuche (Ber. 1932). Zur Bekämpfung wird die Serumblutimpfung verwendet.

In *Belgisch-Kongo* kommt die Rinderpest nicht vor; durchgreifende Maßnahmen gegen ihre Einschleppung sind angeordnet (*G. Bouvier* u. *S. Bouvier,* 1937). In *Britisch-Westafrika* ist die Seuche weitverbreitet, auch in den unter Mandat stehenden deutschen Schutzgebieten *Togo* und *Kamerun* (Mandatsberichte). In *Nigeria* tötete die Seuche früher periodisch 50 bis 90 v. H. aller Rinder (*Henderson,* 1934). 1925 wurde beschlossen, ihr dadurch Halt zu gebieten, daß man den gesamten Rinderbestand mittels der Serumblutimpfung langfristig immunisierte. Dies war 1933 erreicht, und seitdem sind jährlich nur noch die Jungtiere nachzuimmunisieren (s. a. oben unter Ägypten). Verschiedentlich wurden auch Versuche mit Vakzinen gemacht, diese aber immer wieder verlassen, weil sich die Dauer der damit erzielten Immunität für die besonderen nigerischen Zwecke als ungenügend erwies (s. a. Bekämpfung, Immunisierung). Nach Angaben auf der westafrikanischen Veterinärkonferenz 1936 werden in Nigeria jährlich 400000 Rinder geimpft. Seit 1934 steht die Seuche „unter Kontrolle", wie der Engländer sagt, wenn er etwas beherrscht, und man hofft, die Rinderpest völlig unterdrücken zu können (*Henderson,* 1934). Im Gebiet der *Goldküste* wurde die Rinderpest 1919 bei Inspektionsreisen, abgesehen von eingeführtem Vieh, nicht gesehen (Ber. 1919). Später scheint sich die Seuche jedoch stärker ausgebreitet zu haben; denn heute wird im Gebiet der Goldküste vorgegangen wie in Nigeria. Es werden alle über 2 Jahre alten Rinder jährlich immunisiert. Trotzdem werden noch einige Verluste unter Absatzkälbern gemeldet (Ber. 1935/36), was darauf zurückgeführt wird, daß die westafrikanischen Kurzhornrinder eine sehr hohe Empfänglichkeit für Rinderpest besitzen. In *Britisch-Gambia* tötete die Rinderpest jährlich einige 5000 Rinder (Ber. 1932), worauf ein Immunisierungsplan ausgearbeitet wurde, der anscheinend heute noch Anwendung findet. Grundlage ist die Serumblutimpfung. In *Französisch-Westafrika* wie auch in den unter französischem Mandat stehenden Teilen der deutschen Schutzgebiete *Togo* und *Kamerun* ist die Rinderpest zum Teil enzootisch verbreitet und ruft in den betroffenen Gebieten geringere Verluste hervor, weil durch dauernde Neueinschleppungen für Erhaltung eines enzootischen Standes der Seuche und damit einer gewissen Durchseuchungsimmunität gesorgt ist, wie in den Savannen mit den herumziehenden Herden der Nomadenstämme. Sporadische Ausbrüche mit schweren Verlusten werden dort beobachtet, wo einzelne kleinere, vom Verkehr abgeschlossene Zuchtgebiete und Rinderhaltungsinseln in Urwald- und Pflanzungsgebieten bestehen (Ber., ferner *Poisson,* 1930). In Togo ist die Rinderpest die wichtigste Seuche (Mand.-Ber. 1937), in Kamerun hat sie nach *Helm* (1921) zu Anfang des Jahrhunderts fast den gesamten Rinderbestand vernichtet. Sicher wieder festgestellt wurde sie erst 1911. Neuerdings wird wieder viel geimpft, und diese Maßnahme führte zu einer beträchtlichen Vermehrung der Rinderbestände *(Poisson,* 1930*).*

Durch die ganze *Mitte von Afrika* zieht sich der geschilderte Rinderpestgürtel, der eine dauernde Bedrohung für das übrige Afrika darstellt. Der *Süden* ist durch tatkräftige tierärztliche Maßnahmen schon lange von der Geißel der Rinderpest befreit, deren in Zentralafrika noch nicht erfolgte Ausrottung nach den Worten des Altmeisters der französischen Veterinärmedizin *E. Leclainche* „ein Skandal" ist.

Nach *du Toit* (1931) und *Curasson* ist die *Ausrottung der Rinderpest in Afrika nur eine Frage des Einsatzes der genügenden Mittel an Menschen und Material* (s. a. wirtschaftl. Bedeutung). Zu demselben Schluß ist die Rinderpestkonferenz in Nairobi 1938 gekommen.

Frei von der Seuche konnten sich halten: *Madagaskar (Poisson,* 1930) und *Sansibar* (Ber. 1937). In *Nyassaland* kommt sie schon lange nicht mehr vor, in *Nordrhodesien* fehlt sie seit dem Anfang des Jahrhunderts; damals hatte die Seuche von dem gesamten Rinderbestand nur 40000 Tiere übriggelassen, die sich heute schon wieder auf 4 Millionen Kopf vermehrt haben *(Bevan,* 1930*).* In *Südrhodesien* wurde sie 1898 ausgerottet und ist seither nicht wieder aufgetreten *(Bevan,* 1930*).* Die *Union von Südafrika* ist seit 1903 frei *(Henning,* 1932*).* Dasselbe gilt für das unter Mandat stehende Schutzgebiet *Deutsch-Südwestafrika (Rickmann,* 1908*).*

Ursache, Verhalten des Virus. Das Virus der Rinderpest ist hauptsächlich an die Blutzellen gebunden *(Kolle,* 1899*)*; über 98 v. H. des im Blute kreisenden Virus ist in den Leukozyten zu finden *(Hornby,* 1928*).* Außerhalb des Tierkörpers geht das Virus rasch zugrunde; in Stallungen hält es sich höchstens 20 Stunden *(Jackson* u. *Cabot)* und im Freien auf Weiden nicht länger als 36 Stunden *(Boynton).* Wie *Kolle* gezeigt hat, wird das Rinderpestvirus durch Fäulnis rasch zerstört; deshalb können die Rinderpestkadaver in den Tropen nach *Curasson* schon wenige Stunden nach dem Tode virusfrei sein. Nach *Boynton* wird das Virus auch im abgesetzten Harn und Kot binnen 26 Stunden unwirksam. Im Schatten getrocknete Häute sind virusfrei, wenn sie so getrocknet sind, daß sie beim Gegenschnellen mit dem Finger einen klingenden Ton geben *(v. Ostertag)*; gesalzene, im Schatten getrocknete Häute verlieren binnen 24 bis 48 Stunden ihre Ansteckungsfähigkeit *(Schein* u. *Jacotot,* zit. nach *v. Hutyra-Marek-Manninger, Beaton,* 1931*).* Nach *Edwards* und *Stanton* stirbt das Virus im Fleisch ab, sobald dieses durch die Milchsäuregärung eine saure Reaktion angenommen hat. In gekühltem und gefrorenem Fleische hält sich das Virus länger! *Kälte konserviert das Virus. Pirani* (1929) gibt an, daß sich das Virus der Rinderpest in tiefgekühltem Fleische (— 6°) 14 Tage und länger halte. Dies bestätigen auch *v. Hutyra-Marek-Manninger,* die angeben, daß durch Gefrierfleisch der Ansteckungsstoff selbst auf weite Entfernungen verschleppt werde. Diese Tatsache begründet auch das von den Fleischverbrauchern in Südafrika immer wieder angegriffene Verbot der Einfuhr gefrorenen Fleisches in die Union von Südafrika. *Rabatel* gibt 1931 an, daß das Virus der Rinderpest nach dem Genuß von Fleisch kranker Tiere im menschlichen Körper zerstört werde. Daher wird in Französisch-Westafrika der Genuß des Fleisches rinderpestkranker Tiere am Seuchenorte selbst gestattet; in anderen Gebieten ist dies wegen der Gefahr der Verschleppung der Seuche durch das Fleisch nicht erlaubt. *Tassious* (1936) hat zur Aufklärung der Frage, ob der Mensch nach dem Genuß des Fleisches pestkranker Tiere durch seine Ausscheidungen das Virus der Rinderpest verbreiten könne, folgenden Versuch angestellt: Zwei Ziegen erhielten subkutan 100 ccm Urin von Menschen, die leicht angebratenes Fleisch von pestkranken Tieren gegessen hatten. Bei der einen Ziege entwickelte sich Rinderpest, während bei der anderen nur eine leichte Fieberreaktion auftrat, die am 11. Tage wieder verschwunden war. Vom Virus genügen schon sehr kleine Mengen, 0,0002 bis 0,00004 g *(Schein, Jacotot, Hornby* und *Hall;* zit. nach *v. Hutyra-Marek-Manninger)* zur Infektion eines Rindes durch Verfütterung oder subkutane Einspritzung, wenn das Blut auf der Höhe der Erkrankung einem kranken Tier entnommen wird. Auch durch Speichel, Nasenausfluß, Tränen, Scheidenausfluß, Schweiß, Harn und Kot kann die Krankheit übertragen werden.

Empfängliche Tiere. Die Rinderpest ist eine Krankheit des *Rindes.* Ferner sind empfänglich das *Schwein,* das *Kamel* und die *wildlebenden Wiederkäuer,* weiter *Schafe* und *Ziegen,* die aber nicht bei allen Rinderpestseuchengängen erkranken. Bei Ziegen scheint die natürliche Infektion am seltensten zu haften, sie kommt aber vor *(Beaton,* 1933*).* Hochempfänglich sind Büffel, Eland, Wildschwein, Giraffe, mäßig empfänglich Buschbock, Sitatunga, Rietbock, Kob und Palaantilope *(Mettam,* 1936*). Mettam* (1936) gibt aus Uganda an, daß Elefant, Flußpferd, Wasserbock, Topi, Hartebeest und Oribi unempfänglich seien. Nach dem Veterinärbericht für Uganda für 1919 starben auch Oribis in großen Mengen während eines Seuchenganges von Rinderpest, und 1934 (Ber. 1933) wird berichtet, daß auch Wasserböcke tot aufgefunden worden seien. *Caccavella* (1936) konnte die Seuche auch auf Pongo (Tragelaphus scriptus) und Ducker (Sylvicapra grimmi) übertragen.

Die Büffel verlassen, befallen von der Seuche, ihre Standorte fluchtartig („stampeding") und können so die Seuche in kurzer Zeit über weite Strecken verbreiten. In manchen Gegenden, wo sonst nie Büffel vorgekommen waren, fand man bei Rinderpestausbrüchen ihre Kadaver (Ber. Uganda, 1919). Die Antilopen pflegen nach den Berichten aus Uganda nicht in dieser Weise zu flüchten. Bemerkenswert ist, daß nach *Hutchins* (1920) in Uganda Wildkadaver in großen Mengen gefunden wurden, bevor die Rinderpest in dem betreffenden Gebiet bei Haustieren festgestellt worden war. Wenn auch die Empfänglichkeit der wilden Huftiere für die Rinderpest groß ist, ist sie doch kein unüberwindliches Hindernis für die Tilgung der Seuche! (Tanganyika-Ber. 1931). Nach *Stockmans* Beobachtungen in Südafrika zeigte sich dort das Niederungsvieh weniger anfällig als das Gebirgsvieh, die Sterblichkeit betrug bei jenem 20, bei diesem oft 90 v. H. Die westafrikanischen Kurzhornrinder sind gegen Rinderpest sehr empfindlich, während die Zebus widerstandsfähiger sein sollen.

Bei *Neueinschleppungen* in ein Gebiet beträgt die Sterblichkeit bei den Rindern, wie erwähnt, bis zu 90 v. H., während sie bei längerem Herrschen auf 20 bis 25 v. H. sinkt.

Nach *Tarantino* (1928) wird der Ansteckungsstoff auch durch *Raubtiere* verschleppt. In Laos (Hinterindien) wird das Rinderpestvirus schon 2 Jahre hindurch in *Ferkeln* gehalten (*Conti* und *van Dac*, 1929). *Nakamura, Wagatuma* und *Fukusho* (1938) berichten über Serienpassage von Rinderpestvirus durch *Kaninchen* und sind der Meinung, daß sich das Virus unbegrenzt in Kaninchen fortpflanzen lasse. Nach der 113. und 141. Kaninchenpassage war das Virus noch hochinfektiös für Kaninchen, aber nur wenig infektiös für Kälber (mindest-infektiöse Dosis 0,1 bzw. 1 ccm).

Art der Übertragung. Die natürliche Übertragung erfolgt durch Aufnahme der Ausscheidungen kranker Tiere. Nach *Nicol* und *Adil Bey* sowie *Hornby* besitzt die größte Bedeutung bei der Verbreitung der Rinderpest der *Harn*, worin sich das Virus vom 2. oder 3. Tage nach dem Auftreten der ersten Krankheitserscheinungen (Fieber) in reichlichen Mengen vorfindet. Eine Übertragung durch Luft findet nicht statt. Was Zwischenträger anbetrifft, so sagen *v. Hutyra-Marek-Manninger* mit Recht, daß mit Ausscheidungen kranker Tiere verunreinigte Zwischenträger (Personen, Tiere, Gegenstände) von untergeordneter Bedeutung sind, was für die Bekämpfung von großer Wichtigkeit ist; denn das Fehlen von Zwischenträgern bei der Verschleppung erleichtert die Bekämpfung. Die Verschleppung erfolgt durch *kranke Rinder* und durch *Tiere, die den Ansteckungsstoff ausscheiden, ohne krank zu sein,* wie dies bei *simultan geimpften Tieren* der Fall sein kann. In Uganda wurden Rinderpestausbrüche beobachtet, bei denen die Infektion der Kräle auf die Einschleppung von Fleisch an Rinderpest verendeten Wildes zurückgeführt wurde (Ber. 1929).

Erscheinungen. Die angesteckten Tiere erkranken nicht sofort nach Aufnahme des Ansteckungsstoffes, sondern wie bei allen Seuchen so auch bei der Rinderpest erst nach einer bestimmten Zeit, der Inkubationszeit. Diese beträgt bei der Rinderpest 3 bis 9, ausnahmsweise 10 bis 17 Tage. Die erste Erscheinung bei den Rindern ist Fieber, hierzu kommen hochgradige Mattigkeit, unterdrückte Freßlust, Beschleunigung der Atmung, Ausfluß aus den Augen, Nasen und aus dem Maule. Bei näherer Betrachtung der Maulschleimhaut findet man kruppöse Beläge und diphtherische Herde, nach deren Abstoßung hochrote, leicht blutende Geschwüre zutage treten. Nach kurzer Kotverhaltung stellt sich unstillbarer Durchfall ein mit Abgang eines dünnflüssigen, schmutziggrauen, mitunter blutigen, sehr unangenehm riechenden Kotes, der anfangs unter Anstrengung, später unwillkürlich abgesetzt wird, wobei man durch den offenstehenden After die dunkelrote Mastdarmschleimhaut erkennen kann. Die Tiere magern rasch und hochgradig ab und gehen schließlich ohne Todeskampf zugrunde. In Gegenden, in denen die Krankheit schon länger herrscht, können die Erscheinungen milder verlaufen. In der Regel erfolgt der Tod nach 5 bis 10 Tagen, bei den chronischen Fällen erst nach 2 bis 3 Wochen. Den ersten Erkrankungsfällen folgen gewöhnlich nach 6 bis 7 Tagen neue, und von da ab mehren sich die Erkrankungen in rascher Folge. Bei *Schafen* und *Ziegen* bestehen die Krankheitserscheinungen in leichten Fällen in Fieber, Ausfluß aus den Augen und Nasenöffnungen, bei schwerem Verlauf in eiterähnlichem Ausfluß aus Augen und Nase, Husten, Durchfall und großer Hinfälligkeit. Bei den *gefallenen* und *getöteten Tieren* findet man die mehrfach geschilderten Entzündungserscheinungen im Bereich der Schleimhaut der Maulhöhle, ferner im Labmagen, im Dünndarm und im Dickdarm, weiter Vergrößerung der Gallenblase. Die von einem von uns *(v. Ostertag)* in Deutsch-Ostafrika selbst aufgenommenen Befunde bei den an Rinderpest erkrankten Tieren lehrten, wie verschiedenartig das Bild der damals (1913) in Deutsch-Ostafrika herrschenden Rinderpest bei den einzelnen von der Seuche betroffenen Tieren sein konnte, und bestätigten die Grundwahrheit, die einer der ersten Schilderer der Rinderpest, *Lorinser,* in dem Satze ausgedrückt hat: „Die Gesamtheit der Symptome, welche der Rinderpest eigen sind, wird niemals bei einem einzigen Kranken, kaum in einer größeren Herde, immer jedoch um so vollständiger wahrgenommen, je größer die Menge der kranken Häupter ist“, und den *Gerlach* noch dahin erweitert hat, „daß weder bei einem kranken Tier noch in einer kranken Herde, sondern nur bei mehreren Herden, verschiedenen Rassen, in verschiedenen Seuchengängen, Ländern und Jahreszeiten die Gesamtheit der Symptome und die Mannigfaltigkeit des Verlaufes erforscht werden können“.

Als Krankheitsmerkmale bei den lebenden Tieren, die nach *v. Ostertags* Beobachtungen in Deutsch-Ostafrika bei einem Tiere stets den Verdacht auf Rinderpest erwecken müssen, sind zu bezeichnen: *Gleichzeitiges Vorhandensein von Tränenfluß und Durchfall mit hochgradigem Fieber im Anfang und normaler oder subnormaler Temperatur gegen Ende der Krankheit.* Verstärkt wird der Verdacht durch das *Auftreten von diphtherischen Herden und Geschwüren in der Schleimhaut der Maulhöhle* und von *streifigen Rötungen in der Schleimhaut des Endteiles des Mastdarmes.* Bei den gestorbenen oder getöteten Tieren erwecken den Verdacht auf Rinderpest *kruppöse Beläge* oder *diphtherische Entzündungen mit Geschwürbildung der Maulschleimhaut, der*

Schleimhaut des Labmagens, der Solitärfollikel oder *Peyerschen Platten* oder *anderer Teile der Darmschleimhaut, streifige Rötung des Mast- oder Blinddarmes,* die *Vergrößerung der Gallenblase* und die *eingedickte Beschaffenheit der Galle* und alle diese Abweichungen ohne eine spezifische Veränderung der Milz und Nieren. Die Veränderungen der Gallenblase und der Galle bei den gefallenen oder getöteten Tieren scheinen auch bei der Rinderpest in Deutsch-Ostafrika, wie bei der europäischen Rinderpest, die nach der auffälligen Abweichung der Gallenblase in früheren Jahrhunderten als „Großgalle" bezeichnet worden ist, die konstantesten Merkmale der Seuche zu sein. Alle übrigen Veränderungen können wechseln, man wird jedoch bei genauerer Untersuchung der Schleimhäute des Verdauungskanales an dem einen oder anderen Abschnitt (Maulhöhle, Labmagen, Dünn- oder Dickdarm) die eine oder andere der Rinderpest eigentümliche Veränderung feststellen können, wobei zu beachten ist, daß bei Küstenfieber an der Schleimhaut des Labmagens ähnliche Geschwüre wie bei der Rinderpest auftreten können. Regelmäßig wird aber der Sektionsbefund im Zusammenhange mit den während des Lebens zu beobachtenden Erscheinungen (Tränen, Durchfall und im Anfang hohes Fieber) auch in einem Einzelfall eine bestimmte Diagnose zu stellen ermöglichen, deren Richtigkeit durch das seuchenhafte Auftreten der Krankheit über jeden Zweifel erhoben wird. Ein negativer Blutbefund ist im Einzelfall kein Unterstützungsmoment und ein positiver (Piroplasmen, Trypanosomen) kein Ausschließungsgrund, da die Piroplasmen- und Trypanosomeninfektionen zufällige Komplikation sein können. Dies ist zu betonen, da anscheinend schon auf Grund des positiven Piroplasmen- oder Trypanosomenbefundes in einem eingesandten Blutpräparat, ohne Rücksicht auf den Vorbericht, von der Annahme eines Rinderpestverdachtes und von der sofort vorzunehmenden Untersuchung des Bestandes Abstand genommen wurde.

Unterscheidung der Rinderpest von anderen Krankheiten, insbesondere vom bösartigen Katarrhalfieber. Bei dem bösartigen Katarrhalfieber können, ähnlich wie bei der Rinderpest, alle Schleimhäute entzündet sein (katarrhalische, kruppöse und diphtherische Entzündungen); von der Rinderpest unterscheidet sich aber das gleichfalls durch ein filtrierbares Virus hervorgerufene bösartige Katarrhalfieber außer durch mangelnde Ansteckungsfähigkeit, namentlich durch das vorzugsweise Ergriffensein der Schleimhäute des Atmungsapparates, durch das regelmäßige Auftreten einer Entzündung der Hornhaut der Augen mit Trübung derselben und durch das Fehlen von Veränderungen an den großen Eingeweiden, die bei der Rinderpest stets stark verändert sind (trübe Schwellung, fettige Metamorphose). Bei der Rinderpest in Europa fehlt nach den bisherigen Feststellungen eine Trübung der Augen, in Deutsch-Ostafrika wurde bei an Rinderpest erkrankten Rindern eine Hornhautentzündung der Augen mit völliger Trübung und symmetrischen Hornhautgeschwüren beobachtet *(Wölfel, v. Ostertag).* Nach *Ruppert* handelte es sich hierbei um eine selbständige, wahrscheinlich durch tierische Schmarotzer verursachte Hornhautentzündung (s. a. unter „Ophthalmie"), die nur zufällig gleichzeitig mit der Rinderpest auftrat. Wie erwähnt, greift das Katarrhalfieber nicht unmittelbar von Rind auf Rind über, nach *Götze* und *Ließ* spielen Schafe bei der Übertragung eine Rolle. Ähnlich gestaltet sich die Übertragung des Katarrhalfiebers in Afrika, der sogenannten *Snotsiekte,* bei der nach *Mettam* die Krankheit dann bei Rindern auftritt, wenn sie mit Connochaetes gnu (Wildebeest) in Berührung gekommen sind, die, ohne selbst zu erkranken, den Ansteckungsstoff in ihrem Körper beherbergen (s. u. Katarrhalfieber). *Götze* und *Ließ* (1929) ist die Übertragung des bösartigen Katarrhalfiebers mit bakterienfreiem Blut von kranken Tieren in 40 v. H. der Fälle gelungen, wobei die Inkubationsperiode 16 Tage bis 10 Monate, meist aber 30 bis 90 Tage währte. Nach *Curasson* (1935/36) und anderen afrikanischen Autoren *(Mac Call,* 1926) ist auch die *Kokzidienruhr* (s. diese) leicht mit der Rinderpest zu verwechseln, da sie unter einem ähnlichen klinischen Bild auftreten könne. *McCall* sagt aber sehr richtig, daß praktisch die Möglichkeit, Rinderpestausbrüche könnten Kokzidienruhr sein, nicht in Erwägung gezogen werden dürfe, da jeder Ausbruch so lange als Rinderpest behandelt werden müsse, bis das Gegenteil erwiesen sei.

Mittel zur sicheren Feststellung. Curasson (1932) gibt an, daß zur Frühdiagnose der Rinderpest die *Flockungsprobe* nach *Daubney* mit dem Serum eines verdächtigen Tieres und dem alkoholischen Extrakt von Milzpulpa, dem Cholesterin zugefügt wurde, möglich ist. Außerdem ist die Anwendung der *Präzipitinreaktion* empfohlen worden *(Ruppert).* Sichere Ergebnisse liegen aber mit der Anwendung dieser Probe nicht vor.

Mittel zur Bekämpfung. Das wichtigste Mittel zur Bekämpfung der Rinderpest in Afrika ist die *Impfung.* Daneben sind *veterinärpolizeiliche Maßnahmen* anzuwenden, soweit sie durchführbar sind. In Deutsch-Ostafrika wurden nach endlicher Feststellung der Rinderpest die verseuchten Bezirke gegen den Zu-, Ab- und Durchtrieb von Rindern, Schafen und Ziegen gesperrt. Ferner wurde die Ausfuhr von Samli (Butterschmalz, Ghee) und von Häuten aus den Bezirken an die Bedingung geknüpft, daß das Samli auf mindestens 60° erhitzt wurde, was im übrigen bei seiner ordnungsmäßigen Herstellung stets geschieht, und daß die Häute getrocknet worden waren. Die Trocknung der Häute soll zur Erhaltung ihres Wertes im Schatten geschehen, da die Trocknung an der Sonne die Häute brüchig macht und ihren Wert bedeutend vermindert.

Zur *Impfung* dienten früher Immunserum und Virus in Form von Blut kranker Tiere. Das Immunserum schützt nur kurze Zeit, die dadurch hervorgerufene passive Immunität schwindet nach 1 bis 3 Wochen wieder, da das Serum aus dem Körper ausgeschieden wird; in frischverseuchten Beständen kann es einigen Nutzen haben. Durch die von *Kolle* und *Turner* 1897 ausgearbeitete Serumblutimpfung („Serovakzination"), die in einer Impfung mit Immunserum und virulentem Blut besteht, werden die Tiere dauernd immun gemacht, wie durch das Überstehen der natürlichen Erkrankung an Rinderpest, die eine dauernde Immunität hinterläßt. Zur Tilgung der Rinderpest kann nur die *aktive Immunisierung* durch Serumblutimpfung oder eine andere Art in Frage kommen. Die Serumblutimpfung geht im allgemeinen nur mit Impfverlusten in Höhe von 1 bis 2 v. H. einher; *Stockman* sah aber in einer Herde Verluste von 12 v. H. In Ägypten gelang es, die Impfverluste bei der Serumblutimpfung bis auf 0,05 v. H. herabzudrücken (*Rabagliati*, 1926).

Zu den gelegentlich hohen Impfverlusten bei der Serumblutimpfung kommt die große Gefahr, daß mit dem virushaltigen Blute krankmachende Piroplasmen, Trypanosomen, Anaplasmen und der Erreger des Herzwassers übertragen werden können. Wo Blut als Virus verwendet wird, müssen diese Infektionen verhütet werden. Zu dem Zwecke hat man versucht, die Rinder, die als Virusspender gebraucht werden, durch Behandlung mit Brechweinstein oder Trypanblau vorübergehend protozoenfrei zu machen, was sich aber nicht als zuverlässig erwiesen hat. Im als Virus benutzten Zitratblut lassen sich Trypanosomen durch Zusatz von Brechweinstein 1 : 10000 bis 20000 avirulent machen (Tanganyika-Ber. 1929), Piroplasmen durch Zusatz von Trypanblau 1 : 100 (Ägypten). Zur Ausschaltung der Protozoen aus dem Virusblut ist auch die Verwendung von *virushaltigem Blut von Ziegen, Schafen* und *Ferkeln* (*Conti* u. *van Dac*, 1929) empfohlen worden. In dem unter Mandat stehenden Schutzgebiet Deutsch-Ostafrika (Bericht 1933 und 1935) wird auch heute noch, wie schon zur deutschen Zeit (*Gärtner*, 1920), möglichst von infizierten Ziegen stammendes Blut als Virus verwendet. Die Benutzung von Ziegen als Virusquelle ist auch in anderer Hinsicht sehr vorteilhaft. Sie sind leicht an jeden verseuchten Ort zu transportieren, wodurch der manchmal auftauchenden Schwierigkeit, Virus an Ort und Stelle zu erhalten, begegnet werden kann. In Indien wird in großem Umfang Virus von Ziegen zur Schutzimpfung gegen Rinderpest verwandt. Zuerst geschah die Anwendung zugleich mit dem Serum, jetzt auch nach der 80. Ziegenpassage ohne Serum (*"Goat virus-alone method"*), und zwar unter Benutzung von Blut wie auch Milzextrakt der mit Rinderpestvirus infizierten Ziegen. Die Erfolge waren bei einem Ausbruch von Rinderpest in einem Bezirk ausgezeichnet. Ob dem Ziegenblut oder dem Ziegenmilzextrakt der Vorzug zu geben ist, hängt davon ab, ob zur Erzeugung einer Immunität ein Fieberanstieg nach der Impfung erforderlich ist. Ist dies der Fall, so ist der Blutimpfung, wenn nicht, der Impfung mit Milzextrakt der Vorzug zu geben. Die letztere Methode verdiene besonders auch wegen der einfacheren Durchführung der Impfung und der billigeren Gewinnung des Impfstoffes den Vorzug. Eine Ziege könne 2000 bis 2500 Dosen Gewebsvakzine, dagegen nur 500 Dosen Blutvakzine liefern (*Saunders* und *Kyalasam Ayyar*, 1935, *d'Costa*, 1938, ferner *Sarwar* und *Handa*). *Sarwar* und *Handa* berichten, die "Goat-virus-method" habe jetzt einen solchen Grad der Vollkommenheit erreicht, daß ihrer allgemeinen Durchführung keine Bedenken mehr entgegenstehen. Die Schutzimpfung mit Virus sei geeignet, in Indien in großem Umfang eingeführt zu werden. Nach *Saunders* und *Kyalasam Ayyar* läßt sich die Virulenz des Rinderpestvirus durch Ziegenpassage unbegrenzt erhalten. In Afrika haben Impfversuche mit nach der indischen Methode durch Ziegenpassage abgeschwächtem Rinderpestvirus *versagt.* Der abgeschwächte indische Virusstamm, mit dem in Indien bei wenig empfänglichen Rassen allein ohne Serum, bei empfänglicheren Rinderrassen gleichzeitig mit ein wenig Serum geimpft wird, hatte in *Kenya* bei den geimpften Rindern noch eine Sterblichkeit von 18 v. H. zur Folge *(Daubney,* 1937, 1938*).*

Wenn bei plötzlichem Ausbruch der Seuche kein Serum zur Verfügung steht, kann auch die von *Robert Koch* angegebene Impfung mit *Galle* von pestkranken Rindern, die am 5. bis 7. Tage der Erkrankung verendeten oder getötet wurden, Anwendung finden. Von der Galle werden 10 ccm subkutan angewandt. Die Impfung soll 4 Wochen schützen, ist aber höchstens ein Notbehelf, zu dem zu greifen im Zeitalter des Flugzeuges wohl kaum mehr Anlaß gegeben sein dürfte.

Eine *neue Periode der Rinderpestbekämpfung* ist durch die Verwendung von *mit keimabschwächenden Mitteln versetzten Organvakzinen* eingeleitet worden, deren Gebrauch die Übertragung von Blutparasiten bei der aktiven Immunisierung verhütet. Zur Herstellung dieser Vakzinen wird Brei aus Organen rinderpestkranker Tiere mit keimabschwächenden Mitteln wie *Formalin, Glyzerin, Karbol, Chloroform, Toluol, Eukalyptusöl* versetzt. Die Vakzine wird nach *Katizaki, Nakanishi* und *Ozumi* z. B. so hergestellt, daß dem Organbrei die 2- bis 3fache Menge Glyzerin und dem Gemisch 8 bis 10 v. H. Toluol oder Eukalyptusöl zugesetzt werden und das Ganze nach 1 bis 2 Wochen langem Stehen im Brutofen zu einer feinen Emulsion zerrieben wird. *Boynton* fügt zu einer Emulsion von virulenten Lymphknoten, Milz, Hoden, Herzmuskel und Blut ein 0,5prozentiges Phenolglyzerin im Verhältnis 3:1 zu und erhitzt das Gemisch 3 Stunden lang im Wasserbad von 42⁰. Chloroformvakzine von *Kelser, Youngberg* und *Topacio* wird in der gleichen Weise bereitet wie die von *Boynton,* nur wird dem Brei die gleiche Menge physiologische Kochsalzlösung zugesetzt und das Gemisch mit 0,75 v. H. Chloroform versetzt. Der Impfstoff ist nach 48stündigem Stehen gebrauchsfertig. Die wichtigste Vakzine ist die von *Curasson* und *Delpy* (1926) bereitete *Formolvakzine,* die durch Zerkleinern von Milz oder Lymphknoten und Lungen, Zusatz der 5fachen Menge einer 3 v. T. Formalin enthaltenden physiologischen Kochsalzlösung, Stehenlassen während 48 Stunden und schließlich Filtration durch Gaze hergestellt wird. *Daubney* hat auf dem XIII. int. tierärztlichen Kongreß in Zürich 1938 erklärt: *Die Veröffentlichung von Curasson und Delpy (1926) über ihren Erfolg bei der Anwendung von inaktivierter Gewebsvakzine zur Rinderpestimmunisierung eröffnete eine neue Ära der Rinderpestbekämpfung.* Die Tatsache, daß *Katizaki* (1918) und *Boynton* (1928) diese Methoden schon einige Zeit lang benutzt hatten, war den meisten unbekannt, und *Curassons* Veröffentlichung war die erste, die in der westlichen

Literatur erschien. Seither ist diese Methode der Immunisierung in ausgedehntem Maße in Afrika verwendet worden und hat ausgezeichnete Erfolge gehabt. Die im Mandatsgebiet Deutsch-Ostafrika zur Anwendung kommende Vakzine-Virus-Methode (*French*), bei der auf die Impfung mit Organvakzine eine Nachimpfung mit virulentem Blute folgt, entspricht dem Grunde nach dem Verfahren, das in Kenya bereits ausgedehnte Anwendung gefunden hat. Es erzeugt dauernde Immunität bei einem hohen Teilsatz der geimpften Rinder.

Außer der *Curassonschen* Vakzine findet vor allem in den englischen Teilen von Afrika besonders die *Glyzerinvakzine* nach *Bennett* ausgedehnte Anwendung.

Wenn auch zum Teil über jahrelange Dauer des Seuchenschutzes bei Anwendung der Vakzine-Virusmethode berichtet wird — Vakzine allein erzeugt eine Immunität von höchstens einem Jahr, *Missenard* und *Zylbertal* geben sogar an, die *Curassonsche* Vakzine erzeuge einen Impfschutz von nur 5- bis 6monatiger Dauer —, so verdient doch die Angabe eines Jahresberichtes der Veterinärabteilung von Britisch-Somaliland Beachtung: „Solange Formolvakzine oder Glyzerinmilzvakzine noch nicht praxisreif sind, ist die Serumblutimpfung die Methode der Vorbeuge, die am meisten befriedigt." Wenn auch heute diese Stelle (Ber. 1936) die Rinderpest mit Glyzerinmilzvakzine bekämpft und damit zeigt, daß sie heute der Meinung ist, daß die Vakzinen „praxisreif" sind, so ist eine einmütige Beurteilung der Vakzinevirusvorbeuge heute in Afrika noch nicht vorhanden.

Das erhellt besonders aus den Angaben von *Cornell* und *Evans* (1937), über die *Traub* (1939) wie folgt berichtet:

Zunächst wurden in Laboratoriumsversuchen die beiden hauptsächlichen in verschiedenen Ländern und Instituten zur Zeit gebräuchlichen Immunisierungsverfahren verglichen. Nach der einen Methode wird die Milz von kranken Ochsen fein mazeriert, in einer Mischung von Glyzerin und Kochsalzlösung aufgeschwemmt, durch „Kupferdrahtgaze" filtriert und das Filtrat 3 Tage lang bei 37^0 gehalten. Nach der zweiten Methode wird einer Milzaufschwemmung in Kochsalzlösung Formalin im Verhältnis 1 : 1000 zugesetzt und die Mischung 3 Tage lang bei Zimmertemperatur belassen. Die beiden Impfstoffe ergaben ähnliche Resultate, die nach *Cornell* und *Evans* folgende Schlußfolgerungen gestatten: Wenn ein schutzgeimpftes Rind mit Rinderpestvirus nachgeimpft wird, kann es auf dreierlei Art reagieren:

1. Durch Erkrankung an Rinderpest, deren Schwere je nach der Wirksamkeit des Impfstoffes und der natürlichen Resistenz des Tieres wechselt. In der Mehrzahl der Fälle ist Fieber die einzige Krankheitserscheinung, die aber mit Virusausscheidung verbunden ist, so daß die Tiere während der Fieberperiode gesunde Rinder anstecken können. Die Impfreaktion hinterläßt eine hochgradige Immunität.

2. Es kann eine wahrnehmbare Impfreaktion vermissen lassen, das Virus kann sich aber dennoch im Körper vermehren. Solche Tiere können sehr wahrscheinlich empfängliche Rinder infizieren. Nach der Durchseuchung sind sie hochgradig immun.

3. Eine wahrnehmbare Impfreaktion mit Virusvermehrung kann ausbleiben und das Tier nach einer unterschiedlichen Zeitspanne wieder empfänglich werden, was durch ähnliche Feststellungen in Uganda (1933) bestätigt wird.

Als Hauptnachteile der avirulenten Impfstoffe bei Anwendung in der Praxis werden bezeichnet: 1. Die unterschiedliche Wirkung verschiedener, nach derselben Methode hergestellter Impfstoffe; 2. die Unmöglichkeit, eine starke und dauerhafte Immunität durch Verimpfung der Gewebevakzine allein (ohne Nachimpfung mit Virus) zu erzielen; 3. die Möglichkeit der natürlichen, klinisch nicht erkennbaren Erkrankung geimpfter Tiere, die während der Impfreaktion gesunde Rinder anstecken können.

Die *Schutzimpfung mit Gewebevakzine* sollte nach *Cornell* und *Evans* als ein *Mittel zur Verhütung oder Milderung der Krankheit im Einzelfalle betrachtet werden* und *nicht als ein Werkzeug zur Ausrottung der Seuche.* Die Zahl der schweren Krankheitsfälle und die Sterblichkeit können durch die Schutzimpfung erheblich vermindert werden, und die vielfach geübte Doppelimpfung (Impfung mit Gewebeimpfstoff mit nachfolgender Viruseinspritzung) sei der Simultanimpfung überlegen, da die Impfreaktion im allgemeinen milder und die Sterblichkeit geringer seien. Es könne als ziemlich sicher gelten, daß Rinder, die mit Vakzine schutzgeimpft, aber nicht mit Virus nachgeimpft worden sind, sich nach einigen Monaten eine leichte, schwer erkennbare Infektion zuziehen und dadurch die Seuche verbreiten können. Zum Zwecke der Abriegelung eines Seuchenherdes sei die „Ringimpfung" mit inaktiviertem Virus (Gewebevakzine) nutzlos, weil die Seuche den Impfring durchbrechen kann.

Prunier (1930) bezeichnet für Französisch-Westafrika die *Serumblutimpfung* („Séroinfection") als Methode der Wahl. Der Nigeria Vet.-Bericht 1934 sagt, zur Rinderpestbekämpfung in Nigeria könne man wegen der vielen nomadisierenden Herden nur eine Impfmethode brauchen, die dauernde Immunität schafft, und dies sei nur die Serumblutimpfung. Alle anderen Methoden seien in praxi mit mehr oder weniger gutem Erfolg versucht worden. Auch in Italienisch-Ostafrika scheint man bei der Serumblutimpfung zu verbleiben *(Cilli,* 1937*).* Wichtig ist in diesem Zusammenhang auch die Stellungnahme der *westafrikanischen Veterinärkonferenz* 1936, *daß die Serumblutimpfung die einzige Methode sei, die dauernde Immunität bringt,* während die Serovakzination nicht immer eine genügende Immunität schaffe. Das *Goldküstenvieh,* das höckerlose westafrikanische Kurzhornrind, ist, wie erwähnt, sehr empfindlich gegen Rinderpest, und es muß deshalb bei der Impfung sehr sorgfältig vorgegangen werden, um unnötige Sterblichkeit zu verhüten. Man gibt erst eine kleine Dosis Vakzine und läßt dann nach 10 Tagen die Simultanimpfung mit Serum und Blut folgen. Dabei sind die Reaktionen milde. Die Versuche haben gezeigt, daß so eine dauerhafte Immunität erreicht wird. Obwohl alle Rinder im Alter von 2 Jahren schutzgeimpft werden, hat man häufig Ausbrüche der Seuche unter den ungeimpften Kälbern beobachtet; diese Ausbrüche werden mit Serum und Vakzine behandelt (Goldküste-Bericht 1934/35).

Ein Nachteil aller Impfungen, bei denen zum Auftreten einer dauerhaften Immunität eine ausgesprochene Krankheitsreaktion notwendig ist (dazu gehören nach den neueren Forschungen auch die Impfungen mit Gewebevakzinen), ist, daß Aborte und temporäre Sterilität die gewöhnlichen Folgen der Impfung sind (Uganda-Bericht 1933).

Es fällt auf, daß in Afrika der von dem türkischen Tierarzt *Süreyya Tahsin Aygün* hergestellte *Trockenimpfstoff* zur Schutzimpfung gegen die Rinderpest noch keine Beachtung gefunden hat. Dieser Impfstoff wird so hergestellt, daß Nieren-, Herzmuskel-, Milz- und Lymphknotenbrei von rinderpestkranken Rindern mit der gleichen Gewichtsmenge einer 3 v. T. Formalin enthaltenden physiologischen Kochsalzlösung 24 Stunden lang bei Zimmertemperatur stehengelassen, hierauf das Formalin mit Ammoniak und die entstehende Säure mit Natronlauge neutralisiert wird, worauf der Organbrei bei 38^0 getrocknet und zu feinem Pulver verrieben wird. Das Pulver behält nach den Angaben *Süreyyas* seine Wirksamkeit mindestens 16 Monate lang und kann an Ort und Stelle in der Menge von 2—4 g, in der 20fachen Menge abgekochten Wassers aufgenommen, zur subkutanen Injektion angewandt werden. Die Tiere scheinen schon am 3. bis 4. Tage gegen die Ansteckung widerstandsfähig zu sein und besitzen selbst noch nach einem vollen Jahr, wie *Gerlach* bestätigt hat, volle Immunität. Wegen dieser ausgezeichneten Eigenschaften des Impfstoffes werden in Ankara in der Türkei stets große Mengen (etwa 1 Million Dosen) des Impfstoffes vorrätig gehalten und im Bedarfsfalle sofort auf den Weg gebracht. Hiernach scheint der Impfstoff von *Süreyya Tahsin Aygün* auch für Afrika ganz besonders geeignet zu sein. Der Impfstoff wird nach *Delpy* (1936) und *Endrejat* (mündliche Mitteilung an einen von uns, *Kulenkampff)* auch in Persien im großen Stile angewandt. Die Erfolge sollen sehr gut sein *(Endrejat).*

Ein anderer neuer, chemisch abgeschwächter Impfstoff zur Schutzimpfung gegen Rinderpest ist die *Saponinvakzine (Curasson,* 1935), die in umfangreichen Versuchen geprüft wurde und der trotz der dabei auftretenden Impfverluste und dem mitunter unzureichenden Impfschutz von *Curasson* (1937) der Vorzug gegenüber seiner Formalinvakzine gegeben wird. *Curasson* (1937) glaubt, daß die erwähnten Nachteile vermieden werden können. Die Impfverluste seien jedenfalls geringer als bei der Serumblutimpfung und die Herstellung des Impfstoffes sehr billig und einfach. Der Impfstoff wird hergestellt aus virushaltiger Kälbermilz nach Zerkleinerung und Zusatz der doppelten Menge physiologischer Kochsalzlösung und Saponin im Verhältnis 1 : 50 und Auszentrifugieren; die Impfdosis ist $^1/_4$ bis 2 ccm. Die geimpften Tiere zeigen am 2. bis 3. Tage deutlichen Temperaturanstieg, doch keinerlei weitere klinische Zeichen der Rinderpest *(Curasson,* 1935*).*

Übertragung auf den Menschen. Die Rinderpest ist auf den Menschen weder durch Berührung mit kranken Tieren noch durch den Fleischgenuß übertragbar. Gleichwohl kann der Fleischgenuß nicht gestattet werden, da durch den Verkehr mit Fleisch die Seuche verschleppt wird.

Handelsverkehr mit Häuten und sonstigen Teilen kranker Tiere. Daß Häute von rinderpestkranken Tieren im getrockneten Zustande ohne Gefahr in Verkehr gegeben werden können, ist schon erwähnt worden. Alle übrigen Teile pestkranker Tiere sind unschädlich zu beseitigen, da durch sie die Seuche verschleppt werden kann.

Behördliche Maßnahmen zur Bekämpfung. Überall in Afrika, wo die Rinderpest vorkommt, wird zu ihrer Bekämpfung die Impfung durchgeführt. In einem verseuchten Land oder Gebiet wären zunächst der ganze Bestand und dann jedes Jahr die hinzukommenden jungen Tiere durchzuimpfen, wie dies in Ägypten und den britisch-westafrikanischen Besitzungen geschieht. Bei dem Durchimpfen der Bestände werden die Kälber nicht mitgeimpft. Solange sie saugen, sind sie durch die mit der Milch auf sie übergehenden Schutzstoffe aus dem Blut der Mutter geschützt. Sie reagieren wohl auf die Impfung, erlangen aber keinen Immunschutz (*Teppaz*, 1919; *Askar*, 1924). Zur Unterstützung des Schutzes durch die Impfungen im Lande sind Verkehrsbeschränkungen für lebende Tiere und ihre Erzeugnisse, tote Tiere und Teile von toten Tieren durchzuführen, wie sie seinerzeit in Deutsch-Ostafrika angewandt worden sind.

Einzelne afrikanische Länder, die rinderpestfrei waren, haben sich durch *Evakuierung* weiter Landstriche an ihren Grenzen gegen die Einschleppung der Seuche zu schützen versucht. So hat *Nordrhodesien* (Bericht 1929) jahrelang eine derartige Zone gegen das unter Mandat stehende Schutzgebiet Deutsch-Ostafrika aufrechterhalten. Den Eingeborenen wurde erst dann wieder gestattet, mit ihrem Vieh dieses Gebiet zu betreten, als die Seuchenlage in den angrenzenden ostafrikanischen Gebieten günstig war. Nordrhodesien ist von der Rinderpest verschont geblieben. Eine ähnliche Maßnahme (*Curson*, 1919), verbunden mit der Immunisierung der Rinder in einem breiten Gürtel von Osten nach Westen zwischen Tanganyika- und Nyassasee, hat nach dem Kriege die südafrikanischen Länder vor dem Eindringen der in bedrohliche Nähe gerückten Rinderpest geschützt. Anlaß war der Ausbruch der Seuche in dem deutsch-ostafrikanischen Neu-Langenbergbezirk gewesen (*Curson*, 1919). In den Jahren nach dem Kriege wurde in dem unter Mandat stehenden Schutzgebiet Deutsch-Ostafrika eine Sperrzone eingerichtet, um die Einschleppung der Seuche in Kenya zu verhüten. Man schuf im Massailand gegen Kenya eine viehfreie Zone, die durch eine doppelte Reihe von Baken (Landzeichen aus Steinhaufen) in einer Breite von 10 englischen Meilen gekennzeichnet war, in der kein Rind geduldet wurde. An bestimmten Stellen war der Viehdurchtrieb gestattet. Uniformierte eingeborene Veterinärgehilfen („Veterinary guards") hatten die Aufsicht.

Auch gegen das *Wild* wurden ähnliche Abwehrmaßnahmen ergriffen. Erfolg hatte man damit in Uganda 1931 (Bericht), als man durch eine zusammenhängende Kette von Fallgruben zwischen Georgsee und Eduardsee verhinderte, daß die Büffel die Rinderpest nach Ankole und Kigesi verschleppten.

Nach der Serumblutimpfung können die *Sperrmaßnahmen* bald wieder aufgehoben werden, wenn auch die geimpften Tiere noch eine Zeitlang den Ansteckungsstoff ausscheiden können. *Colback* und *Caccavella* (1936) haben festgestellt, daß gegen Rinderpest nach der Serumblutmethode geimpfte Rinder während der Fieberperiode infektiös sind und daß die Infektiosität bis 6 Tage nach dem Verschwinden der Fieberreaktion bestehen bleiben kann. Nach dem 6. Tag waren auch große Mengen Blut nicht mehr infektiös. Kot,

Scheiden- und Nasenausfluß waren 26 Tage nach der Impfung nicht mehr infektiös.

Wirtschaftliche Bedeutung. Die Rinderpest ist die *wichtigste Seuche des tropischen Afrika.* Dies erklärte auch *Daubney* auf dem XIII. internationalen tierärztlichen Kongreß in Zürich 1938 bei der Besprechung der gewaltigen Entwicklung der Methoden zur Bekämpfung der Rinderpest in den letzten Jahren. Das Herrschen der Rinderpest gefährdet sowohl die nördlichen wie die südlichen Viehzuchtgebiete. Daß dies im Süden der Fall ist, ist bei dem Fehlen natürlicher, geographischer Hindernisse ohne weiteres klar. Man denke an den gewaltigen Seuchengang am Ende des vorigen Jahrhunderts, der von den 5 Millionen Rindern Südafrikas nur einige 100 000 übrigließ. Aber auch für Französisch-Nordafrika fürchtet *Sergent* die Gefahr des Seucheneinbruches, indem er darauf hinweist, daß es gar nicht schwer sei, mit Zebus die sudanesische Sahara, die als natürliches Hindernis gegen die Einschleppung der Rinderpest angesehen werden könnte, zu durchqueren. Bei der großen Bedeutung, die die Ernährung mit den genügenden Mengen Eiweiß für die Gesunderhaltung der afrikanischen Völker hat, ist es unbedingt nötig, der Rinderpest tatkräftig den Kampf mit dem Ziele der Ausrottung anzusagen; denn sie ist es, die ohne Unterlaß über die tsetsefreien Savannen dahinzieht, in denen die Rinderzucht gut möglich ist *(Hornby).* Schon mit Einzelmaßnahmen kann man gute Erfolge erzielen. In Uganda verendeten 1928 nach Einführung einer Bekämpfung 7000 Rinder an der Rinderpest, gegen 70 000 in den Jahren von 1912 bis 1920, in denen eine Bekämpfung nicht möglich gewesen war.

Die *afrikanische Rinderpestkonferenz* in Nairobi 1938 hat festgestellt, daß die heutigen Methoden der Bekämpfung, wenn sie auch nicht vollendet sind, doch die Möglichkeit geben, nicht nur den Vormarsch der Rinderpest nach dem Süden aufzuhalten, sondern sie auch nach Norden zurückzudrängen. Daß das nicht schon geschehen sei, liege nur an dem Fehlen von Mitteln und Personal. Die einzelnen Gebiete können diese große, gemeinnützige Aufgabe, die *ganz* Afrika zugute kommen soll, nicht auf sich nehmen. Hier ist nach dem Urteil aller führenden Fachleute *Zusammenarbeit aller beteiligten Verwaltungen* nötig, um den afrikanischen Kontinent von der Geißel der Rinderpest zu befreien.

2. *Bösartiges Katarrhalfieber des Rindes (Snotsiekte)*

Wesen, Ursache. Das bösartige Katarrhalfieber ist eine mit einer in der Regel schweren Entzündung der Schleimhäute des Kopfes und der Augen einhergehende, durch ein filtrierbares Virus *(Zanzucchi, 1934)* hervorgerufene Krankheit des Rindes*. Wegen der regelmäßigen Erkrankung der Schleimhäute

* Götze (1940) fand bei bösartigem Katarrhalfieber des Rindes in Deutschland Spirochaeten, die möglicherweise die Erreger der Krankheit sind.

des Kopfes und der Augen wird die Krankheit auch als „Kopfkrankheit" bezeichnet. Die Grade der Entzündung der Kopfschleimhäute schwanken vom Katarrh bis zur schweren kruppösen und diphtherischen Entzündung. Nach dem heutigen Stand der Forschungen ist als festgestellt zu betrachten, daß das europäische Katarrhalfieber und die süd- und ostafrikanische Snotsiekte im wesentlichen identisch sind (*du Toit* und *Alexander,* 1938). Es bestehen Unterschiede in den Krankheitserscheinungen bei lebenden, getöteten und gefallenen Tieren sowie hinsichtlich der Art der Übertragung. *Du Toit* und *Alexander* ist aber zuzustimmen, wenn sie sagen, die richtige Beurteilung sei wahrscheinlich die, daß die beiden Krankheiten durch verschiedene Stämme oder Typen des gleichen Erregers hervorgerufen werden, wie sie sich in Europa und Afrika durch Anpassung an die verschiedenen Umwelteinflüsse herausentwickelt haben. Für das Virus des europäischen Katarrhalfiebers ist die Filtrierbarkeit festgestellt (*Zanzucchi,* 1934), *du Toit* und *Alexander* bezeichnen das der afrikanischen Krankheit als nicht filtrierbar. Beide Krankheitsformen sind im übrigen durch Blut übertragbar, die „Snotsiekte" leichter als die europäische Krankheit.

Vorkommen und Art der Übertragung. In Europa ist die Krankheit weit verbreitet. In Afrika steht ihr Vorkommen fest für *Tunesien, Ägypten, Französisch-Westafrika, Kenya, Südrhodesien,* die *Südafrikanische Union* und die unter Mandat stehenden Schutzgebiete *Deutsch-Ost-* und *Deutsch-Südwestafrika.* Die Krankheit greift von Rind auf Rind nicht über. Im Veterinärbericht für Kenya für 1935 findet sich allerdings folgende Angabe: Ein Fall von Kontaktübertragung der Snotsiekte beim Kalbe wurde bei den im Institut durchgeführten Versuchen gesehen, und es wurde dabei angenommen, daß wegen des bei dem Versuch durchgeführten Kurzzeitbadens die Möglichkeit ausgeschaltet werden kann, daß Ektoparasiten eine Rolle als Überträger gespielt haben. Zur Übertragung gehört nach den vorliegenden Erfahrungen eine bestimmte *Tiergemeinschaft.* In *Afrika* bestand schon lange, selbst bei den Massais, die Meinung, daß die Krankheit auftritt, *wenn die Gnus kalben* (Tanganyika-Bericht, 1933) und die *Nachgeburt und Ausflüsse aus den Geschlechtsteilen auf dem Gras haften.* Schon 1850 berichtete *Gordon Cumming* aus Südafrika (zit. nach *Henning,* 1932), daß seine Ochsen an Snotsiekte erkrankt seien, nachdem sie an Stellen geweidet hatten, an denen vorher schwarze Gnus gestanden hatten. *Mettam* hat dieser Meinung eine feste Grundlage durch den Nachweis des Erregers im Blute von Gnus (Connochaetes gnu) gegeben, mit dem er die Krankheit bei Rindern hervorrufen konnte (1924). Die Krankheit ruft bei Gnus keine sichtbaren Erscheinungen hervor, es ist auch nur ein Teil der Gnus infiziert. Der Erreger der Snotsiekte hat sich aber in Süd- und Ostafrika im Gnu ein Virusvorratstier geschaffen. Ohne Zweifel kann auch das blaue Gnu (Connochaetes taurinus) den Erreger beherbergen (*Henning,* 1932). *Daubney* (1938) bezeichnet es als eine Merkwürdigkeit, daß die Ansichten der europäischen Farmer und der Eingeborenen hinsichtlich der aku-

Abb. 2

ten Form der Krankheit darin übereinstimmen, daß sie nach Berührung des Rindes und des Gnus, besonders wenn das Gnu kalbe, entstehe. Wie die Übertragung vom Gnu auf das Rind erfolgt, ist nicht geklärt; es wird angenommen, daß stechende Insekten dabei beteiligt sind, aber alle Versuche, dies zu erhärten, waren sowohl mit verschiedenen Insekten wie auch mit Läusen und Zecken ergebnislos *(Mettam,* 1924*).*

Unter dem Eindruck der afrikanischen Feststellungen untersuchten *Götze* und *Ließ* (1928) die Tiergemeinschaft beim europäischen Katarrhalfieber und fanden, daß hier das *Schaf* dieselbe Rolle spielt wie das Gnu bei der Snotsiekte. Auch bei der Tiergemeinschaft Schaf-Rind ist die unmittelbare Übertragung von Schaf auf Rind ungeklärt. *Götze* und *Ließ* haben belebte Zwischenträger angenommen, ohne jedoch hierfür einen greifbaren Beweis finden zu können. Die in dieser Hinsicht verdächtigte Schaflausfliege scheint nach *Simonatti* (1937, zit. nach *Wyßmann,* 1938) nicht in Betracht zu kommen. Nach *Rinjard* spricht manches eher für einen beweglicheren Parasiten; doch handelt es sich hier (zit. nach *Wyßmann*) nur um Vermutungen. Nach *Wyßmanns* (1938) Ansicht könnte erst der sichere Nachweis eines Zwischenträgers mit größerem Aktionsradius zu der Annahme berechtigen, „daß die Schafe sozusagen das einzige Reservoir des Katarrhalfiebervirus darstellen". Die Tiergemeinschaft Rind-Schaf oder Rind-Gnu konnte wie in Europa so auch in Süd- und Ostafrika nicht immer nachgewiesen werden. In Südafrika ist das Schaf nie als Überträger festgestellt worden *(du Toit* und *Alexander,* 1938). Vielleicht ist es in Nord- und Westafrika anders, da dort die Gnus fehlen. Aus Französisch-Guinea meldet *Curasson* (1936), daß man Fälle von Katarrhalfieber wiederholt für Rinderpest gehalten habe. (Schrifttum zum Vorkommen: *Tunesien: Noell,* 1929; *Ägypten: Rabagliati,* 1926; *Kenya: Daubney* u. a.; unter Mandat stehende Schutzgebiete *Deutsch-Ostafrika:* Vet.-Bericht, 1930/32, *Deutsch-Südwest-afrika:* Mandatsber., 1934, 1935; *Rickmann,* 1908; *Südrhodesien:* Vet.-Bericht, 1931.)

Erscheinungen. Bei den an Katarrhalfieber erkrankten Tieren stehen in der überwiegenden Mehrzahl der Fälle hohes Fieber und Entzündung der sichtbaren Schleimhäute, besonders des Kopfes, sowie die Erkrankung der Augen mit Trübung und selbst geschwüriger Veränderung der Hornhaut im Vordergrund. Wie *Wyßmann* in seinem Vortrag auf dem XIII. internationalen tierärztlichen Kongreß in Zürich 1938 hervorhob, sieht man in Europa die Kopfaugenform am häufigsten, seltener die allgemeine perakute, die intestinale und die Hautform. Ferner sind besonders in chronischen Fällen Lymphknotenschwellungen häufig, worauf *Luzet* und *Götze* hingewiesen haben. Bei der Erkrankung des Verdauungsapparates (intestinale Form) bestehen die Erscheinungen einer schweren Entzündung der Schleimhaut der Maulhöhle mit Bildung von Geschwüren, ferner Durchfall mit Absatz von blutigem, kruppöse Beimengungen enthaltendem Kote. Auf der Haut sieht man gelegentlich einen Ausschlag in Form von Bläschen und Knötchen und Ausfallen der Haare. Bei Kühen kann die Scheidenschleimhaut entzündlich und geschwürig verändert sein. Bei der perakuten Form, die bereits nach 1 bis 3 Tagen tödlich verläuft, können örtliche Erscheinungen fehlen; die Krankheit verläuft septikämisch. Die durchschnittliche Dauer bei der Kopfaugenform beträgt 3 bis 4 Wochen; es sterben 50 bis 90 v. H. der erkrankten Tiere. Da nach vermeintlichen Heilungen Neuerkrankungen auftreten, ist die Entstehung einer Immunität fraglich.

Bei der Snotsiekte sind die Erscheinungen nach *Mettam* (1924, z. T. zit. nach *Henning,* 1932) folgende: Die Inkubationszeit ist nach *Daubney* (1938) 14 bis 91 Tage. Die Krankheit beginnt mit Fieber; bald werden Mattigkeit,

Traurigkeit, Appetitlosigkeit beobachtet, ferner fast immer zuerst Verstopfung, dann Durchfall, Schwellung der Augenlider, wobei die Lidbindehäute tiefrot werden. Das charakteristischste Symptom ist der *Nasenausfluß*, der zuerst klar und dünnflüssig ist und dann eitrig wird und mit Blut vermengt sein kann. Besonders charakteristisch für die Snotsiekte ist, daß die oberflächlichen *Lymphknoten* so stark geschwollen sind, daß man sie deutlich fühlen kann; sehr starke Schwellung zeigen die Lymphknoten am Kopfe (submaxillare und retropharyngeale Lymphknoten), die so stark geschwollen sein können, daß es zu einer Stauung des Blutes der Halsvenen kommen kann und die Tiere den Kopf nicht mehr bewegen können und den Eindruck machen, als ob sie an Mumps erkrankt seien. Von der Snotsiekte genesen selten mehr als 5 v. H. der erkrankten Tiere *(Henning,* 1932*)*. Bei den gestorbenen Tieren finden sich außer den geschilderten Veränderungen lymphoide Infiltrationen in fast allen Organen, insbesondere der Milz, der Leber, den Nieren und dem Herzmuskel *(Henning,* 1932*)*.

Mittel zur Behandlung und Bekämpfung. Ein Heilmittel gegen die Krankheit ist nicht bekannt. Die vorbeugende Bekämpfung besteht in der Fernhaltung der Rinder von den Tieren, deren Gemeinschaft die Krankheit überträgt, also von den Schafen und Gnus. *Henning* (1932) sagt, *daß man bei der Ansiedlung eines Farmers die Gnus ausrotten müsse, bevor man wertvolle Tiere auf die Farmen bringt.* Wenn man die Gnus erhalten will, muß man verhindern, daß sie mit den Rindern in Berührung kommen, was am besten so geschieht, daß man die Gnus in ein Kamp mit einer genügend starken und hohen Einzäunung einschließt, in das keine Rinder gebracht werden.

Wirtschaftliche Bedeutung. Die Snotsiekte kann überall da, wo Gnus vorkommen, durch gehäuftes Auftreten eine hohe wirtschaftliche Bedeutung erlangen.

3. Lungenseuche des Rindes

Wesen und Ursache. Die Lungenseuche des Rindes ist eine durch einen sehr kleinen, vielgestaltigen Erreger verursachte Lungenbrustfellentzündung. Der Erreger ist filtrierbar, er geht durch die Poren der Berkefeld- und Chamberlandfilter. Er bildet verzweigte Fäden und ist deshalb von einzelnen Autoren von den Bakterien abgetrennt, zu den Pilzen gerechnet und als Micromyces pleuropneumoniae bezeichnet worden. Er läßt sich in Nährböden von bestimmter Zusammensetzung züchten, und die Kulturen werden neuerdings zur Schutzimpfung benützt. Die Lungenseuche kommt nur beim Rinde, sonst bei keinem anderen Farmtier vor. Das Wild ist nicht empfänglich.

Vorkommen. Die Lungenseuche ist in *Afrika weitverbreitet.* Sie kommt u. a. im Gebiete der *Goldküste* vor, wo 1919 13 v. H. aller Rinder daran eingingen *(Beal,* 1920*)*. Später nahm ihre Verbreitung wieder ab; die durch sie hervorgerufenen Verluste wurden aber auffällig nach der Unterdrückung der Rinderpest *(Stewart, 1936)*. Im *Französischen Sudan*, in *Nigeria*, im *Englisch-ägyptischen Sudan*, in dem unter Mandat stehenden deutschen Schutzgebiet *Kamerun* herrscht sie zum Teil enzootisch. Weiter kommt sie in *Abessinien* häufig vor *(Grignani, 1935)*, ferner in *Erythrea (Postiglione, 1935)*. Auch in *Kenya* herrscht sie in ziemlich starker Ausbreitung. In den erschlosseneren Gebieten Afrikas ist sie meist auf entlegenere, von den Tierärzten weniger leicht kontrollierbare Eingeborenengebiete begrenzt, so in dem unter Mandat stehenden Schutzgebiet *Deutsch-Ostafrika*, wo sie nach *McCall* (1930) auf das Massaigebiet beschränkt ist, in *Uganda* (Ber. 1935), in *Nordrhodesien* (Barotseland). Von diesen Gebieten aus erfolgen immer wieder Verschleppungen in die Nachbarschaft. So wurde der ganze Norden des sonst von der Seuche freien, unter Mandat stehenden Schutzgebietes *Deutsch-Südwestafrika* von Barotseland und dem stark verseuchten portugiesischen *Angola* her neuerdings wieder in schwerer Form infiziert. Von Angola aus soll 1915 auch Nordrhodesien verseucht worden sein (N.-Rhod., Ber. 1936). Es gelang in beiden Gebieten bis jetzt, die Seuche durch die ergriffenen Maßnahmen außerhalb der von Weißen besiedelten Gebiete zu halten. Eine größere Rolle spielt die Lungenseuche weiter noch im *Betschuanaland-Protektorat (Webb, 1935)* und in dem unter Mandat stehenden deutschen Schutzgebiet *Togo* (Mand.-Ber. 1937). In *Französisch-Guinea* hat *Curasson* 1931 seit 7 Jahren keinen Fall mehr gesehen. In *Ägypten* fehlt sie nach *Rabagliati* (1926) seit 22 Jahren; nach den Veterinärberichten wird sie nur gelegentlich in den Quarantänestationen bei aus dem Sudan eingeführten Tieren beobachtet. Auch in *Französisch-Nordafrika (Velu, 1932)* kommt sie nicht vor, auch nicht in *Nyassaland (de Meza, 1937)* und in *Madagaskar (Poisson, 1931)*. Die *Union von Südafrika* ist seit 1915 frei *(du Toit, 1930)*. Auch in *Südrhodesien* fehlt die Seuche. In *Deutsch-Südwestafrika* hat die Lungenseuche vor und nach dem Hereroaufstand geherrscht, ist aber durch Impfung restlos getilgt worden *(Rickmann)*. In *Belgisch-Kongo* ist sie einmal (1932) bei eingeführten Rindern beobachtet worden; nachdem die Tilgung durch Impfung ohne Erfolg versucht worden war, wurden die gesamten Rinder des befallenen Gebietes (2000 Stück) geschlachtet und das Gebiet für 2 Jahre frei von Rindern gehalten *(Jussiant, 1933)* (vgl. auch unter „Bekämpfung“).

Art der Übertragung. Die Seuche wird durch *kranke* und durch *unvollständig genesene* Rinder (Tiere mit abgestorbenen Herden, *Sequestern*, in den Lungen) verschleppt, und zwar durch die Ausatmungsluft. Außerdem können Zwischenträger, wie Streu und Futter, die durch die Ausatmungsluft ansteckungsfähiger Rinder verunreinigt sind, zur Verschleppung der Seuche führen. Tiere, die von der Lungenseuche unvollständig genesen sind und einen Sequester in der Lunge zurückbehalten haben („Lunger“), sind ebenso ansteckungsfähig wie kranke Tiere. Nach *Minett* (zit. nach *v. Hutyra-Marek-Manninger)* können solche Tiere noch nach 2 und 3 Jahren gesunde anstecken. Dies ist für die Beurteilung der Schutzimpfung wichtig (s. diese).

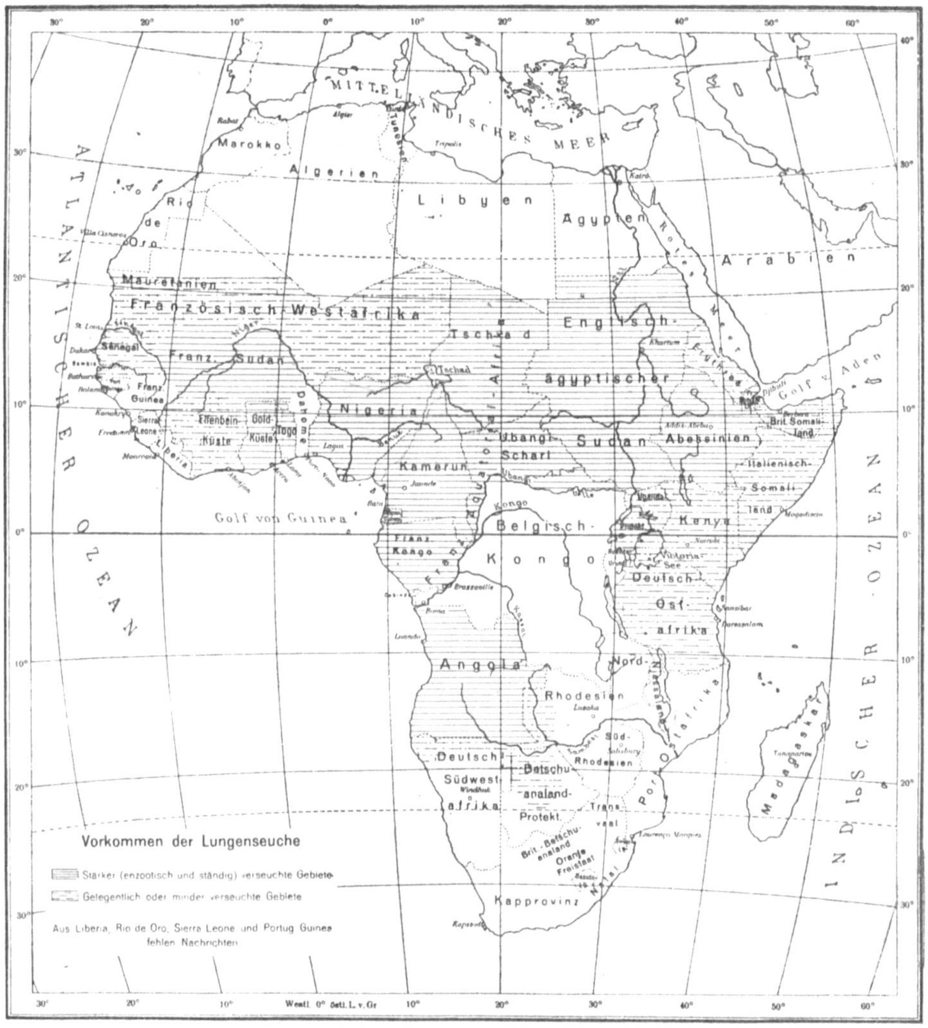

Abb. 3

Erscheinungen während des Lebens. Tiere, die den Ansteckungsstoff der Lungenseuche aufgenommen haben, erkranken nach 3 bis 6 Wochen zunächst unter Fieber und den Erscheinungen einer Lungenbrustfellentzündung mit Auftreten eines zunächst seltenen, später häufigeren Hustens. Im weiteren Verlauf werden Atembeschwerden beobachtet und Schmerzhaftigkeit bei Druck auf die Rippen. Bei *geschlachteten und gefallenen Tieren* findet man die pathologisch-anatomischen Merkmale einer Lungenbrustfellentzündung mit Erguß von Flüssigkeit in die Brusthöhle, Auflagerungen auf dem Brustfell, Nichtzusammenfallen von größeren und kleineren Lungenherden, die sich gleichzeitig derb anfühlen und auf dem Durchschnitt verschieden gefärbte graue,

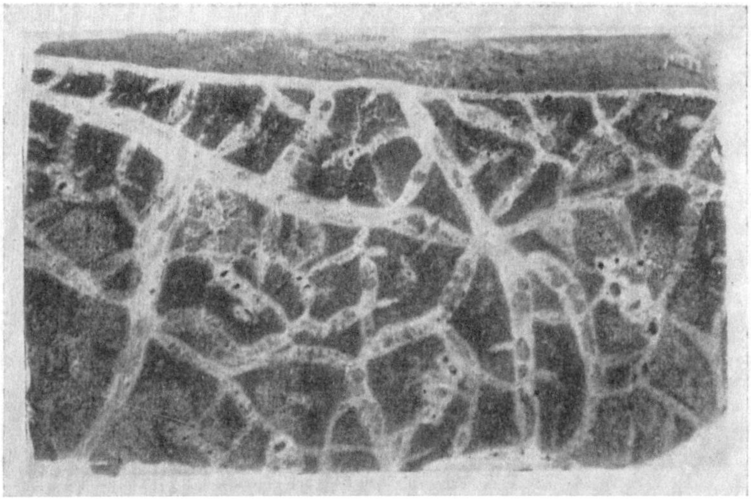

Abb. 4. Schnitt durch eine *Lungenseuchelunge*. Vergrößerte Balken des Zwischenläppchengewebes mit erweiterten Lymphräumen. (Nach *Henning*)

hell- und dunkelrot gefärbte Herde erkennen lassen *(marmorierte Schnittfläche)* (Abb. 4).

Mittel zur sicheren Feststellung. Die sichere Feststellung erfolgt durch die Tötung und die sachverständige Untersuchung eines Tieres, wenn kein gefallenes Tier zur Verfügung steht. Die übrigen erkrankten Tiere in einer Herde können durch genauere, sachverständige Untersuchung und die Blutuntersuchung (Präzipitations-, Agglutinations- und Komplementbindungsprobe) ermittelt werden.

Mittel zur Bekämpfung. Zur Bekämpfung der Lungenseuche dienen die *Schlachtung der erkrankten und verdächtigen Tiere, Sperrmaßnahmen* und die *Schutzimpfung der noch gesunden Tiere.* Die Schutzimpfung wird nach der von *Willems* (1852) angegebenen Methode ausgeführt mit aus erkrankten Lungenteilen ausgepreßtem *Lungensaft,* der etwa 10 cm oberhalb der Schwanzspitze in der Menge von etwa 1 bis 2 Tropfen unter die Haut gespritzt wird. Das *Willemssche* Verfahren, das sich als Mittel zur Verringerung der Verluste sehr gut bewährt hat, ist in der Folge mehrfach abgeändert worden. So hat *Theiler* statt der Einspritzung in den Schwanz verdünnten Lungensaft und auch Reinkulturen des Erregers den Tieren mit Wasser eingegeben, ohne daß jedoch hiermit ein Erfolg gegenüber der alten Methode erzielt worden wäre. Ferner wurde mit Kulturen geimpft und mit Lungensaft, die mit bestimmten Chemikalien (Natriumzitrat und Formalin) versetzt worden waren. Daneben werden in den fortgeschrittenen Ländern in Afrika strenge veterinärpolizeiliche Maßnahmen, insbesondere Absperrung der verseuchten Farmen oder Gebiete, durchgeführt.

Abb. 5. Manga (Gang) zur Vornahme der Impfung gegen Lungenseuche. (Photo *G. Schmid*)

Die Schutzimpfung gegen Lungenseuche nach dem *Willemsschen* Verfahren gehört zu den besten, die wir überhaupt kennen. Sie schützt nach den Beobachtungen in Deutschland bis zu 98 v. H. der geimpften Tiere in der Mehrzahl der Fälle auf mindestens 1 Jahr. Gleichwohl wurde sie als Vorbeugungsmittel in Deutschland verboten, weil sie sich zwar als ein Mittel zur Herabsetzung der Impfverluste in den bereits verseuchten Beständen, nicht aber als ein Mittel zur Tilgung der Seuche erwiesen hatte. Bei einem Teil der anscheinend nach der Impfung gesund gebliebenen Tiere entwickeln sich die bereits genannten Sequester in der Lunge, welche die Tiere, wie erwähnt, noch bis zu 3 Jahren zu Ansteckungsträgern machen können. In Afrika liegen die Verhältnisse anscheinend teilweise anders. Jedenfalls spricht hierfür der glänzende Erfolg der von *Rickmann* in Deutsch-Südwestafrika durchgeführten Lungenseuchenimpfung, die zur restlosen Tilgung der Seuche im Schutzgebiet geführt hat, obwohl fast keine Farm lungenseuchenfrei gewesen war. *Theiler* hat diesen Unterschied im Erfolge der Lungenseuchenimpfung in Deutschland und in Afrika darauf zurückgeführt, daß bei der Lungenseuche in Afrika, wie er annahm, infolge klimatischer Verhältnisse keine Sequester in der Lunge entstehen. Diese Ansicht ist nicht unbestritten geblieben. *Henning* gibt ausdrücklich an, daß bei Tieren, die an Lungenseuche erkrankt waren, Sequester in den Lungen entstehen können, weshalb es jetzt in Afrika allgemein üblich geworden ist, wo irgend möglich, bei der planmäßigen Bekämpfung der Lungenseuche alle erkrankten, seuchen- und ansteckungsverdächtigen Tiere zu schlachten. Die Schlachtung der seuchenkranken und seuchenverdächtigen Tiere ist eine selbstverständliche Maßnahme und in jedem Falle geboten.

Curasson (1935) hat bei Veröffentlichung seiner seit 1923 in Westafrika gesammelten Beobachtungen mitgeteilt, daß Tiere an Lungenseuche erkranken und daß sich bei ihnen Sequester in den Lungen entwickeln können, ohne daß sie erkennbare klinische Symptome zeigen. Bei der jetzt im Norden des unter Mandat stehenden Schutzgebietes *Deutsch-Südwestafrika* herrschenden Seuche wird die Tötung der seuchenkranken, seuchen- und ansteckungsverdächtigen Tiere gegen Entschädigung und die planmäßige Impfung der übrigen Bestände im ganzen Gebiete durchgeführt *(Schmid*, 1938, und *Sigwart*, 1939; pers. Mittlg. an einen von uns, *Kulenkampff)*. In *Nigeria* wird die Schutzimpfung als das beste Mittel zur Bekämpfung der Seuche bezeichnet, mit der Maßgabe, daß die Impfung einige Monate, bevor die Tiere der Gefahr ausgesetzt sind, vorgenommen wird *(Henderson*, Ber. 1929*)*. In *Kenya* werden zur Ausrottung der Lungenseuche förmliche Impffeldzüge durchgeführt (Ber. 1932). Nach *Hayes* *(Tanganyika*-Bericht, 1928*)* sterben im Massailand während der Dürrezeiten die Tiere mit den verborgenen abgestorbenen Lungenherden. So erkläre es sich, sagt *Hayes*, daß er in jahrelangen Beobachtungen bei den Rindern in wegen Lungenseuche gesperrten Massaibomas nach Ablauf eines Jahres nie mehr Lungenseucheveränderungen gefunden habe. *Lowe* (1935) ist der Meinung, daß die klimatischen Bedingungen in Ostafrika eine Tilgung der Seuche fördern müßten; es fehle nur noch die geeignete Art der Impfung. *Hornby* (1936) bestätigt diese Annahme, wenn er sagt, es bestehe noch kein befriedigendes Bekämpfungsvorgehen gegen die Lungenseuche. *Du Toit* (1932) betont mit Recht, daß die Lungenseuche in solchen Ländern ausgerottet werden könne, wo eine genügende tierärztliche Überwachung möglich sei. Gegen die Keulung, d. h. die Tötung der kranken, seuchen- und ansteckungsverdächtigen Tiere, bei der auch eine Anzahl gesund erscheinender Tiere getötet werden muß, ist von kolonialtierärztlicher Seite eingewendet worden, daß sie undurchführbar sei. Es sei oft unmöglich, den Eingeborenen solches zuzumuten. Es seien politische Schwierigkeiten zu befürchten. Begründet erscheinen solche Einwände nur in Gebieten, wo zwei Voraussetzungen fehlen: ein gutes Verhältnis der Verwaltung zu den Eingeborenen und die zur Entschädigung der getöteten Tiere notwendigen Mittel. Im Caprivizipfel wurde bei der dort im Jahre 1938 ausgebrochenen schweren Lungenseuchepizootie die Keulung der erkrankten, seuchen- und ansteckungsverdächtigen Tiere gegen Entschädigung reibungslos durchgeführt *(Schmid*, 1938, pers. Mittlg. an einen von uns, *Kulenkampff)*.

Außer mit Lungensaft wird in Afrika in zunehmendem Maße mit *Kultur* geimpft. Mit Kulturimpfstoff sind gelegentlich ungünstige Erfahrungen gemacht worden, wie in *Nigeria (Hall*, 1930*)*; dort sind nach Verwendung der 29. Generation so große Verluste aufgetreten, daß von einer weiteren Ausgabe des Passagekulturimpfstoffes abgesehen wurde. Es wurde angenommen, daß entweder die dortigen Rinder zu empfindlich seien oder der Impfstoff zu virulent gewesen sei. Später hat man die Impfung wieder aufgenommen, aber erneut sehr unterschiedliche Ergebnisse erzielt. Im *Englisch-ägyptischen Sudan* und in *Kenya,* im letzteren Gebiet mit der aus dem Tierseucheninstitut Kabete stammenden Vakzine (Kabetevakzine), die auch in den unter Mandat stehenden Schutzgebieten Deutsch-Ost- und Deutsch-Südwestafrika verwandt wird, sind dagegen gleichmäßigere Erfolge erzielt worden. Da die Vakzine wenig haltbar ist, wird sie von Kabete in weiter entfernte Gegenden mit dem Flugzeug befördert. Aber auch im *Sudan* sind z. T. nicht zufriedenstellende Ergebnisse beobachtet worden *(Bennett,* 1936*).* Nach *Bennett* (1931) wurde im Sudan mit einer Dosis abgeschwächter Lebendkultur geimpft, und zwar mit möglichst frühen (noch gut immunisierenden, aber schon verhältnismäßig unschädlichen) Passagen. Hierbei ergaben sich im allgemeinen nur 1,08 v. H. Todesfälle. *Curasson* (1936) wendet sich gegen die Anwendung nicht abgeschwächter Kulturen in tropischen Ländern, weil im Augenblick ihrer Verwendung ihre Virulenz nicht festzustellen sei. *Webb* (1935) impfte im Betschuana-Protektorat mit Lungensaft, den er mit 10 v. H. Glyzerin versetzte und 24 Stunden an einem kühlen Ort im Schatten aufbewahrte; er impfte am Schwanze (Einspritzung von etwa $^1/_4$ ccm) und wiederholte die Impfung in etwa 4 Wochen. Stellte sich eine starke Reaktion ein, so wandte er das „Ringbrennen" oberhalb der Impfstelle an, um das Fortschreiten der reaktiven Schwellung aufzuhalten. In Kenya wird mit dreifacher Impfung gearbeitet (Ber. 1927). Zuerst mit einem milden Stamme, zweitens einer Impfung mit 14-tägigem Zwischenraum am Schwanze, worauf eine dritte Impfung nach 3 Wochen mit einem stärkeren Stamm hinter der Schulter folgt. Zweifellos wird der Impfstoff aus Kabete bezogen, und es stellt die angegebene dreifache Impfung das heutige *Kabeteverfahren der Lungenseucheimpfung* dar. Nach dem Kabeteverfahren hat *Schmid* 1938 im Caprivizipfel gegen die Lungenseuche geimpft. Er erhielt bei der ersten am Schwanz ausgeführten Impfung nur in etwa 30 bis 40 v. H. sichtbare Reaktionen; bei den folgenden Impfungen traten nur noch wenig neue Reaktionen auf. *Schmid* glaubt, daß die Reaktion weniger von der Virulenz des Impfstoffes als von der individuellen Widerstandsfähigkeit der Tiere abhängt. Nach *Schmids* Angaben war man im Betschuanaland mit den Reaktionen und dem Impfschutz nicht ganz zufrieden und hat deshalb noch ein viertes Mal mit stärkeren Dosen, als von Kabete vorgeschrieben, nachgeimpft (pers. Mittlg. an einen von uns, *Kulenkampff*). Auf der westafrikanischen Veterinärkonferenz 1936 hat *Aillerie* die *italienische Methode* nach *Pirani* und *Lunardoni* (Clinica veterinaria, 1933) auf Grund eines Versuches mit 100 Tieren empfohlen und bezüglich der Vakzine von *Curasson* angegeben, sie sei nicht gut. Der Impfstoff von *Pirani* und *Lunardoni* ist ein *Formolimpfstoff,* der in der Weise hergestellt wird, daß Lungensaft oder Brusthöhlenexsudat mit Formol-Kochsalzlösung so versetzt wird, daß der Formolgehalt des fertigen Impfstoffes 2:1000 beträgt; die Mischung wird 1 Stunde lang der Sonne ausgesetzt. *P.* u. *L.* impfen hinter der Schulter, und zwar mit ½ ccm bei erwachsenen und $^1/_4$ ccm bei jungen Rindern, wonach nur eine leichte

Reaktion eintrete, die nach 5 Tagen verschwinde. *Curasson* hat einen Formolimpfstoff empfohlen, den er aus Lungensaft oder Brusthöhlenexsudat durch Zusatz von je 4 auf Tausend Natriumzitrat und Formalin herstellt; von einem Filtrat dieses Gemisches werden nach 5tägigem Stehenlassen 50 bis 120 ccm unter die Haut gespritzt. Auf der französisch-westafrikanischen Tierzuchtkonferenz 1937 hat *Curasson* erklärt, alle Lungenseucheimpfungen seien unbefriedigend.

Übertragung auf den Menschen. Die Lungenseuche ist auf den Menschen nicht übertragbar. Das Fleisch kann nach Beseitigung der erkrankten Teile als menschliches Nahrungsmittel verwendet werden. Es soll aber erst nach dem Erkalten des Tierkörpers nach dem Schlachten in den Verkehr gebracht werden.

Verfahren mit gefallenen und getöteten Tieren. Die Häute lungenseuchekranker Rinder dürfen nach den Vorschriften des deutschen Viehseuchengesetzes nur in vollkommen getrocknetem Zustand oder zur unmittelbaren Ablieferung an eine Gerberei aus dem Seuchengehöft ausgeführt werden.

Behördliche Maßnahmen. Die Lungenseuche gehört in allen Kolonien, in denen Viehseuchengesetze erlassen worden sind, zu den der gesetzlichen Bekämpfung unterliegenden Seuchen.

Wirtschaftliche Bedeutung. Wegen der hohen wirtschaftlichen Bedeutung ist in allen Kolonien eine planmäßige Bekämpfung und Ausrottung, wozu, wie *du Toit* mit Recht hervorhebt, das Vorhandensein einer ausreichenden Zahl von Tierärzten die Voraussetzung bildet, unbedingt notwendig. Die Lungenseuche kann durch die im Vorstehenden bereits angegebenen veterinärpolizeilichen Maßnahmen und die Impfung wirksam bekämpft werden. Nach *Henderson* (1934) ist im Osten von *Nigeria die Lungenseuche ein größeres Problem als die Rinderpest.* Im Jahre 1934 sind 35 346 Rinder geimpft worden. Im Englisch-ägyptischen Sudan fürchten nach *Kennedy* (Ber. 1929) die Eingeborenen die Lungenseuche — obwohl sie nur den achten Teil an Verlusten verursacht, die durch die Rinderpest entstehen — mehr als diese wegen ihrer heimtückischen Natur und der langen Zeit, in der noch Verluste auftreten können, wenn man die Seuche in einer Herde laufen läßt. Die schwersten Verluste sind in Darfur aufgetreten, wo der Kulturimpfstoff aus Khartum nicht bei jedem Seuchenausbruch benutzt werden konnte, weil es schwierig war, ihn ohne Verlust seiner Wirksamkeit in die weit entlegenen Gebiete zu schaffen. Das Verlangen nach dem Impfstoff wird jedes Jahr größer, und er hat sich dort, wo er angewendet wurde, bewährt.

4. Maul- und Klauenseuche (Aphthae epizooticae)

Wesen, Ursache usw. Die Maul- und Klauenseuche ist eine durch ein filtrierbares Virus verursachte Allgemeinkrankheit mit Lokalisation der sichtbaren Veränderungen hauptsächlich im Bereich der Maulschleimhaut und der

Abb. 6

Haut der Klauen. Sie kommt bei Wiederkäuern und Schweinen vor. Sehr selten erkranken Pferde und Hunde; außerdem kann die Krankheit auf wildlebende Zweihufer (Antilopen) übertragen werden. Büffel zeigen nach *Curasson* (1934) nur Erscheinungen der Maulseuche. Der Erreger ist nicht einheitlich, sondern er tritt in verschiedenen Typen auf, die sich immunisatorisch verschieden verhalten. Ein Tier z. B., das an Maul- und Klauenseuche infolge von Infektion mit dem Virus des Typus A erkrankt ist, wird durch einen Impfstoff, der durch Immunisierung mit dem Virus des Typus B gewonnen wurde, nicht geschützt. In Europa werden 3 Typen unterschieden, A, B und C; die afrikanischen Typen sind mit diesen z. T. nicht identisch (Kenya-Bericht 1933; *Findlay*, 1936;

5. Bericht des Maul- und Klauenseuchekomitees, s. u. Südrhodesien im Schrifttumsverzeichnis). Nach *Trautwein* (zit. nach *v. Ostertag,* 1932) wird das Virus der Maul- und Klauenseuche durch Sonnenlicht in $2^1/_2$ Stunden abgetötet. Auch gegen Eintrocknung an der Luft scheint das Virus nur geringe Widerstandsfähigkeit zu besitzen.

Vorkommen. Die Seuche ist in Afrika stark verbreitet. Im allgemeinen tritt sie bei den einheimischen Rinderrassen in sehr milder Form auf; gelegentlich werden aber auch bei diesen schwerere Seuchengänge gemeldet. In *Französisch-Westafrika* tritt die Maul- und Klauenseuche immer sehr gutartig auf, nur bei Kälbern in schlechtem Zustande kann sie in schwerer Form verlaufen (*Curasson,* 1931). Bei Tieren, denen europäisches Blut eingekreuzt ist, scheint die Seuche einen schwereren Verlauf zu nehmen (vgl. z. B. *Evans,* 1935, für Ostafrika). Nach *Kennedy* (1933) kann auch bei aufgekreuzten Tieren der Verlauf sehr milde sein (Beobachtungen in Khartum). In *Französisch-Nordafrika* herrscht die Maul- und Klauenseuche enzootisch (Tunesien, 1930, *Faure*), meist in gutartiger Form (Tunis Rapp. 1935). Der letzte schwere Seuchenausbruch, von dem Europa in den Jahren 1937—39 heimgesucht wurde, ist durch Einfuhr nordafrikanischer Schafe nach Südfrankreich verursacht worden. *Velu* (1920) berichtet, daß die Seuche in *Marokko* schon lange bekannt sei. Sie verlaufe meist milde, nur manchmal kämen Ausbrüche von besonderer Schwere vor. 1937 wurden Rinder, Schafe, Ziegen, Schweine, Kamele und Antilopen befallen (*Miegeville,* 1937); bei Pferden wurden hohes Fieber und Blasenbildung beobachtet (Diagnose nicht sichergestellt). Über den Ausbruch im Jahre 1937 wird folgendes berichtet (*Miegeville,* 1937; *Grimpret,* 1938): Im Februar/März sei ein milder Seuchengang beobachtet worden, im Mai seien dann die schon durchgeseuchten Tiere noch einmal an einer Infektion durch einen virulenteren und weit infektiöseren Typ des Virus erkrankt. Vielleicht sei diese Epizootie durch von der Sahara kommende Karawanen eingeschleppt worden. Die Sterblichkeit sei hoch gewesen. In *Ägypten* ist die Seuche anzeigepflichtig, kommt nicht selten vor, und der Verlauf ist stets milde (*Rabagliati,* 1926; *El-Gheriany,* 1938). Im *Englisch-ägyptischen Sudan* sind die Erscheinungen der Seuche so geringfügig, daß es schwierig ist, Herkunft und Verlauf eines der häufig zu beobachtenden Ausbrüche zu verfolgen (Ber. 1932). Manchmal sind Sperrmaßnahmen in den Handel störender Form nötig, andere Benachteiligungen durch die Seuche entstehen nicht (Ber. 1935). In *Italienisch-Ostafrika* ist die Maul- und Klauenseuche verbreitet; der Verlauf ist stets gutartig (*Pirani,* 1933). In *Uganda* liegen die Verhältnisse ähnlich. Allerdings fürchtet man, daß mit Verbesserung des Viehs durch Aufkreuzung die Seuche zu einer Bedeutung kommen werde, die sie früher nie gehabt hat, weil man annimmt, daß aufgekreuztes Vieh sich als wesentlich empfindlicher erweisen wird (Ber. 1936) als die bisher gezogenen Eingeborenenrassen. Ähnlich wird auch in *Kenya* der Maul- und Klauenseuche neuerdings eine größere Bedeutung beigemessen; nach dem Veterinärbericht für 1936 erwägt man die Einführung der Anzeigepflicht. In dem unter Mandat stehenden Schutzgebiet *Deutsch-Ostafrika,* wo bis 1928 nur bekannt war, daß die Seuche überhaupt vorkommt, hat sie sich ziemlich stark ausgebreitet (Ber. 1928); der Verlauf ist aber so milde, daß man nur in Ausnahmefällen zu veterinärpolizeilichen Maßnahmen schreitet, wenn dies aus handelspolitischem oder Verkehrsinteresse nötig erscheint (Ber. 1934 ff.). Bei einigen Ausbrüchen beobachtet man vereinzelte Todesfälle (Ber. 1928). Im belgischen Gebiet scheint die Seuche nur in dem unter Mandat stehenden deutschen Schutzgebiet *Ruanda-Urundi* vorzukommen *(van Saceghem,* 1931; *Gillain,* 1936*).* Im *Kongostaat* fehlt sie nach *G. Bouvier* und *S. Bouvier* (1937). In *Französisch-Westafrika* scheint die Seuche ebenso wie in den *englischen* Gebieten *Westafrikas* und den unter Mandat stehenden deutschen Schutzgebieten *Togo* und *Kamerun* nur in ganz milder Form aufzutreten *(Curasson,* 1933/34; Kamerun und Togo, Mandatsberichte, z. B. 1934; Nigeria-Ber. 1932; Goldküste-Ber. 1924/25). *Nyassaland* ist frei (Ber. 1933); es hat strenge Maßnahmen getroffen zur Verhinderung einer Einschleppung von außen. In *Nordrhodesien* erfolgte 1933 in Barotseland ein Ausbruch, der durch ein Verbot des gesamten Viehverkehrs ("Standstill order") bald zum Stehen gebracht werden konnte. 1934 wurde ein neuer Ausbruch gemeldet, dessen letzter Herd 1936 getilgt wurde (Ber. 1936). Der Verlauf war stets milde. In *Südrhodesien* brach die Seuche zum ersten Male 1931 aus; woher die Infektion kam, konnte nicht geklärt werden (Ber. 1931). Bei erwachsenen Tieren wurde kaum Sterblichkeit festgestellt, bei neugeborenen Kälbern dagegen starben manchmal 40 bis 50 v. H. *(du Toit,* 1932*).* Im *Betschuanaland-Protektorat* erfolgte 1933 ein Ausbruch *(Walker,* 1934*)*; alle Tiere wurden künstlich durch Einspritzen von Blut kranker Rinder in die Nase infiziert, und durch diese Maßnahme wurde die Seuche bald getilgt (Bericht 1936). Der Verlauf war sehr milde. Von diesem Ausbruch aus ist vermutlich die Seuche nach dem unter Mandat stehenden Schutzgebiet *Deutsch-Südwestafrika* eingeschleppt worden. Dort konnte sie durch Keulung und durchgreifende Sperrmaßnahmen auf einen kleinen Ursprungsherd lokalisiert werden (Mand.-Ber. 1934). In der *Union von Südafrika* hat die Seuche von 1892 an drei Jahre lang geherrscht (Boerdery in Suid Afrika *6,* 40, 1931); seither kamen gelegentlich vereinzelte Ausbrüche vor (1932, 1934, 1938). Immer wieder konnten sie durch die unnachsichtlich durchgeführte Keulung getilgt werden *(Robinson,* 1933*).* Erst neuerdings hat man zu umfangreichen Sperrmaßnahmen gegriffen; seit Mitte 1938 ist das bekannte Krüger-Wildreservat für jeden Verkehr gesperrt worden, nachdem bei einigen Rinderherden innerhalb des Gebietes Maul- und Klauenseuche festgestellt worden war.

Art der Übertragung. Die Seuche wird von den kranken Tieren durch ihre Ausscheidungen, Speichel, Harn, Kot und Milch, auf gesunde Tiere übertragen; ferner ist eine Verschleppung möglich durch Dauerausscheider, bei denen das Virus durch Ausschneiden oder wohl auch Abnützung des Klauenhorns frei werden kann. Die Dauerausscheider können nach *Wirth-Zwick* das

Virus auch durch den Harn ausscheiden. Außer der unmittelbaren Übertragung spielt die mittelbare durch Zwischenträger, Personen, Tiere, Weiden, Tränken usw., eine große Rolle, was die Bekämpfung der Seuche sehr schwer macht. In Afrika ist mit einer Übertragung durch freilebende Wiederkäuer nach *de Kock* (1938) kaum zu rechnen, obwohl in Südrhodesien durch Meerschweinchenversuch bei einem Kudu (Strepsiceros strepsiceros) eine Maul- und Klauenseucheerkrankung nachgewiesen werden konnte *(de Kock,* 1938*)*. Bei dem Seuchengang 1931 in Südrhodesien scheint die indirekte Übertragung durch Zwischenträger oder verunreinigtes Material kaum eine Rolle gespielt zu haben; denn es gelang, jeden Ausbruch unmittelbar auf ein infiziertes Rind zurückzuführen. Auch die langsame Ausbreitung innerhalb der Herden und im Lande muß so erklärt werden (Bericht 1931). Aus *Nordafrika* wird gemeldet, daß das Auftreten von Maul- und Klauenseucheausbrüchen unerklärlicher Entstehung zeitlich gewöhnlich mit dem Erscheinen der wandernden Kormorane aus Dänemark und Holland zusammenfalle (Bull. Off. int. Epiz. 7. 265—353, 1933/34). In Basutoland wurde 1932 eine der Maul- und Klauenseuche ähnliche, aber nicht ansteckende Krankheit in kleinem Umfang beobachtet, deren Natur nicht geklärt wurde (Bericht 1932). (S. auch Blauzunge beim Rind.)

Erscheinungen. Das die Krankheit kennzeichnende Merkmal ist das Auftreten von Bläschen und Blasen (Aphthen), die mit wasserklarem Inhalt (Aphthenlymphe) gefüllt sind. Am Orte der Ansteckung entwickelt sich nach einer Inkubationszeit von durchschnittlich 3 bis 6 Tagen eine (primäre) Aphthe, von der aus der Übergang in die Blutbahn erfolgt unter gleichzeitiger fieberhafter Steigerung der Körpertemperatur. 1 bis 4 Tage darauf entwickeln sich die durch Blutinfektion bedingten hanfkorn- bis walnußgroßen (sekundären) Aphthen im Bereich der Maulschleimhaut und der Haut der Klauen. Die Blasen platzen, worauf oberflächliche Haut- und Schleimhauterosionen entstehen. Die erkrankten Tiere zeigen mit dem Auftreten der Aphthen im Bereiche des Maules Speichelfluß und beim Vorhandensein von Aphthen an den Klauen Lahmheit. Beim Befallensein der Maulschleimhaut spricht man von Maul-, bei der Erkrankung der Klauen von Klauenseuche. Beim gewöhnlichen Verlauf sterben nur 2 bis 3, beim *bösartigen Verlauf* bis 80 v. H. der erkrankten Tiere, gewöhnlich an Lähmung des Herzens, das in charakteristischer Weise (Tigerherz) verändert ist. Außer durch den bösartigen Verlauf können Verluste auftreten durch die *Nachkrankheiten,* insbesondere das Ausschuhen, das sogenannte Klauenpanaritium und durch schwere Veränderungen des Muskelfleisches. Auch durch Komplikation mit *Piroplasmosen* (Stadium der Prämunität?) können die Verluste durch die Maul- und Klauenseuche groß werden *(Grimpret,* 1938*)*. Dies wurde in Tunesien besonders bei latenten Infektionen mit Theileria dispar (Mittelmeerküstenfieber) beobachtet.

Mittel zur Bekämpfung. Die Bekämpfung der Maul- und Klauenseuche geschieht durch *Sperren* für die verseuchten Herden und ihre Erzeugnisse, ferner durch Impfung. Zur Impfung hat man früher ausschließlich das *Serum* durchgeseuchter oder hochimmunisierter Tiere verwendet, das man bei den Tieren in der Umgebung der verseuchten Bestände anwandte (Ringimpfung). Die Ringimpfung mit Serum hält aber nur bei schwacher Virulenz des Seuchenerregers, bei stärkerer und länger anhaltender Virulenz wird der Ring durchbrochen, da es sich um eine passive Immunisierung handelt, das Serum nach 10 bis 12 Tagen ausgeschieden wird und die Tiere wieder für die Seuche empfänglich werden. Aus diesem Grunde ist dem neuen, von *Waldmann* und *Köbe* angegebenen Verfahren der Impfung mit einer besonders hergestellten *aktiv immunisierenden Vakzine* besondere Bedeutung zuzumessen. Sie verwenden als Virusquelle die Aphthendecken und Aphthenlymphe von der Zunge künstlich infizierter Rinder; das Virus wird zunächst an Aluminiumhydroxyd adsorbiert, dem Adsorbat werden Formol- und alkalische Pufferlösung zugesetzt, worauf das Gemisch auf eine bestimmte Temperatur während einer genau abgemessenen Zeit erhitzt wird. Diese Vakzine erzeugt, abgesehen von Einzelfällen, keine Maul- und Klauenseuche, aber eine Immunität, die nach etwa 14 Tagen voll ausgebildet ist und 3 bis 4 Monate anhält. Nach *Waldmann* und *Köbe* kann man mit Hilfe dieser Vakzine auch die Seuchenausbrüche mit hoher Virulenz wirksam bekämpfen. Die in Deutschland gemachten Erfahrungen sprechen durchaus dafür. In Ländern, in denen die Seuche selten und in einem beschränkten Umfange auftritt, wird mit Erfolg die zuerst in den Vereinigten Staaten von Nordamerika und Großbritannien angewandte Methode der *Keulung* aller verseuchten, seuchen- und ansteckungsverdächtigen Tiere durchgeführt. In den Vereinigten Staaten hat diese Methode, die ohne Rücksicht auf die entstehenden Kosten durchgeführt wurde, im Verein mit rücksichtslosen Einfuhrverboten für Klauentiere und alle in Frage kommenden lebenden und unbelebten Zwischenträger bei dem wiederholten Ausbruch der Seuche vollen Erfolg gehabt. Auch in der Südafrikanischen Union ist das Verfahren angewandt worden; bisher gelang es damit in der Regel, die Seuche auf den Ausbruchsherd zu beschränken. Ein weiteres Vorgehen ist die *künstliche Ansteckung* aller empfänglichen Tiere eines Bestandes oder eines ganzen Landes, um eine beschleunigte Durchseuchung und ein baldiges Erlöschen der Seuche zu erreichen. Dieses Verfahren ist mit bestem Erfolg in Südrhodesien *(Bevan,* 1933*)* und im Betschuanaland-Protektorat *(Chase* und *Hobday,* 1935*)* durchgeführt worden.

Übertragung auf den Menschen. Die Maul- und Klauenseuche ist durch rohe Milch kranker Kühe und aus verseuchten Beständen, ferner durch Butter aus solcher Milch *auf den Menschen übertragbar.* Deswegen soll Milch von maul- und klauenseuchenkranken Kühen und aus verseuchten Beständen nur in ausreichend erhitztem Zustand abgegeben und verarbeitet werden. Weiter kann der Mensch angesteckt werden durch den Genuß der mit Aphthen besetzten Teile, wie der erkrankten Zungen, wenn sie nicht ausreichend gekocht sind. Aus diesem Grunde sollen die mit Aphthen behafteten Teile als Lebensmittel nur freigegeben werden, wenn sie unter amtlicher Aufsicht in kochendem Wasser gebrüht worden sind. Das Fleisch selbst ist unschädlich.

Handelsverkehr mit Fleisch, Milch, Häuten, Haaren, Knochen. Das Verfahren mit Fleisch und Milch ist bereits angegeben worden. Veterinärpolizeilich ist die Tatsache wichtig, daß sich das Virus der Maul- und Klauenseuche in bestimmten Teilen *(Knochenmark von Gefrierfleisch)* lange hält. Die englische Maul- und Klauenseuchekommission hat festgestellt, daß sich das Virus der Maul- und Klauenseuche im Knochenmark bis 76 Tage virulent erhalten kann. Nach *Waldmann* (zit. nach *v. Ostertag*, 1932) wirken Temperaturen unter 10^0 konservierend: der Kühlschrank ist der geeignete Ort, um das Virus der Maul- und Klauenseuche monatelang ansteckungsfähig zu erhalten. Häute und Hörner sowie die Klauen der kranken und verdächtigen Tiere, ferner Magen- und Darminhalt, die Transportmittel und die sonst verwendeten Gerätschaften in dem Standort und den Schlachtstätten der Tiere dürfen nicht ohne Desinfektion entfernt werden. Als Desinfektionsmittel hat sich 1prozentige Natronlauge bewährt. Es haben sich auch alle Personen, die mit den Tieren oder ihren Ausscheidungen in Berührung gekommen sein können, beim Verlassen des Seuchen- und Schlachtortes zu desinfizieren.

Die wirtschaftliche Bedeutung der Maul- und Klauenseuche ist nicht zu unterschätzen wegen der unmittelbaren Schäden, die allerdings in Afrika meist gering sind, vor allem aber wegen der Gefahr der Sperren und Ausfuhrverbote, durch die die Farmer schwer betroffen werden.

5. *Pferdesterbe*

Wesen und Ursache. Die Pferdesterbe (Pferdepest, horse sickness, perdesiekte) ist eine durch ein filtrierbares Virus hervorgerufene, in verschiedenen Formen auftretende Allgemeinkrankheit der Einhufer. Die Art der Übertragung steht nicht fest. Wahrscheinlich ist der Überträger ein stechendes Insekt, das nur nachts fliegt.

Vorkommen. Die Seuche ist in fast ganz Afrika weitverbreitet. Außerhalb Afrikas kommt sie mit Ausnahme der Roten-Meer-Küste des Jemen in Arabien, wo sie gelegentlich beobachtet wird *(Carpano*, 1930; *Curasson*, 1936*)*, nicht vor. Innerhalb des afrikanischen Kontinents sind nur Italienisch- und Französisch-Nordafrika *(Velu*, 1932*)* sowie Madagaskar *(Poisson*, 1930*)* sicher frei von der Seuche. In fast allen anderen Gebieten Afrikas kommt die Pferdesterbe vor, wenn sie auch, wie *Curasson* (1936) — unter Erweiterung der von *Theiler* für Südafrika gemachten Feststellungen auch für Ost- und Westafrika — bestätigt, auf begrenzte Gebiete in den befallenen Ländern beschränkt ist, da anscheinend der Überträger ganz bestimmte Anforderungen an Boden, Lage und Klima stellt. In *Süd-*, *Mittel-* und *Ostafrika* war die Pferdesterbe schon lange als eine der wichtigsten Seuchen der Einhufer bekannt. Nach

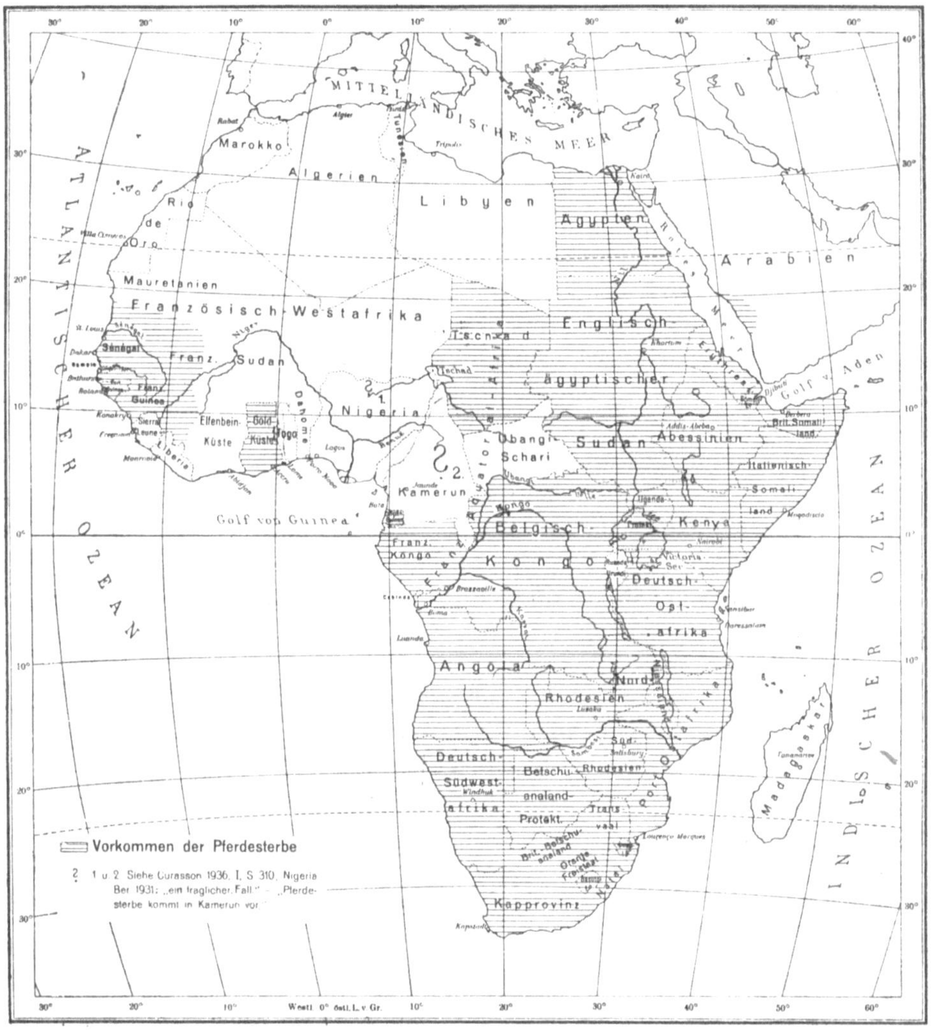

Abb. 7

Curasson ist sie auch in den meisten Gebieten *Französisch-* wie *Britisch-Westafrikas* sicher festgestellt worden. Im Gebiete der *Goldküste* war dies erstmalig 1935 (Ber. 1935/36), in *Französisch-Guinea* 1936 der Fall (Fr.-Westafrika-Ber. 1936). Aus *Senegal* war schon länger bekannt, daß die „Typhomalaria", die einwandfrei als Sterbe erkannt worden ist *(Didier,* 1934*)*, kaum ein eingeführtes Pferd am Leben ließ und auch die algerischen Pferde nicht verschonte *(Nainsouta,* 1927*)*. Nach *Curasson* kommt die Seuche ferner auch in *Kamerun* vor; nur *Nigeria* scheint frei zu sein, wenn auch ein zweifelhafter Fall 1931 beobachtet worden sein soll *(Curasson,* 1936*)*. Es scheint, daß in Westafrika die einheimischen Pferde eine ziemlich hohe Widerstandskraft gegen die Pferdesterbe besitzen. In *Ägypten* ist die Seuche erst neuerdings beobachtet worden, während sie früher nur im *Englisch-ägyptischen Sudan* vorkam. Heute hat sie sich schon weit nilabwärts ausgebreitet und tritt hier epizootisch auf, im Gegensatz zu allen anderen Ländern, wo die Sterbe nur in enzootischer Form, d. h. standortgebunden, beobachtet wird. In Ägypten wird die Seuche nur in der feuchten Jahreszeit beobachtet, Juni—Dezember (*Carpano,* 1933). Es gilt allgemein für ganz Afrika, daß Sterbe nur in der *Regenzeit* und *kurz nach ihr* vorkommt. Ausnahmsweise sind in Südrhodesien (Ber. 1920) 1919 in der Trockenzeit, Juni bis September, mehr Pferde eingegangen als in der Regenzeit. Die Hauptsterblichkeit trat damals im Melsetterdistrikt im Juni und Juli auf. In Südafrika gilt es als feststehend, daß 9 Tage nach dem ersten Frost keine Sterbe mehr vorkommt (*Theiler,* 1921). Im allgemeinen setzen größere Höhen dem Auftreten der Krankheit Grenzen; hochgelegene Plätze sind deshalb in Süd- und Südwestafrika als „Sterbeplätze" (eigentlich Sterbeschutzplätze) bekannt, weil dorthin gebrachte Pferde in der gefährlichen Jahreszeit nicht erkranken. 2000 m Höhe wird meistens als oberste Grenze für das Auftreten der Krankheit angesehen. In *Erythrea* wurde sie aber in einem schweren Regenjahr noch in 2400 m Höhe beobachtet (*Pirani,* 1930), und im abessinischen Feldzug verursachte sie bei den Maultieren der Italiener auch in 2000 m Höhe noch schwere Verluste (*Molinari,* 1937, 1938). In *Italienisch-Ostafrika* ist die Pferdesterbe weitverbreitet. Bemerkenswert ist, daß die Berberpferde der libyschen Spahis einige Widerstandsfähigkeit zeigten. Dasselbe soll für die kapverdischen Pferde (*Jessen,* 1936) und andere bodenständige Rassen gelten (s. o.). Im *Englisch-ägyptischen Sudan* sollen fast alle Pferde der Seuche zum Opfer fallen und diejenigen, die genesen, seien so matt, daß sie kaum noch zu brauchen seien (*Judge,* 1930). In *Britisch-Somaliland* ist die Sterbe weitverbreitet (Berichte). Der größere Teil von *Ostafrika* ist ein ausgesprochenes Sterbegebiet; es gibt aber z. B. in dem unter Mandat stehenden Schutzgebiet *Deutsch-Ostafrika* einige sterbefreie Gebiete (Ber. 1935), die etwa ein Drittel des Landes ausmachen. *Belgisch-Kongo* ist schwer verseucht (*Curasson,* 1936), ebenso *Angola* (*Jessen,* 1936), *Nord-* und *Südrhodesien* (Berichte). Im allgemeinen kann man sagen, daß in einem Land um so mehr sterbefreie Gebiete vorkommen, je trockener sein Klima und je höher seine Lage ist. Auch in *Nyassaland* (Ber. 1936) kommt die Krankheit vor. In dem unter Mandat stehenden Schutzgebiet *Deutsch-Südwestafrika* wie auch in der *Südafrikanischen Union* verursacht sie besonders in starken Regenjahren schwere Verluste (Mand.-Ber. SWA. 1934).

Empfängliche Tiere. Außer dem am meisten empfänglichen Pferde und den anderen Hausequiden können nach *Theiler* (1921) auch Quaggas und Zebras erkranken. Durch Impfung ist die Krankheit ferner auf den Hund übertragbar; Hunde sollen im übrigen auch nach Aufnahme des Fleisches kranker Pferde krank werden (*Theiler*). Rinder, Schafe, Schweine, Hühner und Tauben können nicht angesteckt werden. Künstlich läßt sich die Krankheit auch auf Mäuse, Meerschweinchen und andere Nager übertragen (*Nieschulz*, 1932; *Alexander*, 1933 und 1935).

Eigentümlichkeiten des Virus. Das Virus der Pferdesterbe kreist im Blute. Es ist nicht einheitlich, sondern es kommt in *verschiedenen Stämmen* vor, eine Tatsache, die für die Schutzimpfung von großer Bedeutung ist. *Nieschulz* ist es 1932 nach dem Vorgang von *Max Theiler* beim Gelbfieber, ebenso *Alexander* (1933, 1935) gelungen, das Virus der Pferdesterbe durch Einspritzungen in das Gehirn der Maus in ein neurotropes Virus umzuwandeln. Der von *Alexander* benutzte Virusstamm hat seine Virulenz für das Pferd weitgehend eingebüßt, seine immunisierenden Eigenschaften aber behalten (*Alexander* und *du Toit*, 1934) und eignet sich deshalb in hervorragender Weise zur Schutzimpfung. Auch auf das Meerschweinchen ist das Virus durch Einspritzung in das Gehirn übertragbar, ohne daß jedoch der Neurotropismus sich so ausgesprochen gestaltet wie bei der Maus. Die Umwandlung des Pferdesterbevirus in ein neurotropes Virus scheint mit besonderen Schwierigkeiten verbunden zu sein, da *Daubney* (Kenya, Vet.-Ber.) 1934 angab, daß ihm die Herstellung des abgeschwächten Impfstoffes nach der Methode von *Nieschulz* und *Alexander* bis dahin noch nicht gelungen sei. Die Schwierigkeit der Anpassung des Pferdesterbevirus an das Gehirn der Maus geht auch aus den auf dem XIII. internationalen tierärztlichen Kongreß in Zürich 1938 gemachten Angaben von *de Kock* hervor, nach denen die Einbeziehung neuer Stämme in die Vakzine lange dauert, da die neurotrope Fixierung und korrekte Typisierung eines Stammes mit den jetzigen Methoden nicht weniger als 2 Jahre dauere (*Alexander*, 1936). *De Kock* hält es für möglich, daß laufende Arbeiten, wie die Immunisierung von Meerschweinchen, eine Beschleunigung der Typisierung der Stämme und Aufklärung über die sogenannte Polyvalenz bringen werden. Das Pferdesterbevirus läßt sich künstlich in Fruchthüllen (Chorioallantoischen Membranen) von Hühnerembryonen (*Alexander*, 1936) züchten. Das gewöhnliche, nicht neurotrope, sondern viszerotrope (auf die Eingeweide gerichtete) Virus scheint jedoch nicht künstlich züchtbar zu sein (*du Toit*, 1936).

Übertragung. Die Krankheit kommt, wie erwähnt, in bestimmten Gegenden von bestimmter, begrenzter Höhenlage alljährlich in der Regel nur zur Regenzeit vor (*Sterbeperioden*) und wird *nur bei Nacht übertragen.* Durch Halten empfänglicher Tiere während der Sterbeperioden in der Zeit von einer Stunde vor Sonnenuntergang bis eine Stunde nach Sonnenaufgang in einem fliegensicheren Stall läßt sich die Übertragung verhüten. In Onderstepoort sind in den letzten Jahren erneut umfassende Untersuchungen über die Übertragung der Pferdesterbe gemacht worden, die nach *de Kocks* Mitteilung auf dem XIII. internationalen tierärztlichen Kongreß in Zürich 1938 folgendes ergeben haben: Frühere Untersuchungen hatten darauf hingedeutet, daß eine Moskitoart der Überträger sein müsse. Deshalb hatten *Nieschulz* und *R. du Toit* 1931/32 in der Umgebung von Onderstepoort Übertragungsversuche angestellt, die diese

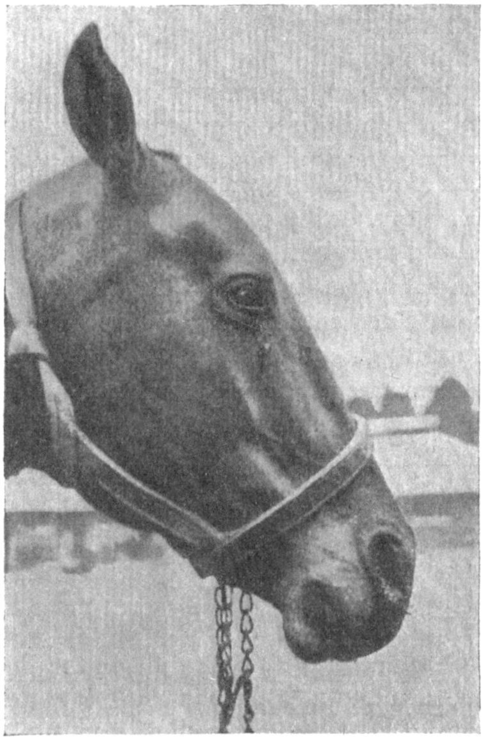

Abb. 8. *Pferdesterbe,* subakute Form *(Dickkopfsterbe),* mit Ausfluß aus Nase und Augen und stark hervortretenden Ödemen in den Augengruben. (Nach *Henning*)

Annahme noch wahrscheinlicher machten und auf die mögliche Überträgerrolle einer Art der Mückengattung Aedes hinwiesen. Das Ergebnis von 31 Versuchen mit verschiedenen Mückenarten, die zu den Gattungen Aedes, Culex, Mucidus und Anopheles gehörten, rechtfertigt aber den Schluß, daß Mücken nicht die Überträger der Pferdesterbe sind. Die beiden Forscher stellten fest, nach Ausschließung der Mücken als Überträger keine wahrscheinlichen Überträger der Sterbe angeben zu können. Auch mit Zecken konnte eine Übertragung nicht herbeigeführt werden *(Nieschulz* und *R. du Toit,* 1937*)*. Dieselben Forscher (1937) haben im übrigen beobachtet, daß auch Pferde, die nachts aufgestallt wurden, erkrankten. Sie geben ferner an, daß der Zusammenhang zwischen dem Auftreten der Sterbe und dem Regenfall kein enger zu sein scheine.

Man hört in Südafrika immer wieder die Behauptung, daß auf Farmen, auf denen jahrelang keine Einhufer gehalten wurden, dorthin gebrachte Tiere an Sterbe erkranken können, und zieht daraus den Schluß, daß es ein Reservoir des Erregers geben müsse, in dem dieser jahrelang ansteckungsfähig bleibe. Nach *Alexander* (1936) ist derartiges noch nie mit genügender Genauigkeit nachgewiesen worden. *Theiler* hat gefunden, daß das Virus nicht nur im Körper der kranken, sondern auch noch im Körper der genesenen Tiere einige Monate vorhanden ist (zit. nach *Alexander,* 1936). Alexander hält es für möglich, daß das Blut von Pferden, welche die Sterbe überstanden haben, auch

Abb. 9. *Pferdesterbe.* Bezeichnende Haltung des Kopfes und Halses eines an Dickkopfsterbe erkrankten Pferdes. (Nach *Henning*)

dann noch dem wirbellosen Überträger als Infektionsquelle dienen könne, wenn dieses bei unmittelbarer Übertragung auf andere Pferde nicht mehr infektiös ist.

In Französisch-Westafrika wird mit großer Bestimmtheit behauptet, daß die Überträger der Pferdesterbe Mücken seien, und zwar unter anderem Stegomyia fasciata, die Gelbfiebermücke *(Didier,* 1934*)*.

Erscheinungen und Verlauf. Die Pferdesterbe tritt nach einem Inkubationsstadium von 3 bis 10 Tagen in 2 Formen auf, als akute und als subakute Form. Bei der *akuten* Form *(Dunkopsiekte)* zeigen sich zunächst hohes Fieber und Störungen des Allgemeinbefindens. Die Krankheit erreicht zu Ende der ersten Woche ihren Höhepunkt; die kranken Tiere zeigen große Mattigkeit, pochenden Herzstoß, beschleunigte Atmung. Ausnahmsweise erfolgt allmähliche Genesung, gewöhnlich aber bald der Tod unter den Erscheinungen des Lungenödems. Bei der *subakuten* Form *(Dikkopsiekte,* Abb. 8, 9*)* ist das Kennzeichnende, daß auf der Höhe des Fiebers oder etwas später teigige Anschwellungen am Kopfe und Halse, an der Brust und am Bauche, am Rücken und an den Gliedmaßen auftreten und daß mitunter auch die Zunge stark anschwillt. Bei der subakuten Form erfolgt in der Mehrzahl der Fälle Genesung.

Außer der akuten und der subakuten Form kann man noch eine *perakute* unterscheiden, bei der die Tiere plötzlich über Nacht oder unter dem Sattel sterben, ferner eine *chronische,* die mit wochenlang andauerndem Fieber einhergeht.

Bei *Eseln* verläuft die Krankheit im allgemeinen milde, und *Maultiere* sind weniger empfänglich als Pferde.

Man soll die Verluste durch Pferdesterbe vermindern können, wenn man auf den Beginn der Erscheinungen achtet, und Tiere, die Fieber zeigen, sofort aus der Arbeit nimmt *(Doherty,* 1932; *Dunning,* 1933).

Bekämpfung. Neben der Unterbringung der gefährdeten Tiere in fliegensicheren Stallungen bei Nacht — im Kriege hat man die Tiere nachts zur Abwehr von Insekten mit Petroleum eingerieben *(Curasson,* 1936) — ist die *Schutzimpfung* die Hauptwaffe zur Bekämpfung der Pferdesterbe, die große Hoffnungen hinsichtlich der Ermöglichung der Pferdehaltung in Gegenden bringt, in denen bis jetzt Pferde wegen der Sterbe nicht gehalten werden konnten oder zum mindesten eine Pferdezucht nicht möglich war. *A. Theiler* hat bereits eine Impfung mit Serum und virulentem Blut (Simultanimpfung) versucht und mit diesem, im übrigen sehr teuren Verfahren (2 £ Impfkosten je Tier), bei Maultieren verhältnismäßig günstige Ergebnisse gehabt. Auch mit Formolvakzine sind Versuche angestellt worden, die in *Italienisch-Ostafrika* anscheinend erfolgversprechend ausgefallen sind *(Postiglione,* 1935; *Cilli,* 1937). Bei der Simultanimpfung mit Schutzserum und Virus sind bis zu 10 v. H. der Pferde an den Folgen der Impfung gestorben. Heute stellt, wie *Traub* (1939) mit Recht sagt, *die Schutzimpfung gegen Pferdesterbe mit neurotropem Virus die Methode der Wahl dar.* Das Verfahren hat auch den Vorzug der Billigkeit (6 sh je Tier). Das neurotrope Virus wird von *Mäusen* gewonnen, und es genügen 10 ccm einer Verdünnung 1 : 10 000 einer Verreibung des Gehirns infizierter Mäuse zum Schutze eines Pferdes. Da, wie erwähnt, bei der Pferdesterbe mehrere Stämme vorkommen, war es notwendig, einen *polyvalenten Impfstoff* zu verwenden, der sich bisher aus *drei* neurotropen, serologisch verschiedenen Vira zusammensetzte. Es wird nicht erwartet, daß durch diese Impfung die Sterblichkeit an Sterbe vollkommen verschwindet, aber man kann damit rechnen, daß, wenn alle Stämme des Virus in dem Impfstoff eingeschlossen sind, die Sterblichkeit bei den geimpften Tieren 1 v. H. nie übersteigen wird *(Alexander,* 1937). Mit dem Impfstoff sind nach *de Kock* bis zur Zeit der Niederschrift seines Vortrages auf dem XIII. internationalen tierärztlichen Weltkongreß in Zürich 1938 100 000 Pferde immunisiert worden, mit dem glänzenden Erfolge, daß die Sterblichkeit an Impfsterbe weniger als 1 v. H. betrug. Nach *H. Theiler* (1938) stellte sich, wo die Anzahl der Niederbrüche der Immunität (mit Erkrankungen der geimpften Tiere) größer war als gewöhnlich, immer wieder heraus, daß ein neuer, noch nicht in die Vakzine einbezogener Stamm die Ursache war. Diese Stämme werden neurotrop fixiert und zur Vermehrung der Polyvalenz der heutigen Vakzine verwandt. Es wird empfohlen, Stuten 14 Tage vor und nach dem Fohlen nicht zu impfen. Wertvolle Tiere sollten im übrigen jedes Jahr geimpft werden, wenn auch die Immunität durch eine Impfung wie die Immunität nach Überstehen der Krankheit („gesalzene Pferde") viele Jahre anhalten kann, unter Umständen selbst für das ganze Leben. Bei der Vornahme der Impfung ist zu beachten, daß die Injektionsspritzen nicht mit einem Desinfektionsmittel gereinigt werden dürfen, da diese den Impfstoff unwirksam machen. Tiere, die zum erstenmal geimpft werden, können zwischen dem 7. und 14. Tage eine Reaktion zeigen, während der sie zu schonen sind. Am besten schont man geimpfte Tiere 3 Wochen lang nach der Impfung.

Behördliche Maßnahmen zur Bekämpfung. Gesetzlich bekämpft wird die Krankheit in den meisten Ländern nicht, da sie nicht unmittelbar ansteckend ist. In Ägypten hat man allerdings wegen des dort neuerdings beobachteten seuchenhaften Auftretens der Sterbe auch veterinärpolizeiliche Maßnahmen eingeführt (*Carpano*, 1930; Bull. Off. int. Epiz. 6. 153, 1932/33).

Übertragung auf den Menschen. Die Pferdesterbe ist auf den Menschen nicht übertragbar.

Wirtschaftliche Bedeutung. Die hohe wirtschaftliche Bedeutung der Pferdesterbe ergibt sich aus der Tatsache, daß sie die Pferde- und Maultierhaltung in großen Gebieten, wie z. B. zwei Dritteln des unter Mandat stehenden Schutzgebietes Deutsch-Ostafrika, unmöglich macht. Heute eröffnet die Schutzimpfung mit polyvalentem neurotropen Virus die Aussicht, daß die Pferdezucht z. B. in dem unter Mandat stehenden Schutzgebiet Deutsch-Ostafrika wieder Bedeutung erlangen wird. In dem unter Mandat stehenden Schutzgebiet Deutsch-Südwestafrika hat sie bereits einen deutlichen Aufschwung genommen (Mand.-Ber. 1937).

6. *Pockenseuche der Schafe*

Wesen, Ursache, Erscheinungen. Die Pockenseuche der Schafe ist eine durch ein filtrierbares Virus hervorgerufene Allgemeinkrankheit, die durch das Auftreten bestimmter Hautveränderungen gekennzeichnet ist. Die ersten Krankheitserscheinungen bestehen in Fieber, Traurigkeit, Mattigkeit, Verringerung der Freßlust, Schwellung der Augenlider sowie in Rötung und Schwellung der Lidbindehäute. 1 bis 2 Tage später treten an den wollelosen oder schwach bewollten, außerdem aber auch an den starkbewollten Hautteilen flohstichähnliche rote Stellen und einige Tage darauf an deren Stelle harte, meistens flache Knötchen und Knoten von Erbsen- bis Bohnengröße auf, die fest bleiben (Steinpocken) oder erweichen und zu den mit der charakteristischen Delle versehenen Pockenpusteln sich umwandeln und hierauf zu schwarzbraunen Schorfen eintrocknen. Die Steinpocken sind auch bei dem Ausbruch der Schafpockenseuche in Deutsch-Südwestafrika 1910 als kennzeichnendes Merkmal aufgetreten. Die über den Pocken befindliche Wolle wird lose und läßt sich leicht ausziehen. Wo die Pocken dichtgedrängt stehen, schwillt die Haut stark an, so insbesondere in der Umgebung der Augen, der Nase und des Maules. Während des Bestehens der Pocken entwickelt sich gewöhnlich Ausfluß aus den Augen und der Nase, ferner treten Husten und Atembeschwerden auf. Bei den *geschlachteten* pockenkranken Schafen findet man neben den Veränderungen der Haut, der Augen und der Nase eine starke Rötung und Schwellung der Schleimhäute der Nasenhöhlen, des Kehlkopfes und der Luft-

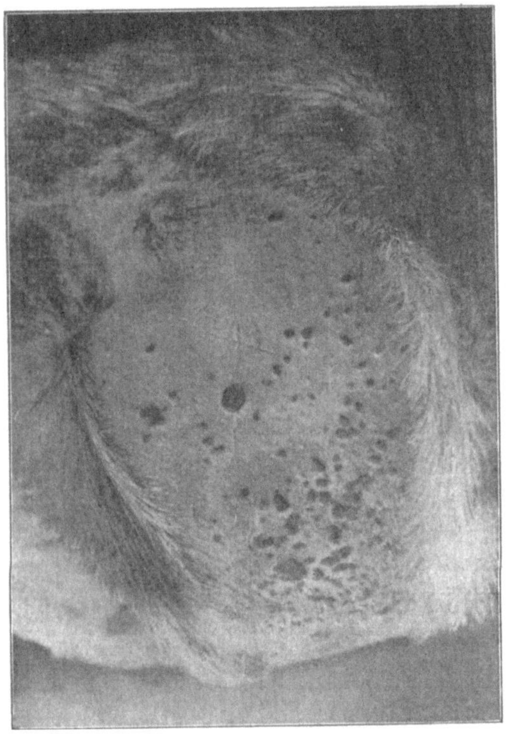

Abb. 10. *Schafpocken.* Zahlreiche, breite, mit einem Schorfe bedeckte Pocken an der Unterfläche des Schwanzes bei einem Fettschwanzschafe. (Nach *v. Ostertag*)

röhre sowie des Magens und des Darmes. Dies sind die Erscheinungen der *gutartig verlaufenden Pocken.* Die sogenannten *Aas- und Brandpocken,* die namentlich bei sehr jungen und sehr alten Tieren oft zu tödlich verlaufender Blutvergiftung führen, sind durch das Auftreten von Blutungen in den Pocken gekennzeichnet; ferner dadurch, daß die Pocken zu großen Eiterherden zusammenfließen, so daß sich ausgedehnte Eiterungen, Schwellungen und Absterben der Haut mit sehr üblem Geruch einstellen. Bei gutartigem Verlauf beträgt der Verlust 10 bis 20 v. H., beim bösartigen ist er sehr viel höher und steigt auf 50 v. H. und darüber.

Vorkommen. Die Schafpocken kommen in vielen Gebieten Afrikas vor. In *Französisch-Nordafrika* sind sie weitverbreitet; der Verlauf ist aber meist gutartig. Sie werden hier in großem Umfang bekämpft (s. u.) durch die *Impfung* mit *sensibilisiertem Pockenimpfstoff* (Ovine) *(Faure,* 1930, u. a.*).* In Tunesien werden die Schafpocken staatlich bekämpft *(Cottier,* 1934*).* Auch in *Ägypten* ist die Seuche weitverbreitet; es wird auch hier gegen sie geimpft *(Faird,* 1937*).* Die Seuche wird nach dem Bericht von 1918/19 meist bei aus dem Sudan stammenden Schafen festgestellt. Die Schafpocken kommen ferner in *Uganda* vor, und in *Kenya* wird in großem Stile ein Impfstoff hergestellt, der sich gut bewähren soll; *Walker* (1926) gibt an, daß er in steigendem Maße verlangt werde. Nach *Richters* (1937) haben vor dem Weltkriege auch in

Deutsch-Ostafrika Schaf- und Ziegenpocken geherrscht. Aus der Zeit der Mandatsregierung werden die Seuchen nicht mehr erwähnt. In *Französisch-Westafrika* verlaufen die dort herrschenden Pocken bei den einheimischen Schafen gutartig; nur eingeführte Merinoschafe und Kreuzungen, die eingeführtes Blut führen, fallen der Seuche zum Opfer. Da an anderen Krankheiten eingegangene Tiere meist alte Pockennarben zeigen, wird daraus geschlossen, daß das Überstehen der Pocken allgemein die Widerstandskraft der Schafe vermindere (Berichte für 1930 und 1935). Die Eingeborenen verwenden eine Notimpfung, indem sie mit einem Dorn Pockenmaterial von einem kranken Schaf in das Ohr der gesunden einführen *(Curasson,* 1932*).* In *Nigeria* und im Französischen Sudan treten die Schafpocken sehr häufig mit nervösen Erscheinungen auf *(Curasson,* 1934*).*

Empfängliche Tiere. Nur das Schaf und die Ziege gelten als für die natürliche Ansteckung empfänglich. *Donatien* und *Lestoquard* erklärten auf dem 3. internationalen Kongreß für vergleichende Pathologie 1936, daß auch Pferd, Mufflon, Kaninchen und Gazelle künstlich infiziert werden können.

Bekämpfung. In verseuchten Beständen können die Verluste durch *Impfung* (Notimpfung) stark gemildert werden. Die einfachste Form der Impfung besteht in der Übertragung von *Gewebssaft aus Pocken* gutartig erkrankter Tiere in die Haut der gesunden Tiere. Der Impfstoff wird in feinen Kapillarröhrchen aufgefangen, die man zuvor erwärmt und dann mit dem einen Ende in die Pocke einführt. Die Impfung kann auch unmittelbar von Tier auf Tier erfolgen, indem mit einer Impfnadel oder Impflanzette der Impfstoff aus der Pocke eines erkrankten Tieres entnommen und unmittelbar auf das gesunde übertragen wird. Nach *Bridré* und *Boquet* kann man Schafe ohne Erzeugung eines Pockenausschlages auf die Dauer immunisieren, indem man sie mit *sensibilisierter Pockenlymphe,* d. h. mit Pockenlymphe impft, die mit Immunkörpern beladen wurde. Zu diesem Zweck wird der Pockenimpfstoff, der aus

Abb. 11. *Schafpocken.* Pockenschorfe am Kopfe eines Schafes. (Nach *v. Ostertag,* aus „Lehrbuch der Schlachtvieh- und Fleischbeschau", Verlag Enke)

den Blasen oder den festen Pocken entnommen wird, 3 Tage lang bei 15 bis 18° mit hochwertigem Immunserum vermischt stehen gelassen, hierauf die Mischung verrieben und der Rückstand mit 2prozentiger Kochsalzlösung verdünnt. Von diesem Impfstoff werden 0,2 ccm den Schafen unter die Haut gespritzt.

Vorbeuge. Die jährliche Durchimpfung der gesunden Schafbestände zum Schutze gegen die Pockenseuche kann nicht empfohlen werden, da hierdurch die Pockenseuche als ständige Krankheit unterhalten wird; denn die geimpften Schafe werden pockenseuchekrank und können die Seuche ebenso wie natürlich erkrankte Schafe verschleppen. In Deutschland ist die Pockenseuche der Schafe verschwunden, seit die früher üblich gewesene Vorbauungsimpfung durch das Viehseuchengesetz verboten wurde. Anders liegt die Sache bei Verwendung der sensibilisierten Pockenlymphe nach *Bridré* und *Boquet,* wenn hierdurch in der Tat, wie angegeben wird, keine Erkrankung bei den geimpften Schafen erzeugt und damit kein Anlaß zur Seuchenverschleppung gegeben wird. Aus dem Institut Pasteur in Algier sind 1913 bis 1932 25 Millionen Dosen dieses Impfstoffes hinausgegangen, und bei den geimpften Tieren ist nie ein Fall von Schafpocken beobachtet worden *(Bridré* und *Boquet,* 1933).

Behördliche Maßnahmen zur Bekämpfung. Die Kadaver der an Pockenseuche gefallenen Schafe sind mit Haut und Wolle, ebenso wie die Haut und Wolle von kranken Schafen, die vor Abheilung der Seuche geschlachtet worden sind, unschädlich zu beseitigen. Im übrigen dürfen Häute nur dann ausgeführt werden, wenn sie vollkommen trocken sind oder unmittelbar an eine Gerberei abgeliefert werden, Wolle nur dann, wenn sie in festen Säcken verpackt ist.

Ziegenpocken. Die Pocken können auch bei Ziegen in Form einer Seuche auftreten, wie der eine von uns *(v. Ostertag)* in *Deutsch-Südwestafrika* im Jahre 1910 nach Einschleppung der Schafpocken durch die aus Buchara eingeführten Karakulschafe festgestellt hat. In *Nigeria* sind die Ziegenpocken, wie in den Berichten von 1929 und 1931 erwähnt wird, nicht selten. Es wird ausdrücklich betont, daß es sich bei der Erkrankung nicht um das später noch zu besprechende Ecthyma contagiosum handelt (vgl. auch *Findlay,* 1936). Die Ziegen erkranken unter ähnlichen Erscheinungen wie die Schafe, nur mit dem Unterschied, daß der Verlauf in der Regel gutartig ist und daß die Pocken gewöhnlich an bestimmten Stellen (Zitzen, untere Schwanzfläche, Innenfläche der Gliedmaßen und Gesicht) auftreten. In Deutsch-Südwestafrika verliefen die Ziegenpocken häufig in der Form, daß die erkrankten Tiere lediglich schnell abheilende Knötchen am Euter und an den Zitzen aufwiesen.

Schweinepocken. Bei Ferkeln können Pocken in der Form auftreten *(Algerien),* daß sich auf einem großen Teile des Körpers unter gleichzeitigem Fieber an schwachbehaarten Körperteilen (Rüssel, Augenlider, Innenfläche der Schenkel, Bauch, seltener Hals und Rücken) kleine rote Flecken zeigen, aus denen feste Knötchen werden, die sich später in typische, mit einer Delle versehene Pockenpusteln umwandeln. Zur Bekämpfung käme bei gehäuftem Auftreten die Schutzimpfung wie bei Schafen in Frage.

Kuhpocken. Bei der Kuh treten die Pocken in der Regel nach Übertragung durch gegen Pocken geimpfte Personen am Euter auf, ohne weitere Krankheitserscheinungen zu erzeugen. Sie können in einem Bestande von Kuh zu Kuh und durch die Melker weiter übertragen werden, wenn diese sich beim Melken einen Pockenausschlag an den Händen zugezogen haben. Die sogenannten *Melkerknoten,* bis erbsengroße, schmerzlose Knoten an der Innen- und Rückenfläche der Hand, sind auf eine Pockeninfektion zurückzuführen. Beachtenswerte Bedeutung besitzen die Kuhpocken nicht. Bekanntlich liefern sie den Impfstoff für die große Maßnahme der *Schutzpockenimpfung des Menschen.* Aus Afrika werden die Kuhpocken erwähnt für *Ägypten,* auch beim Büffel *(Littlewood,* 1921*)*, und für das unter Mandat stehende Schutzgebiet *Deutsch-Ostafrika.*

Pferdepocken. Die Pocken treten bei den Pferden in zwei Formen auf, als ein mit der Bildung von Knötchen und Bläschen einhergehender Ausschlag in der Fesselbeuge und als eine Entzündung der Lippen- und Maulschleimhaut mit Bildung von hanfkorn- bis erbsengroßen Knötchen. Aus den Knötchen entstehen Bläschen, die z. T. mit wasserklarem Inhalt, z. T. mit Eiter gefüllt sind; nach dem Platzen der ersteren entstehen oberflächliche Erosionen, nach dem Platzen der letzteren vertiefte runde Geschwüre. Aus Afrika wird die Krankheit nur für *Ägypten* erwähnt (*Littlewood,* 1921).

Kamelpocken. In *Ägypten* (*Rabagliati,* 1925) kommen Pocken auch beim Kamele vor, das für Kuhpocken empfänglich ist (*Findlay,* 1936). Sie stehen in ihrer Virulenz zwischen den Kuhpocken und den Schafpocken, die Erkrankung tritt nur in der kalten Jahreszeit schwer und u. U. tödlich auf. Im Sommer findet man gewöhnlich nur einen Pockenausschlag an den Lippen, Gliedmaßen, an den Flanken und am sogenannten Damm. Nach *Findlay* (1936) können die Kamelpocken in Form eines gutartigen Ausschlages auf den Menschen übergehen. Der Ausschlag soll gegen die Menschenpocken immunisieren.

7. *Ansteckende Blutarmut der Einhufer*

Wesen, Ursache, Erscheinungen usw. Die ansteckende Blutarmut der Einhufer ist eine durch ein Virus verursachte, akut oder chronisch, der Regel nach chronisch verlaufende Krankheit mit wesentlicher Beteiligung des Blutes (Zerstörung der roten Blutkörperchen im Verlauf der Krankheit). Künstlich ist die Krankheit auch auf das Schwein zu übertragen, ferner auf den *Menschen,* wie *Lührs* an sich selbst nachgewiesen hat. Die Erkrankung ist bei den deutschen *Schweinen* im Gegensatz zu den japanischen, wie *Gerlach* mit Recht sagt, wenig sinnfällig; die Schweine beherbergen das Virus jedoch in ihrem Blute. Ähnlich verhält es sich nach der Selbstbeobachtung von *Lührs* beim Menschen. Dieser ist unter unbestimmten Erscheinungen krank geworden (Darmerkrankung mit Blut im Stuhle, Kopfschmerzen, Schmerzen in der Nierengegend, allgemeine Körperschwäche, Abmagerung und zeitweiliges Fieber); durch Verimpfung von Lührsschem Blute konnte beim Pferde infektiöse Anämie erzeugt werden. Bei erkrankten *Einhufern* findet sich das Virus im Blute und damit in allen Eingeweiden und im Muskelfleisch. Die Inkubationszeit schwankt zwischen 5 und 30 Tagen, kann aber bis zu 54 Tagen und darüber betragen. Beim *akuten* Verlauf zeigen sich plötzlich Fieber bis zu $40{,}5^0$ und darüber, große Hinfälligkeit und mangelnde Freßlust. Die Tiere sind müde und vermögen sich nur schwer zu erheben. Der Herzschlag ist pochend. Auffällig ist auch die rasche Abmagerung. Die Tiere können in wenigen Tagen ein Viertel bis ein Drittel ihres Körpergewichtes einbüßen und im Verlauf von 2 Wochen bis zum Skelett abmagern. Eine genaue Blutuntersuchung zeigt, daß die Zahl der roten Blutkörperchen rasch absinkt. Die akute Krankheit endet in der Regel in 1 bis 2, seltener in 3 bis 4 Wochen mit dem Tode. Die akute Krankheit kann in die chronische Form übergehen. Das wichtigste Merkmal der *chronischen* Erkrankung sind Fieberanfälle, die ohne erkennbare Ursache auftreten, 2 bis 3 oder mehr Tage dauern und nach Pausen von wenigen Tagen bis zu mehreren Wochen und selbst Monaten wiederkehren. Die Lidbindehäute fallen im weiteren Verlauf der Krankheit durch ihre zunehmende Blässe auf, die Tiere ermüden leicht, und es tritt Abmagerung trotz guten Appetits ein. Außerdem können Ödeme am Unterbauch und an den Gliedmaßen auftreten. Die Tiere gehen schließlich nach einer Krankheitsdauer, die sich auf einige Monate und selbst auf mehrere Jahre erstrecken kann, an Erschöpfung zugrunde. Bei den *gefallenen* und *getöteten* kranken Tieren findet man bei der akuten Form eine Vergrößerung der Milz bis auf das Doppelte und Vierfache, ferner Schwellung der Lymphknoten, besonders derjenigen der Milz und des Gekröses, Blutungen unter den serösen Häuten und gelbliche Verfärbung der Leber. Bei der chronischen Form zeigen sich außer der starken Abmagerung und den Ödemen in der Leber und in der Milz bestimmte Veränderungen. Die Leber ist lehmfarben oder hellbraunrot mit Muskatnußzeichnung, die Milz nur wenig vergrößert, hellrot bis himbeerfarben und grob gekörnt durch kleine, bis pfefferkorngroße Milzpulpaherde (gewuchertes Lymphoidgewebe). Hinzu kommt die Ablagerung von Hämosiderin, einem Abbaustoff des roten Blutfarbstoffes in Leber und Milz. Für die Feststellung der Krankheit sind die *zeitweiligen Fieberanfälle* von Bedeutung, die durch regelmäßige Temperaturmessungen festzustellen sind. Im übrigen sichert die Übertragung der Krankheit auf einen Einhufer die Diagnose. Der Esel dürfte hierfür in Afrika wegen seines billigen Preises in Betracht kommen. Nach *Balozet* (1935) ist die Empfänglichkeit des kleinen afrikanischen Esels der des Pferdes gleich.

Behandlung mit Arzneimitteln oder durch eine Impfung ist *aussichtslos.* Deshalb empfiehlt es sich, *alle kranken Tiere möglichst bald zu töten.*

Die Krankheit ist durch Fleischgenuß *auf den Menschen nicht übertragbar.* Das Fleisch darf aber, wenn überhaupt, d. h. in leichten Fällen, nur in *ausreichend erhitztem Zustand* in Verkehr gegeben werden, weil durch den Verkehr mit rohem Fleisch die Seuche verschleppt werden kann.

Vorkommen. Über das Vorkommen der ansteckenden Blutarmut der Einhufer liegen aus Afrika nur wenige Angaben vor, vielleicht weil die Krankheit, wie auch *de Kock* (1919 und 1923) angibt, bei ihrem Auftreten für Pferdesterbe, Piroplasmose oder „Dunsiekte" gehalten wird. Der *Goldküstebericht* für 1919 gibt an, es scheine, daß im Goldküstengebiet ansteckende Blutarmut bei Pferden herrsche. In *Südafrika* ist die Krankheit selten *(du Toit,* 1926*)*; sie wurde bei Versuchspferden in Onderstepoort festgestellt *(de Kock,* 1919, 1923, 1924). Es handelte sich um Einzelfälle, nur bei Eseln in Natal hat ein Ausbruch ernsten Charakter angenommen *(de Kock,* 1923*).* In *Erythrea* soll die Krankheit in starkem Maße ausschließlich Esel ergriffen haben, während Pferde und

Maulesel verschont blieben *(Cilli,* 1936; *Marcato,* 1937*)*. Eine größere Bedeutung hat die ansteckende Blutarmut der Pferde bislang nur in *Französisch-Nordafrika* erlangt, und zwar ausschließlich in gewissen Teilen von *Marokko,* wo sie vor ihrer erstmaligen Feststellung durch *Velu* (1921) unter dem volkstümlichen Sammelnamen *„Fezkrankheit"* verborgen war, der auch für Pferdetrypanosomosen, Piroplasmose, Spirochaetose, Filariose und ansteckende Lähmung (infekt. Paraplegie) gebraucht wird. Die Krankheit kommt in Marokko in bestimmten bergigen Gebieten des marokkanischen Atlas- und des Rif vor. Die marokkanische Krankheit scheint sich nach *Velu* (1932, 1935) von der französischen und der europäischen Form zu unterscheiden. In Marokko ist die Krankheit auf die Berge beschränkt, ohne jede Neigung, sich in die Ebenen auszubreiten; ferner scheint sie nicht auf andere Pferde in demselben Stall überzugehen. Diese Tatsachen scheinen darauf hinzuweisen, daß es sich bei der marokkanischen Blutarmut der Einhufer um eine an einen bestimmten Standort und an bestimmte Überträger gebundene Krankheit handelt. Ferner ist Stovarsol, das in Frankreich angeblich sehr wirksam ist, in Marokko wirkungslos. Als das einzige Mittel zur Verhütung von zu großen Verlusten durch die Krankheit wird angegeben, statt der Pferde bei den Gebirgstruppen Maultiere zu halten *(Velu,* 1935*)*. In *Tunesien* wurde die Krankheit bisher nur einmal bei einem 3 Jahre vor der Feststellung der Erkrankung aus Frankreich eingeführten Pferde beobachtet. Man glaubt, daß das Tier sich schon in Frankreich angesteckt hat *(Balozet* und *Aoustin,* 1934*)*.

Übertragung. In bestimmten Ländern wird die ansteckende Blutarmut durch den Stich *blutsaugender Insekten,* wie der Anophelesmücken, der Fliege Stomoxys calcitrans, der Pferdebremsen (Chrysops, Haematopota, Tabanus), übertragen. In Französisch-Nordafrika hält man diese Fliegen, vor allem Tabanus, für die Überträger. *Schuler* und *Velu* (1933) sagen allerdings, daß die Annahme der Übertragung durch Insekten andere Übertragungsmöglichkeiten nicht auszuschließen brauche. Sicher ist, daß in Marokko die Häufigkeit des Auftretens der ansteckenden Blutarmut jahreszeitlich zusammenfällt mit den insektenreichsten Zeiten. *Miegeville* (1926) lenkt den Verdacht auf eine andere Übertragungsmöglichkeit. In einem Tale in Marokko, in dem stechende Insekten selten seien, *Blutegel* dagegen in den Teichen, aus denen die Pferde getränkt wurden, sehr häufig, sei die ansteckende Blutarmut immer wieder aufgetreten. Als man die Pferde an anderen Wasserstellen tränkte, wo keine Egel waren, sei die Krankheit bedeutend zurückgegangen.

Ansteckende Blutarmut der Schafe und Ziegen. In *Algerien* und *Marokko* kommt eine ebenfalls durch ein Virus hervorgerufene ansteckende Blutarmut bei Schafen und Ziegen vor (*Donatien* und *Lestoquard,* 1924, 1926). Die Krankheit läßt sich auch auf Pferd, Esel und Kalb übertragen, die unter wiederholten Fieberanfällen und Rückgang im Ernährungszustand erkranken. Die ansteckende Blutarmut der Einhufer läßt sich nicht auf Schafe und Ziegen überführen (*Findlay,* 1936); hierdurch unterscheidet sich diese Krankheit der Schafe und Ziegen von der der Pferde. Ein künstlich infizierter Makakusaffe zeigte nur wiederholte Fieberanfälle ohne sonstige Erscheinungen. Inkubationszeit 1—20, durchschnittlich 9 Tage. Die natürliche Krankheit verläuft unter Fieberanfällen, rascher Abmagerung trotz erhaltener Freßlust, Blässe der Lidbindehäute, Durchfall, bei den Schafen auch mit Ausfall der Wolle. Die erkrankten Tiere können schon nach 7—10 Tagen sterben, aber auch mehrere Monate lang krank sein. Die klinischen Symptome können schließlich verschwinden, das Blut bleibt aber, wie bei der ansteckenden Blutarmut der Einhufer, dauernd ansteckungsfähig. Deshalb sind auch bei der ansteckenden Blutarmut der Schafe und Ziegen *alle erkrankten Tiere alsbald zu töten (Carré* und *Verge,* 1935*)*.

Das Fleisch ist, wenn überhaupt, nur in ausreichend erhitztem Zustand in den Verkehr zu geben.

Die Krankheitserscheinungen können besonders bei guter Ernährung zurücktreten *(Donatien* und *Lestoquard,* 1932*)*. Dies darf aber kein Grund sein, etwa die Tiere länger zu halten, da auch die gutgenährten Tiere ansteckungsfähig bleiben.

8. Herzwasser

Wesen, Ursache, Erscheinungen, sichere Feststellung usw. Das Herzwasser ist eine durch die *Rickettsia ruminantium (Cowdry,* 1925*)* verursachte seuchenhafte Allgemeinkrankheit der *Schafe, Ziegen,* seltener der *Rinder.* Inkubationsstadium 7 bis 14 Tage; hierauf zeigen sich Fieber und bei ungünstigem Verlauf nervöse Erscheinungen, schwankender Gang, Zwangsbewegungen, Muskelzittern, tonische Krämpfe mit Nackensteifigkeit. Bei den *gestorbenen* und *getoteten* Tieren ist oft eine Ansammlung von großen Mengen einer serösen, bisweilen auch blutigen Flüssigkeit im Herzbeutel — seltener in der Brust- und Bauchhöhle — festzustellen. Dieses „Herzwasser" fehlt beim Rinde häufig. In Nordrhodesien ist bei akuten Fällen die Unterscheidung von Pflanzenvergiftungen und ähnlichen Krankheiten oft schwer. Das einzige Anzeichen, das mehr oder weniger ständig beobachtet wird, ist eine *akute Labmagenentzündung (Jones,* 1937*)*.

Die *Rickettsie des Herzwassers* ist dem Erreger des Fleckfiebers des Menschen ähnlich, aber kleiner (0,2 bis 0,5 μ). Sie findet sich während des fieberhaften Stadiums besonders in *Endothelzellen der Innenhaut der Blutgefäße,* besonders der Gehirnrinde und der Nierenglomeruli *(Cowdry,* zit. nach *v. Hutyra-Marek-Manninger)*. Natürliche *Übertragung* durch die Zecke *Amblyomma hebraeum,* künstlich auch durch Blut, aber nicht filtriertes. Im strömenden Blute konnten Rickettsien mikroskopisch nicht nachgewiesen werden. Die infizierten Zecken reinigen sich, sobald sie den Ansteckungsstoff an ein empfängliches Tier abgegeben haben. Wenn infizierte Nymphen, die als Larven an einem kranken Tiere Blut gesogen haben, einem nicht empfänglichen Tiere, z. B. einem Pferde, angesetzt werden, so reinigen sie sich nicht, sondern können nach der Häutung zu Imagines noch empfängliche Tiere infizieren *(Knuth* u. *du Toit)*. *Jackson* (1931) hat durch Untersuchung von Intimaabstrichen, am besten aus der Halsvene (Jugularis) oder dem rechten Herzvorhof, die Krankheit in allen von ihm untersuchten Fällen sicher und schnell feststellen können. Dies bestätigt auch *Jones* (1937), während *Henning* (1932) auf die oft große

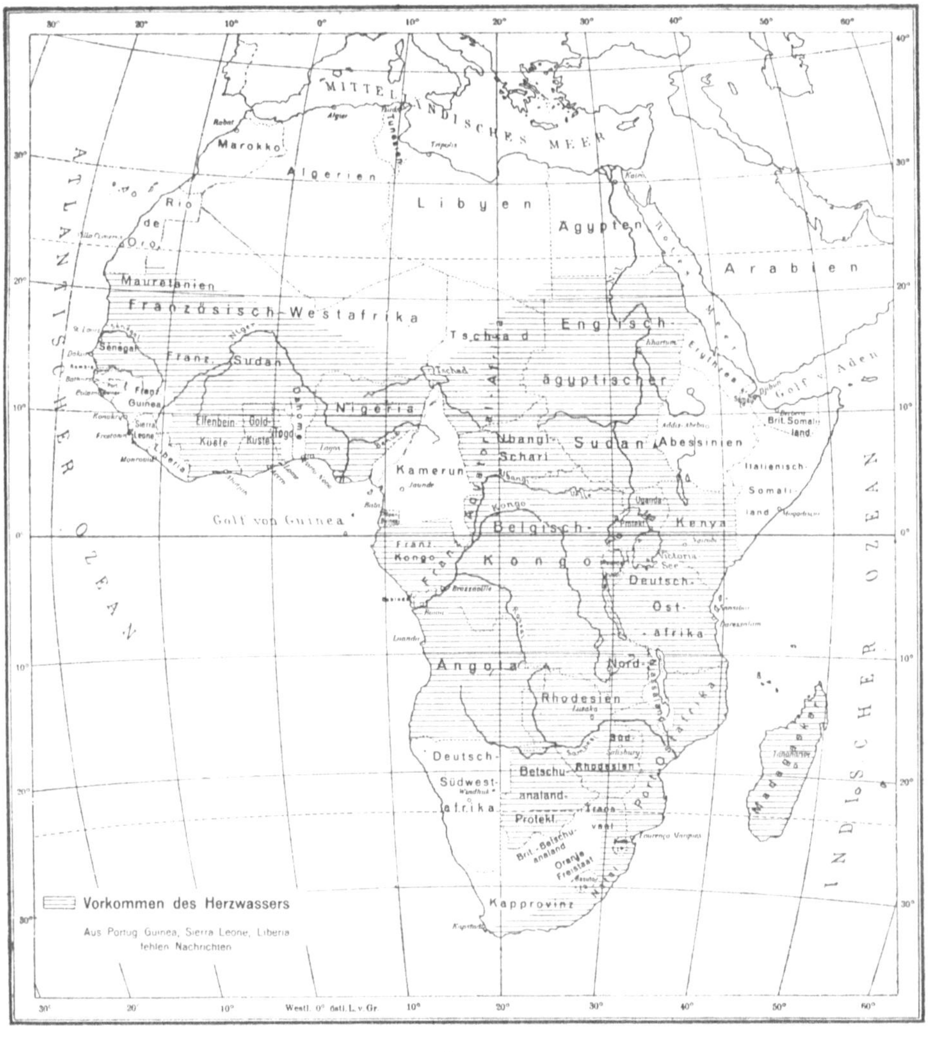

Abb. 12

Schwierigkeit hinweist, unter afrikanischen Verhältnissen die nur in einem geeigneten Institut mögliche Untersuchung stets durchzuführen, vor allem, da das Untersuchungsmaterial ganz frisch entnommen werden muß. Sterblichkeit im Durchschnitt 50 v. H.

Das *Überstehen der Krankheit* hinterläßt eine gewisse *Immunität (Henning,* 1932). Versuche einer *Schutzimpfung* sind aber bis jetzt fehlgeschlagen. Nach *Donatien* und *Lestoquard* (1938) gibt es bei Herzwasser keine Immunität ohne vorherige Erkrankung des Tieres. Diese Immunität kann niedergebrochen werden durch eine erneute Infektion, wenn es sich um einen *anderen Stamm* des Virus handelt. Nach *de Kock* (1938) laufen über die Frage der verschiedenen Stämme der Herzwasserrickettsie in Südafrika Untersuchungen. Tiere, die von Herzwasser genesen sind, beherbergen das Virus nur noch kurze Zeit *(Henning,* 1932). Daß gesunde Tiere noch eine Zeitlang den Erreger beherbergen können, lehrt die Erfahrung in einer brasilianischen Quarantäneanstalt, wo Verimpfung von Blut aus Südafrika eingeführter Schafe und Ziegen an brasilianische Ziegen, Schafe und Rinder zeigte, daß die Tiere Herzwasserträger waren *(Alves de Sousa* u. *de Abreu Martins,* 1937). *Donatien* und *Lestoquard* (1937) halten die Einschleppung von Herzwasser in bisher noch verschonte Gebiete für möglich, auch wenn dort die Überträgerzecke Amblyomma hebraeum nicht vorkommt; es sei noch ungeklärt, ob nicht auch andere Zeckenarten die Krankheit übertragen könnten. Sie forderten daher für Nordafrika das Verbot der Einfuhr von für Herzwasser empfänglichen Tieren aus Herzwassergegenden und die Sicherung gegen eine Einschleppung der Zecken.

Vorkommen. Nach *Knuth* u. *du Toit* wußte man 1921 über das Vorkommen der Krankheit „Herzwasser" folgendes: Das Verbreitungsgebiet der Krankheit deckt sich mit dem ihres Überträgers, der bunten Zecke Amblyomma hebraeum. Diese wird nur auf ziemlich engbegrenzten Landstrichen angetroffen, und zwar in den wärmeren Teilen der Niederungsgebiete. In *Transvaal* ist es besonders das sogenannte *Buschfeld,* das von der bunten Zecke befallen ist, und im Buschfeld sind es die *tiefergelegenen, wärmeren* Teile, die am stärksten verseucht sind. In der *Kapkolonie* kommt die bunte Zecke hauptsächlich an der Ostküste und etwa 80 km landeinwärts vor. *Van Saceghem* (1918) hat das Herzwasser auch in *Angola* und in *Belgisch-Kongo* festgestellt.

Die Buren wußten schon, daß sie nach einem Ausbruch des Herzwassers unter ihrem Vieh *die betreffende Gegend zu verlassen hatten,* um die Krankheit sofort zum Stillstand zu bringen. Dies hängt mit der schon angeführten Tatsache zusammen, daß die bunte Zecke nur auf engbegrenzten Gebieten vorkommt. In einzelnen Bezirken der Kapkolonie und Transvaals herrschte die Krankheit jedoch in solcher Ausdehnung und Schwere, daß eine blühende Schafzucht unmöglich wurde, bis man zu geeigneten Bekämpfungsmaßnahmen griff. Am größten sind die Verluste unter den nach Afrika frisch eingeführten Tieren. Es sind aber auch die in den seuchenfreien Teilen des Landes geborenen Tiere sehr empfänglich. In Herzwassergegenden aufgewachsene Rinder haben einen hohen Grad von Widerstandskraft gegen die Seuche. Ferner sind die Landziegen der Eingeborenen und die Fettschwanzschafe sehr widerstandsfähig, während die Angoraziegen und Merinoschafe sehr empfindlich sind. Will man eine Farm von Herzwasserzecken befreien, so ist dies viel schwieriger als beim Küstenfieber, weil sich die Larven der bunten Zecke durch Saugen auf einem nichtempfänglichen Tier nicht reinigen. Es ist deshalb notwendig, nicht nur Rinder, sondern *sämtliche Tiere, die als Wirte der bunten Zecke dienen können, von der Weide fernzuhalten,* und zwar muß dies über *mindestens 20 Monate* geschehen, damit auch wirklich alle Nymphen und Imagines abgestorben sind. Auch durch das *Baden* der Tiere kann man die bunte Zecke allmählich ausrotten; sie ist aber fast am schwersten von allen Zecken zu töten. Die Tiere brauchten (nach der damaligen Ansicht, 1921) nur alle 14 Tage gebadet zu werden. Obwohl alle Wiederkäuer als Wirte in Frage kommen und in der Regel nur die Rinder gebadet werden, so hat, wie *Knuth* und *du Toit* hervorheben, diese Maßnahme doch zur Folge gehabt, daß an der östlichen Küste der Kapkolonie die Zucht von Merinos möglich wurde.

Nach dem heutigen Stande des Schrifttums ist das Herzwasser eine in Afrika sehr weitverbreitete Krankheit. Allerdings spielt es vorerst wegen der zum Teil sehr geringen Empfindlichkeit der einheimischen Tierrassen in vielen Gebieten mit wenig entwickelter Tierzucht, besonders wenn nicht Schafe oder Ziegen besserer Rassen zur Aufkreuzung der Eingeborenenschläge eingeführt werden, noch nicht die Rolle wie in der *Südafrikanischen Union.* Im *Englisch-ägyptischen Sudan* hat das Herzwasser bei Schafen schwere Verluste hervorgerufen (Bericht 1930). Dagegen findet es in *Uganda* keine Beachtung (Bericht 1932). In *Kenya* und in dem unter Mandat stehenden Schutzgebiet *Deutsch-Ostafrika* kommt es vor; es ist hier bei Rindern und Schafen festgestellt worden, ohne daß man sich vorerst ein genaueres Bild von seiner Häufigkeit machen könnte (Ber. 1933). Eine große Bedeutung kann das Herzwasser in dem unter Mandat stehenden Schutzgebiet Deutsch-Ostafrika bekommen, wenn Bestrebungen verwirklicht werden sollten, die Schafzucht einzuführen (*Lowe,* 1935; Ber. 1934). In *Ruanda-Urundi* ist ebenfalls Herzwasser festgestellt worden (Mand.-Ber. 1934). In *Mittel-* und *Westafrika* ist es weit verbreitet. Im *Französischen Sudan* starb 1930 eine große Anzahl von Ziegen und Schafen an der Krankheit, wobei die Verluste hauptsächlich bei eingeführten Merinoschafen und Angoraziegen auftraten. Es wird aber auch bei afrikanischen Rassen beobachtet, wenn sie an andere Standorte verpflanzt werden. Nach einer Angabe des französisch-westafrikanischen Tierzucht- und Veterinärberichtes für 1935 starben in andere Gebiete Westafrikas übergeführte Massinaschafe an Herzwasser (vgl. auch *Curasson,* 1931, 1932). Bei Rindern wurde das Herzwasser im Französischen Sudan nicht beobachtet (*Curasson* und *Delpy,* 1928), dagegen in *Nigeria* (Ber. 1934). Im übrigen kommen größere Verluste in Westafrika nur bei eingeführten Tieren vor (Nigeria: Ber. 1934; Elfenbeinküste: *Aillerie,* 1932; Goldküste: Ber. 1932/33). In *Dahome* und dem unter Mandat stehenden deutschen Schutzgebiet *Togo* soll die Krankheit nicht vorkommen (Westafrik. Vet.-Konferenz 1936). Im ganzen *Süden Afrikas* tritt das Herzwasser in Gegenden auf, die den bunten Zecken geeignete Lebensbedingungen bieten. In dem unter Mandat stehenden Schutzgebiet *Deutsch-Südwestafrika,* wo es nach *Rickmann* (1908) bei Rindern aufgetreten ist — durch die Rindereinfuhr aus Südafrika soll die vor den Aufständen sehr seltene bunte Zecke häufiger geworden sein —, scheint es nicht mehr vorzukommen; denn in den Mandatsberichten ist von ihm nicht mehr die Rede. Da Zecken in dem Lande wegen seiner Trockenheit nicht so häufig sind, wäre es denkbar, daß Herzwasserfälle vereinzelt auftreten und als Pflanzenvergiftungen angesehen werden, wie dies in *Nordrhodesien* der Fall ist. Dort werden jährlich große Verluste durch „Veldtpoisoning" (Weidevergiftung) verzeichnet; *Jones* (1937) macht aber darauf aufmerksam, daß in gewissen Teilen des Landes 90 v. H. der sog. „Veldtpoisonings" Fälle von Herzwasser seien. Die Unterscheidung der Pflanzenvergiftungen sei nicht immer leicht, da das Symptom „Herzwasser" sehr häufig fehle. In *Südrhodesien* ist in manchen Gegenden das Herzwasser bei Rindern eine häufige Krankheit. Zur Verhinderung der Verschleppung der bunten Zecke sind Bestimmungen erlassen (Ber. 1928). In der *Südafrikanischen Union* ist die Krankheit *durch das Baden gegen Zecken schon auf vielen, früher schwer verseuchten Farmen ausgerottet* worden; sie kommt aber immer noch in vielen Gebieten vor, soweit sie genügend feucht sind. In Südrhodesien scheint sich das Herzwassergebiet langsam zu vergrößern (Ber. 1931); man ist dort der Meinung, daß sich das Herzwasser durch Verschleppung der Zecken auch nach trockeneren Gebieten ausbreiten könne (Ber. 1934). In *Madagaskar* haben 1925 *Poisson* und *Geoffroy* den Verdacht auf das Vorkommen der Krankheit ausgesprochen, und dieser Verdacht hat sich bestätigt; denn in nach Onderstepoort gesandtem Material von kranken Tieren fanden sich Rickettsien, die der R. ruminantium glichen *(Curasson,* 1936*)*.

Empfängliche Tiere. Am häufigsten werden *Ziegen* und *Schafe* befallen. Bei ihnen kann die Sterblichkeit bis zu 50, unter Umständen sogar bis zu 90 v. H. betragen. Am höchsten ist die Sterblichkeit bei Angoraziegen, dann bei einheimischen Ziegenrassen. Am widerstandsfähigsten sind *Rinder;* bei Kälbern kann die Sterblichkeit allerdings hoch sein. Perserschafe („Somalis") und Kreuzungen erleiden gewöhnlich wenig Verluste durch die Krankheit; sie kommen oft mit einem einfachen Fieberanfall davon *(Spreull,* 1922; *Henning,* 1932). Sehr hoch können die Verluste aber bei Merinos sein (vgl. auch unter „Vorkommen"). In dem unter Mandat stehenden Schutzgebiet Deutsch-Ostafrika verendete eine ganze Herde eingeführter Merinos binnen einem Jahr am Herzwasser (Ber. 1934). Nach *Spreull* (1922) wird auch der *Springbock* gelegentlich befallen. *Neitz* konnte nachweisen, daß der *Bläßbock* (Damaliscus albifrons) und das *Gnu* (Connochaetes gnu) den Erreger wochenlang beherbergen können. Wenn auch klinisches Herzwasser bei Antilopen noch nicht festgestellt wurde, so ist es doch denkbar, daß in viehfreien Gebieten Antilopen als Vorratstiere des Erregers dienen können *(Neitz,* 1935, 1937*)*.

Übertragung. Die Übertragung erfolgt durch Zecken der Gattung Amblyomma, und zwar in Südafrika durch die *bunte Zecke, A. hebraeum,* in Kenya durch die *Goldzecke, A. variegatum (Daubney,* 1930*)*. Auch in Nordrhodesien wird angenommen, daß A. variegatum neben A. hebraeum eine Rolle als Überträger spiele. (Vgl. auch die auf die Übertragung und die Frage der Reinigung der Überträgerzecken bezüglichen Angaben unter „Wesen" und „Vorkommen"). Infektiös sind Nymphen und geschlechtsreife Zecken, die in vorangegangenen Entwicklungsstadien Blut von infektiösen Tieren aufgenommen haben; jedoch können erwachsene Zecken, die sich als Larven infiziert haben, die Krankheit selbst dann noch übertragen, wenn sie als Nymphen auf empfänglichen Tieren gesogen haben *(Henning,* 1932*)*.

Bekämpfung. Eine spezifische *Behandlung* gibt es noch nicht*. Auch die verschiedenen Versuche, eine *Impfung* zu entwickeln, sind ergebnislos geblieben. Der einzige Weg zur Herabsetzung der Verluste durch die Krankheit ist die *Vermeidung der Infektion durch Entfernen der Tiere aus den verzeckten Gebieten oder durch Bekämpfung der Zecken.* Dazu ist *Baden* in einer zeckentötenden Flüssigkeit das bewährte Mittel, bei Rindern in der heißen Zeit jede Woche, in der kalten Zeit alle 14 Tage *(du Toit,* 1935*)*. Für kleine Wiederkäuer ist dies zu häufig, und in nicht zu schwer verzeckten Gebieten kann man in wenigen Jahren (nach *Spreull,* 1922, in 2 Jahren) zur Ausrottung der bunten Zecke kommen, wenn man die Schafe und Ziegen nur alle 2 bis 3 Wochen badet. Die Herzwasserzecke ist aber sehr schwer auszurotten. Wenn das Gelände sehr stark verseucht ist, soll man die kleinen Wiederkäuer für 18 Monate in ein nicht verseuchtes Gebiet bringen und nur Rinder halten, die regelmäßig gebadet werden. In Nordrhodesien wird für den Fall eines Ausbruchs des Herzwassers empfohlen *(Brogan,* 1932*)*, die Tiere auf eine andere Weide zu bringen und sie während der Dauer eines Ausbruches alle 3 Wochen die Weide wechseln zu lassen. Dazu müssen in dem befallenen Gebiet alle Tiere alle 5 Tage gebadet werden, um die Zecken auszurotten. Auch *Jones* (1937) empfiehlt in Nordrhodesien „*Kurzzeitbaden*" aller Tiere *zwischen Oktober und März* als einziges Bekämpfungsmittel des Herzwassers. Die Krankheit tritt gewöhnlich in der Regenzeit auf, in der Trockenzeit werden nur Einzelfälle beobachtet *(Henning,* 1932*)*.

Wirtschaftliche Bedeutung. Wie aus den unter „Vorkommen" gemachten Angaben hervorgeht, erlangt das Herzwasser in allen west-, mittel-, süd- und ostafrikanischen Gebieten in dem Augenblick eine hohe wirtschaftliche Bedeutung, in dem versucht wird, die einheimischen Wiederkäuerrassen durch Aufkreuzung mit besseren Schlägen aus anderen Gebieten, selbst Afrikas, zu verbessern. Welche Bedeutung es dann erhält, zeigt das Beispiel der Südafrikanischen Union. Früher gab es in den feuchteren Teilen der Union manche Farm, von der man sagte, dort könne man keine Schafe halten; sie waren mit Herzwasser verseucht. Heute gibt es dies dank den mit Plan durchgeführten Bekämpfungsmaßnahmen nicht mehr *(du Toit)*. An der Ostküste der Kapprovinz wurde als Folge des Badens die Merinozucht möglich *(Knuth* und *du Toit)*. Wie der Nutzwert der Farmen in Natal durch die Ausrottung des Herzwassers (der Zecken) stieg, zeigen die Angaben von *Nicol* (1935): „Der Wert der vom Herzwasser befreiten Farmen stieg beträchtlich. Eine Farm, die 1906 schwer verzeckt für 5000 £ gekauft worden war, erbrachte 1920 einen Erlös von 16000 £. Bei East London stiegen die von Herzwasser befreiten Farmen von 10 sh der Acre auf 3 £ und mehr der Acre."

* In neuester Zeit hat *Neitz* mit dem Bayerschen Mittel „*Uliron*" hervorragende Behandlungserfolge erzielt (Berl. u. Münch. Tierärztl. Wochenschr. 1939, Nr. 9, S. 134).

9. Tollwut (Rabies)

Wesen, Ursache, Erscheinungen usw. Die Wut ist eine durch ein Virus verursachte ansteckende Gehirnkrankheit des *Hundes* und der *Katze,* die von diesen Tieren auf *andere Tiere* und den *Menschen* übertragen wird. Die Übertragung geschieht durch Biß, durch Kratzen und durch Belecken, einer der Gründe, die als Warnung vor zu intimem Umgang mit Hunden dienen sollen. Das Virus wird von der Bißstelle auf dem Wege der Nerven zum Gehirn und Rückenmark geleitet und von dort zurückgeleitet in die drüsigen Körperorgane, insbesondere die Speicheldrüsen. Ein kennzeichnendes Merkmal der Wut beim *toten Tiere* ist das Auftreten der *Negrischen Körperchen* in bestimmten Gehirnteilen (Ganglienzellen des Ammonshornes). Die Krankheit zeichnet sich durch ein *langes Inkubationsstadium* aus, das stets mehrere Wochen, unter Umständen sogar mehrere Monate dauern kann. Beim Hunde ist das Inkubationsstadium in der Regel 3 bis 6 Wochen, beim Pferde und Rinde 4 bis 8 Wochen, beim Schafe und bei der Ziege 3 bis 4 Wochen, beim Schweine 2 bis 3 Wochen und beim Menschen 3 bis 9 Wochen. Die Krankheit äußert sich beim Hunde durch verändertes Benehmen, Ungehorsam dem Besitzer gegenüber, die Sucht, unverdauliche Gegenstände, insbesondere Holzstückchen, aufzunehmen, Anfälle von Tobsucht und Beißsucht, Drang zum Entweichen, Veränderung der Stimme zu einem Mittelding zwischen Bellen und Heulen, worauf schließlich Lähmung des Unterkiefers und der Hintergliedmaßen und Tod meist am 5. bis 8. Krankheitstage folgen. Bei der *„stillen Wut“* fehlen die Erregungserscheinungen; bei dieser tritt der Tod nach 3 bis 4 Tagen ein. Bei den Tieren verläuft die Wut in der Regel tödlich. Bei den gestorbenen oder getöteten Tieren findet man als wichtigste Abweichung Fremdkörper im Magen, bei genauer (histologischer) Untersuchung des Gehirnes die Negrischen Körperchen. Der Befund der Negrischen Körperchen sichert die Diagnose. Dies kann im übrigen auch durch Verimpfung von Gehirnmaterial an Kaninchen und Meerschweinchen geschehen, wobei jedoch zu bemerken ist, daß ein negatives Ergebnis kein zuverlässiger Gegenbeweis ist. Bei den Impftieren stellen sich bei positivem Impfergebnis nach 14 bis 18 Tagen die Erscheinungen der stillen Wut ein.

Vorkommen. Die Tollwut ist in *ganz Afrika* bei verschiedenen Tierarten nachgewiesen worden. Nicht verseucht sind lediglich die beiden unter Mandat stehenden Schutzgebiete *Deutsch-Ost-* und *Deutsch-Südwestafrika.* In diesem ist nur ein Fall von Tollwutverdacht vorgekommen. Im Dezember 1928 wurde ein Eingeborenenkind in Swakopmund von einem Hunde gebissen und starb an einer Krankheit, deren Erscheinungen sehr an Tollwut erinnerten. Es wurden Maßnahmen getroffen, um die Ausbreitung der Krankheit zu verhindern. Das Ergebnis der Untersuchung der Leiche des Kindes ließ keinen genauen Schluß auf Tollwut zu; aber es konnte auch die Möglichkeit ihres Vorliegens nicht ausgeschlossen werden (Mand.-Ber. 1928). Das Land ist als tollwutfrei zu betrachten, da außer diesem zweifelhaften Fall nur noch Tollwutverdacht aus dem außerhalb der Polizeizone gelegenen Ovamboland und aus dem Caprivizipfel gemeldet worden ist. Es sind hierauf die nötigen Maßnahmen getroffen worden, um die Mitnahme von Hunden aus dem Ovamboland zu verhindern und verdächtige Fälle zu untersuchen. Wut konnte jedoch bis jetzt nicht festgestellt werden (Mand.-Ber. 1925). Im Mandatsbericht für das Jahr 1926 findet sich die Angabe, daß weitere Fälle von Tollwutverdacht aus dem Ovamboland gemeldet worden seien; der Cheftierarzt des Mandatsgebiets erfuhr bei der Nachforschung an Ort und Stelle von den portugiesischen Behörden, daß eine bei Hunden vorkommende, verdächtige Krankheit von ihnen mit dem Ergebnis untersucht worden sei, daß es sich nicht um Tollwut handele. Da jedoch nach *Monteiro da Costa* (1933) die Tollwut in *Angola* vorkommt, erscheint es zweckmäßig, hier darauf hinzuweisen, daß das in ganz West- und Mittelafrika vorkommende *„Ulu-Fato"* lange für eine dem Menschen unschädliche Krankheit gehalten wurde, bis es jetzt als echte Tollwut erkannt worden ist (s. u.). Vielleicht hat es sich in Angola um „Ulu-Fato" gehandelt. Für das unter Mandat stehende Schutzgebiet *Deutsch-Ostafrika* wird 1936 in einem Tollwut-Memorandum festgestellt, daß nicht bekannt sei, ob die Krankheit im Lande vorkomme. 1934 (Bericht) ist in einem Grenzgebiet Tollwut festgestellt worden, worauf 147 Hunde, Schakale und Hyänen getötet und regelmäßige Streifen eingerichtet wurden, um eine erneute Einschleppung der Wut zu verhindern. 1936 ist ein Eingeborener in Mpapwa von einem wutkranken Hund gebissen worden. Trotz Sperrmaßnahmen konnte kein weiterer wutkranker Hund gefunden werden, und es wird die Frage aufgeworfen, woher die Infektion des einen Hundes gekommen sei. Es bleibt weiter unklar, ob im Lande die Tollwut bei irgendeinem Wirtstier enzootisch ist (Ber. 1936). In *Französisch-Nordafrika* ist die Wut weitverbreitet. Überträger ist in erster Linie der Hund, aber auch die Katze kommt in Frage. 5 v. H. aller Tollwutbisse sind auf Katzen zurückzuführen (*Remlinger* u. *Bailly,* 1932, 1933). Auch in *Ägypten* ist die Wut häufig. Durch Auslegen vergifteter Eselkadaver hat man dort so viel Hunde und Schakale getötet, daß die Verseuchung abzunehmen scheint (*Rachad,* 1931/32, Bull. Off. int. Epiz. 5. 241). In ganz Nordafrika stellen die großen Scharen von herrenlosen Hunden eine große Gefahr und ein Hindernis der Tollwutbekämpfung dar. Im *Englisch-ägyptischen Sudan* ist die Wut bei den einheimischen Hunden häufig. *Bennett* (1929) fand im Sudan ein Virus, das sich nicht *„fixieren"* ließ. In *Erythrea* und *Italienisch-Somaliland* ist die Wut weniger verbreitet, in *Abessinien* dagegen kommt sie häufiger vor (*Curasson,* 1936); nach *Lüders* (1937) spielt hier die Übertragung durch Schakale eine Rolle. Auch in *Uganda* (Ber. 1936) und *Kenya* ist die Tollwut beobachtet worden, in Kenya besonders bei *wildlebenden Fleischfressern,* Schakalen und Hyänen, deren Bekämpfung durch Legen von Giftbrocken sich als Maßnahme zur Wutbekämpfung sehr bewährt hat (*Brassey-Edwards,* Conf. on coord. of vet. res. 1936). In *Nyassaland* ist Tollwut festgestellt, in *Nordrhodesien* nimmt ihre Häufigkeit nach dem Bericht für 1936 zu. Neben Hunden sind Hyänen, Hyänenhunde und Schakale Überträger. 1933 war ein durchgreifender Bekämpfungsfeldzug geplant, der aber an dem Fehlen von Mitteln scheiterte. Alle Hunde in den Provinzen Kafue und Batoka sollten registriert und besteuert werden, die Polizei sollte unversteuerte Hunde töten, und für 7 Monate nach einem Ausbruch sollte in einem Umkreis von 10 Meilen Leinenzwang für alle Hunde verhängt werden. Daneben waren für die Tötung von Hyänenhunden, Hyänen und Schakalen Prämien vorgesehen (Ber. 1933). In *Südrhodesien* wurde die Wut 1931 ausgerottet (Ber. 1931); sie ist dort auch nach dem Bericht für 1936 nicht wieder aufgetreten. In die *Union von Südafrika* ist die Tollwut 1892 eingeschleppt worden und hat sich damals in der Nähe von Port Elizabeth verbreitet. Sie ist aber in weniger als einem Jahr ausgerottet worden, und noch 1926 konnte *du Toit* sagen: „Tollwut kommt in der Union seit Jahren nicht mehr vor." Erst 1928 erfolgten die ersten neuen sicheren Feststellungen von Tollwut, und zwar bei zwei Jungen, die von *kleinen Mardern (Cynictis penicillata)* gebissen worden waren *(du Toit* 1929*)*. Seither ist eine lange Reihe von Wutfällen bei Mensch, Haustieren und verschiedenen kleinen Fleischfressern in Südafrika bekanntgeworden. Das Gebiet, in dem die Tollwutfälle vorkommen, deckt sich völlig mit dem Verbreitungsgebiet von Cynictis penicillata, die als der verbreitetste Überträger der Tollwut anzusehen ist *(du Toit,* 1936). Das Gebiet wird von Jahr zu Jahr größer *(Neitz* und *Thomas,* 1933/34*)*, indem die Verseuchung unter den Cynictis immer weiter um sich greift. Nach *Snyman* (1937) sind seit 1929 in der Südafrikanischen Union folgende Fälle gemeldet worden: 23 beim Menschen, 14 beim Hunde, 12 bei Hauskatzen, 33 bei Rindern, je 3 bei Schafen und Schweinen, 2 bei Erdmännchen (Erdeichhörnchen, Geosciurus capensis), 6 bei Ginsterkatzen, 4 bei Wildkatzen, 42 bei Cynictis penicillata, 2 bei Suricata suricatta, 1 bei Myonax pulverulentus. Auf den schweren Regen 1933/34 folgte ein bedeutender Rückgang der Tollwutfälle, wohl weil eine große Anzahl der kleinen Raubtiere in ihren Erdhöhlen ertrunken war *(Snyman,* 1937*)*. Es erscheint als sehr merkwürdig, daß sich in Südafrika die Wut unter den Haushunden und Katzen nie stärker ausgebreitet hat, wenn bei diesen auch eine ganze Zahl von Fällen vorkam *(du Toit,* 1936*)*. In *Madagaskar* kommt Tollwut anscheinend nicht selten vor; *Alleaux* (1922) berichtet, daß häufig nach Biß wütender Hunde *Lemuren* (Nachtaffen) erkranken, die viel in den Häusern gehalten werden. Im *Betschuanaland-Protektorat* kam 1936 ein Tollwutausbruch vor *(Hobday,* 1936*)*, der durch Tötung von über 2000 Hunden und Bildung eines hundefreien Gürtels getilgt werden konnte. In ganz *West-* und *Mittelafrika* tritt die Tollwut zum Teil in einer besonderen Form auf, die der *stillen Wut* entspricht und lange für eine selbständige Krankheit gehalten wurde, wobei man annahm, daß sie für den Menschen nicht gefährlich sei. Es ist die bereits genannte Krankheit *„Ulu-Fato"*. Wenn auch feststeht, daß Erkrankungen beim Menschen nach Biß tollwütiger Hunde in Mittel- und Westafrika nicht so regelmäßig vorkommen, wie das bei europäischer

Abb. 13. *Tollwutüberträger in Südafrika.* (Nach *Fitzsimons*)

1. Surikate (Suricata suricatta) „stockstert meerkat".
2. Grauer Mungo (Myonax pulverulentus) „salt and pepper cat" oder „garkie".
3. Gelber Mungo (Cynictis penicillata) „yellow mungoose" oder „geel meerkat".
4. Ginsterkatze (Genetta felina) „Cape small spotted Genet" oder „klein swartgevlekte Mosilikaatkat".

Wut der Fall ist, so war es doch ein verhängnisvoller Irrtum zu glauben, daß ein von einem an „Ulu-Fato" erkrankten Hunde gebissener Mensch nicht erkranke, der solange bestanden hat, bis genauere Untersuchungen die Tollwutnatur der Krankheit „Ulu-Fato" ergaben. *„Ulu-Fato"* kommt neben eingeschleppter europäischer Wut *enzootisch* vor *vom Senegal bis Urundi (Mattlet,* 1935; *Curasson,* 1936; *Henderson,* 1929; *Stewart,* 1932; *Togo*-Mand.-Ber. 1937; *Nicolau, Mathis* u. *Constantinesco,* 1933; *Remlinger* u. *Bailly,* 1930; *Remlinger,* 1933; *Teppaz,* 1920, 1921; *Bouvier,* 1934; *Delpy, Cauvin* u. *Riou,* 1929*)*. Von den genannten Autoren wird berichtet, daß im angegebenen Gebiete auch Erkrankungen des Menschen an Tollwut vorkommen, und in vielen Fällen wird ausdrücklich betont, daß es sich um die westafrikanische „stille Wut", um „Ulu-Fato", gehandelt habe.

Empfängliche Tiere. Natürliche Ansteckung durch Biß ist in Afrika bei nachstehenden Tieren beobachtet worden: *Hund, Katze* (Hauskatze), ferner *Wildkatze* (Felis nigripes und Felis ocreata caffra) in Südafrika *(Neitz,* 1937*)*,

Gepard (Delpy, Cauvin u. *Riou,* 1929*),* dann *Schakal, Fuchs, Zibetkatze* und *Ginsterkatze* in Tunesien (Arch. Inst. Pasteur Tunis 15. 49—53, 1926), wo die Krankheit auch beim *Kamel* und bei der *Gazelle* beobachtet wurde. Nach *Nicolle* (1935) wurden 1934 in Tunesien folgende Fälle festgestellt: 1716 bei Hunden, 126 bei Katzen, 23 bei Einhufern, 22 bei Wiederkäuern, 20 bei Schakalen, 7 bei Ratten und Mäusen, 6 bei Mungos, 4 bei Affen, 2 bei Kaninchen, 2 bei Füchsen. *Bailly* (1931) berichtet, daß wutkranke *Hähne* andere Hähne und Hunde gebissen und infiziert hätten. *Remlinger* und *Bailly* konnten die Tollwut auf *Störche* übertragen (1936). In Südafrika spielen, wie bereits unter „Vorkommen" erörtert wurde, die *kleinen Raubtiere* die Hauptrolle bei der Übertragung und Verbreitung der Wut. Es handelt sich um den gelben Mungo (Cynictis penicillata), die Ginsterkatze (Genetta felina), einen gestreiften Mungo (Suricata suricatta), den die Afrikaner „Meerkat" nennen, den grauen Mungo (Myonax pulverulentus) und den roten Mungo (Myonax Cauui) *(Neitz* und *Marais,* 1932*).* Darunter stellt besonders die *„Meerkat"* eine große Gefahr für den Menschen dar, die als Haustier sehr beliebt ist und oft gezähmt im Hause gehalten wird. In Madagaskar wird die Wut häufig bei *Nachtaffen* (Lemuren) beobachtet, wenn diese bei Haltung in den Häusern von wutkranken Hunden gebissen werden *(Alleaux,* 1922*).* (In Brasilien, Argentinien, Bolivien und Paraguay wird die Tollwut durch *blutsaugende Fledermäuse* [Vampire, Dermodus rotundus, Diophylla ecaudata] übertragen.)

Bekämpfung. In Europa ist das sicherste Mittel zur Bekämpfung die Durchführung strenger *veterinärpolizeilicher Maßnahmen* mit dem Ziele der Tötung aller tollwutkranken und tollwutverdächtigen Tiere und der Sperre für alle ansteckungsverdächtigen Tiere auf die Dauer von 3 Monaten. Vorbeugend hat sich der Maulkorb- und Markenzwang ausgezeichnet bewährt.

Deutschland ist durch diese Maßnahmen trotz Einschleppung während des Weltkrieges seit Jahren von Tollwut vollständig befreit; vereinzelte Ausbrüche kommen nur noch in Grenzgebieten vor. Die Durchführung solcher Maßnahmen ist in Afrika, besonders außerhalb der Städte, schwer, aber als sicherstes Mittel zur Bekämpfung der Tollwut, wo immer möglich, anzuwenden (s. Nordrhod. Ber. 1933; s. auch unter Vorkommen). Eine Hilfsmaßnahme ist die Anordnung, alle *herrenlosen Hunde abzuschießen.* Hand in Hand damit muß gehen die *Tötung aller wildlebenden Tiere,* soweit sie als *Überträger* der Tollwut in Frage kommen. Es sei in dieser Hinsicht erinnert an das Vorgehen gegen Hyänen und Schakale in *Kenya* und anderen Gebieten Afrikas, wo planmäßig durch Vergiften die wilden Fleischfresser vernichtet werden, und an die behördlich angeordneten Forschungen in *Südafrika (du Toit,* 1936*)* zur Findung eines Weges, um die sehr stark verbreiteten Mungos und andere kleine Überträger der Tollwut ausrotten zu können. Vorerst versucht man die kleinen Höhlenbewohner *(Mungos, Erdeichhörnchen* u. a.*)* mit Blausäure, die *Ginsterkatzen* mit Giftbrocken zu vermindern *(Neitz* u. *Marais,* 1932*),* was aber wegen der starken Verbreitung der Tiere keinen großen Erfolg verspricht.

Wo veterinärpolizeiliche Maßnahmen nicht durchführbar erscheinen, wird die Bekämpfung mit Hilfe der *Schutzimpfung* versucht. Lehrreich ist in diesem Zusammenhang die Feststellung von *Eyraud* (1935), daß durch die Impfungen nicht etwa das Vorkommen der Wut eingeschränkt werde, im Gegenteil, sie vermehre sich in Marokko dauernd, *weil nur ein Teil der Hunde erfaßt werde,* ja sogar nur ein Teil der Hunde der in Marokko ansässigen Europäer! Das Verfahren zur Schutzimpfung gegen die Tollwut der Hunde stützt sich auf die Pasteursche Entdeckung, daß man durch Eintrocknung abgeschwächtes Rückenmark von wutkrank gemachten Tieren als Mittel zur Schutzimpfung bei Menschen, die von wutkranken Tieren gebissen worden sind, verwenden kann. Ein solches Verfahren zur Anwendung bei Tieren ist von *Umeno* und *Doi* angegeben worden. Es wird in Anlehnung an das *italienische Verfahren (Fermi)* aus Gehirn- und Rückenmarksmaterial von Kaninchen bereitet, das das „Virus fixe" enthält, Tollwutvirus, das nach Durchleitung durch Kaninchen eine konstante Virulenz erhalten hat. Das Material wird mit der 4fachen Menge Karbolglyzerinwasser (60prozentiges Glyzerin mit 1,25 v. H. Karbolgehalt) fein zerrieben und 2 Wochen bei 18 bis 23^{0} oder 3 Wochen im Eisschrank aufbewahrt. Von dieser Mischung werden Hunden 6 ccm auf 15 kg unter die Haut gespritzt. Dieses Verfahren wird in Japan und Amerika, neuerdings auch in Ungarn in großem Umfang mit günstigem Ergebnis angewandt. Im Gebiet der Präfektur Tokio wurden nach *v. Hutyra-Marek-Manninger* 1919 bis 1926 rund 215000 Hunde geimpft, von denen 175 (0,76 v. H.) später der natürlichen Ansteckung erlagen, während unter den nicht geimpften Hunden 2860 Wutfälle vorgekommen sind. Über die übrigen Verfahrensarten der Schutzimpfung gegen die Tollwut der Hunde liegen ähnliche Erfahrungen nicht vor. In Französisch-Nordafrika, wo man viele Jahre in sehr großem Umfang mit einer Äthervakzine *(Remlinger* u. *Bailly)* geimpft hatte, ist man neuerdings ebenfalls zur Verwendung der italienischen Phenolvakzine übergegangen, womit sehr gute Erfolge erzielt wurden. *Puntoni* empfiehlt zur Behandlung bereits gebissener Tiere vor Ausbruch der tödlichen Erkrankung die Anwendung eines Karbolglyzerin- oder Formalinimpfstoffes, der mit dem Gehirn und Rückenmark von Hunden, die andere gebissen haben *(Straßenvirus),* hergestellt wird und an Ort und Stelle bereitet werden kann. Er stellt eine 10prozentige Emulsion des Materials mit 1 v. H. Karbolglyzerin oder 1 v. T. Formalin her. Diese Vakzine wird von *Remlinger* u. *Bailly* (1936) als der *„Impfstoff der Zukunft"* bezeichnet. Die Impfung erfolgt durch einmalige Einspritzung. Bei Katzen ist jedoch bei Verwendung eines mit Phenol bereiteten Impfstoffes die Phenolempfindlichkeit dieser Tiere zu beachten und die Dosis nicht auf einmal, sondern geteilt zu verwenden *(Remlinger* u. *Bailly,* 1938*).* In Algerien *(Balozet,* 1932*),* in Marokko *(Remlinger* u. *Bailly,* 1931*)* und in Tunesien (Bull. Off. int. Epiz. 6. 820, 1932/33) wird die allgemeine Durchführung des vorbeugenden Impfverfahrens angestrebt, das sich auf Hunde, in Marokko neuerdings auch auf Katzen *(Remlinger* u. *Bailly,* 1933*),* erstrecken soll. Es ist nicht leicht, die

Besitzer dazu zu bewegen, ihre Tiere impfen zu lassen; das Verfahren wird aber dadurch gefördert, daß gebissene Tiere, die 1 Monat bis 1 Jahr vor dem Biß geimpft worden waren, nicht der sonst gesetzlich angeordneten Tötung anheimfallen, sondern nur 6 Monate unter tierärztlicher Beobachtung zu halten sind. Auch an der Goldküste hat man stellenweise zur Bekämpfung der Wut Zwangsimpfungen durchgeführt. Andernorts in Westafrika werden die gebissenen und ansteckungsverdächtigen Hunde getötet, soweit sie Eingeborenen gehören, während die Hunde der Europäer geimpft werden (Westafrik. Vet.-Konf. 1936).

Besonders hervorgehoben wird (*Remlinger* u. *Bailly*, 1936), daß die immunisierende Wirkung des italienischen Impfstoffes sich durch mehrere Monate hält, so daß die Impfungen überall vorgenommen werden können.

Auch *Köves* und *Kerbler* haben einen *Karbolglyzerinimpfstoff* hergestellt, der hauptsächlich zur *Verhütung des Tollwutausbruches bei gebissenen Tieren* Verwendung findet und an 5 aufeinanderfolgenden Tagen unter die Haut gespritzt wird, bei Pferden und Rindern in der Menge von je 5 bis 10, bei Schweinen von je 3 bis 6, bei kleinen Wiederkäuern von je 2 bis 4 ccm. Der Impfstoff behält einige Monate seine Wirksamkeit. Mit dem Impfstoff sind in Ungarn 1934 2149 Haustiere geimpft worden, bei denen während der Behandlung und binnen 14 Tagen nach deren Abschluß nur bei 12 (0,56 v. H.) und später nur noch bei 3 (0,14 v. H.) die Wut ausgebrochen ist (*v. Hutyra-Marek-Manninger*).

Die Impfung bereits gebissener Tiere empfiehlt sich bei wertvollen großen Haustieren. *Plantureux* (1935) verwendet in Algerien auch bei Pflanzenfressern eine *Formolvakzine* (10prozentige Kaninchenvirusemulsion mit 4promilliger Formalin-Kochsalzlösung), die in einwöchigen Abständen viermal in steigenden Mengen unter die Haut gespritzt wird. *Plantureux* hat seine Formolvakzine (Gehirn von mit Virus fixe infizierten Schafen, das mit der vierfachen Menge einer Karbol enthaltenden Glyzerinlösung verrieben wird) in den letzten 6 Jahren (bis 1935) in Algerien bei mehr als 17 000 Hunden angewendet.

Übertragung auf den Menschen. Wirtschaftliche Bedeutung. Die hohe Bedeutung der Tollwut liegt in der Gefährdung des Menschen. Dagegen tritt der wirtschaftliche Schaden durch Bißverletzungen und den Tod von nutzbaren Farmtieren, Rindern, Pferden, Schafen usw., in den Hintergrund. Menschen, die von wutkranken Hunden oder anderen wutkranken Tieren gebissen oder sonst verletzt oder auch nur beleckt worden sind, haben sich unverzüglich der *Tollwutschutzimpfung nach Pasteur* zu unterwerfen, deren Erfolg hinsichtlich der Tollwutverhütung bei rechtzeitiger Anwendung ausgezeichnet ist. Es ist schon unter „Vorkommen" erwähnt worden, daß auch die in Westafrika vorkommende Hundekrankheit „Ulu-Fato" Tollwut ist und auf den Menschen übertragen werden kann (*Repetto*, 1932). In Südafrika fürchtet man, daß die Tollwut wegen des ungemein häufigen Vorkommens der verschiedenen Überträger sich bald zu einer der Pest an Bedeutung gleichkommenden Seuche entwickeln könne (*Snyman*, 1937). Es ist zu beachten, wie *Remlinger* und *Bailly* (1932) festgestellt haben, daß das Virus der Tollwut ausnahmsweise bei Kühen mit der Milch ausgeschieden werden kann. Daß bei den großen nutzbaren Haustieren die Wut gelegentlich auch wirtschaftliche Bedeutung erlangen kann, zeigt die Angabe, daß auf einer südafrikanischen Farm im Verlauf von 6 Monaten 9 Kälber und 3 Kühe an Tollwut erkrankten und eingingen (*Neitz* u. *Thomas*, 1934). In Algerien hat man früher die Wut beim Rinde zu Unrecht als akute ansteckende Gehirnentzündung und nicht als Wut angesehen; in einer Herde von 20 Tieren wurden 10 infiziert und 9 starben, ohne Lähmung zu zeigen, an Tollwut (*Remlinger* u. *Bailly*, 1931).

10. Falsche Wut (Aujeszkysche Krankheit)

Die von Aujeszky zuerst beschriebene falsche Wut ist eine durch ein Virus verursachte, vereinzelt und gehäuft auftretende Krankheit der Haustiere, deren hervorstechendstes Merkmal bei allen Haustierarten, abgesehen vom Schweine, ein *heftiger Juckreiz* ist. Der Ansteckungsstoff findet sich nicht wie bei der Wut nur im Gehirn und Rückenmark, sondern auch im Blut und in allen Organen. Die Art der natürlichen Ansteckung ist noch nicht ganz geklärt. Insbesondere ist die Übertragung durch den Biß von Hunden oder Katzen fraglich. Das Zusammensein mit kranken Tieren führt in einem Teil der Fälle zur Übertragung, in einem anderen nicht. Die Inkubationszeit beträgt 10 Stunden bis 10 Tage; hierauf zeigen die Tiere Unruhe, aufgeregtes Wesen und vor allem *anhaltendes* und *heftiges Jucken, Reiben, Nagen, Kratzen oder Beißen an einer bestimmten Körperstelle,* besonders am Maule, Flotzmaul, an der Nase, am Euter, an den Geschlechtsteilen oder an anderen Körperstellen. Weitere Krankheitserscheinungen sind Speichelfluß, Zwangsbewegungen, Krämpfe und Schlundkopflähmung. Tod unter den Erscheinungen der zunehmenden Schwäche. Beim *Schweine treten das Jucken und die nervösen Erscheinungen zurück;* bei ihm greift die Krankheit sehr schnell in der Herde um sich. Die Erscheinungen der Krankheit bestehen beim Schweine in *Fieber, Mattigkeit, mangelnder Freßlust* und *Erbrechen.* In den meisten Fällen nach 1 bis 3 Tagen Besserung; in den anderen bestehen das Fieber und die Störung des Allgemeinbefindens noch 6 bis 8 Tage. Bei *Saugferkeln* zeigen sich auch *Zwangsbewegungen, Krampfanfälle, Schlundkopflähmung, rascher Tod* in einem halben bis 3 Tagen und Todesfälle bis zu 30 v. H. und darüber. Bei *gefallenen und getöteten Tieren* finden sich außer Entzündung an den Stellen, an denen Hautjucken bestand, keine kennzeichnenden Veränderungen. Das Überstehen der Krankheit erzeugt bei Schweinen *Immunität.* Da die Krankheit bereits durch Rotlauf- und Schweinepestimpfstoffe übertragen wurde, ist auf ihr Bestehen insbesondere in Schweinebeständen zu achten, die zur Gewinnung dieser Impfstoffe dienen, ferner bei Ausführung der Rotlauf- und Schweinepestimpfungen.

Vorkommen in Afrika. Aus Afrika wurde über das Vorkommen der Krankheit 1937 zum ersten Male berichtet. Es handelte sich um einen Fall, der einwandfrei bei einem Kabylenhund in Tunesien festgestellt wurde *(Cordier* und *Ménager,* 1937*).* Ein anomales Sterben der Katzen in der Gegend, aus der der kranke Hund gekommen war, konnte nicht untersucht werden, so daß nicht geklärt werden konnte, ob es sich bei den Katzen um falsche Wut gehandelt hatte (Tunis. Ber. 1937).

11. Schweinepest und afrikanische Virusseuche der Schweine

a. Schweinepest (Viruspest, swine fever, vark-koors)

Wesen, Ursache, Erscheinungen usw. Die Schweinepest ist eine durch ein Virus hervorgerufene, sehr ansteckende Allgemeinerkrankung des Schweines mit Veränderungen in verschiedenen Organen, insbesondere des Darmes. Die kranken Tiere zeigen Fieber, Abnahme der Freßlust, Erbrechen, Schwanken der Nachhand, Schlafsucht, Verstopfung, später Durchfall, Husten, schnelle Abmagerung. Daneben finden sich punktförmige Blutungen oder flächenförmige Rötungen der Haut. Bei geschlachteten Tieren treten die roten Punkte und Flecken nach dem Brühen und Enthaaren besonders deutlich hervor. Die Haut sieht oft wie mit Blut bespritzt aus. Bei den *gefallenen und getöteten Tieren* sieht man in den Lungen Blutpunkte und Blutflecken, außerdem eine herdförmige Lungenentzündung in Form grauroter, sich derb anfühlender Stellen. Das Brustfell und der Herzbeutel können mit abziehbaren gelben Belägen versehen sein. Die Nieren sind graubraun und mit feinsten Blutungen durchsetzt, die Lymphknoten, insbesondere die Kehlgangs-, Lungen- und Gekröslymphknoten, stark geschwollen und teilweise gerötet. Die auffälligsten Veränderungen finden sich an der Schleimhaut des *Darmes.* Sie zeigt Blutungen und streifige Rötungen, des weiteren oberflächliche und tiefere graue und graugelbe Verschorfungen in Form von Knötchen, größeren Platten, bröckeligen Knöpfen und mehr oder weniger tiefgehenden Geschwüren, insbesondere im Blind- und Dünndarm. Die Darmwand kann starr werden, so daß sie nicht zusammenfällt. Bei der *perakuten* und *akuten* Schweinepest (reinen Viruspest) besteht das Bild einer Blutvergiftung mit den angegebenen Veränderungen der Nieren und der Lymphknoten, in den weniger rasch verlaufenden *subakuten* und in den *chronischen* Fällen, in denen es in der Regel zu einer Mischinfektion der Viruspest mit bazillärer Pest (Salmonella-[Paratyphus]-Infektion) kommt, treten schwere Veränderungen der Darmschleimhaut auf. Die Salmonellainfektion kann auch selbständig vorkommen *(Suipestifer-Infektion). Martinaglia* und *Robinson* (1932) fanden bei erkrankten Schweinen in Südafrika Hyperämie der Haut, hämorrhagische Lymphknoten, leichtes Lungenödem, Milzschwellung und hämorrhagische Enteritis. Die Verimpfung von Blutfiltraten von mit bakterieller Pest behafteten Schweinen schloß das Vorhandensein von Viruspest oder afrikanischer Virusseuche aus, dagegen wurde ein Bakterium aus den kranken Tieren isoliert, das für Salmonella suipestifer gehalten wurde. Ein in die Blutbahn mit 5 ccm lebender Aufschwemmung der Bakterien geimpftes Schwein starb in 48 Stunden, ein mit 100 ccm gefüttertes zeigte keine Krankheitserscheinungen.

Die Schweinepest ist sehr häufig *vergesellschaftet* mit der *Schweineseuche,* der bekannten ansteckenden Lungenbrustfellentzündung. Die an Schweineseuche leidenden Tiere zeigen Fieber, Atembeschwerden und Husten. Bei den geschlachteten Tieren findet man fast regelmäßig eine Lungen- und Brustfellentzündung; die erkrankten Teile der Lungen sehen zuerst dunkelrot, später mehr graurot aus und fühlen sich derb an. Das Lungen- und Brustfell ist meist mit entzündet und mit faserigen bis schwartigen Auflagerungen bedeckt. Die Schweineseuche kommt in *Ägypten* und *Französisch-Nordafrika* vor und wird hier als selbständige Seuche betrachtet. In *Marokko* soll das Geflügelcholeraserum bei einem Ausbruch wirksam gewesen sein (Ber. 1920). Aus *Algerien* wird dagegen berichtet, daß Versuche, die die Hebung der Schweinezucht sehr erschwerende Schweinepest durch Impfung gegen die sekundären Keime Pasteurella (d. i. Schweineseuche) und Salmonella (s. o., bakterielle Pest) zu vermindern, ohne Erfolg geblieben seien *(Donatien* u. *Lestoquard,* 1932*).* Über das Vorkommen von reiner Schweineseuche (ohne Pest) berichtet *Velu* (1920). Auch in *Belgisch-Kongo* soll „Schweineseuche" vorkommen *(Guyaux* u. *Devos,* 1937*).*

Die Schweinepest überträgt sich leicht von Tier zu Tier durch die Ausscheidungen der kranken Tiere. Auf afrikanischem Boden kommt die Schweinepest in *Nordafrika* vor (Algerien bis Ägypten). In *Südafrika* scheint nach den Untersuchungen von *de Kock, Robinson, Thomas* und *Keppel* (zit. nach *de Kock,* 1938) die Schweinepest schon 1900 festgestellt worden zu sein. Anscheinend ist die Seuche aus Europa eingeschleppt worden. *(Weiteres über die Schweinepest im Süden Afrikas siehe unter „Afrikanische Virusseuche der Schweine".)*

Bekämpfung. Schweine können gegen die Schweinepest durch Anwendung von *Schutzserum* und durch *Serumblutimpfung* (kombinierte Anwendung von Hochimmunserum und Blut kranker Tiere, Simultanimpfung) immunisiert werden. Die Serumanwendung hat günstigenfalls eine vorübergehende Immunität zur Folge; die Erwartung, daß sich die Tiere unter dem Schutze der passiven Serumimmunität durch Aufnahme des Virus der Schweinepest mit den Ausscheidungen kranker Tiere aktiv immunisieren, ist unsicher. Das sicherere Verfahren zur Erzielung eines Schutzes ist die Serumblutimpfung; man vermag dadurch die Verluste durch die Schweinepest, wie die ausgedehnte Anwendung in den Vereinigten Staaten von Nordamerika und in Ungarn gezeigt haben, bedeutend herabzudrücken. Das Verfahren hat aber den Nachteil, daß die Seuche selbst dadurch nicht ausgerottet wird. Die ausgedehnte Anwendung der Serumblutimpfung hat in den Vereinigten Staaten zu einer sehr starken Verbreitung der Schweinepest geführt. Aus diesem Grunde wird nach *Traub* (1939) versucht, das Verfahren der Serumblutimpfung durch ein besseres zu ersetzen. Als Nachteile der Serumblutimpfung gibt *Traub* die zuweilen starken Impfreaktionen an, die entstehen, wenn das Immunserum einen ungenügenden Titer hat, das Ausbleiben der Immunität in Fällen, in denen das Virus eine zu geringe Virulenz aufweist, sowie die Gefahr der Verbreitung der Seuche durch Tiere mit starker Impfreaktion. Diese Gefahr wird verschieden beurteilt. Nach *Beller* und *Biermann* sowie *Uhlenhuth, Mießner* und *Geiger* können kombiniert geimpfte Schweine mehrere Wochen, unter Umständen monatelang Virus mit dem Harn ausscheiden. Nach *Dorset* (1934) ist die Gefahr der Seuchenverbreitung durch die Impflinge sehr gering und nach *Uhlenhuth, Mießner* und *Geiger* nach der 3. Woche der Impfung praktisch gleich Null. Die Versuche mit einer *Formolvakzine* haben in Japan nach *Futamura* einen guten Erfolg gehabt, nach anderen Berichten war ein Schutz gegen künstliche Infektion nur bei 33 bis 80 v. H. der geimpften Tiere festzustellen. *Hupbauer* hat die Formolvakzineanwendung abfällig beurteilt, und auch die Laboratoriumsversuche von *Hoffmann, Manninger* und *Csontos* sowie von *Boynton* in Nordamerika hatten kein befriedigendes Ergebnis (zit. nach *v. Hutyra-Marek-Manninger*). In letzter Zeit hat *Dorset* eine Vakzine durch Abschwächung auf andere Weise, nämlich durch *Behandlung von virulentem Blut während 2 Wochen bei Körpertemperatur,* hergestellt, die sich bei Laboratoriumsversuchen bewährt haben soll. Über den praktischen Wert liegen aber noch keine ausreichenden Erfahrungen vor.

In *Algerien* wird zur Tilgung der Schweinepest die aktive Immunisierung durch Serumblutimpfung angewandt *(Donatien* und *Lestoquard,* 1932*)*. In *Marokko,* das (1931) bis vor wenigen Jahren frei von Schweinepest war, und wo sich die Seuche durch Tiere, die äußerlich gesund erschienen, erhielt, sollen sich die Seuchenherde durch eine einfache Seruminjektion tilgen lassen *(Eyraud,* Bull. Off. int. Epiz. 6. 246. 1932/33*)*.

Wichtig ist die Durchführung *veterinärpolizeilicher Maßnahmen* zur Verhinderung der Verschleppung der Schweinepest, die in Sperren, unschädlicher Beseitigung der gefallenen und getöteten und bei der Fleischbeschau als untauglich befundenen Schweine sowie ihrer Abgänge bestehen. *Fleisch* von pestkranken Schweinen ist, soweit es überhaupt in Verkehr gegeben werden darf, durch *Kochen* oder *Dämpfen* oder durch *Ausschmelzen,* soweit es sich um *Fett* handelt, unschädlich zu machen, weil durch den Fleischverkehr eine Verschleppung der Seuche erfolgen kann. Dies zeigt, *wie wichtig die Fleischbeschau bei allen Schweinen eines verseuchten Bestandes, die zur Schlachtung kommen, ist.* Bei Neueinschleppung ist das sicherste Verfahren die Schlachtung der ganzen infizierten Bestände.

b. Afrikanische Virusseuche der Schweine (East African swine fever)

Die afrikanische Virusseuche der Schweine ist von *Montgomery* (1910 bis 1915) in *Kenya* und später von *Steyn* (1928) in *Südafrika* beschrieben worden. Sie wird wie die Schweinepest durch ein Virus erzeugt und zeigt auch hinsichtlich der Krankheitserscheinungen bei den lebenden und der Organveränderun-

Abb. 14

gen bei den gefallenen und getöteten Tieren große Ähnlichkeit mit der Schweinepest. *Geiger* (1937) weist besonders darauf hin, daß bei den gefallenen und getöteten Tieren ein *Unterschied* sehr auffällig sei: bei der *afrikanischen Virusseuche* könne man fast immer eine starke *Milzschwellung* feststellen, die bei der Schweinepest, auch bei der akuten Form, fehle. Der Verlauf ist stets *akut* mit einer hohen *Sterblichkeit* (90 bis 95 v. H.). Das *Überstehen* der Krankheit hinterläßt im Gegensatz zu der Schweinepest *nur eine schwache Immunität* (nach *Geiger* überhaupt nur selten eine Immunität), und vor allem ist das europäische Schweinepestserum (*Walker*, 1928, 1933; *Geiger*, 1937) gegenüber der afrikanischen Virusseuche wirkungslos. Zwischen Schweinepest und afrikanischer

Virusseuche besteht keine Kreuzimmunität. Bei dem Erreger der afrikanischen Virusseuche gibt es, im Gegensatz zur Schweinepest, *mehrere Stämme,* von denen keiner gegen den anderen immunisiert *(Geiger,* 1937; *Daubney,* 1938*)*.

Die Krankheit wird durch Busch- und Warzenschweine verschleppt, die sich nicht krankmachen lassen, in deren Blut sich aber das Virus wochenlang hält. *Steyn* fand das Virus auch bei freilebenden Wildschweinen. Nach *Steyn* beherbergten wiederholt mit Kerol desinfizierte Schweineställe das Virus noch nach 3 Wochen. Die *Art der Übertragung* von den Wildschweinen auf Hausschweine ist noch nicht geklärt. Vielleicht spielt ein geflügeltes Insekt *(Walker,* 1933; *Geiger,* 1937*)* eine Rolle. Jedenfalls ist die Übertragung durch direkte Berührung möglich *(Henning,* 1932*)*.

De Kock (1938) erörtert die Möglichkeit, daß es sich bei der afrikanischen Virusseuche um ein Virus europäischer Herkunft handele, das etwa um 1900 nach Südafrika eingeschleppt worden sei. 1905 hat *Theiler* die Seuche untersucht und für identisch mit der amerikanischen Schweinepest, die auch in Europa herrscht, gehalten. Später trat die Seuche nicht mehr auf. Erst 1926 erfolgten die großen Ausbrüche, die der aus Ostafrika beschriebenen afrikanischen Virusseuche zugeschrieben wurden, weil sie in ihren Erscheinungsformen und hinsichtlich der Übertragung durch Wildschweine mit dieser übereinstimmten. *De Kock* (1938) hält es für möglich, daß es sich bei der heute in Südafrika herrschenden Seuche um einen besonderen Stamm der europäischen Schweinepest handelt, der durch die Wildschweinpassage seinen veränderten Charakter erhalten hat. Zur Untersuchung dieser Frage sind Versuche im Gange, das Virus der Schweinepest in südafrikanischen Wildschweinen fortzupflanzen.

Vorkommen und Bekämpfung der Schweinepest und der afrikanischen Virusseuche. In der *Südafrikanischen Union* sind ebenso wie in dem unter Mandat stehenden Schutzgebiet *Deutsch-Südwestafrika* und *Rhodesien* Ausbrüche von „Schweinepest" vorgekommen (Adm.-Ber. SWA. 1920). Wie weit es sich dabei um die afrikanische Virusseuche oder um Schweinepest gehandelt hat, ist nicht mehr festzustellen; es ist aber als sicher anzunehmen, daß dort jetzt die afrikanische Virusseuche vorkommt (SWA. Mand.-Ber. 1934, 1935). In *Angola* tritt „Schweinepest" auf *(Monteiro da Costa,* 1933*)*. In der *Südafrikanischen Union,* wo in den amtlichen Berichten nur von „swine fever" die Rede ist, waren bei einzelnen Ausbrüchen sehr große Verluste zu verzeichnen. Während der Ausbrüche 1933/34 in der westlichen Provinz starben 8000 Schweine; 1900 ansteckungsverdächtige und 900 überlebende wurden gegen Entschädigung geschlachtet *(de Kock,* 1938*)*. Die Bekämpfung erfolgt in Südafrika durch *Schlachtung aller für die Verschleppung in Frage kommenden Hausschweine* bei einem Ausbruch wegen der Gefahr der Verschleppung des Erregers durch genesene Tiere und strenge *Sperrmaßnahmen* in den betroffenen Gebieten. Ferner wird versucht, *die Wildschweine auszurotten.* Da deren Ausrottung aber jahrelang dauern kann, wird Schutz der Hausschweine gegen die Möglichkeit einer Ansteckung durch Wildschweine empfohlen, also *Unterlassung des Weideganges* und Haltung in Ställen oder geeigneten Krälen. Die Sperren werden erleichtert für solche Farmer, die „bona fide"-Züchter sind und die Schweine gegen Ansteckung geschützt halten *(du Toit,* 1937*).*

Ferkelgrippe („swine influenza"). Über das Vorkommen von Ferkelgrippe oder der sog. „swine influenza" war bis vor wenigen Jahren in Afrika nichts bekannt. Erst 1935 ist in *Kenya* ein weitverbreiteter Ausbruch von „swine influenza" festgestellt worden. (Ref. Vet. Rec. *49.* 124, 1937). Bei einem Ferkelgrippeausbruch betrug die Sterblichkeit 70 v. H. Im Schlachthof von Nairobi waren manchmal 80 v. H. der Lungen wegen Influenzaveränderungen untauglich (Kenya-Ber. 1935).

12. *Blauzunge (Katarrhalfieber) der Schafe*

Wesen und Ursache. Die Blauzunge ist eine durch ein filtrierbares Virus hervorgerufene Erkrankung des Schafes, die durch eine Entzündung im Bereiche des Maules, der Zunge, des Darmes und der oberen Luftwege, häufig auch durch eine Entzündung der Klauenlederhaut gekennzeichnet ist.

Vorkommen. Die Blauzunge ist weit in Afrika verbreitet. Ihr Vorkommen in der *Südafrikanischen Union* ist lange bekannt, auch im unter Mandat stehenden Schutzgebiet *Deutsch-Südwestafrika* ist sie, wenigstens im Norden, häufig; im Süden kommt sie nur in starken Regenjahren in größerem Umfange vor (Mand.-Ber.; *Sigwart,* 1927). Ferner ist die Blauzunge nicht selten in *Nord-* und *Südrhodesien.* Enzootisch kommt sie anscheinend in ganz *West-, Mittel-* und *Ostafrika* vor. *Theiler* nahm an, daß sich ihr Verbreitungsgebiet bis zum Roten Meer erstrecke. *Piot Bey* hat sie auch in *Ägypten* festgestellt *(Curasson,* 1936*).* In *Französisch-Westafrika* wurde die Krankheit 1925 zum ersten Male beobachtet; man nahm damals an, daß sie mit Merinos aus Südafrika eingeschleppt worden sei. Diese Tiere, die in 3 Herden an verschiedene Orte gebracht worden waren, haben an ihren Bestimmungsorten große Verluste durch die Krankheit erlitten. Später stellte sich heraus, daß die Tiere an Ort und Stelle erkrankt waren. Die Blauzunge ist in Westafrika so häufig, daß ein großer Teil der einheimischen Tiere daran erkrankt. Die Erkrankung verläuft meist so leicht, daß sie gar nicht bemerkt wird. Auch aus *Britisch-Westafrika* wird ähnliches berichtet. *Beal* (1918, zit. nach *Curasson,* 1936) hält die Krankheit im Gebiete der Goldküste für sehr gutartig. In *Uganda* scheinen ähnliche Verhältnisse vorzuliegen; denn eine Untersuchung ergab eine hohe Immunität der einheimischen Schafe gegen südafrikanisches Virus *(Mettam,* 1936*).* In *Kenya* hat die Krankheit eine größere Bedeutung, was sich aus dem höheren Stande der dortigen Landwirtschaft erklärt. Im Jahre 1930 wurden in Kenya 79 355 Dosen Impfstoff ausgegeben (Ber.). Innerhalb der Seuchenländer kommt die Blauzunge hauptsächlich in den *niedriger gelegenen Gebieten* vor. Die absolute Höhe über dem Meeresspiegel ist für die Verbreitung der Krankheit von geringerer Wichtigkeit als die *relative Höhe* des betreffenden Ortes im Vergleich mit dem umgebenden Lande. Auf der einzelnen Farm sind die Tiere auf den Anhöhen vor der Ansteckung verhältnismäßig gut geschützt, während das Niederungsgelände stark gefährdet ist. Die Krankheitsfälle treten fast nur in der *Regenzeit* auf, und zwar in trockeneren Gebieten manchmal nur während starker Regenzeiten. *Sigwart* (1927) berichtet aus dem unter Mandat stehenden Schutzgebiet *Deutsch-Südwestafrika,* daß die Krankheit im Süden manchmal jahrelang nicht beobachtet werde; wenn sie aber in starken Regenjahren doch aufträte, verursache sie große Verluste. So verloren 1925 die Wollschaffarmer bis zur Hälfte ihres Bestandes. 1934 wurden von der Südwester Veterinärverwaltung 36 720 Dosen Impfstoff zur Bekämpfung der Seuche ausgegeben (Mand.-Ber. 1934).

Empfängliche Tiere. Von den Schafen sind am empfänglichsten *Merinos,* widerstandsfähiger *Karakuls,* und am wenigsten leiden *Fettschwanzschafe.* Die Sterblichkeit beträgt im allgemeinen 5 bis höchstens 30 v. H. Bei Merinos kommen nach *Curasson* in Französisch-Westafrika bis zu 40 v. H. Verluste vor. Tiere im Alter von *1 bis 2 Jahren* erkranken am häufigsten und schwersten *(Henning,* 1932*). Dixon* (zit. nach *Knuth* u. *du Toit)* will beobachtet haben, daß *Sauglämmer nicht* erkranken. Schafe aus einer Seuchengegend haben einen höheren Grad von Widerstandsfähigkeit als solche aus seuchenfreier Gegend. Die meisten Autoren haben bei ihren Übertragungsversuchen auf *andere Tierarten* (Pferd, Rind, Ziege, Hund, Kaninchen usw.) nur verneinende Ergebnisse gehabt. Mit keiner der bekannten Übertragungsarten war es möglich, das Virus der Blauzunge auf kleine Versuchstiere zu übertragen *(de Kock,* 1938*).* Dagegen hat *Spreull* (1905, zit. nach *Knuth* u. *du Toit)* die Krankheit mit dem Erfolg auf Ziegen und Kälber übertragen, daß die Tiere zwar nicht erkrankten, ihr Blut sich aber nach Ablauf einer bestimmten Inkubationszeit als hochvirulent für Schafe erwies. *Neitz* (1933) konnte zeigen, daß der *Bläßbock* (Damaliscus albifrons) nach künstlicher Infektion Vorratstier des Virus werden kann. *Curasson* (1936) verimpfte Blut von kranken Schafen ohne Erfolg auf Gacella dorcas, konnte jedoch mit dem Blut eines *„biche cochon“,* dem 8 Tage vorher Blut von einem blauzungekranken Schafe eingespritzt worden war, bei einem Schafe Blauzunge hervorrufen.

Art der Übertragung. Die Schafe infizieren sich vorzugsweise während der *Nacht,* am *frühen Morgen* oder am *späten Abend,* während dieselben Orte einige Zeit nach Sonnenaufgang bis kurz vor Sonnenuntergang hinsichtlich der Infektion ungefährlich sind. Das Unterbringen der Tiere in der Nacht in Stallungen und in Krälen verleiht einen gewissen Schutz gegen Infektion. Alle diese Beobachtungen deuten darauf hin, daß man als Überträger der Blauzunge ein *blutsaugendes Nachtinsekt* annehmen muß. *Nieschulz, Bedford* u. *R. du Toit* (1934) versuchten mit vielen Arten und einer großen Stückzahl von Stechmücken, die Krankheit von kranken Schafen auf gesunde zu übertragen. Nur zweimal gelang die Infektion eines Schafes mit eingespritzten zerriebenen Anopheles lineatopennis, die 17 und 14 Tage vorher an kranken Schafen gesogen

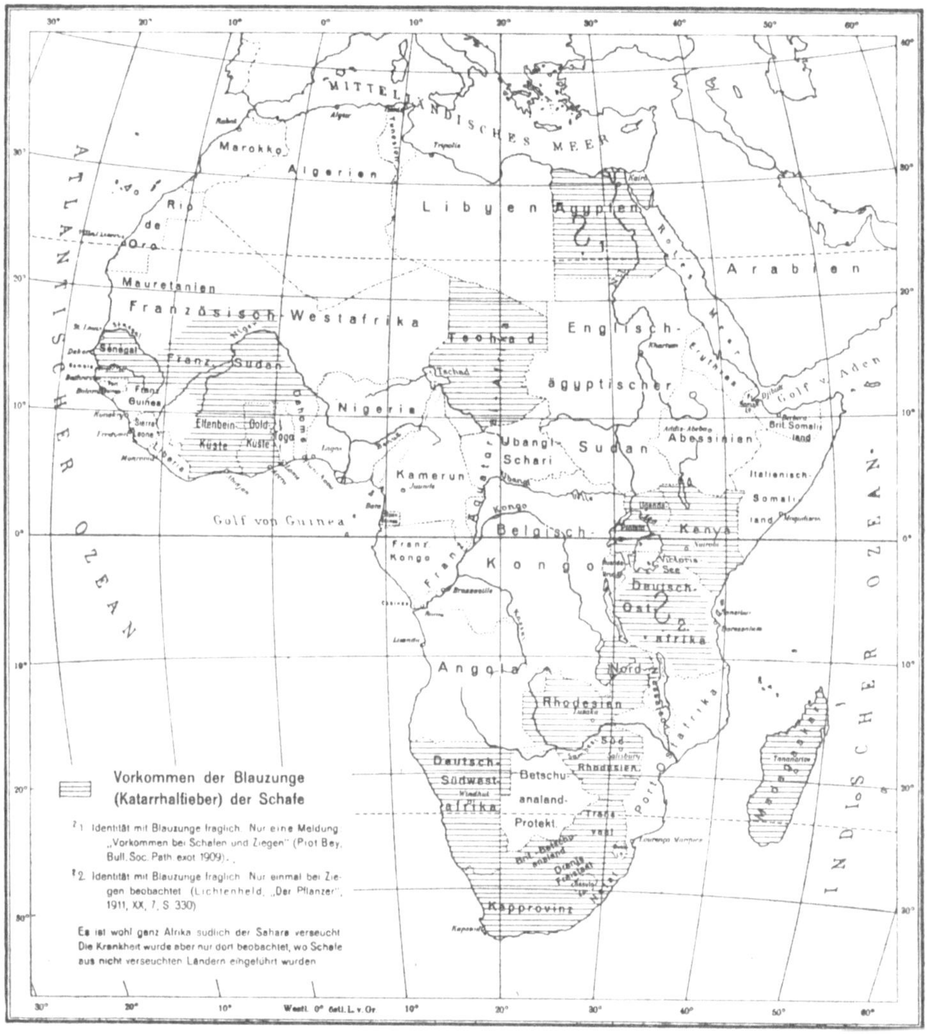

Abb. 15

hatten. Die Forscher faßten dies Ergebnis nicht als eine Lösung des Überträgerproblems bei der Blauzunge auf, so daß die Frage noch offen steht. Tiere mit *langer Wolle* sind der Krankheit *weniger* ausgesetzt als solche mit kurzer Wolle, weshalb die Farmer oft das Scheren der Schafe beim Herrschen der Blauzunge verschieben. Nach dem Baden, besonders in teerhaltigen Flüssigkeiten, nimmt die Seuche ab, was so gedeutet werden kann, daß die blutsaugenden Insekten von den Tieren ferngehalten werden *(Henning, 1932)*.

Erscheinungen, Verlauf. Nach einer Inkubation, die bei der künstlichen Ansteckung 2 bis 4 Tage beträgt, stellt sich Fieber ein, das im Durchschnitt

5 bis 7 Tage anhält und gewöhnlich mittelhochgradig ist, aber bis zu 42,5° steigen kann.

Nach *Knuth* und *du Toit* erkranken die Tiere häufig unerkannt, nur unter Erscheinungen des Fiebers. Bei der akut und subakut verlaufenden Erkrankung zeigen sich die ersten Krankheitssymptome nach *Henning* etwa 1 Woche nach der Infektion. Die Tiere belecken sich die Lippen von Zeit zu Zeit, und die Untersuchung des Maules ergibt Rötung der Schleimhaut des Lippenrandes, des Zahnfleisches und der Zunge. Es folgen Katarrh der Maul- und Nasenschleimhaut, zuweilen auch eine Entzündung der Lidbindehäute. Die Lippen, insbesondere die Oberlippe, schwellen an, und am Maule zeigt sich etwas Schaum. Jetzt ergibt die Untersuchung der *Maulschleimhaut,* daß sie *bläulich verfärbt* ist und daß sich an den Lippenrändern wunde Stellen bilden. In diesem Stadium kann die Krankheit abheilen. Sonst kommt es zu einer *blutigen Entzündung der Maulschleimhaut* mit *Abstoßung großer Epithelfetzen von Zunge und hartem Gaumen.* Die *Zunge* ist *stark geschwollen* und *blaurot* und füllt die Maulhöhle fast ganz aus. Aus dem Maule entleert sich mit Blut vermischter Schleim, aus der Nase schleimiger Eiter, der die Nasenöffnung verstopfen und schnarchende Geräusche bei der Atmung hervorrufen kann. Der Vorkopf und die Kehlgangsgegend schwellen oft teigig an. Trotz dieser schweren Veränderungen zeigen die Tiere Appetit, magern aber in der Regel schnell ab. Bei jüngeren Tieren stellt sich manchmal Durchfall mit Abgang von Blut mit dem Kote ein. Diese Fälle führen gewöhnlich bald zum Tode. Sobald die Tiere wieder anfangen zu fressen, stellen sich Erscheinungen an den *Klauen* ein. Die Tiere bleiben auf der Weide zurück und haben einen Gang wie ein rehekrankes Pferd. Ursache: eine Entzündung der Klauenlederhaut. Die Klauen sind warm und auf Druck schmerzhaft, der Kronensaum ist gerötet und geschwollen. Gewöhnlich sind die beiden Vorderfüße betroffen, zuweilen alle vier Füße oder die beiden Hinterfüße oder ein Vorder- und ein Hinterfuß. Gelegentlich schuhen die Tiere aus. In seltenen Fällen geht die Wolle aus. Der Krankheitsverlauf beträgt ungefähr 3 Wochen. Nur selten tritt der Tod auf der Höhe der Erkrankung ein, dagegen können die Tiere nach 2 bis 3 Wochen an allgemeiner Schwäche eingehen. Bei den *gefallenen und getöteten* Tieren findet man die schon beim lebenden Tier beobachteten Veränderungen an den Lippen, im Maule, an der Zunge und an der Nase, ferner blaurote Färbung und Schwellung der Labmagenschleimhaut, streifige Rötung und Schwellung des Dünn-, Blind- und Grimmdarmes. Das Überstehen der Krankheit verleiht den Schafen keine vollständige, aber einen *gewissen Grad von Immunität.* Die Erfahrung lehrt, daß durchgeseuchte Tiere später wieder erkranken können. Nach der Genesung beherbergen die Tiere noch eine Zeitlang den Erreger in ihrem Blute und können so als Infektionsstoff-Vorratstiere wirken *(du Toit,* 1929*).*

Bekämpfung. Das Hauptmittel zur Bekämpfung ist heute die *Schutzimpfung* nach dem Verfahren von *Theiler* (1907), der hierzu *Passagevirus* von der 11. Schafspassage an benützte. Das zur Impfung verwendete Blut bleibt, mit je

0,5 v. H. Natriumoxalat und Karbolsäure versetzt, 18 Jahre wirksam *(du Toit).* Da der Impfschutz nur einige Monate sicher ist, impft man am besten bei längerer Dauer der Regenzeit jährlich zweimal, in Südafrika im Oktober und im Januar. Es genügt aber auch, einmal jährlich zu impfen, da bei den geimpften Tieren Verluste selbst ein Jahr nach der Impfung kaum zu erwarten sind, sondern höchstens ein mehr oder weniger leichter Anfall der Krankheit *(du Toit,* 1929*).* Es muß *vor Beginn der Blauzungezeit* geimpft werden, da der Impfschutz erst nach 15 Tagen wirksam wird (Anweisung des Vet. Dep. U. v. S. Africa, 1935). Man muß ferner impfen, wenn die Schafe noch in leidlich *gutem Ernährungszustande sind.* Auch sollen nicht frisch geschorene Schafe geimpft werden, da die Impfung oft eine leichte Erkrankung hervorruft, unter der die Schafe unnötig leiden, wenn sie frisch geschoren sind. Auch andere besondere Beanspruchungen der Schafe, wie Baden, Kastrieren, soll man in den Wochen vor und nach der Impfung vermeiden, um die Schafe nicht zu schwächen. Ferner soll die Deckzeit nicht mit der Zeit der Blauzungeimpfung zusammenfallen. Wenn dies alles beachtet wird, beeinflußt jährliches Impfen gegen die Blauzunge die Anzahl der fallenden Lämmer nicht *(L. L. Roux,* 1936*). Hochträchtige* Schafe sollen *auf keinen Fall* geimpft werden, da sie verlammen und selbst eingehen können *(Henning,* 1932*).* Daß dies aber praktisch nicht entscheidend ins Gewicht fällt, geht aus der Tatsache hervor, daß der Theilersche Impfstoff in Afrika in sehr großen Mengen jährlich verbraucht wird. Nach *du Toit* sind allein in der Südafrikanischen Union bis 1928 23 Millionen Dosen ausgegeben worden. Dies spricht für die günstige Beurteilung der Impfung. Die Impfsterblichkeit bleibt meistens unter 1 v. H. *Curasson* (1936) sah bei geimpften Tieren in Westafrika, wenn sie durch andere Ursachen geschwächt waren (Parasitenbefall, Kastration, Scheren), bis zu 15 v. H. Verluste. Von *Curasson* (1930) rührt die Anwendung einer *Formolvakzine* her, die in gleicher Weise wie seine Formolrinderpestvakzine hergestellt wird. Ihre Brauchbarkeit kann noch nicht sicher beurteilt werden *(Curasson,* 1936*).*

Wirtschaftliche Bedeutung. Die wirtschaftliche Bedeutung der Blauzunge liegt in ihrer starken Verbreitung in Afrika und in dem Schaden, den sie durch Todesfälle, hauptsächlich aber durch Verlust an Fleisch und Wolle, hervorruft, außerdem aber in der Erschwerung der Aufkreuzung der Schafherden mit eingeführten Hochleistungsrassen. Den Schäden wird durch die Schutzimpfung nach *Theiler* wirksam begegnet. Über den Wert der Impfung für die Südafrikanische Union stellt *du Toit* (1928) folgende Rechnung auf: „Wenn man rechnet, daß 15 Millionen von 23 Millionen Schafen der Blauzunge ausgesetzt sind, und eine Durchschnittssterblichkeit von 20 v. H. an natürlicher Blauzunge annimmt, kann man rechnen, daß durch die Impfung 3 Millionen Schafe gerettet worden sind. (23 Millionen Dosen sind ausgegeben worden, also sind seit 1907 23millionenmal Schafe geimpft worden). So gerechnet, kann man annehmen, daß die Impfung jährlich 300 000 Schafe vor dem sicheren Tod gerettet hat. Wenn die Hälfte davon Mutterschafe sind, muß auch noch ein erheblicher Minderanfall an Lämmern mitgerechnet werden. Nebenbei spielen noch die Verluste durch langsameres Wollwachstum bei allen erkrankten Schafen eine Rolle."

13. Blauzunge beim Rinde

I. *Rinder als Virusbeherberger.* Bei Versuchsrindern, die zu Küstenfieberversuchen auf der Weide gehalten wurden, fand man in *Südafrika* Blauzungevirus im Blute. Die Rinder zeigten keine Krankheitserscheinungen. Das Virus wurde auf Schafe übertragen, die mit dem Theilerschen Impfstoff geimpft worden waren. Obwohl bei diesen die Immunität nicht ganz standhielt, erwies es sich doch, daß die geimpften Schafe eine gewisse Grundimmunität hatten, die auch durch ausnahmsweise virulente Stämme, wie die in Frage kommenden, nicht ganz niedergebrochen wurde. Durch eine Anzahl von Passagen sowohl durch geimpfte wie durch ungeimpfte Schafe konnte im Gegensatz zu den Verhältnissen bei dem gewöhnlichen Blauzungevirus der Schafe *(Theiler, du Toit)* keine Abschwächung des aus Rindern gewonnenen Virus erzielt werden *(de Kock, R. du Toit* u. *Neitz*, 1937; *de Kock*, 1938*)*. In *Kenya* ist 1933 anläßlich eines Rinderpestausbruches Blauzungevirus aus einigen Rindern isoliert worden, das für Schafe ganz besonders virulent war *(Daubney*, Ber. 1933*)*. Die Feststellung von Rindern als Ansteckungsstoffträger ohne Krankheitserscheinungen deckt sich mit der Feststellung von *Spreull* (1905), daß das Virus der Blauzunge auf Kälber übertragen werden kann, die das Virus vom 5. Tage an, also nach einer Inkubationsfrist, in ihrem Blute aufweisen, ohne Krankheitserscheinungen zu zeigen.

II. *Blauzunge-ähnliche Erkrankungen beim Rinde.* In Südafrika wurde anläßlich des Maul- und Klauenseucheausbruches 1932/33 bei Rindern in Einzelfällen eine Erkrankung beobachtet, die von den Farmern für Maul- und Klauenseuche gehalten wurde *(Keppel* u. *Robinson*, 1932*)*, obwohl keine Blasen vorhanden waren und andere Merkmale der Maul- und Klauenseuche (gehäuftes Auftreten) ebenfalls fehlten. Die Krankheit scheint in Südafrika *weitverbreitet* zu sein und zeigt folgende Erscheinungen *(Bekker, de Kock, Quinlan*, 1933, 1934*)*: Fieber, Steifheit, Lahmheit, Blutfülle der Backenschleimhaut, Bildung von abgestorbenen Herden, besonders auf Lippen, Gaumen, Zunge und Nasenspiegel. In manchen Fällen wurden tiefe Geschwüre in der Zunge beobachtet. Meist war stärkerer schleimiger oder schleimig-eitriger Nasenausfluß vorhanden, manchmal Vorfall der Zunge mit starkem Speichelfluß. Bei einigen Kühen wurden Schorfe an den Zitzen gefunden, und in manchen Fällen stellten sich leichte Veränderungen im Bereich der allgemeinen Decke (Rötung, Ausschwitzungen und Schorfbildung) ein. Im Klauenspalt wurden in einigen Fällen Exkoriationen gefunden, und in einem Falle wurde Ausschuhen an allen vier Füßen gesehen. Übertragung auf Schafe und Kreuzimmunisierungsversuche zeigten, daß es sich um einen Erreger handelte, der von dem der Blauzunge der Schafe nicht zu unterscheiden war. Die Krankheit kommt wie die Blauzunge der Schafe nur in der Regenzeit vor und pflegt gutartig zu verlaufen. Sie hat mit der Blauzunge des Schafes manche Ähnlichkeit, ist aber doch durch einzelne Merkmale von ihr *verschieden.* Von der Maul- und Klauenseuche unterscheidet sich die blauzungeähnliche Erkrankung des Rindes durch das Fehlen von Blasen (Aphthen) und die mangelnde Ansteckungsfähigkeit. Gleichwohl ist zu fordern, *daß alle Fälle, die auch nur einen Verdacht begründen, daß es sich um Maul- und Klauenseuche handeln kann, als Maul- und Klauenseuche behandelt werden.*

14. *Ansteckende Lungenbrustfellentzündung der Ziege (Pleuropneumonia contagiosa caprae)*

Wesen, Ursache. Die ansteckende Lungenbrustfellentzündung der Ziege ist eine Seuche, bei der die Natur des Erregers noch nicht bekannt ist. Nach *Curasson* (1936) ist der Erreger wahrscheinlich ein filtrierbares Virus. *Mettam* (1935) ist aber die Übertragung mit filtriertem Material nicht gelungen.

Vorkommen. Nach einer Mitteilung von *Thomas* aus dem Jahre 1879 kam damals in *Algerien* eine ansteckende Lungenbrustfellentzündung der Ziege vor, die den Arabern unter dem Namen *Boufrida* von alters her bekannt war. *Schellhase* hat die Krankheit, die übrigens auch in Europa insbesondere im Anschluß an die Einfuhr von Ziegen aus anderen Gebieten auftritt, in *Deutsch-Ostafrika* gesehen und beschrieben. Er konnte die Krankheit auf Ziegen übertragen, während Schafe und Kälber der künstlichen Ansteckung widerstanden. Nach *Curasson* (1936) ist die Krankheit in *Nordafrika* immer noch weitverbreitet und tritt periodisch im Winter auf. In Algerien und Marokko hat sie in den letzten Jahren als schwere Seuche geherrscht, deren Bekämpfung ohne Erfolg war. Auf der panafrikanischen Landwirtschafts- und Veterinärkonferenz 1929 wurde festgestellt, daß die Seuche in *Ostafrika* ohne Zweifel die *ernsteste und häufigste Ziegenseuche* sei. Sie suche fast jedes Jahr die Eingeborenenherden heim und verursache große Verluste. Ebenso werden die eingeführten Ziegenrassen betroffen. In *Britisch-* und *Französisch-Westafrika* bedingt die Seuche in der Regenzeit schwere Verluste (Ber. Nigeria, 1927; Goldküste 1931/32; Französisch-Westafrika 1935). Im Veterinärbericht für Kenya für 1927 wird betont, daß die Seuche in *Belgisch-Kongo* vorkomme. Nach *Mettam* (1930) haben die dortigen Ziegen eine bemerkenswert hohe Resistenz. In dem unter Mandat stehenden deutschen Schutzgebiet *Ruanda-Urundi* herrscht sie dagegen in schwerer Form *(van Saceghem,* 1921*).* Der Süden Afrikas ist frei. Nach Curasson (1936) ist die Seuche 1880 durch Angoraziegen nach *Südafrika eingeschleppt* worden, und ihr sind 12000 Ziegen zum Opfer gefallen. 1881 ist sie erneut aufgetreten. Zur Bekämpfung wurden alle kranken und ansteckungsverdächtigen Tiere getötet, worauf die Seuche erlosch und auch später nicht wieder aufgetreten ist.

Art der Übertragung, Erscheinungen, Verlauf. Inkubationszeit nach *Mettam* (1930) 4 bis 16 Tage. Das hervorstechendste Merkmal der Krankheit ist starke *Atemnot* mit *Husten* und *hohem Fieber.* Der Tod kann schon nach 12 bis 46 Stunden eintreten, meist aber beträgt die Dauer der Krankheit (nach den Beobachtungen in Europa) 3 bis 4 Wochen. Die Übertragung geschieht durch kranke Tiere. Künstlich ist *Schellhase* und *Mori* die Übertragung durch Einspritzung von Brustfellexsudat in die Lungen, *Angeloff* durch Einspritzung in die Bauchhöhle der Ziegen gelungen. *Mettam* hatte die besten Erfolge der Übertragung durch Einspritzung von Lungensaft in die Luftröhre, wobei filtriertes Material unwirksam war (Uganda-Ber. 1934).

Abb. 16

Nach *Curasson* (1936) tritt die Krankheit in Afrika in drei Formen auf, perakut, akut und chronisch. Bei der *perakuten Form* können die Tiere schon nach 1 bis 2 Stunden unter den Erscheinungen einer Lungenkongestion sterben, also noch ehe es zur Ausbildung einer Lungenentzündung gekommen ist. Im allgemeinen tritt aber der Tod nach 3 bis 5 Tagen ein. Bei der *akuten Form* ist der Verlauf langsamer; die Tiere zeigen Störungen des Allgemeinbefindens, Erscheinungen von seiten des Atmungsapparates, Niedergeschlagenheit, Muskelzuckungen, Störung der Futteraufnahme, Speichelfluß, weibliche Ziegen verlammen. Die Tiere zeigen einen trockenen Husten und ein Symptom, das nach *Stylianopoulos* nie fehlt: *großes Durstgefühl*. Bei der *chronischen Form* treten die Lungenerscheinungen zurück, die Tiere husten unregelmäßig und magern ab. Nach *Mettam* können Rückfälle eintreten, so daß die Erscheinungen der akuten Form wieder auftreten, in welchem Fall der chronische Verlauf zum Tode führt. Die Schwere der Seuche ergibt sich aus den Angaben über die Verluste, die, wie schon bemerkt, in Südafrika nach der Einschleppung im Jahre 1880 12 000 Ziegen betrugen, und aus der weiteren Tatsache, daß in Ost- und Westafrika ganze Herden an der Seuche eingehen.

Bekämpfung. Mettam (1930) hat festgestellt, daß die Genesung von der Seuche keine Immunität bringt und daß Rückfälle sehr häufig sind. Hieraus ist zu schließen, daß Versuche zur Schutzimpfung keine Aussicht auf Erfolg bieten. Gegen Seuchen, gegen die die Natur nach Überstehen der Krankheit keine Immunität verleiht, ist es vergebliches Bemühen, eine solche mit künstlichen Mitteln zu erreichen. *Mettam* hat außerdem nachgewiesen, daß nach dem Überstehen der Krankheit keine „Lunger" vorkommen, d. h. Tiere, die nach dem Überstehen der Krankheit den Erreger noch längere Zeit ausscheiden.

Curasson (1936) führt eine Reihe von Verfahren zur Schutzimpfung an, die gegen die Krankheit versucht worden sind, u. a. auch einen Formolimpfstoff, der durch Behandlung von Lungensaft und Brustfellexsudat mit Formalin von *Stylianopoulos* (1933) hergestellt wurde, kommt aber zu dem Schlusse, daß es zur Zeit noch keine spezifische vorbeugende Behandlung gebe. Nach seiner Meinung sollen nicht verseuchte Gebiete mit allen zur Verfügung stehenden veterinärpolizeilichen Mitteln vor der Einschleppung bewahrt werden. In den verseuchten Gebieten seien die verseuchten Herden zu sperren und kranke Tiere zu isolieren oder noch besser zu schlachten. Gute Haltung und Ernährung erhöhe die Widerstandskraft gegen die Seuche. Auch *Hornby* (1933) bezeichnet als einzig wirksame Maßnahmen gegen die Seuche Schutz gegen Einschleppung und Verhängung von *Sperrmaßnahmen* über die verseuchten Herden. Im französisch-westafrikanischen Veterinärbericht für das Jahr 1935 wird hervorgehoben, daß mit der Anwendung eines „türkischen" Impfstoffes keine Erfolge erzielt worden seien. Die Behandlung mit *Arzneimitteln* scheint *größere Aussichten* zu haben. Nach *Djubelljeff* und *Gudjeff* sowie *Angeloff* (zit. nach *v. Hutyra-Marek-Manninger)* beeinflussen Einspritzungen von *Neosalvarsan* in die Blutbahn in Mengen von 0,5 g bei erwachsenen Ziegen und von 0,3 g bei Lämmern, in der 5- bis 15fachen Menge destillierten Wassers gelöst, den Verlauf so günstig, daß die Sterblichkeit auf 5 bis 6 v. H. herabgedrückt wird.

Wirtschaftliche Bedeutung. Die ansteckende Lungenbrustfellentzündung der Ziege ist von der panafrikanischen Veterinärkonferenz 1929 als die *ernsteste und häufigste Ziegenseuche für Ostafrika* bezeichnet worden. Ihre Bedeutung ist in den betroffenen Gebieten groß, und sie bildet für die übrigen Gebiete durch die Gefahr der Einschleppung und dem hiernach eintretenden schweren Verlauf eine große Bedrohung.

15. Ansteckender Maul- und Fußgrind des Schafes und der Ziege (Ecthyma contagiosum)

Wesen, Ursache, Erscheinungen usw. Der ansteckende Maul- und Fußgrind ist eine durch ein filtrierbares Virus hervorgerufene Entzündung der *Haut und der angrenzenden Schleimhaut,* hauptsächlich im Bereich der Lippen, der äußeren Geschlechtsteile und der *Fußenden.* Die Entzündung ist durch Bläschen-, Pustel- und Borkenbildung gekennzeichnet. Die Krankheit ist mit einer Aufschwemmung von Borken kranker Tiere leicht auf Schafe und Ziegen, weniger leicht auf Kälber übertragbar. Es wurde auch schon *Übertragung auf den Menschen* beobachtet. Die Klauenerkrankung kann zu Panaritium führen. Die Behandlung erfolgt nach den allgemeinen Regeln der Heilkunde, wie bei Behandlung von Hautentzündungen und -ausschlägen. Es ist auch die Schutzimpfung mit einer aus Borkenmasse bereiteten Vakzine versucht worden, deren Wert aber nicht feststeht.

Die erste Untersuchung der Krankheit rührt von *Zeller* (1920) her, der in Berlin im Reichsgesundheitsamt Material von kranken Ziegen aus *Deutsch-Südwestafrika* zu untersuchen Gelegenheit hatte. Dieses war nach dreimonatiger Reise noch infektiös für Ziegen, Schafe und Lämmer. Bei Pferden, Hunden und Schweinen gelang die Übertragung nicht; dagegen erkrankten zwei von vier infizierten Färsen mit vorübergehenden Veränderungen. Kleine Versuchstiere waren völlig unempfänglich. Auch auf der Kornea des Meerschweinchens ließ sich keine Veränderung hervorrufen. Anderes Material als Borken war nicht ansteckend. Im Gegensatz zu den echten Pocken fehlte bei der experimentell erzeugten Krankheit das Blasenstadium; das früheste Merkmal war ein Knötchen oder eine Pustel. Intrazelluläre Einschlüsse (Guarnerische Körperchen) konnten nicht festgestellt werden, auch in der Kornea infizierter Kaninchen nicht. Ob das Virus filtrierbar ist, konnte nicht geklärt werden. Vielleicht handelt es sich nach *Zeller* um eine abgeänderte Pockenart anderer Tiere. *Genesene Tiere* hatten eine starke, dauerhafte *Immunität,* die auch durch Injektion eines Glyzerinextraktes von Borken erzielt werden konnte. Nach *Marais* (1928) hat *Aynaud* die Filtrierbarkeit des Virus festgestellt. *Marais* wendet sich im übrigen gegen die Bezeichnung der Krankheit als Pocken. Es gelang *Gillain* (1936), die Krankheit durch Kreuzimmunisierungsversuche *sicher von den Pocken zu unterscheiden.* Auch *A. Theiler* (1928) betont die Filtrierbarkeit des Virus und sagt, die Krankheit scheine von Schafpocken ganz verschieden zu sein. *Cornell* (1929) berichtete aus dem unter Mandat stehenden Schutzgebiet Deutsch-Ostafrika, die Krankheit scheine keine ernste zu sein, verschwinde von selbst, und es sei zweifelhaft, ob sie bei Eingeborenentieren überhaupt tödlich werden könne. Die *Schutzimpfung* sei so einfach, daß sie bei Ausbrüchen wegen der Erleichterungen, die sie den Tieren gewähre, angezeigt sei. *Cornell* verwendet im Trockenapparat getrocknete Schorfe, die zerrieben, mit 50 v. H. Glyzerin vermischt und in leicht eingeritzte Stellen an der

Hüfte eingerieben werden. Im *Französischen Sudan* hat die Krankheit dieselbe geringe Bedeutung; aber aus den Gründen, die auch *Cornell* anführt, impfen die Eingeborenen selbst nach einer primitiven Methode. *Curasson* (1931) berichtet aus dem Französischen Sudan über Übertragung durch Ohrmarkenzangen, bemerkt aber, die Krankheit habe wohl einige Verluste verursacht, spiele aber keine besondere Rolle. Aus *Tunesien* wird (Ber. 1937) berichtet, daß zwei große Schafherden zu 99 v. H. verseucht gewesen seien. *G. Schmid* (1933, 1934) sah in dem unter Mandat stehenden Schutzgebiet *Deutsch-Südwestafrika* gehäuftes Auftreten in einer Ziegenherde; Todesfälle traten nicht auf. Manche Tiere mußten geschlachtet werden, weil sie wegen der Veränderungen an den Lippen nicht mehr fressen konnten. Von den Schafen wurden nur sehr wenige befallen. Bei einem von *Schmid* (1934) beschriebenen Ausbruch in einer Herde waren bis 40 v. H. der Ziegen ergriffen. In allen Fällen bestanden warzenähnliche Bildungen auf den Lippen, die von braunen Krusten bedeckt waren, ferner große Geschwüre in der Schleimhaut der Zunge; die Backenschleimhaut war mit Eiter von üblem Geruch bedeckt, wovon wohl auch die afrikanische Bezeichnung „vuilbek“ (Mundfäule) stammt. In den Schmidschen Fällen ist die Diagnose Ecthyma contagiosum durch Überimpfung in Onderstepoort bestätigt worden. *Sigwart* (1922), der das Untersuchungsmaterial an *Zeller* geschickt hat, betont die wirtschaftliche Bedeutungslosigkeit der Krankheit.

Ansteckende Maulentzündungen beim Schafe und bei der Ziege. Aus *Marokko* berichten *Miegeville* (1927), ferner *Blanc* und *Martin* (1933) über ansteckende Maulentzündungen beim Schafe und bei der Ziege. *Blanc* und *Martin* gelang die Übertragung des Virus der Maulentzündung des Schafes auf den *Menschen,* ferner auf Kaninchen, Affen und Hunde, und sie meinen, dies zeige die Verwandtschaft des Virus mit dem Pockenvirus, mit dem es eine Gruppe bilde. Bei der von ihnen untersuchten Maulentzündung bestanden schwer entzündliche Veränderungen an Lippen und Gaumen, die mit käsigen Belägen bedeckt waren.

16. *Rifttalfieber (Enzootische Leberentzündung des Schafes)*

Wesen, Erscheinungen und Verlauf, Übertragung. Das Rifttalfieber ist eine von *Daubney* und *Hudson* (1931) im Rifttal in Kenya festgestellte, durch ein filtrierbares Virus verursachte, enzootisch verlaufende Krankheit des *Schafes.* Sie äußert sich in Fieber und Störungen des Allgemeinbefindens, bei älteren Tieren auch durch blutigen Durchfall. Bei den gefallenen und getöteten Tieren findet man eine Entzündung der Leber mit abgestorbenen Herden. Die Krankheit verläuft bei Lämmern bösartig; 95 bis 100 v. H. sterben *(Daubney,* 1938*).* Bei erwachsenen Tieren ist der Verlauf milder, es sterben nur 20 bis 30 v. H. Trächtige Tiere verlammen fast stets mit einer Sterblichkeit von 20 v. H. *(Findlay, Mackenzie* und *Stern,* 1936*).* Die Krankheit scheint streng *standortgebunden* zu sein; denn als man bei dem ersten großen Ausbruch in Kenya den größten Teil der befallenen Herde in ein anderes Gebiet brachte, hörten die Erkrankungen bei den weggebrachten Tieren in 1 Woche auf, während sie im Rifttal selbst noch länger weitergingen *(Daubney* u. *Hudson,* 1931*)*. Die Übertragung erfolgt wohl durch *Stechmücken;* jedenfalls konnten mit 3 verschiedenen Arten von Mansonia (M. fuscopennata, M. versicolor u. M. microannulata) noch 9 Tage nach der Mahlzeit auf kranken Schafen die Krankheit durch Einspritzung von zerriebenen Mücken in gesunde Schafe erzeugt werden *(Daubney* u. *Hudson,* 1931*)*.

Vorkommen, empfängliche Tiere, Immunitätsverhältnis. Außer im Rifttal ist die Krankheit bei Schafen in Afrika nirgends sicher festgestellt worden. Dagegen hat man beim Menschen, der für die Krankheit auch empfänglich ist und bei dem sie meist nur in leichter Form verläuft — Todesfälle sind selten beobachtet worden *(Findlay)* —, Antikörper gegen die Krankheit im Blutserum, und zwar bei Eingeborenen aus Uganda und dem Sudan nachgewiesen und hierbei gleichzeitig festgestellt, *daß das Rifttalfieber identisch ist mit dem beim Menschen im Französischen Sudan vorkommenden „Diunde"*, das dem Denguefieber ähnelt. Im Serum von 144 Eingeborenen aus Westafrika (Gambia, Sierra Leone, Liberia, Goldküste, Nigeria) fanden sich keine Antikörper gegen das Rifttalfieber. Kreuzimmunisierungsversuche ergaben, daß das Rifttalfieber von dem Denguefieber, dem Dreitagefieber und dem Gelbfieber verschieden ist *(Findlay, Stefanopoulos* und *McCallum,* 1936*)*. Bei dem ersten Rifttalfieberausbruch in Ostafrika wurde eine Art leichter Grippe bei 200 Eingeborenen des befallenen Gebietes festgestellt *(du Toit-Alexander,* 1936*)*. *Curasson* (1934, 1936) glaubt auf Grund der Feststellungen von *Stefanopoulos,* daß die von ihm früher aus derselben Gegend des Sudans, in der das Diunde vorkommt, beschriebene und als *Bradsot* aufgefaßte enzootische Schafhepatitis *mit dem Rifttalfieber identisch* sei. Auch Ratten sind für die Krankheit empfänglich. Bei dem ersten Ausbruch im Rifttal war das *Rattensterben so groß, daß man erst Pest vermutete* und Pestschutzimpfungen bei den Menschen vornahm, bis sich herausstellte, daß es sich um Rifttalfieber handelte *(Daubney* u. *Hudson,* 1932*)*. *Daubney* weist darauf hin, daß das Virus einen weiten Wirtskreis habe, neben Wiederkäuern sind viele Nager und Neuweltaffen empfänglich *(Findlay* u. *Daubney,* 1931; *Findlay,* 1932; *Daubney* u. *Hudson,* 1932 u. 1933). Bei Rindern tritt die Krankheit auch unter natürlichen Bedingungen auf. *Daubney* hat auf dem XIII. internat. tierärztl. Kongreß in Zürich 1938 das heutige Wissen über das Rifttalfieber wie folgt zusammengefaßt:

„Ein Anfall der Krankheit bringt eine hochgradige Immunität von langer Dauer. *Daubney* und *Hudson* haben gezeigt, daß es unmöglich ist, saugende Lämmer zu infizieren, deren Mütter 2 Jahre vor ihrer Geburt einen Anfall von Rifttalfieber durchgemacht haben. Künstlich kann die Immunität erzeugt werden durch *Serum-Virusimpfung (Daubney* u. *Hudson)*, durch Behandlung mit *inaktivierter Vakzine,* die aus *mit Methylenblau oder Formalin versetztem Blutserum* hergestellt wurde *(Mackenzie,* 1935*)* oder durch Impfung mit lebendem *neurotropem Virus (Findlay* u. *Mackenzie,* 1936*)*. Das Virus ist pantrop, und man kann eine neurotrope Variante leicht erzielen, wenn man pantropes Virus Mäusen ins Gehirn spritzt, die gegen eine viszerotrope (Eingeweide-) Reaktion vorher durch Injektion von

Immunserum geschützt worden sind. Wenn das Virus in der 25. bis 32. Passage Schafen oder Lämmern unter die Haut eingespritzt wurde, immunisierte es empfängliche Tiere, ohne irgendwelche nennenswerte schädliche Symptome hervorzurufen. Es war nicht möglich, das neurotrope Virus in großem Maße vor dem letzten Ausbruch des Rifttalfiebers anzuwenden; man hat jedoch wegen der schweren Verluste, die dieser Seuchengang brachte, die Impfung mit Virus von der 94. Mäusepassage gewagt. Wenn es auch anscheinend gelang, den Ausbruch zum Stehen zu bringen, so doch auf Kosten einigen Verlammens und einiger Gehirnentzündungen bei Lämmern, so daß die Methode nicht geeignet erscheint, die Krankheit beim Auftreten in der Lammzeit zu bekämpfen, wenn das neurotrope Virus auch anscheinend bei nichtträchtigen Schafen zur vorbeugenden Impfung geeignet ist. Jetzt wird eine neue Methode untersucht, die geeignet erscheint, die Ausbrüche auch zur Lammzeit zu bekämpfen (*Daubney* u. *Hudson*, unveröffentlicht), und die darin besteht, daß man *jedes Lamm kurz nach seiner Geburt* mit *Hyperimmunserum* impft.

Epidemiologisch bleibt ungeklärt, wie sich die Infektion zwischen den einzelnen Seuchengängen hält, die im Abstand von 4 bis 7 Jahren am selben Ort folgen, und wie die Krankheit dann plötzlich so stark auftreten kann, daß am ersten Tage von 200 Lämmern 40 verenden. Anscheinend kommen von Zeit zu Zeit isolierte Ausbrüche vor, und erst wenn eine genügende Anzahl von empfänglichen Tieren vorhanden ist, tritt die Krankheit seuchenhaft auf."

Übertragung auf den Menschen. Wie schon erwähnt, ist das Rifttalfieber auch *auf den Menschen übertragbar,* bei dem es meist in Form einer leichten Erkrankung auftritt, die im Französischen Sudan unter dem Namen *Diunde* bekannt ist, und in ihrem Verlauf dem Dengue- und dem Pappatacifieber ähnelt.

Wirtschaftliche Bedeutung. Die wirtschaftliche Bedeutung des Rifttalfiebers ist in dem befallenen Gebiet beträchtlich, wenn es nicht durch eine geeignete Impfung gelingt, die Verluste, die die Krankheit verursacht, zu vermindern.

17. Dreitagekrankheit (Ephemeralfieber) des Rindes

Wesen, Ursache, Vorkommen. Die Dreitagekrankheit ist eine schon von *Schweinfurth* 1867 in Mittelafrika beobachtete, auch in anderen Gebieten von Afrika auftretende, durch ein Virus verursachte Erkrankung des Rindes, deren Haupterscheinungen Fieber, Steifigkeit des Körpers und Lahmheit sind. In *Südafrika* wird die Krankheit deshalb auch als Styfsiekte bezeichnet, obwohl darunter im Grunde nur die Osteomalazie und die Crotalariosis verstanden werden sollen (s. diese). Die Krankheit tritt plötzlich in einer Herde auf und ergreift einen wechselnden Teilsatz von Tieren einer Herde in wenigen Wochen; Genesung der einzelnen erkrankten Tiere gewöhnlich in 1 bis 2 Tagen. In der Regel erkranken nicht mehr als 10 bis 20 v. H. einer Herde, nur ausnahmsweise mehr. *Gray* (zit. nach *Henning*) hat berichtet, daß er mehr als 40 bis 50 v. H. Erkrankungen bei einzelnen Ausbrüchen beobachtet habe. Todesfälle treten kaum auf.

Die Krankheit kommt in *Ägypten* vor, von wo jährlich eine große Zahl von Erkrankungen gemeldet wird (Ber. 1930/31). In Assuan sollen 1909

Abb. 17. Dreitagekrankheit (Ephemeralfieber). (Nach *Henning*)

schwere Verluste durch die Krankheit aufgetreten sein (*Rabagliati*, 1926). In dem unter Mandat stehenden Schutzgebiet *Deutsch-Ostafrika* tritt das Dreitagefieber gegen Ende der Hauptregenzeit häufig auf und verursacht manchmal schwere Erscheinungen. In dem unter Mandat stehenden Schutzgebiet *Deutsch-Südwestafrika* ist die Krankheit nicht selten; sie tritt in dem Teil des Landes nördlich Windhuk im März und April, also ebenfalls gegen Ende der Regenzeit, nicht selten auf und kann Verluste verursachen (*Sigwart*, 1919; Mand.-Ber. 1935). Auch in der *Südafrikanischen Union* kommt sie vor. *Gray* (1920) hat Verluste bei durch Dürre geschwächten Tieren beobachtet.

Übertragung. Künstlich ist die Krankheit nach *Bevan* (zit. nach *Henning*) außer auf Rinder auch auf *Schafe* zu übertragen. Die Art der *natürlichen* Übertragung steht nicht fest. Es wird angenommen, daß die Krankheit durch stechende Insekten übertragen wird, da sie nicht unmittelbar ansteckend ist.

Denguefieber. Das Denguefieber ist eine durch ein Virus verursachte, in tropischen und subtropischen Ländern vorkommende ansteckende Erkrankung des *Menschen*, die nach einigen Beobachtern auch bei *Tieren*, namentlich bei Rindern, Dromedaren und Zebus (*Tarantino*, 1929), vorkommt und durch stechende Insekten übertragen wird. Die erkrankten Tiere zeigen plötzlich auftretende Muskelschwäche, schwankenden Gang und Zittern oder kraftloses Liegen am Boden. Nach 3 bis 4 Tagen stellt sich Durchfall ein, und damit geht die Krankheit in allen Fällen in Heilung über, wie *Piot Bey* angibt. *Melanidi* ist es nicht gelungen, mit Blut von kranken Menschen Rinder und Pferde anzustecken (nach *v. Hutyra-Marek-Manninger*). *Tarantino* (1929) berichtet über das Vorkommen der Krankheit in *Erythrea* bei Rindern (auch Zebus) und Dromedaren. *Curasson* hält das Dengue der Rinder und anderen Tiere für *identisch mit der Dreitagekrankheit. G. Bouvier* und *S. Bouvier* (1937) nennen unter den Krankheiten des Rindes, die in *Belgisch-Kongo* vorkommen, das „Dengue oder Dreitagefieber" mit einer Morbidität von 1 bis 10. v. H.

18. Nairobikrankheit (infektiöse Magendarmentzündung) der Schafe und Ziegen

Wesen, Ursache, Vorkommen usw. Die Nairobikrankheit des Schafes und der Ziege ist eine in Kenya in der Umgebung von Nairobi enzootisch vorkommende, durch ein Virus hervorgerufene Erkrankung, die unter den Erscheinungen einer schweren *Magendarmentzündung* mit Nasenausfluß, Atemnot und Schwellung der Schamgegend verläuft. Die Übertragung geschieht durch *Zecken.* Die Nairobikrankheit ist die erste Viruskrankheit, bei der die Übertragung durch Zecken festgestellt wurde. Die grundlegende Beschreibung stammt von *Montgomery; Daubney* und *Hudson* haben die Feststellungen von *Montgomery* bestätigt und weiter ausgebaut. Die Verluste, die die Krankheit verursacht, sind sehr schwer; sie betragen bis zu etwa 70 v. H. Das Überstehen der Krankheit hinterläßt eine *Immunität.* Über den heutigen Stand unseres Wissens von der Nairobikrankheit hat *Daubney* auf dem XIII. internat. tierärztl. Kongreß in Zürich 1938 folgendes ausgeführt:

„Der gewöhnliche Überträger der Krankheit ist *Rhipicephalus appendiculatus* (braune Zecke), seltener Amblyomma variegatum (Goldzecke) und möglicherweise auch Rh. bursa. Eine braune Zecke, die sich in irgendeinem Stadium infiziert hat, steckt in dem nächsten an, wobei die Infektion auch durch das Ei geht. Sie steckt aber nur im nächsten Stadium an und reinigt sich durch das Saugen; sie kann nur dann zum zweiten Male infektiös werden, wenn sie auf dem von ihr angesteckten Tiere solange saugt, bis bei diesem die Fieberreaktion auftritt. Sie kann dann nach der nächsten Häutung wieder anstecken. Anscheinend nimmt sie in diesem Falle wieder frisches Virus auf. Wenn sie vor Eintreten der Fieberreaktion abfällt, ist sie nicht mehr infektiös. Bei Zecken, die nicht die Krankheit übertragen können, bleibt zwar das Virus bis zur Häutung im Darm, geht dann aber nicht in die Speicheldrüse, von der aus bei den eigentlichen Überträgerzecken die Infektion des Schafes erfolgt. Das Virus ist pantrop, d. h. geht in alle Organe (s. Pferdesterbe), und konnte verschiedentlich bei Mäusen, die an sich nicht empfänglich sind, durch Gehirnpassagen fortgepflanzt werden. Wenn sich auch unter praktischen Verhältnissen die Zeckenbekämpfung als wertvolle Bekämpfungsmaßnahme erwiesen hat, wird doch wegen der großen Verluste bei Mutterschafen erwogen, ob man nicht einen neurotropen Impfstoff entwickeln soll (s. Pferdesterbe). Nur die Zecken in der Gegend von Nairobi übertragen die Krankheit, und daß sie so lange nach ihrer ersten Entdeckung durch *Montgomery* (vor dem Kriege) nicht wieder aufgefallen ist, lag an der Veränderung der Bedingungen des Schafverkehrs bei Nairobi. Die Schafe in der Gegend von Nairobi erwerben in früher Jugend eine Immunität, wenn sie nicht der ersten Infektion zum Opfer fallen. Früher wurden von den Eingeborenen große Herden von nicht immunen Schafen zum Verkauf herangetrieben und in der Nähe von Nairobi bis zum Verkauf auf Weide gehalten. Dabei traten dann die Verluste auf. Heute werden die Schafe mit der Bahn befördert und sofort geschlachtet *(Daubney* u. *Hudson,* 1931*).*“

Es hat sich auch hier der *Bahntransport* als ein *Mittel gegen Seuchenverluste* erwiesen. Die Nairobikrankheit kommt auch in *Uganda* vor. Nähere Untersuchungen über die dort auftretende Krankheit sind noch nicht angestellt worden (Ber. 1932).

Bekämpfung. Zur Abtötung der die Krankheit übertragenden Zecken werden mit gutem Erfolg *Waschungen* mit öligen Aufschwemmungen von Tabakextrakt und öligen Lösungen von anderen Zeckenmitteln angewandt *(Daub-*

ney, 1938; Kenya-Ber. 1933). Der Versuch einer Schutzimpfung mit einer Formolvakzine schlug fehl. *Curasson* (1936) betont, daß außer dem Vorgehen gegen die Zecken zur Zeit keine Möglichkeit der Bekämpfung bestehe, da die Krankheit selbst weder der Behandlung mit Arzneimitteln noch durch Schutzimpfung zugänglich sei.

Wirtschaftliche Bedeutung. Die wirtschaftliche Bedeutung der Nairobikrankheit liegt hauptsächlich in den durch sie verursachten nicht unbeträchtlichen Verlusten. Ferner ist zu beachten, daß andere Länder durch die Einschleppung infektiöser Zecken gefährdet sind *(du Toit,* 1933).

19. Ansteckendes Versiegen der Milch (infektiöse Agalaktie) beim Schaf und bei der Ziege

Das ansteckende Versiegen der Milch (die infektiöse Agalaktie) ist eine durch ein filtrierbares, dem Lungenseucheerreger (s. unter Lungenseuche) ähnliches Kleinlebewesen hervorgerufene Erkrankung, die meist als *seuchenhafte Euterentzündung* auftritt, sich aber auch in anderer Form, nämlich als *Augen-* und *Gelenkerkrankung,* zeigen kann. Alle drei Formen können bei ein und demselben Tiere vorkommen. Die Krankheit herrscht in *Nordafrika* und besitzt dort wegen ihrer Häufigkeit und ihres zeitweise enzootischen Auftretens eine große Bedeutung. Sie läßt sich durch veränderte Milch, Augenausflußmaterial und durch Reinkulturen des Erregers auf gesunde Tiere übertragen. Die Inkubationszeit ist bei künstlicher Ansteckung 6 bis 24 Tage. Der Verlauf ist *chronisch* und erstreckt sich über Wochen und Monate. Die *Erkrankung des Euters* äußert sich durch Veränderungen der Beschaffenheit und der Absonderung der Milch, die bläulich erscheint, Gerinnsel enthält, seifig schmeckt, später eitrig-klumpig wird, an Menge immer mehr abnimmt und schließlich versiegt. Gleichzeitig schrumpft das Euter, wobei sich in ihm Knoten und Eiterherde ausbilden können. Bei der *Augenform* bestehen seröser, später eitriger Ausfluß aus dem Lidsack, Trübung der Hornhaut und Geschwürbildungen in ihr, die zum Durchbruch und Vorfall der inneren Augenteile führen können. Bei der *Gelenkform* erkranken hauptsächlich Ellenbogen-, vorderes und hinteres Fußwurzelgelenk. Die erkrankten Tiere gehen lahm oder zeigen jedenfalls gespannten Gang, und die nähere Untersuchung ergibt Schwellung und Schmerzhaftigkeit der Gelenke. Das Allgemeinbefinden pflegt erst dann gestört zu sein, wenn Auge und Gelenke erkrankt sind. Todesfälle sind bei schwerer Erkrankung nicht selten.

Bei der *Bekämpfung* erzielte *de Paolis* (1933) ermutigende Erfolge mit der Anwendung von *Hochimmunserum,* während *Bridrés* und *Donatiens* (1925) Versuche einer Immunisierung keine sicheren Erfolge gezeitigt haben.

Bobimarga (1934) konnte Tiere mit *angesäuerter Molke* der Milch kranker Tiere, subkutan angewandt, erfolgreich immunisieren. Zur *arzneilichen*

Behandlung hat sich das *Stovarsolnatrium* (ein Arsenpräparat) bei Einspritzung unter die Haut als spezifisch wirkendes Mittel erwiesen mit der Höchstdosis von 0,03 g auf das kg Lebendgewicht *(Bridré, Donatien* u. *Hilbert,* 1928*).*

Urotropin soll noch geeigneter sein, da es weniger giftig ist, schneller wirkt und auch einen billigeren Preis hat; 4 Einspritzungen von je 4 ccm einer 10prozentigen Lösung an 4 aufeinander folgenden Tagen sollen die Euterform der Erkrankung heilen. Die Gelenkform ist dieser Behandlung weniger zugänglich. In verseuchter Umgebung soll die Einspritzung von Urotropin als Mittel zur *Vorbeuge* wirksam sein *(Grimpret,* 1937*).*

20. *Mit Blasenbildung einhergehende, ansteckende Maulentzündung (Stomatitis vesicularis specifica) der Einhufer*

Hutcheon (1884) und *Theiler* (1898) haben in *Südafrika* eine Krankheit beobachtet, die sich allmählich auf ein großes Gebiet ausbreitete. Es handelte sich um eine sehr ansteckende, fieberhafte Krankheit, die durch das Auftreten von Blasen auf der Maulschleimhaut gekennzeichnet ist. Die Krankheit befällt in erster Linie *Pferde* und *Maultiere,* seltener *Rinder,* während Schafe, Ziegen und Schweine unter natürlichen Verhältnissen nicht erkranken. Dagegen läßt sich die Krankheit künstlich auch auf Schafe, Ziegen und Schweine übertragen. Der Ansteckungsstoff ist ein Virus, von dem es verschiedene Typen gibt. Inkubationszeit durchschnittlich 2 bis 5 Tage. Die ersten Krankheitserscheinungen sind Temperaturerhöhung bis auf 41 und 42°, Mattigkeit, hierauf Auftreten von Speichelfluß und von erbsengroßen und größeren Blasen auf der Schleimhaut des Maules und der Zunge, die bald platzen und Erosionen mit Schleimhautfetzen an ihren Rändern hinterlassen. Die wunden Stellen überheilen in wenigen Tagen, worauf die Tiere wiederhergestellt sind. Dies ist bereits nach 1 bis 2 Wochen der Fall. Selten erkrankt auch die Haut an den Fußenden unter Blasenbildung.

Das Überstehen der Krankheit hinterläßt eine *Immunität,* die aber nicht gegenüber jedem Virustypus standhält. Nach *Cotton* sind 2 Typen des Virus bekannt. Die besondere Bedeutung der Krankheit liegt in der Möglichkeit der *Verwechslung mit Maul- und Klauenseuche.* Die Unterscheidung wird durch den Impfversuch am Pferde getroffen, das gegenüber dem Virus der Maul- und Klauenseuche bekanntlich weniger empfänglich ist *(v. Hutyra-Marek-Manninger).*

21. *Staupe der Hunde*

Wesen, Ursache, Erscheinungen. Die Staupe des Hundes ist eine durch ein filtrierbares Virus verursachte Krankheit, an der besonders Hunde im ersten

Lebensjahre erkranken. Die Krankheit tritt in drei Hauptformen auf, als nervöse Staupe, katarrhalische Staupe und Magendarmform. Hierzu kommen noch die sogenannte Haut- und die Augenstaupe. Bei der *nervösen* Form zeigen sich Zwangsbewegungen, Gehirnkrämpfe und Lähmungserscheinungen; bei der *katarrhalischen* ist die Schleimhaut des Atmungsapparates ergriffen, und diese Erkrankung äußert sich durch eitrigen Nasenausfluß, Husten und Atemnot. Die an der *Magendarmform* erkrankten Hunde zeigen verminderte Freßlust, Erbrechen und Durchfall. Bei der *Hautform* treten Krusten und eitergefüllte Pusteln am Bauch und an der Innenfläche der Hinterschenkel, bei der *Augenform* eitrige Lidbindehautentzündung und Entzündung der Hornhaut auf, die zu Hornhautgeschwüren führen kann. Die Inkubationsdauer ist 2 bis 7 Tage, die Krankheitsdauer 2 bis 3 Wochen, die Sterblichkeit etwa 20 v. H. *(Wirth-Zwick).*

Vorkommen in Afrika. Die Staupe der Hunde kommt wohl in *ganz Afrika* vor. In Algerien ist die Krankheit so häufig, daß die jungen Hunde sie regelmäßig durchmachen *(Plantureux,* 1937*).* Ferner wird ihr Vorkommen aus *Uganda* (Ber. 1935) berichtet. In dem unter Mandat stehenden Schutzgebiet *Deutsch-Ostafrika* ist sie sehr häufig (Ber. 1934). Im Bereich der *Elfenbeinküste* tritt sie gewöhnlich in der nervösen Form auf *(Aillerie,* 1932*). Curasson* (1928) erwähnt ihr Vorkommen im *Französischen Sudan.* In *Französisch-Westafrika* kommt sie hauptsächlich bei eingeführten, selten bei einheimischen Hunden vor (Ber. 1935). Im Gebiet der *Goldküste* wurde sie erstmalig 1926 festgestellt (Bericht 1926/27), in *Nigeria* wird sie beobachtet (Ber. 1933), in *Nyassaland* (Ber. 1931), in der *Südafrikanischen Union* wie in dem unter Mandat stehenden Schutzgebiet *Deutsch-Südwestafrika* ist sie häufig, in *Madagaskar* ist sie bekannt *(Curasson,* 1936*),* in *Erythrea* wird sie häufig in der nervösen Form beobachtet *(Pirani,* 1930*).*

Behandlung. Tiere, welche die Staupe überstanden haben, sind gegen weitere Erkrankungen gefeit. Dies gab Anlaß zur Anwendung einer aktiven *Schutzimpfung* mit *Formolmilzvirus* unter Verwendung der Milz akut erkrankter Hunde oder Frettchen, auf die die Krankheit leicht übertragbar ist, als Ausgangsmaterial. *Laidlaw* und *Dunkin* (1928) haben festgestellt, daß der Formalinimpfstoff allein nur eine unzureichende Immunität erzeugt, daß diese aber durch *Nachimpfung mit Virus* gesteigert werden kann. *Traub* erwähnt die lehrreiche Tatsache, daß, während Frettchen mit Formolvakzine aus Frettchenmilz regelmäßig immunisiert werden können, Formolmilzvakzine vom Hunde beim Frettchen unwirksam ist, umgekehrt konnten Hunde mit Impfstoffen aus Frettchengewebe nicht oder nur in geringem Maße immunisiert werden. In Algerien wird auch Serum von Hunden angewandt, die die Krankheit überstanden haben *(Rekonvaleszentenserum),* dessen rechtzeitige Anwendung sehr zufriedenstellende Erfolge ergeben haben soll *(Plantureux,* 1937*).* Auch *Laidlaw* und *Dunkin* verwenden ein Serum, und zwar ein konzentriertes, das im frühen Beginn der Krankheit, spätestens 7 Tage nach dem Ausbruch der ersten Erscheinungen angewandt, sehr wirksam sein soll.

Bukhchem. Eine Krankheit des *Kabylenhundes* ungeklärter Art, die eine gewisse Ähnlichkeit mit der Hundestaupe, nach *Velu* aber auch mit der Tollwut hat, ist von *Donatien* und *Esperandieu* (1920) unter dem Namen „Bukhchem" aus *Algerien* und von *Velu* aus *Marokko* beschrieben worden. Die Krankheit beginnt mit *katarrhalischen* Erscheinungen und *Juckreiz* im Bereich der Nase, wozu sich *nervöse Symptome* gesellen. Der Tod erfolgt nach 3 bis 20 Tagen. Eine hohe Sterblichkeit infolge der Krankheit, die sich schnell ausbreitet, führte zur „Ausrottung der Hunde in weiten Gebieten". Die Krankheit trat fast nur bei Kabylenhunden auf; die europäischen Hunde erkrankten selten. Übertragung durch Berührung, Verimpfung mit Blut und Nasenausfluß gelang nicht. Das negative Ergebnis der Verimpfung von Gehirnmaterial selbst in großen Mengen auf Kaninchen zwingt zu dem Schlusse, daß es sich nicht um Tollwut handeln kann. Nach *Curasson* (1936) neigt auch *Donatien* (1925) jetzt der Ansicht zu, daß es sich bei dem Bukhchem um eine Krankheit handelt, die der nervösen Form der Staupe nahesteht und mit der Tollwut nichts zu tun hat.

1929 berichtete *Carpano* über eine *ähnliche Krankheit* aus *Ägypten*, die er für *Pseudowut* oder *Ulu-Fato* (westafrikanische Wut, s. unter Tollwut) hielt.

1931 beschrieb *Morcos* aus *Ägypten* eine *hochinfektiöse Hundekrankheit*, die mit einer *Sterblichkeit bis zu 95 v. H.* einherging. Die Erscheinungen bei den erkrankten Hunden waren Erregung und Lähmungen. Nach dem Tode waren pylorische Gastroenteritis, Blutfülle der Leber und der Hirngefäße, starke Füllung der Gallen- und Harnblase und Nierenentzündung festzustellen. *Alle Körperflüssigkeiten*, auch *filtriert*, waren *infektiös für Hunde, Meerschweinchen* und *Kaninchen*. Die infizierten Meerschweinchen und Kaninchen sterben ohne Lähmungserscheinungen, woraus *Morcos* schließt, daß es sich nicht um Tollwut handeln könne. Gegen Pseudowut spricht das Fehlen des typischen Juckens und der Umstand, daß Ratten nicht zu infizieren waren.

22. *Hunderickettsiose*

Beim Hunde wurde in *Nordafrika* 1935 *(Donatien* und *Lestoquard)* eine Erkrankung festgestellt, die durch eine Rickettsie, *Rickettsia canis*, hervorgerufen wird und *im Mittelmeerbecken weitverbreitet* ist. Die Erscheinungen sind hohes Fieber, das ungefähr 10 Tage dauert, Müdigkeit, Appetitmangel und punktförmige Blutungen in der Haut. Der Verlauf ist bei Mischinfektionen mit Leishmanien oder Piroplasmen besonders schwer, in letzterem Falle auch dann, wenn die gleichzeitig bestehende Piroplasmeninfektion wirksam bekämpft wird. Die Hunderickettsiose ist in Nordafrika stärker verbreitet als die Hundepiroplasmose. Sie tritt besonders im Frühjahr, Sommer und Herbst auf. Der *Überträger* ist die Hundezecke *Rhipicephalus sanguineus (Donatien* u. *Lestoquard,* 1936*)*. In der Zecke geht die Infektion auch durch das Ei. Die Krankheit ist durch nichtfiltriertes Blut und Organmaterial auf Hunde, Schakale und den Affen Macacus inuus übertragbar; Rind, Schaf und Meerschweinchen erkranken auch bei künstlicher Ansteckung nicht. Im Blute sind vom Beginn des Fieberanfalles an die Rickettsien zugegen, die in Haufen in bestimmten weißen Blutzellen (Monozyten) liegen. Bemerkenswert ist, daß im Gegensatz zum Herzwasser bei der Hunderickettsiose die Rickettsien nach der Genesung nicht aus dem Blute verschwinden und daß die Tiere infektiös bleiben, obwohl sie immun sind. Eine Behandlung der erkrankten Hunde ist nicht möglich; es kommt nur die *Bekämpfung der Zecken* in Frage (*Donatien* u. *Lestoquard,* 1936, 1937, 1938).

Weitere Rickettsien beim Hunde. In der *Südafrikanischen Union* wurde nach dem Jahresbericht von *du Toit* für 1937 eine Rickettsie beim Hund und Hasen beobachtet, die identisch mit dem Erreger einer leichten typhusartigen Erkrankung beim Menschen in Johannesburg zu sein schien.

Rickettsia bovis. Beim Rinde ist außer der Rickettsia ruminantium, dem Erreger des Herzwassers, zufällig bei einem Versuche eine weitere Rickettsie gefunden worden, die wegen ihres Sitzes in den Monozyten zur Verwandtschaft der Rickettsia canis gehört (*Donatien* u. *Lestoquard,* 1938). Sie wird durch eine *Hyalommazecke übertragen,* die im übrigen nicht nur Rickettsia bovis, sondern auch Theileria dispar und Eperythrozoon wenyoni zu übertragen vermag.

Rickettsia ovina. Lestoquard und *Donatien* (1936) fanden bei einigen Schafen eine leichte Erkrankung, die durch eine Rickettsie, Rickettsia ovina, verursacht wird. Diese gehört zu den in den Monozyten sitzenden Rickettsien, wie die R. canis, und wird wahrscheinlich durch *Rhipicephalus bursa* übertragen. *A. Theiler* hat seinerzeit in Südafrika festgestellt, daß es sich bei der Erkrankung um eine durch eine Rickettsia hervorgerufene, mit Fieberanfall und Flüssigkeitsansammlungen im Herzbeutel einhergehende, überimpfbare Schafkrankheit handelt. Eine ähnliche Krankheit ist auch bei einer Schafherde in Anatolien beobachtet worden (*Donatien* u. *Lestoquard,* 1938).

Rickettsia conjunctivae. Siehe unter „Ophthalmie".

Rickettsia ruminatium. Siehe unter „Herzwasser".

23. Geflügelpest

Wesen und Ursache. Die Geflügelpest ist eine durch ein Virus hervorgerufene Allgemeinkrankheit der Hühnervögel. Ausnahmsweise lassen sich auch junge Tauben und junge Gänse infizieren.

Vorkommen. Das Vorkommen ist gemeldet aus *Britisch-* und *Französisch-Westafrika* (Goldküste-Ber. 1933/34; *Curasson,* 1928). Im Süden Afrikas fehlt die Seuche (*Martinaglia,* 1929; Nordrhod.-Ber. 1930; Südrhod.-Ber. 1930). Die *ägyptische Geflügelpest,* die früher für eine besondere Form der Seuche gehalten wurde (*Lagrange,* 1929), gehört nach den Feststellungen von *Purchase* (1931), *Carpano* (1933) und *Leynen* (1934) zur echten Geflügelpest und zeigt nur geringe Unterschiede in den Erscheinungen (*Purchase,* 1931; *Lagrange,* 1932).

Erscheinungen. Die erkrankten Tiere zeigen nach einer Inkubationszeit von durchschnittlich 3 bis 5 Tagen blauroten Kamm und Kehllappen, Anschwellungen am Kopf und Halse, Fieber, Taumeln, Schlafsucht und Lähmungserscheinungen. Es sterben bis zu 100 v. H. der erkrankten Tiere. Im Gegensatz zur Geflügelcholera fehlt der Durchfall. Bei den *gestorbenen* und *getöteten* Tieren werden keine kennzeichnenden Veränderungen gefunden.

Bekämpfung. Zur Bekämpfung ist die Anwendung einer *Formolvakzine,* die durch Behandlung von Milzgewebe mit Formol nach den Angaben von *Staub,* und der Impfstoff von *Hallauer* mit Virus, das aus embryonalen Leberkulturen gewonnen wird, versucht worden, ohne daß jedoch schlüssige Ergebnisse vorliegen. *Lagrange* (1932) gibt an, in Ägypten mit einer Vakzine, bestehend aus mit Formol oder Glyzerin behandeltem Milzgewebe, guten Impfschutz erzielt zu haben. Im übrigen haben in Deutschland die Erfahrungen gelehrt, daß die Seuche durch die üblichen *veterinärpolizeilichen Maßnahmen* (Sperre, unschädliche Beseitigung der toten Tiere und Desinfektion) wirksam bekämpft werden kann.

Pseudogeflügelpest (Newcastle-Krankheit). Die Pseudogeflügelpest ist eine gleichfalls durch ein filtrierbares Virus erzeugte Krankheit der Hühner, die der echten Geflügelpest ähnlich ist, sich von dieser aber durch geringere Infektiosität des Blutes, die leichte Übertragbarkeit von Tier zu Tier und die *hohe Empfänglichkeit der Tauben* unterscheidet. Nach *Carpano* (1933) kommt, entgegen den früheren Angaben, die Pseudogeflügelpest in Ägypten nicht vor.

Eine der Pseudogeflügelpest ähnliche oder mit ihr identische Geflügelseuche soll an der ganzen Küste von *Kenya* enzootisch herrschen und alle paar Jahre schwere Ausbrüche verursachen. Kreuzimmunitätsversuche sind nicht ausgeführt worden *(Hudson,* 1937*).*

Nigerische und palästinensische Hühnerseuche (Zelleinschlußkrankheit). Nach *Macfie* (1914) soll in *Nigeria* und im *Goldküstengebiet,* nach *Adler* (1925) sowie *Gilbert* und *Simmins* (1931) auch in *Palästina* ein durch ein Virus hervorgerufener fieberhafter *Durchfall* bei Hühnern seuchenhaft vorkommen. Als besonderes Merkmal der Krankheit wird angegeben, daß gegen das Ende der Krankheit *in den weißen Blutkörperchen* runde oder ringförmige Körperchen auftreten, die als *Zelleinschlüsse* gedeutet werden. *Carpano* fand 1936 auch in *Ägypten* bei einem Huhn Einschlußkörperchen. Das Wesen der Krankheit ist noch näher zu klären. *Komaroff* (1934) hat in einem von *Gilbert* und *Simmins* festgestellten Seuchenausbruch das *Geflügelpestvirus* als Ursache des Hühnersterbens nachgewiesen *(v. Hutyra-Marek-Manninger).*

24. *Geflügelpocken (Geflügeldiphtherie)*

Wesen. Die Geflügelpocken und die sogenannte Geflügeldiphtherie sind eine durch ein Virus bedingte Erkrankung der Hühner und Tauben, die durch das Auftreten von Knoten in der Haut und einer schweren Entzündung auf der Schleimhaut des Schnabels und des Rachens gekennzeichnet ist. Man unterscheidet hiernach die *Geflügelpocken* als *Hautform* und die *Geflügeldiphtherie* als *Schleimhautform* der Erkrankung. Die Krankheit tritt (in Europa) namentlich während der Wintermonate bei Hühnern und Tauben edler Rassen auf; nicht selten erkrankt jedoch auch das gewöhnliche Landhuhn. Besonders empfänglich sind junge Hühner und Tauben, auch Truthühner, Perlhühner, Pfaue und Fasanen. Gänse und Enten dagegen erkranken selten.

Vorkommen. Die Geflügelpocken kommen in *ganz Nordafrika* vor. Aus *Ägypten* erwähnt sie *Carpano* (1929), aus *Abessinien Grignani* (1935). In *Uganda* (Ber. 1920, 1932, 1934) herrschten die Geflügelpocken seit 1919 sehr stark. In *Kenya* sind sie weitverbreitet (Ber. 1929, 1930); zur Verhütung von Verlusten werden die zur Aufkreuzung der Eingeborenenrassen eingeführten Hähne gegen Pocken und gleichzeitig gegen Hühnertyphus schutzgeimpft, ehe sie zur Verteilung gelangen. Auch in *Nigeria* wird die dort herrschende Seuche durch Schutzimpfung bekämpft (Ber. 1932). In *Französisch-Westafrika* verursachte die Seuche schwere Verluste; Perlhühner, die mit den erkrankten Hühnern zusammen gehalten wurden, erkrankten nicht (*Donnat*, 1919). Ferner wird über die Krankheit berichtet aus den unter Mandat stehenden Schutzgebieten *Deutsch-Ostafrika* (Ber. 1936) und *Ruanda-Urundi* (Mand.-Ber. 1934). In *Nordrhodesien* haben sich die Verluste durch die Seuche seit Einführung der Schutzimpfung mit dem in der Südafrikanischen Union hergestellten Impfstoff stark vermindert (Ber. 1936).

Erscheinungen. Bei den *Geflügelpocken* bilden sich namentlich auf der unbefiederten Haut des Kopfes (Kamm, Kehllappen, Ohrlappen, Lider, Schnabelwinkel) Knötchen von gelbgrauer Farbe und perlmutterähnlichem Glanze, die linsen- bis bohnengroß werden und sich zu warzen- oder maulbeerartigen Knoten zusammenlagern können. Die Oberfläche der älteren Knoten ist rauh und verschorft. Die Entzündung, welche die *Geflügeldiphtherie* kennzeichnet, äußert sich durch gelbliche, käseähnliche Auflagerungen auf der Schleimhaut des Schnabels und des Rachens, an die sich später eine Verschorfung der Schleimhaut und nach Abstoßung der Schorfe das Auftreten von Geschwüren anschließt. Die Schleimhaut der Nasenhöhle, des Kehlkopfes und der Luftröhre, ferner die Lidbindehäute können in ähnlicher Weise erkrankt sein. Beide Krankheitsformen können gemischt auftreten. Besonders bösartig ist die Geflügeldiphtherie, bei der die Mehrzahl der kranken Tiere stirbt; nach *Wirth-Zwick* beträgt die Sterblichkeit 50 bis 70 v. H. Demgegenüber sind die Geflügelpocken mehr gutartig und heilen nicht selten von selbst ab.

Bekämpfung. Der Bekämpfung dient die *Schutzimpfung*, deren Vornahme *Zwick* (zit. nach *Wirth-Zwick*) in Europa in den Monaten Juni bis September empfiehlt, und zwar bei den Hühnern mit Taubenpockenvirus oder einem durch Taubenpassage so abgeänderten Hühnerpockenvirus, daß es nicht mehr ansteckt, sondern nur immunisiert. Zur Vornahme der Impfung werden an der Vorderfläche eines Unterschenkels 10 bis 14 Federn ausgerupft, der Impfstoff wird in die bloßgelegten Federfollikel gründlich, womöglich nach leichtem Einschneiden (Skarifizieren), eingerieben oder mit einem besonderen Instrument, der von *de Blieck* und *van Heelsbergen* sowie von *Seifried* empfohlenen Spezialspritze (Trephine) gründlich eingeführt; der Impfstoff kann auch mit einer gewöhnlichen Lanzette oder mit einem stumpfen Messer in die Follikel eingerieben werden. Der von *de Blieck* und *van Heelsbergen* hergestellte Impfstoff geht unter dem Namen *Antidiphtherin.* Das Verfahren stützt sich auf die Feststellung von *Saito, Doyle* und *Minett*, daß das Virus der Taubenpocken bei Hühnern nur einen örtlichen Ausschlag erzeugt und gleichzeitig Immunität gegen Hühnerpocken schafft. *Zwick, Seifried* und *Schaaf* haben nachgewiesen, daß sich Hühnerpockenvirus durch Anpassung an Tauben in eine für Hühner wenig virulente Form umwandeln läßt. Um die Einführung des Impfverfahrens in die Praxis der Seuchenbekämpfung haben sich *de Blieck* und *Zwick* besonders verdient gemacht. Antidiphtherin wird auch in Südafrika benutzt. Heute wird in der Südafrikanischen Union und Nordrhodesien mit bestem Erfolg auch *Taubenpockenvakzine* verwendet, die aus einer Aufschwemmung von 1 v. H. pulverisierter Pockenkrusten in einer 80prozentigen Glyzerin-Kochsalzlösung besteht (*Canham*, 1932; Nordrhod.-Ber. 1936). In Ägypten wird zur Immunisierung Formolvirus verwendet (*Morcos*, 1931).

25. *Papageienkrankheit (Psittakosis)*

Die Papageienkrankheit ist eine durch einen filtrierbaren Erreger hervorgerufene Erkrankung der Papageien, Sittiche und Sturmvögel, die auch auf andere Vögel übertragen werden kann. Die Erreger sind kleine, runde oder auch stäbchenförmige Gebilde, die teils in Zellen eingeschlossen, teils freiliegend in den Organen, hauptsächlich in der Leber, und im Exsudat der Leibeshöhlen nachgewiesen werden können. Zu den besonders anfälligen Papageien gehören nach *v. Hutyra-Marek-Manninger* auch die *afrikanischen Ursprungs*. Inkubationsperiode 7 bis 14 bis zu 39 Tagen. Die Krankheitserscheinungen sind Schlafsucht, Durchfall, Atemnot. Bei den *gestorbenen* Tieren findet man in der Leber und in der stets geschwollenen Milz kleine abgestorbene Herdchen, ferner eine Lungenentzündung und eine Herzbeutelentzündung mit Ausschwitzung von Serum und Fibrin. Die Diagnose wird gesichert durch Impfung von weißen Mäusen, die gewöhnlich nach einer Woche erkranken und in wenigen Tagen eingehen. Bei der Zerlegung findet man eine Schwellung der Milz und der Leber, in dieser häufig auch abgestorbene Herdchen. Gesund erscheinende Vögel können den Erreger beherbergen, was die Bekämpfung der Seuche bedeutend erschwert. Die Bedeutung der Papageienkrankheit liegt in der *Gefährdung des Menschen*. Die Krankheit kann, wie in einem Merkblatt des Reichsgesundheitsamtes hervorgehoben wird, beim Menschen leicht grippeähnlich verlaufen, aber auch unter dem Bilde einer schweren Lungenentzündung auftreten. Im Jahre 1937 sind in Deutschland 32 Erkrankungsfälle ohne Todesfälle aufgetreten, 1929/30 aber 250 Erkrankungen mit 50 Todesfällen! Die letztgenannten Erkrankungen sind auf Ansteckung durch Papageien aus Brasilien zurückzuführen gewesen. Jetzt kommt in Deutschland, nachdem die Einfuhr von Papageien verboten worden ist, nur noch der Wellensittich als Überträger in Betracht, der wegen der Häufigkeit von latenten, d. h. ohne Krankheitserscheinungen verlaufenden Infektionen eine besondere Gefahr bedeutet. Auch in *Algerien* wurde die Papageienkrankheit nach Einfuhr brasilianischer Papageien 1930 mehrfach beobachtet, konnte aber regelmäßig getilgt werden; inzwischen sind dort keine weiteren Fälle beobachtet worden (*Lasnet*, 1934). In *Ägypten* wurden 1929/30 3 Fälle von Papageienkrankheit bekannt (Bericht 1930/31).

II. BAKTERIELLE SEUCHEN

EINSCHLIESSLICH DER DURCH PILZE UND SPIROCHAETEN VERURSACHTEN ÜBERTRAGBAREN KRANKHEITEN

26. *Milzbrand (Anthrax)*

Wesen und Krankheitsformen. Der Milzbrand ist eine durch den Milzbrandbazillus (Bacillus anthracis) verursachte *Allgemeinerkrankung.* Beim *Schweine,* gelegentlich auch beim Rinde, kann er auch als *örtliche Krankheit* verlaufen. Bei dem als Allgemeinerkrankung verlaufenden Milzbrand finden sich die Milzbrandbazillen im Blute und damit im ganzen Körper, hauptsächlich aber in der Milz, im Darme, Gekröse und im blutigen Darminhalt. Beim örtlichen Milzbrand sind die Milzbrandbazillen in der Regel nur an den Stellen zugegen, auf die sich die Erkrankung beschränkt, gewöhnlich in den Lymphknoten der Rachenhöhle, des Gekröses und in deren nächster Umgebung.

Vorkommen. Der Milzbrand ist eine in *ganz Afrika* mehr oder weniger häufig auftretende Seuche. In manchen Ländern nehmen die Ausbrüche großes Ausmaß an. Aus Dahome wird angegeben, daß er fehle (Westafrik. Vet.-Konferenz 1936). Die Seuche ist in Gebieten mit feuchtem, sumpfigem Boden, in sogenannten *Milzbranddistrikten,* heimisch. In *Südafrika* tritt der Milzbrand gehäuft an *Ausspannplätzen* auf *(Henning,* 1932*).* Nach *Viljoen, Curson* und *Fourie* (1928) kann der Milzbrand bei Pferden dort gehäuft vorkommen, wo die *Pferdefliege* oder *Gummifliege (Hippobosca rufipes)* zu finden ist; andere Haustiere können in diesen Gebieten verschont bleiben. Nach *Gray* (1919) verursachte in den Jahren 1918/19 in der *Südafrikanischen Union* der Milzbrand größere Verluste als alle anderen Krankheiten zusammen. Hierauf stützt sich wohl die Angabe von *v. Hutyra-Marek-Manninger,* daß der Milzbrand in den südlichen Gebieten von Afrika vielleicht die am stärksten verbreitete Krankheit sei. In dem unter Mandat stehenden Schutzgebiet *Deutsch-Ostafrika* ist der Milzbrand die wichtigste Todesursache bei den Ziegen *(Hornby,* 1932*).* In *Madagaskar* ist er zusammen mit der Tuberkulose die Krankheit, die die meisten Verluste beim Rinde verursacht *(Durieux* u. *Randriambeloma,* 1932*).*

Ursache. Der Milzbrandbazillus ist eine 3 bis 6 μ lange und 1 bis 1,5 μ breite, aerobe Bakterie, die im Tierkörper von einer deutlichen Kapsel umhüllt ist. Er bildet beim Eintrocknen *Sporen,* die sich durch eine *ungewöhnlich lange Ansteckungsfähigkeit* auszeichnen; es ist festgestellt, daß Milzbrandsporen noch nach 40 Jahre langer Aufbewahrung ansteckungsfähig waren. Die Milzbrandsporen entwickeln sich nur bei Luftzutritt, entstehen daher im nichtenthäuteten Kadaver nicht, sondern gehen dort unter der Einwirkung der Fäulnisbakterien rasch und vollständig zugrunde. Wenn Kadaver abgehäutet werden, bilden sich in dem hierbei aus dem Körper austretenden bazillenhaltigen Blute bei geeigneter Temperatur (18—34°), die in Afrika in der Regel gegeben ist, Sporen. Deswegen sind solche Orte, auch Stellen, an denen kranke Tiere ihre blutigen Abgänge entleert haben, stets durch Milzbrand gefährdet. So erklärt sich auch die Gefährlichkeit der Ausspannplätze. Wo der Boden durchlässig ist, werden die auf der Oberfläche lagernden Milzbrandsporen durch den Regen allmählich in die Tiefe gespült, und die Böden werden so auf natürliche Weise wieder ungefährlich. Auf sumpfigen Gebieten findet dies nicht statt, deshalb bleiben diese dauernd Milzbrandherde.

Empfängliche Tiere. Der Milzbrand kommt bei *allen Farmtieren* vor. Am empfänglichsten sind Schafe und Ziegen, hierauf folgen das Rind und das Pferd; auch *Wild* (Antilopen) kann an Milzbrand erkranken. *Hornby* meldet (1932), wie erwähnt, aus dem unter Mandat stehenden Schutzgebiet Deutsch-Ostafrika die hohe Empfänglichkeit der Ziegen, bei denen der Milzbrand die wichtigste Todesursache sei. Weiter geht die Krankheit auf Geflügel über (Vogel Strauß, selten Hühner, Enten, Truthühner). Auch *Raubtiere* (Löwen, Leoparden, Schakale) können erkranken, wie u. a. auch Beobachtungen nach versehentlicher Verfütterung des Fleisches milzbrandkranker Tiere an Raubtiere in zoologischen Gärten zeigte. *Curasson* (1934) gibt Erkrankungen bei Hyäne, afrikanischer Wildkatze und Honigdachs an. Das Schwein ist im allgemeinen für die Milzbrandinfektion weniger empfänglich, nach Verfütterung von milzbrandsporenhaltigem Knochenmehl ist aber auch beim Schweine Milzbrand in der örtlichen Form nicht selten, tritt aber gelegentlich auch als Allgemeinerkrankung auf.

Übertragung. Die natürliche Ansteckung erfolgt bei Pflanzenfressern gewöhnlich durch Aufnahme von Futter, das Milzbrandsporen enthält. Der Sporengehalt stammt zumeist vom Boden, auf dem das Futter gewachsen ist. Dadurch erklärt sich die in Afrika beobachtete Erscheinung, daß Milzbranderkrankungen besonders gegen Ende der Trockenzeit auftreten, wenn die Tiere auf der abgefressenen Weide mit dem Futter auch Erde aufnehmen. In verseuchten Gewässern kann der Schlamm Milzbrandsporen enthalten und durch seine Aufnahme Milzbrand erzeugen (wie beim Hineintreten der Tiere in Teiche). Da auch in den Häuten milzbrandkranker Tiere, die abgezogen worden sind, Milzbrandsporen gebildet werden, können durch Lederriemen und andere Geschirrteile, die aus solchen Häuten hergestellt wurden, Milzbrandinfektionen verursacht werden *(Henning,* 1932*)*. Unmittelbar von Tier auf Tier überträgt sich der Milzbrand nicht, es sei denn, daß die kranken Tiere Blut mit dem Kot ausscheiden und so die Keime auf andere Tiere unmittelbar übertragen.

Erscheinungen. Der Milzbrand tritt in verschiedenen Formen auf, perakut, akut oder subakut. Beim *perakuten* Verlauf stürzen die Tiere plötzlich zusammen und sterben rasch unter starken Atembeschwerden und Krämpfen. Beim *akuten* und *subakuten* Verlaufe zeigen die Tiere hohes Fieber (bis zu 42,5°), Unruhe und Aufregung, sodann Mattigkeit. Die Tiere bleiben hinter der Herde zurück, die Atmung ist angestrengt, und die Freßlust ist unterdrückt; der Urin kann dunkelrot und oft auch blutig sein. Bei Kühen pflegt mit dem Beginn der Erkrankung die Milchabsonderung aufzuhören. Bei Schweinen tritt gewöhnlich eine starke Schwellung am Kopfe und Halse ein, die so stark werden kann, daß die Tiere an Erstickung zugrunde gehen. Bei den *getöteten* und *gefallenen* Tieren finden sich als wichtigste Erscheinung dunkelrotes, teerartiges Blut, schwarzblaue Färbung des Zwölffingerdarms und dunkelrote Schwellung eines Teiles oder der ganzen Milz unter gleichzeitiger Erweichung der Milzsubstanz.

Verlauf. Wie bereits angegeben, sterben die Tiere beim perakuten Verlauf sehr schnell, plötzlich oder schon nach 1 bis 2 Stunden nach Auftreten der Krankheitserscheinungen. Im übrigen erstreckt sich der Krankheitsverlauf auf 1 bis 3, ausnahmsweise auf 7 bis 9 Tage. Die Krankheit führt in der Regel zum Tode; nur der Hautmilzbrand, wie er bei der Verwendung von Riemen aus Häuten milzbrandkranker Tiere auftreten kann, kann in Genesung übergehen. Verschiedentlich wird angegeben, daß in Afrika der Milzbrand nicht so schwer verlaufe wie in Europa (Kenya-Ber. 1927).

Diagnose. Alle Tiere, die nach kurzer Krankheitsdauer unter Erscheinungen der Atemnot sterben, sind milzbrandverdächtig. Ferner Tiere, die fieberhaft erkrankt sind und mit dem Kote oder Urine Blut ausscheiden. Bei getöteten und gefallenen Tieren erwecken die teerartige Beschaffenheit des Blutes, die *schwarzblaue Verfärbung des Zwölffingerdarmes und die dunkelrote Farbe und Schwellung der Milz,* bei *Schweinen sulzige Ergießungen unter der Haut am Halse und am Kopfe* den Verdacht auf Milzbrand. Bei perakutem Verlauf kann die Milzschwellung fehlen. Die Diagnose wird gesichert durch die von einem Tierarzt oder einem Tierseucheninstitut auszuführende Untersuchung auf Milzbrandbazillen. Zu diesem Zwecke sind von *allen verdächtigen gefallenen Tieren Blutausstriche* nach Anordnung aus kleinen Einschnitten in die Haut herzustellen und an die Untersuchungsstellen einzuschicken.

Bekämpfung und Vorbeuge. Zur *Bekämpfung* des Milzbrandes sind die Ursachen abzustellen. Insbesondere sind die Kadaver aller Tiere, die unter Verdacht des Milzbrandes gefallen sind, uneröffnet so zu verscharren, daß die Oberfläche mit einer 1 m dicken Erdschicht bedeckt ist, und die Verscharrungsplätze sind, soweit dies möglich ist, gegen den Zutritt anderer Tiere zu schützen. Selbstverständlich darf die Verscharrung nicht in den trockenen Flußläufen erfolgen. Sofern dies möglich ist und Holz zur Verfügung steht, empfiehlt sich die Verbrennung der Milzbrandkadaver. Im übrigen beseitigt die Natur die Gefahr der Milzbrandverschleppung auch dadurch, daß die im uneröffneten Kadaver rasch einsetzende Fäulnis die Milzbrandbazillen völlig zerstört und sie an der Sporenbildung hindert. Also sind die Milzbrandkadaver möglichst uneröffnet ordnungsmäßig unschädlich zu beseitigen. Feuchte, sumpfige Stellen sind, wo dies möglich ist, durch Entwässern gesund zu machen. Zur *Vorbeuge* stehen uns verschiedene Arten der *Schutzimpfung* zur Verfügung. Das zuerst angewandte Verfahren ist das von *Pasteur* angegebene mittels abgeschwächter Kulturen. Diesem Verfahren haftet der Nachteil an, daß zweimal geimpft werden muß, zuerst mit schwächerem und dann nach Ablauf von 12 Tagen mit stärkerem Impfstoff. Da die zweimalige Impfung lästig ist, hat sich das Bestreben dahin gerichtet, die Schutzimpfung mittels einer einmaligen Impfung durchzuführen. In Marokko sind mehrere Tausend Rinder sofort mit dem II., stärkeren Pasteurschen Impfstoff ohne Verluste geimpft worden (*Monod* u. *Velu,* 1925, 1926). Aus Nordafrika liegen gute Erfahrungen vor mit intradermaler Impfung (*Velu,* 1927). Aus Algerien wurde berichtet, daß durch 0,2 ccm der II. Pasteurvakzine, intradermal gegeben, alle drei Tiergattungen (Rind, Pferd und Schaf) geschützt werden (Arch. Inst. Pasteur Algér. *4.* 584 bis 585, 1926). In Südafrika stellte *Kind* (1920) einen Impfstoff her, der wegen der ihm anhaftenden Unsicherheiten von *Viljoen, Curson* u. *Fourie* (1928) verbessert wurde (s. a. *Robinson,* 1937): Man prüft nach Pasteurs Vorgang abgeschwächte Bouillonkulturen an Schafen auf ihre Wirkung, überträgt die geeignet befundenen auf Agar und setzt sie einige Zeit den für völlige Versporung günstigsten Umständen aus. Wenn diese vollendet ist, werden die Kulturen in einer physiologischen Kochsalzlösung mit 40 v. H. Glyzerin (*Bekker,* 1930) abgeschwemmt und die Abschwemmung nach dem Ergebnis der Sporenzählung auf den nötigen Grad verdünnt. Praktisch wichtig ist es, daß *die Milzbrandimpfung gleichzeitig mit der gegen Rauschbrand und Pocken* vorgenommen werden kann (*Monod* u. *Velu,* 1926).

Auch bei der *Rinderpestimpfung* in den Impfkonzentrationskrälen, wie sie in West- und Mittelafrika üblich ist, kann gleichzeitig gegen Milzbrand geimpft werden. Mit einer einmaligen Impfung kommt man auch bei Verwendung eines *saponinhaltigen Impfstoffes* („Carbozoo" nach Mazzucchi) aus. Mit einer solchen Saponinvakzine hat man in Südafrika in den letzten Jahren die *besten Erfahrungen* gemacht (*du Toit,* 1937; *Robinson,* 1937). In Beständen, in denen der Milzbrand bereits ausgebrochen ist, kann man die passive *Serumimmunisierung* anwenden, ferner die von *Sobernheim* angegebene Impfung mit Serum und Kultur, die aber nach dem Schrifttum in Afrika wohl nicht in Gebrauch ist, weil die Sporenimpfung (nach *Viljoen, Curson* u. *Fourie*) auch in verseuchten Beständen ohne erheblichen Nachteil angewendet werden kann. *Monod* und *Velu* heben hervor, die intradermale Impfung könne auch, wenn die Krankheit schon ausgebrochen ist, ausgeführt werden, ohne auf Serumschutz zurückgreifen zu müssen, trotzdem zwischen der 24. und 48. Stunde nach der Impfung ein leichter Anstieg der Empfänglichkeit bestehe.

Übertragung auf den Menschen. Auch der *Mensch* ist für den Milzbrand empfänglich. Am häufigsten ereignen sich Übertragungsfälle beim Abhäuten und Zerlegen von Tieren, die an Milzbrand gefallen sind oder wegen dieser Krankheit getötet wurden. Außerdem ereignen sich Milzbranderkrankungen beim Menschen bei Verarbeitung der Häute, Haare und Knochen milzbrandkranker Tiere und bei Verwendung von Häuten und Fellen als Lagerstätte und Kleidungsstücke. In Afrika kommen abweichend von den Verhältnissen in Europa nach dem Genuß des Fleisches milzbrandkranker Tiere Erkrankungen vor. In Europa traten nach den früheren Beobachtungen in Ländern ohne straffe Veterinärpolizei nach dem Genuß des Fleisches milzbrandkranker Tiere in der Regel keine Erkrankungen auf — die im Fleische enthaltenen Milzbrandbazillen werden durch den Magensaft zerstört —, während der Schlächter und sein Gehilfe, die das Tier zerlegten, durch Hautinfektion an Milzbrand erkrankten. Nach *Lowe* (1934) ist es auch in dem unter Mandat stehenden Schutzgebiet *Deutsch-Ostafrika* die Regel, daß Hunderte von Kadavern milzbrandkranker Tiere von den Eingeborenen gegessen werden und niemand erkrankt. Es kommt aber vor, daß doch plötzlich einmal schwere Erkrankungen nach dem Genuß solchen Fleisches auftreten. Nach *Henderson* (Nigeria-Ber. 1932) starben 7 von 11 Menschen, die Fleisch eines milzbrandkranken Tieres gegessen hatten. In diesen Fällen muß angenommen werden, daß sich infolge längeren Hängens des Fleisches bei der hohen afrikanischen Außentemperatur auf der Fleischoberfläche Milzbrandsporen gebildet haben, die durch den Magensaft nicht zerstört wurden und so den sogenannten inneren Milzbrand erzeugen konnten. Eine weitere Quelle menschlicher Ansteckung kann der Kuhmist dort sein, wo er als Brennstoff benutzt wird. In Ägypten erkrankten viele alte Frauen (die das Feuer anmachen) an Lungenmilzbrand und Kinder (die den Brennstoff heranschaffen) an Hautmilzbrand *(Rabagliati,* 1927*)*.

Verfahren mit gefallenen und getöteten Tieren. Tiere, die an Milzbrand gefallen sind oder wegen dieser Krankheit getötet wurden, müssen, wie bereits angegeben, *ohne Eröffnung* mit den Häuten, Schafe mit der Wolle, durch tiefes Vergraben, so daß die Kadaveroberfläche von einer mindestens 1 m starken Erdschicht bedeckt ist, oder durch Verbrennen unschädlich beseitigt werden.

Behördliche Maßnahmen zur Bekämpfung. Der Milzbrand wird in fast allen Kolonien Afrikas staatlich bekämpft. Zur Sicherung der Feststellung sind dort, wo eine Bekämpfung stattfindet, die Anfertigung von Blutausstrichen und ihre sachverständige Untersuchung durch den zuständigen Regierungstierarzt oder das zuständige Tierseucheninstitut vorgeschrieben. Ferner ist z. B. in dem unter Mandat stehenden Schutzgebiet Deutsch-Südwestafrika bei Seuchenverdacht allgemein die unschädliche Beseitigung der Kadaver ohne Eröffnung vorgeschrieben. Weiter können allgemeine Schutzimpfungen angeordnet werden.

Handelsverkehr mit Fleisch, Milch, Häuten, Haaren, Wolle. Ein Handelsverkehr mit Teilen von milzbrandkranken Tieren oder Milch darf selbstverständlich nicht stattfinden, da es sich um für den Menschen gesundheitsgefährliches Material handelt und durch solches auch die Seuche weiter verschleppt wird. Es liegt daher im ureigensten Interesse der Kolonien, für die unschädliche Beseitigung dieser Teile vorzusorgen. *Du Toit* sagt mit Recht: „Sollte die Milzbrandlage in Südafrika sich verschlechtern, so besteht die Möglichkeit, daß Abnehmerländer Sterilisierung aller Wolle verlangen werden. In Südafrika liegt die jährliche Schur in der Nähe von 200 Millionen lbs.; wenn die Sterilisierung nur 1 Penny je lb. kosten würde, wären das Mehrkosten von ungefähr 1 Million £, die den Schaffarmern erwüchsen." Der XI. internat. tierärztl. Kongreß 1930 hat es als gerechtfertigt bezeichnet, daß die aus dem Ausland eingeführten tierischen Erzeugnisse vor der Zulassung in den freien Verkehr entseucht oder auf ihren Keimgehalt untersucht und nach dem Ausfall der Untersuchung entsprechend behandelt werden. Als ausreichende Entseuchung tierischer Erzeugnisse könne hinsichtlich der Milzbrandkeime zur Zeit nur eine mehrstündige Behandlung mit gespanntem Wasserdampf angesehen werden.

Wirtschaftliche Bedeutung. Die wirtschaftliche Bedeutung des Milzbrandes ergibt sich aus seiner starken Verbreitung in Afrika, dem tödlichen Ausgang der Krankheit in den meisten Fällen, der Übertragbarkeit auf den Menschen und der hohen Wertminderung der tierischen Erzeugnisse, denen Teile von kranken Tieren beigefügt sind, als Handelsware.

27. *Rauschbrand*

Wesen und Vorkommen. Der Rauschbrand ist eine durch den anaeroben, d. h. nur bei Luftabschluß wachsenden Rauschbrandbazillus (Bacillus Chauveaui) verursachte, schnell verlaufende Infektionskrankheit des Rindes, die durch *gashaltige* und *deshalb knisternde Anschwellungen unter der Haut* gekennzeichnet ist. Der Rauschbrand ist wie der Milzbrand an bestimmte Bodenverhältnisse geknüpft und deshalb auf bestimmte Bezirke *(Rauschbranddistrikte)* beschränkt. Aus diesen Distrikten kann er durch den Transport bereits angesteckter Tiere an andere Orte verschleppt werden. Der Rauschbrand kommt wohl in *ganz Afrika* vor, abgesehen von Madagaskar *(Poisson,* 1930) und Ägypten. In Westafrika scheint er selten zu sein (Westafrik. Vet.-Konf. 1936). In den Gebieten und Bezirken, in denen er auftritt, kann er sich gelegentlich gehäuft zeigen und schwere Seuchengänge verursachen (SW.-Afrika, *Sigwart,* 1921; Nigeria, *Henderson,* 1931).

Der Rauschbrand ist eine spezifische Erkrankung des *Rindes.* Viele Autoren sind der Ansicht, daß er beim *Schafe* nicht vorkomme, weil sich der Schafrauschbrand in Europa in den Rinderrauschbrandbezirken nicht zeigt und weil er sich in der Hauptsache an äußere Verletzungen (Scherverletzungen) anschließt, wie die Wundinfektionskrankheit des malignen Ödems. Im Gegensatz zu Europa kommt der Schafrauschbrand in Afrika in denselben Bezirken vor, in denen der Rinderrauschbrand auftritt. *Scheuber* (1929) sagt: „Oft ließ sich der direkte Zusammenhang herstellen zwischen Rinderrauschbrandkadavern und Scherrauschbrand der Schafe. Ein Farmer hatte den Eingeborenen, die die Schafe schoren, Fleisch von einem an Rauschbrand verendeten Rind gegeben, hiernach traten bei den Schafen ungewöhnlich schwere Erkrankungen an Scherrauschbrand auf.“ Er schließt daraus, daß solche Fälle die Identität des Schaf- und Rinderrauschbrandes beweisen; denn es sei anzunehmen, daß die Scherer sich beim Zerlegen des Rindes ihre Hände mit Rauschbrandmaterial des Rindes beschmutzt und die Keime auf die Schafe übertragen hätten. Für die Identität sprechen auch die in Afrika angestellten künstlichen Übertragungsversuche des Rinderrauschbrandes auf Schafe *(Scheuber)*. *Henning* (1932) betont die geringe Empfänglichkeit des Schafes, sagt aber, daß bei starker Verseuchung der Weiden auch das Schaf erkranke. *Ziegen* zeigen eine noch geringere Empfänglichkeit als das Schaf. Das Vorkommen des Rauschbrandes beim Pferde ist nirgends berichtet. Nach den südafrikanischen Beobachtungen tritt die Seuche besonders im Frühjahr und Sommer auf, hauptsächlich nach schweren Regen *(Henning, 1932)*. Gewöhnlich befällt die Erkrankung nur Rinder, die älter als ¼ Jahr und jünger als 4 Jahre sind. Über die Verbreitung der Seuche gibt die Zahl der Schutzimpfungen Auskunft, die in verschiedenen Kolonien vorgenommen werden. In der *Südafrikanischen Union* werden jährlich über ¼ Million Dosen Rauschbrandimpfstoff ausgegeben. In *Westafrika* und *Uganda* besteht die Übung, daß *gleichzeitig gegen Rauschbrand, Milzbrand und Lungenseuche* geimpft wird.

Ursache. Der Rauschbrandbazillus ist 3 bis 5 μ lang und etwa 1 μ breit, beweglich und bildet Sporen; sobald er Sporen gebildet hat, wird er unbeweglich. Der Rauschbranderreger wächst als Anaerobier in der Tiefe der erkrankten Gewebe (Bindegewebe, Muskulatur), dagegen nicht im lebenden Blute, kann aber durch das Blut im ganzen Körper verschleppt werden und so auch in das Knochenmark gelangen, wo sein Vorhandensein zur sicheren Erkennung des Rauschbrandes verwendet wird *(Balozet, 1926)*.

Erscheinungen und Verlauf. Die wesentlichste klinische Erscheinung des Rauschbrandes während des Lebens, die der Krankheit den Namen gegeben hat, ist das Auftreten *knisternder, weil gashaltiger Anschwellungen,* die sich rasch ausbreiten und ausnahmsweise zum brandigen Absterben der Haut führen *(Gasödem)*. Die Anschwellungen finden sich besonders im Bereich der Brust, der Hinterschenkel, ferner der Schulter und des Halses. *Nach dem Tode* findet man schwarzrote, brandige, brüchige, poröse Beschaffenheit des Muskelfleisches, das einen ranzigen oder ranzigsauren Geruch verbreitet. Die Krankheit führt in der Regel nach 1 bis 3 Tagen zum Tode. Nur 1 v. H. der erkrankten Tiere wird nach den Erfahrungen in Afrika gesund *(Henning)*.

Mittel zur sicheren Feststellung. Die knisternden Anschwellungen an verschiedenen Teilen des Körpers während des Lebens, die schwarzrote Verfärbung und poröse Beschaffenheit des Muskelfleisches sowie der ranzige Geruch desselben nach dem Tode begründen den Verdacht der Seuche. Gesichert wird die Feststellung durch den Nachweis der Rauschbrandbazillen, für den *Balozet* (1926) die Entnahme des *Untersuchungsmaterials aus dem Knochenmark* alsbald nach dem Tode empfiehlt.

Bekämpfung. Eine *Behandlung* erkrankter Tiere ist aussichtslos. Dagegen besitzen wir wirksame *Schutzimpfungen* gegen den Rauschbrand, von denen sich insbesondere das keimfreie Kulturfiltrat (Aggressin) nach *Naoshi Nitta* und nach *Gräub-Zschokke,* ferner die Formolvakzine nach *Leclainche* und *Vallée, de Blieck, Jansen* und *Wolters* eignen.

Übertragungen auf den Menschen kommen *nicht* vor. Gleichwohl müssen die getöteten Tiere und ihre Teile unschädlich beseitigt werden, weil die Krankheit durch sie verschleppt werden kann.

Behördliche Maßnahmen zur Bekämpfung sind nur in einzelnen Kolonien vorgesehen, z. B. in *Deutsch-Südwestafrika* und *Kamerun,* ferner in *Madagaskar,* obwohl die Seuche hier nicht vorkommt.

Wirtschaftliche Bedeutung. Die wirtschaftliche Bedeutung ist in verschiedenen Kolonien je nach der Zahl der Rauschbranddistrikte und danach verschieden, ob die Schutz gewährende Impfung durchgeführt wird, die — wo sie nicht regelmäßig jährlich vorgenommen wird — sofort nach den ersten Todesfällen zu geschehen hat. Die Massais verlassen ihre Weidebezirke, sobald in ihnen Rauschbrand auftritt.

28. *Malignes Ödem*

Wesen, Ursache, Vorkommen, empfängliche Tiere. Das maligne Ödem ist eine Wundinfektionskrankheit, die durch einen anaeroben Erreger (wie der Rauschbrand) hervorgerufen wird und sich deshalb nur dann entwickeln kann, wenn die Wunden bis unter die Haut reichen, wie bei Scher-, Biß- und Stichverletzungen. Es ist *in Afrika sehr weitverbreitet* und verursacht in *Südafrika* zuweilen beträchtliche Verluste bei Schafen nach dem Scheren, ferner nach den Impfungen gegen die Blauzunge. Nach *Henning* (1932) kommt als Erreger bei Tieren in Afrika nur der *Bazillus des malignen Ödems* (*Bacillus oedematis maligni,* Vibrion septique) vor; die verwandten Erreger wie der Bazillus von Novy und ähnliche spielen dagegen keine Rolle. Empfängliche Tiere sind das Pferd, das Rind, die Ziege, das Schaf, das Schwein und das Geflügel. Die Laboratoriumstiere (Kaninchen, Meerschweinchen) sind auch empfänglich.

Erscheinungen. Kennzeichnend sind beim lebenden Tier heiße, schmerzhafte, stark ödematöse *Anschwellungen unter der Haut,* die sich im Gegensatz zum Rauschbrand in der Regel nicht auf das Muskelfleisch erstrecken. Ferner ist charakteristisch, daß sich die Anschwellungen nur im Bereiche der Verletzung, die zur Ansteckung geführt hat, finden, dagegen nicht vielörtlich am ganzen Körper auftreten. Eine besondere Form ist der sogenannte *Geburtsrauschbrand,* eine Infektion durch den Erreger des malignen Ödems im Anschluß an Geburten, wenn mit unreinen Händen oder Geräten (Stricken) Geburtshilfe geleistet wird, weshalb Geburtshilfe auch in heißen Gegenden nur mit desinfizierten Händen und Geräten vorgenommen werden darf.

Bekämpfung. Obwohl die Möglichkeit besteht, die ausgebrochene Erkrankung durch Anwendung hochwertigen Immunserums zu beeinflussen, kommt dieses in Afrika in Einzelfällen aus natürlichen Gründen nicht in Frage. Bei gehäuftem Auftreten empfiehlt sich die Impfung mit den bei Rauschbrand angegebenen Impfstoffen, nur mit dem Unterschied, daß diese Impfstoffe nicht aus dem Rauschbrandbazillus, sondern aus dem des malignen Ödems hergestellt werden. Weil es häufig schwierig sein kann, das Ödem von Rauschbrand zu unterscheiden, ist es in Südafrika üblich, einen *gemischten Impfstoff* zu verwenden, der gegen Rauschbrand und malignes Ödem schützt. *Scheuber* (1929) berichtet, daß er Kulturen des Rauschbranderregers mit dem des malignen Ödems beimpft, dann durch Zufügung von Glukose und NaOH gutes Wachstum aufrechterhält und schließlich durch Zusatz von Formalin (4 v. T.) eine *bivalente Formolvakzine* bereitet, die in Südafrika weite Verbreitung erlangt hat.

Dickkopfkrankheit der Schafe. Die Dickkopfkrankheit kommt in *Südafrika* bei jungen Schafböcken vor, wahrscheinlich verursacht durch Stoßverletzungen, und kennzeichnet sich durch Auftreten von heißen, teigigen Anschwellungen am Kopfe und Halse. Der Erreger ist der *Novysche Ödembazillus (Scheuber, 1932). Bull* (1935) empfiehlt zur Behandlung eine *Formolvakzine* folgender Herstellung: Züchtung des Erregers in „Hormon"-Fleischbrühe, enthaltend 0,2 v. H. Glukose, 24 Stunden bebrüten, Abzentrifugieren der Bazillen, dann Entgiften des Toxins durch Zusatz von 0,2 v. H. Formalin bei 25° und Hinzufügen der vorher mit 0,5prozentigem Formalin behandelten Erreger. Von 78 mit dieser Vakzine dreimal geimpften Bocklämmern starb keins, wogegen von den ungeimpften Kontrollen 6 v. H. verendeten.

Eine ähnliche Krankheit wie die Dickkopfkrankheit ist der *„Krähenbiß" (Crowpick)*, ein zum Absterben der Haut führendes heißes Ödem bei Schafen, die am Kopf von Krähen gehackt worden sind. Vom „Krähenbiß" gilt alles bei Dickkopfkrankheit Gesagte *(Scheuber, 1932).*

Die Lämmerdysenterie (Lämmerruhr, Bloedpens) ist eine in Süd-, Südwest- und Ostafrika vorkommende, durch den anaëroben, zu den Ödembazillen gehörigen *Bacillus welchii* verursachte *Darmentzündung der neugeborenen Lämmer,* die großen Schaden anrichten kann. Die erkrankten Tiere zeigen *ruhrartigen Durchfall.* Es erkranken nur Lämmer in den ersten 7 Lebenstagen, Lämmer über 14 Tage sehr selten. In *Südafrika* kommt die Krankheit am häufigsten an *Sammelplätzen von Schafen* (Krälen und Lämmerweiden) vor und nimmt nach dem Verlassen der verseuchten Orte in ihrer Heftigkeit ab. Sie tritt hauptsächlich im Winter und Frühjahr auf und kann durch *Verlegen der Lammzeit in den Sommer* verhütet werden. Weiter empfiehlt sich die *Schutzimpfung der Mütter* etwa 2 Wochen vor dem Lammen mit einer Vakzine, die aus den Bakterien der Organe eines natürlich erkrankten Lammes bereitet wird *(Ortsspezifische Vakzine). Henning* empfiehlt *neutralisiertes Toxin, Mason* (1935) geht so vor, daß er die *Bazillen* durch Kochen und Waschen *entgiftet* und diese hierauf als Impfstoff intravenös verwendet; der Impfstoff hat nach Versuchen an Ziegen eine sehr gute Schutzwirkung. *Pool* hält nach den Erfahrungen in Australien die sofortige *Impfung der Lämmer am ersten Tag nach der Geburt* mit *Immunserum,* das von Pferden gewonnen wird, für wirksamer als die Impfung der Mütter.

Bradsot. Im Französischen Sudan tritt nach *Curasson* (1929) alljährlich bei Schafen, kurz nachdem sie auf überschwemmt gewesenes Flußgebiet gebracht wurden, eine dem europäischen Bradsot ähnliche Erkrankung auf. Sie geht mit einer nekrotisierenden Leberentzündung einher, wie sie auch beim Bradsot beobachtet wird. Es erkranken etwa 6 bis 10 v. H. der Tiere der Herden, und die Erkrankten sterben ausnahmslos. Bei einem Ausbruch hat *Curasson* den *Bazillus des malignen Ödems* gefunden. Später hat *Curasson* (1936) die Krankheit für Rifttalfieber (s. d.) gehalten. Aus *Südrhodesien* meldet *Bevan* (Ber. 1929), daß außer dem angeblichen Rauschbrand (mit Muskelveränderungen) bei Schafen eine dem Rauschbrand, in mancher Hinsicht aber auch dem Bradsot ähnliche Erkrankung vorkomme, die sich hauptsächlich durch Veränderungen in den Baucheingeweiden kennzeichne und durch Anwendung von Rauschbrandvakzine verhütet werden könne.

29. *Tuberkulose*

Wesen, Ursache und Erscheinungen. Die Tuberkulose ist eine durch das *Koch*sche oder *Tuberkelbakterium (Bacterium Kochi, B. tuberculosis)* hervorgerufene, *chronisch* verlaufende Infektionskrankheit, die in erster Linie beim *Rinde* auftritt, aber auch beim *Schweine,* beim *Schafe,* bei der *Ziege* und beim *Hunde* vorkommen kann. Sie wird ferner beim *Kamel,* außerdem beim *Wilde* in freier Wildbahn, Wildschwein und Antilope, beobachtet. Ebenfalls ist sie eine nicht seltene Krankheit des *Geflügels.* Das *Koch*sche Bakterium tritt in 3 Typen auf: als *Rindertyp (Typus bovinus),* als *Geflügeltyp (T. gallinaceus)* und als *Menschentyp (T. humanus).* Der Rindertyp kann außer beim Rinde und Geflügel auch bei *anderen* Tierarten und beim Menschen und der Menschentyp außer beim Menschen auch bei Tieren, insbesondere beim Schweine, Hunde und Rinde, auftreten. Die Erscheinungen der Tuberkulose während des Lebens sind je nach der Tierart und dem von der Krankheit befallenen Organ verschieden. Die häufigsten Erscheinungen beim Rinde sind unfreiwilliger Husten und Abmagerung, ferner Anschwellung des Euters und Ausfluß aus der Scheide sowie Anschwellung einzelner fühlbarer Lymphknoten. Bei Erkrankung der Gehirnhäute treten Bewegungsstörungen, Schwanken, Taumeln, Niederbrechen, ein. Bei den *geschlachteten und gefallenen* Tieren findet man Knötchen und käsige Herde in den verschiedenen Organen, insbesondere in den Lungen und Lungenlymphknoten, in den Darmlymphknoten, auf dem Brust- und Bauchfell, in der Leber, Milz und Niere, in der Gebärmutter und im Euter sowie in den dazugehörigen Lymphknoten.

Vorkommen. Im Gegensatz zu der früheren Meinung, daß Tuberkulose in Afrika nicht vorkomme oder außerordentlich selten sei, stehen die Ergebnisse der neueren Ermittlungen. Aus *Ägypten* meldet *Piot Bey* (1920, zit. nach *Curasson*), daß die Krankheit beim Rinde viel häufiger sei, als man meistens annehme; sie verlaufe allerdings in der Regel wenig schwer, es seien gewöhnlich nur wenige Lymphknoten erkrankt. Bei der Prüfung von Rinderbeständen mit Tuberkulin habe man bis zu 83 v. H. positive Reaktionen erhalten. Beim Büffel und Kamel sei die Tuberkulose in Ägypten im allgemeinen seltener; nur wenn diese unter unhygienischen Stallverhältnissen gehalten würden, sei die

Krankheit ziemlich häufig. Im Schlachthof von *Kairo* wiesen 1,6 bis 3,2 v. H. der dort geschlachteten Kamele tuberkulöse Veränderungen auf. Bei Büffeln hat *Carpano* (1937) in Ägypten sehr häufig Tuberkulose gesehen. In *Uganda* hat erst die Einführung der Fleischbeschau Feststellungen über das Vorkommen und die Infektionsquellen bei der Tuberkulose der Haustiere ermöglicht *(Carmichael,* 1934*)*; nach ihren Ergebnissen in den Schlachthöfen Ugandas fanden sich 1935 *(Poulton)* bei 34 v. H. des Langhornviehs und bei 2,4 v. H. der Zebus tuberkulöse Veränderungen. Bei Tuberkulinisierung hat *Mettam* beim *Ankolevieh* bis zu 70 v. H. positive Reaktionen erhalten (Conf. on co-ord. of vet.-res. 1936). Für das unter Mandat stehende Schutzgebiet *Deutsch-Ostafrika* glaubt *McCall,* daß die frühere Annahme, die Tuberkulosefreiheit der Zebus sei nur durch ihr Leben in freier Luft zu erklären, nicht ganz zutreffe, sondern daß die Zebus eine besondere Widerstandsfähigkeit gegen den Erreger besäßen. Aus dem *Französischen Sudan* berichtet dagegen *Missenard* (1934), daß die Zebus empfänglicher seien als die buckellosen Rassen. *Carmichael* berichtet 1937 aus *Uganda* über Tuberkulose der Schafe und Ziegen, die im allgemeinen ohne klinische Erscheinungen verlief; er isolierte aus 12 Fällen beim Schaf 11 Bovinusstämme und 1 Humanusstamm, bei 11 Ziegen fand er nur Bovinusstämme. *Cornell* (1934) hat bei dem Stamme der Wadjagga, die ihre Rinder in ihren Hütten halten, Tuberkulinproben angestellt; er bekam bei der Untersuchung von 441 Rindern 1,8 v. H. positive und 4,2 v. H. zweifelhafte Reaktionen. Das Vorkommen menschlicher Tuberkulose bei diesem Stamm ist im Gegensatz dazu sehr hoch. Im ganzen *West-* und *Mittelafrika* kommt nach verschiedenen Angaben die Tuberkulose in geringerem oder größerem Maße vor. In *Belgisch-Kongo* ist sie im allgemeinen sehr selten *(G. Bouvier* und *S. Bouvier), Curasson* berichtet aber, daß man im Katangagebiet bei eingeführten Milchkühen aus Südafrika einen ziemlich hohen Hundertsatz an positiven Tuberkulinreaktionen bekommen habe. Man fand die Krankheit ferner in Mateba, in der Nähe der Kongomündung, bei einer Sumpfantilope. In *Kamerun* waren früher tuberkulöse Tiere nur unter den zu Zwecken der Milchgewinnung eingeführten europäischen Tieren festgestellt worden; sehr lehrreich ist daher die Feststellung im Mandatsbericht für 1936 für den unter englischem Mandat stehenden Teil des deutschen Schutzgebietes, daß bei 18 v. H. der aus dem Bamandagebiet kommenden Schlachtrinder Tuberkulose festgestellt worden sei. Ein zur Untersuchung an Ort und Stelle abgeordneter Tierarzt habe bislang bei 14,95 v. H. der Rinder positive Tuberkulinreaktionen erhalten. Aus *Moçambique* wird über Herden berichtet, „in denen Tuberkulose häufig ist" *(Martinho,* 1930*)*. In *Angola* ist die Tuberkulose der Rinder sehr selten (Boletim Sanitario, 1938). Das wohl am schwersten durch Tuberkulose verseuchte Gebiet Afrikas ist *Madagaskar;* es wurden dort selbst bei den Zebus, deren Widerstandsfähigkeit im übrigen auch hier beobachtet wurde, in großen Herden bis zu 45 v. H. auf Tuberkulin positiv reagierende Tiere mit in der Regel örtlichen Veränderungen in den Eingeweiden, wie der Schlachtbefund ergab, gefunden. *Lemétayer* (1925) gibt die Verseuchung für manche Gebiete sogar auf bis zu 72 v. H. an *(Girard,* 1937; *Geoffroy,* 1930; *Lemétayer,* 1924 u. 1925 zit. nach *Curasson,* 1936*)*. Bei Antilopen wurde Tuberkulose von *Painé* und *Martinaglia* (1929) in *Südafrika* in einem trockenen Gebiet beobachtet, das dünn mit Haustieren bestockt war, bei denen übrigens keine Tuberkulose festgestellt werden konnte; sie glauben, den Typ als bovinen bestimmt zu haben. Das einzige Gebiet Afrikas, von dem man mit Sicherheit weiß, daß es *tuberkulosefrei* ist, ist das unter Mandat stehende Schutzgebiet *Deutsch-Südwestafrika.* Sehr selten melden die Mandatsberichte (1931, 1933, 1937), daß einzelne tuberkulöse Tiere gefunden wurden, und wenn dies der Fall war, konnte immer nachgewiesen werden, daß es sich um neuerdings aus Südafrika eingeführte Tiere handelte. Bemerkenswert ist, daß nicht nur die einheimischen, sondern auch die Kreuzungstiere in dem Schutzgebiet Deutsch-Südwestafrika tuberkulosefrei sind. Der eine von uns *(v. Ostertag)* hat bei vielen Hunderten von Zerlegungen von Rindern in Deutsch-Südwest- wie in Deutsch-Ostafrika in den Jahren 1910 und 1913 in keinem Fall tuberkulöse Veränderungen feststellen können. Aus der *Union von Südafrika* liegen noch keine umfassenden Untersuchungen vor. Nach *du Toit* (1936) schwankt das Vorkommen der Tuberkulose beim Rinde aber wahrscheinlich zwischen 40 v. H. in Herden in der Nähe großer Städte, 10 v. H. in der Nähe kleiner Städte und 2 v. H. auf dem Lande. Von den zwischen 1917 und 1929 auf dem Johannesburger Schlachthof untersuchten Rindern hätten weniger als 0,2 v. H. tuberkulöse Veränderungen gezeigt. *De Kock* berichtete auf dem XIII. tierärztlichen Weltkongreß in Zürich 1938, daß man sich in Erkenntnis der allgemeinen Bedeutung der Tuberkulose in der Südafrikanischen Union entschlossen habe, für die Tilgung der Seuche in den städtischen Gebieten ein staatliches Verfahren einzuführen, das teilweise auf der *Bangschen* Isoliermethode und teilweise auf der amerikanischen Keulungsmethode aufgebaut werden soll.

Empfängliche Tiere, Art der Übertragung, Erscheinungen, Verlauf. Es sei wiederholt, daß in erster Linie das *Rind* empfänglich ist, und zwar sowohl das europäische Rind als auch das Zebu, das sich im übrigen durch eine geringere Empfänglichkeit auszeichnet. Im Grade der Empfänglichkeit stehen die einheimischen, buckellosen Rinder in Ost-, Mittel- und Westafrika den europäischen Rindern nahe. Die Übertragung erfolgt beim Rinde von Tier zu Tier durch die beim Husten aus den erkrankten Luftwegen ausgestoßenen Tuberkelbazillen, ferner bei Kälbern durch die Milch tuberkulöser, namentlich mit Eutertuberkulose behafteter Kühe. Die Gefahr der Übertragung durch die Luft ist bei Weiderindern gering, da auf der Weide die ausgehusteten Tuberkelbazillen bis zur Unwirksamkeit verdünnt und durch das Sonnenlicht, das stärker wirksam ist als 5prozentiges Karbolwasser, bald zerstört werden. Diese Umstände dürfen aber den afrikanischen Steppenfarmer nicht zur Sorglosigkeit verleiten; denn *de Kock* (1938) hat auch in Südafrika bei einigen Weideherden ein ernstes Umsichgreifen der Tuberkulose nach Einfuhr fremder Rinder gesehen. Vielleicht hat es sich hier um einen besonders virulenten Stamm gehandelt. Das *Schwein* wird in der Regel durch die Magermilch tuberkulöser Rinder angesteckt, außerdem kommt aber auch, wie erwähnt, eine Übertragung der Tuberkulose vom Menschen auf das Schwein vor. *Teppaz* (1926) berichtet über Tuberkulose bei Schweinen, die auf Plätzen geweidet hatten, wo menschliche Fäkalien ausgebreitet waren; als das Weiden der Schweine dort verboten worden war, hörte die Tuberkulose auf. Auch *Hunde* können vom Menschen, außerdem auch durch die Milch tuberkulöser Rinder angesteckt werden. Die Antilopen infizieren sich wahrscheinlich durch Weiden auf Plätzen, auf denen tuberkulöse Rinder geweidet haben. Gegen diese Annahme spricht nicht die bereits erwähnte Angabe, daß Antilopen tuberkulös sein können in Gegenden, in denen Rinder für tuberkulosefrei gehalten werden *(Paine* u. *Martinaglia,* (1929*)*. Auch das *Huhn* erkrankt, wie angegeben, an Tuberkulose; Hühnertuberkulose wird nicht selten sowohl in *West-* wie auch in *Ostafrika* festgestellt. In *Südafrika* hat schon *Otto Hennig* 1895 einen Ausbruch von Geflügeltuberkulose nachgewiesen (zit. nach *Henning,* 1932*)*. Die tuberkulösen Veränderungen finden sich beim Huhne am häufigsten in der Leber und in den Knochen in Form von glasartig durchscheinenden oder käsigen tuberkulösen Herden von Hirsekorn- bis Walnußgröße.

Mittel zur sicheren Feststellung. Zur Diagnose der Tuberkulose beim lebenden Tiere wird das *Tuberkulin* benutzt, das durch Züchtung von Tuberkelbazillen auf bestimmten Nährböden, Filtrieren und Erhitzung des Filtrates gewonnen wird. Das Tuberkulin wird allgemein in Afrika wie auch sonst in der Welt in Form einer Einspritzung in die Haut *(intradermale Probe)* angewandt, in Südafrika zur größeren Sicherheit als doppelte Probe an den beiden Halsseiten. Bei den tuberkulösen Rindern stellt sich an der Einspritzungsstelle eine geschwulstartige Schwellung ein, deren Dicke darüber entscheidet, ob die Reaktion als positiv, als zweifelhaft oder als negativ zu verzeichnen ist. Bei der Anwendung von *Bovotuberkulin Höchst* ist nach *Wirth-Zwick* eine Hautverdickung von 3 mm und mehr als positiv, von 1,5 bis 3 mm als zweifelhaft und darunter als negativ anzusehen.

Bekämpfung. Ein Mittel zur *Heilung* der Tuberkulose der Farmtiere gibt es nicht. Zur *Bekämpfung* empfehlen sich die Tuberkulinisierung der Bestände und die Schlachtung der positiv und der zweifelhaft reagierenden Tiere. In *Ägypten* wird Tuberkulosebekämpfung mit Hilfe des Tuberkulins bei Kühen und Büffeln seit 25 Jahren geübt *(Rachad,* 1937*)*. Man geht jetzt daran, diese Bekämpfung planmäßig durchzuführen. In der *Südafrikanischen Union* wird die Tuberkulosebekämpfung, wie bereits erwähnt, mit Hilfe der doppelten Intradermalprobe durchgeführt. Nach Angabe von *de Kock* auf dem XIII. internationalen tierärztlichen Kongreß in Zürich 1938 hat man sich in der Südafrikanischen Union für die Schlachtung der positiv und der zweifelhaft reagierenden Tiere entschieden. In *Marokko* besteht seit 1938 eine Verordnung, wonach in Milchwirtschaften, die mit eingeführten reinblütigen oder von diesen gezogenen Kreuzungstieren arbeiten, jährlich einmal der Bestand mit Tuberkulin durchzuprüfen ist. Milchwirtschaften mit nur einheimischem Vieh unterliegen dieser Vorschrift nicht. Die Verfahrenskosten werden durch eine Steuer auf das Fleisch der geschlachteten Rinder gedeckt, die 1 Centime je kg beträgt (Bull. Off. int. Epiz.).

Zur *Vorbeuge* gegen die tuberkulöse Infektion wird dem Vernehmen nach in *Nordafrika* der *Impfstoff* von *Calmette-Guérin* probeweise angewandt, ohne daß bis jetzt schlüssige Ergebnisse bekanntgeworden wären. Auch in *Mauritius* sind derartige Versuche gemacht worden (Veterinärberichte).

Übertragung auf den Menschen. Nach den Feststellungen in Europa ist die Rindertuberkulose *auf den Menschen übertragbar.* Besonders sind Kinder gefährdet, die Milch von Kühen, die mit Eutertuberkulose behaftet sind, in rohem Zustande erhalten. Die englische Tuberkulosekommission hat in ihrem 1922 erstatteten Berichte über die seit 1901 ausgeführten Untersuchungen festgestellt, daß bei Kindern bis zu 5 Jahren die Fütterungstuberkulose, die mit einer Erkrankung der Kopf- und Darmlymphknoten einhergeht, in 88 v. H. der Fälle durch den Rindertuberkelbazillus bedingt und daß bei 43 v. H. der an Tuberkulose gestorbenen Kinder im Alter bis zu 5 Jahren der Rindertuberkelbazillus die Todesursache war. Für Südafrika betrachtet man die Frage der Übertragbarkeit der Rindertuberkulose als noch nicht ausreichend geklärt, wie aus einem Beschluß der panafrikanischen Gesundheitskonferenz im Jahre 1936 erhellt, die empfohlen hat, daß Untersuchungen vorzunehmen seien, inwieweit die Rindertuberkulose in Südafrika eine Bedrohung für die menschliche Gesundheit darstelle. In Südafrika fehle noch der Beweis, daß der Rindertuberkelbazillus für Erkrankungen des Menschen verantwortlich sei, obwohl es den Anschein habe, daß dieser hier ebenso virulent sei wie in anderen Ländern. Im Gegensatz hierzu hat *Carmichael* (1935) in *Uganda* bei der bakteriologischen Untersuchung von 50 Stämmen von Tuberkelbazillen aus menschlicher Lungentuberkulose festgestellt, daß 2 Stämme dem Rindertypus angehörten. Das ist ein Teilsatz, wie er sich auch in Europa bei der Lungentuberkulose des Menschen findet. Aus *Ägypten* berichtet *Wahby* (1934), daß der Rindertuberkelbazillus bei der menschlichen Tuberkulose sehr verbreitet sei und daß sich die Sterilisierung der Milch als ein gutes Mittel gegen die Übertragung auf den Menschen erweise.

Verfahren mit Fleisch, Milch, Haut und Knochen. An Tuberkulose gefallene Tiere sind, abgesehen von der Haut, gegen deren Handelsverwendung kein Bedenken besteht, unschädlich zu beseitigen. Das Fleisch geschlachteter, mit Tuberkulose behafteter Tiere darf erst nach fleischbeschaulicher Untersuchung als menschliches Lebensmittel in den Verkehr gegeben werden. Unschädlich zu beseitigen sind die Teile, welche tuberkulöse Veränderungen aufweisen, und das gesamte Fleisch bei Verallgemeinerung der Tuberkulose, bei der sogenannten tuberkulösen Blutinfektion. Die Milch von Kühen mit Eutertuberkulose muß unschädlich beseitigt werden, bei anderen Formen der Tuberkulose kann die Milch nach ausreichender Kochung oder anderer Art der Erhitzung (Dauererhitzung, Hocherhitzung, Kurzzeiterhitzung) in den Verkehr gegeben werden.

Wirtschaftliche Bedeutung. Die wirtschaftliche Bedeutung der Tuberkulose ist in den einzelnen Gebieten sehr verschieden. In dem Schutzgebiet *Deutsch-Südwestafrika* ist die Krankheit z. Z. bedeutungslos. In *anderen Gebieten* spielt sie besonders bei den Milchtieren in milchwirtschaftlichen Stallbetrieben eine zunehmende Rolle.

30. *Paratuberkulöse Darmentzündung*

Die paratuberkulöse Darmentzündung ist eine durch tuberkelbazillenähnliche Stäbchen hervorgerufene Entzündung des Darmes des *Rindes,* die zuerst von *Johne* und *Frothingham* beschrieben wurde und deshalb auch als „Johnes Krankheit" („Johne's disease") bezeichnet wird. Außer beim Rinde ist die Krankheit auch beim *Schafe,* bei der *Ziege,* beim *Pferde,* beim *Büffel* und beim *Gnu* beobachtet worden. Die Krankheit äußert sich durch einen unheilbaren Durchfall und durch Abmagerung. Nach der Schlachtung findet man den hinteren Teil des Dünndarmes und den Anfang des Dickdarms in kennzeichnender Weise verändert. Die *Schleimhaut* dieser Darmabschnitte ist auf weite Strecken *stark verdickt* und in längs- und querverlaufende, *den Hirnwindungen ähnliche Falten* gelegt. Die Gekröslymphknoten sind stark geschwollen. Die Krankheit ist unheilbar. Sie überträgt sich auf der Weide durch die Bakterien, die mit dem Kote ausgeschieden werden.

Die Krankheit ist nach *Afrika* durch *eingeführte Rinder* eingeschleppt worden. In *Südafrika* wird sie nur bei eingeführten Rindern beobachtet *(Andrews,* 1926*).* In *Französisch Nordafrika* hat sie durch solche Einschleppungen stellenweise eine geringe Ausbreitung erhalten. Für *Tunesien* gibt *Cottier* (1935) an, daß sie neuerdings häufig aufgetreten sei.

Für die *Tilgung* der Krankheit ist es wichtig, alle erkrankten Tiere in einem Bestande herauszufinden, um sie auszumerzen und so einen gesunden Bestand heranzuziehen. Zu diesem Zwecke verwendet man *Geflügeltuberkulin* sowie *Paratuberkulin aus den Erregern der Darmentzündung* in Form der Augenprobe, besonders aber der bereits bei der Tuberkulose beschriebenen Intradermalprobe. Diese wird in England in Form der doppelten Intradermalprobe mit Wiederholung der Einspritzung nach 48 Stunden an derselben Hautstelle mit gutem Erfolg angewandt.

31. *Pseudotuberkulose der Schafe*

Unter Pseudotuberkulose versteht man Erkrankungen, die mit der echten Tuberkulose das Merkmal der Verkäsung gemein haben, aber nicht durch Tuberkelbazillen, sondern durch andere Erreger verursacht werden. Wirtschaftliche Bedeutung hat die Pseudotuberkulose des Schafes, die durch das von *Preisz-Nocard* entdeckte *Bakterium der Pseudotuberkulose (B. pseudotuberculosis)* verursacht wird, die sogenannte *käsige Lymphknotenentzündung.* Die an dieser Pseudotuberkulose erkrankten Tiere magern ab und zeigen nach der Schlachtung in den Lymphknoten der Eingeweide sowie des Muskelfleisches *käsige Herde,* die im Gegensatz zur echten Tuberkulose nicht verkalken, sondern eine *zwiebelartige Schichtung* zeigen. Die Krankheit kommt in Afrika u. a. in der *Südafrikanischen Union* sowie in dem Schutzgebiet *Deutsch-Ostafrika (Cornell,* Ber. 1935*)* vor und ist in beiden Gebieten sehr häufig, desgleichen in *Ägypten (Rabagliati,* 1925*).* An der *Goldküste* fand *Stewart* (Ber. 1929, 1930) auf dem Schlachthof von Tamale bei 2,9 v. H. der Schafe Pseudotuberkulose*.

In Südafrika ist man der Ansicht *(Thomas,* 1931*),* daß das Zustandekommen der Krankheit durch die Verfütterung von *stacheligem Feigenkaktus* begünstigt werde. Mithin dürften an Schafe nur stachellose Kaktusarten verfüttert werden. Auch *Scherwunden* werden als Ursache der Infektion verdächtigt *(du Toit,* 1937*).* Nach den afrikanischen Mitteilungen wird die Hauptbedeutung der Krankheit in der *Beeinträchtigung des Fleischwertes* und der *Ausfuhrfähigkeit des Fleisches* gesehen. Bei einem Transport geschlachteter Schafe, der von Johannesburg ausgeführt worden war und bei dem bei der Fleischbeschau in Johannesburg nur Veränderungen der Lymphknoten der Organe festgestellt worden waren, ist bei der Untersuchung im Empfangsland in einem großen Teilsatze Pseudotuberkulose der Fleischlymphknoten festgestellt worden *(Irvine-Smith,* 1931*).* Ähnliches berichtet *Curasson* (1933/34) aus *Französisch-Westafrika.* Ausgeführte Schafe der Elfenbeinküste erwiesen sich zu 54 v. H. mit Käseherden in den oberflächlichen Lymphknoten behaftet. Bei Ziegen und Wollschafen sei der Befall seltener (Ber. 1930). Nach *Daubney* (Vet.-Ber. für 1934 u. 1935) tritt in *Kenya* neuerdings die käsige Lymphknotenentzündung immer stärker auch als ausgesprochene Erkrankung auf und wird von den Farmern mit der *Laikipiakrankheit* (s. d.) verwechselt.

32. Aktinomykose

Wesen, Ursache, Vorkommen, Erscheinungen usw. Die Aktinomykose (Strahlenpilzkrankheit) ist eine durch den *Aktinomyzes* und *andere Bakterien* hervorgerufene *chronische* Infektionskrankheit, die durch Bindegewebswucherungen und Eiterungsprozesse mit eigenartiger Drüsenbildung der Erreger im Eiter gekennzeichnet ist. Der *Aktinomyzes* gehört zu den Streptothricheen und tritt im tierischen Gewebe in Form von Drusen mit kolbenförmigen Anschwel-

* Eine in *Französisch-Westafrika* vorkommende Pseudotuberkulose wird nicht durch das Preisz-Nocardbakterium, sondern durch den *Micrococcus Morel-Aynaud* in Verbindung mit Staphylokokken und Kokkobazillen verursacht *(Missenard,* 1935*).*

lungen der radiär angeordneten Pilzfäden auf. Er ist der Haupterreger der *Knochenaktinomykose des Rindes* und der *Euteraktinomykose des Schweines.* Der zweite Erreger, der *Aktinobazillus,* ist ein kurzes Stäbchen und der Haupterreger der Aktinomykose der *Haut* und der *meisten Organe (v. Hutyra-Marek-Manninger).* Bei Aktinomykose des Euters der Kühe wurden fast allein *Staphylokokken* (Staphylococcus pyogenes aureus) gefunden, bei der Aktinomykose der Schweine ist dies oft der Fall. Bei Rindern treten am häufigsten starke Auftreibungen der Knochen, insbesondere am Kiefer (Unterkiefer), auf, ferner Knoten in der Haut des Kopfes und Halses, in der Zunge Knötchen und Knoten mit starker Vermehrung des Bindegewebes, so daß die Zunge bretthart werden kann (Holzzunge) und die Tiere kein Futter mehr aufzunehmen vermögen. Weiter kommen aktinomykotische Herde in der Rachen-, Schlund-, Nasen-, Magen- und Darmschleimhaut vor. Das Euter des Rindes kann durch Aktinomykose größer und steinhart werden; bei der Aktinomykose der Schweine wird das Euter teilweise oder ganz in eine derbe Geschwulst umgewandelt, die an verschiedenen Stellen durchbrechen und Eiter entleeren kann. Auch Lunge, Leber und andere Eingeweide, ferner Muskeln und Knochen können aktinomykotische Veränderungen aufweisen.

Vorkommen. Angaben über das Vorkommen der Aktinomykose liegen u. a. vor aus *Kenya, Italienisch-Ostafrika, Rhodesien,* der *Südafrikanischen Union* und den Schutzgebieten *Deutsch-Südwestafrika* und *Ruanda-Urundi.*

Bekämpfung. Einzelne Geschwülste, die der operativen Behandlung zugänglich sind, werden am besten operativ entfernt. Im übrigen hat sich die *Jodbehandlung* bewährt, und zwar in Form der Jodtinktur, die auf die Schnittfläche von Geschwülsten, auch auf die Oberfläche der erkrankten Zunge gepinselt wird, ferner in Form des Jodkaliums oder Jodnatriums, das jungen Rindern in der Tagesmenge von 2 bis 4, erwachsenen von 5 bis 10 g täglich im Trinkwasser 2 bis 4 Wochen lang bis zum Verschwinden der Geschwülste oder sonstigen Veränderungen gegeben wird. Die Jodbehandlung erweist sich in sehr vielen Fällen als wirksam, in denen eine operative Behandlung nicht möglich ist.

Übertragung auf den Menschen. Die Aktinomykose wird *nicht* vom Tier auf den Menschen, insbesondere nicht durch den Fleischgenuß, übertragen. Der Mensch steckt sich vielmehr auf dieselbe Weise wie das Tier an, nämlich durch das unbedachte Kauen von Gräsern, denen die Aktinomykoseerreger anhaften können.

33. Rotz

Wesen und Vorkommen. Der Rotz ist eine durch das Rotzbakterium (Bacterium mallei) verursachte Erkrankung der *Einhufer* (Pferde, Esel, Maultiere, Maulesel). Genauere Angaben über sein Vorkommen in den verschiedenen Teilen von Afrika liegen nicht vor. In *Südafrika,* wo er geherrscht hat, ist er so gut wie ausgerottet. In dem unter Mandat stehenden Schutzgebiet *Deutsch-Südwestafrika,* wohin er während des Weltkrieges eingeschleppt worden war, ist seine Ausrottung vollständig gelungen. In *Ägypten* und anderen Gebieten *Nordafrikas* und in dem Schutzgebiet *Kamerun* ist er noch von erheblicher Bedeutung.

Erscheinungen. Der Rotz ist gekennzeichnet durch das Auftreten von Knötchen und Geschwüren auf der Schleimhaut der Nasenhöhle und in der Haut, durch Nasenausfluß, der in der Regel einseitig ist, und durch harte Schwellung der Kehlgangslymphknoten sowie der zu den erkrankten Hautgebieten gehörigen Lymphknoten. Die Tiere magern dabei ab und zeigen ein glanzloses, rauhes Haar. Empfänglich für den Rotz sind nur die Einhufer, ferner nach den Beobachtungen in den zoologischen Gärten auch die fleischfressenden wilden Tiere, wenn sie versehentlich mit Fleisch eines rotzkranken Tieres gefüttert werden.

Übertragung und Erscheinungen. Die Übertragung geschieht von Tier zu Tier durch den Nasenausfluß und durch das Geschwürsekret der Hautgeschwüre, bei den Fleischfressern auch durch Fütterung von Fleisch, wobei der Schaffung von Verletzungen beim Zerbeißen der Knochen eine besondere Bedeutung zugeschrieben wird. Die Ansteckung auf dem Wege des Verdauungskanals spielt aber auch beim Pferde eine große, früher nicht genügend gewürdigte Rolle. In einem von *v. Ostertag* mitgeteilten Falle trat eine starke Verseuchung bei den Pferden einer kämpfenden Truppe während des Krieges dadurch ein, daß die Pferde aus Wasserlöchern getränkt werden mußten und daß ein mit einer rotzigen Lungenkaverne behaftetes Pferd beim Tränken Rotzbazillen aus der Nase in das Wasser entleerte. Weitere Rotzübertragungen sind bekannt durch Benutzung gemeinsamer Tränkeimer in Beständen, in denen sich ein rotzkrankes Pferd befand. Dies deckt sich mit der Tatsache, daß Pferde und andere Einhufer durch Verfüttern von Rotzbazillenkulturen rotzkrank gemacht werden können.

Bei den *getöteten* und *gefallenen* Tieren findet man außer den während des Lebens feststellbaren Veränderungen in der allgemeinen Decke am Naseneingang und in den fühlbaren Lymphknoten strahlige Knötchen, Geschwüre und Narben auf der Nasenschleimhaut, Erweichungsherde und Wucherungen in den Lungen sowie Knötchen und größere rotzige Herde auch in den sonstigen Eingeweiden und in den Knochen. Beim *akuten* Verlauf kommt es in den Lungen zur Entwicklung von dunkelroten Entzündungsherden und von Höhlen, die mit abgestorbenem Gewebe und jauchiger Flüssigkeit gefüllt sind *(Rotzkavernen).* Die Lymphknoten aller Eingeweide, die rotzige Veränderungen aufweisen, sind, wie die Kehlgangslymphknoten und die Lymphknoten im Bereiche der veränderten Hautstellen, vergrößert und hart. Beim akut verlaufendem Rotze, der bei Eseln und Maultieren die gewöhnliche Erscheinungsform ist, zeigt sich die Krankheit in einer rasch sich verschlimmernden Allgemeinerkrankung. Hierbei kommt es auf der Nasenschleimhaut bereits nach wenigen Tagen zu zahlreichen Knötchen und Geschwüren mit reichlichem, häufig auch blutigem Nasenausfluß, ferner zu Anschwellungen der Haut und der Unterhaut, die vereitern. In der Regel erfolgt in der 3. bis 4. Krankheitswoche der tödliche Ausgang. Nach *Cabeyé, Colle* und *Lamarque* (zit. nach *v. Hutyra-Marek-Manninger*) bildet bei Maultieren steife Haltung des Halses und Lahmheit an einem Vorderfuß, die wahrscheinlich durch eine Muskelentzündung bedingt sind, fast stets das erste Zeichen der akuten Krankheit. Beim *chronischen* Verlauf kann die Erkrankung jahrelang dauern.

Feststellung. Abgesehen von den Erscheinungen, die während des Lebens bei erkrankten Tieren nachzuweisen sind, dienen zur Feststellung des Rotzes die Anwendung des Malleins und die Blutuntersuchung. Das *Mallein,* das aus abgetöteten Rotzbazillenkulturen hergestellt wird, wird angewandt durch Einspritzungen unter die Haut, durch Einspritzung oder Einträufelung in den inneren Augenwinkel *(Augenprobe),* durch Einspritzung in die Haut des unteren Augenlides *(Lidprobe)* und durch Einspritzung in die Haut *(Hautprobe).* Zur *Blutuntersuchung* werden Proben des Blutes der verdächtigen Pferde in den Tierseuchenlaboratorien und -instituten der Agglutinations- und Komplementbindungsprobe unterworfen. Diese Methoden haben sich in Deutschland so bewährt, daß der Rotz in Deutschland als getilgt zu betrachten ist. *Robinson* (1920) hält die kombinierte Anwendung der subkutanen Malleinprobe und der Komplementablenkungsprobe für geboten, um die Diagnose zu sichern.

Bekämpfung. Der Rotz kann, wie erwähnt, durch Anwendung von Mallein und der Blutprobe bei allen Einhufern eines Bestandes, in dem Rotz oder Rotzverdacht festgestellt ist, ermittelt und durch die unschädliche Beseitigung aller hiernach als rotzkrank erkannten Tiere wirksam bekämpft werden. Daneben muß einhergehen die Untersuchung aller eingeführten Einhufer, auch der unverdächtigen, durch Anwendung derselben Methoden. Gesetzliche Handhaben hierfür sind in den Kolonialgebieten Afrikas gegeben. In den meisten Kolonien ist bei Einfuhrtieren die Anwendung des Malleins unbedingt vorgeschrieben und die Anwendung der Blutprobe dem Ermessen des Sachverständigen anheimgestellt. Wo der Rotz gehäuft auftritt, wird die Durchuntersuchung sämtlicher gefährdeter Bestände durchgeführt, wie dies seinerzeit in dem Schutzgebiet *Deutsch-Südwestafrika* und in *Ägypten* geschehen ist.

Übertragung auf den Menschen. Der Rotz ist *auf den Menschen übertragbar* und erzeugt eine sehr schwere, in der Regel mit dem Tode endigende Erkrankung, die entweder akut oder chronisch verläuft. In *akuten* Fällen entstehen außer Knötchen und Geschwüren in der Haut auch Anschwellungen unter der Haut mit Vereiterungen, die zum Durchbruch des Eiters führen. Daneben bestehen hohes Fieber, Schüttelfröste, Muskel- und Gelenkschmerzen. Tödlicher Ausgang binnen 2 bis 6 Wochen. Bei der chronischen Form entwikkeln sich in Begleitung von fieberhafter Temperatursteigerung zeitweise an einzelnen Körperstellen Knötchen und kleine Geschwüre. Die *chronische* Krankheit soll nach *v. Hutyra-Marek-Manninger* bei Anwendung nachdrücklicher Quecksilber- und Jodbehandlung in 50 v. H. der Fälle in Genesung enden.

Verfahren mit gefallenen und getöteten Tieren, Handelsverkehr mit Fleisch, Häuten und Knochen. Wirtschaftliche Bedeutung. Gefallene und getötete rotzkranke Tiere müssen unschädlich beseitigt werden, und zwar so, daß auch Teile von ihnen nicht durch das Ausgraben durch wilde Tiere verschleppt werden können (s. unschädliche Beseitigung bei Milzbrand). Bei der unschädlichen Beseitigung dürfen Personen, die Verletzungen an Händen und Armen haben, nicht verwendet werden, da diese der Gefahr der Ansteckung besonders ausgesetzt sind. Die größte Gefahr für den Menschen besteht bei der Zerlegung der Kadaver durch Verletzungen durch spitze Knochenteile. Ein Handelsverkehr mit Fleisch, Häuten und Knochen darf wegen der Gefahr der Übertragung der Seuche auf den Menschen und der Verschleppung der Seuche nicht stattfinden. Das in einer Kolonie dem Vernehmen nach üblich gewesene Verfahren, die Häute von Pferden, die nur eine positive Blutprobe zeigten, nach Desinfektion in den Verkehr zu geben, kann aus veterinärpolizeilichen Gründen nicht gebilligt werden. Alle rotzkranken Tiere sind als unheilbar unter Schadloshaltung der Besitzer zu töten und mit Haut und Haar unschädlich zu beseitigen.

Die *wirtschaftliche Bedeutung* des Rotzes ist, abgesehen von Ägypten und Kamerun, nicht erheblich.

Krankheiten, die mit Rotz verwechselt werden können. Mit dem echten Rotz können verwechselt werden die *Druse,* die *ansteckende epizootische Lymphgefäßentzündung* (afrikanischer Rotz) und die *geschwürige Lymphgefäßentzündung* (s. d. Krankheiten).

34. *Druse des Pferdes*

Die Druse ist die bekannte, durch eine kettenförmig angeordnete Kugelbakterie, den Drusestreptokokkus (Streptococcus equi), verursachte Infektionskrankheit, die mit einem eitrigen Katarrh der Nasenschleimhaut und einer eitrigen Entzündung der Kehlgangslymphknoten verläuft. Sie kommt beim Pferde und bei den übrigen Einhufern vor und ist auch in Afrika weitverbreitet. Die Verluste sind in der Regel nur etwa 2 v. H., können aber bei bösartigem Auftreten 10 v. H. und darüber erreichen; dieses bösartige Auftreten soll nach *Verney* (Ber. 1933) im *Basutoland* in der zweiten Hälfte des Jahres sehr häufig sein.

Die Versuche einer Bekämpfung der Druse mit Heilserum und anderen Impfstoffen haben in Deutschland keinen erkennbaren Erfolg gehabt. Sehr wichtig ist daher die *Vorbeuge* durch Absonderung und Verhütung der Verstreuung des Druseeiters sowie seine Vernichtung durch Desinfektion.

In *Marokko* gibt es eine *seuchenhafte Rückenmarkslähmung (enzootische Paraplegie)* des Pferdes, die dort seit Jahren mit der Druse in Verbindung gebracht wurde (Ber. 1936). Da bei der Druse die *Behandlung mit Gonacrin (Trypaflavin)* und *Azofarbstoffen* wirksam war, wurden diese Mittel auch bei der Rückenmarkslähmung mit Erfolg angewandt. Diese Behandlungsart wird als Markstein in der Bekämpfung der seuchenhaften Rückenmarkslähmung (enzootische Paraplegie) bezeichnet.

35. *Seuchenhafte Lymphgefäßentzündung (Lymphangitis epizootica, Afrikanischer Rotz) der Einhufer*

Wesen, Vorkommen usw. Die seuchenhafte Lymphgefäßentzündung der Einhufer ist eine durch einen Sproßpilz *(Cryptococcus farciminosus)* hervorgerufene *eitrige Entzündung der Lymphgefäße der Haut* und *Unterhaut* und der zugehörigen *Lymphknoten.* In der Haut und Unterhaut treten Eiterherde auf, die durch verdickte Lymphgefäße miteinander verbunden sind. Da die Knoten in den Lymphgefäßen liegen, zeigen sie perlschnurartige Anordnung. Die Erkrankung geht von Wunden oder frischen Narben aus. Die größeren Knoten brechen durch und wandeln sich unter Entleerung rahmartigen Eiters in tiefe, rundliche Geschwüre um. Die Krankheit verläuft *chronisch* und kann in 10 bis 50 v. H. der Fälle zum Tode führen. In warmen Ländern sind die Verluste geringer als in den Ländern der gemäßigten Zone *(v. Hutyra-Marek-Manninger).*

Vorkommen. Die Krankheit kommt in geringer Verbreitung in *Französisch-Nordafrika* vor; in *Ägypten* und in *Erythrea (Pirani,* 1930*)* ist sie sehr selten, auch in *Westafrika* hat sie keine große Ausbreitung *(Curasson,* 1934*).* Ferner kommt sie in *Abessinien (Guidi,* 1938*)* und dem *Englisch-ägyptischen Sudan* vor. In *Madagaskar* wird die Krankheit nur an der Küste beobachtet, im Innern wird sie durch die geschwürige Lymphgefäßentzündung vertreten (s. d.) *(Alleaux,* 1922*).* In *Südrhodesien* und der *Südafrikanischen Union* ist sie praktisch als ausgerottet anzusehen (Südrhod. Ber. 1919; *Henning,* 1932*).* In dem Schutzgebiet *Deutsch-Südwestafrika* fehlt sie.

Empfängliche Tiere, Übertragung, sichere Feststellung, Unterscheidung vom Rotz. Für die Krankheit sind *Pferde* und *Maultiere* in gleich hohem Grade empfänglich, während *Esel* eine bedeutende Widerstandsfähigkeit besitzen. Beim Esel wurde sie nach *Houzé* (1937) in Afrika bisher erst im *Sudan* festgestellt, neuerdings auch in *Algerien.* Die natürliche Ansteckung erfolgt von Tier zu Tier und durch Zwischenträger, Pferdepfleger, Putzzeug, Schermaschinen. Durch den Deckakt kann die Krankheit vom kranken Hengst auf die Stute übertragen werden. Ferner können Stuten ihre Saugfohlen anstecken.

Die Krankheit kann mit dem *echten Rotz verwechselt* werden, unterscheidet sich aber von diesem dadurch, daß die Lymphknoten bei der seuchenhaften Lymphgefäßentzündung im Gegensatz zum Rotz mit der Umgebung nicht verwachsen und gewöhnlich bald vereitern. Ferner kann die Unterscheidung

Abb. 18

durch Anwendung der Erkennungsmittel des Rotzes (s. diesen) getroffen werden, die bei der seuchenhaften Lymphgefäßentzündung stets negativ ausfallen.

Mittel zur Bekämpfung. Bemerkenswert ist, daß gutartige Fälle von selbst in Heilung übergehen können, während bei den bösartigen die Behandlung gewöhnlich aussichtslos ist. Günstig wirken *direkte Sonnenbestrahlungen,* wodurch sich auch der im allgemeinen gutartigere Verlauf in Afrika erklären dürfte, ferner *gute Ernährung.* In Süditalien sind 75 v. H. Selbstheilungen beobachtet worden. Im übrigen empfiehlt sich *chirurgische Behandlung* der erkrankten Hautteile und nachherige Bepinselungen mit Jodtinktur oder Chlorzinklösungen und Ätzungen mit Höllenstein. *Weichel* will sehr gute Erfolge durch Begasung mit schwefliger Säure erzielt haben, wie sie zur Bekämpfung der Räude beim Pferde angewandt wird. In Nordafrika wurde Quecksilberjodid mit verschiedenem Erfolg intravenös und in Pillenform gegeben (*Plantureux*, 1927; *Nainsouta*, 1926); bei der innerlichen Verabreichung blieben ausreichende Erfolge aus, während die intravenöse Anwendung eine gute Wirkung zeigte (*Nainsouta*, 1926). Im übrigen wurden aber bei allen Anwendungsarten sehr verschiedene, z. T. gar keine Erfolge gesehen (*v. Hutyra-Marek-Manninger*). Versucht wurde auch die Eitertherapie in Form der Einspritzung von Eiter der erkrankten Pferde unter ihre Haut; die Ergebnisse werden als verschieden bezeichnet, es wurden sogar Verschlimmerungen des Krankheitsverlaufes beobachtet. In der Mehrzahl der Fälle haben sich Einspritzungen von *Autolysaten aus Preßhefe* und von *Kryptokokkenkulturen* bewährt. Außerdem wurden Rekonvaleszenten- und Serum von hochimmunisierten Pferden versucht. Mit dem Serum der Behringwerke soll es nach *Melzer* gelingen, die Krankheit in 4 bis 8 Wochen zu heilen. *G. Schmidt* sah dagegen keinen Erfolg von dessen Anwendung (zit. nach *v. Hutyra-Marek-Manninger*).

Wirtschaftliche Bedeutung. Da die Krankheit in Afrika nur örtlich beschränkt auftritt, hat sie dort keine allzugroße Bedeutung. Das Zusammenbringen zahlreicher Pferde bei gleichzeitiger Lockerung der behördlichen Maßnahmen kann ihr indessen eine große Bedeutung verleihen, wie die Zunahme ihrer Häufigkeit während des Weltkrieges und ihr jetziger Rückgang lehren.

Kryptokokkenpneumonie. Bennett (1931) beschreibt eine Pneumonie bei *Pferden* im Englisch-ägyptischen Sudan, die er auf den *C. farciminosus* zurückführt, ohne daß jedoch der Zusammenhang mit der Lymphangitis epizootica feststeht.

Tränengangsblastomykose. In *Französisch-Nordafrika* kommt hauptsächlich bei *Eseln*, außerdem bei *Pferden* eine Erkrankung des Tränenganges vor, die durch den *Cryptococcus mirandei* erzeugt wird, der sich morphologisch nicht von dem C. farciminosus unterscheidet (*Houzé*, 1937). In *Marokko* ist die Krankheit nach *Velu* (1924) sehr häufig. Sie äußert sich durch Schwellungen des inneren Augenwinkels und seiner Umgebung. *Velu* (1931) empfiehlt für diese Krankheit dieselbe Behandlung wie für die seuchenhafte Lymphgefäßentzündung.

36. Geschwürige Lymphgefäßentzündung (Lymphangitis ulcerosa) der Einhufer

Die geschwürige Lymphgefäßentzündung der Einhufer ist eine *Entzündung der Hautlymphgefäße*, die zu *geschwürigem Zerfall der Entzündungsherde* führt. Als Erreger wurde früher nur der Erreger der Pseudotuberkulose des Schafes, das *Bacterium pseudotuberculosis* von *Preisz-Nocard* angesehen. Neuerdings sind auch andere Bakterien als Erreger der Krankheit festgestellt worden, *Streptokokken, Staphylokokken, Nekrosebazillen* u. a., so daß die geschwürige Lymphgefäßentzündung der Einhufer eine zwar *klinisch, nicht dagegen ätiologisch einheitliche Krankheit darstellt* (*v. Hutyra-Marek-Manninger*). *Edmonds* und *Walker* schildern die klinischen Erscheinungen wie folgt:

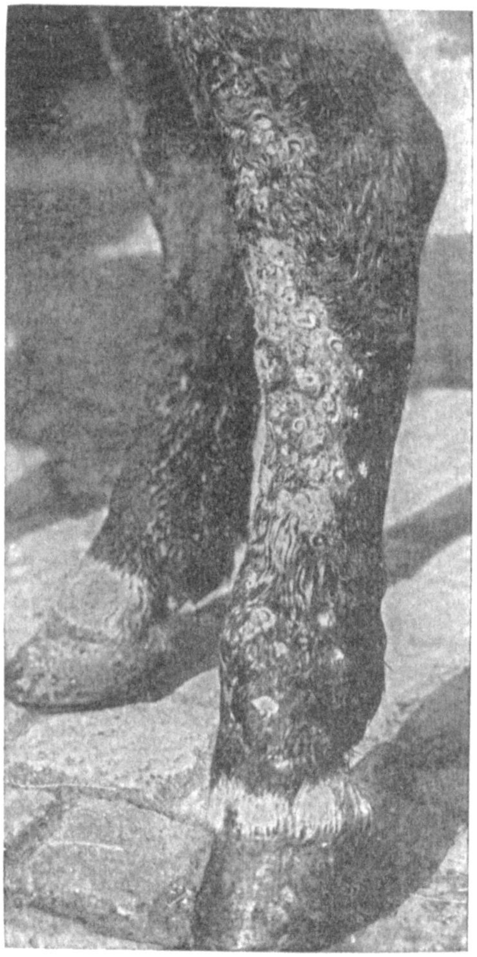

Abb. 19. Geschwürige Lymphgefäßentzündung. Knoten und rundliche Geschwüre in der Haut. (Nach *Hutyra-Marek-Manninger*, „Spezielle Pathologie und Therapie der Haustiere", Verlag G. Fischer)

Die Krankheit beginnt in der Regel mit Lahmheit, das erste diagnostische Zeichen ist oft eine erbsengroße oder größere Schwellung der Haut, sehr häufig an der Beugestelle einer Gliedmaße. Diese vereitert sehr schnell (in 12 bis 18 Stunden) und bricht auf. Dann treten in der Umgebung weitere derartige Knötchen auf und können auch zu Geschwüren zusammenfließen, die manchmal dem Weg der Lymphgefäße folgen und so ein Bild ähnlich wie Hautrotz erzeugen. Die Unterscheidung sei oft nur durch bakteriologische Untersuchung oder durch die Malleinprobe zu treffen. Dem stimmt auch *Boquet* (1920) zu. *Morcos* (1931) gibt an, daß man die Krankheit durch eine Hautprobe mit einem Kulturpräparat des Erregers (Bakterium von Preisz-Nocard) feststellen könne, das ebenso zubereitet wird wie das Neu-Tuberkulin und das Mallein. Dem ist noch hinzuzufügen, daß die Erkrankung gewöhnlich einen oder beide *Hinterfüße* betrifft, daß die *Geschwüre* einen *aufgeworfenen Rand* haben und anfangs einen rahmähnlichen, später dünnen Eiter absondern. In tödlich verlaufenden Fällen treten auch eitrige Metaasen in inneren Organen, insbesondere in den Nieren und der Lunge, auf. Die Geschwüre können wohl dann und wann anschwellen, zeigen aber gewöhnlich, im Gegensatz zum Rotz, keine Verhärtung. *Poisson* und *Buck* (1932) heben hervor, daß die Krankheit in *Madagaskar* stellenweise die Pferdezucht unmöglich mache, und sind im übrigen übereinstimmend mit *Quilhem, Carougeau* u. a. der Meinung, daß bei der *Übertragung Zecken* eine Rolle spielen, und regen dahingehende Untersuchungen an. In dem Schutzgebiet *Deutsch-Ostafrika verursacht die Krankheit mehr Verluste als alle anderen Krankheiten des Pferdes* (Ber. 1927). Auch für *Kenya* wird sie als *„die schwerste Pferdeplage"* bezeichnet (Ber. 1927). Gemeldet wird die Krankheit auch aus *Uganda (Hutchins,* 1920*)*, *Ägypten (Morcos,* 1931*)*, aus dem Schutzgebiet *Ruanda-Urundi* und dem *Englisch-ägyptischen Sudan (Kennedy,* 1934*)*. Zur *Behandlung* hat *Carougeau* (1925) die Anwendung von *Arsenobenzol* oder *Novarsenobenzol* (3 bis 4 Einspritzungen von je 3 g in 8tägigen Abständen), empfohlen und damit sehr gute Erfolge gehabt. Ferner hat er gute Ergebnisse nach Einspritzung von 50 bis 60 ccm *Eigenblut* unter die Haut alle 4 bis 5 Tage erzielt. Er betont die Notwendigkeit der *gleichzeitigen chirurgischen Behandlung* und ferner, daß Heilungsaussichten nur im Anfang der Erkrankung bestehen. Über den Erfolg der Versuche mit abgetöteten und lebenden Kulturen ist nur soviel bekannt, daß *Morcos* (1931) mit einer Vakzine aus abgetöteten Kulturen keinen Erfolg zu erzielen vermochte.

37. Geschwürige Lymphgefäßentzündung des Rindes (Hautwurm des Rindes, Lymphangitis farciminosa bovis, farcin du boeuf)

Die geschwürige Lymphgefäßentzündung des Rindes wird durch die *Streptothrix farcinica* verursacht und kennzeichnet sich durch *eitrige Entzündung der oberflächlichen Lymphgefäße* und *Lymphknoten.* Die Lymphgefäße, gewöhnlich an der Innenseite der Gliedmaßen, wandeln sich in feste, nicht schmerzhafte Stränge und Knoten um, die später erweichen und zuweilen von selbst aufbrechen. Gleichzeitig schwellen die zugehörigen Lymphknoten zu derben, schmerzlosen Knoten an. Die Krankheit wurde als „Hautwurm" bezeichnet, da sie eine gewisse Ähnlichkeit mit dem Wurm oder Hautrotz der Einhufer besitzt, der aber beim Rinde nicht vorkommt. *Daubney* (1927) hat die Krankheit in *Kenya* und *Pirani* (zit. nach *v. Hutyra-Mark-Manninger) auch* in *Erythrea* beobachtet. Die Bekämpfung besteht in der frühzeitigen *operativen Entfernung der veränderten Lymphgefäße* und *Absonderung der kranken Tiere.*

38. *Hautstreptothrichose („Senkoboräude")*

In Afrika kommt ein durch eine *Streptothrixart* verursachter, *mit Krusten-, Borken- und Schorfbildung einhergehender Hautausschlag* an verschiedenen Stellen des Körpers beim *Rinde* und bei den kleinen *Wiederkäuern* vor, der auf dem Körper eine große Ausbreitung erlangen kann. *Hornby* (1920) sah ihn auch beim *Elen* (Taurotragus); er nimmt an, daß auch das *Pferd* empfänglich sei. Nach *van Saceghem* (1934) befällt er Rinder, Pferde, Schafe und Ziegen, nach *Curasson* (1928) auch das *Kamel*. *Tarantino* (1921) will die Krankheit auch bei der Hyäne und dem Steinmarder gesehen haben. Beim Rinde wird sie in einigen Gebieten Afrikas *„Senkoboräude"* genannt. Eingeführte Tiere sind anfälliger als Eingeborenenrassen *(Hornby, 1920)*. *Zebus* sollen widerstandsfähiger sein als Ankolerinder (Tanganyika-Ber. 1933). Die Krankheit ist bei den Eingeborenenrindern in der Regel nur mit Abmagerung, sonst keinen weiteren Erscheinungen verbunden (Tanganyika-Ber. 1931) und dauert in der Regel nur *bis zum Ende der Regenzeit*. Wärme und starke Feuchtigkeit scheinen die wichtigste Lebensbedingung für den Erreger zu sein *(Hornby, 1920)*. Aus dem Schutzgebiet *Deutsch-Ostafrika* wird berichtet (Ber. 1933), daß sich die Krankheit bei den Eingeborenenrindern nur dann über den ganzen Körper ausbreite, wenn zu den klimatischen Vorbedingungen noch eine Erkrankung an Rinderpest eintritt. In diesem Falle kann die Krankheit mit zum Tode beitragen. Nach *Tarantino* (1921) ist die Krankheit in *Erythrea* in der Trockenzeit am gefährlichsten, weil dann die Tiere wegen ihres schlechten Ernährungszustandes eine geringere Widerstandsfähigkeit gegen die Ausbreitung der Krankheit auf der Haut zeigten; in der Regenzeit seien die Folgen ihres Auftretens weniger schwer. Die Krankheit spielt eine Rolle in *Nordrhodesien* (Ber. 1933), *Südrhodesien* (Ber. 1920), *Nigeria* (Ber. 1920), in *Belgisch-Kongo (van Saceghem, 1931)*, in den Schutzgebieten *Ruanda-Urundi* (Mand.-Ber. 1934) und *Deutsch-Ostafrika* (s. u.). In *Westafrika* ist sie bei Ziegen häufig *(Beaton, 1933)*. *Hornby* (1920) gab an, daß sie südlich des Sambesi fehle; dies kann indessen nur mit Ausschluß Südrhodesiens richtig sein, wo man übrigens glaubt, daß die Krankheit aus Nordrhodesien eingeschleppt worden sei (Ber. 1920).

Unter den Borken ist die krankmachende Streptothrix stets nachzuweisen (Nordrhod. Ber. 1930). *Van Saceghem* (1934) nannte sie früher Dermatophilus, heute bezeichnet er sie als *Tetragonus congolensis*. Die Streptothrix ist ein vielgestaltiger Organismus, der manchmal Kokken-, manchmal Fadenform zeigt. *Van Saceghem* schlägt für die Krankheit den Namen *„tropische Impetigo"* vor.

Über die natürliche Übertragung ist nichts Näheres bekannt. Übertragungsversuche mit den oft beschuldigten Zecken sind stets negativ verlaufen (Nordrhod. Ber. 1930 u. a.). Künstliche Übertragung gelang durch Verbringung von Material von infizierten Tieren oder von Kulturen in die skarifizierte Haut *(Beaton, 1933)*. *Beaton* (1933) gibt an, daß die Sporen des Erregers in der ge-

Abb. 20

sunden Haut leben und erst zu wachsen beginnen, wenn die notwendigen Umweltverhältnisse gegeben sind.

Nach *Hornby* (1920) wird die Krankheit durch Baden in antiseptischen und Dippflüssigkeiten nicht beeinflußt; als wirksam fand er dagegen *Räudeschmierkuren* (karbolhaltige Flüssigkeiten und ähnliche Mittel, *Jeyes* fluid, Hycol u. a.). Er gibt an, nach seinem Verfahren fast alle Fälle heilen zu können. Nach anderen Autoren hat aber jede Behandlung versagt *(Tarantino, 1921)*.

Die *wirtschaftliche Bedeutung* der Krankheit beruht besonders auf der starken *Minderung des Gebrauchs- und Handelswertes der Häute,* ferner auf der *Abmagerung* und *gesundheitlichen Schwächung* der befallenen Tiere (Tanganyika-Ber. 1934). Am wichtigsten ist aber die Tatsache, daß die Krankheit nach *Hornby* (Tanganyika-Ber. 1927, p. 43 ff.) die *Aufkreuzung der Eingeborenenrassen fast unmöglich macht.* Sie soll in dem unter Mandat stehenden Schutzgebiet *Deutsch-Ostafrika* neben der Räude die *wichtigste Hautkrankheit* sein (Ber. 1934), auch in *Nordrhodesien* soll sie eine ziemlich große wirtschaftliche Bedeutung haben (Ber. 1933). In *Nigeria* sind nach dem Veterinärbericht für 1932 in der Regenzeit bis zu 50 v. H. der Ziegen mit Streptothrichose behaftet.

„Saria". Wie *Curson* (1920) angibt, ist die im Süden des Schutzgebietes *Deutsch-Ostafrika* häufig vorkommende Hautkrankheit Saria, die unter ähnlichen Erscheinungen verläuft wie die Senkoboräude, mit dieser nicht identisch.

„Lumpy wool" (Klumpige Wolle) ist das Ergebnis einer Hautkrankheit des Schafes, die in der *Südafrikanischen Union* ziemlich große Verluste durch Verschlechterung der Vliesse verursacht und auch mit dem Tode endigen kann. Auch sie wird durch eine *Streptothrixart „Actinomyces dermatonomus"* (Bull, 1929) verursacht *(Steyn,* 1931). Die Engländer bezeichnen bekanntlich die Streptothrixarten auch als Actinomyces. Der Erreger ist mit dem der Senkoboräude nahe verwandt *(Daubney,* 1936). Die Krankheit befällt Rücken und Seitenflächen der Haut des Schafes und äußert sich durch *gelbliche Ausschwitzungen, die die Wolle,* manchmal in größerer Ausdehnung, *verkleben.* Die Sterblichkeit ist gering; bei feuchter Witterung kann die Krankheit mit dem Tode enden, wenn sie nicht behandelt wird. Beginnende Erkrankungsfälle werden mit gutem Erfolg mit einer *Mischung von gleichen Teilen rohen Leinöls und 3,5prozentiger Jodtinktur* behandelt. Bei fortgeschrittenen Fällen wird Schlachtung empfohlen. Im übrigen ist für Absonderung der erkrankten Tiere zu sorgen *(Steyn,* 1931).

Uasin-Gishu-Krankheit. Der Vollständigkeit halber sei erwähnt, daß mit dem vorstehenden Namen in *Kenya* eine Erkrankung des *Pferdes* bezeichnet wird, die durch *fingerförmige Auswüchse auf der Haut* gekennzeichnet ist und ebenfalls durch *Streptothricheen* verursacht wird *(Daubney,* Kenya-Ber. 1934).

39. *Bruzellosen*
(Maltafieber und Abortus-Bang-Infektion)

a. Maltafieber

Wesen, Ursache, Erscheinungen, empfängliche Tiere, Vorkommen usw. Das Maltafieber ist eine zuerst auf der Insel Malta beobachtete, durch ein kleines Bakterium verursachte Erkrankung der *Ziegen* und *Schafe,* die sich neuerdings auch an Rinder angepaßt hat. Der Erreger ist durch *Bruce* entdeckt worden und wird nach ihm *Brucella melitensis* genannt. Die Krankheit verläuft häufig ohne erkennbare Erscheinungen. Der Verdacht wird dann durch Abortusfälle erregt, die in frischverseuchten Herden rasch nacheinander auftreten können *(Dubois, Cantaloube* und *Thibault,* zit. nach *v. Hutyra-Marek-Manninger).* Die Krankheit kann auch mit *Entzündungen von Gelenken* und bei Böcken mit einer Entzündung der *Hoden* einhergehen. Während früher die Krankheit nur Ziegen befiel, ist sie neuerdings im Westen von Frankreich auch bei *Rindern* gehäuft aufgetreten und hat dadurch erhöhte Bedeutung gewonnen, namentlich hinsichtlich der *Gefährdung des Menschen,* auf den die Krankheit hauptsächlich durch Genuß *roher Milch* übertragbar ist. Die Krankheit ist durch die milchreichen Maltaziegen in alle Länder des Mittelmeers verschleppt worden und heißt deshalb auch *Mittelmeerfieber;* ferner sind Verschleppungen nach Übersee erfolgt. In *Französisch- und Italienisch-Nordafrika* ist die Krankheit ziemlich stark verbreitet. *Viglietta* (1935) hat in *Libyen* auf der Suche nach der Quelle der zunehmenden Mittelmeerfieberausbrüche beim Menschen festgestellt, daß 19 v. H. der Ziegen und 17 v. H. der Schafe verseucht sind. In *Ägypten* ist nach *Rabagliati* (1923) die Krankheit im Innern des Landes selten, dagegen in Port Said häufig, wo eine große Anzahl von Maltaziegen vorhanden ist. Auch in *Französisch-Westafrika* konnte Melitensisinfektion beim Menschen nachgewiesen werden *(Peltier* u. a., 1938). Mithin müssen auch dort mit der Krankheit infizierte Tiere vorkommen. In *Tunesien* sollen die Ziegenherden bis zu 33 v. H. ihres Bestandes verseucht sein. Nach *Murray* (zit. nach *Henning,* 1932) ist im ganzen Bereich der *Südafrikanischen Union* Maltafieber beim Menschen endemisch, soweit Ziegenmilch getrunken wird oder wo überhaupt Ziegen, insbesondere *Angoraziegen,* gehalten werden. Der bekannte Direktor des Zoologischen Gartens in Berlin, *L. Heck,* gibt an, sich in dem Schutzgebiet *Deutsch-Ostafrika* beim Kosten von Milch wilder Tiere angesteckt zu haben *(Richters,* 1937, Diskussion).

Über das Vorkommen von Maltafieber bei anderen Tieren als Ziegen war in Afrika bislang kaum etwas bekannt. Das galt auch für das Schutzgebiet *Deutsch-Südwestafrika,* obwohl dort die Krankheit bei Ziegen schon vor dem Weltkriege festgestellt worden war. Da sich indessen in immer steigendem Maße Maltafieber beim Menschen zeigte, auch dort, wo keine Zusammenhänge mit Ziegen bestanden, wurde auf Veranlassung der Farmer im Jahre 1938 eine Untersuchung der Tierbestände durch *F. R. Karsten* vorgenommen. Dieser hat hauptsächlich im Norden des Landes eine große Zahl von Ziegen-, Schaf- und Rinderherden durchuntersucht und festgestellt, daß die Melitensisinfektion in *Deutsch-Südwestafrika* auch beim *Schafe* und *Rinde* in starkem Umfange vorkommt. Außerdem wurde die Infektion beim *Pferde, Hunde* und *Geflügel* nachgewiesen (pers. Mittlg. an einen von uns, *Kulenkampff*). Karsten hat auch festgestellt, daß entgegen der früheren Auffassung gehäufte Fälle von Verwerfen in den verseuchten Schaf-, Ziegen- und auch Rinderherden vorkommen. Weitere Mitteilungen über die Untersuchungen Karstens enthält seine Veröffentlichung in der Zeitschrift für Infektionskrankheiten der Haustiere (Band 55, 1939).

Mittel zur sicheren Feststellung. Der sicheren Feststellung der Krankheit dient die *Blut- und Milchuntersuchung* durch die *Agglutinations-* und *Komplementbindungsprobe.* Die Proben können in Form der Schnellagglutination nach *Diernhofer* auch an Ort und Stelle vorgenommen werden, was für afrikanische Verhältnisse besonders geeignet erscheint. Eine weitere Methode ist die *allergische,* wobei durch Hitze oder Formalin abgetötete Bruzellabouillonkul-

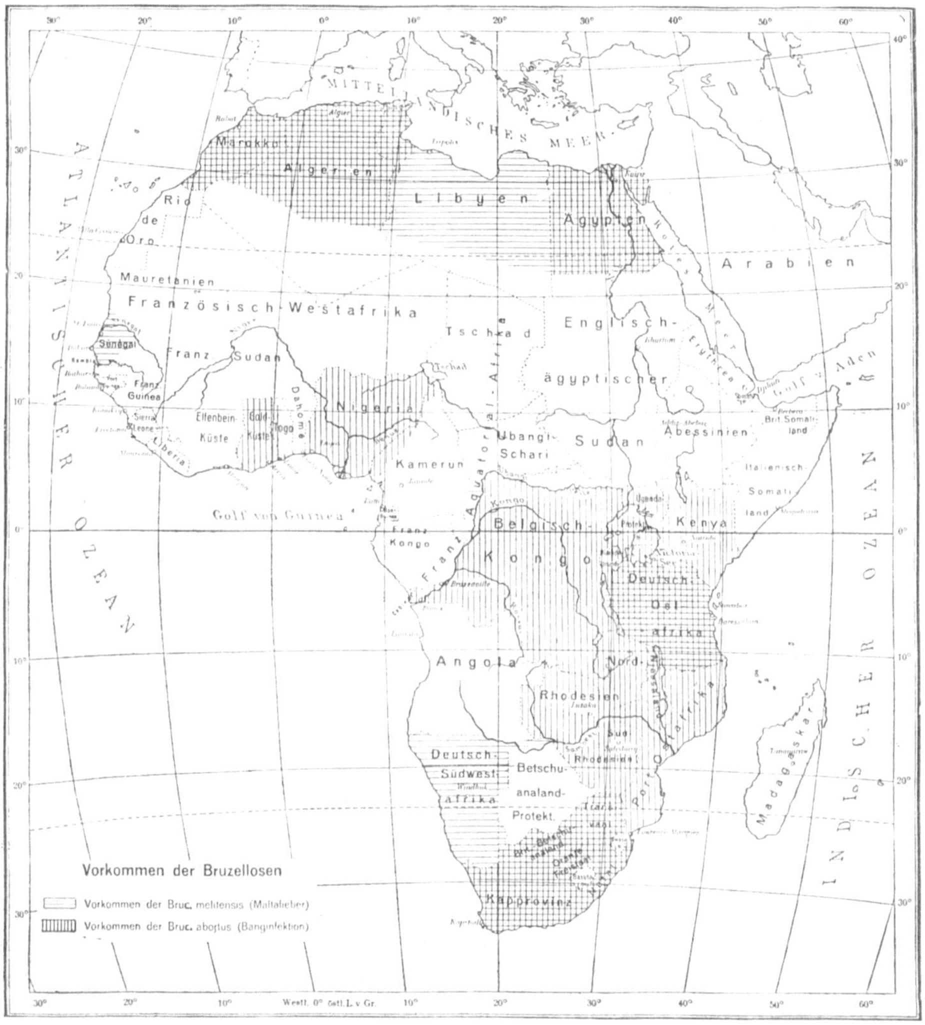

Abb. 21

turen intradermal in eine Schwanzfalte eingespritzt werden *(Intradermalprobe)*. Die intradermale Probe wird in Nordafrika *(Cottier, 1936)* angewandt. Bei infizierten Tieren stellt sich nach 36 bis 72 Stunden eine spezifische Anschwellung ein. *Mirri* (Palermo) hat mit der Einspritzung seines Bruzellins, einer bakterienfreien, filtrierten, 20 bis 30 Tage alten Bouillonkultur verschiedener Bruzellastämme mit Zusatz von 0,5 v. H. Formalin, in das Augenlid *(Intrapalpebralprobe)* gute Erfolge gehabt. Die Mirrische Methode scheint wegen der Einfachheit ihrer Ausführung die größten Aussichten auf ausgedehntere Anwendung zu haben.

Bekämpfung. Nach *Ascoli* und *Sanfilippo (*1929) gelang es, mit einer Vakzine aus Massenkulturen von B. melitensis 3 bis 4 Monate alte Ziegen gegen Mittelmeerfieber zu *immunisieren*. Die Stärke des Impfschutzes war von der Menge der Vakzine abhängig. Nach *Dubois* u. a. (1935) ist es möglich, durch eine kombinierte Vakzine die Schutzimpfung gegen das Maltafieber mit der gegen die Pockenseuche der Schafe zu verbinden.

Übertragung auf den Menschen. Das Maltafieber ist durch den Genuß ungekochter Milch, Butter, Käse und ungekochten Fleisches, ferner durch das Hantieren mit kranken Tieren, wie bei der Geburtshilfe und beim Abhäuten und Zerlegen kranker Tiere, und mit dem Fleisch solcher Tiere *auf den Menschen übertragbar*. Die Gefahr ist in dem unter Mandat stehenden Schutzgebiet *Deutsch-Südwestafrika* insbesondere beim Abhäuten der Tausende von Karakullämmern, die zur Fellgewinnung alsbald nach der Geburt geschlachtet werden, besonders hoch zu veranschlagen (s. Merkblatt von *Karsten-Sonnenschein*). Die Krankheit äußert sich beim Menschen durch lästige, länger dauernde Fieberperioden mit abendlichem Anstieg und Entfieberung am Morgen unter Schweißausbruch. *(Wellenförmiges Fieber, febris undulans.)*

Wirtschaftliche Bedeutung. Die wirtschaftliche Bedeutung ist einmal wegen der Gefahr der Ansteckung des Menschen mit einer lange währenden, das Arbeitsvermögen schwer beeinträchtigenden Erkrankung und dann wegen der Häufigkeit des Verwerfens bei den Muttertieren in den verseuchten Beständen sehr groß und nimmt an Bedeutung dauernd zu, wenn nicht Maßnahmen zur Bekämpfung der Seuche getroffen werden.

b. Abortus-Bang-Infektion des Rindes

Wesen, Ursache. B. Bang hat im Jahre 1894 als Erreger des seuchenhaften Verkalbens ein Bakterium gefunden, von dem später festgestellt wurde, daß es in allen seinen Eigenschaften mit der Brucella melitensis übereinstimmt. Es wird deshalb als *Brucella abortus Bang* bezeichnet. Der Erreger wird mit der Nahrung aufgenommen, kann aber auch durch die Haut in den Körper eindringen. Nach dem Ergebnis der vorliegenden Versuche haftet die Hautinfektion sicherer als die Fütterungsinfektion. Die Erreger gelangen in die Blutbahn, aus der sie auch herausgezüchtet werden können, und kommen mit dem Blute in die Gebärmutter und in das Euter. Sie führen durch die Ansiedlung in der *Gebärmutter* zu einer Lockerung der Verbindung der Eihüllen mit der Gebärmutter und dadurch zur vorzeitigen Ausstoßung der Frucht. Bei geschlachteten Kühen findet man zwischen Gebärmutterschleimhaut und den Fruchthüllen verschieden große Mengen eines grauen, grau- oder grünlichgelben, mit Eiterflöckchen und größeren Eiterklumpen vermischten Exsudats. Im Euter lassen sich grobsinnliche Veränderungen nicht nachweisen. Bei männlichen Tieren kann es zu einer Erkrankung der *Hoden* und *Nebenhoden* mit Absterben dieser Organe kommen. Die Brucella abortus Bang ist auch auf den Menschen übertragbar und erzeugt bei ihm wie die Brucella melitensis eine lästige, wenn auch etwas mildere *febris undulans.*

Vorkommen. Die Abortus-Bang-Infektion des Rindes ist *in Afrika weitverbreitet.* Nachrichten liegen vor aus*: Marokko (Velu,* 1938*), Tunesien (Cottier,* 1938*), Ägypten* (Ber. 1930/31), *Uganda (Poulton,* 1936*).* In *Kenya* und dem Schutzgebiet *Deutsch-Ostafrika* ist die Krankheit häufig (jeweilige Ber. für 1935 u. 1936). Aus dem Schutzgebiet *Deutsch-Ostafrika* sind sehr zahlreiche Fälle von febris undulans beim Menschen bekannt geworden *(Wilson,* 1936*).* Ferner ist die Abortus-Bang-Infektion in *Westafrika* festgestellt worden (Goldküste-Ber. 1932/33 und 1935/36). Nach *Belgisch-Kongo* soll sie aus Rhodesien eingeschleppt worden sein *(Bouvier, G.* u. *Bouvier, S.,* 1937*).* In *Nordrhodesien* ist die Krankheit häufig *(Smith,* 1931*)* und in *Südrhodesien* soll sie nach *Bevan* (1930) ziemlich starke Verluste hervorrufen. In *Südafrika* ist sie sehr verbreitet *(Henning,* 1932*).*

Mittel zur sicheren Erkennung. Grundsätzlich werden zur sicheren Erkennung der Abortus-Bang-Infektion die gleichen Methoden angewandt wie beim Maltafieber. Die Blutuntersuchung in Form der klassischen Agglutinationsprobe (Langsammethode), der Schnellagglutinationsprobe nach *Huddleson* und *Abell,* der Frischblutmethode nach *Diernhofer,* der Komplementbindungsmethode, der Agglutinationsprobe mit Milchserum und Vollmilch und die allergischen Methoden mit Abortin, Bruzellin, Anabortin und Amblosin.

Mirri und *Bisanti* (zit. nach *v. Hutyra-Marek-Manninger*) empfehlen auch zur Feststellung der Abortus-Bang-Infektion des Rindes die Intrapalpebralprobe mit *Mirris* Bruzellin. *Bevan* (1925) hat für den Gebrauch der rhodesischen Farmer das *Abortoskop* angegeben, ein Röhrchen mit einer Bakterienaufschwemmung, das zu einer Probe mit dem gesamten Blut benutzt wird. In Tunesien *(Cottier,* 1935*)* wird die *Bruzellose* mittels der Agglutinations- und der Hautprobe festgestellt.

Bekämpfung. Zur Bekämpfung sind in verseuchten Beständen folgende *hygienische Maßnahmen* durchzuführen: Einrichtung eines sicher desinfizierbaren Abkalbestalles, sorgfältige, unschädliche Beseitigung vorzeitig ausgestoßener Früchte sowie in jedem Falle der Fruchthüllen und Desinfektion des Stalles nach jeglichem Kalben. Die Kühe sollen erst dann in den Bestand zurückgebracht werden, wenn kein Ausfluß aus den Geschlechtsteilen mehr besteht und nachdem die Umgebung der Geschlechtsteile mit einer desinfizierenden Flüssigkeit gründlich abgewaschen worden ist. Ferner soll zum Deckgeschäft nur ein Bulle verwendet werden, der nach dem Ergebnis einer genauen Untersuchung als seuchenfrei anzusehen ist. Die als seuchenfrei erkannten Tiere eines Bestandes sollen von den als infiziert anzusehenden getrennt werden.

Die in den verschiedensten Formen versuchte *Schutzimpfung* hat die Erwartungen nicht erfüllt, die man in sie gesetzt hatte. Eine Reihe von Forschern, wie *Williams, Huddleson, Jensen, Manninger* (zit. nach v. *Hutyra-Marek-Manninger)* betont daher die *Nutzlosigkeit* der Schutzimpfungen. Trotz der zweifelhaften Erfolge wird heute noch die Schutzimpfung zum Teil sogar mit lebenden Erregern vorgenommen, obwohl durch letzteres Verfahren der Erreger verstreut wird. In Deutschland ist die Impfung mit lebenden Erregern verboten, auch wegen der größeren Gefährdung des Menschen.

Auch in Afrika werden hygienische Maßnahmen zur Bekämpfung der Seuche empfohlen. Die Verhältnisse gestatten es aber nicht, überall Abkalbeställe einzurichten. *Robinson* (1919) berichtet, daß in Südafrika die Tilgung der Seuche in einer Herde durch Absonderung aller Tiere mit positiven Blutagglutinationswerten gelungen sei. Auch *Danks* (1931) befürwortet die hygienische Methode nach planmäßiger Blutuntersuchung zur Anwendung unter ostafrikanischen Verhältnissen.

Vorbeuge. Zur Vorbeuge empfiehlt sich für den einzelnen Farmer die Einstellung von Bullen und anderen Tieren nur aus sicher seuchenfreien Beständen oder nach Vornahme der Blutuntersuchung der anzukaufenden Tiere nach den unter den Mitteln zur sicheren Feststellung beschriebenen Methoden und nach verneinendem Ausfall dieser Untersuchung. Wegen der großen Gefahr der Einschleppung der Bruzellosis ist es weiter für den Farmer angezeigt, seinen Bestand an empfänglichen Tieren aus eigener Nachzucht zu ergänzen, zumal da die Erfahrung lehrt, daß Tiere ein zweites Mal selten und ein drittes Mal nur ganz ausnahmsweise verwerfen. Es ist auch Vorsicht beim Zusammenbringen der Rinder auf Badeplätzen geboten *(Henning,* 1932*)*. Zur Schutzimpfung als Vorbeugungsmittel gegen die Seuche kann nach den vorliegenden Erfahrungen nicht geraten werden.

Die Übertragung auf den Menschen. Die Brucella abortus Bang ist, wie erwähnt, gleich der B. melitensis *auf den Menschen übertragbar* und erzeugt bei diesem ein mildes Maltafieber, auch in Form von Fieberperioden mit „wellenförmigem" Verlaufe (febris undulans). Diese Tatsache ist zuerst durch Erkrankung bei *Tierärzten* bekanntgeworden, die bei kranken Tieren Geburtshilfe geleistet hatten (Berufskrankheit der Tierärzte). Jetzt werden alljährlich in Deutschland mehrere hundert Fälle von Erkrankungen an Abortus-Bang-Infektion beim Menschen gemeldet, zum Teil nach dem Hantieren mit kranken Tieren, insbesondere bei der Geburtshilfe, in der Hauptsache aber nach dem Genuß ungekochter Milch. Nach *Bevan* sind schon 1921 in Südrhodesien Fälle von Übertragung der Abortus-Bang-Bazillen auf den Menschen festgestellt worden. *Balozet* und *Reynal* berichteten 1932, daß in Tunesien zum ersten Male 1905 das Mittelmeerfieber festgestellt worden sei, nachdem Ziegen aus Malta eingeführt worden waren. Bei ihren Untersuchungen fanden sie, daß die Ziegenherden in Tunesien heute bis zu 33 v. H. mit Maltafieber verseucht waren und daß man früher die Infektion der Menschen stets auf diese Quelle zurückgeführt habe. Später sei auch Kuhmilch als Ursache festgestellt worden, und zwar 4mal nach Genuß der Milch auf der gleichen Farm, auf der von 37 Rindern 26 mit Bruzellosis infiziert waren. *Campbell* und *Greenfield* (1937) legten auf dem II. internationalen mikrobiologischen Kongreß dar, daß in der Kapprovinz der Südafrikanischen Union als Ursache des undulierenden Fiebers sowohl die Brucella abortus Bang als auch die B. melitensis, ferner Melitensisstämme, die zwischen den beiden erstgenannten ständen, ermittelt worden seien. Aus dem Schutzgebiet *Deutsch-Südwestafrika* führt *Nägelsbach* (1936) die Feststellung einer „positiven Maltaagglutination" bei einem Farmer an, auf dessen Farm häufiges Verkalben der Kühe vorgekommen war.

Wirtschaftliche Bedeutung. Die wirtschaftliche Bedeutung des Maltafiebers und der Abortus-Bang-Infektion ist wegen der Folgen in verseuchten Herden (Verkalben und Unfruchtbarkeit) und wegen der Gefahr der Übertragung auf den Menschen groß. Ihre Fernhaltung und Bekämpfung fordern daher die ernsteste Beachtung, zumal da die Seuchen in manchen Gebieten lange geherrscht haben, ehe sie erkannt wurden. Nach *Robertson* (1920, zit. nach *Sigwart,* 1920) ist die Abortus-Bang-Infektion über die ganze *Südafrikanische Union* verbreitet und ruft auch in reinen Weidegegenden schwere Verluste durch Verkalben hervor. *Quinlan* (1928, 1929) hat festgestellt, daß in 203 Rinderherden (mit 10000 Rindern) 41,5 v. H. mit zeitweiliger oder dauernder Sterilität behaftet waren. In 3,27 v. H. der Herden betrug die Unfruchtbarkeit über 20 v. H. der Bestände; aus 10,47 v. H. der Bestände wurde außerdem ansteckendes Verkalben gemeldet. Ein Licht auf die starke Verbreitung der Bruzellosen in *Südrhodesien* wirft die Angabe von *Bevan* (1931), daß in Südrhodesien mit seinen 45000 weißen Einwohnern bei diesen in 10 Jahren Hunderte von Fällen von Bruzellosis festgestellt wurden. Auch in dem Schutzgebiet *Deutsch-Ostafrika* ist nach *Lowe* (1936) die Bruzellose beim Menschen weitverbreitet. Ob die in dem Schutzgebiet *Deutsch-Südwestafrika* und in *Südafrika* in bestimmten Schafbeständen auftretende *Nebenhodenentzündung (Scheben,* 1921) eine Krankheit besonderer Art ist oder mit der Bruzellosis zusammenhängt, ist noch zu klären. Gegen den Zusammenhang spricht der Umstand, daß es sich bei der von *Scheben* beschriebenen Erkrankung um eine eitrige Nebenhodenentzündung handelt, während bei der Bruzellosis eine zum Absterben führende Entzündung auftritt.

Merkblatt

Über Vorbeuge von Malta-Bang-Erkrankungen des Menschen

(Nach Karsten und Sonnenschein, 1938, für das unter Mandat stehende Schutzgebiet *Deutsch-Südwestafrika).*

Auf Grund der bisherigen Untersuchungen sind zur Verhütung von Malta-Bang-Erkrankungen folgende Maßnahmen wichtig:

1. Bei allenfalls auftretenden Fehl- und Frühgeburten bei Rindern, Schafen und Ziegen sind die Früchte, Nachgeburten usw. unschädlich zu beseitigen, am besten zu verbrennen. Tiere mit Anzeichen von Fehl- und Frühgeburten sind sofort aus der Herde herauszunehmen und bis zum Aufhören des Scheidenausflusses abgesondert zu halten. Personen, die mit den Abgängen von Fehl- und Frühgeburten in Berührung gekommen sind oder Geburtshilfe geleistet haben, müssen sich sofort mit warmem Wasser und Seife (Karbolseife ist zweckmäßig) Hände und Unterarme gründlich reinigen und anschließend desinfizieren. Zur Desinfektion genügen die üblichen erprobten Desinfektionsmittel, wie z. B. 2prozentiges Lysol- oder Kreolinwasser oder 70prozentiger Alkohol (Spiritus).

2. Die Abgänge (Nachgeburten, Fruchtwasser) bei den gewöhnlichen Geburten sind sofort aus den Krälen zu entfernen und unschädlich zu beseitigen. Soweit möglich, bringe

man jedes Tier zum Abkalben oder Ablammen in einen besonderen Kral, den sog. Abkalbe- oder Ablammkral, wo das Tier verbleibt, bis es sich gereinigt hat.

3. Beim Abhäuten neugeborener, insbesondere zu früh geborener Schaf- und Ziegenlämmer ist Vorsicht geboten! Während der Arbeit nicht essen oder rauchen. Nach derselben Hände gründlich waschen. Personen mit Wunden an den Händen nicht zum Enthäuten verwenden. Die abgehäuteten Tierkörper sind unschädlich zu beseitigen oder erst nach dem Kochen als Viehfutter zu verwenden.

4. Die Milch nicht roh genießen! Durch einfaches Aufkochen auf dem Herde werden die Malta-Bang-Keime abgetötet. Soll Rohmilch genossen werden, z. B. in Form von Dickmilch, so sucht man hierzu Kühe aus, deren Blut- und Milchuntersuchungen die Unverdächtigkeit der Tiere ergeben haben.

Besser ist es, alle Kühe und tragenden Färsen durch die Blutuntersuchung auf Malta-Bang-Krankheit prüfen zu lassen und, falls nur einige Tiere sich als angesteckt erweisen, diese auszumerzen. Wird Butter auf der Farm hergestellt, so ist (falls nicht sämtliche Milchkühe frei von einer Malta-Bang-Erkrankung sind) die hierzu verwandte Milch gleichfalls zu kochen oder auf eine andere Weise hinreichend zu erhitzen. Statt der Milch kann auch die Sahne hinreichend erhitzt werden, wenn die Magermilch zur menschlichen Ernährung oder als Viehfutter keine Verwendung findet.

Bruzellosis des Schweines. Beim Schweine kommt außer der Brucella abortus Bang noch eine besondere Art, die *Schweinebruzella (Brucella suis)* vor, die sich durch *Verferkeln*, am häufigsten in der 4. bis 12. Trächtigkeitswoche, äußert, ferner durch Auftreten von *Hoden- und Nebenhodenentzündung*, selbst in seuchenhafter Verbreitung. In manchen Gebieten herrscht die Seuche nur unter Schweinen, ohne Übergreifen der Bruzellose von Rindern auf Schweine *(v. Hutyra-Marek-Manninger).* In Ostafrika ist sie bislang noch nicht gefunden worden (Kenya-Ber. 1936).

Verkalben infolge von anderen Ursachen. Bei Rindern kann ebenso wie bei Schafen Verwerfen auch durch eine *Spirille (Vibrio fetus)* hervorgerufen werden. *Snyman* (1931) hat in Südafrika in einer Herde bei 13 Fällen von Verkalben den Vibrio fetus gefunden, während die Bangagglutination negativ war. Bei Rindern kommt ferner Abort nach Infektion mit einer zu den Protozoen gehörigen Trichomonade vor *(Trichomonadenabort). Robinson* (1937) berichtet über Trichomonadenabort aus Südafrika. Bei Kühen kann auch der durch Streptokokken erzeugte *ansteckende Scheidenkatarrh (Knötchenausschlag)* bei akutem Verlauf zu Abortus führen. Der Katarrh äußert sich im akuten Stadium durch starke Entzündung der Scheidenschleimhaut (Rötung und Schwellung und reichlichen eitrigen Ausfluß), gehört aber in dieser Form zu den großen Seltenheiten. Die chronische Form, die sich durch einen schleimigen oder schleimigeitrigen Ausfluß aus dem unteren Schamwinkel und durch knötchenförmige Anschwellungen der Scheidenfollikel äußert, erzeugt kein Verkalben und ist auch im übrigen wirtschaftlich belanglos. Aus Südrhodesien meldet *Lawrence* (1934), daß die häufigen Berichte der Farmer, daß Knötchenausschlag bei ihren Rindern Sterilität verursache, nicht hätten bestätigt werden können. Auch *Quinlan* (1928, s. a. 1929, 1930, 1934) weist darauf hin, daß in der Südafrikanischen Union dem Scheidenkatarrh trotz seiner großen Verbreitung keine große Bedeutung zukomme. Dagegen kann *Phosphormangel,* wie er in Afrika weitverbreitet ist, eine bedeutende Rolle als Sterilitätsursache spielen *(A. Theiler,* 1933, s. a. „Phosphormangel"*).*

Seuchenhafter Abort bei den Einhufern. Über das durch *verschiedene Bakterienarten* verursachte Verfohlen beim Pferde liegen in dem uns zugänglichen Schrifttum kaum Angaben über das Vorkommen in Afrika vor. *Andrews* (1926) berichtet in einem allgemeiner gehaltenen Bericht, daß das Verfohlen der Stuten und Eselinnen in Südafrika seltener (als das Verkalben der Rinder) vorkomme. *Martinaglia* (1929) hat in einem Fall von Sehnenscheidenentzündung beim Pferde das *Bacterium abortus equi* nachweisen können. Nach *van Saceghem* (1920) hat 1919 *Bruynoghe* aus *Belgisch-Kongo* einen Bazillus beschrieben, der die Ursache ansteckenden Verfohlens bei Eseln gewesen war. Er fand ihn in großer Menge in abortierten Föten. Kreuzagglutination schien zu zeigen, daß der Bazillus derselbe sei wie der Erreger des ansteckenden Verfohlens in Europa („B. aborto-equinus"). Versuche *van Saceghems* zeigten, daß der Erreger wohl bei Eseln, dagegen nicht bei Pferden Abort hervorrief. In Ägypten hat *Morcos* (1931) aus 3 von 5 Fällen von Verfohlen bei Pferdestuten *Streptokokken gezüchtet.*

40. *Starrkrampf (Tetanus)*

Der Starrkrampf (Tetanus) ist eine durch den anaeroben *Starrkrampfbazillus (Bacillus tetani)* hervorgerufene *Wundinfektionskrankheit,* die bei Pferden nach zufälligen Verletzungen, ferner bei Rindern und Schafen nach der Kastration beobachtet wird. Er kommt in *ganz Afrika* als vereinzelte Erkrankung, gelegentlich auch seuchenhaft vor, insbesondere nach Kastrationen, wobei an die Infektion durch unsaubere Hände und Geräte gedacht werden muß. Die Meinung mancher, daß in heißen, trockenen Gegenden kein Starrkrampf vorkomme, ist nicht begründet. Der Starrkrampfbazillus ist ein feines, schlankes, 2 bis 4 μ langes und 0,5 μ breites Stäbchen, das Sporen bildet. Er kommt als anaerober Erreger nur in tieferen Gewebsschichten, also bei tiefgehenden Verletzungen, vor. Die Starrkrampfbazillen finden sich in der Erdoberfläche wie die Ödembazillen und sind deshalb auch regelmäßige Darmbewohner bei Pferd und Rind. Die *wirtschaftliche Bedeutung* des Starrkrampfes ist gering, da er in der Regel nur vereinzelt auftritt. Bei erkrankten Tieren kann die Verwendung *hochwertigen Immunserums* zur Heilung führen. Das *Fleisch* der erkrankten Tiere ist als untauglich zu behandeln, es sei denn, daß eine tierärztliche Untersuchung (Fleischbeschau) die Zulassung nach genauer Prüfung und Entfernung der örtlichen Veränderungen (Wunden, Narben) zum menschlichen Genuß für zulässig erklärt.

41. *Gelber Galt (Streptokokken-Euterentzündung) der Kühe*

Wesen, Ursache, Vorkommen usw. Der Gelbe Galt ist eine durch den *Streptococcus agalactiae* verursachte *chronische Euterentzündung,* bei der die Milch eine gelbe Farbe annimmt und schließlich versiegt („Galtwerden"). Die Krankheit ist in Europa sehr verbreitet. In größeren Milchviehstallungen kann bis zur Hälfte der Milchkühe damit behaftet sein, daher die große wirtschaftliche Bedeutung der Krankheit, die auch in manchen Teilen von Afrika häufig zu sein scheint. In der *Südafrikanischen Union* sind zwar noch keine umfassenden Erhebungen angestellt worden, *du Toit* kündete aber schon 1936 in seinem Jahresbericht einen Untersuchungsplan hierfür an. *Van Rensburg* (1937) glaubt, daß etwa 20 v. H. des Gesamtbestandes an Milchkühen in Südafrika an der Krankheit litten; er berechnet daraus einen jährlichen Milchverlust im Werte von 1 Million £. In den Herden auf den Farmen sei der Galt seltener als bei den Milchherden der Städte, in denen manchmal eine Verseuchung von 50 v. H. des ganzen Bestandes anzutreffen sei. Auch in *Kenya* verursacht der Gelbe Galt schon beträchtlichen Schaden (Ber. 1936). Weniger stark scheint die Seuche in *Algerien (Donatien* u. *Lestoquard,* 1932) und *Südrhodesien* (Ber.) aufzutreten. Selten ist sie in *Ägypten,* was *El-Gheriany* (1938) auf die dortige Kleinheit der Bestände zurückführt. Die Erfahrung lehrt, daß die Krankheit in kleinen, durch eigene Nachzucht sich ergänzenden Beständen viel seltener ist als in großen, mit häufigem Zukauf von Tieren.

Behandlung und Bekämpfung. Zur Behandlung der Krankheit in verseuchten Beständen kommen in Betracht das Ausmerzen aller stärker verseuchten Tiere, d. h. aller Kühe, bei denen mehr als zwei Viertel erkrankt sind. Im übrigen empfehlen sich häufiges Ausmelken und Versuche der örtlichen Behandlung durch Euterspülungen mit Entozon, Rivanol und ähnlichen, wenig reizenden desinfizierenden Mitteln. Ferner ist streng darauf zu achten, daß die gesunden Tiere stets vor den kranken und verdächtigen gemolken werden. Zur Verhütung der Einschleppung sind neuanzukaufende Tiere darauf zu prüfen, ob sie mit der Krankheit behaftet sind. In *Südrhodesien* ist nach dem Veterinärbericht von 1920 mit einem Impfstoff aus dem Erreger der Krankheit geimpft worden (!).

Wirtschaftliche Bedeutung. Die wirtschaftliche Bedeutung des Gelben Galts ist auch in Afrika dort, wo er stärker verbreitet ist, groß. Vergleiche die oben angegebene Berechnung *van Rensburgs.*

42. *Rotlauf des Schweines*

Der Rotlauf des Schweines ist eine durch den *Rotlaufbazillus (Bacterium rhusiopathiae)* verursachte Erkrankung, die als Allgemeinerkrankung mit starker Rötung der Haut oder als Lokalerkrankung mit Bildung von Quaddeln in der Haut (Quaddelausschlag, Nesselfieber, Urtikaria) verläuft. Die Krankheit kann durch Anwendung von Rotlaufserum und Rotlaufkultur nach dem Verfahren von *Lorenz* (Simultanimpfung) wirksam bekämpft werden. Der Erreger ist ein dünnes, feines Stäbchen von 0,8 bis 1,5 μ Länge und 0,1—0,2 μ Breite. Die Krankheit ist durch den Fleischgenuß *nicht auf den Menschen übertragbar.* Gleichwohl ist das Fleisch in den hohen Graden der Krankheit wegen der erheblichen Veränderungen des Fleisches untauglich; in geringeren Graden kann es nach Durchkochen ohne Nachteile in den Verkehr gegeben werden. Das Durchkochen ist notwendig, weil durch den Verkehr mit rohem Fleisch die Seuche verschleppt wird. Gelegentlich können *Hautinfektionen des Menschen* vorkommen, nach Verletzungen beim Zerlegen des Fleisches und nach Ausführung der Rotlaufschutzimpfung, wenn sich hierbei Verletzungen mit der mit Rotlaufkultur beschickten Impfspritze ereignen. Nach *Sagne* (1927) tritt der Rotlauf in *Algerien* im Gegensatz zu Europa im Winter auf, und zwar als *weißer Rotlauf,* ohne Rötung der Haut, mit sehr schwerem, in der Regel tödlichem Verlauf; die Bedeutung des Schweinerotlaufs reicht jedoch in Algerien nicht an die der Schweinepest heran *(Donatien* u. *Lestoquard,* 1932*). Sagne* empfiehlt die Schutzimpfung im September. Weiter ist der Rotlauf häufig in *Nyassaland;* hier soll die Hälfte der Beanstandungen bei geschlachteten Schweinen auf Rotlauf entfallen (Ber. 1934). In *Angola* ist der Schweinerotlauf anzeigepflichtig. In *Tunesien* ist er ausgerottet. In dem Schutzgebiet *Deutsch-Südwestafrika* kommt gelegentlich eine rotlaufähnliche Erkrankung der Schweine vor; in Blutausstrichen der erkrankten Tiere wurden Bakterien gefunden, die dem Rotlauferreger glichen (Mand.-Ber. 1927). Der Rotlauf haftet in Ausnahmefällen auch beim Schafe. Er kann bei *Lämmern* eine *Entzündung der Gelenke* erzeugen, desgleichen bei *Fohlen.* Aus *Tunesien* berichten *Cordier* und *Ménager* (1937), daß sie aus den Organen zweier Lämmer, die mit Gelenkentzündung behaftet waren, Rotlaufbazillen gezüchtet haben

43. *Durch Spirochaeten verursachte Hauterkrankungen des Schweines*

Bei Schweinen hat *Dodd* in *Pretoria* in oberflächlichen *Hautgeschwüren* die *Spirochaeta suilla* gefunden. Ferner berichtet *Matteo* (zit. nach *v. Hutyra-Marek-Manninger)* aus *Erythrea* über Spirochaetenfunde beim Schweine. In *Südafrika* fanden sich Spirochaeten beim Schweine nur in Wunden *(Henning,* 1932*). Schmid* (1925) hat in dem Schutzgebiet *Deutsch-Südwestafrika* bei erkrankten Schweinen gleichzeitig Fieber festgestellt, dies war aber selten. Im allgemeinen ist die Krankheit nur als eine *Wundinfektion* aufzufassen, die zu

Abb. 22. Spirochaetose beim Schweine. Infektion einer Kastrationswunde. Geschwürige Veränderungen. (Photo *R. Wetzel*)

weichen und harten, mehr oder weniger umfangreichen *Schwellungen* und zur Bildung umfangreicher, schwer heilender *Geschwüre* führt und mit starker *Abmagerung* der befallenen Tiere einhergeht *(Danks,* 1931*)*. In den Geschwüren finden sich die Spirochaeten manchmal in Reinkultur, meist aber mit fusiformen Bakterien zusammen vor *(Neitz* u. *Canham,* 1930; *Danks,* 1931*)*. Zur *Bekämpfung* empfiehlt Schmid (1925) Beachtung der Grundsätze der Hygiene, besonders bei Operationen, wie Kastrationen, und Entfernung der erkrankten Tiere. Nach *Neitz* und *Canham* (1930) gaben Einspritzungen von „Coopers double Dipping Powder", Atoxyl und anderen *Arsenpräparaten* unmittelbar in die Wundfläche oder, wo dies nicht möglich ist, wie an den Gliedmaßen, Anwendung auf den Wundflächen Erfolg. Die Infektion stellt sich meist nur bei sehr unsauber gehaltenen Schweinen ein (Mand.-Ber. SWA., 1937). In der Trockenzeit neigen die Wunden zur Selbstheilung (Mand.-Ber. SWA., 1935).

44. *Wild- und Rinderseuche*

Unter Wild- und Rinderseuche versteht man eine Seuche, die durch eine Bakterie erzeugt wird, die zur Gruppe der Pasteurellen gehört, die *Pasteurella boviseptica.* Die Krankheit tritt in verschiedenen Formen auf, als *Lungenform* mit den Erscheinungen einer akuten Lungenbrustfellentzündung und als *Hautform* mit starken, teigigen Anschwellungen am Kopfe, Halse und Triele. Die Hautform ist die gewöhnliche Erkrankung des Rindes. Bei allen Formen ist die Innentemperatur hoch fieberhaft. Die Krankheit kommt in Europa bei *Rot-, Dam-* und *Schwarzwild,* beim *Renntier* und beim *Rinde* vor und ist auf das *Pferd, Hausschwein* und die *Ziege,* schwerer auf das *Schaf* übertragbar. In dem Schutzgebiet *Deutsch-Südwestafrika* sind bei einem Ausbruch bei *Eseln* von 48 Tieren innerhalb 10 Tagen 13 Tiere nach akuter Erkrankung gestorben *(Schmid,* 1920*)*. Hinsichtlich der Übertragung gibt *Daubney* (1934) an, daß es ihm gelungen sei, die Krankheit von einem erkrankten Kalb durch Flöhe auf Mäuse und von der Maus auf ein Kalb zurückzuübertragen, das hiernach erkrankte und immun wurde. Die Krankheit ist in Afrika nicht selten. Über ihr Vorkommen liegen Berichte vor u. a. aus *Nigeria (Henderson,* 1933*)*; die Seuche verläuft dort mit einer Sterblichkeit von etwa 3 v. H. Enzootisch tritt sie in *Ruanda-Urundi* auf. Dort hat sie in einem Falle 88 v. H. Verluste hervorgerufen *(van Saceghem,* 1936*)*. Auch in *Kenya* und im Schutzgebiet *Deutsch-Ostafrika* ist sie nach Jahresberichten der Veterinärverwaltungen in den letzten Jahren festgestellt worden, ebenso in dem Schutzgebiet *Deutsch-Südwestafrika (Schmid,* 1920*)*. In *Ägypten* wird sie hauptsächlich beim Büffel beobachtet. Sie tritt in Afrika in der Regel nur in der *Regenzeit* auf. In Ägypten beobachtet man sie nach den Überschwemmungen des Nils. Zur sicheren Feststellung empfiehlt *Daubney* (1933), da der Erreger im Blute selten zu finden sei, den Impfversuch bei Mäusen, wonach bei Wild- und Rinderseuche bekanntlich im Gegensatz zur

Lungenseuche, mit der die Lungenform der Wild- und Rinderseuche verwechselt werden kann, die Mäuse erkranken. Zur Bekämpfung ist die *Schutzimpfung* mit abgetöteten und abgeschwächten Bakterien sowie mit Kulturfiltraten, auch die Simultanimpfung mit Serum und Kultur versucht worden, ohne daß jedoch ein schlüssiges Ergebnis über den Erfolg dieser Impfung vorliegt. In *Nigeria* hat man 1931 11 000 Impfungen mit Formolkulturen vorgenommen; nach der Impfung erlosch die Seuche jedesmal. Obwohl der Impfstoff bei den Eingeborenen dadurch sehr beliebt geworden war, hat man später von seiner weiteren Anwendung abgesehen, da die Immunität nur von zweimonatiger Dauer war (Ber. 1934).

Kamelgrippe. Mit der Wild- und Rinderseuche wahrscheinlich nahe verwandt ist die Kamelgrippe, die von den Eingeborenen in *Algerien El Cheddah* (Geddah) genannt wird. In *Somaliland* kommt die Krankheit häufig vor *(Leese).* Ferner ist sie in *Ägypten* beobachtet worden. *Curasson* (1936) hebt hervor, die Kamelgrippe sei nicht immer an feuchte Bodenbeschaffenheit gebunden. Gewisse Begleitumstände, wie Regen, Kälte, ferner gleichzeitige Erkrankung an Surra, scheinen den Ausbruch der Krankheit zu begünstigen. In *Französisch-Westafrika* hat *Curasson* nichts von der Krankheit gehört, obwohl dort die verwandten Krankheiten beim Rinde und Schafe herrschen. Unter dem bereits erwähnten Namen *Cheddah* (Geddah) geht im übrigen noch eine ganze Zahl anderer Erkrankungen des Kameles, u. a. auch eine Pflanzenvergiftung. Die Bedeutung der Kamelgrippe kann groß werden, da sie ganze Eingeborenenstämme unbeweglich machen kann *(Curasson, 1936),* also wohl auch Truppenteile. *Donatien* (1921) sah fast 50 v. H. Todesfälle bei einem Ausbruch.

45. *Pasteurellose des Schafes („Schafrotz")*

Die Pasteurellose der Schafe ist eine durch die *Pasteurella oviseptica* verursachte *Allgemeinerkrankung* des Schafes mit *örtlichen Erscheinungen,* Anschwellungen der *Unterhaut* und Entzündung der *Schleimhäute des Kopfes,* der *Luftwege* und des *Darmes* und gleichzeitiger Schwellungen der dazugehörigen *Lymphknoten.* Die Krankheit verläuft in der Regel akut. In den selteneren *chronischen* Fällen finden sich größere *Entzündungsherde in den Lungen* und die Zeichen einer starken *Blutarmut.* Die Krankheit ist als *akute Lungenentzündung* beobachtet worden in Afrika in dem Schutzgebiet *Deutsch-Südwestafrika (Maybin, 1931),* wo sie eine ziemlich große Rolle spielt, in der *Südafrikanischen Union (Henning* u. *Brown,* 1936*),* in *Rhodesien, Nyassaland,* in ganz *Ostafrika* und auch im *Französischen Sudan.* In *Somaliland* tritt sie bei der *Ziege* häufig auf *(Postiglione,* 1935*).* Zur Vorbeugung empfehlen *v. Hutyra-Marek-Manninger* den Abtrieb der noch gesunden Tiere von den verseuchten Weiden oder jedenfalls die Vermeidung des Weideganges auf tiefgelegenen, sumpfigen oder morastigen Weideplätzen. Von der Schutzimpfung und ihren Erfolgen gilt dasselbe, was bei der Wild- und Rinderseuche angegeben worden ist. *G. Schmid* hat in dem Schutzgebiet *Deutsch-Südwestafrika* Behringschen Impfstoff *Pneumoserin* und *Vakzine,* ferner *Perleberger Impfstoffe* angewandt und empfiehlt hiernach bei seuchenhaftem Auftreten der Krankheit unter Lämmern, alle gesunden Lämmer gleich nach der Geburt mit diesen Impfstoffen zu behandeln. Bereits kranke Tiere sind sofort von den gesunden zu trennen und nur mit Serum zu behandeln. Im übrigen hält *Schmid* für manche Fälle ein *kräftiges Zufutter* für wichtiger als Impfung (pers. Mittlg. an einen von uns, *Kulenkampff*). Auch für die Bekämpfung der identischen hämorrhagischen Septikämie der Ziegen mißt *Postiglione* (1935) der Ernährung eine wichtige Rolle bei.

46. *Laikipiakrankheit des Schafes*

Wesen, Vorkommen, Erscheinungen usw. Die Laikipiakrankheit ist eine durch *verschiedene Erreger* hervorgerufene Erkrankung des Schafes, die durch eine *Lungenbrustfellentzündung* gekennzeichnet ist und hauptsächlich *neugeborene Lämmer* befällt. Die Sterblichkeit ist bei den Lämmern in manchen Jahren sehr groß und beträgt bis zu 75 v. H. (Kenya-Ber. 1927). Die Seuche ist bis jetzt in Höhenlagen von mehr als 5000 Fuß Höhe nicht beobachtet worden und weitverbreitet in *Kenya, Uganda, Belgisch-Kongo, Nyassaland* und dem Schutzgebiet *Deutsch-Ostafrika;* südlich vom Limpopo fehlt sie (*Mettam,* 1930). Der Verlauf ist bei Lämmern und Jährlingen *akut,* bei erwachsenen Tieren in der Regel *chronisch.* Unter ungünstigen Bedingungen können chronische Fälle wieder akut werden. Im übrigen kann die chronische Krankheit unbemerkt verlaufen. Als Komplikationen können *Entzündung der Gelenke,* des *Maules* und der *Augen* (*Mettam,* 1930) auftreten. Als *Haupterreger* wurde 1929 (*Mettam,* 1930) ein vielgestaltiger gramnegativer Kokkobazillus, der in jedem akuten Fall aus den Lungen gezüchtet werden konnte, beschuldigt. 1935 meldete *Daubney* (Kenya-Ber. 1935), daß die frühere Flora herausimmunisiert worden sei und daß eine neue Gruppe von Bakterien ihren Platz eingenommen habe. Möglicherweise sei dieser Vorgang durch die Impfungen gegen die Krankheit beschleunigt worden. Ihr sonstiges Bild habe sich nicht geändert. Der Ausbruch der Krankheit scheint nach *Daubney* durch Vitaminmangel, Hakenwurmbefall, Staub und andere äußere Umstände begünstigt zu werden.

Auch *Ziegen* sind für die Krankheit empfänglich und können schwer erkranken. Bei Rindern wird die Krankheit nicht beobachtet; dagegen kann sie auf Rinder künstlich übertragen werden.

Bekämpfung. Zur Bekämpfung werden aus dem Erreger bereitete Impfstoffe verwendet; da der Erreger nach den vorliegenden Erfahrungen wechseln kann, kommt nur die Verwendung von *Vakzinen aus den Standorterregern* in Frage (*Daubney*).

Wirtschaftliche Bedeutung. Wegen der ungewöhnlich großen Verluste, die die Krankheit bei Lämmern hervorrufen kann, ist ihre wirtschaftliche Bedeutung groß. Hinzu kommt, daß sie nach den Berichten aus Kenya immer größere Verbreitung gewinnt.

47. Kälberruhr (white scour, Lewersiekte, Kalwersiekte)

Wesen, Ursachen, Vorkommen usw. Die Kälberruhr ist eine akute Infektionskrankheit der Jungkälber, die durch *verschiedene Bakterienarten* bedingt sein kann und sich durch Auftreten von *Durchfall* kennzeichnet. Für *Südafrika* hat *Martinaglia* (1929) festgestellt, daß der hauptsächliche Erreger das zur Paratyphus-Enteritis-Gruppe gehörige *Bacterium enteritidis Kiel* ist. Dies gilt auch für *Kenya (Daubney, 1934)*. In *Rhodesien* vermutet man ein *Bakterium der Gärtnergruppe* als Erreger. *Martinaglia* (1929) stellte ferner auch das zur Paratyphusgruppe gehörende *Bacterium typhi murium (Breslau-Bakterium)* bei Kälberruhr fest. Aus dem unter Mandat stehenden Schutzgebiet *Deutsch-Ostafrika* wird das Auftreten einer akuten Kälberdarmentzündung verzeichnet *(Lowe*, 1934*)*, die „dem *Kälberparatyphus in Kenya gleicht*".

Bekämpfung. Nach *Henning* wird in Südafrika *Vakzine* in großem Umfang zur Bekämpfung der Kälberruhr benützt. Als Impfstoff verwendet man *abgetötete Bakterien*, sie bewirken meist eine ziemlich starke Immunität, wenn sie bei den Kälbern ein- oder mehrmals in wöchentlichen Abständen wiederholt angewandt werden. Der Impfstoff ist allerdings nur dann zuverlässig, wenn er aus einem *örtlichen Stamm* hergestellt wurde. Im übrigen kann nach *Henning* die Krankheit verhütet werden durch *hygienische Haltung* und *regelmäßige Fütterung* der Kälber. Da die Entstehung der Krankheit durch gleichzeitiges Bestehen des Texasfiebers und der Anaplasmose begünstigt wird, empfiehlt er gleichzeitig in der warmen Jahreszeit in kurzen Zwischenräumen zu wiederholende *Badungen* mit zeckentötenden Mitteln. Auch in Kenya ist man nach *Daubney* (1927) der Ansicht, daß das Bestehen der Anaplasmose und Piroplasmose das Auftreten der Kälberruhr begünstige. *Daubney* erwähnt ferner, daß das Auftreten von Durchfall kein regelmäßiges Symptom der Kälberruhr sei.

Übertragung auf den Menschen. Da die Bakterien der Paratyphus-Enteritis-Gruppe imstande sind, beim Menschen Erkrankungen, die sog. Fleischvergiftungen, hervorzurufen, war die Frage zu prüfen, ob durch den Genuß von Fleisch ruhrkranker Kälber Schädigungen für den Menschen hervorgerufen werden können. Nach *Robinson* (1937) sind Fleischvergiftungen in *Südafrika* sehr selten; er stellte bei zwei Ausbrüchen je einmal das Breslau-Bakterium und einmal den Stamm Kiel fest. 1938 berichteten *Henning* und *Greenfield* über die Isolierung von Salmonella bovis morbificans (Basenau) bei einem Fall von Fleischvergiftung in Südafrika. In *Ägypten* haben *Sandiford, Ali* und *Sallam* (1936) zwei Fälle von Fleischvergiftung beim Menschen untersucht, bei denen das Bacterium typhi murium der Erreger gewesen war. Es hatte sich einmal um ein Kamel gehandelt, das nach einem Beinbruch notgeschlachtet worden war; aus dem Schulterblatte konnte der Erreger isoliert werden. Im anderen Falle, in dem ein Schaf als Ursache der Fleischvergiftung angesehen wurde, konnte von diesem kein Material zur Bestätigung der Diagnose beschafft werden.

48. Kälberdiphtherie

Die Kälberdiphtherie ist eine durch den *Nekrosebazillus* (s. u. Moderhinke) verursachte schwere *Entzündung der Schleimhaut der Maul- und Rachenhöhle,* die zum Absterben kleinerer und größerer Teile der erkrankten Schleimhaut führt. Mit der Menschendiphtherie hat die Krankheit nichts zu tun. Aus *Nordrhodesien* wird berichtet, daß die Krankheit häufig sei. Sie ist auch in der *Südafrikanischen Union* bekannt. Behandlung nach den Regeln der Chirurgie, soweit es nicht die Schwere der Erkrankung geboten erscheinen läßt, die erkrankten Tiere zu schlachten. Die Verwendung des Fleisches richtet sich im Einzelfall nach dem Ergebnis der Fleischbeschau. Die Haut der erkrankten Tiere kann frei verwertet werden.

49. Moderhinke

Die Moderhinke ist eine durch eine *Entzündung der Klauenlederhaut* verursachte Erkrankung des *Schafes,* der *Ziege* und des *Rindes.* Die Entzündung wird durch äußere Einflüsse hervorgerufen, die den Entzündungserregern, darunter dem *Nekrosebazillus,* den Eintritt ermöglichen. Die Entzündung geht häufig vom Klauensäckchen aus. *Beal* (1920) berichtet von der *Goldküste,* daß die Krankheit besonders in der Regenzeit auftrete, wenn die Tiere im Kral tief im Schlamme stehen; er hält die Erkrankung für eine Infektion mit dem Nekrosebazillus. Unter ähnlichen Verhältnissen tritt die Moderhinke wohl in allen regenreicheren Teilen Afrikas auf und hat namentlich bei den Eingeborenenviehbeständen im tropischen Afrika wegen der unhygienischen Kralhaltung eine große Bedeutung. In dem Schutzgebiet *Deutsch-Südwestafrika* spielt sie bei Schafen in der Regenzeit eine größere Rolle; man macht dort auch die durch die Haut einwandernden Larven von Hakenwürmern für die Einschleppung von Nekrosebazillen verantwortlich. Nach *Edmonds* und *Walker* kann man in *Rhodesien* als die gewöhnlichen Verbreiter dieser Krankheit *Zecken* ansehen. In Gebieten, in denen Zecken sehr häufig sind, pflegt man deshalb an einem Ausgang des Krals ein Fußbad aus Zement oder Holz einzurichten, durch das die Schafe täglich hindurchgehen und das, mit einer etwa 8 cm tiefen Schicht von Arseniklösung gefüllt, ein gutes Mittel zur Bekämpfung der Krankheit darstellt. Wo die Zecken nicht die Hauptursache sind, wie in dem Schutzgebiet *Deutsch-Südwestafrika,* füllt man das auch in diesem Falle wertvolle Fußbad am besten mit einer möglichst starken Kupfersulfatlösung (5—20 v. H. nach *Edmonds* und *Walker),* die für noch besser gehalten wird als die Arsenlösung und in der Tat oft ausgezeichnet wirkt. Des weiteren richtet sich die Behandlung der Moderhinke nach den Regeln der Chirurgie: Reinigung der Wunden,

Entfernung abgestorbener Teile und Anwendung von desinfizierenden Flüssigkeiten oder Holzteer.

50. *Glatzflechte (Ringflechte, ringworm, Trichophytia) und Wabengrind (Favus)*

Die *Glatzflechte* ist eine durch *Trichophytiepilze* hervorgerufene Hautkrankheit, die beim Pferde, Rinde, Schafe und anderen Tieren auftritt. Die Krankheit äußert sich durch *ringförmige, scharfbegrenzte, haarlose,* später mit Borken besetzte *Stellen* der Haut. Mit der Krankheit kann mäßiger Juckreiz verbunden sein.

Der *Wabengrind* ist eine durch den *Achorionpilz* hervorgerufene Hautentzündung, die mit der Bildung scheibenförmiger, in der Mitte vertiefter, daher *schüssel-* oder *schildförmiger Borken* einhergeht.

Die *Glatzflechte* wird unmittelbar und mittelbar durch Putzgeschirre von Tier zu Tier übertragen. Beim Pferde sind Lieblingsstellen der Glatzflechte die Haut der Schulter, der Brustwand, Flanken, Kruppe und Rücken, Hals und Kopf, beim Rinde Kopf und Hals und die Aftergegend, selten der Rumpf. Beim Rinde besteht verschieden starker Juckreiz, namentlich im Anfang und zur Zeit des Abheilens. Beim Kalbe tritt die Krankheit in Form des sog. Kälbergrinds auf mit Bildung dicker, kleien- bis brotteigähnlicher, trockener Borken. Der *Wabengrind* ist bei den nutzbaren Haustieren selten. Häufiger kommt er bei *Katzen* und *Hunden* vor.

Mittel zur Behandlung. Die Behandlung der *Glatzflechte* wird eingeleitet durch Abscheren der Haare, Erweichung harter Borken, Anwendung einer Mischung von Schmierseife und Schweinefett (Mischung zu gleichen Teilen) oder Kreolinlösung, nötigenfalls durch Waschung oder ein Bad. Die eigentliche Behandlung besteht in der Einreibung *pilztötender Salben* (z. B. Teer-, Naphthalin-, Kreosotsalben), die vor den Waschungen den Vorzug haben, daß sie die Widerstandsfähigkeit der Haut gegenüber den Pilzen nicht herabsetzen. Bei Jungrindern hat sich Kreolinliniment gut bewährt, bei starker Ausbreitung auch ein *Bad.* In *Afrika* werden die kranken Tiere durch Waschungen mit verschiedenen pilzwidrigen Flüssigkeiten (Räudebadflüssigkeiten) behandelt (s. a. *Dunning,* 1936*).* Während des Herrschens der Krankheit bei Pferden hat das Putzen zu unterbleiben. Zur Behandlung des *Wabengrindes* verwendet man nach Entfernung der erforderlichenfalls vorher erweichten Borken 0,5prozentigen Sublimatspiritus, 10prozentige Salizylsalbe und andere desinfizierende Mittel.

Vorkommen der Ringflechte und des Wabengrindes. Die beiden Krankheiten werden oft nicht genauer unterschieden, sondern als eine Krankheit geschildert. Über den durch den Achorionpilz hervorgerufenen *Wabengrind* liegen aus Afrika nur wenige Schrifttumsangaben vor *(Catanei,* 1936*).* Über die

Ringflechte wird berichtet aus *Nordafrika (Catanei,* 1936*)*, den deutschen Schutzgebieten *Kamerun (Ota* und *Calliard,* 1926*)* und *Deutsch-Südwestafrika,* wo sie *Dunning* (1936) bei Pferden und der eine von uns *(Kulenkampff)* häufig bei Kälbern gesehen hat, ferner aus *Britisch-Somaliland* (beim Kamel, *Peck,* 1938), *Südrhodesien* (Ber. 1931) usw.

Übertragung auf den Menschen. Die *Glatzflechte* ist auf den *Menschen leicht übertragbar* und kann umgekehrt durch kranke Menschen auf die Tiere übertragen werden. Gelegentlich kann auch der *Wabengrind* auf den Menschen übertragen werden, und zwar durch Umgang mit *kranken Hunden.*

51. *Geflügelcholera*

Die Geflügelcholera ist eine durch die *Geflügelcholerabakterie (Pasteurella aviseptica)* verursachte Erkrankung des Geflügels, deren auffälligste Erscheinung bei den lebenden Tieren *Durchfall* und bei den gestorbenen und getöteten Tieren eine blutige Entzündung der Schleimhaut des Darmes ist. Die natürliche Ansteckung erfolgt durch die mit dem Kote ausgeschiedenen Erreger, die von den gesunden Tieren aufgenommen werden. *Stewart* glaubt, daß Gnitzen (Sandfliegen, Phlebotomen) die Krankheit übertragen können (Westafrik. Vet.-Konferenz 1936). Die Geflügelcholera ist in *Afrika weitverbreitet.* Es liegen Nachrichten von gehäuftem Vorkommen vor u. a. aus *Ägypten, Abessinien (Grignani,* 1935*)*, aus dem deutschen Schutzgebiet *Ruanda-Urundi* (Mand.-Ber. 1933), ferner aus der *Union von Südafrika (Henning* und *Coles,* 1933*)* und dem Schutzgebiet *Deutsch-Südwestafrika.* In *Britisch-Westafrika* ist sie nur aus Nigeria *nicht* gemeldet (Westafrik. Vet.-Konferenz 1936).

Zur *Bekämpfung* kann in bereits verseuchten Beständen von Pferden gewonnenes *Schutzserum* mit Erfolg angewandt werden. Im übrigen empfiehlt sich die *aktive Immunisierung* mit abgeschwächten lebenden oder avirulent gezüchteten Geflügelcholerabakterien oder mit Kulturen der Kaninchenpasteurellose nach *Staub* (1925, zit. n. *v. Hutyra-Marek-Manninger)* allein oder in Verbindung mit Immunserum. In Tunesien hat man mit Erfolg mit den Erregern der Kaninchenpasteurellose geimpft und nach acht Tagen mit lebenden Geflügelcholerabakterien nachgeimpft. Aus Marokko berichtet *Velu* (Ber. 1920), die Erfahrung habe bei verschiedenen Ausbrüchen gezeigt, daß man die Krankheit genau so gut mit Schutzserum allein wie mit Vakzine (lebenden oder abgetöteten Bakterien) bekämpfen könne.

52. *Kückenruhr und Hühnertyphus*

a. Kückenruhr

Die Kückenruhr ist eine durch das zur Kolityphusgruppe gehörige, aber unbewegliche *Bacterium pullorum* hervorgerufene Krankheit, die akut als *Allgemeinkrankheit,* aber auch chronisch unter dem Bilde der *Ruhr* verlaufen kann. Auf umfangreiches Vorkommen dieser Seuche in der *Südafrikanischen Union* kann man daraus schließen, daß dort ein freiwilliges Tilgungsverfahren gegen diese Seuche eingeleitet worden ist *(Coles,* 1937*)*. Das Vorkommen der Infektion mit dem Bacterium pullorum wird auch in *Kenya* (Ber. 1933) und *Ägypten (Leclainche,* 1938*)* angegeben. In *Algerien* verursacht sie manchmal schwere Verluste *(Donatien* u. *Lestoquard,* 1932*)*. In *Westafrika* soll sie nur an der Elfenbeinküste beobachtet worden sein (Westafrik. Vet.-Konf. 1936). Aus *Uganda* meldet der Veterinärbericht für 1932, daß die „bazilläre weiße Ruhr" unbekannt sei. *Dunning* (1934) berichtet aus *Südafrika* über wiederholte schwere Verluste bei Entenkücken. Nach dreiwöchiger Bebrütung starben 1000 Entenkücken ab, und 14 frisch ausgekrochene Entenkücken, die sofort an einen anderen Ort gebracht worden waren, starben nachträglich. Von derselben Farm wurden später 6 Dutzend Enteneier nach einer anderen Farm geschickt; die 60 geschlüpften Kücken starben fast alle an der Ruhr. Bei den gestorbenen Tieren wurde das zur Koli-Typhusgruppe gehörige *Bacterium anatum* gefunden.

b. *Hühnertyphus*

Als Hühnertyphus *(Kleins Hühnerseuche)* wird eine meist tödlich verlaufende Krankheit bei Hühnern, Truthühnern, Fasanen und Pfauen, seltener bei Enten bezeichnet, die unter *Durchfall,* erhöhtem Durstgefühl und beschleunigter Atmung verläuft und durch das *Bacterium gallinarum* verursacht wird, das in seinen Eigenschaften dem B. pullorum nahesteht. Der Hühnertyphus spielt in ganz Afrika eine mehr oder weniger große Rolle, vor allen Dingen bei dem Geflügel der Eingeborenen. In West-, Mittel- und Ostafrika verursacht er große Verluste. In dem Schutzgebiet *Deutsch-Ostafrika* liegt nach *Evans* (Mpapua-Ber. 1933) die Sterblichkeit über 50 v. H., wobei sich die einheimischen Tiere als ebenso empfänglich erweisen wie die eingeführten. Der Veterinärbericht für *Uganda* für 1936 gibt an, daß der Hühnertyphus unter den Beständen der Eingeborenen „wüte"; oft verlangten diese vorbeugende Impfung in regelmäßigen Abständen. Auch in der *Südafrikanischen Union* ist der Hühnertyphus häufig. In *Algerien* wird angenommen *(Donatien, Plantureux und Lestoquard,* 1924*)*, daß die Krankheit hauptsächlich durch Bazillenausscheider erhalten werde. Durch *Schutzimpfung* seien gute Erfolge erzielt worden; in bereits verseuchten Beständen seien Impfungen allerdings weniger wirksam, aber trotzdem empfehlenswert. Der *algerische Impfstoff* besteht aus einer eine Stunde lang auf 60^0 erhitzten, im Verhältnis von 5:1000 mit Karbol versetzten Bazillenemulsion. In *Kenya* werden als Impfstoff durch eine besondere Art der Züchtung abgeschwächte Bakterien verwendet, mit denen man gute Erfolge gehabt hat, wenn die Vögel nicht zu schwerer Ansteckung ausgesetzt worden waren *(Hudson,* 1934*)*. 1930 wurden in Kenya 492 Rhode-Island-Hähne gegen Hühnertyphus und Pocken geimpft, bevor sie in die Eingeborenenreservate abgegeben wurden. Auch in *Onderstepoort* wird ein Impfstoff gegen Hühnertyphus zum Versande hergestellt. Nach *Hudson* (1934) spricht die Epizootologie des Hühnertyphus und der Kückenruhr gegen die Identität der beiden Krankheiten.

53. *Spirochaetose des Geflügels (Spirochaetosis avium)*

Die Spirochaetose des Geflügels ist eine durch *Argaszecken* zur Übertragung gelangende, durch die *Spirochaeta anserina* hervorgerufene *Allgemeinkrankheit*. Empfänglich sind *Hühner, Gänse* und *Enten*. Die Krankheit ist eine Krankheit der tropischen und subtropischen Länder. Etwa 7—9 Tage nach dem Biß der Zecken zeigen sich die ersten Krankheitserscheinungen, die in *Freßunlust, Fieber, auffallender Schwäche* und *Schlafsucht*, ferner in *Durchfall* bestehen. Die Tiere *magern* hierbei *stark* ab. Krankheitsdauer 4 bis 6 Tage in den *akuten*, 8 bis 15 Tage in den *chronischen* Fällen. Es sterben, wenn nicht rechtzeitig eine geeignete Behandlung eingeleitet wird, sehr viele Tiere. Die Krankheit ist in Afrika weitverbreitet. Hühner eingeführter Rassen sind empfänglicher als die einheimischen (*Morcos*, 1935; *Pirani*, 1929).

Zur *Behandlung* steht eine Reihe von bewährten Arzneimitteln zur Verfügung. Ausgezeichnet wirkt das Atoxyl, ferner wurden sehr gute Heilerfolge mit Salvarsan, Neosalvarsan und anderen Arsenobenzolabkömmlingen erzielt (*v. Hutyra-Marek-Manninger*). Zur *Vorbeuge* kann man Hühner gegen die Krankheit dadurch schützen, daß man ihnen Blut kranker Tiere unter die Haut spritzt und sie 1—2 Tage später mit einem der bewährten chemischen Mittel behandelt. Zur *Bekämpfung* der die Krankheit übertragenden *Zecken*, die nicht nur als Überträger, sondern auch als gefährliche Blutsauger schädigen, wird empfohlen, die verseuchten Stallungen zu verbrennen, nicht Verbrennbares zu desinfizieren (10prozentige Karbollösung, 20prozentiges Lysol, am besten Abbrennen mit einer Lötlampe). Später sollen zur Verhütung einer Neueinschleppung alle zugekauften Hühner gebadet werden (z. B. mit 4prozentiger Lysollösung), was auch für die übrigen Bestände in monatlichen Abständen empfohlen wird. In dem Schutzgebiet *Deutsch-Südwestafrika* wird vor dem Baden der Hühner, das auch in Südafrika als zweckmäßig erachtet wird, nachdrücklich wegen der Vergiftungsgefahr *gewarnt*. Besser sei es, die Hühner für 10 Tage aus dem verseuchten Stall zu entfernen und gut mit Insektenpulver einzustäuben. Nach 10 Tagen haben die Zeckenlarven das Huhn verlassen, und man hat mittlerweile Zeit gehabt, den Stall zu desinfizieren (*Bertling*, 1930). Welche Bedeutung der Krankheit beizumessen ist, lehrt die Tatsache, daß in Australien hohe Strafen auf den Transport verseuchter Hühner und Gegenstände stehen (*Little*, 1919). Die übertragenden Zecken sind auch ohne Nahrung sehr lange lebensfähig. Von 436 im Laboratorium (in Ungarn) ohne Nahrung aufbewahrten Zecken waren 12 noch nach 5 Jahren und 7 Monaten am Leben (*Kopek*, 1936). Als Überträger kommt in Südafrika nur *Argas persicus* in Frage (*Martinaglia*, 1929).

III. DURCH PROTOZOEN VERURSACHTE SEUCHEN

A. *Allgemeines über Piroplasmosen und Anaplasmosen*

Wesen der Piroplasmosen. Als *Piroplasmosen* im weiteren Sinne werden nach *Knuth* und *du Toit* alle diejenigen übertragbaren Krankheiten bezeichnet, die durch pigmentlose, endoglobuläre (in den Blutkörperchen befindliche) Blutparasiten, *Piroplasmen,* hervorgerufen und in der Natur durch Zecken der Familie der *Ixodiden* übertragen werden. Eine Ausnahme macht die *Geflügelpiroplasmose* (Aegyptianellose), deren Übertragung durch *Argaszecken* erfolgt. Auch die durch Anaplasmen verursachten *Anaplasmosen* werden durch Zecken übertragen. Künstlich lassen sich die Piroplasmosen durch Überimpfung von Blut oder Organsaft übertragen. Die Parasiten zerstören die roten Blutkörperchen in so großer Zahl, daß Blutarmut, sehr häufig Hämoglobinurie und Gelbsucht entstehen. Bei den gefallenen und getöteten Tieren findet man gewöhnlich starke Gelbsucht, Milz- und Leberschwellung. Tiere, die die Krankheit überstanden haben, erlangen meist eine *Prämunität,* d. h. keine wirkliche Immunität, sondern nur eine Widerstandskraft (Resistenz) und behalten die Parasiten noch lange in ihrem Körper. Ob die Prämunität stets für die Zeit des Lebens bestehen bleibt, ist noch nicht geklärt. Vielleicht sind bei einigen Piroplasmosen wiederholte, leichte Neuinfektionen (Reininfektionen) notwendig, um die Prämunität aufrechtzuerhalten. Die Prämunität kann unter der Einwirkung äußerer Umstände, wie durch zu starke Reininfektion, Auftreten einer anderen Erkrankung (z. B. Rinderpest) und äußere Umstände (Überanstrengung, Transporte unter ungünstigen Verhältnissen usw.), niederbrechen, so daß die Tiere aufs neue erkranken.

Die *Piroplasmen* rechnen zu den Protozoen. *Du Toit* (1918) hat die Piroplasmen in zwei Familien eingeteilt, die Babesiden und Theileriden. Bei den *Babesiden* geschieht die *Vermehrung* in der *Blutbahn* des Wirbelwirtstieres durch Zwei- oder Vierteilung, während die *Theileriden* eine Entwicklung *in den Gewebezellen* des Wirbelwirtstieres, und zwar in *Zellen des lymphatischen Systems* (Milz, Lymphknoten, Leber) durch Schizogonie unter Bildung von *Kochschen* oder *Plasmakugeln* durchmachen. Die Plasmakugeln bilden sich teils extrazellulär, in der Hauptsache aber in den Lymphozyten. In den Plasmakugeln entstehen zahlreiche punkt- und kommaförmige Körperchen *(Gonders Agameten),* die nach Zerfall der Plasmakugeln ins Blut wandern und in die roten Blutkörperchen eindringen, wo sie sich nicht mehr vermehren, sondern allmählich absterben. Außer den Gonderschen Agameten gelangen auch ganze Plasmakugeln in den Blutkreislauf. Der Hauptvertreter der Babesiden ist *Babesia bigemina,* der Erreger des *Texasfiebers,* der Hauptvertreter der Familie der Theileriden die *Theileria parva,* der Erreger des Küstenfiebers.

Die *Zecken,* welche die Piroplasmen übertragen, gehören, wie erwähnt, mit einer Ausnahme zur Familie der *Ixodiden.* Die Zecken sind verhältnismäßig große blutsaugende Milben aus der Ordnung Acarida, Klasse Arachnoidea. Ihr im nüchternen Zustand plattgedrückter Körper nimmt beim Vollsaugen eine kugelige Form an und vergrößert sich so beim ausgewachsenen Weibchen um das Vielfache. Der Entwicklungsgang der Ixodiden ist folgender: Nach Begattung am Wirtstiere fällt das vollgesogene Weibchen ab und legt nach 3 bis 25 Tagen, bei manchen Arten später, eirunde, 0,46 bis 0,65 mm lange Eier in einem Klumpen oder schubweise in das Gras, einige in Fugen und Ritzen der Stallwand ab. Nach 3 bis 6 Wochen, bei manchen Arten später, schlüpfen sechsbeinige, gelbliche *Larven* aus, die nach einigen Tagen an Grashalmen oder Büschen hochkriechen und auf der Spitze der Grashalme wiegende Bewegungen ausführen, um an einen vorüberziehenden passenden Wirt zu gelangen. Nach dem Festbeißen auf diesem entwickeln sich die *einwirtigen Zecken,* wie Boophilus, auf einem und demselben Tier bis zur Geschlechtsreife, nachdem etwa in einer Woche die bereits achtbeinige *Nymphe* und aus dieser nach Festbeißen neben der alten Stelle im Verlauf einer weiteren Woche die *geschlechtsreife Zecke (Imago)* entstanden ist. Die Gesamtentwicklungsdauer der einwirtigen Zecke am Wirtstiere beträgt nach *v. Hutyra-Marek-Manninger,* denen wir in dieser Darstellung folgen, 3 bis 4 Wochen. Bei den *zweiwirtigen* Zecken, wie bei Rhipicephalus evertsi, Rh. bursa, manchmal auch Hyalomma aegyptium, häutet sich die festgebissene Larve etwa nach einer Woche am selben Tiere zur Nymphe, fällt nach einer weiteren Woche vollgesogen ab, häutet sich am Boden in 20 bis 30 Tagen zur Imago, die dann ein neues Wirtstier aufsucht und an diesem 6 bis 10 Tage verbleibt. Bei den *dreiwirtigen* Zecken, wie bei Ixodes ricinus, Rhipicephalus appendiculatus, Haemaphysalis leachi, Hyalomma aegyptium, Amblyomma hebraeum, fällt die vollgesogene Larve vom ersten Wirte gewöhnlich nach 2 bis 7 Tagen ab, häutet sich auf der Erde in 2 bis 4 Wochen oder später zur Nymphe, diese saugt sich an einem zweiten Wirte voll, fällt nach 2 bis 7 Tagen ab und wird durch Häutung in 2 bis 8 Wochen zur Imago, die am 3. Wirtstier 1 bis 3 Wochen lang verbleibt. Die Männchen nehmen bei den meisten Zecken kein Blut zu sich.

Die Lebensdauer der Zecken ohne Nahrung beläuft sich im Larven- und Nymphenstadium auf 6 bis 7 Monate, nach erlangter Geschlechtsreife bis zu 14 Monaten und mehr.

Übersicht
über die wichtigsten von Zecken übertragenen Krankheiten Afrikas, die übertragenden Zecken und die Entwicklungsstadien ihrer Übertragungsfähigkeit

(Nach *Neitz* und *du Toit,* 1938; abgeändert und ergänzt nach *Reichenow,* 1935; *Sergent* und *Poncet,* 1937; *Mönnig,* 1938; *Daubney,* 1938.)

Bemerkungen: Soweit die Autoren keine näheren Angaben über Zyklus der Zecke oder Übertragungsweise gemacht haben, sind die betr. Spalten freigeblieben.

Klammern in der ersten Spalte besagen, daß für die folgende Zecke in Afrika noch keine Bedeutung bei der natürlichen Übertragung der betr. Krankheit nachgewiesen worden ist.

Die angeführten Zecken kommen mit Ausnahme von Ornithodorus lahorensis und den Dermacentorarten — über die entsprechende Angaben nicht vorliegen — in Afrika vor.

L = Larve, N = Nymphe, I = Imago, × = Aufnahme infektiösen Blutes
→ = Infektion des Wirbeltierwirts

Erreger	Überträgerzecke	Wieviel Wirte	L	N	I	L	N	I
Babesia bigemina	Boophilus decoloratus	1	×—	—×—	—×—	—→		
— *Texasfieber* —						×—	—×—	—×—
			——	——	——	—→		
	Boophilus microplus (syn. australis)	1	×—	—×—	—×—	—→		
(Asien)	Boophilus calcaratus	1	×—	—×—	—×—	—→		
	Rhipicephalus appendiculatus . .	3		×—	—→			
					×—	—→		
	Rhipicephalus evertsi	2	×—	—×—	—→			
					×—	—→		
	Rhipicephalus bursa	2		×—	—→			
					×—	—→	—→	—→
(Europa)	Haemaphysalis cinnabarina punctata	3		×—	—→			
Babesia bovis (Europa) . . .	Ixodes ricinus	3	×—	—→				
				×—	—→			
					×—	—→		
Babesia berbera	Boophilus calcaratus	1			×—	—→		

Erreger	Überträgerzecke	Wieviel Wirte	L	N	I	L	N	I
Theileria parva	Rhipic. appendiculatus	3						
— *Ostküstenfieber* —	Rhipic. simus	3	×	→				
	Rhipic. capensis	3		×	→			
	Rhipic. nitens	3						
	Rhipic. evertsi	2	×	×	→			
	Hyalomma aegyptium impressum	2 od. 3	×	→				
				×	→			
(im Versuch)	Hyalomma anatolicum							
Theileria dispar	Hyalomma mauritanicum	2	×	×	→			
(im Versuch)	Hyalomma impressum „near" planum	2 od. 3		×	→			
Theileria mutans	Rhipic. appendiculatus	3		×	→			
	Rhipic. evertsi	2	×	×	→			
Babesia caballi (in USSR u. Italien)	Dermacentor reticulatus	3			×	—	→	→
			×	×	→			
	Dermacentor silvarum			×	→			
Babesia equi	Rhipic. evertsi	2	×	×	→			
Babesia ovis (USSR)	Rhipicephalus bursa	2	×	×	→			
Babesia motasi	Rhipicephalus bursa	2	×	×	→			
					×	—	—	→
Theileria ovis (USSR)	Rhipicephalus bursa	2	×	×	→			
Theileria recondita (USSR)	Rhipicephalus bursa	2	×	×	→			
Babesia canis	Haemaphysalis leachi	3			×	—	—	→
			×	→				
	Rhipic. sanguineus	3		×	→			
					×	→	→	→
Anaplasma marginale	Boophilus decoloratus	1						
(Südamerika)	Boophilus microplus	1	—×	—×	—×	→		
	Rhipicephalus simus	3			×	→		
	Rhipicephalus bursa	2		×	→			
(Nordamerika)	Rhipicephalus sanguineus	3	×	→				
	Hyalomma lusitanicum	2			×	—	—	→
(Europa)	Ixodes ricinus	3			×	→		
(Europa)	Haemaphysalis cinnabarina punctata	3		×	→			
					×	—	—	→
Anaplasma ovis (USSR)	Ornithodorus lahorensis	viele	? ×	→ ?				
			?	?	?			
Nairobischafkrankheitsvirus	Rhipic. appendiculatus	3	×	→				
				×	→			
					×	→		
	Amblyomma variegatum	3	×	→				
	Rhipicephalus bursa?	2		×	→			
Rickettsia ruminantium — *Herzwasser* —	Amblyomma hebraeum	3	×	×	→			
				×	→			
	Amblyomma variegatum	3		×	→			
Aegyptianella pullorum	Argas persicus	viele			×»			

Der *Entwicklungsgang der Piroplasmen* in den Zecken ist noch nicht in allen Einzelheiten geklärt. Nach *v. Hutyra-Marek-Manninger,* die die Ergebnisse der vorliegenden Forschungen zusammenstellten, verwandeln sich die beim Saugakt in den Darm der Zecken gelangten *Babesien* zunächst hier in keulen- oder würmchenförmige Gebilde, die sich im Darmepithel vermehren. Ob es hierbei auch zu einer geschlechtlichen Fortpflanzung kommt, ist zum mindesten noch fraglich. Nach *Regendanz* und *Reichenow* (1933) treten bei Babesia canis keine geschlechtlichen Formen in der Zecke auf. Vom Darmepithel dringen die Parasiten in die Leibeshöhle und von hier dann, wenn die Übertragung durch das Ei geschieht, in die Eierstöcke und in die Eier, wo sie sich weiter vermehren, sonst in die Speicheldrüsen. Bei den Larven, die aus infizierten Eiern geschlüpft sind, erfolgt namentlich in den Speicheldrüsen eine sehr starke Vermehrung der Parasiten, die nach dem Bersten der Drüsenzellen in den Speichel und damit beim Biß in den Säugetierkörper gelangen. Für die *Theilerien* nahmen *Gonder* (1910) und *Cowdry* und *Ham* (1930) an, daß diese sich im Zeckendarm in männliche und weibliche Gameten umwandeln, die nach erfolgter Kopulation in die Darmepithelien eindringen und von hier aus in die Speicheldrüsen, wo sie heranwachsen und durch Schizogonie in zahlreiche kleine Sporozoiten zerfallen, die beim Biß der Zecken auf das Säugetier übertragen werden. *Reichenow* (1937, 1938) kam zu anderen Ergebnissen. Er fand, daß von den gewaltigen Theileria-parva-Massen, die beim Saugen an einem küstenfieberkranken Rind in den Zeckendarm kommen und auf der Höhe der Infektion die Blutkörperchen an Zahl übertreffen können, nur ganz wenige erhalten bleiben, denen es gelingt, durch die Darmwand in die Zellen der Speicheldrüsen zu gelangen. Irgendwelche Entwicklungsvorgänge vor dem Befall der Speicheldrüsen finden nach *Reichenow* ebensowenig im Darme wie in irgendeinem anderen Organe statt. Erst wenn die inzwischen gehäutete Zecke einen neuen Blutspender gefunden und an diesem mit dem Saugakt begonnen hat, setzt in den Speicheldrüsenzellen die Entwicklung der Theilerien ein. Die Theilerienstadien sitzen fast immer in den Sekretzellen der Speicheldrüsenazini. 24 Stunden nachdem sich die Zecke auf einem Wirte festgesetzt hat, beginnen sich die winzigen Theilerien durch Zweiteilung zu vermehren und liegen schließlich zu vielen Tausenden durcheinandergemischt in den Zellen. Schließlich bricht die Zelle auf und entleert ihren Inhalt in den Hohlraum der Drüse, von wo die Theilerien mit dem Speichel in die Saugwunde gelangen. Die Nymphen sitzen wenigstens 4 Tage an ihrem Wirt. Während dieser Zeit haben die meisten Parasitenhaufen ihre Entwicklung beendet. Doch findet man in den Drüsen der abgefallenen Zecken noch Parasiten. Diese gehen aber mitsamt ihren Wirtszellen zugrunde; denn die Speicheldrüsenazini werden bei der Häutung der Nymphen neugebildet: *„Die Zecke reinigt sich."*

Bekämpfung der Piroplasmosen. Tiere, die an *Babesiosen* leiden, können mit Erfolg durch Verabreichung bestimmter Arzneimittel, bei Infektion durch B. bigemina, z. B. durch Trypanblau, behandelt werden. Bei den *Theileriosen* und *Anaplasmosen* verfügen wir über gleich wirksame Arzneimittel nicht. Bei allen hier in Frage kommenden Babesiosen und Theileriosen wie auch den Anaplasmosen ist der erfolgreichste Weg der Bekämpfung die *Vernichtung der Zecken,* insbesondere durch das *Baden* (s. u. „Baden" bei Texasfieber und Küstenfieber). *Das planmäßige Baden ist auch das einzige Mittel, die Zeckenplage zu vermindern und schließlich auszurotten,* was nicht nur wegen der Überträgerrolle der Zecken bei wichtigen schwerschädigenden Allgemeinkrankheiten, sondern auch wegen der unmittelbaren Schädigung der Farmtiere durch die Zecken an sich, insbesondere durch Blutsaugen (s. SWA. Mand.-Ber. 1927), erstrebenswertes Ziel ist. Weiter können die Zecken auch anderen Erkrankungen den Weg bahnen (s. unter Myiasis, geschwürige Lymphgefäßentzündung). Hinzu kommen ferner die Zerstörung des Euters bis zum Versiegen bei Milchkühen *(Diesel,* 1935*)* und Minderung des Wertes der Häute *(Edmonds* und *Walker,* 1929*).*

Gegenüber dem großen Ziele der Zeckentilgung können unvermeidliche kleine Nachteile des Badens in Kauf genommen werden, wie die Schwächung der Tiere durch häufiges Baden — bei Arbeitstieren ist dieses deshalb auf den Sonnabend zu legen —, dann der Milchverlust am Tage des Badens, über dessen Höhe die verschiedensten Annahmen bestehen

(1 bis 10 v. H., *Nicol,* 1935). Den *großen Wert des Badens* kennzeichnet *du Toit* (1930) mit folgenden Worten: „*Die Bedeutung des Badens neben der Bekämpfung der Piroplasmosen erhellt daraus, daß es früher, als das Baden noch nicht eingeführt war, selten war, wenn man in Natal ein Rind sah, das mehr als 2 Zitzen hatte. Ferner war es unmöglich, mehr als 30 v. H. der Kälber aufzuziehen, heute gelingt das bei 95 v. H. Selbst wenn alle von Zecken übertragenen Krankheiten in Südafrika ausgerottet sein werden, werden die Farmer weiter baden.*"

Wegen der Bekämpfung der Piroplasmosen durch *Schutzimpfung* vergleiche die einzelnen Seuchen.

54. *Texasfieber (Rotwasser)*

Wesen. Das Texasfieber ist eine durch *Babesia bigemina* verursachte *Blutkrankheit,* die durch verschiedene Zeckenarten, hauptsächlich durch *Boophiluszecken,* vom kranken Rind auf das gesunde übertragen wird. Die Krankheit hat den Namen daher erhalten, daß sie zuerst in Texas beobachtet und näher untersucht wurde. Später ist sie auch in Afrika und in anderen tropischen und subtropischen Gebieten festgestellt worden.

Vorkommen. In *Afrika* tritt das Texasfieber *fast in allen Gebieten enzootisch* auf. Zu den Ausnahmen gehört u. a. das Schutzgebiet *Deutsch-Südwestafrika,* wo die Krankheit von dem seit 30 Jahren dort tätigen Regierungstierarzt Dr. *G. Schmid* nur einmal beobachtet worden ist. Der eine von uns (*v. Ostertag,* 1912) gibt an, daß er in zahlreichen 1910 untersuchten Blutausstrichen von Rindern, die in Deutsch-Südwestafrika geboren waren, niemals B. bigemina gefunden hat. Auch in den Mandatsberichten wird nur gelegentlich über das Auftreten von Einzelfällen von Texasfieber berichtet (1935). In der *Südafrikanischen Union* gibt es texasfieberfreie Gebiete im Oranjefreistaat, Betschuanaland und in Teilen des Hochfeldes von Transvaal (Fmg. S.Afr. *13.* 182, 1938).

Ursache. Die Babesia bigemina schmarotzt im Innern der roten Blutkörperchen, ist hier meist in Doppelbirnenform gelagert, in der Art, daß die 2 bis 4 μ langen und 1,5 bis 2 μ breiten Parasiten mit ihren zugespitzten Enden einen spitzen Winkel bilden. Seltener sind runde oder ovale Formen. In den Parasiten lassen sich durch Giemsafärbung Chromatinkörnchen nachweisen. Nach *Rosenbusch* und *Gonzales* (zit. nach *v. Hutyra-Marek-Manninger*) gibt es *verschiedene Typen* der Babesia bigemina, mit denen nicht gegeneinander immunisiert werden kann. Für das Vorkommen verschiedener Typen spricht nach *Reichenow* (1935) auch die Tatsache, daß an der Übertragung des Texasfiebers verschiedene Zeckenarten beteiligt sind; ferner kann man aus den Erfahrungen bei der Schutzimpfung in den verschiedenen Teilen Afrikas denselben Schluß ziehen (s. unter Immunisierung).

Empfängliche Tiere. Das Texasfieber kommt nur beim *Rinde* vor. Bei Rindern, die in verseuchten Gebieten geboren werden, pflegt die Krankheit milde aufzutreten, weil sie als Kälber die Krankheit ohne großen Schaden überstehen und dadurch eine Resistenz erlangen (Prämunität). In frisch verseuchten Herden tritt die Krankheit sehr verlustreich auf. Der B. bigemina ähnliche Parasiten wurden auch im Blute von *Büffeln* gefunden. *Littlewood* (1922) und *Rabagliati* (1926) sprechen sich für das Vorkommen von Texasfieber beim ägyptischen Büffel aus. In Südafrika hat *Martinaglia* (1930) die Erscheinungen des Texasfiebers bei einer *Rappenantilope* (Hippotragus niger) mit dem Befund von Babesien im Blute beobachtet.

Übertragung. Die Überträgerin des Texasfiebers ist in Südafrika die einwirtige Zecke *Boophilus decoloratus (blaue Zecke).* Ausnahmsweise kommen in Südafrika auch die mehrwirtigen Zecken *Rhipicephalus evertsi (rote Zecke)* — zweiwirtig — und *Rh. appendiculatus* (gewöhnliche *braune Zecke*) — dreiwirtig — in Frage *(Theiler).* In *Französisch-Nordafrika* überträgt *Rh. bursa* — zweiwirtig — die Babesia bigemina *(Sergent* u. a., 1928, 1931*).* Das Texasfieber ist an Örtlichkeiten gebunden, wo sich übertragungsfähige Zeckenarten finden, die Gelegenheit haben, Babesien von kranken Rindern aufzunehmen. Die Zecken kommen nur an buschigen Orten bei genügender Feuchtigkeit fort und verlassen aktiv ihren Standort nicht. Deshalb sind die Zeckenflächen scharf umgrenzt. Von hier aus können aber die Zecken durch Tiere verschleppt werden. Durchseuchte Tiere können noch nach 10 bis 12 Jahren Parasiten in ihrem Blute beherbergen und besitzen dadurch die bereits erwähnte Prämunität. Ein von Babesiose genesenes Tier ist nur solange prämun, als es noch Parasiten im Blute aufweist. Ob ohne Neuinfektion eine solche Prämunität sich für das ganze Leben erhält, ist noch nicht geklärt, welche Gründe sie hat, auch nicht *(de Kock,* 1929*). De Kock* schließt aus Versuchen mit entmilzten Tieren, daß bei der Aufrechterhaltung der Prämunität gegen das Texasfieber die Milz eine entscheidende Rolle spielt. Ein Versuch von *Cornell* und *Evans* (Tanganyika-Ber. 1930, S. 14—51) scheint zu beweisen, daß gegen Texasfieber unempfängliche Rinder nicht unbedingt Parasitenträger zu sein brauchen; sie haben festgestellt, daß Blut von einem gegen Texasfieber unempfänglich gewordenen Tier ein für Texasfieber empfängliches Tier nicht zu infizieren vermochte. Bei den *einwirtigen* Zecken erfolgt die Übertragung erst durch die Larven, die sich aus den Eiern von Weibchen entwickeln, die an kranken Tieren gesogen haben. Bei den *2-* und *3-wirtigen* Zecken erfolgt die natürliche Ansteckung durch Nymphen und geschlechtsreife Formen der Zecken, die im vorausgegangenen Entwicklungsstadium Blut von kranken Tieren gesogen haben. Nach *Theiler* (zit. nach *Neitz* und *du Toit,* 1938) kann bei Rhipicephalus appendiculatus auch die Larve den Erreger übertragen, da er auch bei diesen Tieren durch das Ei geht, wie bei den einwirtigen Zecken. Dasselbe gilt nach *Neitz* und *du Toit* (1938) auch für Rh. evertsi und nach *Sergent* (1931) für Rh. bursa. *Theiler* konnte zeigen, daß bei Boophilus decoloratus auch noch die Enkelgeneration infektiös sein kann (zit. nach *Neitz* u. *du Toit,* 1938*).* Für den Fall der Ausfuhr von Rindern aus Texasfiebergegenden nach Deutschland ist die Feststellung von *Zeller* und *Helm* (1923, zit. nach *Neitz* u. *du Toit,* 1938) von Wichtigkeit, daß die Krankheit auch durch die in Mitteleuropa heimische Zeckenart *Haemaphysalis cinnabarina punctata* übertragen werden kann.

Abb. 23

Reichenow (1935) setzt Zweifel in die Schlüssigkeit dieser Versuche; bis zur weiteren Klärung müssen aber die Versuche von *Zeller* und *Helm* für das veterinärpolizeiliche Verfahren als maßgeblich bezeichnet werden.

Erscheinungen, Verlauf. Es wird ein akuter und ein chronischer Verlauf unterschieden. In den *akuten* Fällen beginnt die Krankheit nach einer Inkubationszeit von 8 bis 14 Tagen bei natürlicher Infektion, die bei künstlicher Infektion (mit Blut) nur 3 bis 6 Tage betragen kann *(Knuth* u. *du Toit),* mit Fieber, Mattigkeit, Verringerung der Futteraufnahme, Verstopfung wechselt mit Durchfall ab, Herzschlag und Atmung sind beschleunigt, der Kot ist stark gelblich gefärbt und häufig mit Schleim und Blutgerinnseln gemischt. Der Harn zeigt in schweren Fällen eine mehr oder weniger rote Farbe *(Rotwasser),* die schließlich der Farbe des Portweins ähnlich werden kann. Die roten Blutkörperchen können bis zu einem Umfang von 75 v. H. durch die Parasiten zerstört werden. Gelegentlich kann aber die Rotfärbung des Harns ganz fehlen. Der Tod tritt in akuten Fällen meist schon nach 8 Tagen ein. Bei der *chronischen* Form erholen sich die Tiere langsam, der Harn ist nur wenig gerötet. *Kälber* überstehen die Erkrankung meist fast ohne äußere Krankheitserscheinungen; es weisen nur die gelbliche Farbe der Schleimhäute und des Kotes darauf hin, daß eine erhebliche Zerstörung von roten Blutkörperchen stattgefunden hat. Die Sterblichkeit schwankt zwischen 5 und 90 v. H. je nach Alter, Rasse und Kräftezustand der Tiere. Kälber und Jungrinder überstehen die Krankheit in den meisten Fällen, ältere Rinder dagegen erliegen ihr bis zu 95 v. H. und darüber, sofern sie nicht durch ein früheres Überstehen der Krankheit eine Prämunität erlangt haben.

Bei den *gefallenen* und *getöteten* Tieren findet man gelbe Färbung, zuweilen auch wäßrige (ödematöse) Durchtränkung des Unterhautbindegewebes. Die Muskulatur fällt durch ihre Blässe und ihre graurote und etwas trübe Beschaffenheit auf. Die *Milz* ist stark vergrößert (bis auf das Vierfache ihres normalen Gewichtes), ihre Kapsel ist gespannt und von stahlblauer Farbe. Die Milzpulpa ist braunrot, z. T. noch fest, z. T. ausfließend. Auch die *Leber* ist stark vergrößert und von derber Konsistenz. Die *Nieren* sind geschwollen, in den akuten Fällen dunkelbraunrot und in den chronischen blaß und schlaff. In der Harnblase findet sich in der Regel dunkelroter Harn.

Mittel zur sicheren Feststellung. Der sicheren Feststellung dient der Nachweis der Erreger in dem nach Giemsa gefärbten Ausstrichpräparat. Nach *Paine* (1934) ist es zweckmäßig, bei lebenden Tieren zur Untersuchung auf Babesien den *ersten Blutstropfen* zu verwenden, der aus der Nadel kommt; wenn eine größere Verwundung gesetzt werde und das Blut freier fließe, pflegten die aus solchem Blut angefertigten Blutausstriche ärmer an Babesien zu sein. *Paine* nimmt an, daß die befallenen Blutkörperchen größer sind als die gesunden und dazu neigen, sich in den Hautkapillaren festzusetzen.

Behandlung. Zur Behandlung stehen wirksame chemische Mittel zur Verfügung, *Trypanblau, Trypaflavin* (fast identisch mit „gonacrine" und „acriflavin" — *Masson,* 1935) und das *Acaprin (Bayer;* identisch mit „zothélone" der französischen Specia-Werke*). Trypanblau* wird in der Menge von ½ g je 100 kg Körpergewicht in Form von Einspritzungen in die Blutbahn, gelöst in 100 bis 200 ccm physiologischer Kochsalzlösung, angewandt, nach *Henning* (1932) in 1- bis 2prozentiger Lösung in Wasser; Dosis je nach Größe des Tieres 1 bis 4 g. *Donatien* und *Lestoquard* (1927) geben an, daß viel kleinere Dosen genügen, 0,1 bis 0,2 g des Präparates in 1prozentiger Lösung. Sie kamen zu dem Vorschlag der Verwendung kleinerer Dosen, weil bei der Verwendung größerer Dosen unerwünschte Nebenerscheinungen (Muskelzittern und Atembeschwerden) auftreten. Die Einspritzung des Trypanblaus in die Vene muß mit größter Sorgfalt geschehen, so, daß von dem Mittel nichts in das Unterhautbindegewebe gelangt, weil hierdurch schwere örtliche Entzündungserscheinungen hervorgerufen werden können. Ein Nachteil des Trypanblaus ist, daß die Ausscheidungen (Milch) und das Fleisch für Wochen blaugrün gefärbt erscheinen, was die Verwertung der Milch und des Fleisches als Lebensmittel beeinträchtigt. Nach *Ivánfi* (1931) erfolgt diese Färbung nur dann, wenn ein Teil des Trypanblaus in das Unterhautbindegewebe gespritzt wird, bei sachgemäßer Ausführung der Einspritzung lasse sich bereits 24 Stunden hernach am Fleische keine Veränderung mehr feststellen. Bei längerem Stehen nehmen Trypanblaulösungen giftige Eigenschaften an *(Steyn,* 1935*)*. Von *Theiler* und anderen ist auch das *Piroblau* empfohlen worden; dies hat aber gegenüber dem Trypanblau keine Vorzüge *(Parkin,* 1931*)*. Das *Trypaflavin* wird in Mengen von 0,5 g für Jungrinder und 1 g für erwachsene Rinder in 2- bis 5prozentiger Lösung gleichfalls in die Vene gespritzt. Es hat den Vorteil, daß die Gewebe nur schwach gefärbt werden und der Farbstoff rasch ausgeschieden wird, ferner, daß sich seine Wirkung gegen sämtliche Babesien richtet und daß es deshalb auch wirksam ist, wenn ein Irrtum über die Artzugehörigkeit der Babesien vorliegt. Nach *v. Hutyra-Marek-Manninger* sind die mit Trypaflavin behandelten Tiere einige Tage vor starker Sonnenbestrahlung zu schützen, da sie durch die Trypaflavinbehandlung eine Sonnenstrahlenempfindlichkeit (Photosensitivierung) erhalten. In Nordafrika hat man ausgezeichnete Erfahrungen mit dem Trypaflavin gemacht *(Velu, Zottner* u. *Iposteguy,* 1933*)*, auch in *Französisch-Westafrika* wird Trypaflavin neben Trypanblau als das beste Mittel gegen Texasfieber betrachtet (Ber. 1936). Aus Südafrika (Nyassaland) liegt folgendes Urteil vor *(Wilson,* 1936*)*: „Wenn die Krankheit nicht länger als 24 Stunden besteht, ist Trypaflavin angebracht. Ernstere Zustände scheint es zu verschlimmern. Sein einziger Vorteil vor dem Trypanblau scheint die niedrigere Dosis zu sein.“ *Saillard* (1938) rät, Trypaflavin nicht bei Tieren zu verwenden, die gleichzeitig an Piroplasmose und Maul- und Klauenseuche erkrankt sind, da dann leicht der Tod eintreten könne, besonders wenn der Herzmuskel angegriffen sei. Neuerdings wird auch *Acaprin (Bayer)* viel verwendet. Das Mittel hat die Vorteile, daß es die Farbe der Gewebe nicht verändert und daß die Behandlung gefahrlos ist, auch wenn sich 5 bis 10 Minuten nach der Einspritzung in 4 bis 6 Stunden wieder verschwindende Erscheinungen, wie Muskelzittern, Speichelfluß, unwillkürlicher Harn- und Kotabgang, zeigen. Die Tiere erhalten je 100 kg Körpergewicht 2 ccm einer 5prozentigen Lösung, die nicht in die Blutbahn gegeben zu werden braucht, sondern unter die Haut oder die Muskulatur eingespritzt und selbst peroval eingegeben werden kann. Von Berichterstattern über günstige Ergebnisse mit Acaprin können verzeichnet werden: *Velu,* 1937 (Marokko); *Morris,* 1936 (Nordrhodesien), der betont, daß Acaprin bei der Behandlung der Piroplasmose die besten Ergebnisse zeige; *Cernajanu* (1936), der angibt, Acaprin sei wirksamer als Trypanblau und sogar als Trypaflavin; und *Alla,* 1937 (Algerien), nach dessen Worten Acaprin spezifisch gegenüber B. bigemina wirkt.

Vorbeuge, Schutz eingeführter Tiere, Entseuchung verseuchter Gebiete. Die Vorbeuge besteht in der Bekämpfung der Zecken oder in der Schutzimpfung. Die *Bekämpfung der Zecken* erfolgt durch regelmäßiges Baden in zeckentötenden Lösungen. Das *planmäßige Baden* läßt sich dort durchführen, wo genügend Bäder vorhanden sind. Diese Voraussetzung ist in der *Südafrikanischen Union* in glänzender Weise erfüllt. Es gibt dort keine neuzeitliche Farm mehr, auf der nicht mindestens eine Badeeinrichtung (Dippe) besteht. 1929 gab es in der Union 13500 Badeeinrichtungen; in diesem Jahre sind schätzungsweise 120000000 Rinder durch diese Bäder gegangen *(du Toit,* 1930*)*. Daß es auch in Gebieten mit überwiegendem Anteil der Eingeborenen an der Viehzucht möglich ist, das Baden in umfassendem Umfang durchzuführen, lehrt das Beispiel von *Nyassaland,* das neben den im Privatbesitz befindlichen Bädern auf Staatskosten noch 61 Badeanlagen unterhält; 1935 wurden in Nyassaland 3757000 Eingeborenenrinder und 101800 Europäerrinder gebadet (Ber. 1935).

Badeverfahren. Das Baden geschieht in *Arsenbädern.* In Afrika wird *arsenigsaures Natrium in 0,1-, 0,2- und 0,3prozentiger Stärke* verwendet, je nach den Abständen, in denen die Bäder aufeinander folgen. Die Zeitabstände, in denen das Baden zu wiederholen ist, richten sich nach dem Entwicklungsgang der einzelnen Zeckenarten. Nach *Henning* (1932) gilt für die Häufigkeit des Badens folgendes: Da der wichtigste Überträger des Texasfiebers, die blaue Zecke (Boophilus decoloratus), eine einwirtige Zecke ist, die 21 bis 28 Tage auf ihrem Wirte bleibt, könnte Baden im Abstand von 2 bis 3 Wochen genügen, um die Mehrzahl der zu dieser Art gehörigen Zecken zu vernichten. Jedoch wird manchmal Texasfieber auch durch andere Arten übertragen, nämlich durch Rhipicephalus appendiculatus (braune Zecke), Rh. evertsi (rote Zecke), Rh. simus (schwarznarbige Zecke) und Rh. bursa (in Nordafrika), und einige von diesen Zecken bleiben in manchen Stadien nur 3 Tage auf dem Wirt. Aus diesem Grunde müßte das Baden, um wirksam zu sein, in *Zeitabständen von nicht mehr als 3 Tagen* durchgeführt werden. Dies ist nicht immer möglich. Aber *regelmäßiges Baden in Abständen von einer Woche kann ohne Schaden für Tier und Besitzer durchgeführt werden.*

Beim Baden ist zu beachten, daß trotz dem üblichen Untertauchen der Tiere beim Durchschwimmen des Bades die im Bereich der Ohren und des Schwanzes geschützt liegenden Zecken nicht alle getötet werden. *Diese geschützt liegenden Zecken sind nachträglich abzutöten durch eine unmittelbar auf das Baden folgende Behandlung der Ohren- und Schwanzgegend mit einem zeckentötenden Schmiermittel.* Dies ist eine sehr wichtige Maßnahme.

In ganz Natal ist zur Bekämpfung des Ostküstenfiebers wöchentliches Baden und Schmieren der Ohren- und der Schwanzgegend vorgeschrieben. In der *kalten Zeit* braucht nur *alle 14 Tage* gebadet zu werden, weil die Tiere zu dieser Zeit mager sind und durch das wöchentliche Baden stark angegriffen würden *(Diesel,* 1935*)*. *Nicol* (1935) und *Diesel* (1935) fordern, daß *auch für die nicht mit Ostküstenfieber verseuchten Gebiete der Südafrikanischen Union das regelmäßige Baden vorgeschrieben wird.* Es sollten alle Rinder in der Zeit vom Oktober bis Mai alle 3 Wochen gebadet werden, ferner sollte es *strafbar* sein, *wenn auf einem Rind eine erwachsene einwirtige Zecke gefunden wird,* da dies ein Beweis dafür ist, daß das Rind seit einer gewissen Zeit — etwa 3 Wochen — nicht mehr gebadet wurde. Ebenso sollte es strafbar sein, wenn *auf Rindern auf öffentlichen Wegen Zecken irgendwelcher Art in vollgesogenem Zustand gefunden werden.* Weiter sollte geforscht werden, ob sich nicht ein Bademittel finden lasse, das weniger giftig sei als Arsen *(Diesel,* 1935*)*.

Regelmäßige Nachprüfung der Stärke der Badeflüssigkeit ist notwendig. Da diese nicht zu jedem Bade erneuert werden kann, nimmt ihre Stärke langsam ab, durch Verdünnung infolge Regens und durch bakterielle Oxydation; die chemische Oxydation kann, wenn sie wohl auch bei einigen Arten von Badeflüssigkeiten auftritt, nach *van Zyl* (1924) vernachlässigt werden. Durch Verdunstung in heißen Zeiten kann das Bad zu stark werden. *Das Bad ist nur wirksam, wenn es die vorgeschriebene Zusammensetzung hat.* Aus diesem Grunde ist es unbedingt nötig, die Badeflüssigkeit von Zeit zu Zeit auf die richtige Konzentration zu prüfen. Wie *Knuth* und *du Toit* hervorheben, liegen die Grenzen, innerhalb deren die Konzentration schwanken darf, nicht weit auseinander. *Eine zu schwache Lösung tötet die Zecken nicht ab, eine zu starke ist für die zu badenden Tiere gefährlich.* Der genaue Gehalt an wirksamem Arsen ist durch die chemische *Laboratoriumsanalyse* zu ermitteln. Dazu ist Badeflüssigkeit in einer bis oben gefüllten, gut verschlossenen Flasche einzusenden. Es gibt aber auch *Schnellmethoden* zum Gebrauch in der Praxis. Zur Kontrolle der Stärke der Badeflüssigkeiten sind den Kontrollbeamten verschiedene Apparate in die Hand gegeben, z. B. der *„Isometer“ (van Zyl,* 1924; *Facer,* 1920*)*. Nach *Knuth* und *du Toit* hat *Chapin* (1914) in den Vereinigten Staaten von Nordamerika eine einfache Methode ausgearbeitet, die den Bedingungen der Praxis genügt. Sie beruht auf der *Titration mit Jod unter Verwendung von Stärke als Indikator in einer alkalischen Lösung* und kann im Laboratorium oder am Bade selbst vorgenommen werden. Um die Untersuchung in der Praxis möglichst einfach zu gestalten, hat *Chapin* alle notwendigen Chemikalien und Geräte in einem Kästchen zusammengestellt und dem Kästchen eine genaue *Gebrauchsanweisung* beigegeben, nach der zu verfahren ist*. Unabhängig von *Chapin* hat *Green* (1915) eine Methode zur Bestimmung der arsenigen Säure in den Zeckenbädern ausgearbeitet, die auf demselben Prinzip beruht wie die Methode von *Chapin*. *Green* hat Tabellen zusammengestellt, aus denen die wissenswichtigen Angaben über das in Südafrika angewendete 5- und 14tägige Bad abgelesen werden können.

Erfolge des Badeverfahrens. Durch planmäßiges Baden mit zeckentötenden Mitteln können die Zecken in einem befallenen Gebiete stark zurückgedrängt und in beschränkten Bezirken sogar ausgerottet werden, wie das Beispiel von Texas zeigt. Dort ist, wie der Assistentstaatssekretär im Landwirtschaftsministerium der Vereinigten Staaten *M. L. Wilson* bei der Eröffnung des XII. internationalen tierärztlichen Kongresses in Neuyork 1934 erklärte, durch das Zeckenbad im unermüdlichen Kampfe „aus dem wirtschaftlichen Gifthauchgebiet in 15 Südstaaten ein Weideparadies“ und „aus einem Gebiet der Verzweiflung“ ein Reich der Hoffnung und der günstigen Entwicklung gemacht worden. Mehr als 800 000 Quadratmeilen einer „Pesthöhle“ seien durch das Zeckenbad zu einem gesunden Weideland gemacht worden. Die Vereinigten Staaten verfügten nun über eine neue Südstaatenrinderzucht mit 171 Viehzuchtgenossenschaften, 327 Molkereien und 37 Käsereien und hätten aus dem Dürregebiet des Jahres 1934 mehrere Millionen Fleisch- und Milchrinder in die früher durch Texasfieber verseucht gewesenen Südstaaten auf üppige Weiden bringen und dadurch vor dem Untergang retten können.

Einwände gegen das Badeverfahren. Gegen die Zeckenbekämpfung durch Baden können mit Fug keine Einwendungen erhoben werden. Bedenken sind aber — wenn auch zu Unrecht — erhoben worden gegen zu gründliches Baden. Es wird geltend gemacht, daß durch das Baden die Zecken zwar soweit vernichtet würden, daß die Tiere in der Regel nicht mehr krank würden, daß auch die schweren allgemeinen Schädigungen durch die Zecken wegfielen, daß aber in den verseuchten Gebieten einige Zeit vor der völligen Ausrottung der Zecken die Zeckenmenge zu gering werde, um den Kälbern zu der gegen spätere Erkrankung schützenden leichten Infektion mit Wirkung der Prämunität zu verhelfen, daß andererseits aber doch noch genügend Zecken vorhanden seien, um gelegentlich bei den nun nicht mehr durch eine Durchseuchungsprämunität geschützten Tieren schwere Verluste hervorzurufen. Dies gilt besonders für feuchte, sehr zeckenreiche Gebiete, wie eine Anmerkung im Veterinärbericht für das unter Mandat stehende Schutzgebiet *Deutsch-Ostafrika* für 1932 zeigt: Piro-

* Ähnliche Kästen stellt die I.-G.-Farbenindustrie „Behringwerke“ in Leverkusen her.

und Anaplasmose sind in gebadeten Herden häufiger als in ungebadeten. Da ein Unterlassen des Badens aber bedeuten würde, daß die Zucht eines leistungsfähigen Rindes unmöglich wäre, kann auf das Baden nicht verzichtet werden. *Wenn das Stadium eintritt, daß zu wenig Zecken für eine natürliche Prämunisierung der Kälber vorhanden sind, müssen die Kälber mit Blut von Rindern geimpft werden, die die Krankheit überstanden haben,* ein Vorgehen, das in Südafrika bereits üblich ist. Der nötige Impfstoff ist von allen Tierseucheninstituten in Afrika zu beziehen.

Wo das Baden nicht möglich ist, kann behelfsmäßig auch eine Abtötung der Zecken durch *Bespritzen* der Rinder *mit einer zeckenwidrigen Arsenlösung* vorgenommen werden.

Die Schutzimpfung mit Blut durchseuchter Rinder stützt sich auf die Tatsache, daß Rinder durch das Überstehen eines akuten Anfalls des Texasfiebers eine *Prämunität* erhalten, d. h. in der Folge keine Krankheitserscheinungen zeigen, aber Träger der Texasfieberparasiten bleiben. Als Impfstoff verwendet man virulentes Blut, entweder von der natürlichen Ansteckung ausgesetzt gewesenen, scheinbar genesenen oder von künstlich angesteckten, prämunen Rindern, frühestens 3 und spätestens 12 Monate nach der Infektion nach Defibrinierung und Zusatz von 1 v. H. Natriumzitrat. *Baldige Verwendung* (binnen 24 Stunden — Fmg. S.Afr. 13. 182, 1938) ist notwendig, da die Babesien oft schon nach 2 Tagen abgestorben sind (Südrhod. Ber. 1933). Die Impfdosis beträgt nach *Sergent* 2 bis 10 ccm bei subkutaner Anwendung; jüngere Rinder erhalten größere, ältere kleinere Blutmengen unter die Haut gespritzt. Zur Verhütung von Impfverlusten, die bis zu 3 v. H. betragen können, empfahlen *Theiler* u. a., den Impflingen 4 bis 8 Tage nach der Einspritzung des virulenten Blutes *Trypanblau* in therapeutisch wirksamen Dosen intravenös zu geben. Zum gleichen Zwecke wurde die Verwendung von Trypaflavin und Acaprin empfohlen. Es ist ratsam, die Verabreichung dieser Mittel auf die Fälle zu beschränken, in denen stärkere Krankheitserscheinungen auftreten. Im allgemeinen wird von den tierärztlichen Instituten in Afrika bei der Ausgabe von Impfstoff gegen das Texasfieber eine entsprechende Menge Trypanblau mitgegeben.

Zum *Schutze der nach Südafrika zur Einfuhr gelangenden Rinder* wurden die Einfuhrtiere nach den Angaben von *Theiler,* soweit es sich um Einfuhr aus England handelte, ursprünglich in London mit *Texasfieberparasiten,* die von *Theiler* in infizierten Zecken dorthin gesandt worden waren, infiziert. Unbeschadet dieser ersten Immunisierung (Prämunisierung) wurden die Einfuhrrinder bei der Ankunft in Südafrika in besonderen Versuchsställen reinfiziert und dann zur Festigung ihrer Widerstandskraft auf eine verseuchte Weide gebracht, wodurch in der Regel eine so starke und nachhaltige Resistenz erzielt wurde, daß die Tiere ohne Gefahr einer Neuerkrankung selbst auf schwer verseuchte Farmen gebracht und dort als Zuchttiere verwendet werden konnten. *Gleichzeitig wurden die Tiere durch Impfung mit Anaplasma centrale gegen die durch Anaplasma marginale verursachte, schwer verlaufende Anaplasmose (s. d.) immunisiert. Theiler* hat damit die Grundlage für die Aufkreuzung des südafrikanischen Viehs gelegt, die dazu geführt hat, daß 1926 der Wert der Molkereierzeugnisse der Südafrikanischen Union schon 60 v. H. von dem der Golderzeugung erreicht hatte („The Farmers Gazette", 1926). Die Immunisierung der zur Aufkreuzung eingeführten Rinder gegen das Texasfieber ist in allen Kolonien mit Ausnahme des Schutzgebietes *Deutsch-Südwestafrika* die erste Voraussetzung der Aufkreuzung. Auch in Gebieten, in denen man zuerst geglaubt hatte, ohne eine Immunisierung gegen Texasfieber und Anaplasmose auskommen zu können, hat man sich später genötigt gesehen, die eingeführten Zuchttiere zu immunisieren (Madagaskar: *Poisson*, 1930). Nur zum Teil wird hierbei eine Vorimmunisierung in der Heimat der Tiere vorgenommen. In Afrika werden heute häufig die Tiere in den tierärztlichen Instituten der Bestimmungsländer in *besondere Impfstationen* eingestellt, wo sie bleiben, bis die Impfreaktionen abgeklungen sind. Nähere Angaben über die Schutzimpfung von eingeführten Zuchttieren finden sich: *Südrhod.* Ber. 1920; *Kenya*-Ber. 1928, 1929; *Madagaskar: Buck*, 1933; *Lignières*, 1924, 1928; *Omlin*, 1932; Fmg. S.Afr. 10. 421, 1935 und 13. 182, 1938; *van Saceghem*, 1931. *Wenn es möglich ist, die eingeführten Tiere mindestens 2 Monate im Stalle zu halten, wo die Gefahr der Einschleppung von infektiösen Zecken ausgeschaltet werden* kann, ist es auch möglich, zur Verbilligung des Verfahrens die *Tiere durch den Farmer auf seiner Farm immunisieren zu lassen.* Dies Verfahren birgt aber wegen des Fehlens tierärztlicher Aufsicht große Gefahren in sich und kann daher in zeckenreichen Gebieten bei wertvollen Zuchttieren nicht empfohlen werden.

Zur wirksamen Schutzimpfung müssen — zum mindesten zur Verstärkung der Prämunität — *Babesien* genommen werden, *die aus dem Lande stammen, in dem das Tier später leben soll.* Denn es gibt *verschiedene Stämme* der Babesia bigemina, und zwischen diesen bestehen, wie schon erörtert, immunisatorische Unterschiede, die dazu führen, daß z. B. ein mit Impfstoff aus der Südafrikanischen Union oder aus Südrhodesien geimpftes Tier in Nordrhodesien dem Texasfieber zum Opfer fallen kann (Nordrhod. Ber. 1928, 1936; s. a. *Lignières*, 1928; *Brumpt*, 1920; *Ruanda-Urundi: Pigneur*, 1928; *Sergent* u. a., 1927). Auch die südrhodesischen Babesien können den Impfschutz brechen, der mit südafrikanischen Babesien erzeugt worden ist (Südrhod. Ber. 1934). Daß der Impfstoff sich in der *Südafrikanischen Union* bewährt hat, erhellt aus der Tatsache, daß von 1911—1930 250000 Dosen ausgegeben worden sind (*Paine*, 1930).

Wenn es sich darum handelt, Einfuhrtiere zu schützen, so muß man meistens *mehrere Protozoenkrankheiten* beachten. In erster Linie handelt es sich noch, wie erwähnt, um die *Anaplasmose*. Für *Algerien* haben *Sergent* und seine Mitarbeiter (1927, 1931, 1934) eine *Impfmethode* angegeben, mit der es gelingt, *junge Rinder gegen Babesia bigemina, B. berbera, B. major, Theileria dispar und Anaplasma marginale zu immunisieren.* Gegen die drei Babesien und gegen das Anaplasma wird die Schutzimpfung gleichzeitig vorgenommen. Die Impflinge erhalten Ende November subkutan je 2—10, im Durchschnitt 5 ccm Blut von Rindern, die mit je einem reinen Stamm der Babesien vor 3—12 Monaten künstlich angesteckt worden sind, und als Anaplasmenimpfstoff Blut, das einem Ochsen 5 Tage nach der Infektion entnommen wird. Wenn zu heftige Reaktionen auftreten, wird mit einem chemischen Mittel behandelt. Die Impfung mit Theileria dispar enthaltendem Blute, das dem Impfstoff liefernden Tier während der akuten Reaktion auf die Einimpfung eines milden Stammes entnommen wird, erfolgt erst Ende März, nachdem sich die Impflinge bereits wieder erholt haben. Nach *Cottier* (1936) soll die Impfung bei den geimpften Tieren jährlich wiederholt werden. Wenn man auch meist damit rechnen kann, daß die Prämunität der Tiere durch stets wiederholte natürliche Neuinfektionen auf einem genügend hohen Stand gehalten wird, will man sich doch auf die natürliche Verstärkung der Prämunität nicht verlassen. Der Erfolg der Impfung ist sehr gut; bei 15000 geimpften Tieren betrugen die Verluste nur 1 v. H., während in nichtgeimpften Herden Verluste von 20—40 v. H. auftreten (*Sergent*, zit. nach *Cottier*, 1936). Neben den französisch-nordafrikanischen Kolonien soll auch Libyen die Absicht haben, die regelmäßige Prämunisierung auszubauen. *Nicht angezeigt ist die Impfung bei hochträchtigen und Milchkühen,* daher werden die in größeren Mengen aus Frankreich nach Französisch-Nordafrika eingeführten Milchkühe nicht mehr geimpft, sondern durch *Stallhaltung* gegen die Piroplasmosen geschützt (*Alla*, 1937).

Babesia bigemina bei der Serumblutimpfung gegen Rinderpest. Es darf auch hier nicht unerwähnt bleiben, daß das enzootische Vorkommen der B. bigemina in ganz Afrika, auch in den Ländern, wo Verluste bei erwachsenen Tieren wegen der in der Jugend erworbenen Durchseuchungsprämunität nicht auftreten, im Zusammenhang mit der Rinderpestimpfung eine große Bedeutung erlangt hat, da häufig Texasfiebererkrankungen bei den geimpften Tieren während des Ablaufes der Reaktion auf die Rinderpestimpfung beobachtet werden. Ob es sich hierbei um eine Mitübertragung von Babesien mit dem bei diesem Impfverfahren benutzten Virusblut handelt — diese Annahme hat 1903 *Robert Koch* bei der Bloemfonteiner Rinderpestkonferenz dazu bestimmt, die noch heute in großem Stile angewandte Kolle-Turnersche Serumblutimpfung abzulehnen — oder ob durch die Impferkrankung an Rinderpest die im Impftier in geringer Menge vorhandenen Babesien aufflackern, ist nicht ganz geklärt. Neuerdings neigt die Mehrzahl der Forscher der *Kochschen* Ansicht zu (Conference on coord. of vet. res., Kabete, Kenya 1934). Es ist daher nötig, *bei der Rinderpestimpfung diese Mitübertragung von Babesien zu verhindern.* Dies geschieht, wie schon bei Besprechung der Rinderpest erörtert worden ist, durch Zusatz von 1 v. H. Trypanblau zum Virusblut, nachdem sich der Versuch, durch Trypanblaubehandlung die Virusspender babesienfrei zu machen, nicht bewährt hat *(Pirani,* 1929*).* Der sicherste Weg, die Mitübertragung von anderen Krankheitserregern bei der Rinderpestimpfung zu verhüten, ist im übrigen die Verwendung von Blut infizierter Ziegen oder Schafe (s. Rinderpest).

Wirtschaftliche Bedeutung. In *West-, Mittel-* und *Ostafrika* liegt die Bedeutung des Texasfiebers, das überall vorkommt, aber, wie *Curasson* auf dem internationalen tropischen Landwirtschaftskongreß 1931 sagte, vielerorts so selten in Erscheinung tritt, daß ein Tierarzt jahrelang dort tätig sein kann, ohne ihm zu begegnen, darin, daß es bei der Rinderpestimpfung Verluste verursacht, ferner darin, daß die Texasfieberparasiten bei Kälbern zusammen mit anderen Protozoen eine gewisse Sterblichkeit verursachen, von deren Höhe man sich mit besonderem Bezug auf das Texasfieber eigentlich erst in den letzten Jahren die richtige Vorstellung macht (Uganda-Ber. 1934, 1936; Nigeria-Ber. 1930). Dazu kommt, daß viele Kälber sich nie ganz von dem Rückschlag infolge der Texasfiebererkrankung erholen (Uganda-Ber. 1934). In ganz Westafrika findet das Texasfieber fast nur bei der Rinderpestimpfung Beachtung (Westafrik. Vet.-Konf. 1936; Fr.-Westafrika-Ber.; Nigeria-Ber. 1930). Aus *Uganda* wird über das häufige Auftreten des Texasfiebers in den Rinderpestimpflagern geklagt und der Verdacht geäußert, daß die außergewöhnliche Ansammlung von Zecken in diesen Lagern eine besonders massive Infektion bedinge (Ber. 1934, 1936). In *Belgisch-Kongo (Schwetz* und *Stork,* 1930; *van Saceghem,* 1931), in *Angola (Monteiro da Costa,* 1933*),* in *Madagaskar (Durieux* und *Randriambeloma,* 1932; *Girard,* 1936*)* spielt das Texasfieber anscheinend keine große Rolle, obwohl es sich bemerkbar macht, wenn mit der Aufkreuzung der einheimischen Rassen begonnen wird. Dagegen findet es in *Kenya* und dem Schutzgebiet *Deutsch-Ostafrika* eine große Beachtung und wird in beiden Ländern in großem Maße durch *Baden* bekämpft. Im letzteren Gebiet geht neuerdings das Bestreben dahin, alle *Kälber, die von Jugend an gebadet wurden, später durch Impfung zu immunisieren,* weil es vorerst nicht möglich erscheint, die Zecken völlig auszurotten *(Lowe,* 1935*).* In Kenya werden fast auf jeder Farm die Rinder mit anschließender Handschmierbehandlung gebadet. In den Gebieten Südafrikas, in der *Südafrikanischen Union,* im *Nyassaland* und in *Rhodesien,* sind die Verluste durch das Texasfieber sehr gering, obwohl die Krankheit fast überall enzootisch ist. Es wird in ausreichendem Maße durch Baden und Impfen bekämpft. Verluste treten nur auf, wenn das Baden nachlässig durchgeführt wird (Nordrhod. Ber. 1936; Südrhod. Ber. 1931; Nyassaland-Ber. 1935). *Sansibar* konnte sich bisher durch Quarantänemaßnahmen und zweimaliges Baden der einzuführenden Tiere auf dem Festlande vor Einschleppung schützen (Ber. 1937). Für *Italienisch-Ostafrika* gilt dasselbe wie für Westafrika (*Pirani*, 1923, 1929; *Grignani*, 1935). In *Unterägypten* ist das Texasfieber enzootisch, in *Oberägypten* tritt es kaum auf, weil durch das regelmäßig durchgeführte Bewässerungssystem die Zecken getötet werden (*Carpano; Rabagliati*). Auf Antrag der Besitzer ist in Ägypten das Baden eingeführt worden, und man hofft, in größerem Ausmaße Bäder anlegen zu können (*Rachad*, Bull. Off. int. Epiz. *12.* 588, 1936). In *Französisch-Nordafrika* ist die Krankheit dort sehr häufig, wo die Vegetation das Fortkommen der Zecken begünstigt. Da dies die besten Weidegebiete sind, sind die „gelben Krankheiten", wie man das Texasfieber zusammen mit anderen Piroplasmosen dort bezeichnet, die wirtschaftlich wichtigsten Französisch-Nordafrikas (*Balozet*, 1920; Tunis-Ber. 1933; *Cottier*, 1936) und das größte Hindernis für die Verbesserung der dortigen Viehzucht (*Sergent* u. a., 1924). Die Impfung gegen die Piroplasmosen kommt sehr wenig in Anwendung, und Zeckenbekämpfung durch Bäder wird als praktisch undurchführbar bezeichnet (*Cottier*, 1936).

Weitere Babesien beim Rinde. Außer der Babesia bigemina kommen in einzelnen Gebieten Afrikas andere Babesien vor, die sich im mikroskopischen Bild durch ihre geringere Größe („Babesiellen") und praktisch dadurch von B. bigemina unterscheiden, daß sie gegen Trypanblaubehandlung nicht oder wenig empfindlich sind (*Sergent, Donatien, Parrot, Lestoquard* und *Plantureux*, 1927; *Donatien* und *Lestoquard*, 1927; *Jonescu-Braila* und *Cernajanu*, 1936). *Babesia berbera* kommt in Französisch-Nordafrika und Madagaskar (*Buck*, 1937) vor. Über Vorkommen von *Babesia bovis* wird aus Abessinien (Komplikation der Rinderpestimpfung neben B. bigemina; *Grignani*, 1935), Ägypten (*Carpano*, 1932), dem Französischen Sudan (bei pestkranken Kälbern; *Curasson*, 1929) und Erythrea (*Conti*, 1936) berichtet. Das Vorkommen einer *nicht näher bestimmten Babesienart*, die von B. bigemina zu unterscheiden sei, teilte *van Saceghem* (1927) aus Belgisch-Kongo mit; sie rufe Hämoglobinurie hervor, und die Erkrankung ende häufig tödlich. Die Wirkung von Trypanblau sei bei ihr weniger zuverlässig als bei B. bigemina. In Französisch Nordafrika kommt noch *Babesia major* vor, die auch in dem dort benutzten Impfstoff eingeschlossen ist (*Sergent, Donatien, Parrot* und *Lestoquard*, 1934). Im allgemeinen verlaufen die durch diese anderen Babesien hervorgerufenen Krankheiten *chronisch, meist ohne Hämoglobinurie* und weisen auch im übrigen *keine so schweren Erscheinungen* auf wie das Texasfieber. Bei Babesia berbera sind gewöhnlich nur wenige Blutkörperchen von Babesien befallen. Babesia bovis findet u. a. Beachtung in Erythrea (*Conti*, 1936), wo sie manchmal gemischt mit B. bigemina im Blute auftreten und dann den Krankheitsverlauf verschlimmern soll. B. berbera ist in Französisch-Nordafrika in dem erwähnten gemischten Impfstoff (siehe Texasfieber) eingeschlossen; Erkrankungen durch sie treten hauptsächlich im Herbst und Winter hervor (*Cottier*, 1936). Zur Behandlung wird Trypaflavin empfohlen (*Velu, Zottner* und *Iposteguy*, 1933); Acaprin soll wegen seiner langsamen Wirkung bei der im allgemeinen schnellen Entwicklung der Erkrankungen durch die hier beschriebenen Babesien weniger geeignet sein (*Velu, Zottner, Grimpret* und *Petitdidier*, 1936). Ichthargan wird günstig beurteilt. Dosierung 1 g auf 400 kg Lebendgewicht intravenös, gelöst in destilliertem Wasser 1:30 (*Donatien* und *Lestoquard*, 1927; *Cottier*, 1936; *Alla*, 1937). B. berbera wird durch Boophilus calcaratus übertragen, die im ganzen Jahr auftritt, ausgenommen April und Mai (*Sergent* und *Poncet*, 1937).

Babesiose des Schafes (Schafpiroplasmose). Die Babesiose des Schafes wird durch Babesia ovis und B. motasi hervorgerufen und ist durch *Gelbsucht, Hämoglobinurie* und *Blutarmut* gekennzeichnet. Die *Babesia ovis* (syn. Babesiella ovis) ist der B. bovis ähnlich, 1,0 bis 1,8 μ groß, kommt in den roten Blutkörperchen einzeln in Form rundlicher Gebilde und zu zweien in Birnenform vor. Die *Babesia motasi* (syn. Piroplasma ovis sensu stricto) ist bedeutend größer und entspricht in Form und Größe etwa der B. bigemina. Das Überstehen der einen der beiden Babesiosen schützt nicht gegen die andere. Die Übertragung erfolgt durch die zweiwirtige Zecke *Rhipicephalus bursa*. Die Babesien werden von den Weibchen aufgenommen, gehen über das Ei auf das Larven- und Nymphenstadium über und werden durch die geschlechtsreifen Zecken an das Wirtstier abgegeben (*Motas*, zit. nach *v. Hutyra-Marek-Manninger*). Die geschlechtsreifen Zecken können aber auch dann infizieren, wenn sie im Larven- oder Nymphenstadium babesienhaltiges Blut aufgenommen haben. B. motasi soll in Afrika nach *Lestoquard* (zit. nach *v. Hutyra-Marek-Manninger*) auch durch die dreiwirtige Zecke *Amblyomma hebraeum* übertragen werden. Die Schafbabesiose beginnt in den akuten Fällen nach einer 8—10 tägigen Inkubation mit Fieber, Blutarmut, Gelbsucht und Kreuzschwäche; in einem Teil der Fälle ist der Harn durch Hämoglobinurie rot gefärbt. Etwa 50—60 v. H. der erkrankten Tiere sterben nach 2—5 Tagen, während die übrigen nach mehreren Wochen genesen. Die akute Krankheit kann auch in eine chronische übergehen mit fortschreitender Abmagerung und ödematösen Anschwellungen unter der Haut. Behandlung mit Trypaflavin, Acaprin und Urotropin, wobei besonders mit Acaprin ausgezeichnete Erfolge erzielt wurden (*Kikuth*, 1935; *Endrejat*, pers. Mittlg. an einen von uns, *Kulenkampff*, 1938). Nach *Velu* u. a. (1936) soll das Acaprin dem Trypaflavin nicht überlegen sein. Trypanblau wirkt nur bei B. motasi (*Lestoquard*, 1925). Eine Prämunisierung der Schafe kommt aus wirtschaftlichen Gründen nicht in Frage (*Donatien* und *Lestoquard*, 1932).

Was das *Vorkommen* der Schafbabesiosen in Afrika anbetrifft, so sind sie nach *Knuth* und *du Toit* beschrieben von *Wenyon* (1915) in Rhodesien, von *Schellhase* (1913, 1914) in Deutsch-Ostafrika, von *Ziemann* (1904) in Kamerun, von *Rodhain* u. a. in Katanga (Belgisch-Kongo) und von *Mamet* und *Loiselet* (1911) in Madagaskar. Außerdem wird über Schafpiroplasmose von *Curasson* (1928) aus dem Französischen Sudan und von *Girard* (1936) erneut aus Madagaskar berichtet. In Französisch-Nordafrika unterscheidet man beide Arten (*Lestoquard*, 1925). B. motasi wurde in Nigeria festgestellt (*Thomson* und *Hall*, 1933). In der Südafrikanischen Union soll nach *Knuth* und *du Toit* die Schafbabesiose nicht vorkommen. Nach *Lestoquard* (1925) werden die Schafbabesien auch bei der *Ziege* gefunden.

Babesiose des Pferdes (Pferdepiroplasmose, Gallenfieber). Die Babesiose des Pferdes wird durch zwei Arten von Babesien, die B. equi (Nuttallia equi) und die B. caballi, erzeugt. *Babesia equi* ist klein, hat in den roten Blutkörperchen zuerst eine ovale Form, aus der sich bei der Teilung Rosetten- und Kreuzformen bilden. *Babesia caballi* ist größer und tritt gewöhnlich zu zweien oder vieren in Form von 3,4 μ langen, birnenförmigen Gebilden in den Blutkörperchen auf. Die gewöhnliche Übertragung der B. equi erfolgt in Südafrika durch geschlechtsreife Weibchen der zweiwirtigen Zecke Rhipicephalus evertsi (rote Zecke), und zwar durch die geschlechtsreifen Weibchen, die als Larven oder Nymphen infektiöses Blut gesogen haben. Welche Zecken die B. caballi in Afrika übertragen, ist noch nicht sicher. Nach *Springholz-Schmidt* (1937, zit. nach *Neitz* und *du Toit*, 1938) kommen als *Überträger der B. equi 8 Arten der Gattungen Rhipicephalus, Dermacentor und Hyalomma in Frage.* Beide Babesien können auch gleichzeitig im Blute auftreten.

Was das *Vorkommen* anbelangt, so tritt nach *Knuth* und *du Toit* die durch *B. equi* hervorgerufene Babesiose in Afrika in der *Kapkolonie*, in *Ostgriqualand*, in *Natal*, in *Transvaal*, in *Rhodesien*, in *Deutsch-Ostafrika*, in *Kamerun*, in *Senegambien*, in *Marokko*, *Algerien*, *Tunesien* und im *Englisch-ägyptischen* und *französischen Sudan* auf, ist aber in diesem nach *Curasson* (1934) sehr selten. Von der durch *B. caballi* erzeugten Babesiose des Pferdes geben

Knuth und *du Toit* das Vorkommen nur aus *Erythrea, Rhodesien* und *Marokko* an. In *Südafrika* wird sie für verhältnismäßig harmlos gehalten *(Henning,* 1932*)*. In *Französisch-Nordafrika,* wo die Pferdepiroplasmose im Sommer seuchenhaft und mit schweren Verlusten auftreten soll, wird dagegen die durch B. equi hervorgerufene Erkrankung als weniger gefährlich angesehen als die durch B. caballi. In *Ägypten* werden beide Pferdebabesien beobachtet (Berichte; *Morcos,* 1931). In dem Schutzgebiet *Deutsch-Südwestafrika* wurde die Pferdebabesiose in der Zeit nach dem Weltkriege nicht mehr beobachtet, wie auch *Schmid* (pers. Mittlg. an einen von uns, *Kulenkampff,* 1938) bestätigt; vor dem Weltkriege war sie wiederholt gesehen worden.

Die *Erscheinungen* äußern sich nach einer Inkubationsdauer von 5—21 Tagen durch eine rötlichgelbe Färbung der Schleimhäute, hohes Fieber und Polyurie. Über das Auftreten von Hämoglobinurie sagt *Henning* (1932), sie sei bei der Ansteckung mit Babesia equi seltener als bei der Ansteckung mit Babesia caballi zu beobachten. Die chronische Form kennzeichnet sich durch fortschreitende Abmagerung bei dauernd guter Freßlust; Babesien sind in kaum 1—2 v. H. der roten Blutkörperchen oder überhaupt nicht nachweisbar, dagegen findet man sie nach dem Tode in Ausstrichen aus Milz, Leber und Nieren. In schweren Fällen tritt der Tod binnen 2—5 Tagen ein, während sich bei chronischem Verlauf die Krankheitsdauer auf 2—4 Wochen und selbst auf Monate erstrecken kann. Die Sterblichkeit ist nach *Henning* gewöhnlich nicht höher als 10 v. H., kann aber bis zu 50 v. H. betragen. Bei den *gefallenen* und *getöteten* Tieren findet man gelbe Färbung des Unterhaut- und subserösen Bindegewebes und hochgradige Schwellung der Lymphknoten und der Milz.

Behandlung ist bei den beiden Babesiosenarten verschieden. Bei Erkrankung mit *B. caballi* leistet das Trypanblau hervorragende Dienste *(Goddall, Dodd, Kuhn, Behn,* zit. nach *v. Hutyra-Marek-Manninger; Morcos,* 1931*)*. Dosis 0,5—0,6 g auf 100 kg Körpergewicht in wäßriger Lösung intravenös. Gut wirken auch Piroblau und Trypaflavin *(Rossi,* 1936*)*, ebenso Acaprin. Bei der durch *B. equi* erzeugten Krankheit ist das Trypanblau unwirksam *(Theiler, Schellhase* u. a.*)*, dagegen haben sich bewährt das Trypaflavin *(Velu)*, das Acaprin *(Cerutti* und *Fantoni,* 1935*)* und das Urotropin *(Stylianopoulos* und *Ananiades,* zit. nach *v. Hutyra-Marek-Manninger)* in der Dosis von 40 g in 100 ccm Wasser subkutan gegeben.

Babesiose des Hundes (Hundepiroplasmose, Gallenfieber). Die Hundebabesiose ist eine besonders bei Jagdhunden vorkommende, durch *Babesia canis* und andere Babesienarten erzeugte Erkrankung, die sich in hochgradiger Blutarmut, Gelbsucht und manchmal auch in Hämoglobinurie äußert; die Gelbsucht kann in chronischen Fällen fehlen. Bei den *verendeten* Tieren sind die Gewebe gelb gefärbt sowie Milz und Lymphknoten geschwollen. Die B. canis ist der B. bigemina ähnlich, aber größer als diese, 4,5 bis 5 μ lang. Außerdem enthalten einzelne rote Blutkörperchen bis zu 16 Parasiten. Übertragung der B. canis in Südafrika durch die dreiwirtige Zecke *Haemaphysalis leachi,* in Nordafrika durch *Rhipicephalus sanguineus (Brumpt,* 1919*)*. Über das *Vorkommen* der Krankheit wird aus fast allen afrikanischen Gebieten berichtet, wo die Bedingungen für das Gedeihen der Überträgerzecken günstig sind. Zur *Behandlung* haben sich Trypanblau bewährt, ferner Piroblau, Trypaflavin und Acaprin. Auch das Stovarsol soll wirksam sein. Es wurde ferner empfohlen, gefährdete Hunde wöchentlich in zeckentötenden Lösungen zu baden; das Bad soll aber nur eine geringe Wirkung haben (Tanganyika-Ber. 1926). Man kann auch gefährdete Tiere durch Infektion mit Blut von einem früher erkrankten Hunde und nachherige Behandlung, z. B. mit Trypanblau, prämunisieren *(Henning,* 1932*)*.

Babesiose des Schweines (Schweinepiroplasmose). Die Babesiose des Schweines ist in *Ostafrika* festgestellt und wird hier durch die *Babesia trautmanni* hervorgerufen (Kenya-Ber. 1936 II). Diese tritt in Form großer, der B. bigemina ähnlicher Parasiten in den roten Blutkörperchen auf. Übertragung durch die dreiwirtige Zecke Rhipicephalus sanguineus. Die Tiere zeigen Fieber, Blutarmut, Abmagerung und Hämoglobinurie, *nach dem Tode* Schwellung der Milz und Leber. Zur Behandlung der sardinischen B. suis wird von *Cerutti* und *Fantoni* (1935) Acaprin in der Dosis von 5 ccm einer 5prozentigen Lösung je 100 kg Körpergewicht subkutan oder intramuskulär empfohlen.

Aegyptianellose des Geflügels. Carpano (1929) hat in den roten Blutkörperchen von *Hühnern* in Ägypten babesienähnliche Gebilde gefunden, die er Aegyptianella pullorum nannte. Es handelt sich um runde oder ovoide Körperchen mit einem Durchmesser von 1 bis 2,5 μ, die in den roten Blutkörperchen zahlreich, bis zu 18 Individuen in einem Erythrozyten, auftreten können. Die *Übertragung* erfolgt durch die Zecke *Argas persicus (Carpano,* 1929; *Bedford* u. *Coles,* 1933*)*. Die Krankheit verläuft mit Blutarmut, die bei erwachsenen — anscheinend nur bei anderweitig geschädigten — Tieren manchmal tödlich endigt; bei den *verendeten* oder *getöteten* Tieren findet man Milzschwellung. Die Aegyptianellose kommt in Afrika weitverbreitet vor und kann bei eingeführten Tieren zu einer Sterblichkeit in beschränktem Umfang führen *(Gillain,* 1935*)*. Bei Kücken wurden in Südafrika schwere Verluste beobachtet *(Coles,* 1933*)*. Die Krankheit kommt auch bei *Enten (Coles,* 1934*)* und *Gänsen (Carpano,* 1929; *Coles)* vor. Ein wirksames Heilmittel ist nicht bekannt. Am besten wirkt noch Ichthargan (1 cg zweimal in 2- bis 4tägigen Abständen intravenös). Stovarsol, das die Parasiten nicht abtötet, soll nach *Donatien* und *Lestoquard* (1934) auf die Blutarmut günstig einwirken. Mit Stovarsoltabletten (5 cg) erzielten sie in einem Bestande die Wiederherstellung der Tiere. Der Veterinärbericht für Französisch-Westafrika für 1935 meldet, daß in Dakar und Konakry Aegyptianellose beobachtet und durch Trypanblauinjektionen leicht geheilt worden sei.

55. *Küstenfieber (Ostküstenfieber, Theileriosis durch Th. parva)*

Wesen und Ursache. Das Küstenfieber ist eine durch *Theileria parva* hervorgerufene Allgemeinkrankheit, die mit Recht als die gefährlichste der durch Piroplasmen erzeugten Rinderkrankheiten bezeichnet wird.

Die Theilerien unterscheiden sich von den Babesien dadurch, daß sie sich zwar auch *in den roten Blutkörperchen* ansiedeln, aber sich hier *nicht vermehren.* Die Vermehrung geschieht in *festen Organen,* namentlich Milz, Lymphknoten und Leber, und zwar im wesentlichen in *Lymphozyten* in diesen Organen. Die Theileria parva, das kleinste der bisher bekannten Piroplasmen, ist 0,5 bis 3 μ lang und bildet in den roten Blutkörperchen in seiner kennzeichnenden Form feine, stäbchenförmige Gebilde, die bis zu 4 in einem Blutkörperchen enthalten sind und an einem Ende ein Chromatinkorn enthalten. Außer der Stäbchenform kommen in weniger als einem Fünftel der befallenen Blutkörperchen *Ring- und Scheibenformen* vor, dagegen sieht man niemals birnförmige Zwillingsformen. Gelangen Theilerien durch den Biß der übertragenden Zecken in ein empfängliches Rind, so wachsen sie binnen 12 bis 14 Tagen in den genannten Organen, teilweise außerhalb der Zellen, hauptsächlich aber in den Lymphozyten zu *Plasmakugeln (Kochschen Kugeln)* heran, in denen sich zahlreiche punkt- und kommaförmige Körperchen *(Gonders Agameten)* bilden, die nach dem Zerfall der Plasmakugeln ins Blut wandern und in die roten Blutkörperchen eindringen, wo sie sich jedoch, wie erwähnt, nicht mehr vermehren. Es können aber auch ganze Plasmakugeln in den Blutkreislauf gelangen. Dies bedingt, daß das Ostküstenfieber im Gegen-

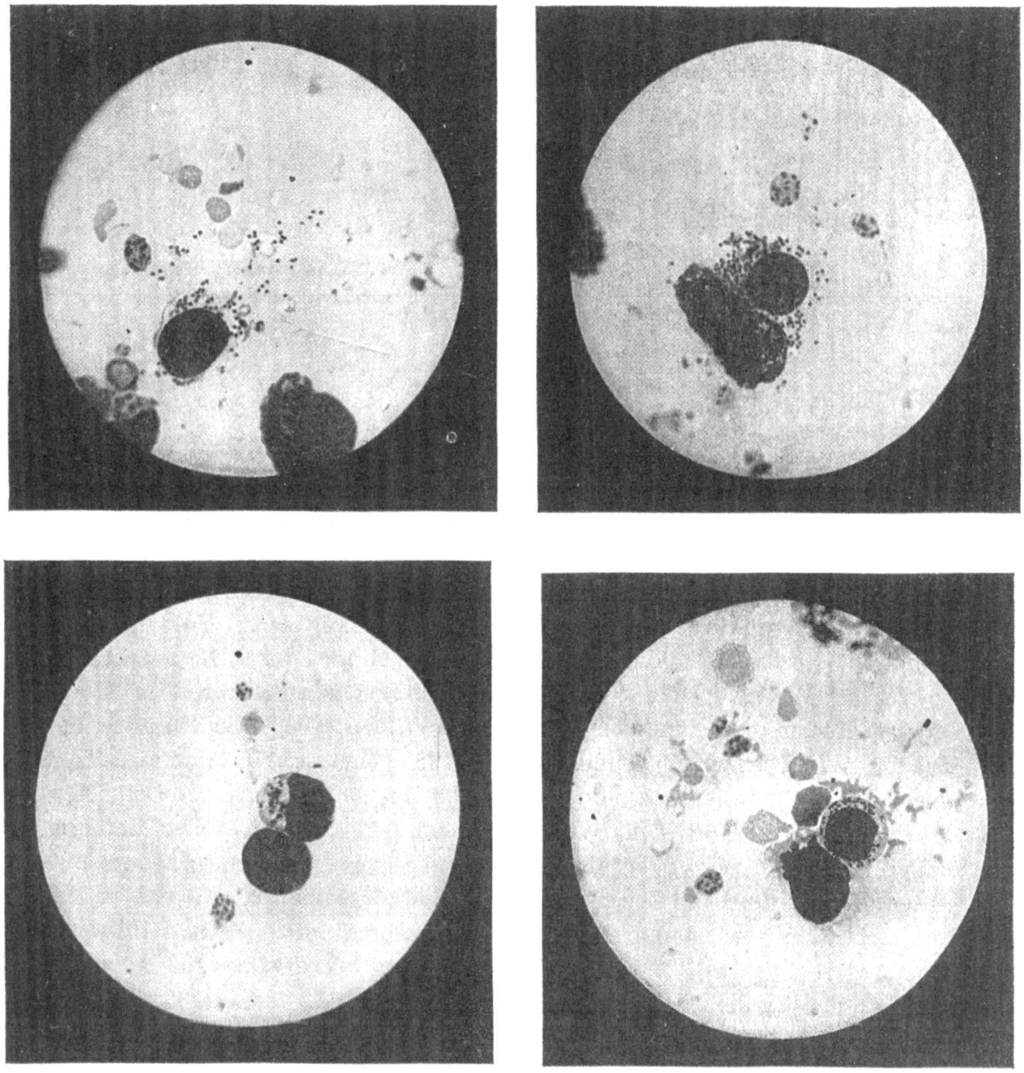

Abb. 24. Kochsche Kugeln bei Theileria parva, Ostküstenfieber. (Nach *Theiler* aus *Knuth* und *du Toit*, „Tropenkrankheiten der Haustiere“, Verlag J. A. Barth)

satz zum Texasfieber *durch Blut* nicht immer von einem Tier auf das andere *übertragbar* ist, sondern *nur in den Fällen, in denen im Blute Plasmakugeln zugegen sind.* Ein zweiter Unterschied des Ostküstenfiebers vom Texasfieber ist, *daß die von der Krankheit genesenen Tiere sich von dem Ansteckungsstoff befreien, sich reinigen und eine sterile Immunität erlangen,* die weder durch neuerliche Ansteckung noch durch ungünstige äußere Einflüsse gebrochen wird. Es wird immer wieder von Wissenschaftlern und Laien behauptet, daß die Immunität der vom Küstenfieber genesenen Tiere nicht immer eine echte

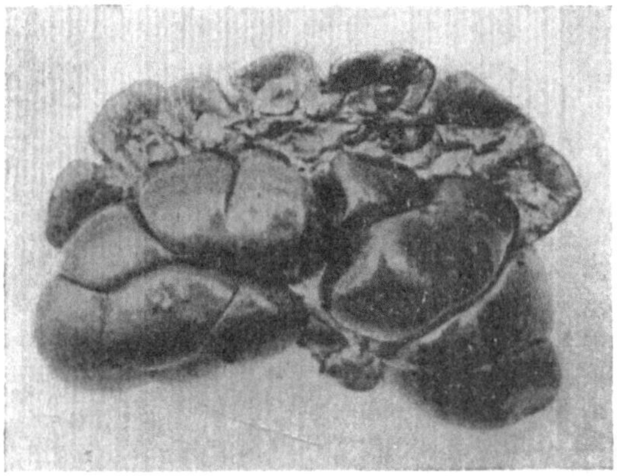

Abb. 25. Ostküstenfieberniere mit „Infarkten". (Nach *Henning*)

sterile Immunität sei, sondern daß es sich, wie bei den anderen Piroplasmosen, um eine „Prämunität" handele, bei der noch einige Parasiten an irgendeiner verborgenen Stelle im Körper vorhanden seien. Diese Behauptungen sind durch *du Toits* (1931) Versuche widerlegt worden, bei denen er mit allen Mitteln ohne Erfolg versucht hat, bei von Ostküstenfieber genesenen Tieren einen Rückfall der Krankheit hervorzurufen. Ebenso gelang es du Toit nicht, die Immunität eines vom Ostküstenfieber genesenen Rindes durch Neuinfektionen zu brechen. Weiter spricht gegen das Vorkommen von Parasiten im Körper der vom Küstenfieber genesenen Tiere nach *Viljoen* (1930) die Tatsache, daß im Pretoriadistrikt, wo die Seuche 1919 bis 1922 geherrscht hat und viele Tiere ohne Zweifel auch genesen sind, nie wieder ein Aufflackern des Ostküstenfiebers beobachtet worden ist. *Van Saceghem* (1925, 1937) ist der Meinung, daß die Versuche von *du Toit* den Schluß auf sterile Immunität der vom Ostküstenfieber genesenen Tiere nicht zulassen, sondern glaubt, daß sich an den vom Ostküstenfieber genesenen Rindern manchmal noch Zecken infizieren können (s. a. *Purvis,* 1937). Der Uganda-Veterinärbericht für 1932 betont die Tatsache, daß Rinder, die aus einem enzootischen Ostküstenfiebergebiet in ein weitentferntes anderes gebracht wurden, dort wieder an Küstenfieber erkrankten. Diese lasse sich nicht mit der Annahme einer sterilen Immunität der durchseuchten Tiere bei Ostküstenfieber in Einklang bringen. In dem Schutzgebiet Deutsch-Ostafrika wurden entsprechende Versuche unter genauer Kontrolle angestellt, die zu dem Ergebnis führten, *daß nie ein Niederbruch der Immunität erfolgte (Lowe,* 1936*)*. In Kenya wurden immune Tiere, die lange in einem küstenfieberfreien Gebiet gehalten worden waren, einer schweren Infektion ausgesetzt, um ihre Immunität gegen Ostküstenfieber zu prüfen. 3 von 8 Tieren zeigten leichte Fieberreaktionen, aber Parasiten konnten im Blut und in den Organausstrichen nicht nachgewiesen werden (Ber. 1932). Schon vorher sind in Kenya ähnliche Versuche mit ähnlichem Ergebnis gemacht worden *(Purvis,* 1935*)*. *Cowin* (1935) sagt, in Kenya sei man stets der Meinung gewesen, daß ein Anfall von Küstenfieber schon immun mache, daß aber erst meh-

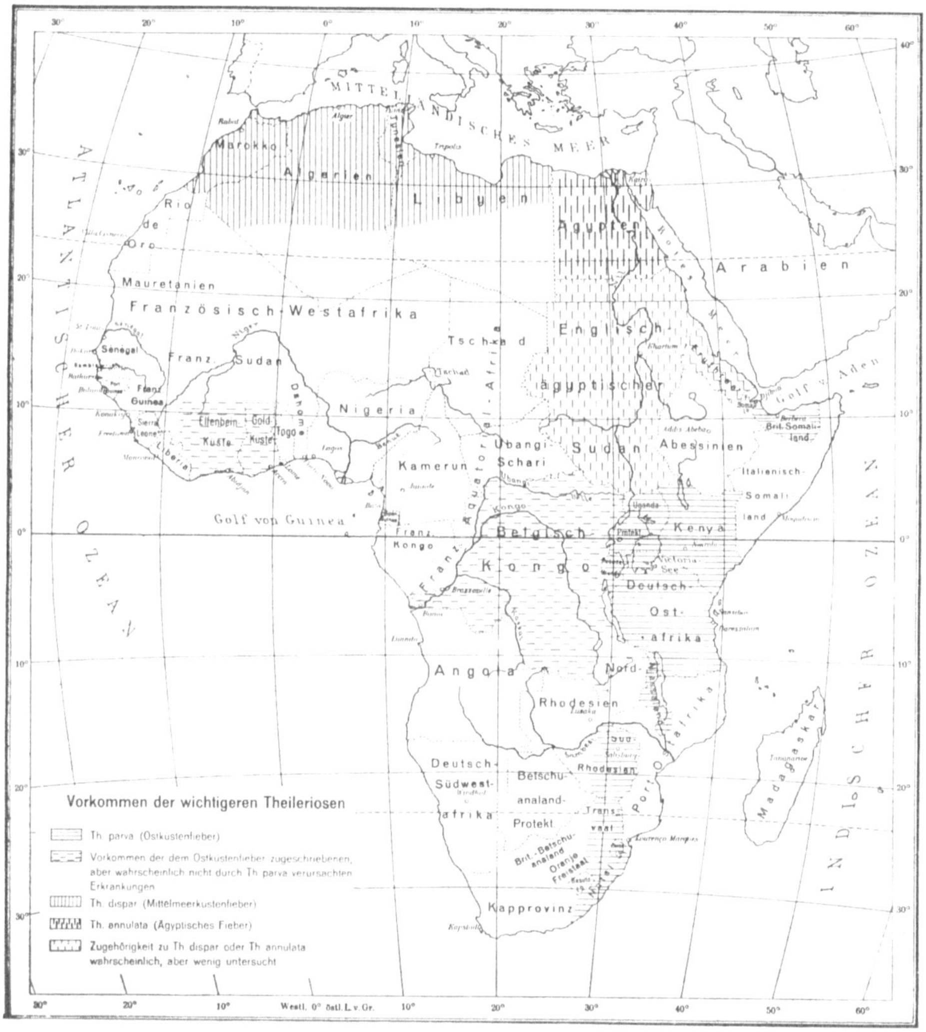

Abb. 26

rere Anfälle in der Jugend die dauerhafte Immunität brächten, durch die sich die erwachsenen Eingeborenenrinder auszeichnen. Neuerdings werden in Uganda wieder Versuche über die Natur und Dauer der Immunität gegen Ostküstenfieber nach Durchseuchung angestellt (Uganda-Ber. 1936; s. a. „Turning Sickness").

Vorkommen. Das Küstenfieber hat in Äquatorial-Ostafrika schon sehr lange unerkannt geherrscht und ist erst in den ersten Jahren des 20. Jahrhunderts erkannt worden. Den Anlaß hierzu bot nach *Knuth* und *du Toit* ein Transport von etwa 1000 Rindern, die *Cecil Rhodes* 1901 aus Australien nach Rhodesien einführen ließ. Einige Monate vor Ankunft der australischen Rinder war ein Rindertransport über Beira nach Rhodesien eingeführt worden. Diese Tiere wurden nach Umtali und Salisbury getrieben, wo einige von ihnen starben, wie man annahm an Texasfieber. Als die australischen Rinder im November 1901 in Beira gelandet worden waren, mußten sie zunächst auf die in der Nähe gelegenen Weiden getrieben werden, da die Bahnverbindung mit Umtali gestört war. Etwa 3 Wochen später brach unter ihnen Texasfieber aus, dem ein Teil der Tiere erlag. Die überlebenden Rinder wurden darauf schleunigst nach Umtali gebracht, wo fast sämtliche australischen Rinder starben. Bald darauf trat in der Umgebung von Umtali und Salisbury seuchenhaftes Rindersterben aufs neue in schwerster Form auf. *Robert Koch,* der von der Chartered Company in Rhodesien als Sachverständiger zugezogen worden war, stellte bereits wenige Wochen nach seinem Eintreffen Ende März in Bulawajo fest, daß eine für *Rhodesien* ganz neue Seuche vorlag, die, wie sich später herausstellte, an der ostafrikanischen Küste, insbesondere im deutschen und portugiesischen Gebiet, schon seit Jahren enzootisch geherrscht hatte. Als Erreger des Küstenfiebers stellte er kleine runde Blutparasiten fest. Als 1903 Rinder aus der Gegend von Durban in Natal zu Versuchszwecken nach Salisbury in Rhodesien gebracht wurden, starben dort alle an Küstenfieber. Hieraus ist, wie *Knuth* und *du Toit* mit Recht hervorheben, zu schließen, daß damals jene Küstenbezirke bei Durban noch nicht verseucht waren. Von Rhodesien verbreitete sich das Küstenfieber 1903/04 sehr bald über den größten Teil von *Transvaal* und *Natal,* während der Oranjefreistaat und die Kapkolonie so gut wie verschont blieben. Später ist es auf Grund der Studien über die Biologie des Küstenfiebererregers und der ihn übertragenden Zecken durch strenge veterinärpolizeiliche Maßnahmen gelungen, die Seuche in Rhodesien und Transvaal bis auf wenige Herde zu tilgen. Nur in Natal (Woolat) und den angrenzenden Eingeborenengebieten *(Spreull,* 1914*)* herrschte sie auch später noch in bedrohlicher Verbreitung (heutiges Vorkommen s. u.). In *Deutsch-Ostafrika* hat *Lichtenheld* durch seine auf *Robert Kochs* Anweisung ausgeführten Forschungen eine weite Verbreitung der Seuche festgestellt, so in Usseguha, Iringa, Langenburg, im Usambara- und Paregebirge, am Meru und Kilimandjaro, in Kondoa-Irangi, Ikoma, Muansa und Ruanda. In den Hochländern am Nyassasee wies Lichtenheld eine von den Eingeborenen „Matussi" genannte Kälberkrankheit als Küstenfieber nach. Enzootische Küstenfieberherde sind ferner aus *Britisch-* und *Portugiesisch-Ostafrika* gemeldet worden. Die in *Uganda* von den Eingeborenen „Amakebe" genannte Kälberkrankheit hat *Bruce* als Küstenfieber erkannt. Zweifellos war also die Seuche im östlichen Äquatorial-Afrika an vielen Orten, und zwar wahrscheinlich schon seit langer Zeit, verbreitet. Weiter berichten *Knuth* und *du Toit,* daß Küstenfieber in *Swasiland,* im *Kongostaat,* in *Erythrea* und im *Sudan* festgestellt worden sei. In *Ägypten* scheine es nicht vorzukommen (s. Th. annulata).

Heute ist die Krankheit dank den ergriffenen Maßnahmen in einem Teil der befallenen Länder ausgerottet, in einem anderen Teil im starken Rückgang begriffen. Nach einer Mitteilung von *de Kock* auf dem XIII. internationalen tierärztlichen Kongreß in Zürich 1938 betrug die Zahl der Küstenfieberausbrüche in der *Südafrikanischen Union* 1921 ungefähr 290 und ist 1936 auf 40 gefallen. In *Portugiesisch-Ostafrika* ist die Seuche seit 1917 ausgerottet (*Monteiro da Costa,* 1933; Lorenzo-Marques Directory, 1936/37). In *Nyassaland* ist das Ostküstenfieber enzootisch, es wird nach den Angaben der Veterinärberichte jedoch seit 1933 in Schach gehalten, seitdem die Regierung für Erstellung einer genügenden Zahl von Badeeinrichtungen gesorgt hat, und verursacht nicht mehr viel Verluste. Auch die Kälbersterblichkeit in den am schwersten verseuchten Gebieten läßt dort erheblich nach, wo regelmäßig gebadet wird. In *Südrhodesien* war es 1933 gelungen, das Vorkommen des Küstenfiebers auf 10 Farmen im Melsetterdistrikt einzuschränken, 1936 brach es aber erneut in anderen Bezirken aus. 1927 sind an Ostküstenfieber in Südrhodesien 1344 Rinder verendet, 1935 waren es nur 124 (Berichte). In *Nordrhodesien* kommt die Seuche nicht vor (Ber. 1929; s. a. Theileria mutans).

Über den heutigen Stand des Küstenfiebers im Osten Afrikas ist folgendes bekannt: *Sansibar* ist enzootisch verseucht. Die einheimischen Rinder weisen eine hohe Widerstandskraft auf, gefährdet sind nur die zu Zwecken der Milchgewinnung in der Nähe der Städte gehaltenen Milchkühe, die aber durch 5-tägiges Baden vor Verlusten geschützt werden können (Ber. 1937). Im Schutzgebiet *Deutsch-Ostafrika* gibt es weite Gebiete, in denen das Ostküstenfieber enzootisch ist, die Hochlandgrassteppen, in denen die Kälber zu einem sehr hohen Teilsatze sterben (50 v. H. und darüber, s. a. *Cowin,* 1935). In den semiariden Teilen des Landes sind die übertragenden Zecken seltener, und es kommt nur, wenn besondere Witterungsverhältnisse zu einer ausnahmsweise starken Vermehrung der Zecken führen, zu Küstenfieberausbrüchen, denen 95 bis 100 v. H. der Rinder zum Opfer fallen können (Memorandum on the economics of cattle industry in Tanganyika, 1934 und Ber. 1935). In den enzootischen Ostküstenfiebergebieten gibt es so wenig Vieh, daß die Eingeborenen nicht genügend Milch haben, während andere Gebiete, in denen das seltene Auftreten des Ostküstenfiebers große Viehherden ermöglicht, so überstockt sind, daß in Dürrezeiten auch hier ein Mangel entsteht. Nach dem Veterinärbericht für 1930 verursacht das Ostküstenfieber größere Verluste als alle anderen Rinderkrankheiten zusammen. Aus Geldmangel war es nicht möglich, von der Regierung den Bau der notwendigen Badeanlagen in ausreichender Zahl zu erlangen; 1934 bestanden nur 20 regierungsseitig überwachte Bäder im ganzen Lande (Ber. 1934).

Auch in *Kenya* ist das Küstenfieber weitverbreitet und in großen Teilen der Eingeborenengebiete enzootisch (Ber. 1935). Gewaltiges Viehsterben bricht aus, wenn die Futternot die Massais veranlaßt, aus den küstenfieberfreien Teilen ihrer Gebiete in die grasreichen Ostküstenfiebergebiete zu ziehen (*Lewis,* 1934). Zudem kommt es immer wieder vor, daß die Seuche auch auf reine Gebiete übergreift (Ber. 1932). In *Britisch-Somaliland* kommt das Ostküstenfieber ebenfalls vor, sein Verlauf ist dort meist milde; bei Jungtieren beobachtet man einige Verluste (Ber. 1929, 1930). In *Uganda* ist das Küstenfieber fast im ganzen Lande enzootisch. Es verursacht zusammen mit den anderen Piroplasmosen bei Kälbern von Jahr zu Jahr größere Verluste. Oft fallen bis zu 30 v. H. der Kälber der Verseuchung zum Opfer, und viele genesene erholen sich nie wieder ganz (Ber. 1936). Bei älteren Tieren ist die Schwere der Erkrankung sehr verschieden. Am schwersten erkranken eingeführte Tiere. Bei den einheimischen Tieren scheint die Stärke der Erkrankung nicht so sehr von der Rassezugehörigkeit als von der individuellen Widerstandsfähigkeit gegen die Seuche abzuhängen (Ber. 1935, 1936). In dem unter belgischem Mandat stehenden deutschen Schutzgebiet *Ruanda-Urundi* ist das Küstenfieber enzootisch; nach *van Saceghem* (1925) kommt es aber nicht in Höhen von über 2000 m vor. Die niedrige Kälbersterblichkeit (ungefähr 25 v. H.) hat zu der Meinung geführt, daß es sich hier gar nicht um Ostküstenfieber handele, sondern um eine Erkrankung durch verwandte Theilerien (s. Th. mutans). Ob der aus *Belgisch-Kongo* gemeldete Küstenfieberausbruch wirklich Ostküstenfieber war, ist nicht geklärt. *Schwetz* (1932, 1934) berichtet über einen Ausbruch einer Seuche in Stanleyville in Belgisch-Kongo, den er als „Theilériose mortelle (east coast fever)" bezeichnet und der den im Kongogebiet vorkommenden Ausbrüchen von Theileria-mutans-Infektion nicht ähnlich war (1932). Man nimmt an, daß der Ausbruch durch eingeführtes Vieh aus dem Sudan (s. Th. annulata u. Th. dispar) eingeschleppt wurde. In einer Herde von 300 Tieren verendeten innerhalb 3 Monaten 50 v. H., bis der Ausbruch durch 3-tägiges Baden, mit dem bald nach Ausbruch der Krankheit begonnen worden war, eingedämmt wurde. Die Erscheinungen waren Tränenfluß, Schwellung der Augenlider, Trübung der Kornea und Blindheit. Bei Kälbern beobachtete man auch Lymphknotenschwellung. Nur in 2,7 bis 15 v. H. der roten Blutkörperchen fanden sich auch Theilerien. *Du Toit, Parrot* und *Carpano,* an die Material zur Prüfung gegangen war, hielten den Erreger für Theileria parva, obwohl *du Toit* es als möglich erachtete, daß es sich um eine Zwischenform handelte. Im Gebiet der Elfenbeinküste soll Ostküstenfieber nach *Aillerie* (1932) häufig sein (s. a. Westafrik. Vet.-Konf. 1936). Die dort gestellte Diagnose ist nach Untersuchung der Parasiten an der tierärztlichen Hochschule in Alfort (Frankreich) bestätigt worden. Über Küstenfieber im *Sudan* siehe unter Theileria annulata.

Auf die *Epizootologie* der Krankheit haben nach *Daubneys* Mitteilungen auf dem XIII. internationalen tierärztlichen Kongreß in Zürich 1938 neuerdings durchgeführte Feldversuche ein neues Licht geworfen. Es war lange bekannt, daß die Krankheit in ihrer enzootischen Form nicht über ganz Kenya verbreitet ist, daß vielmehr gewisse Bezirke von der Infektion frei sind und eine in solche Bezirke eingeschleppte Seuche in verhältnismäßig kurzer Zeit wieder erlischt. Die natürliche Verbreitung des Küstenfiebers geht parallel mit dem Vorkommen des *Hauptüberträgers,* des *Rhipicephalus appendiculatus.*

Es wurde beobachtet, daß Ausbrüche häufig außerhalb der Bezirke vorkommen, die ein günstiges Klima und günstige Bodenbedingungen für Rh. appendiculatus bieten, und daß bei solchen Ausbrüchen die Diagnose durch Prüfung von Ausstrichen zunächst sehr schwierig ist. Wenn Ausbrüche in ungewöhnlicher Höhe (7—9000 Fuß) sich ereignen, ist es charakteristisch, daß eine sehr große Zahl der infizierten Tiere genest. In solchen Höhenlagen sind diese ungewöhnlichen Ausbrüche vergesellschaftet mit der Übertragung durch einen von den weniger gewöhnlichen Überträgern, z. B. Rh. capensis, während bei anderen Ausbrüchen der Überträger der gewöhnliche, nämlich Rh. appendiculatus, ist. Vorkommnisse dieser Art schaffen ernste Schwierigkeiten hinsichtlich der staatlichen Bekämpfung der Krankheit, und hierauf ist es zurückzuführen, daß im Tierseucheninstitut in *Kabete* eine planmäßige Neuuntersuchung über die Übertragung der Krankheit durch verschiedene Zeckenarten und über die Wirkung der klimatischen Bedingungen auf die Übertragung durch Rh. appendiculatus stattfindet. Die Untersuchungen haben schon gezeigt, daß *neue Überträger* der Theileria parva in Betracht zu ziehen sind, nämlich *Hyalomma impressum „near" planum* und *Hyalomma anatolicum*, ferner, daß die Einwirkung einer niederen Temperatur (4 bis 6°) auf infizierte oder infektiöse Zecken in den verschiedenen Entwicklungsstadien den Parasiten nicht verhindert, das infektiöse Stadium zu erreichen *(Fotheringham* und *Lewis*, 1937*)*. Die Beschleunigung der Entwicklung der Zecken durch Wärme ist gleicherweise ohne Einfluß auf die Entwicklung der Parasiten.

Nach *Lowe* (1935) ist zur *Existenz der braunen Zecke* Rh. appendiculatus eine *Grasdecke* nötig, und *Berggrasland, das kühl* und *feucht* und immer *mit Gras bedeckt* ist, ist für sie eine vollendete Herberge. Dagegen ist offenes Dornendickicht fast das ganze Jahr über für das Fortkommen von Rh. appendiculatus völlig ungeeignet. *Lowe* spricht von einem natürlichen Gleichgewicht in den Ostküstenfiebergebieten: die Zecken gedeihen, es lebt nur immunes Vieh, 50 v. H. der Kälber sterben. Das vorhandene Vieh genügt, um die Infektion der Zecken aufrechtzuerhalten. Wenn dieses Gleichgewicht dadurch zerstört wird, daß das Vieh zu zahlreich und der für die Zecken notwendige Graswuchs stark beeinträchtigt wird, verschwindet das enzootische Vorkommen des Küstenfiebers, die Viehzahlen gehen schnell aufwärts, und bald ist Überstockung erreicht. Wenn auf der anderen Seite durch Rinderpest oder Tsetsekrankheit die Rinderzahl stark vermindert wird, kommt auch bald ein Stand, wo sich nicht mehr jedes Kalb infizieren kann. Wenn dann später die Seuche eingeschleppt wird, kann sie sich besonders schwer auswirken. Dann ergreift die Besitzer eine Panik, sie wandern ab und bringen ihr Vieh in schon überstockte Gebiete. So kann das Ostküstenfieber dazu beitragen, die die Fruchtbarkeit und Nutzungsfähigkeit der ostafrikanischen Weidegebiete zerstörende Bodenausspülung *(„soil erosion")* zu fördern. *Lowe* glaubt, daß es an der Küste in ein paar Jahren wahrscheinlich nur noch dort Vieh geben werde, wo sich entweder eine größere offene Fläche, die für die Tsetsefliege ungeeignet

Abb. 27. Ostküstenfieber, künstliche Übertragung durch Punktion der Milz und Lymphknoten. Punktion der Milz und des präskapularen Lymphknotens beim Rinde nach Sieber 1911. (Aus *Knuth* und *du Toit*)

ist, oder ein Bad gegen das Ostküstenfieber befindet. Das Ostküstenfieber könne durch allgemeines Baden ausgerottet werden, wenn gleichzeitig die Viehzahlen in Grenzen gehalten würden. Solange hierfür keine Gewähr gegeben werden könne, sei es nicht ratsam, Geld für das Baden auszugeben.

Empfängliche Tiere. Für das Küstenfieber ist nur das *Rind (auch Zebu)* empfänglich. In verseuchten Gebieten erkranken gewöhnlich nur Rinder im Alter von *unter einem Jahre,* während ein großer Teil der älteren Tiere, da sie die Krankheit schon überstanden haben, immun sind. Nach *Cowin* (1935), der lange in einem schwer verseuchten Eingeborenengebiet Ostafrikas gearbeitet hat, sterben in den enzootischen Küstenfieberbezirken 50 v. H. der Kälber. Für das Vorkommen von Th. parva beim Wild gibt es keine Anhaltspunkte.

Künstliche Übertragung. Die künstliche Übertragung des Küstenfiebers von Tier zu Tier gelingt mit Blut *(Sergent* u. Mitarbeiter, 1927; *Theiler* u. *du Toit,* 1928*),* wie angegeben, nur dann, wenn es Plasmakugeln enthält. *K. F. Meyer* hat nachgewiesen, daß durch Einpflanzung von Milzstückchen oder Lymphknoten in die Bauchhöhle oder durch Einspritzung von Milz- oder Lymphknotensaft in die Milz gesunder Rinder die Krankheit stets übertragen werden kann, da in der Milz und in den Lymphknoten der kranken Tiere Plasmakugeln zugegen sind. Die Impfkrankheit gleicht der natürlichen Erkrankung, verläuft aber in etwa 40 v. H. der Fälle gutartig.

Natürliche Übertragung. Die natürliche Übertragung geschieht durch verschiedene Zeckenarten, nach *Neitz* und *du Toit* (1938) durch die dreiwirtigen Zecken *(Rhipicephalus appendiculatus, simus* und *capensis),* nach *Mönnig* (1938) auch durch *nitens,* die zweiwirtige Zecke *Rh. evertsi* und die zwei- und dreiwirtige *Hyalomma impressum „near“ planum* und nach *Daubney*

(1938) durch *Hyalomma anatolicum.* Saugen Zecken Blut von küstenfieberkranken Rindern, so entwickeln und vermehren sich die Theilerien in diesen zu übertragungsfähigen Parasiten, die die Zecken in ihrem nächsten Entwicklungsstadium durch ihren Biß auf empfängliche Tiere übertragen. Die Infektion geht *nicht durch das Ei,* so daß Larven niemals infektiös sind (s. a. „Allgemeines über Piroplasmosen usw."). Die Entwicklung zu übertragungsfähigen Parasiten setzt in der Zecke erst ein, nachdem sie sich auf dem neuen Wirt festgebissen hat. Nach *Lounsbury* und *K. F. Meyer* genügt in der Regel eine einzige Zecke, um das Küstenfieber zu übertragen. Infizierte Nymphen von Rh. appendiculatus können erst im Laufe des 3. Tages und infizierte Weibchen erst nach Ablauf des 3. Tages nach dem Festbeißen die Infektion bewirken. Hierauf beruht das früher vorgeschlagene dreitägige Baden. Durch das *einmalige Saugen an irgendeinem Tiere reinigt sich die Zecke von dem Ostküstenfieberparasiten* und ist im weiteren Entwicklungsstadium nicht mehr ansteckungsfähig. Während man früher annahm, daß die längste Zeit, die ein Rh. appendiculatus, ohne zu saugen, leben kann, 14 Monate beträgt, zeigte *du Toit* 1928 (zit. nach *Henning,* 1932), daß er bedeutend länger lebensfähig bleiben kann. Einige seiner Versuchszecken lebten noch nach 914 Tagen; diese waren aber so schwach, daß sie nicht mehr Blut saugen konnten und bald starben. Unter Feldverhältnissen ist die Zeit, die braune Zecken, ohne zu saugen, leben können, wahrscheinlich wesentlich kürzer als 2½ Jahre, aber länger als 15 Monate. Ob die Zecken nach so langem Hungern noch Küstenfieber übertragen können, ist nicht bekannt; es wäre aber sehr wichtig festzustellen, wie lange solche Zecken noch übertragungsfähig sind *(Henning,* 1932*).* Bei der praktischen Bekämpfung rechnet man heute damit, daß sich eine Weide nach 18 Monaten von der Küstenfieberinfektion gereinigt hat, wenn die Zecken keine Gelegenheit haben, sich neu zu infizieren. Wenn die Weide während der genannten Zeit mit anderen Tieren als Rindern besetzt wird, so sterben die Zecken zwar nicht aus, der Krankheitserreger geht aber zugrunde, weil die mit Küstenfieber infizierten Zecken entweder verhungern oder ihren Infektionsstoff abgeben und damit für später ungefährlich werden, sobald sie sich an einem Tiere festgebissen haben und sich vollsaugen. Auf der Entwicklungszeit der Zecken und der Dauer ihres Aufenthaltes auf den Rindern beruht auch das System des *Weidewechsels* zur Bekämpfung der Seuche.

Erscheinungen und Verlauf. Nach *Knuth* und *du Toit* beträgt das Inkubationsstadium des Ostküstenfiebers 10 bis 15, gewöhnlich 13, selten bis 25 Tage. Dann setzt *Fieber* ein, das innerhalb 1 bis 2 Tagen auf 42^0 steigt und sich, abgesehen von geringen Schwankungen, auf dieser Höhe bis zum Tode erhält. An den ersten Krankheitstagen erscheinen die Tiere noch ganz gesund; nur der Kot wird etwas fester. Später *nimmt die Freßlust* ab, die *Milchabsonderung* bei Kühen *hört auf,* das Tier *magert ab,* die *Augen tränen,* es treten *starkes Speicheln* und mitunter *Nasenausfluß* auf, bisweilen auch *Durchfall,* der manchmal blutig ist. *Hämoglobinurie wird bei reinem Küstenfieber nie-*

mals beobachtet. Die Krankheit dauert meistens 12 Tage, so daß vom Tage der Infektion bis zum Tode 28 bis 30 Tage vergehen. Der Tod tritt unter *Anschwellung der Lymphknoten des Halses* unter allmählichem Verfall der Kräfte und Koma ein. Ausnahmsweise können die Tiere schon nach 4 bis 5 Tagen plötzlich infolge von Lungenödem eingehen. Bei genesenden Tieren sinkt die Temperatur allmählich. Bei der Untersuchung des Blutes findet man nach dem Temperaturanstieg in oder auf den roten Blutkörperchen ring- oder stäbchenförmige Parasiten in geringer Zahl, die sich in den folgenden Tagen so vermehren, daß schließlich jedes rote Blutkörperchen mit mehreren Parasiten infiziert ist. Bei den *gefallenen* und *getöteten* Tieren sieht man im Gegensatz zum Texasfieber die *Milz* bei reiner Infektion mit Ostküstenfieber *unverändert,* im übrigen ist festzustellen: *Vergrößerung aller Lymphknoten,* bei *Kälbern* insbesondere der *retropharyngealen, Schwellung und Rötung des Labmagens* und sehr häufig stecknadelkopf- bis erbsengroße, oberflächliche Geschwüre auf den Falten der Schleimhaut oder auch dazwischen. Die Schleimhaut des *Darmkanals* ist geschwollen und mit blutigen Punkten, Flecken und Streifen durchsetzt. Im Blinddarm finden sich zuweilen auch Geschwüre. Die *Leber* ist *vergrößert* und gelblich bis *mahagonibraun* verfärbt, im interstitiellen Gewebe beobachtet man zellige Infiltrationen, in den *Nieren weiße Herde,* die nach *K. F. Meyer* in der Hauptsache aus Anhäufungen von Lymphozyten in der Umgebung der Blutgefäße bestehen. In den Ausstrichen aus Leber, Nieren, Milz, Magen und Darmgeschwüren findet man *Plasmakugeln.*

Mittel zur sicheren Feststellung. Das Küstenfieber kann durch den Nachweis der *Kochschen Kugeln* schon frühzeitig festgestellt werden. Zu diesem Zweck entnimmt man nach *Montgomery, Kinghorn* und *Small* Material durch *Lymphknoten-* und *Milzpunktion.* Besonders wertvoll ist diese Art der Untersuchung bei Kälbern, weil bei ihnen nach *Bruce, Lichtenheld* und *K. F. Meyer* Theileria parva häufig in den roten Blutkörperchen vermißt wird, während Plasmakugeln in Lymphknoten und Milz stets vorhanden sind. Im übrigen sieht man bei der Untersuchung des Blutes bald nach dem Temperaturanstieg in den roten Blutkörperchen oder auf diesen, wie schon erwähnt, ring- und stäbchenförmige Parasiten in geringer Zahl.

Über die *Technik der Lymphknotenpunktion* hat *K. F. Meyer* (1913, zit. nach *Knuth* u. *du Toit)* folgende Angaben gemacht: Von den Lymphknoten eignen sich am besten die *Bug-* und *Kniefalten-Lymphknoten.* Diese werden mit der einen Hand fixiert, die Haut wird gründlich mit Alkohol desinfiziert und die Nadel mit einem Schlag in den Lymphknoten getrieben. Wenn keine Lymphe abfließt, wird mit einer Pravazschen Spritze Material angesogen. Zum Zwecke der Punktion der *Milz* wird die Haut zwischen der 11. und 12. Rippe auf der Höhe des äußeren Darmbeinwinkels rasiert und desinfiziert und ein kleiner Einschnitt in die Mitte des Zwischenrippenraumes gemacht (Abb. 27). Eine je nach Größe des Tieres 5 bis 10 cm lange Nadel wird durch die Wunde abwärts und leicht nach unten und vorn in die Milz gestoßen und das Material angesogen. Die Wunde wird mit Kollodium verschlossen.

Nach *Lichtenhelds* Untersuchungen in enzootischen Seuchengebieten können die Plasmakugeln auf die Lymphknoten der Infektionsstelle beschränkt bleiben und in der Milz fehlen. Er hält die Diagnose für gesichert, wenn im Anfang der Krankheit nur Kochsche Kugeln ohne Theileria parva gefunden werden. Dem ist entgegenzuhalten, daß Plasmakugeln auch bei der Infektion mit Th. mutans (s. d.) auftreten und zu Verwechslungen mit Küstenfieber Anlaß geben können. Deshalb legt *Henning* den Hauptwert bei der Unterscheidung auf den *verschiedenen Krankheitsverlauf* bei der Parva- und Mutansinfektion, da auch die Parasiten in den Blutkörperchen nicht zu unterscheiden sind. Jedoch sind bei Ostküstenfieber auf der Höhe des Fiebers bis zu 80 bis 90 v. H. der Blutkörperchen mit Theilerien befallen, bei Th. mutans meist höchstens bis zu 20 v. H. *De Kock* weist darauf hin — bei Besprechung der Schwierigkeiten der Unterscheidung von Mutans und Parva —, daß Mutans unter gewissen Voraussetzungen in küstenfieberfreien Gegenden ein mit der Parvainfektion übereinstimmendes Krankheitsbild erzeugen kann, wenn dies auch unter natürlichen Bedingungen in Südafrika selten ist (s. Th. mutans).

Die Parvainfektion tötet ohne Hilfsursachen, während Th. mutans unter gewöhnlichen Bedingungen ein harmloser Parasit ist. Wenn aber mit Th. mutans infizierte Tiere über eine Dauer von 30 Stunden bei teilweisem Hungern mit der Bahn transportiert wurden, kamen Fälle vor, die in jeder Hinsicht dem Küstenfieber ähnlich waren, sogar hinsichtlich der Sterblichkeit *(de Kock, van Heerden, R. du Toit* u. *Neitz,* 1937*).*

Bekämpfung. Eine Behandlung des Ostküstenfiebers und eine Schutzimpfung kommen nicht in Frage, da es weder Arzneimittel gibt noch eine Schutzimpfung, die den Krankheitsverlauf der erkrankten Tiere beeinflussen können.

Im übrigen gibt es nach *du Toit* (1937) und *de Kock* (1938) für die Südafrikanische Union drei Arten der Bekämpfung: 1. *Keulung,* 2. *Weidewechsel,* 3. *Baden.* Dabei ist stets das Vorhandensein von *Farmeinzäunungen* wichtig. Einzäunen sollte, wie *Dixon* (1928) betont, als Vorbeugungsmittel vor einer Seuche wie Ostküstenfieber herschreiten, nicht ihr folgen.

Wichtig ist für alle Bekämpfungsmaßnahmen die *möglichst frühzeitige Erkennung eines Seuchenausbruches.* Zur Sicherstellung der frühzeitigen Ermittlung und der genauen Durchführung der Maßnahmen auch durch nachlässige Farmer setzte man *in verseuchten Gebieten Überwachungsausschüsse* („vigilance committees“) ein, die aus Farmern der Gegend bestehen (Südrhod. Ber. 1933). Es muß danach gestrebt werden, *von allen gefallenen und außerhalb der Schlachthöfe getöteten Tieren in den Ostküstenfieberbezirken Ausstrichmaterial zur Untersuchung zu erhalten.* In Schlachthöfen ist dies selbstverständlich. Während bis 1930 in dieser Hinsicht in Südafrika kein wirklicher Fortschritt zu erzielen war, ist dies später anders geworden. In Natal und im Transkei wurden 1927/28 rund 45 000 bzw. 55 000 Ausstriche eingesandt, 1936/37 dagegen 309 000 und 190 000. 1936 wurden in Natal, wie *de Kock* hervorhebt, wohl von 98 v. H. aller Tiere Ausstriche erhalten, und gleichzeitig ging die Zahl der Ostküstenfieberausbrüche von rund 290 im Jahre 1921 auf rund 40 1936 zurück. Die Bedeutung der Überwachung erhellt aus der Tatsache, daß sich immer wieder große Ostküstenfieberausbrüche gerade in den Gebieten ereignen, in denen infolge längerer Seuchenfreiheit die Aufmerksamkeit nachgelassen hat, oft lange nach Aufhebung der Sperrmaßnahmen *(Sinclair,* 1929*)*. 1937 starben an Ostküstenfieber in *Natal* 291 Rinder, dagegen in den Gebieten, wo das wöchentliche Baden Zwang ist, aber nicht überwacht wird, nicht weniger als 811 Rinder an Texasfieber und 820 an Anaplasmose *(du Toit,* 1931*)*. Dies zeigt die Bedeutung des überwachten Kurzzeitbadens.

Die Bekämpfung durch *Keulung* ist zu verbinden mit der Maßnahme, *daß die Farmen während der Dauer von 18 Monaten ohne Rinder bleiben*. Andere Tierarten dürfen gehalten werden. Das Verfahren stützt sich auf die schon angeführte Tatsache, daß die Zecken, welche das Küstenfieber übertragen, der Regel nach im Verlauf von 18 Monaten an Nahrungsmangel zugrunde gehen oder sich durch Saugen an anderen Tieren als Rindern von dem Ansteckungsstoff reinigen. *Du Toit* bezeichnet das Verfahren als die *„Idealmethode"*. Es könne aber nur bei *gut isolierten Seuchenherden* angewandt werden. Das Verfahren hat sich in Transvaal, in Rhodesien und Natal sehr gut bewährt. Als kurz nach Beendigung des Burenkrieges das Küstenfieber über Transvaal hereinbrach, waren nicht mehr viele Rinder vorhanden. Man entschloß sich daher kurzerhand zur Tötung aller der Ansteckung ausgesetzten Rinder. Die Farmen wurden eingezäunt und nach dem damaligen Stand der Kenntnisse über die Biologie der Überträgerzecken 15 Monate frei von Rindern gehalten. Andere Tiere konnten auf den eingezäunten Weiden gehalten werden. Nach 15 Monaten konnten wieder von neuem Rinder beschafft und mit Erfolg gehalten werden. Allgemein wurde 1904 durch das Gesetz Nr. 28 die Bekämpfung des Küstenfiebers in Transvaal amtlich in Angriff genommen durch Zwang zur Einzäunung der infizierten Farmen, Abschlachtung der Tiere bei isolierten Ausbrüchen und Entschädigung der Besitzer. Zur Bekämpfung des Küstenfiebers in den *Eingeborenenbezirken* haben sich in Transvaal, wie *K. F. Meyer* mitgeteilt hat (zit. nach *Knuth* u. *du Toit*), nachstehende Maßnahmen bewährt: Man bildete *Konzentrationsweiden,* in denen in den ersten 8 bis 10 Monaten starke Verluste auftraten. Der überlebende Rest war immun. Da die *neugeborenen Kälber* sogleich *getötet* wurden, reinigten sich die infizierten Zecken in ungefähr 14 Monaten von den Ostküstenfiebererregern. Nach dieser Zeit wurden die Konzentrationsweiden wieder aufgelöst und die überlebenden Rinder an die Kaffernhäuptlinge zurückgegeben. Die den Konzentrationsweiden benachbarten Burenfarmen waren auf Regierungskosten eingezäunt und den Farmern selbst die Erlaubnis gegeben worden, jedes Kaffernrind, das über den Zaun sprang oder sich auch nur in der Nähe des Zaunes aufhielt, zu töten. Diese Maßnahmen hatten nach *K. F. Meyer* den Erfolg, daß mehrere Farmen im Zentrum verseuchter Bezirke vom Küstenfieber verschont blieben. Die Bewährung des *Tötungsverfahrens* ergibt sich aus den Erfolgen in Portugiesisch-Ostafrika. Dort wurde es allgemein durchgeführt, wo immer die Seuche sich zeigte, mit dem Erfolg, daß das Ostküstenfieber ausgerottet worden ist und sich seit 1917 nicht mehr gezeigt hat (*Henning*, 1932; *Monteiro da Costa*, 1933). Die Keulung wurde 1929 auch in *Südrhodesien* eingeführt. Es wird für die geschlachteten Tiere eine Entschädigung in der Höhe von 75 v. H. ihres Wertes gezahlt (*Hooper-Sharpe*, 1930; Ber. 1935). *Dixon* (1928) gibt für Südrhodesien den Rat, man solle zunächst das Baden genau durchführen, bis ein genügend niedriger Stand der Verseuchung erreicht sei, bei dem die Abschlachtung der jeweils erkrankenden Tiere möglich sei.

Das Verfahren der Ostküstenfieberbekämpfung durch *Weidewechsel* schildert *Henning* (1932) wie folgt: Das Vorhandensein von *4 eingezäunten Weiden* (A, B, C und D) ist die Voraussetzung. Beim Ausbruch der Seuche wird bei allen Tieren auf Weide A die Temperatur aufgenommen, und sämtliche fiebernden Tiere werden geschlachtet. Die übrigen werden sofort nach der eingezäunten infektionsfreien Weide B gebracht, wo sie 16 Tage verbleiben; bei ihnen wird täglich einmal die Temperatur aufgenommen. Auch hier werden die fiebernden Tiere sofort geschlachtet und die nicht fiebernden nach Ablauf von 16 Tagen in ein ebenfalls reines Kamp C gebracht, wo wieder täglich die Temperatur gemessen und die fiebernden Tiere geschlachtet werden. Im Kamp C wird im übrigen vorgegangen wie im Kamp B. Nach 16 Tagen kommen die nichtfiebernden Tiere auf die Weide D und können nunmehr als gesund und die Gefahr kann als beseitigt angesehen werden. Von den als infiziert anzusehenden eingezäunten Weiden A, B und C müssen Rinder mindestens 18 Monate lang ferngehalten werden, während Pferde, Schafe, Ziegen usw. auf ihnen ohne Gefahr weiden können. Die 16-Tage-Fristen stützen sich auf die Biologie der das Ostküstenfieber übertragenden Zecken und auf das Inkubationsstadium des Ostküstenfiebers.

Henning empfiehlt *ergänzende Maßnahmen* zur Sicherung des Erfolges des Weidewechsels, und zwar *Kurzzeitbaden aller Rinder in der Nachbarschaft* der Ausbrüche und auch der *befallenen Rinder* selbst *beim Wechsel von einem Kamp in das andere.* Ferner müßten alle *Rinder in der Umgebung* des Ausbruches von Zeit zu Zeit *gezählt* werden (damit kein Todesfall der Feststellung entgeht), und von allen kranken und verendeten oder getöteten Tieren aus diesem Gebiet müßte gutes *Ausstrichmaterial* eingeschickt werden, um keinen Ausbruch des Küstenfiebers in der Nachbarschaft zu übersehen.

Das *Baden* dient der Vernichtung der Zecken auf dem Tierkörper. Es ist, wenn es durch Schmierbehandlung mit der Hand an bestimmten Stellen des Körpers (Ohren- und Schwanzgegend) ergänzt wird, das einzige zuverlässige Verfahren zur Vernichtung der Zecken (Näheres siehe bei Texasfieber). Durch Einreiben oder Bespritzen mit zeckentötenden Mitteln kann dieser Erfolg nicht erreicht werden. Zum Baden sind *besondere Rinderbäder* zu bauen. In Südafrika und Südrhodesien bestehen gesetzliche Handhaben, den Farmer zum Bau solcher Bäder zu zwingen. Das von *Dixon* (zit. nach *Knuth* u. *du Toit*)

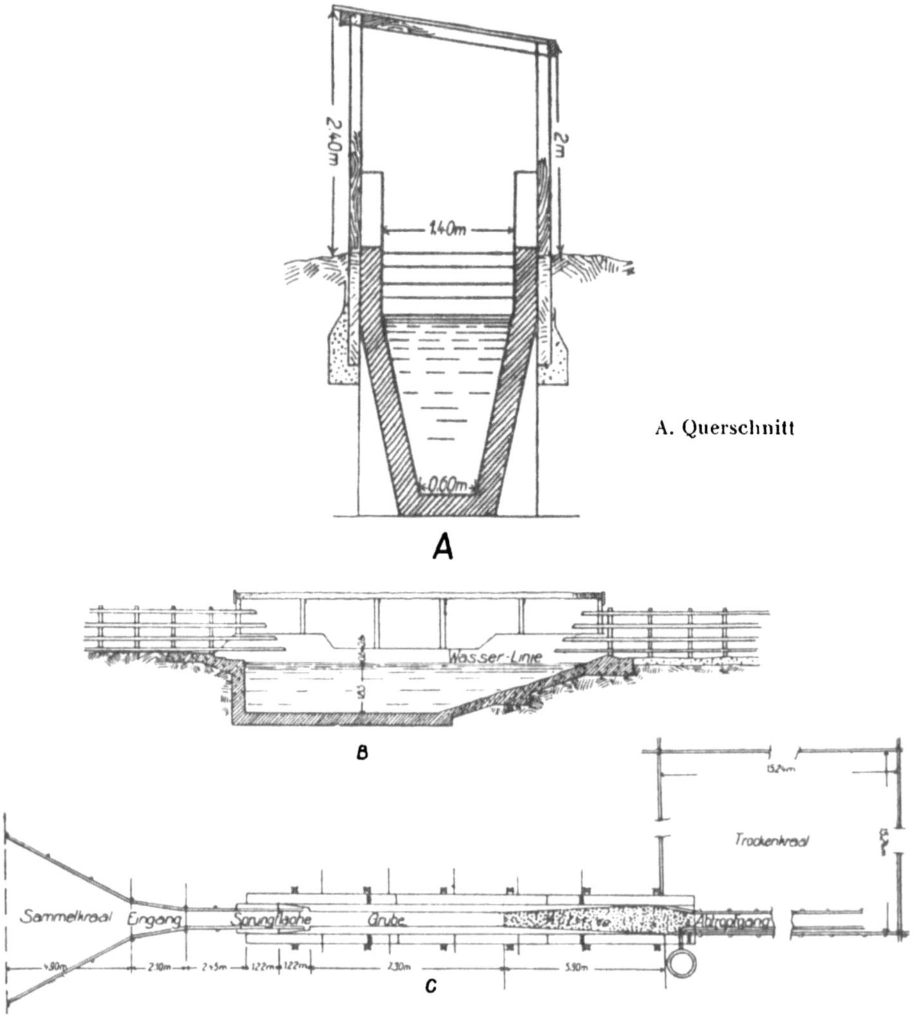

Abb. 28. Plan eines Zeckenbades. Nach *Dixon* (aus *Theiler* und *Gray*. 1912).
B. Längsschnitt. C. Grundriß.

empfohlene *Unionbad* Südafrikas (s. Abb. 28) besteht aus einem Sammelkral, einer Sprung- und Gleitfläche, dem Badebassin, dem Aufstieg, dem Abtropfgang und dem Trockenkral. Im Sammelkral werden die Tiere gesammelt und von hier in einem Gang über eine Sprung- oder Gleitfläche getrieben, über die die Tiere in das Bad gelangen. Das Badebassin ist bei den verschiedenen Arten der Ausführung 4 bis 7 m lang, unten 60, oben 100 bis 130 cm breit. Die Tiefe der Badeflüssigkeit beträgt 1,5 bis 2 m. Der Aufstieg soll nicht zu steil und mit einem rauhen Boden oder mit Querleisten versehen sein, damit die Tiere schnell und ohne Gefahr das Wasser verlassen können. Nach dem Heraussteigen aus dem Bade kommen die Tiere in den Abtropfgang, wo sie mit der

Abb. 29. Zeckenbad für Großtiere. Unter dem Schutzdach das Bad (vorne der Abtropfgang). Ein Rind durchschwimmt das Bad. Hinten Sammelkräle. (Photo *R. Wetzel*)

Hand nachbehandelt werden müssen. Zuletzt kommen die Tiere in den großen Trockenkral und von hier erst auf die Weide. Man soll die Tiere nicht zu schnell aus dem Trockenkral herauslassen, damit Arsenvergiftungen durch Verunreinigung der Weide vermieden werden. *Das Baden soll am Morgen geschehen.* Bei *schwerem Regen* ist *nicht* zu baden, weil sich sonst starke Verätzungen durch das Arsen auf dem Rücken der Tiere bilden können. Solche Tiere übergeht man einmal mit Baden, damit die Veränderungen heilen, sonst verschlimmern sie sich, und es kann zur Aufnahme von Arsen durch die Haut und Vergiftungserscheinungen kommen (*Webb,* 1936). Das Bad muß so gebaut sein, daß Regenwasser nicht hineinfließen kann. Vielfach wird das ganze Bad überdacht (mit Wellblech), damit es nicht hineinregnet und die Badeflüssigkeit weniger schnell verdunstet. Auch sollen die Tiere williger hineinspringen, wenn sie den Ausgang des „Tunnels" sehen. Als Badeflüssigkeit wird eine Lösung von *arsenigsaurem Natrium* verwendet, und zwar beim 5tägigen Bad 1000 g auf 500 l Wasser. beim 14tägigen 1500 g auf 500 l Wasser, oder eine der käuflichen „Dippen", bei denen die beigegebene Gebrauchsanweisung genau zu beachten ist. Um auch die an den geschützten Stellen des Körpers sitzenden Zecken abzutöten, ist die mehrfach bezeichnete zusätzliche Behandlung dieser Stellen, insbesondere der Ohren und der Umgebung der Schwanzwurzel, mit zeckenwidrigen Schmiermitteln nötig. Diese Behandlung findet, wie erwähnt, im Abtropfkral statt. Dazu sind die langen Haare in den Ohren und die Schwanzquaste abzuschneiden, bevor die Stellen mit zeckentötenden Mitteln behandelt werden (Arsenlösungen 1000 g auf 500 l [*Henning,*

1932*]*, Tabak und Öl *[du Toit* u. *Viljoen,* 1929*]*, Schwefel und Öl — 1 : 8 *[Edmonds* u. *Walker,* 1929; *Bedford,* 1929*])*.

Gegen das Küstenfieber ist früher dreitägiges Baden empfohlen worden, weil die infizierten Zecken erst im Laufe oder nach Ablauf des dritten Tages ihren Ansteckungsstoff abgeben. Dieses dreitägige Baden war mit großen Schwierigkeiten verknüpft. Auch hat sich erwiesen, daß in der Praxis selbst bei Durchführung genauen dreitägigen Badens und der Handbehandlung die Todesfälle nur in einem Teil der Fälle sofort aufhörten, in anderen sogar manchmal noch ein Jahr lang weiterbestanden *(Withworth,* 1930; *du Toit,* 1937*)*. Da sich ergab, daß man mit 5tägigem Baden genau dieselben Erfolge erzielen kann, ist man neuerdings in Südafrika *zum 5tägigen Baden* übergegangen *(du Toit,* 1937*)*. Wegen der Kontrolle der *Aufrechterhaltung der notwendigen Konzentration* des Bades siehe unter Texasfieber.

Kosten einer Badeanlage und des Badens. In dem *Schutzgebiet Deutsch-Ostafrika* kostete im Jahre 1930 der Bau einer Badeanlage 200 bis 400 £. Eine solche Badeanlage hat eine räumliche Wirkungsbreite von 5 englischen Meilen und genügt für das laufende Baden von 8000 Rindern. Die Gesamtkosten des Badens belaufen sich je Kopf im Jahre auf 2,50 Schilling (Memorandum on the economics of the cattle industry in Tanganyika, 1934). Nach *Cooper* und *Laws* betrugen die Kosten des Badens auf das einzelne Tier berechnet 2 bis 4 Pfennige *(Knuth* u. *du Toit)*. Wegen weiterer Einzelheiten über das Baden usw. vgl. *Knuth* und *du Toit.*

Knuth und *du Toit* bezeichnen das *regelmäßige Baden der Rinder als die zuverlässigste Methode zur planmäßigen Vernichtung der Zecken und zur Verhütung der Ausbreitung des Küstenfiebers.* Nach *de Kock* (1938) hat Südafrika in der Ostküstenfieberfrage einen sehr vielversprechenden Stand erreicht, und es könne bei weiterer Durchführung der Bekämpfung und ihrer Überwachung nach den geübten Methoden möglich sein, die Seuche in der Union vollständig zu tilgen, falls keine Neuinfektion von außen stattfindet. Das Baden hat auch den großen Vorteil, daß hierbei die Tiere gezählt werden können, was für die Feststellung von Todesfällen an Ostküstenfieber und anderen Seuchen, die sonst der Kontrolle entgehen könnten, von größter Wichtigkeit ist. Über den Umfang des Badeverfahrens und der Überwachung geben folgende Tatsachen Auskunft: In ganz Natal (also auch in den küstenfieberfreien Gebieten) sind 7tägiges Baden und Handbehandlung vorgeschrieben, in Küstenfieberbezirken 5tägiges. Es bestehen in Natal bei einem Rinderbestand von 3 Millionen 6900 Bäder, es kommt also auf etwa 435 Haupt eine Badeanlage. 300 Weiße sind als *Badeaufseher* („Dippinspektoren") angestellt, deren Aufgabe darin besteht, die *Durchführung des Badens* und die *Stärke der Badeflüssigkeit* zu überwachen, ferner *die Tiere zu zählen,* damit festgestellt wird, daß auch alle badepflichtigen Tiere zum Baden gebracht werden *(Diesel,* 1935*)*. Die Wichtigkeit des Zählens ergab sich daraus, daß bei Unterlassung des Zählens der letzte Todesfall in gesperrten Herden, von dem an die 18monatige Sperrfrist rechnet, und der erste Todesfall in küstenfieberfreien Herden (s. a. *Dixon,* 1928) übersehen wurde und infolgedessen Neuausbrüche des Ostküstenfiebers erfolgten. Auf Grund der in Natal gemachten Erfahrungen hält es *Diesel* (1935) für nötig, in den nicht wegen Ostküstenfieber gesperrten Gebieten eine Kontrolle und Zählung des Viehs alle 14 Tage, in den verseuchten alle 5 bis 7 Tage durchzuführen.

So günstig wie in der fortgeschrittenen Südafrikanischen Union liegen die Verhältnisse für die Bekämpfung des Ostküstenfiebers nicht überall. Aber wenn auch in tropischen Weidegebieten mit hohem Regenfall eine Zeckenbekämpfung sehr viel schwieriger ist als z. B. in Südafrika, ist doch auch dort das Zeckenbad, z. T. selbst bei den Eingeborenen, beliebt, da die Beteiligten wissen, welche Vorteile sich daraus ergeben, und daß vor allem die Kälbersterblichkeit sinkt *(Cowin,* 1935*)*.

Lichtenheld hat nach *Knuth* und *du Toit* für *Deutsch-Ostafrika* angegeben, daß dort im Tiefland zur Entseuchung von Plätzen mit enzootischem Ostküstenfieber *andere Maßnahmen als in der Südafrikanischen Union* ergriffen werden müßten, da in Deutsch-Ostafrika die Weiden in der Umgebung der verseuchten Plätze alle mehr oder weniger auch verseucht seien. Überführung der ansteckungsverdächtigen Tiere in entferntere Bezirke würde die Ausnutzung der Herden zur Milchgewinnung unterbinden. In solchen Fällen genüge die *Stallhaltung* der empfänglichen Tiere, also der *Kälber unter einem Jahre,* zur Bekämpfung, während die älteren, immunen Tiere auf der Weide gelassen werden könnten, da sie diese nicht erneut infizierten. Die Weide werde nach etwa einem Jahr entseucht sein, und die dann darauf gebrachten Tiere würden nicht mehr erkranken. *Lichtenheld* hat vor dem Weltkriege die Ansicht vertreten, daß eine Tilgung in dem seit langer Zeit enzootisch verseuchten Deutsch-Ostafrika wenig Aussicht auf Erfolg habe.

Hornby (1932) sagt, *das Ostküstenfieber müsse in den jeweils verschiedenen Gebieten verschieden bekämpft werden.* Freie Gebiete müßten freigehalten werden, und dies wäre leichter, wenn bekannt wäre, warum sie frei wären, ob der Grund der sei, daß die Hauptweidegebiete kultiviertes Land seien oder weil den Rhipicephalen der Boden nicht zusage. Wo die Seuche anscheinend epizootisch auftrete, sei es oft schwer festzustellen, ob die Seuche die Neigung habe, enzootisch zu werden, in welchem Falle man sie sich selbst überlassen könne, oder ob sie, wenn man ihr nicht in den Weg trete, das vorhandene Vieh völlig oder fast ganz vernichten werde. Darum, meint *Hornby,* solle, wenn möglich, in solchen Fällen mit der verseuchten Herde 10tägiger Weidewechsel über freies Gebiet vorgenommen werden. Das Ostküstenfieber sei in dem Schutzgebiet Deutsch-Ostafrika von besonderer Bedeutung für den Europäer, der siedeln wolle, um Viehzucht zu treiben. Hier bestehe die einzige Möglichkeit, einen *eingezäunten, geschlossenen Block von vielen Siedlern* zu bilden, der Zugang zur Bahn habe. Das Küstenfieber müsse in dem Block durch Baden ausgerottet werden. Erst dann könnten die Besitzer an das Aufkreuzen ihrer Eingeborenenrinder mit europäischem Blut denken. Solche Versuche sind aber im Mandatsgebiet nach *Hornby* noch nicht gemacht worden, so daß bisher alle Viehzuchtversuche von Europäern die enttäuschendsten Ergebnisse gehabt hätten. Hier scheint *Hornby* das Europäerviehzuchtgebiet am Meru-Kilimandjaro außer acht gelassen zu haben. *Hornby* (1932) weist noch darauf hin, daß gegen Ende der Trockenzeit, wenn sich das Vieh an den übriggebliebenen Wasserstellen anhäufe, eine gehäufte Sterblichkeit auch in solchen Gebieten auftreten könne, in denen die Seuche sonst nur in Einzelfällen vorkomme. Mit dem Eintreten der ersten Regen und dem Auseinanderziehen des Viehs hörten diese Todesfälle auf. *Lowe* (1935) berichtet aus dem Schutzgebiet Deutsch-Ostafrika, wie schon angegeben, daß in enzootischen Ostküstenfieberbezirken so wenig Vieh sei, daß Milchmangel herrsche, während andere so überstockt seien, daß aus diesem Grunde in der Trockenzeit Milchmangel bestehe. *Lowe* kommt, wie auch schon angeführt, zu dem Schluß, die Seuche könne in dem Lande nur dann ausgerottet werden, wenn gleichzeitig die Viehzahlen in angemessenen Grenzen gehalten werden könnten.

Lewis (1931, 1932) berichtet aus *Kenya,* daß sich in küstenfieberfreien Gebieten die Seuche oft von kleinen Bezirken aus ausgebreitet habe, die den Zecken günstige Bedingungen böten, so daß sie dort auch Trockenzeiten überlebten. Nach *Lewis* (1934) ist Rh. appendiculatus in Kenya in der Regel an die *„Kakaolehmböden“* gebunden, sie hat sich aber neuerdings auf angrenzenden *schwarzen Baumwollböden* ausgebreitet. Er glaubt, daß sich die Zecke weiter auf *atypische Böden* ausbreiten werde und kommt zu dem Schluß, daß Küstenfieberbekämpfungsmaßnahmen getroffen werden müßten, bevor eine solche Ausbreitung stattgefunden habe. Er fand Rh. appendiculatus *nie beim Wilde, immer, außer bei Rindern, nur bei Schafen und Ziegen.* Er hält deshalb das *Treiben von Schafen aus verseuchten Gebieten in reine Gebiete für gefährlich, wenn sie nicht vorher gebadet und zeckenfrei gemacht würden,* so daß sie Zecken nicht verschleppen könnten.

Der Vollständigkeit halber sei auch hier erwähnt, daß die Massais in Deutsch-Ostafrika nach *Lichtenheld* das Ostküstenfieber dadurch niedergehalten haben, daß die Massaiweiber von jedem von der Weide zurückkehrenden Rinde im Krale die Zecken ablesen und im Feuer vernichten und daß sie außerdem gegen Ende der Trockenzeit das Gras abbrennen, wodurch die freilebenden Zecken und bei den mehrwirtigen Zecken die Larven und Nymphen zerstört werden.

Vorbeuge. Zur Verhütung der Einschleppung von Küstenfieber in unverseuchte Gebiete ist nach *Knuth* und *du Toit* die Vernichtung der auf der Haut der zur Einfuhr bestimmten Rinder schmarotzenden Zecken durch staatlich eingerichtete Bäder und eine Quarantäne von 25 Tagen zu fordern. Die Gefahr der Einschleppung ist naturgemäß um so größer, wenn im Einfuhrlande die für die Übertragung des Küstenfiebers in Betracht kommenden Zecken vorhanden sind oder wenigstens günstige Lebensbedingungen finden. Da infizierte Zecken auch mit den Häuten kranker Tiere, mit Decken, Zelten, Schlafsäcken, Gras, Heu usw. eingeschleppt werden können, müssen diese Gegenstände vor der Einfuhr gründlich desinfiziert oder, wo dies nicht möglich ist, wie bei Heu und Stroh, von der Einfuhr zurückgewiesen werden. In *Kenya* dürfen Rinder aus Gebieten, in denen Ostküstenfieber enzootisch ist, nur dann ausgeführt werden, wenn sie immun sind. In diesem Falle tragen sie ein Brandzeichen T (Ber. 1935). Als besondere Gefahrenquelle für die Verschleppung der Protozoenkrankheiten werden in Kenya immer wieder die *Rinder der Eingeborenen* bezeichnet, *die auf den Farmen arbeiten.* Dieses „squatter stock" wechselt in schwer kontrollierbarer Weise hin und her und unter Umständen auch aus und in die Eingeborenenreservate.

Behördliche Maßnahmen zur Bekämpfung. Wegen der behördlichen Maßnahmen zur Bekämpfung siehe das bei der Bekämpfung Gesagte. In der Südafrikanischen Union konnten nach *v. Ostertag* (1912) folgende Maßnahmen vorgeschrieben werden:

1. Tötung aller Rinder auf der verseuchten Farm gegen eine Entschädigung von höchstens 2 £ für das Tier.

2. Sperre der Farm für die Dauer von 15 Monaten für die Ein- und Durchfuhr von Rindern.

3. Einzäunung der infizierten und aller Farmen, über die infiziertes Vieh gegangen ist, nach den bestehenden, vom „Fencing and stock department" erlassenen Vorschriften über die Zahl der Drähte, Entfernung der Pfähle voneinander, Sicherung von Vertiefungen des Geländes, über die die Zäune führen, und Einrichtung der Tore. Zur Durchführung der Einzäunung kann dem Farmer das hierzu erforderliche Kapital unter Verpflichtung einer 3prozentigen Verzinsung und einer Amortisation im Laufe von 10 Jahren vorgestreckt werden, wobei im ersten Jahre keine Zahlung einer Amortisationsquote zu erfolgen hat.

4. Sperre der Nachbarfarmen, Kennzeichnung aller Rinder in der infizierten Gegend durch ein Brandzeichen und Kontrolle des Viehverkehrs daselbst. Aus einem infizierten Distrikte darf kein Vieh heraus, und es darf in ihn auch, außer in ganz besonderen Fällen und mit ausdrücklicher Genehmigung des Cheftierarztes, kein Vieh eingeführt werden. Größere infizierte Bezirke und Kaffernlokationen werden dadurch gesichert, daß man die am Rande gelegenen Farmen einzäunt. Die Durchführung dieser Maßnahmen wird von den Regierungstierärzten und von den ihnen unterstellten amtlichen Viehaufsehern kontrolliert.

Wirtschaftliche Bedeutung. Die hohe wirtschaftliche Bedeutung des Küstenfiebers ergibt sich aus den großen Verlusten an Rindern überhaupt, die es bei Neueinschleppungen hervorruft, aus den Dauerverlusten bei Kälbern, wo die Seuche stationär geworden ist (rund 50 v. H.) und aus der ungewöhnlichen Schwierigkeit der Ausrottung. Daß aber bei großen, allgemeinen Anstrengungen große Erfolge erzielt werden können, zeigen die letzten 20 Jahre Ostküstenfieberbekämpfung in der *Südafrikanischen Union.* 1920 wurde wegen der mangelhaften Erfolge der Küstenfieberbekämpfung ein Ausschuß gebildet, der zu den Schlüssen kam: Im Ministerium ist eine Sonderabteilung zu bilden, die nur dem Minister verantwortlich ist. Alle Maßnahmen müssen straff durchgeführt werden, insbesondere die Überwachung des Viehverkehrs durch das Paßsystem (Permits) und des Badens. Die Landbank muß die erforderlichen Darlehen zur Einrichtung der notwendigen Bäder bereitstellen, damit das Baden verpflichtend gemacht werden kann, die Flüssigkeit in den Bädern muß mindestens einmal im Monat untersucht werden, und man muß den Farmern Apparate in die Hand geben, mit denen sie selbst die Stärke der Flüssigkeiten prüfen können (s. u. Texasfieber). Den Distriktstierärzten sollen die zur laufenden Untersuchung der Tiere notwendigen Einrichtungen gestellt und die verwaltungsmäßige Arbeit mehr von ihnen abgewälzt werden. Das Einzäunen soll gefördert werden, und ein Aufsichtspersonal soll geschaffen werden, das Polizeicharakter trägt (Ref. des Ausschußberichtes im TVB, *8,* 294). Ein großer Teil der Vorschläge ist verwirklicht worden, die Gewährung von Darlehen zum Bau von Badeeinrichtungen und von Farmeinzäunungen ist eine Selbstverständlichkeit. Daß es auch in Gebieten mit überwiegendem Anteil der Eingeborenen an der Viehzucht möglich ist, das Baden in umfassendem Umfang durchzuführen, lehrt das schon einmal angeführte Beispiel von *Nyassaland,* wo 1935 (Ber.) 3 757 000 Eingeborenenrinder und 101 800 Europäerrinder gebadet wurden.

Der Erfolg der Ostküstenfieber-Bekämpfungsmaßnahmen erhellt sinnfällig aus der beigegebenen Kurve von *du Toit* (Abb. 30). Daß auch in schwerverseuchten, enzootischen Ostküstenfiebergebieten die Bekämpfung der Seuche durch regelmäßiges Baden sehr segensreiche Folgen haben kann, geht aus einer Angabe im Veterinärbericht für das Schutzgebiet Deutsch-Ostafrika (1924) hervor. „In Daressalam gab es noch vor wenigen Jahren nur einige 50 Rinder, man konnte in der Stadt keine frische Milch bekommen. Heute werden fast 4000 Rinder gehalten. Da sie regelmäßig gebadet werden, ist seit 2 Jahren kein Fall von Ostküstenfieber mehr bekannt geworden, und Milch ist zu normalen Preisen erhältlich."

Küstenfieberdrehkrankheit bei Jungrindern (Turning Sickness, Muthioko). Mettam (1934) hat in Uganda Plasmakugeln im Gehirn von Jungrindern gefunden, die an der als Muthioko bezeichneten Drehkrankheit litten, einer Krankheit, die in enzootischen Ostküstenfiebergebieten in Ostafrika nicht ungewöhnlich ist. Die Erscheinungen bestehen bei akuten Fällen in Gehirnerscheinungen in Form von periodisch auftretenden Anfällen von Drehkrankheit, bei chronischen in Koordinationsstörungen und Blindheit. Die Dauer der Krankheit schwankt von 2 Tagen bis zu einem halben Jahr. Verlauf in der Regel (90 v. H.) tödlich *(Mettam* u. *Carmichael,* 1936*). Daubney* und *Hudson* (1936, zit. nach *Daubney,* 1938; s. a. den Kenya-Ber. 1936) fanden *Kochsche Kugeln* im Gehirn von 2 Rindern, die an „Turning Sickness" litten, im einen Falle *24,* im anderen *10 Monate nach dem Auftreten der Krankheit.* Sie weisen darauf hin, *daß die Lebensfähigkeit der Theilerien bei „Turning Sickness" in einem auffallenden Gegensatz zu ihrem gewöhnlichen Verhalten bei Ostküstenfiebertieren ist,* die von einem Anfall des Küstenfiebers genesen sind. Bei Versuchen, die Krankheit mit Zecken in Kabete in Kenya zu übertragen, ergab sich, daß Rhipicephalus appendiculatus-Zecken, die sich an einem mit „Turning Sickness" behafteten Rinde vollgesogen hat-

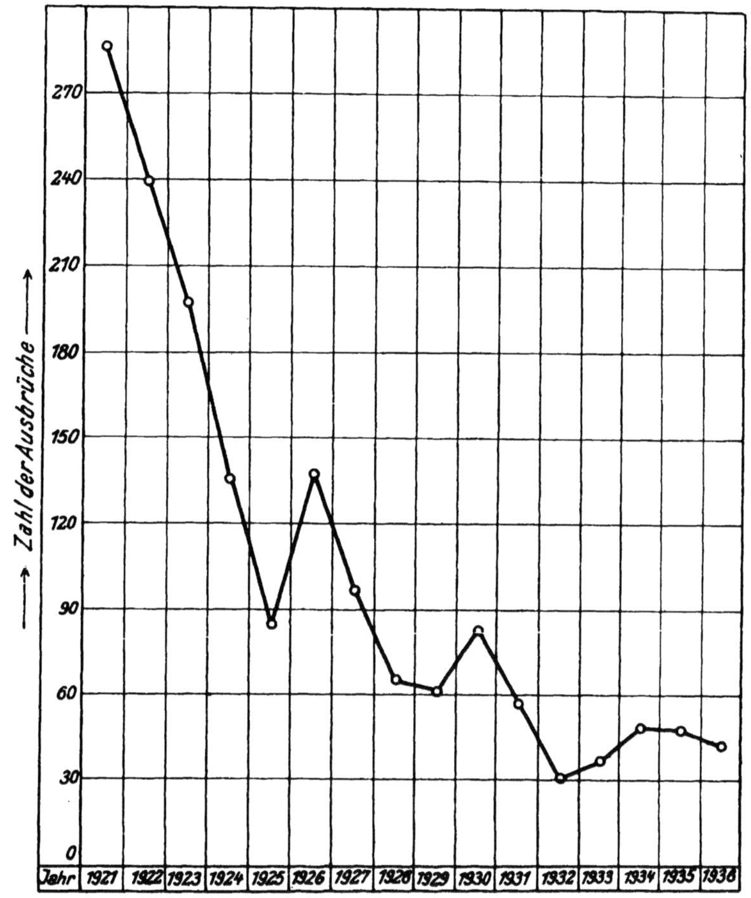

Abb. 30

ten, nach der Häutung Ostküstenfieber auf ein empfängliches Tier übertrugen. Dies beweist die Identität der Parasiten der „Turning Sickness“ und des Küstenfiebers (*Daubney*, 1938).

Mittelmeerküstenfieber (Theileriosis durch Th. dispar). Die durch Th. dispar hervorgerufene Krankheit ist eine dem Küstenfieber ähnliche, von *Sergent, Donatien* und Mitarbeitern 1924 vom Küstenfieber abgetrennte Krankheit. Sie kommt in *Algerien, Marokko, Tunesien* und *Libyen* vor. Die Theileria dispar läßt sich von Th. parva nicht sicher unterscheiden. Nach *Sergent* u. a. (1927) findet sich jedoch *Th. dispar* in der Mehrzahl der Blutkörperchen in runder Form, während bei Th. parva die Stabform weit überwiegt. *Bei Th. dispar* fanden sich *runde,* elliptische und anaplasmenähnliche Formen zu *mehr als 90 v. H.,* bei *Th. parva* dagegen *Stabformen zu 81,4 v. H.* Plasmakugeln sind bei Th. dispar außer in Milz und Lymphknoten in verhältnismäßig großer Zahl in der Leber zugegen, ferner sehr häufig und in größerer Zahl auch im *Blute, weshalb sich die durch Th. dispar erzeugte Krankheit fast regelmäßig durch Blut auf empfängliche Rinder übertragen läßt.* Th. dispar und Th. parva immunisieren nicht gegeneinander. Die natürliche *Übertragung* der Dispar-Theileriose erfolgt durch die zweiwirtige Zecke *Hyalomma mauritanicum* und nicht durch die Überträger des Ostküstenfiebers (*Sergent* u. a., 1928). In Kenya gelang die Übertragung auch mit *Hyalomma impressum* (*Fotheringham* u. *Lewis,* 1937). Übertragung durch *H. mauritanicum* nur nach 60stündiger Anheftung, Reinigung nach dem ersten Bisse (*Sergent* u. a., 1936). Die Krankheit tritt in den Sommermonaten gehäuft auf — etwa neun Zehntel aller Fälle kommen im Juli und August vor —, in den ersten Septembertagen erlischt die Seuche (*Sergent* u. a., 1931). Dies hat seinen Grund in der Biologie der Zecke, die eine 8monatige Winterruhe durchmacht (*Sergent* u. a., 1936). Im Gegensatz zu den bisher besprochenen Zeckenarten hat *H. mauritanicum* ihre *Schlupfwinkel im Stall* und nistet im Mauerwerk, weshalb sie zur Bekämpfung der Krankheit hier vernichtet werden muß. Als weiteres Mittel zur Bekämpfung der Krankheit wird das Belegen infizierter Ställe mit anderen Tieren als Rindern empfohlen, auf denen sich die Zecken von der Infektion reinigen können (*Sergent* u. a., 1928). Die *Erscheinungen* der Krankheit gleichen denen eines *milden Küstenfiebers.* Inkubationsstadium 20 bis 30 Tage, hiernach eine fieberhafte Allgemeinerkrankung mit mäßiger Blutarmut, Gelbsucht wird häufig, außerdem — im Gegensatz zum echten Ostküstenfieber — *Hämoglobinurie,* wenn auch nur gelegentlich, beobachtet. Die Sterblichkeit beträgt 20 bis 80 v. H. (*Sergent* u. a., 1927, 1931) und ist besonders hoch bei eingeführtem Vieh. *Grimpret* (1937) beobachtete besonders bösartigen Verlauf der Maul- und Klauenseuche dort, „wo besonders zahlreiche Rinder latent mit Theileria dispar infiziert waren". Die intravenöse Anwendung von Trypaflavin („gonacrine") und die algerische Schutzimpfung gegen Th. dispar verminderten die Zahl der Todesfälle beträchtlich. Die genesenen Tiere reinigen sich von den Erregern und werden immun. Bei den *anscheinend immunen Tieren* scheinen aber *Rückfälle* eintreten zu können (*Velu,* 1933). Bei den *gefallenen und getöteten* Tieren werden die *Lymphknoten* und im Gegensatz zum Ostküstenfieber *auch die Milz vergrößert* gefunden. Bekämpfung durch *Immunisierung* nach dem Verfahren von *Sergent* und Mitarbeitern mit einem wenig virulenten Passagestamm von Th. dispar, den sie durch Überimpfung im Abstand von 17 bis 20 Tagen auf gleicher Virulenz erhalten. Zum Zwecke der Schutzimpfung wird den akut erkrankten Tieren Blut entnommen und defibriniert subkutan eingespritzt. Die Impfverluste betragen 0,2 bis 5,3 v. H. Von den geimpften Tieren erkranken in stark verseuchten Gebieten nur 0,5 v. H. tödlich, während bei ungeimpften Tieren in demselben Gebiet die Verluste 20 bis 80 v. H. betrugen (*Sergent* u. a., 1931). Sehr bemerkenswert ist dabei die Tatsache, daß durch wiederholte Übertragung von Rind zu Rind Th. dispar ihr Vermögen, durch Zecken übertragen zu werden, verliert, daß also die Impfung vorgenommen werden kann ohne die Gefahr, Träger der Infektion zu schaffen, die sie weiterverbreiten könnten (*Sergent* u. a., 1932). Bei dem „Koubastamm" der algerischen Impftheilerien erscheinen nach *Cordier* u. a. (1936) im Blute nur Kochsche Plasmakugeln, keine Theilerien in den roten Blutkörperchen.

Außer der Impfung wird auch die Behandlung der Krankheit mit *chemischen Mitteln* geübt. Versucht wurden Antimosan (*Velu, Zottner* u. *Iposteguy,* 1932), Acaprin und Trypaflavin (*Grimpret,* 1937). Von der Anwendung der ersten beiden Mittel wird über eine günstige Beeinflussung des Allgemeinbefindens und Abkürzung der Krankheitsdauer berichtet, während das Trypaflavin als Spezifikum bezeichnet wird. Neuere Erfahrungen scheinen die Hoffnungen nicht bestätigt zu haben, die man sich hinsichtlich der Wirksamkeit der Chemotherapeutika bei Theileriose durch Th. dispar gemacht hat. 1937 schreiben *Velu, Zottner, Miegeville* und *Grimpret,* daß sowohl das Acaprin wie das Trypaflavin *keine* spezifische Wirksamkeit auf die Theileriose hätten, sondern wohl nur fieberwidrig wirkten. Sie hoffen, durch gleichzeitige Einspritzung beider Mittel eine stärkere Wirksamkeit zu erreichen. Wiederholung der Einspritzungen scheine zu einem Erfolge unbedingt nötig zu sein. Wegen der Bekämpfung der Krankheit durch Tötung der Zecken s. o.

Theileriosis durch Th. mutans (Pseudoküstenfieber). Theileria mutans kommt in Afrika *weitverbreitet* vor. Sie hat die größte Ähnlichkeit mit Th. parva und läßt sich im Blutbild von dieser nicht unterscheiden. Nach *Henning* (1932) tritt allerdings Th. mutans höchstens in 20 v. H. der roten Blutkörperchen auf; Th. parva dagegen befällt bis zu 80 und 90 v. H. die Erythrozyten. *Th. mutans läßt sich mit dem Blute leicht übertragen,* obwohl Plasmakugeln nur selten darin angetroffen werden. Die natürliche *Übertragung* geschieht durch die geschlechtsreifen Formen der Zecken *Rhipicephalus appendiculatus* und *Rh. evertsi.* Nach den sorgfältigen Feststellungen von *Lichtenheld* in *Deutsch-Ostafrika,* der der Krankheit den Namen „Pseudoküstenfieber" gegeben hat, war das Allgemeinbefinden der von ihm durch Zecken infizierten Kälber ungetrübt und die Temperatur nicht erhöht. Bei der Stationsherde in Mpapwa hat Lichtenheld einen Seuchengang unter den Kälbern beobachtet und festgestellt, daß die Tiere stark abmagerten und daß bei ihnen die Freßlust zurückging. Abendtemperaturen zwischen 39,5 und 41°. Der Verlauf war schleichend, die Sterblichkeit gering. *Sergent* und Mitarbeiter sahen als Krankheitserscheinungen mäßige Temperaturerhöhung und geringgradige Blutarmut nach einer Inkubationszeit von mitunter nur 3 Tagen (zit. nach *v. Hutyra-Marek-Manninger*). Todesfälle haben auch sie niemals gesehen. Damit übereinstimmend berichtet *Theiler*, daß er von 25 mit Th. mutans infizierten Rindern kein einziges verloren habe. *Knuth* und *du Toit* sagen, daß die Krankheit nur bei *eingeführten Rindern* gefährlich verlaufe. Der *südrhodesische* Veterinärbericht für 1934 gibt für die Th.-mutans-Infektion, die „sicher nicht selten im Lande" sei und alte wie junge Tiere befalle, als Krankheitserscheinungen Mattigkeit, leichtes Fieber und leichten Durchfall an. Genesung sei die Regel. In *Nordrhodesien* kommt eine durch eine Theilerie hervorgerufene Krankheit vor, die dort als „tropische Piroplasmose" bezeichnet wird. Sie hat einige Jahre zu der Befürchtung Anlaß gegeben, daß in Nordrhodesien Ostküstenfieber herrsche *(Turnbull,* 1926*).* Der Irrtum wurde dann aber aufgeklärt, und die späteren Berichte geben als Erreger der „tropischen Piroplasmose" Th. mutans an. Der Bericht für 1927 meldet, daß die Krankheit enzootisch in einem Bezirk bei den Kälbern herrsche. Eines der Hauptsymptome sei Schwellung der oberflächlichen Lymphknoten. Befallene Kälber würden in ihrem Wachstum gestört. *Turnbull* (1926) bezeichnet als einzigen Unterschied gegen das Ostküstenfieber, *daß die Tiere nach der Genesung Parasitenträger bleiben.* Bei Kälbern erstrecke sich der Verlauf auf einige Monate, periodisch flamme die Krankheit auf, ohne daß dies immer auf ungünstige Einwirkungen von außen zurückgeführt werden könne. Auch der Veterinärbericht für 1930 verzeichnet noch das Vorkommen der „tropischen Piroplasmose". 1931 wird dagegen gemeldet, daß „ein Ausbruch von Th.-mutans-Infektion unter einigen Herdbuchtieren beobachtet worden sei, dessen Tilgung durch 5tägiges Baden gelang, nachdem sich 7tägiges Baden als unwirksam gegen die Rhipicephaluszecken erwiesen habe." Da später von „tropischer Piroplasmose" in Nordrhodesien nicht mehr die Rede ist, kann man annehmen, daß die Abtrennung vom Pseudoküstenfieber nur deshalb vorgenommen wurde, weil man bei der rhodesischen Erkrankung Kochsche Kugeln fand, es damals (1926) aber noch nicht bekannt war, daß solche auch bei Th. mutans auftreten.

Die ursprüngliche Meinung, daß Th. mutans ihre ganze Entwicklung im Blute durchmache („Gonderia" mutans), ist durch *Theiler* und *Graf* (1928) widerlegt worden, die auch bei Th. mutans *Kochsche Kugeln* nachwiesen. Einmal befallene Tiere bleiben, wie erwähnt, im Gegensatz zu Th. parva und Th. dispar ihr Leben lang *Parasitenträger,* erlangen also keine Immunität, sondern nur eine *Prämunität.* Der Umstand, daß vor 1928 das Vorhandensein von Kochschen Kugeln bei Theileria mutans nicht bekannt war, berechtigt zu dem Schluß, daß manche Mitteilungen vor 1928 über angebliches sporadisches Vorkommen von Küstenfieber nicht begründet, sondern auf Rechnung der Th. mutans zu setzen sind. *De Kock* hat in seinem Vortrag auf dem XIII. internationalen tierärztlichen Kongreß in Zürich 1938 auf die Schwierigkeiten hingewiesen, die dadurch entstehen können, daß unter bestimmten Bedingungen Th. mutans in nichtküstenfieberfreien Bezirken ein Bild hervorruft, das mit dem Küstenfieber übereinstimmt und von diesem nicht zu unterscheiden ist. Wie schon bei Küstenfieber erwähnt, erzeugt Th. parva ohne Hilfsursache den Tod, während Th. mutans unter natürlichen Bedingungen meist ein harmloser Parasit ist. Unter ungünstigen Umständen, wenn z. B. mit Th. mutans infizierte Tiere auf der Höhe der Infektion über eine Dauer von etwa 30 Stunden mit der Bahn transportiert werden, wobei sie noch hungern müssen, kommen, wie schon angegeben, Fälle vor, die in jeder Hinsicht dem Küstenfieber gleichen, sogar hinsichtlich der Sterblichkeit. Die Feststellungen von *de Kock* und Mitarbeitern haben dazu geführt, daß einzelne Plasmakugelfälle in Küstenfieberbezirken nicht die strengen Maßnahmen wie bei echtem Küstenfieber zu bedingen brauchen. Farmen, auf denen solche „vereinzelten Plasmakugelfälle" vorkommen, werden einer genauen Untersuchung unterworfen, und wenn die Prüfung der Ausstriche ein befriedigendes Ergebnis gehabt hat und der gesamte Viehverkehr auf der Farm gut überwacht wird, werden sie nicht der Quarantäne von der Dauer wie bei Küstenfieber unterworfen, sondern nach einer nur dem Namen nach vorhandenen Frist wieder freigegeben (s. a. *de Kock, van Heerden, R. du Toit* u. *Neitz,* 1937).

Nach *Knuth* und *du Toit* ist Theileria mutans nachgewiesen in *Südafrika,* in *Deutsch-Ostafrika,* in *Belgisch-Kongo,* in *Kamerun,* in *Dahome,* im Gebiete der *Elfenbeinküste,* in *Algerien, Tunesien, Ägypten,* im *Englisch-ägyptischen Sudan,* auf *Mauritius* und *Madagaskar,* wo auch *Buck* (1933) durch Entmilzung das Vorhandensein von Th. mutans festgestellt hat. Neuere Nachrichten liegen u. a. aus folgenden Kolonialgebieten vor: *Senegal (Leger* u. *Bédier,* 1923), *Belgisch-Kongo (Schwetz* u. *Storck,* 1930), *Kenya (Walker* u. *Whitworth,* 1929), *Nordrhodesien* (s. o.; Ber. 1931), dem *Französischen Sudan (Curasson,* 1928), *Südrhodesien* (Ber. 1934). Aus *Uganda* berichtet *Mettam* (1933), Th. mutans solle weitverbreitet sein, den Träger aber nicht stören. Man finde den Parasiten sehr häufig im Blute bei Rinderpestimpfungen und schwer auf eine Trypanosomeninfektion reagierenden Tieren. Im Gebiete der *Goldküste* scheint kaum ein Kalb der Infektion zu entgehen, die allerdings meist ohne Erscheinungen auftritt, höchstens eine Wachstumsstörung verursacht, die der Behandlung weicht. Die Parasiten bleiben lange in den roten Blutkörperchen, auch noch nach der Behandlung; man sieht aber keine massiven Invasionen (Goldküste-Ber. 1932/33). *Rachad* (1936) gibt an, daß in *Ägypten* neben Th. annulata (s. tropische Theileriose) auch Th. mutans vorkomme; sie verursache keine besondere Krankheit bei den ägyptischen Rindern, sei aber sehr häufig. Für das deutsche Schutzgebiet *Ruanda-Urundi* wird gemeldet, daß Th. mutans neben Th. parva vorkomme (Mand.-Ber. 1934). *Van Saceghem* teilte 1924 mit, daß in Ruanda und Kivu die durch Th. dispar hervorgerufene Krankheit vorkomme und meinte, daß die durch Th. dispar und Th. mutans verursachten Erkrankungen nur Formen einer Krankheit seien, nämlich des Ostküstenfiebers. Dieser Ansicht gab 1930 auch *Carpano* Ausdruck und befürwortete die Unterstellung aller Rindertheilerien unter die Art Theileria annulata *(Dschunkowski* u. *Luhs,* 1904).

Theileriosis durch Th. annulata (tropische Theileriose, transkaukasisches Fieber). Dschunkowski und *Luhs* haben 1904 eine bei den in Transkaukasien heimischen Rindern vorkommende Krankheit beschrieben, die durch *Th. annulata* verursacht wird. Der Erreger, über dessen Stellung im System der Theilerien noch keine Übereinstimmung herrscht, ist der Th. parva und Th. dispar ähnlich; es herrschen bei ihm aber die kleinen *Ringformen* vor, weshalb ihm der Name Theileria annulata gegeben wurde. Die Rinder zeigen beim *akuten* Verlauf *Fieber, Muskelzittern,* zuweilen schwere *Gehirnstörungen,* oft Durchfall, der bald einen blutigen Charakter annimmt, in anderen Fällen hartnäckige Verstopfung. Tod unter starken Krämpfen. Beim *chronischen* Verlauf *Gelbfärbung* der sichtbaren Schleimhäute und fortschreitende *Abmagerung.* Bei den *getöteten* und *gefallenen* Tieren *Blutungen* in allen Organen und sehr häufig *Geschwüre im Labmagen* und *Dünndarm* von runder Form mit einem grellroten, mehr oder weniger vorstehenden Walle umgeben. *Milz* stark *vergrößert, Milzpulpa zerfließlich.* In der Harnblase klarer oder leicht getrübter Harn. Sterblichkeit sehr hoch. Über Behandlungs- und Schutzimpfungsversuche keine positiven Unterlagen (nach *Knuth* u. *du Toit).* Die Behandlung mit Acaprin (0,6 bis 0,75 g subkutan) hat nach *Cerutti* und *Fantoni* (1935) in der Mehrzahl der Fälle ausgesprochene Heilwirkung.

Verschiedene Forscher sind der Meinung, daß das sogenannte *ägyptische Fieber,* das bei Rindern und Büffeln auftritt *(Mason,* 1922; *Littlewood,* 1922), mit der tropischen Theileriose identisch sei *(Littlewood,* 1922; *Sergent,* 1923; *Carpano,* 1930; *Rachad,* 1936). Nach *Mason* (1922) beobachtet man bis zu 80 und 90 v. H. der roten Blutkörperchen beim ägyptischen Fieber mit Theilerien befallen, wobei die *Stabformen* überwiegen. *Bennett* hat im Englisch-ägyptischen Sudan eine Theilerie festgestellt, die er für Th. dispar oder jedenfalls für eine ihr sehr ähnliche Theilerie hielt, und von der er angibt, daß sie im Sudan nicht selten vorkomme (Ber. 1929). Im nächsten Jahr berichtet er, daß er bei einem neueingeführten Bullen Th. annulata gefunden habe. Weitere Theileriosefälle seien nicht genauer auf die verursachende Art untersucht worden (Ber. 1930).

Weitere Theilerieninfektionen. In Südrhodesien wurde in den letzten Jahren eine *„spezifische Theilerienerkrankung"* festgestellt, deren Erreger sich von den ebenfalls dort vorkommenden Th. parva und mutans wie auch von Th. annulata und dispar unterscheiden soll (Ber. 1936). Die Übertragung erfolge durch Zecken. Der Verlauf sei meist binnen einer Woche tödlich, der Befund beim gefallenen oder getöteten Tier weiche von dem bei Ostküstenfieber ab. Kochsche Kugeln konnten in Milz- und Lymphknotenausstrichen und in vielen Blutausstrichen nachgewiesen werden. Gelegentlich konnten einzelne Theilerien im Blute gefunden werden. Die Übertragungsversuche waren negativ.

Theilerien beim Schafe. Beim Schafe unterscheidet man 2 Theilerien, Theileria ovis und Th. recondita (fälschlich Gonderia ovis). *Theileria ovis* erzeugt eine *schwere Erkrankung mit hohem Fieber, Gelbsucht, Anämie* und manchmal *Hämoglobinurie.* Die Sterblichkeit ist hoch (50 v. H.). *Nach dem Tode* kann man eine starke *Milzschwellung* feststellen. Kochsche Kugeln sind in den Ausstrichen aus Organen zu finden. In den Blutkörperchen überwiegen *Ring-* und *elliptische Formen.* 2 v. H. der roten Blutkörperchen sind befallen *(Lestoquard, 1924).* Anscheinend entwickelt sich bei den genesenden Tieren eine sterile Immunität. Th. ovis kommt am Mittelmeerbecken vor. In Tunesien ist sie noch nicht festgestellt worden *(Cottier, 1936).* Aus Algerien berichtete 1924 *Lestoquard,* daß Th. ovis zweimal beobachtet worden sei. *Theileria recondita* erzeugt fast nie eine Erkrankung, Todesfälle überhaupt nicht. Sie wurde in *Nordafrika* in weiter Verbreitung *(Lestoquard, 1924),* in *Angola (de Mello* u. *Cabral,* 1923*),* ferner in *Südafrika* (bei entmilzten Schafen, *de Kock,* 1926, 1930) beobachtet. Einmal *infizierte* Tiere bleiben *zeitlebens Parasitenträger. Lestoquard* (1924) fand 2 bis 3 v. T. der roten Blutkörperchen der infiziert gefundenen Schafe mit Theilerien befallen.

Theilerien bei wildlebenden Säugetieren. Neitz (1931, 1933) fand bei der Untersuchung *abgeschossenen Wildes* häufig „kleine Piroplasmen vom *Th.-mutans*-Typ" im Blute. *Mettam* (1932) beobachtete eine Infektion vom Mutanstyp beim *Wasserbock,* ebenso *Schwetz* und *Collart* (1929); *Schwetz* sah ferner 1935 bei Cephalophus melanorheus aequatorialis *(Waldducker)* in den Wäldern von *Belgisch-Kongo* häufig ein Protozoon, dessen Vorhandensein mit einem gewissen Grad von Anämie verbunden zu sein schien und das er zur Mutansgruppe gehörig hält. *Rodhain* (1935) stellte Th. mutans bei einem *Okapi* fest. *Walker* konnte 1931 über gelungene Übertragung von Th. mutans auf den *Kafferbüffel* berichten, bei dem hiernach keine krankhaften Erscheinungen beobachtet wurden. Mit Th. parva, Babesien und Anaplasmen gelang die Übertragung nicht (Kenya-Ber. 1931).

56. *Anaplasmose (Gallenseuche, Galsiekte) des Rindes*

Wesen. Die Anaplasmose ist eine durch Anaplasmen verursachte Erkrankung, die sich durch *hohes Fieber, Blutarmut* und *Gelbsucht* kennzeichnet. Wegen der mit der Krankheit einhergehenden Gelbsucht ist sie in Südafrika als Galsiekte (Gallenseuche) bezeichnet worden. Der weitere Gebrauch dieses Namens empfiehlt sich im Grunde nicht, da er im Laufe der Zeit ein Sammelbegriff für eine ganze Reihe von Krankheiten geworden ist („Gallamseuche" für Lahmkrankheit, Pflanzenvergiftungen, unspezifische Verdauungsstörungen u. a. m.). Die Anaplasmen werden, wie die Babesien und Theilerien, durch Zecken übertragen.

Vorkommen. Die Anaplasmose kommt *in fast ganz Afrika* vor, und zwar besonders in *tiefer gelegenen Gebieten,* während sie auf Hochebenen und Bergen sowie in sehr trockenen Gegenden wegen des Fehlens der übertragenden Zecken gewöhnlich nicht beobachtet wird. Sie tritt in der Regel *mit dem Texasfieber gemeinsam* auf. In der *Südafrikanischen Union* gibt es aber auch Bezirke, in denen nur Anaplasmose vorkommt, dagegen kein Texasfieber, nämlich im *Freistaat, Betschuanaland* und gewissen Teilen des Hochfeldes von *Transvaal.* Ferner ist die Anaplasmose in dem Schutzgebiet *Deutsch-Südwestafrika,* in dem das Texasfieber praktisch fehlt, in zunehmender Ausbreitung begriffen. 1920 berichtete *Schmid,* daß die Anaplasmose im ganzen Norden des Mandatgebietes bis Omaruru vorkomme, in der Mitte des Landes dagegen nur auf einzelnen Farmen. Seit dem starken Regenjahre 1934/35 wird sie in zunehmendem Maße auch in den früher fast freien Gebieten Okahandja, Windhuk und Gobabis beobachtet. Man muß dies auf die Ausbreitung der übertragenden Zecken durch die günstigen Bedingungen des Jahres 1934/35 und die fehlende Immunität der Rinder in der Mitte des Landes zurückführen (Mand.-Ber. 1935 bis 1937). Im Bezirk Grootfontein war sie schon früher die wichtigste Krankheit bei Rindern (Mand.-Ber. 1927). Es war immer schon gefährlich, Zuchtvieh aus anderen Teilen des Landes in die Anaplasmosengebiete zu bringen, selbst aus Neudamm, der Zuchtfarm bei Windhuk. 1910 spielte die Anaplasmose in Deutsch-Südwestafrika noch eine so geringe Rolle, daß europäische Rinder in jeden Bezirk eingeführt werden konnten, ohne gegen Anaplasmose geimpft werden zu müssen *(v. Ostertag).* Heute ist dagegen eine Schutzimpfung bei der Einfuhr von Rindern in Anaplasmosegebiete auch aus anderen Teilen des Landes, ganz besonders aber aus Europa, zweckmäßig, wenn nicht Gewähr für regelmäßiges Baden der Rinder auf den Farmen, auf die sie gebracht werden sollen, gegeben ist. Die Anaplasmose kommt in *Angola* vor *(de Mello* u. *Rebello,* 1923*),* in *Nord-* und *Südrhodesien* ist sie enzootisch; Todesfälle sind aber selten, wenn die Badevorschriften befolgt werden (Südrhod. Ber. 1931, 1936; Nordrhod. Ber. 1931). Ähnliches gilt für *Nyassaland* (Ber. 1931, 1935). Auch in *Portugiesisch-Ostafrika* und in *Madagaskar* ist die Krankheit weitverbreitet; die einheimischen Rinder zeigen eine hohe Widerstandsfähigkeit *(Monteiro da Costa,* 1933; *Girard,* 1936*).* In dem Schutzgebiet *Deutsch-Ostafrika* ist die Anaplasmose enzootisch; Verluste treten nur bei eingeführten Tieren auf oder bei solchen, die seit ihrer Geburt gebadet wurden, wenn sie in verseuchte Gebiete kommen. Bei solchen Tieren ist also Impfung zu empfehlen *(Hornby,* 1932*).* Auch in *Kenya* ist die Seuche enzootisch. Man impft nur Einfuhrtiere. Kälber scheinen kaum geimpft zu werden, wie man aus der geringen Zahl von Impfungen (211) schließen kann, die 1930 vorgenommen wurden (Ber. 1930). In *Uganda* besitzt die Anaplasmose ebenfalls enzootische Verbreitung, sie wird dort für chronische Anämie, dauernde Schwäche und verzögertes Wachstum der Kälber verantwortlich gemacht. Die Sterblichkeit übersteigt selten 5 v. H. *(Mettam,* 1933*).* Die Krankheit kommt in *Belgisch-Kongo* vor *(Jussiant,* 1933*).*

In *Westafrika* erregt sie erst in neuerer Zeit wiederholt die Aufmerksamkeit; so kam in dem deutschen Schutzgebiet *Togo* ein Ausbruch der Anaplasmose mit 90 v. H. Sterblichkeit bei einheimischen Rindern vor, die aus dem Innern des Landes an die Küste transportiert worden waren. Die an der Küste aufgewachsenen Rinder zeigen keine Erscheinungen der Anaplasmose *(Mary,* 1935*)*. Aus *Dahome* wird das Vorkommen von Anaplasma marginale und centrale gemeldet (Fr.-Westafrika-Ber. 1931). Im Gebiet der *Elfenbeinküste* (Fr.-Westafrika-Ber. 1933) und in anderen Kolonien von *Französisch-Westafrika* kommt Anaplasmose anscheinend enzootisch vor (Fr.-Westafrika-Ber. 1935). In *Kamerun* hat *Springefeld* (1911, zit. nach *Knuth* u. *du Toit)* die Krankheit festgestellt. In *Nigeria* hat man neuerdings nachgewiesen, daß die Anaplasmose für eine nicht selten beobachtete, nicht zum Tode führende chronische Anämie der Rinder verantwortlich ist (Ber. 1934). Ebenso hat im Gebiete der *Goldküste* das Vorkommen der Anaplasmose im ganzen Lande die Aufmerksamkeit auf sich gelenkt; wenn auch die Sterblichkeit gering ist, ist doch das Allgemeinbefinden der Tiere durch die Krankheit merklich beeinträchtigt (Ber. 1934/35). Im *Englisch-ägyptischen Sudan* ist Anaplasmose nachgewiesen (Ber. 1932). In *Ägypten* ist sie selten *(Rabagliati,* 1926*)*. Auch in *Französisch-Nordafrika* ist sie nicht häufig; sie tritt hier meist im Sommer auf, führt gewöhnlich zur Genesung und hinterläßt nur eine Anämie, aber von ziemlich langer Dauer *(Cottier,* 1936*)*.

Ursache. Theiler hat bei mit Galsiekte behafteten Rindern kleine punktförmige Gebilde von runder oder ovaler Gestalt mit einem Durchmesser von 0,3 bis 0,8 μ in den roten Blutkörperchen gefunden, die sich einzeln, seltener zu zweien, am Rande der roten Blutkörperchen befinden und ausschließlich aus Chromatinsubstanz bestehen und die er als Erreger ansah; sie färben sich nach Giemsa violett-bläulich. Diese Gebilde nannte Theiler *Anaplasma marginale* und unterschied davon eine Varietät, bei der die Gebilde mehr in der Mitte der roten Blutkörperchen liegen, als *Anaplasma centrale.* Dieses ist kleiner als das A. marginale und unterscheidet sich von ihm vor allem in seiner Pathogenität dadurch, daß es nicht so virulent wie A. marginale ist. Die Natur der Anaplasmen ist umstritten. Es wird ihre Zugehörigkeit zu den Protozoen und selbst ihre Erregernatur bestritten. Demgegenüber erklärt einer der besten Anaplasmosekenner, *P. J. du Toit* (1934), Anaplasma marginale sei als wirklicher Blutparasit zu betrachten und wahrscheinlich ein Protozoon. Er führte die Beweise zugunsten der Ansicht *Theilers* an, daß A. marginale die wahre Ursache der Anaplasmose sei, und sagte, diese Auffassung sei wahrscheinlich die richtige und sollte allgemein angenommen werden. Durch Zentrifugieren läßt sich die Infektiosität nicht von den roten Blutkörperchen trennen *(du Toit,* 1934*)*.

Empfängliche Tiere. Für die Anaplasmose sind empfänglich das *Rind,* der *Büffel (Carpano,* 1934*)* und nach *Monteverde* (1937) das *Dromedar.* Monteverde fand bei Durchforschung einer zunehmenden Sterblichkeit unter den

Kamelen der Oase Kufra bei mikroskopischer Untersuchung Anaplasmen im Blute der kranken Tiere, die bei gesunden Tieren nicht vorhanden waren. Die kranken Tiere waren alle von der Küste gekommen. Die einheimischen Tiere waren nicht erkrankt. *Monteverde* glaubt, die Übertragung erfolge durch Hyalomma dromedari. *Schafe* und *Ziegen* werden nach der Einimpfung anaplasmenhaltigen Blutes, abgesehen von einer mäßigen Temperaturerhöhung nach etwa 30 Tagen, nicht sichtbar krank. Ihr Blut enthält aber noch nach Monaten die Anaplasmen *(Sergent* u. Mitarbeiter; *Lignières; Donatien* u. *Lestoquard,* zit. nach *v. Hutyra-Marek-Manninger),* und man kann durch die Verimpfung des Blutes Erkrankungen bei Kälbern hervorrufen. Das *Schaf* und die *Ziege* eignen sich auch zur *Trennung von Anaplasmen und Piroplasmen im Rinderblut* zur Gewinnung reinen Anaplasmenimpfstoffes; die Piroplasmen verschwinden im Gegensatz zu den Anaplasmen bald aus dem Blute. Auch durch Verimpfung auf Antilopen wie den *Bläßbock* kann man A. marginale und centrale von Babesia bigemina und Theileria mutans trennen. Die nach Einspritzung des Blutes von zweien ihrer Versuchsbläßböcke beim Rinde beobachteten Th.-mutans-Infektionen betrachten *Neitz* und *du Toit* (1932) als zufällige Infektionen anderen Ursprungs.

Übertragung. Die natürliche Übertragung geschieht in Südafrika durch die einwirtige Zecke *Boophilus decoloratus (blaue Zecke)* und die dreiwirtige Zecke *Rhipicephalus simus (schwarznarbige Zecke). Der Infektionserreger geht durch das Ei.* In Algerien wirken als Überträger die zweiwirtigen Zecken *Hyalomma lusitanicum,* bei der die Infektion durch das Ei geht, und *Rhipicephalus bursa,* bei der die Imagines infektiös sind, wenn sie als Nymphen anaplasmenhaltiges Blut gesogen haben. Nach Feststellungen in Nordamerika wird die Krankheit auch durch *Rh. sanguineus* übertragen, die auch in Afrika, nach *Sigwart* (1914/15) auch in *Deutsch-Südwestafrika,* vorkommt. Nach *Helm* (1924) konnte in Deutschland die nordamerikanische Anaplasmose durch *Ixodes ricinus* und *Haemaphysalis cinnabarina punctata* übertragen werden, bei denen die Infektion auch durch das Ei geht (zit. nach *Neitz* u. *du Toit,* 1938). Außerdem können außerhalb Afrikas noch folgende andere Zecken die Krankheit übertragen *(Neitz* u. *du Toit,* 1938*)*: Boophilus annulatus, B. microplus (syn. B. australis nach *Mönnig,* 1938), Ixodes scapularis, Dermacentor variabilis, D. andersoni, D. occidentalis, D. albipictus.

In Nordamerika ist es auch gelungen, durch *Stechfliegen* (Bremsen, Tabanus) die Krankheit zu übertragen *(Sanborn, Stiles* u. *Moe,* 1932*).* Mit den in Großbritannien heimischen Stechfliegen gelang dagegen die Übertragung nicht *(Taylor,* 1935*).*

Künstlich läßt sich die Krankheit, wie erwähnt, durch Blut übertragen; die verhältnismäßig große Haltbarkeit der Infektiosität anaplasmenhaltigen Blutes (s. Schutzimpfung) mag es auch erklären, daß die Anaplasmose bei Operationen durch *Instrumente, die mit dem Blut infizierter Tiere beschmutzt sind,* verschleppt werden kann. In Nordamerika und Frankreich (hier anläßlich der Maul- und Klauenseuche-Impfung) hat dies stellenweise zu großen Verlusten geführt (*Sanborn, Stiles* u. *Moe*, 1932; *Leclainche*, 1929/30).

Erscheinungen und Verlauf. Nach *Knuth* und *du Toit* beträgt das Inkubationsstadium nach Bluteinspritzung 16 bis 47 Tage, nach der Infektion durch Zecken 60 bis 80 Tage. Die erste Erscheinung ist *Fieber*. Nach *Theiler* und *K. F. Meyer* kann die akute Anaplasmose nach 7- bis 12tägiger Krankheitsdauer nach dem Fieberanstieg mit dem Tode endigen, aber auch nach 7tägigem Bestehen des Fiebers in Genesung übergehen. Bei langsamem Verlauf dauert die Krankheit 2 bis 3 Wochen und geht dann in Genesung über. Außer hohem Fieber treten je nach der Schwere der Erkrankung mehr oder weniger hervor *Gelbsucht, Blutarmut, Abmagerung,* teigige *Anschwellungen am Kopf* und *Triel*, Speicheln, Verstopfung, selten Durchfall, Beschleunigung des Herzschlages und der Atmung und kurz vor dem Tode Muskelzittern und Krämpfe. Der *Harn* ist *niemals rot* gefärbt, sondern stets klar und dunkelgelb. Bei den *gefallenen* und *getöteten* Tieren findet man *gelbsulzige Ergießungen* im Bereich des Halses, der Brust und des Bauches. Die *Muskulatur* ist *blaßrot* wie bei geschlachteten Tieren, das *Blut dünn* und *wäßrig, ohne Deckfarbe.* Leber vergrößert und gelb gefärbt. In der Gallenblase eingedickte, zähe, schwarzgrüne Galle. *Milz vergrößert,* Milzkapsel gespannt, Pulpa weich, tiefrot bis schwarzrot und über die Schnittfläche vorquellend. Ferner besteht *Schwellung der Lymphknoten.* Bei eingeführten Tieren können die Verluste bis 50 v. H. und darüber betragen, bei einheimischen Rindern verursacht die Krankheit gewöhnlich nur Verluste in Höhe von 10 bis 20 v. H., weil die Tiere gewöhnlich im Jugendalter durchseuchen und dadurch eine Prämunität erlangen. Die Prämunität kann unter ungünstigen Außenumständen niederbrechen.

Bekämpfung. Die Frage, ob eine Behandlung mit *Medikamenten* erfolgreich ist, ist noch nicht geklärt. Salvarsan und Trypanblau haben sich nicht bewährt. Ob die neuerdings versuchten Mittel Mercurochrom und Acaprin eine bessere Wirkung haben, ist abzuwarten. Über günstige Ergebnisse mit Acaprin wurde berichtet aus Marokko (*Velu, Zottner* u. *Grimpret*, 1936) und Nordrhodesien (Ber. 1936), wo es in großem Stile angewandt wurde. Der Wert des Mercurochroms scheint auf seiner abführenden Wirkung zu beruhen. Mercurochrom-220 „löslich" wird in Dosen von 0,4 bis 1,3 g intravenös gegeben (*Parkin*, 1935). Aus Ägypten wurde über gute Erfolge mit Arrhenal berichtet (Bull. Off. int. Epiz. *6.* 262, 1932/33). *Henning* (1932) empfiehlt gute Pflege, Unterbringung der Tiere im Stalle, wo sie gegen das Wetter geschützt sind, Fütterung mit leichtverdaulichem Futter unter Ausschluß von Kraftfuttermitteln und Verabreichung salinischer Abführmittel. Bewährt hat sich die *Schutzimpfung. Theiler* hat gezeigt, daß man durch Verimpfung von Blut, das *Anaplasma centrale* enthält, und zwar von 5 ccm unter die Haut, nur eine mäßige Reaktion erzeugt, die nach etwa 20 bis 40 Tagen eine gegen das A. marginale in Südafrika für praktische Zwecke ausreichende Resistenz herbeiführt. Da Kälber die Anaplasmosis wie das Texasfieber leichter überstehen als erwachsene Tiere, empfahl *Theiler,* Tiere, die in Anaplasmosis- und Texasfiebergegenden eingeführt werden sollen, möglichst schon im jugendlichen Alter der Schutzimpfung zu unterziehen. Gute Ergebnisse erzielte *Theiler* durch *gleichzeitige* Verimpfung von je 5 ccm Blut, das *A. centrale* und *Babesia bigemina* enthielt. Beide Impfstämme werden in Onderstepoort rein weitergezüchtet. Eine zu heftige Babesiareaktion wird mit Trypanblau behandelt. *Chambers* und *Smith* (1914, zit. nach *Knuth* u. *du Toit*) haben bei Rindern, die nach Rhodesien eingeführt wurden, die kombinierte Schutzimpfung im großen durchgeführt und empfehlen Impfung der Tiere im Herbst (in Südafrika April und Mai). Am besten vertrugen magere, 10 bis 15 Monate alte Tiere die Impfung. Die Tiere bekamen zuerst eine subkutane Injektion von 10 ccm Zitratblut mit A. centrale und Babesia bigemina und 14 Tage darauf 4 bis 6 ccm Blut mit A. marginale und B. bigemina aus der Gegend, wohin die Tiere kommen sollten. Heute wird etwas anders vorgegangen. In Kabete (Kenya) werden z. B. die eingeführten Tiere zuerst mit Blut von Tieren, die die Infektion mit A. centrale überstanden haben (5 ccm subkutan), geimpft. Erst wenn die Reaktion auf die erste Impfung abgeklungen ist (nach 64 bis 77 Tagen), also das Fieber, die Anämie und alle übrigen Erscheinungen verschwunden sind, wird zur kombinierten Impfung mit A. marginale und B. bigemina (je 5 ccm Blut von durchgeseuchten Tieren) geschritten. Falls die Reaktion auf B. bigemina zu stark ist, die Temperatur auf 40^{0} steigt, wird mit Trypanblau behandelt. Die Nachimpfung mit A. marginale hat sich als notwendig erwiesen, weil sich der Schutz der durch Impfung mit A. centrale erworbenen Prämunität als nicht genügend erwiesen hatte. Die für die Durchführung der Immunisierung notwendige Zeit und damit der Aufenthalt der zu schützenden Rinder schwankt von 136 bis 173 Tagen. Wenn die zweite Impfung zu früh vorgenommen wird, kann die Resistenz niederbrechen und der Tod eintreten. Auch *Evans* vom Tierseucheninstitut Mpapwa stellt für das Schutzgebiet *Deutsch-Ostafrika* fest, daß die Impfung mit A. centrale allein nicht genügt, um Reinbluttieren eine genügende Immunität zu geben, sondern daß eine solche nur erreicht werden kann, wenn einige Wochen auf die Impfung mit A. centrale eine solche mit A. marginale folgt. Die Durchführung dieser Impfung erstrecke sich dann sicher auf 3 bis 4 Monate, und die Tiere müßten in der Zeit gut gehalten und gefüttert werden (Tanganyika-Ber. 1934). Darauf weist auch das Tierseucheninstitut in *Kabete* hin und empfiehlt, die Impfung *nur in einem Tierseucheninstitut* vornehmen zu lassen, damit die Tiere sachgemäß behandelt werden können (s. a. u. Texasfieber). Wenn es sich um eingeführte Tiere aus Übersee handelt, muß mit der Impfung solange gewartet werden, bis sich die Tiere von den Anstrengungen der Reise erholt haben (Kenya-Ber. 1928; *Mettam,* 1930).

In *Südrhodesien* sind oft Zweifel an der Wirksamkeit des von Onderstepoort gelieferten Impfstoffes gegen Anaplasmose (A. centrale) geäußert worden. Ausgedehnte Versuche ergaben jedoch, daß der Schutz durch A. centrale für Südrhodesien genügt. Dasselbe scheint nach den Erfahrungen mit der Schutzimpfung (s. u.) in dem Schutzgebiet *Deutsch-Südwestafrika* der Fall zu sein; dagegen in *Nordrhodesien nicht* (Ber. 1936).

Sonstige *Verfahrensarten.* Früher wurde *bei den aus England nach Südafrika zur Ausfuhr gelangenden Rindern* mit der kombinierten Impfung gegen Texasfieber und Anaplasmose *bereits in England* begonnen, indem man die Tiere mit Blut von Rindern impfte, die mit Texasfieberzecken aus Südafrika infiziert worden waren (s. u. Texasfieber). Eine *wiederholte Immunisierung* gegen Texasfieber und die Immunisierung gegen Anaplasmose fand *in Südafrika* statt.

Heute werden in Paris die für *Madagaskar* bestimmten Zuchtrinder schutzgeimpft.

Seit 1930 müssen die nach *Brasilien* aus europäischen Ländern zur Ausfuhr gelangenden Rinder gegen Texasfieber und gegen Anaplasmose auf europäischem Boden schutzgeimpft werden, und solche Impfungen finden statt in England, in Frankreich, in Holland und in der Schweiz. In der Schweiz wird nach *Omlin* (1932) zuerst mit A. centrale und B. bigemina geimpft; die B.-bigemina-Reaktion wird, wenn sie zu heftig wird, mit Piroblau behandelt. Nach Abklingen der ersten Reaktion wird Blut mit A. marginale eingespritzt. So wurde erreicht, daß auch ältere Kühe, die gegen A. marginale sehr empfindlich waren, durch den Schutz der überstandenen A.-centrale-Reaktion die Impfung gut vertrugen. Die Methode wird als geeignet und wenig gefährlich empfohlen. In *Französisch-Nordafrika* wird Impfstoff von Tieren, die mit A. marginale geimpft worden sind, zur vorbeugenden Schutzimpfung verwendet. Von diesen Tieren wird Blut im Inkubationsstadium, und zwar 5 Tage nach der Infektion, entnommen. Das während der Inkubation entnommene Blut soll nur eine geringe Reaktion hervorrufen und eine ausreichende Resistenz erzeugen. Die Impfung wird zusammen mit der Schutzimpfung gegen Babesia bigemina, B. berbera und B. bovis (s. u. Texasfieber) mit gutem Erfolg angewandt (*Sergent* u. a., 1931). Versuche mit avirulenten Anaplasmastämmen hatten kein gutes Ergebnis (*Donatien* u. *Lestoquard,* 1935).

In dem texasfieberfreien Schutzgebiet *Deutsch-Südwestafrika* kommt die Anaplasmose-Impfung in zwei Formen in Anwendung. Einmal ist es, wie schon erwähnt, richtig, wenn eingeführte Tiere, die aus anaplasmosefreien Gebieten stammen, schutzgeimpft werden; dies gilt schon für Tiere, die aus dem Süden des Landes in den Norden verpflanzt werden. Weiter wird die Impfung beim Auftreten von Anaplasmose angewandt. Dies hat bei dem geringen Zekkenbefall meist die Folge, daß die Erkrankungen aufhören. Der Impfstoff wird aus *Onderstepoort* bezogen und muß *am 5. Tage* nach seiner Ausgabe *verbraucht* sein. Daraus ergibt sich, daß nur solche Farmer die Impfung anwenden können, die günstige Verkehrsverbindung mit der Bezugstelle haben (Mand.-Ber. 1936). Dies zeigt, wie notwendig die Wiedereröffnung eines Tierseuchenlaboratoriums im Schutzgebiet ist, schon um den Impfstoff gegen die Anaplasmose leicht verwendbar herzustellen.

Ein anderes Mittel zur Verhütung der Anaplasmose ist die Bekämpfung der *Zecken durch regelmäßiges Baden.* Hier gilt dasselbe wie beim Texasfieber (s. d.). Wenn das Baden wirksam sein soll, muß es *in Abständen von je einer Woche* ausgeführt werden. Das Baden ist auch das einzige Mittel, die *Zecken* und damit die in dem Schutzgebiet *Deutsch-Südwestafrika* befindlichen, z. Z. noch beschränkten Seuchenherde auszutilgen, zumal da die Zekkenplage in den meisten Teilen des Landes bei weitem nicht die Ausmaße erreicht wie in anderen Teilen Afrikas. Die Einrichtung von Rinderbädern ist also unbedingt erforderlich, schon um eine weitere Ausbreitung der Seuche zu verhüten. Durch das Baden ist es auch in Ländern mit enzootischer Verbreitung der Anaplasmose möglich, ohne Impfung die Verluste sehr niedrig zu halten (vgl. die Berichte aus Südrhodesien für 1936, Nordrhodesien für 1936, Tanganyika für 1935 *[Lowe]*).

Vorbeuge. Schutzimpfung und Baden, wie sie unter „Bekämpfung" geschildert worden sind.

Wirtschaftliche Bedeutung. Diese ist wegen der starken Verbreitung der Krankheit bedeutend bei den großen Verlusten, die sie hervorrufen kann, und weil sie fast überall in Afrika die Aufkreuzung der einheimischen Rinderrassen mit europäischen Rassen ohne besondere Maßnahmen unmöglich macht.

Anaplasmose des Schafes. Anaplasmen beim *Schafe* sind nachgewiesen worden von *Bevan* (1912) in *Rhodesien, Schellhase* (1912), *Trautmann* (1913) (zit. nach *Knuth* u. *du Toit*) und *Gärtner* (nachträgliche Veröffentlichung 1920) in *Deutsch-Ostafrika.* Angesichts der neueren Forschungen über Blutparasiten, besonders des Schafes (s. Eperythrozoon, Bartonellen), bedürfen aber wohl alle im folgenden geschilderten älteren Befunde der Nachprüfung.

Nach *Trautmann* sollen jüngere Schafe am häufigsten, und zwar in der fortgeschrittenen Trockenzeit, erkranken. Die Krankheit äußert sich durch *Abmagerung, katarrhalische Erscheinungen* der *Lidbindehaut,* der *Nasen-* und *Maulschleimhaut,* bisweilen *Durchfall.* Später stellen sich *teigige Anschwellungen der Unterhaut* ein. Die Tiere werden hinfällig, stehen oder liegen teilnahmslos herum und gehen nach längerer Krankheitsdauer zugrunde. Bei den *gestorbenen* Tieren ist das *Blut hellrot* und *wäßrig,* außerdem besteht *Blutarmut.* Mit Eintritt der Regenzeit soll sich, sobald die Weiden frisches Gras liefern, das Allgemeinbefinden der Tiere schnell bessern und die Zahl der Todesfälle rasch abnehmen. *Gärtner* hat einen Ausbruch der Anaplasmose bei Schafen in Deutsch-Ostafrika beobachtet, den er folgendermaßen schildert: Die Krankheit trat in einer großen Herde auf, die aus dem Massailand nach dem Viktoriasee getrieben worden war. 130 ältere Tiere erkrankten, in der 14 Tage betragenden Beobachtungszeit starben 46 davon. Mikroskopisch wurden die Anaplasmen intrazellulär als sehr kleine, randständige Formen oder zumeist als kleine zentrale einzelkokkenund extrazellulär als große doppelkokkenähnliche Gebilde beobachtet. Zur Behandlung wurde Trypanblau versucht. Die Seuche konnte aber nur dadurch eingedämmt werden, daß die erkrankten Tiere rechtzeitig geschlachtet wurden. *Lestoquard* (1924) schildert die Anaplasmose der Schafe in *Algerien,* die neben den übrigen Piroplasmeninfektionen häufig auftritt. Die Anaplasmen können marginal, submarginal oder zentral liegen und verursachen eine Erkrankung, deren Haupterscheinung Anämie ist. Durch Überimpfung ist die Krankheit von Schaf zu Schaf übertragbar. Die Inkubationszeit beträgt 8 bis 40, im Durchschnitt 25 Tage. Die Anaplasmen können vor oder nach dem ersten Anstieg der Temperatur auftreten. Die Dauer des Fiebers ist unregelmäßig. *Cuillé, Chelle* und *Berlureau* (1935) haben festgestellt, daß Durchseuchung mit der algerischen Schafanaplasmose auch gegen die französische Schafanaplasmose schützt. *De Kock* und *Quinlan* (1926) haben nachgewiesen, daß die Anaplasmose der Schafe in *Südafrika* häufig symptomlos verläuft, daß man aber durch Entmilzung Krankheitserscheinungen hervorrufen und durch das Blut der hiernach krank gewordenen Tiere die Krankheit auf andere Schafe übertragen kann (s. a. *de Kock,* 1930; *Quinlan, de Kock* u. *Marais,* 1935).

Nach *Knuth* und *du Toit* haben *Bruce* und seine Mitarbeiter in *Uganda* (1910) sowie *Schellhase* (1913) in *Deutsch-Ostafrika* Anaplasmen auch bei der *Ziege* festgestellt. *Di Domizio* (1919) fand bei einer kranken Ziege Gebilde, die er für Anaplasmen hielt. *Trautmann*

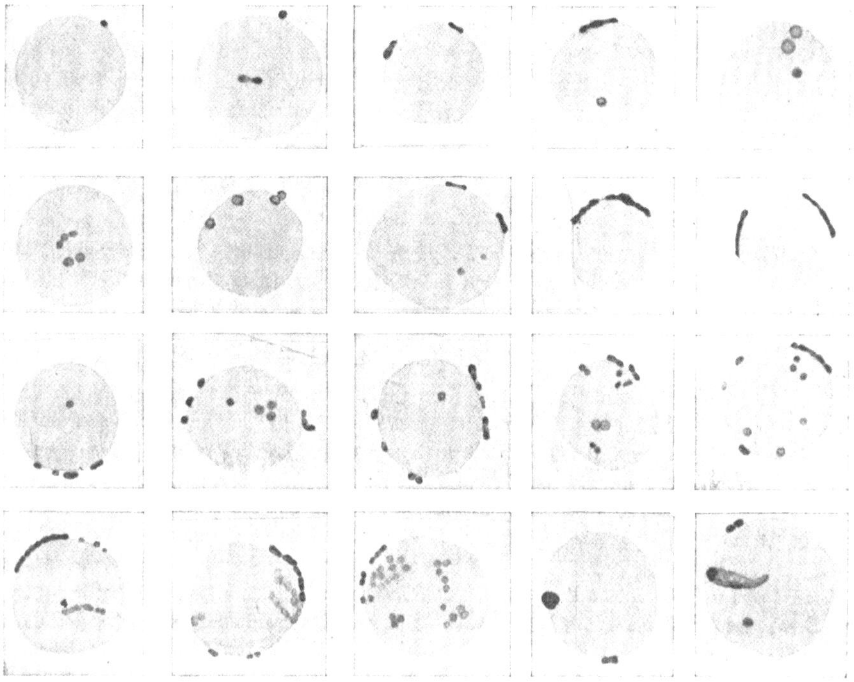

Abb. 31. Bartonellen. (Nach *Nieschulz*)

(zit. nach *Knuth* u. *du Toit)* hat ferner bei *Schweinen* in *Deutsch-Ostafrika* Anaplasmen vom Typus des Anaplasma centrale beschrieben.

Bartonella, Eperythrozoon, Erythrocytozoon. Im Blute von Menschen und Tieren werden außer den Anaplasmen kleine, stäbchen- und kokkenartige, nach Giemsa sich rot färbende Gebilde in und auf den roten Blutkörperchen und in der Blutflüssigkeit gefunden, deren Stellung noch nicht völlig geklärt ist. Es ist fraglich, ob sie zu den Protozoen oder zu den Bakterien gehören. Neuerdings ist man geneigt, sie den Anaplasmen zur Seite zu stellen. Hierzu gehören die *Bartonella bacilliformis*, der Erreger einer bösartigen Krankheit des Menschen in Peru, ferner *Eperythrozoon wenyoni* beim Rinde. Bei Tieren sind ferner nachgewiesen worden u. a. *Bartonella canis (Kikuth), B. bovis (Donatien* u. *Lestoquard),* die ebenso wie Eperythrozoon unter natürlichen Verhältnissen keine Erkrankung erzeugen. Eine Erkrankung tritt nur auf, wenn die Tiere entmilzt werden.

Dementgegen berichten *Neitz, Alexander* und *du Toit* (1934) aus *Südafrika* über ein pathogenes Gebilde, das sie *Eperythrozoon ovis* nannten. Sie fanden bei Schafen im Blute *auf den roten Blutkörperchen* und in diesen sitzende oder *frei im Blut* schwimmende Körperchen *(Neitz,* 1937*)* von verschiedener Gestalt (Stab-, Ring- u. a. Formen) und 0,5 bis 1,0 μ Durchmesser, die nach einer Inkubationszeit von 4 bis 15 Tagen bei künstlich mit Blut infizierten Tieren eine *Fieberreaktion* erzeugten und *Gelbsucht* sowie eine Anämie entstehen ließen, die einige Wochen anhalten konnte. Tödlicher Ausgang ist nie beobachtet worden. 1937 hat *Neitz* die Erkrankung genauer beschrieben und die Vermutung geäußert, daß es sich bei der in Südafrika immer wieder erörterten *„Bleeksiekte"* (Bleichsucht aus verschiedenen Ursachen) z. T. um Eperythrozooninfektion handeln könne. Die Behandlung mit Arsenpräparaten, z. B. Neosalvarsan 5 bis 7,5 mg je kg Lebendgewicht, ergab gute Erfolge. Die Tiere entwickelten eine befriedigende Prämunität. Gute Fütterung sei zur Minderung der Schäden durch die Krankheit wichtig. Entmilzung bringt Rückfall nach 6 Tagen. *Neitz* (1937) konnte auch bei *entmilzten Kälbern* Krankheitserscheinungen hervorrufen. In *Algerien* konnten *Donatien* und *Lestoquard* (1935) durch Entmilzung E. ovis nachweisen. Bei künstlicher Infektion zeigten Schafe starkes Auftreten von E. ovis im Blute, das bei manchen Tieren monatelang anhielt. Ein Anstieg der Temperatur wurde nie beobachtet. Bei infizierten Ziegen dauerte das Vorhandensein der Parasiten im Blute nur kurze Zeit. 1937 fanden *Lestoquard* und *Donatien* in Algerien bei *Rindern* und *Schafen* in den roten Blutkörperchen verteilt kleine, punkt- oder staubförmige Gebilde, die sich im Gegensatz zu Eperythrozoon nicht zu Ketten oder Haufen lagern und keine Krankheitserscheinungen hervorrufen. Sie nennen sie *Erythrocytozoon bovis.*

Über die Stellung der Bartonellen, Eperythrozoen und Erythrocytozoen im Naturreiche und ihr gegenseitiges Verhältnis schreibt *Nieschulz* (1938) im Anschluß an einen Bericht von der Feststellung von *auf den Blutkörperchen liegenden kokkenähnlichen Parasiten bei einem Kalbe,* das mit einem ursprünglich aus Nordafrika stammenden Material von Blutparasiten (Anaplasmen, Piroplasmen) infiziert worden war: Beim Rinde sind bisher folgende *Bartonellen* oder bartonellaähnliche Parasiten beschrieben worden: *B. bovis (Donatien* u. *Lestoquard,* 1934*)* aus Nordafrika, *B. sergenti (Adler* u. *Ellenbogen,* 1934*)* in Palästina, *Eperythrozoon wenyoni (Adler* u. *Ellenbogen,* 1934*)* aus Palästina und Iran *(Delpy,* 1936*)*, *Eperythrozoon sp. Neitz* und *Quinlan (Neitz, Alexander* u. *du Toit,* 1934*)* aus Südafrika und *Erythrocytozoon bovis (Lestoquard* u. *Donatien,* 1937*)* in Nordafrika und in Frankreich *(Cuillé, Chelle* u. *Berlureau,* 1935*)*. Diese 5 Parasiten wurden mit dem *Nieschulzschen* Material verglichen. Die Eperythrozoen von *Neitz* und *Quinlan* waren derzeit noch nicht näher beschrieben und schieden daher zum Vergleich aus. Zur Gattung *Erythrocytozoon* gehören nach *Lestoquard* und *Donatien* kleine, punktförmige Parasiten, die keine Ketten bilden und intrazellulär liegen; sie waren daher von den Nieschulzschen Parasiten, die auf den Blutkörperchen lagen, verschieden. Bartonella sergenti ist nach *Adler* und *Ellenbogen* bazillenförmig, wird bis zu 1 μ lang und soll im allgemeinen Aussehen mit Bartonella muris übereinstimmen. B. bovis soll nach *Donatien* und *Lestoquard* völlig mit Bartonella muris und B. canis übereinstimmen; es kommen kokken- und stäbchenförmige Stadien vor, Ketten von 3 bis 5 Gliedern und Gruppen von 10 und mehr Elementen. E. wenyoni ist nach *Adler* und *Ellenbogen* kokken- oder bläschenförmig mit einem Durchmesser von 0,2 bis 1,5 μ. Die Parasiten sind regelmäßig über die Zellen verteilt, in unregelmäßigen Ketten oder dichtgelagerten Gruppen. Sie können auch peripher gelagert sein und bis zu zwei Drittel des Umfanges der Blutkörperchen einnehmen. Diese Parasiten färben sich dunkler als die im Innern der Blutkörperchen gelegenen. Eine Abbildung von E. wenyoni *(Lestoquard* und *Donatien,* 1937*)* zeigt ziemlich plumpe, in Gruppen zusammenliegende Stäbchen, keine randständigen Ketten. Die Abgrenzung dieser 3 letzten Arten ist nach den bisherigen Angaben in der Literatur noch nicht einwandfrei möglich. In diesem Zusammenhang weist *Nieschulz* auf die große Ähnlichkeit zwischen bestimmten Stadien von Bartonella canis und seinem Parasiten hin, sowohl nach den Angaben von *Regendanz* und *Reichenow* (1932) wie nach eigenen Präparaten. Besonders trifft dies für die randständigen Ketten zu. Diese Übereinstimmung mit B. canis war für *Nieschulz* maßgebend, seinen Parasiten der Gattung Bartonella zuzurechnen. Von den erwähnten Rinderparasiten besaß E. wenyoni nach den Originalangaben von *Adler* und *Ellenbogen* die größte Ähnlichkeit mit dem *Nieschulzschen* Material, wenn man von der als intrazellulär angegebenen Lagerung des Parasiten absieht, wobei es sich um einen Beobachtungsfehler handeln könnte. Es erscheine am zweckmäßigsten, die hier beschriebenen Parasiten vorläufig mit *E. wenyoni* zu identifizieren und vorbehaltlich weiterer Untersuchungen in die *Gattung Bartonella* als *B. wenyoni Adler* und *Ellenbogen* einzureihen. Eperythrozoon wenyoni kann durch *Zecken* der Gattung *Hyalomma* von Säugetierwirt zu Säugetierwirt *übertragen* werden *(Donatien* u. *Lestoquard,* 1937*)*.

B. Allgemeines über Trypanosomosen und Trypanosomen

Wesen der Trypanosomosen. Die Trypanosomosen sind durch Trypanosomen erzeugte Krankheiten, die, von wenigen Ausnahmen abgesehen, durch *blutsaugende Fliegen* von Tier zu Tier *übertragen* werden. Nur bei der *Beschälseuche* spielen die *Fliegen* als Überträger *keine Rolle.* Die Trypanosomen gehören in die Klasse Flagellaten der Protozoen. Es sind einzellige, mit einem Kern, einem Blepharoplasten und einer Geißel versehene Protozoen. Die als Erreger von Krankheiten bekannten Trypanosomen besitzen nach einer Schilderung von *v. Hutyra-Marek-Manninger* einen spindelförmigen Körper von 21 bis 35 μ, abgesehen von Trypanosoma congolense, und eine Breite von 1,5 bis 3 μ. Das Vorderende der Zelle ist meist zugespitzt, das Hinterende mehr oder weniger stumpf abgestutzt. Ungefähr in der Mitte der Zelle befindet sich ein kugeliger oder ovaler Kern, nahe am Hinterende ein Blepharoplast, daneben häufig ein Basalkorn. Von diesem entspringt eine feine Geißel, die am äußeren Rande einer der Zelle anliegenden, welligen Membran (undulierende Membran) nach vorne verläuft und allenfalls frei endigt. Durch schlagende Bewegungen der Geißeln vermögen sich die Trypanosomen im Blute lebhaft schlängelnd zu bewegen, und zwar gewöhnlich in der Richtung des Geißelendes. Die Trypanosomen vermehren sich im Wirbeltiere durch unmittelbare Teilung; manche Arten vermehren sich auch in der übertragenden Fliegenart. Daß bei diesen Trypanosomen dem Vermehrungszyklus in der Fliege eine wesentliche Bedeutung zukommt, geht daraus hervor, *daß die Tsetsefliegen zum Beispiel, wenn sie trypanosomenhaltiges Blut gesogen haben,* erst *nach einer Inkubationszeit* von 11 bis 18 Tagen, dann aber wochenlang *die Trypanosomen auf Wirbeltiere übertragen können,* wie *Kleine, Bruce* u. a. festgestellt haben. Die Vermehrung im Fliegenkörper erfolgt bei den pathogenen Trypanosomen entweder im Mitteldarm und in der Speicheldrüse (Tryp. brucei, T. gambiense, T. rhodesiense), im Mitteldarm und im Labialraum (T. congolense) oder nur im Labialraum (T. vivax).

Die *natürliche Übertragung* der pathogenen Trypanosomen erfolgt, wie erwähnt, abgesehen von der Beschälseuche, bei der sie durch den Begattungsakt erfolgt, durch Stechfliegen, und zwar durch *Glossinen* (Tsetsefliegen), in denen die Trypanosomen einen Entwicklungsgang durchmachen, und durch andere Stechfliegen, wie *Tabaniden* und *Stomoxysarten* (Weiteres s. u. Nagana und surraähnlichen Erkrankungen). *Bei T. brucei, congolense und vivax machen die Protozoen im Fliegenkörper erst einen bestimmten Entwicklungszyklus durch,* während der Erreger der *Surra rein mechanisch übertragen* wird. Die verschiedenen Trypanosomenarten sind hinsichtlich der Übertragung nicht an eine bestimmte Fliegenart gebunden *(v. Hutyra-Marek-Manninger),* und eine und dieselbe Fliegenart kann verschiedene Trypanosomenarten übertragen. Nur ausnahmsweise geschieht die Übertragung von frischen Haut- und Schleimhautwunden aus.

Wegen der Krankheitserscheinungen s. u. Nagana und surraähnlichen Erkrankungen. Sie bestehen in *intermittierendem* oder *rekurrierendem Fieber*, vorübergehenden oder langandauernden *Ödemen der Haut* und *Unterhaut*, fortschreitender *Blutarmut* und *Abmagerung* bei gewöhnlich guter Freßlust, ferner in *peripherischen Lähmungen* und parenyhymatöser oder geschwüriger *Hornhautentzündung (v. Hutyra-Marek-Manninger)*. Bei den *gefallenen* und *getöteten* Tieren findet man *Schwellung der Milz* und der *Lymphknoten* in den *akuten* Fällen, hochgradige *Blutarmut* und *Abmagerung*, chronische Schwellung der *Lymphknoten* in den *chronischen* Fällen.

Zur *Behandlung* sind verschiedene Arzneimittel im Gebrauche, insbesondere arsenige Säure, basische Triphenylmethanfarbstoffe, Azofarbstoffe. Eine besondere Bedeutung besitzen *organische Arsenverbindungen*, wie das Atoxyl, das Arsacetin, das Arsenophenylglycin, das Salvarsan und das Neosalvarsan, und *Antimonpräparate*, besonders der Brechweinstein (Kaliumantimontartrat) und das Antimosan, sowie ein *Harnstoffderivat*, das *Bayer 205 (Germanin, Naganol)*, mit dem das „Fourneau 309" identisch ist. Die organischen Arsenpräparate und das Bayer 205 haben gegenüber der arsenigen Säure den Vorzug, daß sie in bedeutend höherem Grade auf die Parasiten als auf die Organe wirken und daher von den Tieren besser vertragen werden und aus diesem Grunde in hohen, an die toxischen Gaben heranreichenden Mengen ohne Gefahr angewandt werden können. Wie *v. Hutyra-Marek-Manninger* hervorheben, sind dieselben Arzneimittel bei verschiedenen Tierarten und gegen verschiedene Trypanosomenarten nicht gleich wirksam. Man versucht daher z. T. durch gleichzeitige oder aufeinanderfolgende Einverleibung mehrerer Arzneimittel *(Kombinationstherapie)* die Erfolge besser zu gestalten. Bekannt ist, daß sich die Trypanosomen den Arzneimitteln anpassen und *arzneifest* werden können. Im übrigen werden die chemotherapeutischen Mittel erst in den Trypanosomen in ihre wirksamen Bestandteile zerlegt, wodurch es sich erklärt, daß Mittel, die im Reagenzglase nur eine geringe Wirksamkeit entfalten, im Tierkörper hochwirksam sein können.

Zur *Bekämpfung* sind neben der Verabreichung von Medikamenten an kranke Tiere oder zu Vorbeugungszwecken, wie dies besonders bei Surra gut möglich ist, die Anstrengungen, wenigstens bei der Nagana, auf die *Ausrottung der Fliegen* zu richten. (Näheres hierüber s. u. Nagana.) Eine wirksame *Schutzimpfung* gegen die Trypanosomenkrankheiten ist bis heute noch nicht bekannt, obwohl in bestimmten Tsetsegebieten, im besonderen Westafrikas, einige einheimische Viehrassen die Nagana z. T. überstehen und hiernach die Möglichkeit der Immunisierung grundsätzlich nicht ausgeschlossen wäre.

57. Nagana (Ngana, Tsetsekrankheit)

Wesen. Die Nagana ist eine auf Afrika beschränkte, durch *verschiedene Trypanosomenarten* verursachte Erkrankung der Farmtiere, die durch *bestimmte Stechfliegen* (Glossinen, Tsetsefliegen) übertragen wird und sich im wesentlichen durch *Fieber, Ödeme, Abmagerung* und *Zerfall der roten Blutkörperchen* äußert. Besonders gefährdet sind *Pferde,* die *übrigen* Einhufer sind in der Regel etwas weniger empfänglich. Beim *Rinde* ist der Krankheitsverlauf nach *Knuth* und *du Toit* fast stets ein chronischer, bei *Schafen* und *Ziegen* nimmt die Krankheit stets einen chronischen Verlauf. *Schwein* (siehe auch unter Schweinetrypanosomen) und *Hund* sind sehr empfänglich. Die Krankheit kommt auch bei *Dromedaren* vor (Weiteres s. u. empfängliche Tiere).

Ursache. Als Erreger kommen drei Trypanosomenarten in Betracht, *Trypanosoma brucei, T. congolense* und *T. vivax.* Mit diesen sind nach *Wenyon* (1926) wohl als identisch die weiteren Trypanosomenarten anzusehen, die bei von Glossinen zur Übertragung kommenden Trypanosomosen beschrieben werden:

1. Mit *Trypanosoma brucei:*

T. pecaudi, togolense, elephantis, anceps, ugandae, multiforme, equi, dukei. Ob der menschliche Schlafkrankheitserreger T. rhodesiense mit T. brucei identisch ist, ist strittig.

2. Mit *Trypanosoma congolense:*

T. dimorphon (pro parte, der Name wird manchmal auch für T. brucei gebraucht), nanum, pecorum, somaliense, cellii, ruandae, confusum, frobeniusi.

3. Mit *Trypanosoma vivax:*

T. cazalboui, bovis, angolense. Wahrscheinlich auch T. caprae und T. uniforme, die auch für selbständige Unterarten von T. vivax gehalten werden (*Mettam,* Conf. on co-ord. of tsetse and tryp. research, 1936).

Im folgenden werden die drei Hauptnamen gebraucht werden, aber mit der Maßgabe, daß der Name, den der Beschreiber gebraucht, in Klammern beigefügt wird, um das Zurechtfinden im Schrifttum zu erleichtern. Dieses Vorgehen erscheint angezeigt, solange noch keine Einhelligkeit darüber besteht, welche Merkmale maßgebend sein sollen für die Notwendigkeit, ein Tsetsetrypanosom von einer der drei Hauptarten abzutrennen. Nur wenn in einer Aufzählung ein Trypanosomenname zweimal erscheint, werden wir die von uns gebrauchten Namen in die Klammern setzen (Beispiel: T. vivax und T. cazalboui [vivax]).

Über die *Morphologie* der drei verschiedenen Naganaerreger ist folgendes zu sagen: *T. brucei* ist *polymorph,* d. h. man kann es in drei verschiedene Formen einteilen, eine *schlanke Form,* eine *kurze Form* und eine *Mittelform.* Zumeist tritt es in *schlanker Form* auf. Der hintere Teil ist lang, kegelförmig, das

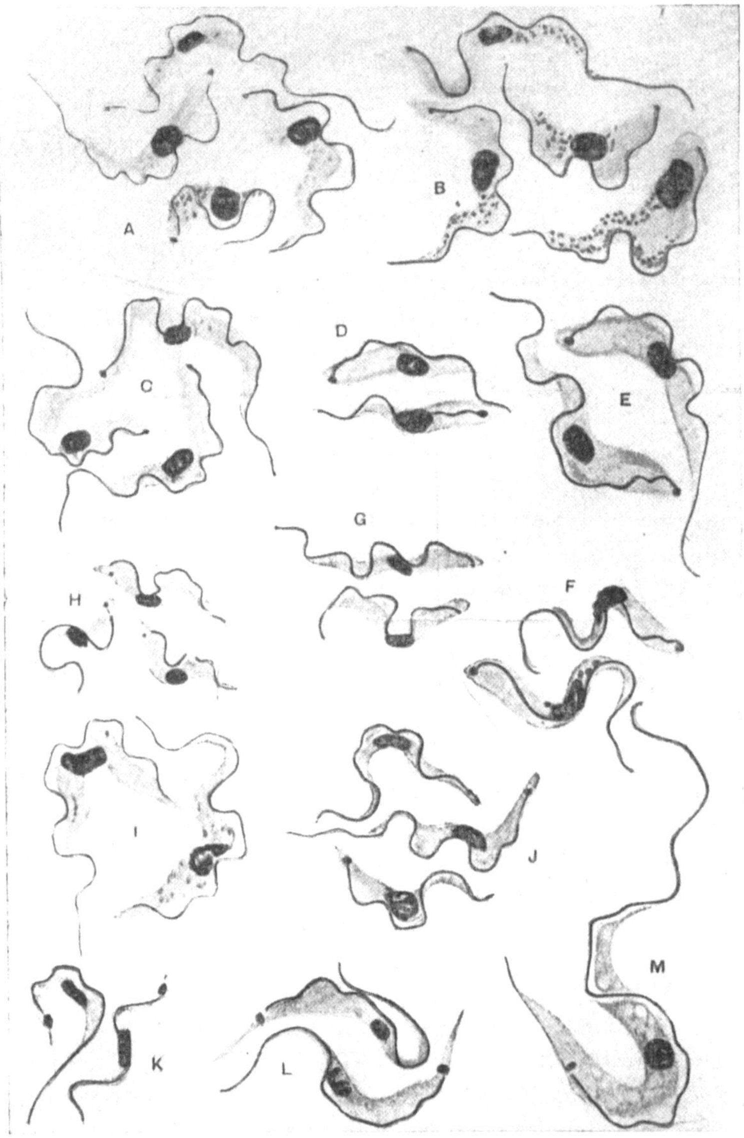

Abb. 32. Verschiedene Trypanosomen des Menschen und der Säugetiere. (Nach *Wenyon*)
A = T. gambiense, B = T. brucei, C = T. evansi (Surra), D = T. uniforme, E = T. caprae, F = T. vivax, G = T. simiae, H = T. congolense, I = T. equinum, J = T. equiperdum, K = T. cruzi, L = T. lewisi, M = T. theileri

hintere Ende abgerundet. Die Länge einschließlich der Geißel beträgt im Durchschnitt 26 bis 33 μ, die Breite 1,5 bis 2,5 μ. Das Aussehen schwankt nach der Tierart, in der sich das Trypanosom befindet. Nach *Laveran* und *Mesnil* beträgt die durchschnittliche Länge bei Equiden 28 bis 30 μ, bei Hund und

Nagetieren 26 bis 27 μ. Der längliche Kern liegt in der Mitte des Plasmaleibes, der rundliche Blepharoplast nahe dem Hinterende. Die undulierende Membran ist gut ausgebildet, der freie Teil der Geißel verhältnismäßig kurz. Bei der *kurzen Form* handelt es sich um plumpe, geißellose Trypanosomen, die durch Verlagerung des Hauptkernes nach hinten gekennzeichnet sind. Die Länge beträgt nach *Henning* 12 bis 20 μ, die Breite 2,5 bis 4 μ. Bei den *Mittelformen* handelt es sich um Gebilde, die z. T. freie Geißeln tragen, z. T. geißellos sind und in ihrer Form zwischen den schlanken und den kurzen Formen stehen. Ihre Länge schwankt zwischen 21 und 23 μ, ihre Breite zwischen 1,5 und 2 μ *(Henning)*. Nach *Oehler* (zit. nach *Knuth* u. *du Toit*) stellen die schlanke Form die Wucherungsform, die Kurzform die Rückfalls- und „relative Ruheform" dar. Beim Beginn der Krankheit trifft man nämlich nur Kurz- und breite Kurzformen im Blute an, als Einleitung des Rückfalls ausschließlich Kurzformen, dagegen vorwiegend schlanke Formen bei einer Verschlimmerung der bestehenden Krankheit. In frischen Blutpräparaten zeigt T. brucei eine schlängel.de und windende Bewegung; die schlanken Individuen können sich auch über kurze Strecken vorwärtsbewegen *(Henning)*. *Trypanosoma congolense* ist monomorph, d. h. es haben in der Regel die meisten Individuen im Gegensatz zu T. brucei die gleiche Gestalt und Größe. Es ist das kleinste aller krankmachenden afrikanischen Trypanosomen und wurde daher von *Lühe* als T. nanum bezeichnet; es hat eine Länge von 8 bis 21 μ und eine Breite von 1 bis 2,7 μ. Der Kern liegt wie bei der schlanken Form von T. brucei in der Mitte, die undulierende Membran ist aber wenig entwickelt, und die Geißel endet nicht frei. T. congolense ist in frischen Präparaten leidlich beweglich *(Henning)*. *Trypanosoma vivax* kann von den anderen Trypanosomen durch seine große Beweglichkeit und durch seine keulenförmige Gestalt unterschieden werden. Es ist 18 bis 26 μ lang und bis zu 3 μ breit und besitzt eine freie Geißel, die 3 bis 6 μ lang ist. Die Masse des Zytoplasma liegt hinter dem Kern. Die undulierende Membran ist nicht so stark entwickelt wie bei T. brucei.

Empfängliche Tiere. Die verschiedenen Tierarten sind gegenüber den drei Trypanosomenarten, die als Erreger der Nagana anzusehen sind, in verschiedenem Grade empfänglich. Die unterschiedliche Empfänglichkeit hat mit dazu geführt, daß einzelne Krankheitsformen, die mehr oder weniger durch nur eine Art der drei Naganaerreger hervorgerufen werden, mit besonderen Namen bezeichnet worden sind (Gambiafieber — durch T. congolense, Souma — durch T. vivax, Baleri — durch T. brucei [pecaudi]).

Für *T. brucei* ist das *Pferd* am empfänglichsten, dann folgen *Esel*, hierauf *Maultier* und *Maulesel;* hochempfänglich sind *Schwein, Hund* und *Katze*. Sehr wenig empfindlich ist das *Rind (Hornby*, 1919; *Richardson*, a. d. Pan-Afrik. vet. Konf. 1923; *Hornby* und *Bailey*, 1932*)*; es gibt aber auch Stämme von T. brucei, die sehr rinderpathogen sind *(Mettam*, 1934*)*. Für das Schutzgebiet Deutsch-Ostafrika stellt *Hornby* (Conf. on coord. of tsetse and tryp. research, 1936, p. 7) fest, daß das *Zebu* fast immun gegen T. brucei ist. Auch

Schaf und *Ziege* sind im allgemeinen sehr widerstandsfähig *(Henning,* 1932*). Hornby* (1919) gibt allerdings an, daß Schaf und Ziege für T. brucei empfänglicher seien als das Rind. Auch das *Kamel* kann erkranken *(di Domizio* u. *Tarantino,* 1935*).* Von den *Versuchstieren des Laboratoriums* sind hochempfindlich Ratte, Maus, Meerschweinchen u. a. sowie verschiedene Affen, z. B. Makaken, während andere, wie die Paviane, unempfindlich sind. Ferner ist das Kaninchen empfänglich.

An *T. congolense* erkrankt das *Rind* am schwersten; ebenso empfänglich sind *Hund* und *Schwein,* während *Pferd, Schaf* und *Ziege* weniger empfindlich sind. Auch *Esel, Affen* und *Lemuren* sind empfänglich *(Mansfield-Aders,* 1923) sowie das *Kamel* (Sudan-Ber. 1927). Was die *kleinen Versuchstiere* anbetrifft, so sind Ratten nicht immer zu infizieren *(Wenyon).* Dasselbe wird z. T. für Meerschweinchen angegeben *(Mansfield-Aders,* 1923*).*

T. vivax ist in Afrika weitverbreitet, erzeugt aber im Gegensatz zu den beiden erstgenannten Trypanosomenarten in der Regel keine so schweren, tödlichen Erkrankungen. Am häufigsten führt das T. vivax zu Erkrankung beim *Rinde,* seltener beim *Pferde;* noch weniger empfindlich sind *Schaf* und *Ziege.* Wenn T. vivax allein vorhanden ist, führt es insbesondere bei gutgenährten und nicht übermäßig beanspruchten Tieren selten zum Tode *(Parkin,* zit. nach *Henning,* 1932; *Hall,* 1933*). Affen, Hunde* und *kleine Versuchstiere* sind sehr wenig empfänglich. Für das *Kamel,* das nach *Bennett* (1930) wohl für alle Trypanosomenarten empfänglich ist, berichten *Pricolo* und *Ferraro* (1920) über einen Fall von gelungener künstlicher Infektion.

Die krankmachende Wirkung der verschiedenen Trypanosomen schwankt auch weitgehend infolge der verschiedenen Widerstandsfähigkeit verschiedener Tierschläge, wie beim Rinde. So soll das westafrikanische Kurzhornrind sehr resistent gegen Nagana sein *(Curson,* 1934*),* während das dortige Zeburind sehr empfänglich ist (Kamerun-Mand.-Ber. [fr.] 1934). Eine weitere wichtige Rolle bei der Verschiedenheit der krankmachenden Wirkung spielt die Tatsache, daß die *einzelnen Trypanosomenarten* in vielen *Stämmen* auftreten, die z. T. stark voneinander abweichende, krankmachende Eigenschaften aufweisen *(Hornby,* 1919). Diese Eigenschaften liegen nicht fest, so daß ein Stamm, der sich lange in einheimischen Rindern hielt, ohne diese stark zu schädigen oder gar auszurotten, zum Erreger schwerer Verluste auch unter den bisher wenig empfänglichen einheimischen Rindern werden kann, nachdem Rinder aus anderen Gebieten hinzugebracht worden und schwer erkrankt waren *(van Hoof* u. *Henrard,* 1933*).* Wahrscheinlich bekam in solchem Falle der einheimische Trypanosomenstamm durch die Passage durch die fremden Rinder neue krankmachende Eigenschaften. Wenn sich hieraus auch ein sehr vielfältiges und manchmal verwirrendes Bild ergibt, muß doch daran festgehalten werden, *daß die drei Trypanosomenarten der Nagana, wo sie auftreten, jede Tierzucht entscheidend in Frage stellen.*

Empfänglichkeit des Wildes. Wo Naganatrypanosomen vorkommen, sind

Abb. 33

sie auch in den den Farmtieren verwandten wildlebenden Säugetieren zu finden. Das größte Reservoir stellen die zahlreichen *Antilopenarten,* besonders die *großen,* dar. Das Wild erkrankt in der Regel nicht sichtbar, wenn es mit Trypanosomen infiziert wird. Wenn Todesfälle bei wildlebenden Tieren beobachtet werden, so hat dies entweder seinen Grund darin, daß die Tiere unter besonders ungünstige Bedingungen kamen, z. B. in der Gefangenschaft, wie *Hornby* und *Baily* (1932) für eine tödlich verlaufene Congolenseinfektion eines Kudus angeben, oder darin, daß die Tiere dank ihrer Lebensweise den Stichen der Tsetsefliegen kaum ausgesetzt sind und deshalb keine Resistenz (Prämunität) erlangen. So sind nach *Carmichael* (1934) T. brucei und T. congolense krankmachend für Schakale, die durch ihre nächtliche Lebensweise und ihre Beweglichkeit wohl selten von Glossinen gestochen werden. Auch kleine Antilopen (Cephalophus caeruleus melanorheus) sind nach künstlicher Infektion mit Naganatrypanosomen erkrankt *(Carmichael, 1934)*. Vielleicht sind diese durch ihre geringe Größe, die sie meist im Grase verschwinden läßt, und ihre Beweglichkeit vor den Angriffen der Tsetsefliegen geschützt und daher nicht prämun. In Uganda ist eine ganze Reihe von Antilopen künstlich infiziert worden; bei allen größeren wurden jedoch besondere Erscheinungen nicht gesehen (Ber. 1932).

Vorkommen. Die Nagana ist an das Vorhandensein der Tsetsefliegen gebunden. Die wenigen Ausnahmen spielen nur örtlich eine Rolle. So ist z. B. Sansibar tsetsefliegenfrei, es kommt aber dort Tsetsekrankheit, bedingt durch T. congolense, mit Übertragung durch Bremsen und andere Stechfliegen sehr häufig vor. Durch die Bindung an die Tsetsefliegen ist die Nagana beschränkt auf die Gebiete, in denen eine der zur Übertragung geeigneten Glossinenarten lebt. Von Bedeutung ist die Tatsache, daß im Gegensatz zur Schlafkrankheit, die nur in begrenzten Gebieten innerhalb des Gesamtglossinengürtels auftritt, *die Nagana überall anzutreffen ist, wo es Tsetsefliegen gibt.* Das Naganagebiet entspricht also in seiner Ausdehnung dem Tsetsefliegengebiet (s. Karten). Nach *Oefele* (1899, zit. nach *Knuth* u. *du Toit*) muß angenommen werden, daß die im VI. Kapitel des Veterinärpapyrus von Kahun angeführte Rinderkrankheit Nagana war, so daß die Krankheit schon vor 3 bis 4 Jahrtausenden in Ägypten geherrscht hätte. In der Neuzeit stammt nach *Knuth* und *du Toit* der erste Bericht über die Krankheit vom Afrikareisenden *Livingstone* (1857), der die Seuche in den Tälern des Limpopo und des Sambesi sowie weiter nördlich an den Ufern des Nyassa- und Tanganyikasees beobachtet hat. Er erzählt, sämtliche mitgeführten Rinder seien der Krankheit erlegen, die er für jene Zeit sehr genau schildert, und führt ihre Entstehung auf die Stiche der Tsetsefliege zurück. Schon aus Zeiten vor Livingstone sind verschiedene Hinweise auf das Herrschen der Tsetseplage erhalten. So erwähnt nach *Fuller* (1924) zum erstenmal *David Hume* (1836) das Herrschen der Nagana an den Ufern des Limpopo. Von den *Voortrekkern* hat *Louis Trigardt* 1837 die Tsetsekrankheit erwähnt (zit. nach *Henning*, 1932); 1894 hat *David Bruce* die im Sululand verheerend auftretende Tsetsekrankheit untersucht und hierbei den Erreger der Krankheit entdeckt und (vgl. seinen Bericht 1895) das Wesen der Krankheit in allen wichtigen Punkten aufgedeckt. Insbesondere hat er auch festgestellt, daß die Trypanosomen durch Gl. morsitans übertragen werden. 1896 schickte *Bruce* einen mit Trypanosomen infizierten Hund nach England und lieferte damit das Material für die zahlreichen hierauf folgenden Untersuchungen in den europäischen wissenschaftlichen Instituten. *Plimmer* und *Bradford* (1899) haben den Erreger dem Entdecker zu Ehren Trypanosoma brucei genannt. Es war ein Zufall, daß mit diesem Hunde nur ein reiner T.-brucei-Stamm nach Europa gelangte; denn es hat sich später herausgestellt, daß im Sulu-

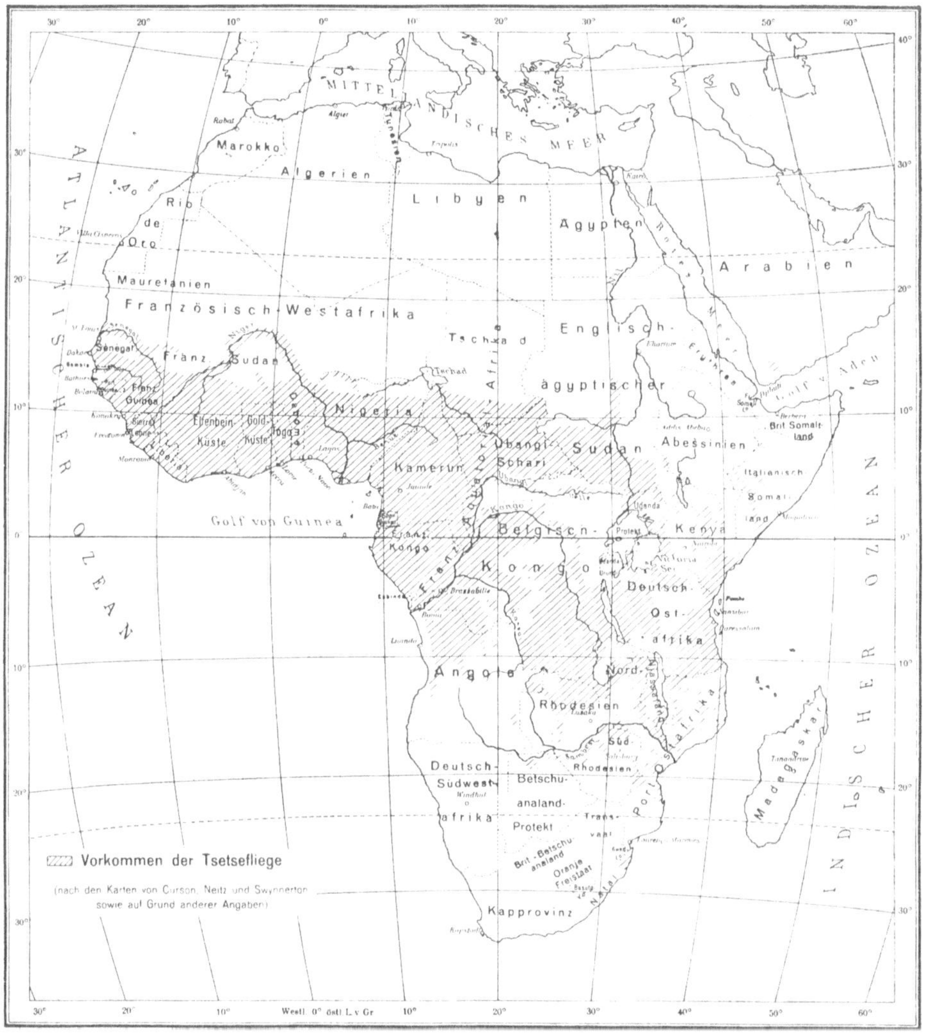

Abb. 34

land beim Rinde T. congolense und T. vivax die Hauptrolle als Naganaerreger spielen *(Curson,* 1927*)*. Nach *Knuth* und *du Toit* kommt die Krankheit in der *Südafrikanischen Union* nur im *Sululand* vor, in den dortigen sumpfreichen Küstengebieten, wohin sich das Großwild und mit diesem die Tsetsefliege zurückgezogen hatte. Nach *Theiler* (1901) hat die Seuche früher auch im *nördlichen Transvaal* geherrscht, ist aber dort durch das Fortschreiten der Landeskultur und durch das Herrschen der Rinderpest in den neunziger Jahren des vorigen Jahrhunderts, der das Großwild (Antilopen: Wasserbock, Buschbock, Rietbock, Gnu; und die Büffel) zum größten Teil zum Opfer fiel, zugleich mit den Tsetsefliegen verschwunden. Als weitere Verbreitungsgebiete führen *Knuth* und *du Toit* auf Grund der Angaben anderer Autoren an: *Betschuanaland* (es kann nur B.-Protektorat gemeint sein), Matabele- und Maschonaland *(Rhodesien), Portugiesisch-Ostafrika,* ferner *Nordwestrhodesien, Sambesifluß, Luapulafluß* und die *Ufer* des *Moëro-, Nyassa-* und *Tanganyikasees.* In *Deutsch-Ostafrika* hat *Robert Koch* 1898 die Tsetsekrankheit zuerst beschrieben. Verseucht waren nach *Stuhlmann* das Usambaragebirge, die Gegend von Daressalam, die Insel Mafia, das Gebiet von Meru bis Usagora, das Ruaha- und Rovumatal, das Gebiet zwischen Meru und dem Nyassasee und das Innere des Landes, besonders in der Nähe des Tanganyikasees um den 5. Breitengrad herum. In *Britisch-Ostafrika* hat *Stordy* 1899 die Nagana von Mombassa bis zum Viktoriasee und im Küstengebiet beobachtet. Ferner wurde das Vorkommen der Krankheit von *Knuth* und *du Toit* angegeben im *Somaliland,* in *Uganda,* im *britischen Sudan,* im Tale des *Weißen Nils,* in *Kamerun* und in *Nordnigeria.* Wie aus den beigegebenen Karten erhellt, sind die Tsetsefliegen heute in *ganz West-, Mittel-* und *Ostafrika* weitverbreitet und reichen mit ihren Ausläufern bis weit nach Südafrika hinunter. Allerdings sind die Gebiete, in denen das Vorkommen der Tsetsefliegen verzeichnet ist, nicht völlig mit ihnen verseucht, sondern es finden sich überall in mehr oder weniger großer Ausdehnung tsetsefliegenfreie Gebiete, in denen eine blühende Viehzucht möglich ist. Wenn auch die Tsetsefliege an Feuchtigkeit und Wärme bestimmte, engbegrenzte Anforderungen stellt, die ihr Vorkommen einschränken, ist sie doch in großen Gebieten in ständigem Vormarsch begriffen und ergreift Jahr um Jahr neue große Weideflächen, die damit der Nutzung durch Vieh entzogen werden. (Näheres s. u. Tsetsefliegenbekämpfung.) Andernorts hat sie ganze Gebiete geräumt nach Naturereignissen, die ihre Lebensbedingungen veränderten. So ist das früher schwer verseuchte Südafrika, wie schon erwähnt, zum Teil mit durch die große Rinderpestepizootie am Ende des vorigen Jahrhunderts fast ganz von der Nagana befreit worden. Heute gibt es Tsetsefliegen im Bereich der Union von Südafrika, wie angegeben, nur noch im *Sululand,* einem kleinen nordöstlichen Grenzgebiet gegen Portugiesisch-Ostafrika. Dort hatte das Vorkommen der Tsetsefliegen keine besondere Aufmerksamkeit erregt, bis 1919 das Gebiet zur Besiedlung freigegeben wurde und eine ganze Anzahl von Kriegsteilnehmern hier Farmen zugewiesen bekam. Ab 1920 erlagen die meisten Farmrinder der Nagana. Als Erreger der Nagana im Sululand wurden festgestellt T. congolense, T. brucei und T. vivax, wobei T. congolense als der Haupterreger angesehen wird *(Curson,* 1927*).* Eingehende Forschungen durch ein zu diesem Zweck an Ort und Stelle gegründetes Institut (Union von Südafrika, Ber. 1921) lieferten die Grundlagen, die es ermöglichten, die Nagana im Sululand wirksam zu bekämpfen, so daß heute Viehzucht dort wieder möglich ist (Tsetsebekämpfung durch Gebrauch der Harrisfalle). Im *Betschuanaland-Protektorat* ist die Nagana auf das Gebiet um den Ngamisee beschränkt. Man ist der Meinung, daß sich die Tsetsefliegen ausbreiten, macht aber auch andere Fliegen für die Fälle außerhalb des ursprünglichen

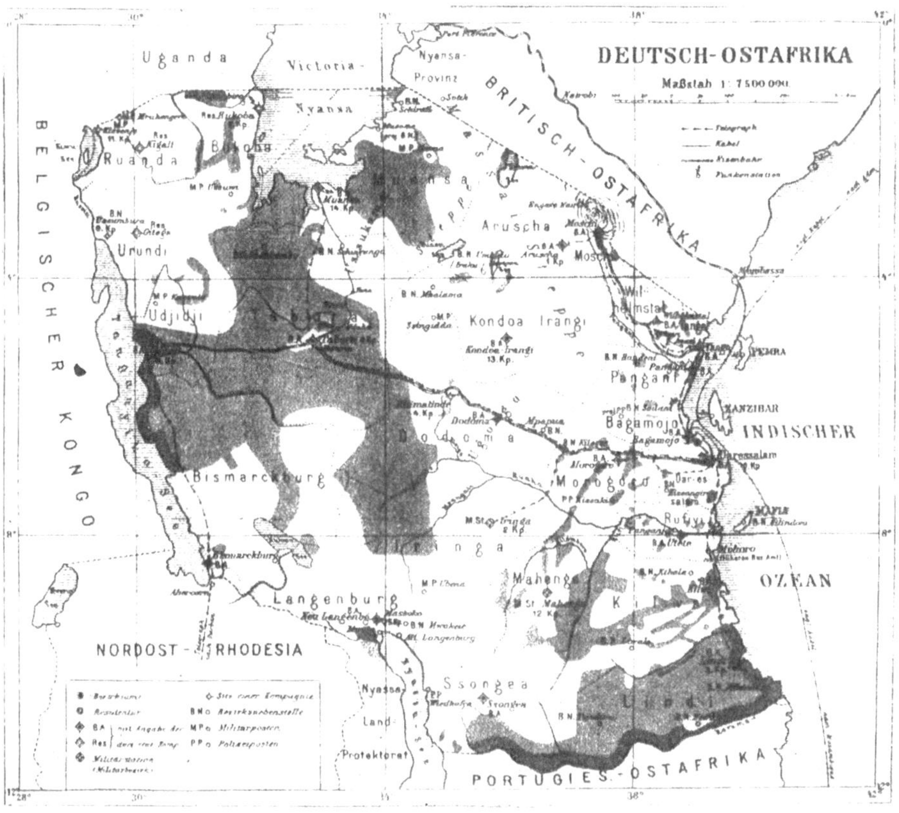

Abb. 35. Verbreitung der Tsetsefliegen in Deutsch-Ostafrika vor dem Kriege. (Nach *Wölfel*, Zeitschrift f. Infektionskrankh. usw. der Haustiere, 1916.) Vgl. hiermit die Karte „Verbreitung der Tsetsefliege". Nur in den dunkel gehaltenen Gebieten wurden Tsetsefliegen festgestellt.

Tsetsegebietes verantwortlich (Ber. 1936). Als Erreger wurden festgestellt T. congolense, vivax und brucei (*Curson*, 1927). In *Nyassaland* spielen die Trypanosomenkrankheiten nicht die überragende Rolle wie in den mehr äquatorial gelegenen Teilen Ostafrikas, ebenso ist es in *Portugiesisch-Ostafrika*, wo T. brucei, congolense und vivax festgestellt wurden (*Curson*, 1927). *Südrhodesien* ist etwa zu einem Zehntel wegen Nagana zur Viehzucht ungeeignet (Ber. 1930). Festgestellt wurden T. brucei, congolense, vivax und caprae (vivax) (*Curson*, 1927). In *Nordrhodesien* kommt die Nagana in fünf Achteln des Landes in bestimmten Tsetsegebieten vor, gelegentlich aber auch außerhalb dieser (Ber. 1934). Beim Rinde spielen die Hauptrolle T. congolense und vivax. Das unter Mandat stehende Schutzgebiet *Deutsch-Ostafrika* hat schwer unter der Nagana zu leiden (s. Tsetsekarte). Zwei Drittel des Landes sind von den Tsetsefliegen besetzt, die an vielen Orten während der letzten 20 Jahre große Fortschritte gemacht haben (vgl. Karten), denen die Bemühungen des Menschen keine entsprechenden Verdrängungserfolge entgegensetzen konnten. Wenn

Nagana außerhalb der Tsetsegebiete auftritt — manchmal in ziemlich großer Entfernung von der Tsetsegrenze —, handelt es sich meist um mit der Eisenbahn oder auf andere Weise verschleppte Tsetsefliegen (G. pallidipes, *Hornby,* 1933, 1936). Es kommen vor T. brucei, congolense und vivax. Auf *Sansibar* ist, wie schon erwähnt, trotz Fehlens der Tsetsefliegen T. congolense recht verbreitet *(Mansfield-Aders,* 1923). In *Kenya* ist die Nagana besonders in den Gebieten an den Seen und an der Küste verbreitet; es soll aber an der Küste auch naganafreie Gebiete geben (Ber. 1935). In *Uganda* sind alle drei Naganatrypanosomenarten weitverbreitet. Bei T. vivax sollen die Rinder besonders häufig chronisch infiziert sein; solche Infektionen machen sich oft durch akutes Aufflammen nach der Rinderpestimpfung bemerkbar *(Richardson,* 1928). Zum Teil erweisen sich auch die anderen Naganatrypanosomen als wenig pathogen; bei T. congolense, das in der Regel sehr pathogen ist, sind die Schwankungen in der Virulenz beträchtlich. T. brucei scheint beim Rinde als Krankheitserreger nicht in Frage zu kommen *(Richardson,* 1928). In *Britisch-Somaliland* kommt gelegentlich Trypanosomosis durch T. vivax im Westen des Landes vor (Ber. 1931). In *Italienisch-Somaliland* ist Nagana beim Rinde durch T. congolense — daneben kommt auch T. vivax vor — die häufigste und schwerste Krankheit; spontane Heilung ist selten. T. brucei verursacht sehr häufig Erkrankung bei Pferd und Esel; das Maultier ist etwas weniger empfänglich. Gelegentlich wurde beim Pferde auch T. congolense gefunden. Bei Dromedaren verursacht T. brucei manchmal eine Erkrankung. Die Eingeborenen nennen die Nagana *„Ghindi“*, eine Bezeichnung, die auch für die Tsetsefliegen gilt. T. vivax erzeugt bei Rindern eine Erkrankung mit geringeren Verlusten, die die Eingeborenen *„Gobiat“* nennen; dies ist auch der Name für Bremsen (Tabaniden). Neben den Tsetsefliegen werden auch andere Stechfliegen (Tabanus, Stomoxys) als wichtige Verbreiter aller drei Trypanosomenarten angesehen, worauf schon der Eingeborenenname „Gobiat“ hinweist *(Tarantino,* 1934; *Croveri,* 1919). In *Abessinien* ist die Nagana eine in bestimmten Landesteilen weitverbreitete Krankheit. In *Erythrea* sind die Trypanosomen von großer wirtschaftlicher Bedeutung; es handelt sich hauptsächlich um Erkrankungen durch T. vivax *(di Domizio,* 1930). Im *Englisch-ägyptischen Sudan* kommt im Süden Nagana mit T. congolense, T. vivax (beim Rinde) und T. brucei (beim Pferde) vor (Ber. 1924/25). In dem deutschen Schutzgebiet *Ruanda-Urundi* ist die Nagana nicht sehr verbreitet; es kommen aber schwere Ausbrüche vor *(van Saceghem,* 1921). Haupterreger sind T. vivax und T. congolense (Mand.-Ber. 1933). In *Belgisch-Kongo* soll man im Gegensatz hierzu nach *G. Bouvier* und *S. Bouvier* (1937) bei einem Rinde, das sich nicht in ganz gutem Zustand befindet, immer das Vorhandensein von Trypanosomen vermuten können; 60 v. H. aller Rinder sollen mit Nagana infiziert sein: T. congolense wiegt vor. T.-congolense-Infektion scheint mehr in enzootischer, T.-vivax-Infektion mehr in epizootischer Form als Krankheit aufzutreten *(van Hoof* u. *Henrard,* 1933). *Angola* ist nur teilweise durch Nagana verseucht; im Hochland und auf offener Steppe sollen die Tsetsefliegen fehlen *(Jessen,* 1936*). Martins* (1934) hat T. brucei beim Hunde gefunden. In *Portugiesisch-Guinea* leiden Rind und Ziege unter T. congolense und T. vivax, das Pferd unter T. brucei *(de Sequeira,* 1935*).* Für *Westafrika* gilt nach *Roubaud* (1922) allgemein, daß die nördlichen Gebiete, soweit die trockenen, heißen Winde der Sahara reichen, mehr oder weniger sicher für das Vieh sind. Die Tsetsefliegen sind erst in den südlicheren, feuchteren Landstrichen zu finden, wo die trockenen Saharawinde fehlen. In *Französisch-Westafrika* machen die Viehzuchtgebiete ungefähr ein Fünftel des ganzen Gebiets aus, in den südlichen Tsetsegebieten trifft man bloß kleine, kümmerlich entwickelte Rinder und Pferde. In *ganz Westafrika* ist neben den beiden anderen Erregern T. vivax besonders häufig, namentlich bei Pferd und Rind; die örtlichen Rassen dieser Tiere haben z. T. eine recht hohe Widerstandsfähigkeit gegen die Krankheit (Nigeria-Ber. 1933). Infizierte Tiere sind aber nicht leistungsfähig und können bei Beanspruchung oft tödlich erkranken *(Andrievsky,* 1931*).* Die westafrikanischen Kurzhornrinder sind, wie schon gestreift, wesentlich widerstandsfähiger als das Zebu und seine Kreuzungen *(Curson,* 1934; *Kamerun*-Mand.-Ber. [fr.] 1934*).* Nach den Angaben auf der westafrikanischen Veterinärkonferenz 1936 beherbergten über 50 v. H. der Pferde, die über Pong-Tamale (Goldküste) nach Süden gingen, T. vivax. Rinder fand man auf manchen Plätzen bis zu 92 v. H. mit T. vivax infiziert. Aus *Nigeria* wird berichtet, daß Nagana in ganz Nordnigeria häufig sei, sie spiele aber wegen der Widerstandsfähigkeit der einheimischen Tierrassen nicht die Rolle wie in Ostafrika (Ber. 1933). 1933 wurden 18 707 Rinder mit Brechweinstein gegen Nagana behandelt, was die Bedeutung der Krankheit erhellt (Ber. 1933). T. vivax soll bei einheimischen Rindern in gutem Zustand keine Erkrankung hervorrufen *(Hall,* Ber. 1931). Im *Goldküstengebiet* ist die Nagana weitverbreitet und wirtschaftlich von sehr großer Wichtigkeit, da sie die Verbesserung des einheimischen Viehs verhindert. Man hofft dies dadurch umgehen zu können, daß man westafrikanische Kurzhornrinder einführt, die wenigstens gegen die Trypanosomen ihrer Heimat eine hohe Widerstandskraft zeigen und eine bessere Milchleistung aufweisen als die im Goldküstengebiet heimischen Tiere (Ber. 1933/34; *Curson,* 1934). Bei diesen scheine T.-vivax-Infektion latent vorzukommen und beim Dazukommen einer Rinderpestinfektion tödlich aufflammen zu können (Ber. 1929/30). Die Ansteckung erfolgt besonders an den Flußläufen, wo die Tsetsefliegen am zahlreichsten sind. *Beal* (1920) glaubt, daß die tsetsefreien Gebiete 1 bis 10 (englische) Quadratmeilen groß seien. Aus *Liberia* liegen kaum Angaben vor; *Maaß* (1927) fand bei Schafen und Ziegen häufig Trypanosomen. In *Französisch-Westafrika* gibt es, wie schon erwähnt, resistente Rinder-, Schaf- und Ziegenrassen, so daß die Trypanosomen kein absolutes Hindernis der Viehzucht sind, wenn sie sie auch schwer behindern. Im *Senegal* bildet das Vorkommen der Naganatrypanosomen einen unvollständigen Gürtel durch die Kolonie. In *Nigeria,* im Gebiete der *Elfenbeinküste* und in *Dahome* kommt die Krankheit vor, in *Mauretanien* ist sie häufig, in *Ober-Volta* herrscht sie entlang den Ufern vieler Flüsse der Kolonie (Fr.-Westafrika-Ber. 1931). In allen Kolonien Französisch-Westafrikas scheint bis zu einem gewissen Grade T. dimorphon (congolense) nicht unerhebliche Verluste bei Equiden zu verursachen *(Curasson,* 1920*)*. Die durch T. vivax hervorgerufene Krankheit wird *„Souma"* genannt. In den drei *äquatorialafrikanischen Kolonien* entspricht die Trypanosomenverbreitung ungefähr der Tsetseverbreitung, jedoch scheinen in manchen Gegenden Bremsen (Tabaniden) eine größere Rolle zu spielen als die Tsetsefliegen. Wild, das aus Tsetsegebieten kommt, trägt Trypanosomen mit sich, und diese werden in tsetsefliegenfreien Gebieten durch Bremsen übertragen. Es sind T. congolense, vivax, brucei und pecaudi (brucei) festgestellt. Ihre Virulenz hängt von den befallenen Tierarten ab; verschiedene Stämme der einzelnen Trypanosomenarten schwanken in ihrer Virulenz stark. Bei Schaf und Ziege sollen alle Infektionen ziemlich gutartig verlaufen. Einige Schaf- und Ziegenrassen scheinen eine völlige Resistenz gegen die Infektion bewiesen zu haben, aber die bestimmten Rinder-, Esel- und Ponyrassen zugeschriebene Widerstandskraft scheine stark übertrieben zu sein. T. vivax (cazalboui) soll ziemlich leicht heilbar sein. Es wird T. dimorphon, das bei Pferd und Hund schwer auftreten soll, von T. congolense unterschieden, das nicht sehr häufig vorkommen soll *(Malbrant* u. *Dugué,* 1933*)*. In dem unter Mandat stehenden deutschen Schutzgebiet *Kamerun* kommt die Nagana nicht überall vor; große Zonen sind frei. Die Naganagebiete liegen im Norden, entlang dem Schari, Logone, Benue und Faro. Am häufigsten beobachtet man Erkrankungen durch T. vivax (cazalboui) bei Pferd und Wiederkäuern, beim Pferde allerdings, und zwar nicht selten, auch durch T. brucei (pecaudi), das im Gegensatz zu der chronischen Infektion durch T. vivax eine akute Erkrankung verursacht. Man beobachtet Erkrankungen hauptsächlich bei Rindern und Pferden; Ziegen und Schafe scheinen durch ihre Haltung in den Dörfern gegen die Tsetsefliegen in ziemlich hohem Grade geschützt zu sein. Der Esel soll unempfänglich sein *(Poisson,* 1930*)*. Nach dem französischen Mandatsbericht für 1934 beschränkten sich die Naganafälle fast ganz auf ein Gebiet, in dem die widerstandsfähigen Kirbirinder (einheimische Rasse) mit Fulbe-Zebus aufgekreuzt worden sind. An der Küste sollen Hunde sehr oft an Infektion mit T. congolense zugrundegehen *(Pauli-Magnus,* 1938*)*. In dem unter britischem Mandat stehenden Teil gedeiht das Vieh auf den Oberlandhochebenen zum Teil sehr gut, weil dort die Tsetsefliegen fehlen (Ber. 1922). Im deutschen Schutzgebiet *Togo* sind im ganzen Norden alle Rinder mit Naganatrypanosomen infiziert. Die Rinder sind latent erkrankt, die Pferde erkranken offensichtlich schwer (fr. Mand.-Ber. 1934). *Naganafrei* sind nur der *Norden Afrikas,* also die Gebiete nördlich der Sahara und Ägypten, sowie das unter Mandat stehende Schutzgebiet *Deutsch-Südwestafrika,* ferner *Madagaskar (Alleaux,* 1922*)*. Auf *Mauritius* kommt T. vivax vor *(Lionnett* 1935*)*, wo es, wie in Südamerika, wohin es eingeschleppt wurde, durch andere Stechfliegen als Glossinen übertragen wird.

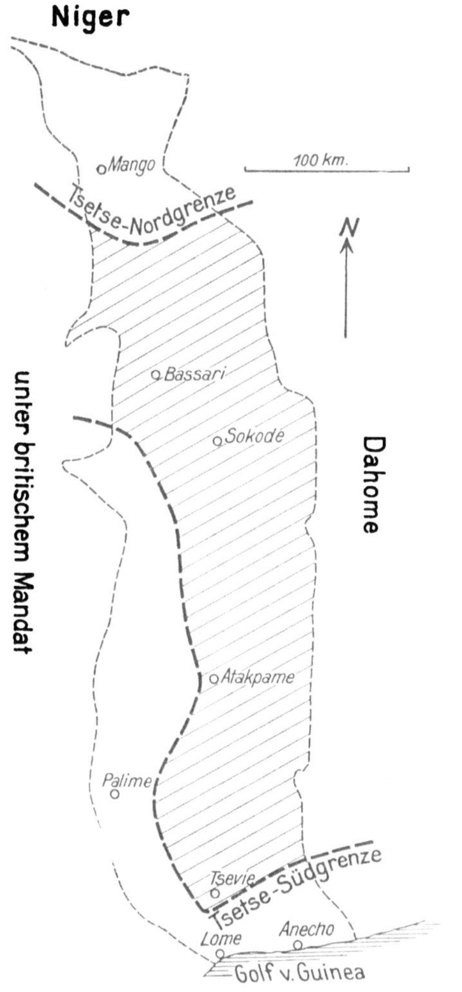

Abb. 36. Verbreitung der *Tsetsefliegen* in dem unter französischem Mandat stehenden Teil des deutschen Schutzgebiets *Togo*. (Nach dem Mandatsbericht für 1937)

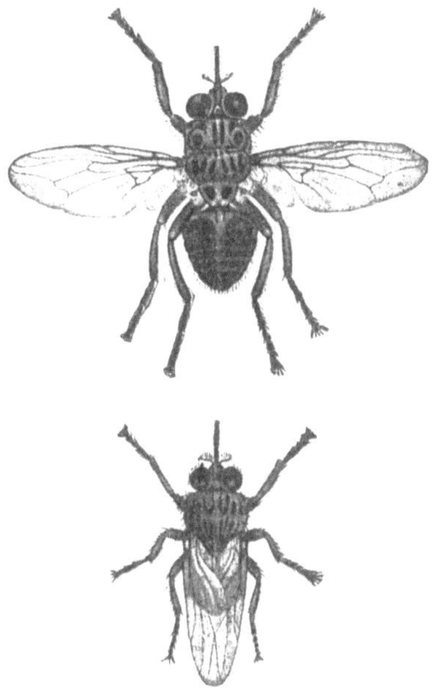

Abb. 37. *Tsetsefliegen*. Charakteristisch sind die beim Sitzen übereinandergelegten langen Flügel. Etwa $3^1/_2$ mal vergrößert. (Aus *v. Hutyra-Marek-Manninger*, „Spezielle Pathologie und Therapie der Haustiere", Verlag G. Fischer)

Art der Übertragung. Die Nagana wird durch die *Fliegen der Gattung Glossina mit 21 Arten und zahlreichen Unterarten* übertragen. Die Gattung Glossina ist mit einer einzigen Ausnahme, nämlich G. tachinoides, die in Südarabien im Hinterlande von Aden vorkommt, auf den afrikanischen Kontinent beschränkt. Die erwachsenen Tsetsefliegen leben nur von Blut, und zwar hauptsächlich von dem Blute von Säugetieren. Die meisten Tsetsefliegen bevorzugen das *Blut der großen Ein- und Zweihufer* als Nahrung. Einige Arten sind sogar fast völlig auf diese angewiesen, andere ernähren sich auch von Menschenblut oder vom Blut von Krokodilen und Vögeln. Nach *Knuth* und *du Toit* werden *Glossinen nur dort gefunden, wo die Nachttemperatur das ganze Jahr hindurch mindestens einige Grade über 0 bleibt.* In der trockenen, heißen Wüste kommen sie nicht vor. Nach unten und nach oben sind dem Vorkommen der Glossinen verhältnismäßig enge Temperaturgrenzen gesetzt. Dort, wo die

Glossinen auftreten, werden sie im allgemeinen nicht wahl- und regellos durcheinander angetroffen, sondern die einzelnen Arten sind auf z. T. engbegrenzte Gebiete, die *Fliegengürtel* („fly belts"), beschränkt, in denen sie die notwendigen Lebensbedingungen finden und die sie nur auf Jagdzügen von beschränkter Ausdehnung verlassen. Das sind für viele Glossinenarten die *Begleitwaldstreifen der Flüsse* oder ähnliche Gebiete von *günstiger Feuchtigkeit, Schatten* und *gemäßigter Temperatur*. Oft breiten sich die Fliegen in der Regenzeit weiter aus, um sich im jahreszeitlichen Rhythmus wieder auf den eigentlichen „Gürtel" zurückzuziehen. Einige Arten, z. B. G. palpalis und fusca, treten fast im ganzen geographischen Tsetsegebiet auf, während andere (G. tachinoides, longipennis) nur in einem begrenzten Verbreitungsgebiet gefunden werden.

Die Glossinen *stechen* hauptsächlich *am Tage,* G. palpalis zur heißeren Tageszeit, 9 bis 16 Uhr, die meisten anderen Arten mit Vorliebe in den *Morgenstunden,* 7 bis 10 Uhr, und in den *Abendstunden,* 15 Uhr bis Sonnenuntergang. Am stechlustigsten sind die Glossinen an schwülen Tagen, bei bewölktem Himmel, besonders nach Regenfällen. Aber selbst in der Nacht ist man nicht ganz sicher vor den Stichen mancher Arten, nach *Zumpt* z. B. der G. fusca, wobei allerdings in kühlen Nächten die Gefahr gering ist.

Die einzelnen Glossinenarten scheinen eine gewisse Vorliebe für *bestimmte Wirte* zu haben, *G. fusca* z. B. bevorzugt große Tiere und ist daher in vielen Gebieten auf das *Großwild* angewiesen. *G. palpalis* dagegen nimmt in manchen Gegenden häufig von *Reptilien* Blut auf; wenn genügend Nahrung da ist, werden aber im allgemeinen Mensch und Säugetiere von ihr bevorzugt *(Zumpt,* 1936*)*. Da in den Naganagebieten ein mehr oder weniger hoher Teilsatz der in Frage kommenden Wirtstiere Naganatrypanosomen im Blute beherbergt, nimmt ein großer Teil der Tsetsefliegen solche Trypanosomen mit dem Nahrungsblut auf. Im Körper der Fliege machen die Trypanosomen einen bestimmten Entwicklungskreislauf durch, nach dessen Vollendung sie in die Speicheldrüsen gehen. Durch diesen Kreislauf ist es bedingt, daß eine Tsetsefliege nicht gleich nach der ersten infektiösen Mahlzeit ein empfängliches Tier infizieren kann. Vielmehr vergeht, wie erwähnt, bis zum Infektiöswerden des Speichels eine bestimmte Zeit, die nach *v. Hutyra-Marek-Manninger* bei G. morsitans mindestens 11 Tage beträgt und bei anderen Tsetsefliegenarten z. T. länger ist.

Wenn auch die Übertragung durch die Tsetsefliege die entscheidende Rolle spielt und man nach den vorliegenden Angaben trotz vorkommender Ausnahmen zu sagen berechtigt ist, daß nur die durch Tsetsefliegen übertragene Nagana ein ernstes Problem ist *(McCall,* 1931*)*, sind doch auch andere Überträger zu berücksichtigen, insbesondere *andere Stechfliegenarten,* Tabanus (Bremsen), Stomoxys (Wadenstecher), Haematopota, Lyperosia, Hippobosca (Pferdefliege), Pangonia *(Beal,* 1920; *Tanganyika*-Ber. 1926; *Nigeria*-Ber. 1918; *Goldküste*-Ber. 1929/30; *Carmichael,* 1934; *Uganda*-Ber. 1935; *Betschuanaland*-Ber. 1936; *Malbrant* u. *Dugué,* 1933; *Mansfield-Aders,* 1923*)*. Am leichtesten durch andere Stechfliegen zu übertragen ist T. vivax, das am lockersten an die Ent-

Abb. 38. Tsetsebusch in Uganda. (Photo *R. Wetzel*)

wicklung in der Tsetsefliege angepaßt ist (Somaliland, Mauritius, Südamerika). Gelegentlich wird vermerkt, daß durch Stechfliegen mechanisch übertragene Nagana einen milderen Verlauf nehme als die durch Tsetsefliegen übertragene Krankheit (*Mansfield-Aders,* 1923; *Stewart,* 1930), entweder weil die Trypanosomen geschwächt sind oder weil die anderen Stechfliegen gewöhnlich nur eine geringe Zahl von Trypanosomen übertragen, die an ihren Stechwerkzeugen haften. Auch können die anderen Stechfliegen die Trypanosomen nur über kurze Strecken tragen; denn es handelt sich stets um eine rein mechanische Übertragung. Wenn das Blut, das am Rüssel der Fliege klebt, eintrocknet, kann die Fliege nicht mehr infizieren. So stellte *Mettam* fest, daß eine Übertragung durch Bremsen (Tabanus) nur erfolgt, wenn zwischen den Saugakten *weniger als 15 Sekunden* liegen. Allerdings kann vielleicht Tabanus dadurch auch noch nach einiger Zeit infizieren, daß sie 5 bis 10 Minuten nach dem Saugakt Blut erbricht (*Lamborn,* Conf. on co-ord. of tsetse and tryp. research, 1936). Unter diesen Umständen kann eine Übertragung durch andere Stechfliegen als Tsetse nur dann zustande kommen, wenn in eine nichtinfizierte Herde oder einen nichtinfizierten Stall ein Tier hineingebracht wird, das pathogene Trypanosomen in seinem Blute beherbergt. Daß diese Art der Übertragung unter Umständen keine kleine Rolle spielt, zeigt das Beispiel von Sansibar, wo trotz des Fehlens von Tsetsefliegen die Nagana herrscht (*Mansfield-Aders,* 1923) und Mauritius (*Lionnett,* 1935). Auch in den Tsetsegebieten und den angrenzenden Zonen heischt die Übertragung durch andere Stechfliegen als Tsetse alle Beachtung (*Phipps,* 1919; *Bedford,* 1926; *Nordrhod.* Ber. 1935; *Malbrant* u. *Dugué,* 1933; *Carmichael,* 1934). Die wichtigste Rolle als mechanische Überträger spielen wohl die Bremsen (Tabanus) (*Hornby,* Conf. on co-ord. of tsetse and tryp. research, 1936*)*. Nach *Hornby* (1933 und 1936), der die Möglichkeit der Übertragung durch andere Stechfliegen als Tsetse betont, muß man aber in praxi beim Vorkommen von Nagana immer damit rechnen, daß Tsetsefliegen vorhanden sind, wenn man sie auch nicht findet. Er hat in dem unter Mandat stehenden Schutzgebiet *Deutsch-Ostafrika* oft zeigen können, daß sich Naganaausbrüche weit außerhalb der Tsetsegebiete auf einzelne Pallidipes-Glossinen zurückführen ließen, eine Tsetsefliege, die besonders beweglich und wanderlustig ist. Hier ist *Zumpts* Hinweis am Platze, daß, wenn man durch ein Gebiet reise und keine Tsetsefliegen bemerke, man nur sagen könne, daß man keine gesehen habe, aber niemals, daß dort keine vorkämen. Eine weitere Übertragungsmöglichkeit ist die *durch nichtstechende Fliegen,* die aber nur eine geringe Rolle spielen dürfte. *Lamborn* (1936) gelang die Infektion eines Hundes mit T. rhodesiense durch Fliegen, die eine halbe Stunde nach einer Mahlzeit infektiösen Blutes auf frische Hautabschürfungen gesetzt wurden. *Gordon Thompson* und *Lamborn* (1934) berichten über einen Versuch mit Musca spectanda (Stubenfliegenart), die mit dem Blut von Ratten und Hunden, das T. brucei enthielt, gefüttert wurde. Nach 5 Minuten bis 6 Stunden konnten die Trypanosomen im lebenden und infektionstüchtigen Zustand in den Dejektionströpfchen (Kot) dieser Fliegen nachgewiesen werden. Ratten konnten sogar dadurch infiziert werden, daß man solche Tröpfchen auf Blutstropfen brachte, die aus Stechwunden von Bremsen (Tabanus) heraussickerten. Auch ein Vogel, der *Madenhacker* (Buphaga erythrorhyncha), wird gelegentlich als mechanischer Überträger verdächtigt *(Curson,* 1928; *Pirani,* 1929*)*. Ferner kann durch Verzehren von Fleisch an Nagana verendeter Tiere eine Infektion bei Fleischfressern erfolgen *(Duke,* 1934*)*. Die plazentare Übertragung spielt nach den widersprechenden Forschungsergebnissen wohl praktisch keine Rolle; sie ist nur für Einzelfälle nachgewiesen worden *(Pigneur,* 1932; *Morenas* u. *Ronan,* 1937*)*, während sie vielen Forschern nicht gelang *(Wittebolle,* 1937, u. a.*)*. Zusammenfassend kann eine Äußerung des langjährigen Leiters des Veterinärwesens des unter Mandat stehenden Schutzgebiets Deutsch-Ostafrika zur richtigen Einschätzung der Bedeutung der mechanischen Übertragung angeführt werden *(McCall,* 1931*)*: *„Das große Problem ist nur die zyklisch übertragene Trypanosomiasis und damit die Bekämpfung der Tsetsefliege."*

Erscheinungen, Verlauf. Beim *Pferde* tritt nach *Knuth* und *du Toit* die Nagana in perakuter, akuter und chronischer Form auf. Bei der *perakuten* Form zeigen sich *ödematöse Anschwellungen der Haut,* insbesondere an Bauch und Unterbrust, und die Tiere können unter Atemnot und verzweifeltem Umsichschlagen in wenigen Stunden verenden. In der Regel dauert die Krankheit aber einige Tage bis mehrere Monate, nach *Schilling* sogar bis über ein Jahr. Ganz vereinzelt scheinen Spontanheilungen vorzukommen. Nach künstlicher Infektion Inkubation 3 bis 12 Tage; erstes Symptom hohes Fieber, das einen ausgesprochenen remittierenden Charakter zeigt. Die Tiere sind matt und

Abb. 39. Naganakranke Rinder (unbehandelt). Die Eingeborenen hatten im Vertrauen darauf, daß das in einem Gebiet vorgenommene Abbrennen zum Vertreiben der Tsetse geführt hätte, ihre Rinder wieder dorthin verbracht. Die Rinder erkrankten später an Nagana. (Nach *McCall*)

stehen mit gesenktem Kopfe da. Es treten die bereits genannten Ödeme, insbesondere an Unterbrust und Unterbauch, auf. Bei *längerer Dauer* der Krankheit sehr schnelle und hochgradige *Abmagerung,* trotzdem die Tiere bis zuletzt gut fressen. Im Blute lassen sich *Trypanosomen,* besonders vor oder während der *Fieberanfälle,* nachweisen. Zwischen zwei Anfällen können die Parasiten vollständig aus dem Blute verschwinden, wobei man sie aber nach *Schilling* (zit. nach *Knuth* u. *du Toit)* stets im roten Knochenmark findet. Beim *Esel* nimmt die Krankheit einen sehr verschiedenen Verlauf, je nach der Rasse. Bei von *Schilling* infizierten Tieren führte die Krankheit nach einer Inkubation von 3 bis 5 Tagen in 10 bis 18 Tagen zum Tode. *Maultiere* und *Maulesel* scheinen etwas weniger empfänglich zu sein als Esel. Beim *Rinde* ist der Krankheitsverlauf fast stets ein *chronischer.* Fälle, die in 9 bis 20 Tagen unter rascher Abmagerung, unregelmäßigem heftigem Fieber und rasch zunehmender Blutarmut zum Tode führen, bilden die Ausnahme. Die Regel ist, daß die Tiere Monate, ja über ein Jahr lang dahinsiechen und endlich an allgemeiner Erschöpfung zugrunde gehen. Die Krankheitserscheinungen sind viel weniger ausgeprägt als beim Pferde. Inkubation nach künstlicher Ansteckung 4 bis

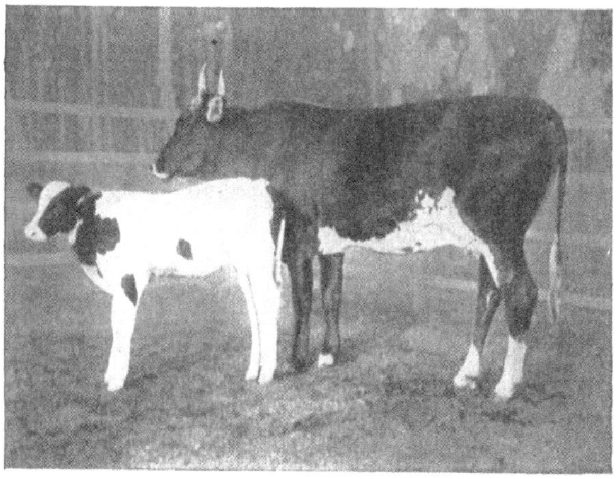

Abb. 40. Erfolg der Brechweinsteinbehandlung. Durch Brechweinstein von Nagana geheilte Halbblut-Ayrshire-Zebukuh. (Nach *McCall*). Die Kuh hatte im Dezember 1925 an Nagana (T. vivax und T. congolense) gelitten; sie wurde geheilt durch 6 wöchentliche Dosen von Brechweinstein. (Aufn. Dezember 1926)

7 Tage, Fieber unregelmäßig mit großen Schwankungen. Die Tiere werden träge, Abmagerung und Blutarmut schreiten fort und können einen hohen Grad erreichen. Im Blute sind die *Trypanosomen* der Regel nach nur *sehr spärlich, zeitweilig überhaupt nicht* aufzufinden. In diesen Fällen ist durch Verimpfung des Blutes auf ein empfängliches Tier das Vorhandensein der Trypanosomen nachzuweisen (s. u. Feststellung). Spontane Heilung ist mehrfach bei Rindern beobachtet worden. Einige Rassen sind resistenter als andere. Wie die Erfahrungen von *Lichtenheld* (1910, zit. nach *Knuth* u. *du Toit*) zeigen, lassen sich aber in Ostafrika in dauernd infizierten Tsetsegebieten Rinder trotzdem nicht halten. In anderen Gebieten (Westafrika, s. Vorkommen) ist dies wegen der hohen Widerstandsfähigkeit einiger einheimischer Viehrassen nicht so ausgeprägt der Fall. Bei *Schafen* und *Ziegen* nimmt die Nagana einen *chronischen* Verlauf; diese Tierarten sind noch widerstandsfähiger als das Rind. *Theiler* (1901, zit. nach *Knuth* u. *du Toit*) konnte bei Schafen und Ziegen das Inkubationsstadium nicht bestimmen, weil die Tiere weder Fieber noch Parasiten im Blut zeigten. Die von Theiler infizierten Tiere starben nach 26 bis 48 Tagen. Nach *Sander* (1906, zit. nach *Knuth* u. *du Toit)* kann im übrigen das Blut auch bei Schafen und Ziegen mit Parasiten überschwemmt sein. Von 10 von *Laveran* und *Mesnil* (zit. nach *Knuth* u. *du Toit)* infizierten Ziegen starben 7 nach 2 bis 6 Monaten, die übrigen 3 genasen. Die Krankheitserscheinungen sind bei Schafen und Ziegen wenig kennzeichnend; die Tiere sind matt und liegen sehr viel, wobei Kopf und Hals nach der Seite gedreht sind. Das *Schwein* ist sehr empfänglich für die Nagana. *Lichtenheld* (1912, zit. nach *Knuth* u. *du Toit)* sah in Deutsch-Ostafrika Seuchenausbrüche von großer Heftigkeit bei Schweinen. In einem Falle sollen die Tiere plötzlich umgefallen sein, ohne Krankheitserscheinungen gezeigt zu haben (s. auch unter „Schweinetrypanosomen"). *Hunde* sind wie Schweine *sehr empfänglich*. Inkubation 3 bis 6 Tage, hohes Fieber, Mattigkeit, Ödeme am Kopf und an den Gliedmaßen sowie an den Geschlechtsteilen, meist sehr schwere Augenveränderungen, die häufig zur vollständigen Erblindung führen. *Trypanosomen* sind beim Hunde fast stets *reichlich* im Blute vorhanden. Auf welche Trypanosomenarten die vorstehenden nach *Knuth* und *du Toit* angegebenen Krankheitserscheinungen zurückzuführen sind, ist nicht ersichtlich. In dem Abschnitt „Empfängliche Tiere" ist bereits darauf hingewiesen worden, daß die verschiedenen Tierarten gegen die verschiedenen Trypanosomenarten verschieden empfänglich sind. So ist schwerer Verlauf beim Pferde meist durch T. brucei, beim Rinde dagegen meist durch T. congolense bedingt, wogegen das Rind gegen T. brucei eine z. T. sehr hohe Widerstandsfähigkeit besitzt. T. vivax ruft bei Reininfektion im allgemeinen weniger schwere Erscheinungen hervor.

Bei den *gefallenen* und *getöteten Tieren* findet man bei der Nagana nur recht geringe und wenig charakteristische Veränderungen. Die Kadaver der verendeten Tiere sind in der Regel *stark abgemagert* und an den Stellen, an denen Ödeme hervortraten, ist das *Unterhautbindegewebe sulzig infiltriert.*

Das einzige Merkmal, das noch am beständigsten bei allen Tieren angetroffen werden kann, ist nach *Knuth* und *du Toit* die *Milzschwellung,* die aber auch, besonders bei Pferden, fehlen kann. Die *Lymphknoten* oder einer derselben werden *oft vergrößert* angetroffen.

Mittel zur sicheren Feststellung. Knuth und *du Toit* heben hervor, daß nach dem Zerlegungsbefunde allein eine sichere Feststellung nicht möglich sei. Aber auch die Erscheinungen während des Lebens sind so wenig kennzeichnend, daß man beim lebenden Tier allein auf Grund des klinischen Bildes die Krankheit nicht mit Sicherheit festzustellen vermag. *Knuth* und *du Toit* meinen, wenn in einem Tsetsegebiet ein Pferd oder ein Esel unter fieberhaften Erscheinungen, verbunden mit Mattigkeit, Abmagerung, Ödemen, Veränderungen an Augen und Nase, erkrankt, so werde man sofort Verdacht auf Nagana haben müssen. Beim Rinde seien die Erscheinungen noch viel weniger ausgesprochen und die Diagnose auf Grund dieser noch schwieriger. Auch alle späteren Forscher weisen auf die Schwierigkeit der klinischen Diagnose der Nagana wegen der Vielfältigkeit und des unspezifischen Charakters der Erscheinungsformen immer wieder hin. Die sichere Diagnose kann nur gestellt werden auf Grund der *mikroskopischen Untersuchung von Blut,* auch im *dicken Tropfen.* Dabei ist zu beachten, daß der negative Ausfall der Blutuntersuchung nicht gegen Nagana spricht, da die Trypanosomen oft, insbesondere bei den großen Säugern, sehr spärlich im Blute vorhanden sein können. *Trautmann* empfiehlt bei lebenden Tieren die Einspritzung von Arekolin in der Menge von 0,3 bis 0,5 g bei großen Tieren, um die Trypanosomen in das Blut zu locken (zit. nach *v. Ostertag,* 1917). Wenn die Blutuntersuchung versagt, gibt die *Verimpfung einer Blutprobe,* besonders auf Hunde, Ratten oder Mäuse (10 bis 20 ccm bei Hunden, 1 bis 2 ccm bei Mäusen und Ratten) in die Bauchhöhle, den Entscheid. *Schilling* empfiehlt bei gefallenen oder getöteten Tieren die Untersuchung des *roten Knochenmarks* zur Sicherung der Diagnose. *Dutton, Todd* und *Kinghorn* (1907) sowie *Montgomery* und *Kinghorn* (1909, zit. nach *Knuth* u. *du Toit*) empfehlen die *Lymphknotenpunktion* zur Gewinnung der Trypanosomen, die, wie bei der Untersuchung auf Schlafkrankheit des Menschen, ein wertvolles diagnostisches Hilfsmittel ist. Endlich können auch die *serologischen Methoden,* wie bei der Beschälseuche (s. dort), Verwendung finden, wobei aber zu bedenken ist, daß es sich hierbei um eine *Gruppenreaktion* handelt, deren positiver Ausfall nur das Vorhandensein einer Trypanosomeninfektion anzeigt. Zur Feststellung einer Infektion mit *T. congolense* ist der *Blutausstrich* geeigneter, während *T. vivax* besser in einem *Lymphknotenausstrich* gefunden werden kann *(du Toit,* 1929; *Parkin,* 1931; *van Saceghem,* 1934). Lehrreich ist die Angabe von *Hornby* und *Bailey* (1932), daß in der *Ohrvene,* der meistens das Blut zur Herstellung von Blutausstrichen entnommen wird, *morgens die Trypanosomen am zahlreichsten sind* und daß ihre Zahl im Laufe des Tages wesentlich sinkt. Die Ursache ist die durch Erwärmung bedingte Erweiterung der Hautkapillaren während des Tages. Die von

Robinson (1926) genauer geprüfte Methode der Komplementbindung hat keine praktische Bedeutung erlangt, da sie nur bei T. brucei brauchbare Ergebnisse erbrachte. Als unbrauchbar wurden erkannt: die Formolgelprobe *(van Saceghem,* 1925*)*, die Sublimatprobe *(Manley,* 1929*)* u. a. Auch die Senkungsgeschwindigkeit der roten Blutkörperchen läßt sich praktisch kaum auswerten *(French,* 1937*)*.

Wenn es sich darum handelt festzustellen, ob überhaupt eine Trypanosomeninfektion vorhanden ist, wie zur Prüfung des Erfolges einer Behandlung, sind nach *Parkin* (Onderstepoort, 1938) die einzigen zuverlässigen Mittel der *Tierversuch,* der aber als wirklich zuverlässig nur betrachtet werden kann, wenn er *bei Tieren der gleichen Art* vorgenommen wird, und die Komplementbindung, die aber nur bei T. brucei anwendbar ist (s. o.). Wertvoll kann auch der *Reinfektionsversuch* bei infizierten Tieren mit bekannten Erregern sein. Die Komplementbindung ist nach *Hornby* und *Bailey* (1932) in *tropischen* Laboratorien *nicht* durchzuführen, da der Titer des hämolytischen Serums von Kaninchen gewöhnlich zu niedrig ist und Meerschweinchenblut anscheinend wenig Komplement enthält (?).

Schutzimpfung, Prämunität, Immunität. Die Tatsache, daß die wildlebenden Säugetiere in der Regel trotz Vorhandenseins von Naganatrypanosomen im Blute nicht offensichtlich erkranken und daß es auch anscheinend widerstandsfähige Haustierschläge gibt, legte den Gedanken nahe, daß es im Bereich der Möglichkeiten liegen müßte, eine für die Viehzucht brauchbare Schutzimpfung gegen Nagana zu finden. Dies ist aber trotz allen dahin gerichteten Bemühungen bislang nicht in befriedigender Weise gelungen. Wohl glückte es einzelnen Forschern, Rinder gegen den örtlichen Stamm eines Naganatrypanosomen widerstandsfähig zu machen, aber die Prämunität brach nieder, wenn die Tiere der Infektion durch einen anderen Stamm desselben Trypanosomen ausgesetzt wurden, oft nur wenige Meilen von ihrem ursprünglichen Standorte entfernt *(Schilling,* 1934, 1935, 1936 und a. a. O.; *Bevan,* 1928, 1937; *van Saceghem,* 1938; *Parkin* u. *Hornby,* 1930; *Ruppert,* 1920*)*. Es gelingt wohl, Tieren durch eine erfolgreiche Behandlung einer Infektion mit *chemischen Mitteln* eine *gewisse Widerstandskraft* gegen eine Neuinfektion zu geben, aber es ist zu beachten, daß diese Widerstandsfähigkeit nicht auf einer echten Immunität, sondern auf einer Prämunität beruht, bei der die Trypanosomen in geringen Mengen im Körper verbleiben, so daß das Tier ständig infektiös ist *(Parkin* u. *Hornby,* 1930*)*. Auch hängen Dauer und Festigkeit dieser Prämunität sehr von der Haltung und Pflege der Tiere ab *(Ruppert,* 1920*)*. Bei Eingeborenenvieh, das mit einer chronischen Infektion von T. congolense behaftet ist, ist zu beachten, daß die behandelten Tiere keine Prämunität gegen neue Infektion erhalten, daß sogar prämunisierte Tiere gegenüber der Superinfektion mit einem anderen Stamm empfänglich sind. Versuche lehren ferner, daß prämunisierte Tiere unter ungünstigen Außeneinflüssen zu schweren Rückfällen neigen können. Der gegenwärtige Stand der Frage ist der, daß die Methoden der Prämunisierung nur ein unsicheres Gleichgewicht zwischen Parasiten und Wirt hervorrufen und daß man nicht besonders zuversichtlich sein darf hinsichtlich der Aussichten auf Schaffung einer allgemeinverwendbaren Methode der Prämunisierung nach den Gesichtspunkten, die *Schilling* angegeben hat, der bekanntlich die Prämunität der wildlebenden Säugetiere nachahmen wollte. Vielleicht geben die Versuche von *Browning* und *Gulbranson* (1936) einige Hoffnung. Sie haben gezeigt, daß gewisse, schnell zur Ausscheidung gelangende chemische Mittel nicht nur die experimentelle Infektion zu heilen, sondern auch gleichzeitig den behandelten Tieren eine gewisse Immunität zu geben vermögen. Hierbei ist aber nicht zu vergessen, daß der Laboratoriumsversuch noch lange kein Beweis dafür ist, daß die Verhältnisse in der Praxis ebenso liegen. *Lichtenheld* hat schon festgestellt, daß entgegen dem Ergebnis von Laboratoriumsversuchen praktisch in den Tsetsegebieten von Deutsch-Ostafrika die Rinder, Pferde, Esel, Maultiere, Schafe und Schweine aussterben, wenn nicht mit Medikamenten eingegriffen wird. *Robert Koch* hatte nachgewiesen, daß in Tsetsegegenden Deutsch-Ostafrikas Ziegen auch ohne Behandlung durchzukommen vermögen. Stabsarzt *Weck* (zit. nach *v. Ostertag*) hat auch Hunde in Tsetseortschaften vereinzelt gefunden, die teils infiziert waren und nach kurzer Zeit eingingen, zu einem verhältnismäßig großen Teil dagegen sich als klinisch gesund erwiesen. Nach *Brauer* (zit. nach *v. Ostertag*) hat ein Afrikareisender berichtet, daß einige Jägerstämme, deren Jagdgebiete hauptsächlich in Tsetsegebieten liegen, ihre tragenden Hündinnen an die Ufer des Ruaha oder in eine andere Tsetsegegend bringen und sie dort werfen lassen, um naganafeste Welpen zu erhalten. Für die wirtschaftliche Ausnützung der Tsetsegegenden würde nur von Bedeutung sein die Möglichkeit der echten Immunisierung von Rindern, Pferden, Schafen und Schweinen gegen die Tsetsekrankheit. Diese erscheint aber, wie der eine von uns *(v. Ostertag)* bei einem anderen Anlaß (Fröhnerfestschrift 1928) ausgeführt hat, aussichtslos, da die alte und neue Erfahrung in Deutsch-Ostafrika lehrt, daß die genannten Tiere in den Tsetsegegenden nicht fortkommen, daß also die Natur unter den unendlich modifizierten Infektionsbedingungen, die ihr bei den im Tsetsegebiet geborenen Tieren vom ersten Lebenstage an zur Verfügung stehen und die wir in dieser Mannigfaltigkeit nicht nachahmen können, eine echte Immunität nicht zu erzeugen vermag. Es ist aber ein bis heute nicht erschüttertes Gesetz, daß gegen eine Krankheit, gegen welche die Natur nicht zu immunisieren vermag, die künstlichen Immunisierungsversuche aussichtslos sind.

Behandlung, Bekämpfung, Vorbeuge. Zur *Behandlung* kranker Tiere werden *Arsen-, Antimon-* und *Wismutverbindungen* sowie *Farbstoffe der Azogruppe* und andere, wie das *Harnstoffpräparat Bayer 205,* verwendet. Von diesen Mitteln besitzen nach dem Ergebnis der Anwendung folgende heute eine praktische Bedeutung: Der 1909 von *Bevan* erstmalig in Afrika angewendete *Brechweinstein* (Kaliumantimontartrat) behauptet immer noch seine hohe Bedeutung als Mittel zur Bekämpfung besonders der Rindernagana. Allgemein wird der Brechweinstein auch heute noch als ein wertvolles und billiges Heilmittel empfohlen, das bei regelmäßiger Anwendung insbesondere auch vorbeugende Wirkung habe. Zu dem Zwecke der Behandlung und Vorbeuge erhalten Rinder und Pferde jeden 5. Tag 1 g in 4prozentiger wäßriger Lösung in die Vena jugularis *(Hornby*, 1919*)*. Der Brechweinstein hat den Nachteil, daß er intravenös angewandt werden muß, weil er subkutan und intramuskulär Entzündungserscheinungen hervorruft. Die intramuskuläre Anwendung ist möglich und vorteilhaft (Depotbildung, langsamere Resorbierbarkeit), wenn man reizmildernde Stoffe zufügt, sie hat aber keine Vorteile gegenüber der intravenösen Anwendung gezeigt *(Hornby*, 1919*)*. *Curson* hebt ausdrücklich hervor, daß bei der Einverleibung nichts neben die Vene gelangen dürfe, weil sonst schwere Entzündungen auftreten können. Die Ausscheidung erfolgt nach *Curson* (1926) in geringen Mengen auch mit der Milch. *Broden* und *Rodhain* (1910) haben im Kongo 59 Rinder mit je 0,5 bis 1 g Brechweinstein behandelt, von denen nur 2 Stück, die zur Zeit der Behandlung bereits schwer krank waren, eingingen. Bei den übrigen hat das Mittel eine ausgezeichnete prophylaktische Wirkung gezeigt. In Nigeria und in anderen Ländern wird der Brechweinstein in großem Stile zur Behandlung naganakranker Rinder verwendet. Die Bekämpfung wird hier von Eingeborenenpersonal durchgeführt, das den erkrankten Tieren 3 bis 4 intravenöse Injektionen einer 4prozentigen Lösung von Brechweinstein in physiologischer Kochsalzlösung in 5- bis 6tägigen Abständen verabreicht *(Henderson*, 1934*)*. 1936 wurden auf diese Weise über 15 000 Rinder behandelt. Die Dosis von 1 g war für die nigerischen Rinder zu hoch, man gibt jetzt im Durchschnitt 0,5 g *(Marshal, Lester* u. *Jones*, 1935*)*. Die Behandlung wird von den Eingeborenen in steigendem Maße verlangt, aber sie hat nach *Marshal, Lester* und *Jones* nur leidliche Erfolge gezeitigt. Auch im Sululand hat der Brechweinstein seinen Wert bewiesen. Die von *Curson* (1924, 1925, 1926) dort eingeleitete Behandlung aller kranken und ansteckungsverdächtigen Tiere, die durch die Farmer selbst durch intravenöse Injektionen vorgenommen wurde, hatte den Erfolg, daß die Sterblichkeit an Nagana unter den Rindern der Ansiedler von 95 auf 16 v. H. herabgedrückt wurde. In Uganda wurden von *Richardson* (1928) bei der durch Cursons Erfolge angeregten Großbehandlung gute Ergebnisse erzielt. Bei plötzlichen großen Naganaausbrüchen wurden alle Rinder blutuntersucht, die infizierten Tiere wurden nach Zusammentreiben an bestimmte Orte mit Brechweinstein in einer Folge von Einspritzungen behandelt, was zur Genesung der größten Zahl der behandelten Tiere führte. Gute Erfolge mit der Brechweinsteinbehandlung erzielt man besonders dort, wo die Tiere genügend ernährt werden und sich in einem leidlichen Futterzustand erhalten können. *Bevan* hat auf die Flaschen mit Brechweinsteinlösung, die er an die rhodesischen Farmer ausgeben ließ, drukken lassen: *„Die Medizin kann Futter und Wasser nicht ersetzen"*, um auf die Notwendigkeit guter Fütterung und Behandlung hinzuweisen. Im südrhodesischen Veterinärbericht für 1932 wird darauf hingewiesen, daß Mißerfolge mit der seit 20 Jahren bewährten Brechweinsteinbehandlung fast nur dort auftreten, wo diese Mahnung außer acht gelassen wird. Besonders bei Infektion mit T. vivax soll sich Brechweinstein bewährt haben (Nigeria-Ber. 1936; Goldküste-Ber. 1931/32; *Bouvier, G.* u. *Bouvier, S.*, 1937). Die Franzosen loben den Brechweinstein als das beste Mittel gegen Tiertrypanosomen *(Malbrant* u. *Dugué,* 1933); besonders wird seine Wirksamkeit bei T. vivax (cazalboui) hervorgehoben. Auch bei anderen Tieren als Rindern wird Brechweinstein mit Erfolg angewendet. Die Dosis für Pferd, Esel und ihre Kreuzungen ist ebenfalls 1 g, für Schaf und Ziege 0,1 g *(Hornby,* 1919*).* Ferner sind beim Hunde gute Erfolge bei Infektion mit T. congolense erzielt worden, während bei T. brucei Bayer 205 vorzuziehen ist *(Carmichael,* 1933*). Hornby* (1926) heilte einen Hund durch 7 in wöchentlichen Abständen wiederholte Injektionen von 4prozentiger Lösung. Die erste Injektion wurde schwer vertragen. Bei Überdosierung ruft Brechweinstein Vergiftungserscheinungen hervor, besonders bei geschwächten Tieren *(Hall,* 1930*).* Ein Nachteil des Brechweinsteins (Kaliumantimontartrat) ist die Möglichkeit, daß bei fortgesetzter Anwendung *Lebernekrosen* durch Antimonvergiftung entstehen *(Hornby,* 1928*).* Die entsprechende Natriumverbindung soll weniger giftig sein, ist aber zersetzlich. Bei der Kaliumverbindung entsteht — bei mageren Tieren eher als bei gut genährten — eine fettige Nekrose der Leber, die den Tod des Tieres herbeiführen kann. Zur Ermittlung dieser Lebernekrose empfiehlt *Hornby* (1928), *die van den Berghsche Reaktion* auf das Vorhandensein von *Gallenpigmenten* im Blute auszuführen, die schon bei beginnender Nekrose positiv ausfällt. Solange die Reaktion positiv ist, muß mit der Behandlung ausgesetzt werden. In Französisch-Westafrika wird der Brechweinstein heute noch *kombiniert mit Atoxyl* verwandt (Ber. 1935; *Missenard,* 1933). *Bardez* (1934) empfiehlt, bei Nagana alle drei Tage Brechweinstein und alle zehn Tage Atoxyl einzuspritzen.

Über die *prophylaktische* Anwendung von Brechweinstein und Atoxyl wird schon von *Ruppert* (1919) aus Deutsch-Ostafrika berichtet. Während des Rückzuges durch das Tsetsegebiet im Weltkriege wurden den Maultieren jeden 10. und 11. Tag je 2 g Atoxyl oder 2 g Brechweinstein gegeben mit dem Erfolg, daß die Tiere noch nach 6 Monaten voll dienstfähig waren. Mit der Prophylaxe muß bei einem Tiere bereits begonnen werden, wenn es das Tsetsegebiet betritt. Schädigende Einwirkungen der Medikamente auf den Tierkörper wurden nicht beobachtet. Über die *Vorbeuge* gegen die Nagana bei den englischen Truppen in Deutsch-Ostafrika berichtet *Dunning* (1932) folgendes: Man hatte schwere Verluste bei den Pferden und Maultieren. Es war zu wenig Futter da. Es wurde gegen Nagana *Arsenprophylaxe* durchgeführt. Die Tiere bekamen Tabletten, 2 Stück zu 5 grains täglich. Diese Prophylaxe wurde nicht sorgsam durchgeführt, eine zuverlässige Schwadron hatte die geringsten Verluste. Nach einer der „Berliner Tierärztlichen Wochenschrift" (1937) entnommenen Angabe („Veterinärstrategie") haben die englisch-südafrikanischen Truppen in

Deutsch-Ostafrika im Kriege 97 v. H. ihres etwa 100000 Pferde, Maultiere und Esel betragenden Einhuferbestandes verloren.

Eine weitverbreitete Verwendung hat der Brechweinstein zur *Verhinderung der Mitübertragung von Trypanosomen mit dem Virusblut* bei der *Serumblutimpfung gegen Rinderpest* erlangt. Er wird in der Menge von 1 : 10—20000 dem Virusblut zugesetzt und tötet Naganatrypanosomen ab, wenn das Blut mit dem Brechweinsteinzusatz 1 Stunde vor der Verwendung stehen gelassen wird. Die Virulenz des Rinderpestblutes nimmt dabei nicht ab (Tanganyika-Ber. 1929 u. a. a. O.).

Der Brechweinstein hat neben den anderen, insbesondere den schon erwähnten Nachteil der Notwendigkeit der intravenösen Anwendung und des Auftretens einer schweren Entzündung, wenn ein Teil der Injektionsflüssigkeit neben die Vene gelangt. Demgegenüber bedeutet die Einführung des *Antimosan-Bayer* (Heyden 661) für die Bekämpfung der Nagana einen *großen Fortschritt,* weil dieses die Nachteile des Brechweinsteins nicht besitzt. Vor allem ist es reizlos und kann ohne Nachteil unter die Haut gespritzt werden*. Mit Antimosan werden allgemein die *besten Erfolge in Afrika* erzielt *(Hornby,* 1931; *Parkin,* 1930, 1931, 1935; *Carmichael,* 1933; u. a.*).* Nach *Hornby* (1930) steht das Antimosan in seiner Wirkung gegen die Trypanosomen dem Brechweinstein in nichts nach, hat aber die bekannten Nachteile des Brechweinsteins nicht. Es ist allerdings teurer. Der Hund weist eine individuell sehr verschiedene Empfindlichkeit gegen das Antimosan auf, weswegen bei ihm vorsichtig dosiert werden muß. In Uganda wurde ein Versuch der *Vorbeuge mit Antimosan* gemacht (Ber. 1933). In einer Herde von Arbeitsochsen wurden einige Monate lang wöchentliche Einspritzungen durchgeführt, später 14tägige. Die Behandlung konnte eine Infektion der den Tsetsefliegen sehr ausgesetzten Tiere nicht verhindern, aber *alle behandelten Tiere blieben klinisch gesund,* und man nimmt an, daß man auf diese Weise arbeitende Tiere lange Zeit gebrauchsfähig erhalten kann. *Parkin* (1930) empfiehlt, mit Antimosan bei akuten und chronischen Fällen eine Behandlung in kurzen Zeitabständen (7 Tage) einzuleiten, während eine Behandlung in langen Zwischenräumen (28 Tage) die Methode der Wahl sei, wenn es sich um Vorbeuge handle. Bei Schafen hatte *Parkin* (1935) gute Behandlungserfolge, bei Verwendung großer Dosen auch bei einigen mit T. brucei infizierten Pferden. T. brucei ist sonst einer Antimonbehandlung wenig zugänglich.

Eine neue Note in die Bekämpfung der Trypanosomosen brachte das *Naganol (Bayer 205, Germanin,* Fourneau 309, Moranyl*).* Es ist nach *Hornby das Mittel der Wahl bei Infektionen mit T. brucei,* also in erster Linie der Nagana des Pferdes, ferner des Hundes und Schweines. Die Hoffnungen, die nach den Vorversuchen in Deutschland darauf gesetzt worden waren, daß das Mittel

* Bei den Spezialpräparaten der chemischen Werke ist die zweckmäßige *Dosierung den Gebrauchsanweisungen* zu entnehmen. Es werden hier nur dann die Dosen verzeichnet, wenn abweichende Vorschläge gemacht werden.

auch bei Nagana des Rindes wirksam sei, haben sich jedoch nicht erfüllt *(Kleine u. Fischer, 1923)*. Es ist aber *auch bei der T.-congolense-Infektion des Pferdes wirksam (Bennett, 1936)*. *Bennett* (1936) hat 5 Pferde, bei denen Infektionen mit T. brucei und T. congolense festgestellt worden waren und die in einem Gebiet lebten, in dem jedes Pferd der Nagana zum Opfer fiel, mit sehr gutem Erfolg mit Naganol, 2 g alle 10 bis 12 Tage, behandelt. Eins dieser Pferde stand 1936 schon *5 Jahre in Behandlung*, ein glänzender Erfolg! Die anderen Pferde hielten sich zwar auch monate- bis jahrelang am Leben, aber sie zeigten alle bei den Injektionen mehr oder weniger starke Reaktionserscheinungen, Ödeme, Ausschläge, eins auch Koliksymptome. *Bennett* ist der Meinung, daß man in Naganabezirken Pferde für einige Monate sicher arbeitsfähig erhalten kann, wenn man ihnen jeden 10. bis 12. Tag 2 g Naganol gibt. Höhere Dosen werden schlecht vertragen. Da die Behandlung etwas teuer und umständlich ist, ist sie nur unter besonderen Umständen berechtigt. Einen der Germaninprophylaxe beim Menschen entsprechenden Wert hat die Naganolprophylaxe beim Tiere also nicht, wenn auch *Ruppert* (1923) in Deutschland gute Erfolge erzielen konnte. Den Menschen kann man durch dreimonatige Anwendung des Germanins vor der Schlafkrankheit schützen. Über die Wirkung bei der T.-brucei-Infektion des Pferdes gibt auch *Tarantino* (1934) eine günstige Auskunft. Er hat mit 2 ccm Naganol in 20 ccm Wasser, wiederholt je nach 48 Stunden und nach 8 Tagen, gute Erfolge erzielt. Bei Hunden wirkt Naganol bei Infektion mit T. brucei ausgezeichnet *(van Saceghem, 1925; Stewart, 1933)* in der Dosierung von 0,015 g/kg Körpergewicht, wiederholt am 3. und 10. Tag, intravenös oder intraperitoneal. Bei der Trypanosoma-congolense- und -vivax-Infektion des Rindes gibt Naganol keine befriedigenden Ergebnisse *(van Saceghem, 1925*; Conf. on co-ord. of tsetse and tryp. research, 1936). Das identische Präparat *Moranyl (Fourneau 309)* — *Fourneau* entdeckte kurz nach dem Kriege in Frankreich bei seinen Nachforschungen mit Hilfe der ihm zugänglichen früheren Patente der I.-G. Farben auf Harnstoffderivate die bis dahin nicht veröffentlichte Formel des Bayer 205 *(le Roux, 1930)* — wurde von *Ledentu* und *Daude* (1926) bei einer Herde von Transportrindern geprüft; sie kamen zu dem Schluß, daß die Tiere durch das Präparat nicht von der Infektion geschützt werden konnten. *Kleine* und *Fischer* (1923) erzielten bei ihrer Reise zur Nachprüfung des Bayer 205 in Afrika beim *Rinde* Erfolge, wenn *abwechselnd Bayer 205 und Brechweinstein* angewendet wurden. Später empfahlen dann *Hornby* und *Bailey* (1932) für den seltenen Fall einer akut verlaufenden T.-brucei-Infektion beim Rinde *kombinierte Behandlung mit Naganol und Antimosan* (2 g Naganol in 20 ccm Wasser und 40 ccm Antimosan). Die Behandlung sei zwar teuer, sie brauche aber selten wiederholt zu werden. In Italienisch-Ostafrika wird die Kombination von Naganol und Antimosan viel angewandt *(Postiglione, 1935)*. Bei einem Versuch von *Hornby* und *Burns* (1926), mittels Naganol und Brechweinstein und Brechweinstein allein in einem Tsetsegebiet Ochsen am Leben zu erhalten, hatten sie folgenden Erfolg: Je 10 Tiere wurden behandelt, 10 dienten als Kontrollen. Von den Kontrollen starben innerhalb dreier Monate 6, und in 8 Monaten waren auch die übrigen 4 tot. Von den Tieren, die etwa alle 14 Tage Brechweinstein erhalten hatten, starben binnen 7 Monaten 2, die restlichen 8 waren marktfähig, obwohl infiziert. Von den 10 mit beiden Arzneimitteln behandelten Ochsen waren binnen 7 Monaten 3 tot, 1 schwer krank; die überlebenden 6 waren, obwohl infiziert, ebenfalls marktfähig. Es hatte sich um T. congolense und T. vivax gehandelt.

Seit einigen Jahren wird ein neues Mittel von Bayer in Afrika mit ganz hervorragendem Erfolg angewandt, das *Congasin (Surfen C)*. *Daubney* (1938) bezeichnet *das Congasin als das einzige* bislang entdeckte Mittel, *mit dem man durch eine einzige Gabe eine therapeutische Wirkung auf T. congolense entfalten kann,* und Berichte über experimentelle Höchstleistungserfolge mit diesem Mittel sind von *Mettam* (1935), *Bennett* (1936), *Danks* und *Daubney* (1936) mitgeteilt worden. *Hunde werden durch einmalige Injektion von Congasin geheilt* (Westafrik. Vet.-Konf. 1936). Auch *Hornby* und *Bailey* (1934) erzielten in Ostafrika mit einer einzigen intramuskulären Injektion von Congasin denselben Erfolg wie mit einer ganzen Kur mit Brechweinstein oder Antimosan, was die *hohe Überlegenheit des Congasins* klar bezeugt. Auch der Veterinärbericht für Uganda 1935 sieht Congasin als das *beste Mittel gegen Tiertrypanosomen* an, das vorhanden sei. *Evans* (1936) stellt fest, daß sich das Congasin intramuskulär — wobei im Gegensatz zu Brechweinstein keine Schädigungen zu beobachten seien — dem Antimosan bei Rindern als überlegen gezeigt habe. *Bennett* (1936) berichtet, *daß Congasin fast alle, wenn nicht sämtliche Infektionen des Pferdes mit T. congolense heile.* Er hält Congasin für das erste Präparat, das imstande ist, T.-congolense-Infektionen mit einiger Sicherheit zu heilen. Auch bei Rindern hat er sehr gute Erfolge gehabt (Sudan-Ber. 1935). *Evans* (1936) hebt besonders die praktischen Vorteile der *einmaligen Injektion* bei der Behandlung von Rindern im Sudan hervor. Keine guten Erfolge mit Congasin hat *Bevan* (1937) erzielt; er berichtet, daß das Mittel gegen die kleinen rhodesischen Trypanosomen T. pecorum (congolense) nicht wirksam sei; gegen sie wirke Naganol besser. *Stewart* (1935) hat auch im Goldküstengebiet mit Congasin nicht so gute Erfolge gehabt wie mit Brechweinstein und Antimosan; aber Congasin soll sich nach der Antimonbehandlung zur Unterbindung von Rezidiven bewährt haben. In Südafrika hat *van Rensburg* (1938) bei Versuchen mit 4 Rindern und 6 Schafen mit T.-congolense-Infektion Congasin angewandt und kommt zu dem Schluß, daß das Mittel wenig wirksam gewesen sei, auch verursache es beim Rind schwere örtliche Veränderungen an der Einspritzungsstelle, die den Schlachtwert herabsetzten, da sie manchmal noch nach Monaten vorhanden waren. Nach Mitteilung von *Hetzel* an einen von uns *(Kulenkampff,* 1939*)* hat sich nach den bis heute bei den I.-G. Farben vorliegenden Nachrichten in Kenya, Uganda, dem Schutzgebiet Deutsch-Ostafrika, dem Sudan und nach neueingegangenen Mitteilungen von Prüfern auch in Belgisch-Kongo das Präparat bei T.-congolense- und T.-vivax-

Infektion recht gut bewährt. Das einzige, was sich dagegen sagen ließe, sei, daß es lokale Reizerscheinungen hervorrufe, die sich namentlich dann auswirkten, wenn die intramuskuläre Injektion in die Halsmuskulatur erfolgte.

Bei T.-brucei-Infektion des Pferdes ist nach *Parkin* (1931) *Styrylquinoline Nr. 314* von großem Wert. Bei Verabreichung von 0,002 g/kg Körpergewicht ruft die Behandlung, die durch 5 Injektionen in täglichen oder wöchentlichen Zwischenräumen vorzunehmen ist, keine lästigen Nebenerscheinungen hervor *(Parkin,* 1935*). Curasson* (1920, 1921) empfahl die Behandlung mit *Galyl* bei Souma (T. vivax) und T.-dimorphon- (congolense) Infektionen der Pferde als wirksamer als die Brechweinsteinbehandlung. Vom *Atoxyl* ist schon erwähnt worden, daß es mit gutem Erfolg in Kombination mit Brechweinstein verwendet worden ist. Nach *Malbrant* und *Dugué* (1933) kommt seine Verwendung nur in Kombination mit anderen Präparaten in Frage. *Dauzats* (1928) glaubt dagegen, durch Injektion von 5 g Atoxyl vor dem Eintritt in das Fliegengebiet unter Wiederholung der Injektion alle 10 Tage einen genügenden Schutz gegen die Trypanosomeninfektion des Pferdes erzielen zu können. *Tryparsamid* (Tryparosan, Glyphenarsin, Tryponarsyl, Trypotan, Novatoxyl) ist nach *Hornby* (1925), *van Saceghem* (1926) und *Muraz* (1928) für die Behandlung der Nagana gar nicht geeignet. Verschiedene französische und belgische Präparate wurden ebenfalls ohne günstige Erfolge bei Nagana versucht, so Dn 12, 18 und 20 und Tryparosan *(van Hoof* und *Henrard,* 1933*)*, Dn 7, 18 und 20 *(van Saceghem,* 1934); es handelt sich um organische Antimonverbindungen. Auch das Fourneau 270 (Orsanin-Natrium) soll sich nicht bewährt haben *(van den Branden,* 1934*)*. Dasselbe gilt für Höchst 4002, ein Arsenpräparat *(Lourie,* 1931*)*. Urotropin ist ohne Einfluß auf die Trypanosomen *(van Saceghem,* 1924*)*.

Es ist schon bei der Besprechung der Anwendung des Brechweinsteins auf die *Bedeutung einer ausreichenden Ernährung für den Erfolg der Behandlung der Nagana* hingewiesen worden. In Nordrhodesien wird für mit Trypanosomen behaftetes Vieh während der Trockenzeit Zufütterung von Heu, Silage und Knochenmehl (von diesem 75 bis 100 g täglich) empfohlen (Ber. 1934, 1935). In dem unter Mandat stehenden Schutzgebiet *Deutsch-Ostafrika* haben *French* und *Hornby* (1935/36) den Einfluß der Fütterung und Haltung auf den Verlauf von Nagana bei verschiedenen Tieren untersucht und sind zu dem Ergebnis gekommen, daß es das beste sei, wenn die erkrankten Tiere *Erhaltungsfutter* bekommen. Reichliche Ernährung erwies sich als nicht vorteilhaft; im übrigen vermochte außer *mangelhafter* Ernährung nichts den Verlauf einer Naganainfektion schädlich zu beeinflussen. Sie stellen fest, daß eine völlige Erholung von der Blutarmut nur nach Zufütterung von Eisen und Kalzium eintrat. Aufstallung der Tiere bot keine Vorteile gegenüber dem Aufenthalt in der heißen Sonne.

Die Behandlung der Trypanosomenkrankheiten kann durch die Eigenschaft der Trypanosomen, durch Behandlung mit einem Arzneimittel im Körper des Tieres eine Festigkeit gegen dieses, die sog. *Arzneifestigkeit,* zu entwickeln, sehr erschwert werden. Die Trypanosomen werden dann durch die erste Behandlung mit dem Mittel zwar stark vermindert, aber einige bleiben übrig und werden bald gegen das Mittel so widerstandsfähig, daß es unmöglich wird, sie mit dem zuerst angewandten Mittel noch zu beeinflussen. Manchmal ist dann ein anderes Präparat noch wirksam, manchmal erstreckt sich aber die Arzneifestigkeit auf eine ganze Gruppe oder sogar auf fast alle in Frage kommenden Arzneimittel. Eine sehr große praktische Bedeutung scheint diese Möglichkeit bei den neuzeitlichen Trypanosomenmitteln nicht zu haben *(Hornby,* 1935*). Parkin* (1935) konnte im Meerschweinchenversuch eine Festigkeit gegen Antimosan nicht erreichen. *Murgatroyd* und *Yorke* (1937) brauchten ein Jahr, um die Arzneifestigkeit gegen Germanin (Bayer 205) zu erzielen. Bemerkenswert sind im Zusammenhang mit der Frage der Arzneifestigkeit die Feststellungen, daß sich diese durch Passagen durch Glossinen z. T. nicht zu verändern scheint *(Yorke, Murgatroyd* u. *Hawking,* 1933; *Murgatroyd* u. *Yorke,* 1937; *Duke,* Rap. prov. comm. int. soc. nat. étude tryp. hum., Ref. Zbl. Bakt. 95. 301. 1929*)*.

Bekämpfung der Tsetsefliege. Ein weiteres Mittel zur Bekämpfung der Nagana ist die Bekämpfung der Tsetsefliege mit dem Ziele ihrer Ausrottung. Dies ist aber eine Zielsetzung mit Schwierigkeiten, von denen man sich früher keine richtige Vorstellung gemacht hat. An sich erscheint die Bekämpfung aussichtsreich, da die einzelne Tsetsefliege selbst unter günstigsten Umweltbedingungen im Laufe ihres Lebens (etwa 3 Monate) nur 7 bis 10 Larven zur Welt bringt *(Croveri,* 1919; *Nash,* 1936*)*, in der Trockenzeit noch weniger *(Zumpt)*, und da sie in bestimmten abgegrenzten Verbreitungsgebieten (Fliegengürteln, fly belts) leben. Hinzukommt, daß die Tsetsefliegen ganz bestimmte, engbegrenzte Anforderungen an die Temperatur und die Feuchtigkeit ihres Lebensraumes stellen. Sie kommen, wie angegeben, nur fort in Gegenden, in denen die Temperatur auch bei Nacht nicht unter 0° sinkt. Die Schwierigkeiten der Bekämpfung in der Praxis liegen darin, daß wir z. Z. 21 Arten von Glossinen kennen, welche wohl alle Trypanosomen zu übertragen vermögen, und daß Methoden der Bekämpfung, die sich bei einer Art anscheinend bewährt haben, bei der anderen keinen Wert zu haben brauchen. Dazu kommt, daß bei ein und derselben Art die Bekämpfungsmöglichkeit durch die Örtlichkeit beeinflußt wird, wo sie leben, so daß z. B. dieselbe Fliegenart an einem Orte ganz anders zu bekämpfen ist als an einem anderen *(Swynnerton)*. Es ist hier nicht der Raum, die verschiedenen Tsetsefliegen, ihre biologischen Verschiedenheiten und alle zur Bekämpfung ausgeführten Versuche anzuführen. Es sei in dieser Hinsicht auf das ausgezeichnete Buch von *F. Zumpt* „Die Tsetsefliegen" (Jena, 1936), ferner auf den umfangreichen Bericht von *C. F. M. Swynnerton „The Tsetse Flies of East Africa"* (Transactions of the Royal Entomological Society of London, Vol. 84, 1936) verwiesen. *Swynnerton* gibt auf Grund seiner langjährigen Erfahrungen als Leiter der Abteilung für Tsetseforschung in dem Schutzgebiet Deutsch-Ostafrika eine umfassende Darstellung der Tsetsefrage, insbesondere

Abb. 41. Harrisfalle, im Tsetsebusch an Drähten aufgehängt. (Sululand, Photo *R. Wetzel*)

was die 6 Glossinenarten anbetrifft, die in Ostafrika als Tsetsetrypanosomenüberträger eine Rolle spielen. *Zumpt* gibt zwei Hauptwege an, auf denen eine zweckdienliche Bekämpfung der Tsetsefliegen möglich erscheint: 1. *Verminderung der Individuendichte* bis zu dem Stadium, in dem die Fliegen keine Bedeutung als Krankheitsüberträger mehr haben, z. B. durch *Fallen* (Erfolge im Sululand und in Kenya). 2. *Änderung der physikalischen Umweltbedingungen*, so daß die Fliegen keinen zusagenden Lebensraum mehr finden, z. B. durch das *Rodungsverfahren* (clearing) (Erfolge in Ost- und Westafrika).

Er erörtert weiter die Frage der *Vermehrung der Feinde der Tsetsefliege*, ferner die der Bekämpfung durch *Vernichtung des Großwildes* und die Anwendung von *Abwehrmitteln, mit denen die Haut der zu schützenden Tiere bestrichen wird.*

Über die in der Praxis zur Anwendung gelangenden Bekämpfungsmethoden ist folgendes zu sagen: Bei der geringen Vermehrung der Tsetsefliegen schien es aussichtsreich, alle Glossinen in einem beschränkten Raum wegzufangen. Der erste Erfolg in dieser Richtung war wohl die Reinigung der portugiesischen Insel Principe 1911 bis 1914, auf der man drastische Maßnahmen der Buschrodung, Wildschwein- und Hundevernichtung anwandte und die Erfindung *Maldonados* verwertete, mittels eines schwarzen Schirmes, der mit Leim bestrichen war, die Tsetsefliegen — es handelte sich um G. palpalis — zu fangen. Solche Schirme wurden von Arbeitern auf dem Rücken durch die Felder getragen. 1911 wurden fast eine Viertelmillion Fliegen gefangen, 1914, als 197 Fliegenfänger angestellt waren, nur noch 34 *(du Toit, Parkin* u. *Harris,* 1936*)*. Verschiedentlich wurden dann Schirme, die entweder mit Leim bestrichen waren oder von denen die Fliegen abgefangen werden mußten, zur Tsetsebekämpfung verwendet, bis 1930 *Harris* im Sululand seine *automatische Falle* (Abb. 41) erfand, die eine größere Bedeutung erlangt hat. Harris (1931) hatte beobachtet, daß die Tsetsefliegen sich bei ihrem Umherstreifen im Busch weitgehend von dem Gegensatz zwischen Licht und Schatten leiten lassen, sie pendeln hin und her zwischen Licht und Schatten und werden von scharfen Schatten angezogen. Er stellte fest, daß genau so anziehend wie der scharfe Schatten eines Großtieres der eines Phantoms war, das mit seinem Vorbild, dem Esel, kaum noch etwas gemeinsam hat. Die Falle besteht aus einem langen, im Durchschnitt dreieckigen Holzgestell, das mit Rupfen bespannt ist. Die untere schattige Fläche trägt einen schmalen, längsverlaufenden Schlitz, durch den die Fliegen in den Kasten schlüpfen. In dem dunklen Innenraum werden sie auf den oben auf dem Kasten befindlichen Fangkäfig aufmerksam, in den sie, von dem einfallenden Licht angelockt, durch einen schmalen, die Rückkehr verhindernden Spalt schlüpfen. Die Falle ist 2 m lang, die Oberfläche 1 m und der Fangschlitz 6 bis 7 cm breit. Da die Tsetsefliegen das Bestreben haben, vom Schatten wieder ins Licht zu gelangen, fliegen sie aus dem schattigen Innern der Falle in den hellen Fangkäfig. Mit 983 Fallen dieser Art hat *Harris* im September 1931 im Sululand 2 088 508 Fliegen gefangen, im August entfielen auf eine einzige Falle 7300 Tsetsefliegen (nach *Zumpt*). Die Fallen waren besonders günstig aufgestellt an Wildwechseln und in der Nähe von Wasserstellen, Plätzen, die die Tsetsefliegen auf ihrer Suche nach geeigneten Wirten häufig besuchen. Es wurden immer mehr Fallen im Sululand aufgestellt, was nach *de Kocks* Mitteilungen auf dem XIII. internat. tierärztl. Kongr. in Zürich 1938 im Laufe der Jahre die Nagana in dem Gebiet, in dem die Fallen arbeiteten, der Ntambananasiedlung und dem angrenzenden Reservat, zum Verschwinden gebracht hat. Im Dezember 1937 waren 8487 Fallen im Gebrauch, und das Fangergebnis belief sich auf nur 718 Fliegen, *so daß dort wieder Rinderzucht möglich ist.* Ist einmal die Fliege in einer Gegend größtenteils vernichtet, dann lassen sich dort wieder Rinder halten. Eine Falle kostet sh 30, und Harris schätzt ihre Lebensdauer auf etwa 18 Monate (1930). Die Harrisfalle hat gezeigt, daß der Fliegengürtel des Sululandes aus einer Anzahl kleinerer Gürtel besteht und daß diese nicht nur in ihrem Zusammenhang unterbrochen werden können, sondern daß der Glossinenbestand einzelner Gürtel völlig vernichtet werden kann.

Eine wichtige Erfahrung machte man, als man die Harrisfalle, die sich im Sululand so gut bewährt hatte, in anderen Gebieten ausprobierte. Es erwies sich, daß der Erfolg im Sululand nur dadurch zu erklären war, daß es sich um *G. pallidipes* gehandelt hatte, eine Fliege, die sich mit der Harrisfalle ganz ausgezeichnet fangen läßt. Für den Fang der weitverbreiteten *G. morsitans* hat sich dagegen die Harrisfalle nicht besonders (*Lamborn*, 1932), bei *G. palpalis* dagegen wieder besser bewährt (*Jussiant*, 1933; *Symes* u. *Vane*, 1937). Die verschiedenen Erfahrungen mit dem Fangen der Tsetsefliegen haben dazu geführt, daß eine große Anzahl von verschiedenen Fallen konstruiert wurde, die mit mehr oder weniger gutem Erfolg gegen die verschiedenen Tsetsefliegenarten verwendet werden (Zusammenfassung bes. *Swynnerton*, 1933 und 1936; neben *Zumpt*).

Abb. 42. Ein als Schutzmittel gegen das Vordringen der Tsetsefliege angelegter *Rodungsstreifen*, der sich als zu schmal erwies. (Nach *Swynnerton*)

Rodungsverfahren. Im offenen, baum- und strauchlosen Gelände können sich die Tsetsefliegen nicht fortpflanzen. Sie können auch ohne die Hilfe von Transportmitteln (Wirtstiere, Verkehrsmittel) nur begrenzte Strecken aktiv durchwandern. Da sie bestimmte Bedingungen brauchen, die sie nur *im Schatten der Savanne* und *des Regenwaldes* finden, wird die Rodung als Mittel zur Bekämpfung angewandt, um die Fliegen ihrer Brut- und Ruheplätze zu berauben. Dies schon lang bekannte Mittel wird in dem Schutzgebiet Deutsch-Ostafrika nach den Anweisungen von *Swynnerton* mit gutem Erfolg im Kampf gegen die Savannenglossinen angewandt *(Zumpt)*. Nach *Napier-Bax* (1932, zit. nach *Zumpt*) sind 3 verschiedene Rodungsarten zu unterscheiden:

1. *Permanente Rodungsstreifen,* um das Vorrücken der Fliegen zu verhindern.

2. *Temporäre Rodungsstreifen,* um das Tsetsegebiet in Blocks zu teilen und einen Abschnitt nach dem anderen fliegenfrei machen zu können, ohne Zuzug aus anderen Gebieten fürchten zu müssen.

3. *Besiedelte Rodungen,* bei denen ein gerodetes, von Fliegen gesäubertes Gebiet durch eine dichte Besiedlung für die Zukunft fliegenfrei erhalten werden soll.

Für alle Rodungen gilt nach *Jack* (1935), daß die Hauptschwierigkeit die Aufrechterhaltung des kahlen Gebietes ist. Eine Durchquerung der permanenten Streifen durch Wagen, Menschen, Vieh oder Wild, die den Tsetsefliegen als Träger dienen können, muß verhütet oder, soweit es nötig ist, unter Kon-

Abb. 43. Rodungsverfahren zur Tsetsevertreibung. (Nach *Swynnerton*)

1. Ein Baum mit schlecht angelegtem Entrindungsring. Ungünstige Stelle, da ein Spalt vorhanden ist, aus dem die Borke schwer zu entfernen ist, zudem ist infolge von nachlässiger Arbeit noch Kambium stehengeblieben, das zur Neubildung von Rinde führen wird.
2. Ein gut geringter Stamm.
3. Ein für die Zerstörung durch Termiten vorbereiteter Kommiphorastamm. Über der Erde entrindet, am Boden einige Kerben, die mit etwas Erde zugedeckt werden. Das Übrige besorgen die Termiten.
4. „Schlitzen". Der Baum ist gefällt worden. Solche Bäume sterben in der Regenzeit ab. (Nur anwendbar bei ausgewachsenen Akazien.)
5. Ein zum Verbrennen richtig bepackter Stumpf. (Kurze Holzstücke eng gepackt.)

trolle gestellt werden (Räucherhäuser). Bei Wild ist dies natürlich schwierig, aber die Erfahrung hat gezeigt, daß hier *Wildzäune (Swynnerton, Jack)* Erfolg haben können. *Räucherhäuser,* wie sie *Simmonds* (1921, zit. nach *Zumpt)* in Uganda errichten ließ, sind aus Zweigen und Gras hergestellt und besitzen vorn und hinten eine Mattentür. Der von Tsetsefliegen zu befreiende Wagen wird hineingefahren und 5 bis 7 Minuten einem starken Rauch ausgesetzt, der mit Holzfeuer unter Zuhilfenahme eines Blasebalges erzeugt wird. Man kann die Fliegen auch durch Abspritzen mit insektentötenden Mitteln vernichten (Nordrhod. Ber. 1930).

In Kenya wurden gute Erfolge erzielt durch eine *Verbindung von Rodungsstreifen und Fallen (Symes* u. *Vane,* 1937*).* Man teilte die hauptsächlich von G. palpalis bewohnten Flußuferwälder durch Rodungsstreifen in Blocks ein, in denen durch Fällen die Fliegendichte sehr herabgemindert werden konnte. Man hat so einen Uferstreifen von 9 Quadratmeilen von Tsetsefliegen befreit mit einem Kostenaufwand von £ 40 für die Quadratmeile. Die völlige Rodung hätte £ 250 für die Quadratmeile gekostet.

Die Methode der *völligen Rodung* ist mit gutem Erfolg im Goldküstengebiet zur Reinigung von Flußufern auf längere Strecken verwendet worden *(Stewart,* 1937*).*

Zur Rodung im weiteren Sinne gehören auch das Entfernen des Unterholzes und das kontrollierte Grasbrennen. Nach *Jack* (1935) scheint in Südrhodesien das *Entfernen des Unterholzes* einige Erfolgsmöglichkeiten zu zeigen; er meint, man solle dieser Frage Aufmerksamkeit schenken. Das *kontrol-*

lierte Grasbrennen ist 2 Jahre lang mit sehr entmutigenden Ergebnissen durchgeführt worden. *Swynnerton,* der diese Methode selbst angegeben hatte, sieht nun Erfolgsmöglichkeiten im Kampf gegen die Savannenglossinen (G. morsitans und G. swynnertoni) sogar in dem *Schutz der Vegetation vor den Grasbränden.* Er konnte feststellen, daß sich infolge der Vermehrung der Vegetation nach Unterlassung des Grasbrennens G. swynnertoni auf ein Fünfzehntel ihrer ursprünglichen Zahl verminderte, was er auf die veränderten Lebensbedingungen zurückführt, die der Fliege nicht zusagten.

Frage der Vernichtung des Großwildes als Mittel zur Bekämpfung. Nach dem günstigen Erfolge, den in Transvaal die Vernichtung des Großwildes durch die in den neunziger Jahren des vorigen Jahrhunderts dort herrschende Rinderpest auf die Ausrottung der Nagana hatte, wurde die Frage der Vernichtung des Großwildes als Mittel zur Bekämpfung der Nagana viel erörtert. Bei dem Aussterben der Tsetse in Transvaal darf aber die Tatsache nicht unberücksichtigt bleiben, daß gleichzeitig mit dem Wild die Rinder an Rinderpest verendeten und daß die fortschreitende Besiedlung des Landes und andere unbekannte Faktoren schon vorher zu einer Verminderung der Tsetsefliegen geführt hatten (s. a. *Duke,* 1919). Die Großwildvernichtung wurde planmäßig betrieben nur in *Südrhodesien.* Nach *Jack* (1935) wurden in 4 Gebieten Versuche in großem Ausmaß angestellt bei Vorhandensein der *G. morsitans, die ganz besonders eng an das Wild gebunden ist,* während sich viele andere, wirtschaftlich sehr wichtige Tsetsefliegen beim Fehlen des Wildes auch ebensogut mit dem Blut von Menschen oder kleinen Warmblütern oder sogar Reptilien ernähren *(Swynnerton,* 1936*)* und somit durch eine Wildausrottung gar nicht getroffen würden *(Parkin* u. *Harris).* In allen Fällen hatte sich in Südrhodesien die Fliege auf freiem Gebiete ausgebreitet. Bis 1930 wurden 1000 Quadratmeilen jährlich neu befallen, die früher durch die Rinderpest frei geworden waren.

Der Kampf gegen das Wild wurde so geführt, daß es zwischen zwei Wildzäunen, die in 10 Meilen Abstand voneinander an die Fliegengürtel angrenzten, nachhaltig abgeschossen wurde. Auf diese Weise wurden in einem Falle 600 Quadratmeilen für die Viehzucht wiedergewonnen, und in allen übrigen Fällen wurde die weitere Ausbreitung der Fliege hintangehalten. Hiernach, erklärt *Jack,* seien alle die Behauptungen nicht stichhaltig — jedenfalls soweit Südrhodesien in Frage komme —, daß die Wildverdrängung keinen Wert für die Tsetsefliegenbekämpfung habe. Nach einem früheren Bericht von *Jack* (1934) wurden in Südrhodesien auch Stacheldrahtzäune von 6 Fuß Höhe errichtet. Im Anfang kam es häufig vor, daß Großantilopen den Zaun zerrissen; dies ließ aber später nach. Die Zäune wurden regelmäßig abgegangen und jeden Tag geflickt. Zur Vernichtung des Kleinwildes wurden eingeborene Jäger angestellt und an 30 nichtangestellte Eingeborene Gewehre verteilt. Der Erfolg war die Wiederbesiedlung mancher verlassenen Farm und starkes Zurückgehen der Verluste durch die Nagana. Paviane blieben in dem gereinigten Gebiet, was aber das Verschwinden der Fliegen nicht hinderte. 1936 sagt *Jack,* die Wildvernichtung, die einen Teil des Bekämpfungsverfahrens der Nagana bilde, sei ernst kritisiert worden, und man wünsche mit ihr Schluß zu machen, sobald eine neue Methode zur Ausrottung der Fliegen entdeckt worden sei.

Besiedlung als Mittel zur Bekämpfung. Ein weiteres Mittel zur Bekämpfung ist das *Vortreiben der Besiedlung,* die sehr oft die Tsetsefliege vertreibt; *Swynnerton* (1936) berichtet über *Lamborns* Erfolge mit dieser Methode in *Nyassaland.* Dem Vorschreiten der G. morsitans waren Rodungsstreifen entgegengestellt worden, die erfolglos blieben, weil die Fliegen sie überflogen. Daraufhin siedelte Lamborn einige *Tabakpflanzer* und *Eingeborene* zerstreut in dem Tsetsegebiet an, *denen das Jagen erlaubt wurde.* Das Wild verschwand, und bald verschwand auch die Tsetsefliege. Sogar aus der Umgebung dieser teilweise besiedelten Zone begannen die Tsetsefliegen zu verschwinden.

Tsetsefeindliche Pflanzungen. Croveri (1919) berichtet aus *Italienisch-Somaliland,* daß die *Getreidefelder* ebenso wie das *offene Land,* selbst wenn es mit *Bäumen* bestanden ist, von den Tsetsefliegen gemieden wird, während Bananenpflanzungen von den Fliegen heimgesucht werden. Nach den früheren Erfahrungen in *Deutsch-Ostafrika* sind *Sisalpflanzungen* tsetsefrei, wenn sie so angelegt werden, daß auf größeren Gebieten der Busch niedergeschlagen und das ganze Gebiet mindestens jährlich einmal gereinigt wird. Auch in *Baumwollfeldern* vermögen sich die Tsetsefliegen nicht zu halten, da diese dauernd reingehalten werden müssen. *Kokospflanzungen* seien ebenso zu beurteilen, da auch diese reingehalten werden müssen, um zu tragen. Dagegen sind Ölpalmen- und Kautschukpflanzungen ebenso wie Bananenhaine ohne Einfluß auf die Vertreibung der Tsetsefliegen. Von den Ölpalmenhainen wird gesagt, daß sie reicher an Tsetsefliegen als an Ölpalmen seien (zit. nach *v. Ostertag*).

Von *behelfsmäßigen Mitteln* zur Bekämpfung der Nagana wäre noch zu erwähnen die *Unterbringung wertvoller Tiere in fliegensicheren Stallungen* und das *Einreiben der Tiere mit fliegenabwehrenden Mitteln.* Nach *Simpson* (zit. nach *Zumpt*) hat sich an der Goldküste das Einreiben mit *Buchenkreosot* und *„Buchenholzöl"* bewährt, da sie eine abstoßende Wirkung auf die Tsetse ausüben. Die Frage des geeigneten Einreibemittels dürfte noch für die verschiedenen Tsetsefliegen genauer zu prüfen sein.

Schutz gegen Verschleppung mit Eisenbahnviehwagen. Da mit den Eisenbahnwagen die Tsetsefliegen verschleppt werden können, sind Vorsichtsmaßregeln in zwei Richtungen geboten. Einmal ist es notwendig, die an den Wagen mitgeführten Fliegen auf bestimmten Haltestellen zu vernichten, weiter, Viehtransportwagen durch Anbringung eines sicheren Fliegenschutzes, wie dies in Deutsch-Ostafrika auf die Anregung des einen von uns *(v. Ostertag)* schon vor dem Weltkriege geschehen ist, fliegensicher zu machen. Hierbei ist die ständige Instandhaltung des Fliegenschutzes an den Viehtransportwagen notwendig, dessen Bedeutung für den ungefährdeten Transport von Zucht- und Schlachttieren durch Tsetsegegenden einer Begründung nicht bedarf. Nach *Preuß* (zit. nach *v. Ostertag*) waren infolge unzureichender Sicherung der Eisenbahnwagen unter den von Korogwe nach Tanga transportierten Schlachttieren Tsetseerkrankungen, die sie sich unterwegs, wie bei Nyussi, zuzogen, an der Tagesordnung. Beim Eisenbahntransport von Zuchtvieh handelt es sich um unvergleichlich viel höhere Werte, die infolge ungenügenden Tsetseschutzes gefährdet sind.

Als eine günstige Wirkung des in Deutsch-Ostafrika im Bereich der Bahnlinien vorgeschriebenen Zwangseisenbahntransports des Viehs hat *Devers* (zit. nach *v. Ostertag*) mitgeteilt, daß auf seiner bei Daressalam gelegenen Schamba früher, als das Vieh vom Norden nach Daressalam noch getrieben wurde, viel mehr Tsetsefliegen vorhanden gewesen seien als seit Einführung des Transportzwanges mit der Bahn. Trotzdem die Schamba nicht unmittelbar an die Bahn grenzte, wurden später nur noch gelegentlich Glossinen beobachtet, die wohl durch die Bahn verschleppt wurden. Bei Devers war seinerzeit der ganze Schweinebestand der Tsetseinfektion erlegen.

Wirtschaftliche Bedeutung. Über die hohe wirtschaftliche Bedeutung der Tsetsekrankheit braucht nach dem Vorstehenden kein Wort mehr verloren zu werden. Sie gehört zu den *großen Plagen Afrikas* in allen betroffenen Gebieten. Sie macht, bis ein sicher wirkendes und praktisch anwendbares Mittel zur Bekämpfung gefunden ist, die Viehhaltung überhaupt oder eine irgend lohnende Viehzucht in den betroffenen Gebieten unmöglich. Welche Bedeutung dies für die afrikanische Landwirtschaft und für die Ernährung des afrikanischen Menschen hat, beleuchten folgende Angaben: Afrika trägt ungefähr 140 Millionen Menschen, welche zu ihrer Ernährung 40 Millionen Rinder (Schätzung von *du Toit,* 1930) zur Verfügung haben, die in ihrer Leistungsfähigkeit nicht einen geringen Bruchteil der Leistungsfähigkeit der europäischen Rinder erreichen und nur zu einem geringen Teil zur Ernährung genutzt werden. (Zum Vergleich: Deutschland [Altreich 1937] besitzt rd. 20 Millionen Rinder.) Nach *du Toits* (1930) Schätzung wäre es möglich, nach Ausrottung der Nagana die Zahl der Rinder in Afrika zu verdoppeln! Dazu kommt, daß die Verseuchung großer Landesteile durch die Tsetsefliege zur Folge hat, daß sich das Vieh der Eingeborenen auf immer kleineren Gebieten zusammendrängt; auf diese Weise ist die Tsetsefliege indirekt mitschuldig an der Verwüstung der für die Viehzucht brauchbaren Gebiete durch Überstockung und Bodenerosion. Es ist danach selbstverständlich, daß die größten Anstrengungen gemacht wurden und werden, Mittel zur Tilgung dieser Plage zu finden. Deutschland konnte sich in den letzten Jahrzehnten nur durch die Schaffung wirksamer Arzneimittel an diesem Kampfe gegen Trypanosomen überragend beteiligen, da es die Arbeit an Ort und Stelle anderen überlassen mußte. *Südrhodesien* hat in den 10 Jahren von 1927 bis 1937 für Tsetsebekämpfung 60000 £ ausgegeben, für das viel stärker verseuchte, unter Mandat stehende

Schutzgebiet *Deutsch-Ostafrika* sind viel höhere Beträge nötig. In seinem 9. Jahresbericht (Daily Telegraph and the Morning Post, London, H. 25. 935, 16. VII, 1938) hält es der Kolonialentwicklungsrat für nötig, daß dem Gebiet für die nächsten Jahre 207974 £ zur Verfügung gestellt werden, das Gebiet selbst werde zu dieser Summe noch jedes Jahr 11000 £ beisteuern. Das sind jährlich rund 492000 RM. Für *Kenya* stehen für die nächsten 3 Jahre 1900 £ zur Verfügung. *Swynnerton* betont, daß das Tsetseproblem nur durch großzügigste *Gemeinschaftsforschung* gelöst werden könne. Der Botaniker und Ökologe seien ebenso wichtig wie der Entomologe. Eine große Bedeutung mißt er den ökologischen Forschungen bei, d. h. den Untersuchungen über die Umweltverhältnisse, namentlich Pflanzengesellschaften, die der Tsetsefliege günstig und die, die ihr ungünstig sind. Zu diesem Zweck wurde die Schaffung von Übersichtskarten durch Flugzeugaufnahmen im großen Stile durchgeführt. Auf der Grundlage botanischer und ökologischer Kenntnisse müßten die Bekämpfungsmaßnahmen einsetzen, die unter weitgehendster Berücksichtigung der örtlichen Verhältnisse nach Einteilung des Gebietes durch Rodungen in Blocks durchgeführt werden müßten. Auf diese Weise habe man bereits den Verlust mehrerer Tausend Quadratmeilen an die Tsetsefliege, den das Mandatsgebiet in den letzten Jahren erlitten hat, z. T. wieder wettmachen können.

Behördliche Maßnahmen zur Bekämpfung. Es ist schon angegeben worden, daß unter Umständen *gelenkte Siedlung* ein wichtiges Mittel zur Bekämpfung der Nagana sein kann. Auch ist der *Ersatz des Viehtreibens durch Bahntransport* schon behandelt worden. Transporte in *Fahrzeugen,* die Tiere durch Fliegengürtel bringen sollen, sind in *Belgisch-Kongo* nur dann gestattet, *wenn alle Öffnungen* der Fahrzeuge *mit Fliegengaze geschlossen* sind. Ein Beispiel sonst noch möglicher veterinärpolizeilicher Maßnahmen, wie sie in den verschiedenen Ländern in verschiedenem Ausmaße durchgeführt werden, mögen die Angaben von *van der Elst, Nockermann* und *Missal* (1929) über die in Belgisch-Kongo gegen die Verbreitung der Trypanosomenkrankheiten vorgesehenen Maßnahmen geben:

1. Für die Einfuhr von Tieren ist ein Seuchenfreiheitszeugnis notwendig.
2. An allen Eintrittsstellen ist tierärztliche Untersuchung vorgeschrieben.
3. Transport durch Fliegengürtel darf nur in verschlossenen Fahrzeugen geschehen (s. o.).
4. Wenn kein Transport in Fahrzeugen möglich ist, dürfen Tiertransporte nur auf bestimmten Triebwegen erfolgen (s. u.).
5. Die Umgebung der Viehfarmen und der Triebwege wird abgeholzt.
6. Farmen, die als verseucht anzusehen sind, werden gesperrt, und die notwendigen Maßnahmen treten in Kraft.
7. Aus der Sperre dürfen Tiere nur zur Schlachtung in Schlachthöfen entfernt werden. Sie müssen mit Brechweinstein behandelt und getötet werden, bevor die Wirkung des Mittels (Trypanosomenfreiheit des Blutes) verschwunden ist.
8. Therapeutische Maßnahmen.

Curasson (1931) empfiehlt zur Verminderung unnötiger Verluste an Nagana für den europäischen Siedler neben der Fliegenbekämpfung die *Quarantäne der angekauften Tiere, planmäßige Blutuntersuchung und vorbeugende Behandlung*. *Henderson* (1931) rät zur Verminderung der Verluste bei dem Eingeborenenvieh in *Nigeria* zur Schaffung von *Tränkanlagen in den trockenen Steppen*. Dies würde verhindern, daß die Rinder in der Trockenzeit zum Trinken an die Flüsse gehen müssen, wo sich die Glossinen aufhalten. Wegen der Möglichkeit des Aufflammens der Erkrankung durch einen anderen Stamm des Erregers soll man *latentkranke Tiere nicht an andere Orte bringen*, sondern sie an Ort und Stelle behandeln (*Hornby*, 1931). In tsetsefreie Gebiete sind latent an Nagana erkrankte Tiere keinesfalls einzuführen, weil sie mittels der Übertragung durch andere Stechfliegen als Tsetsefliegen zu Ursachen von schweren Naganaepizootien unter den nicht infizierten Tieren werden können, eine Tatsache, die auch den Eingeborenen bekannt ist (*Uganda-Ber.* 1931).

Schweinetrypanosomosis. Wie bereits angegeben, ist auch das Schwein für die Naganatrypanosomen empfänglich. Die Erreger der Nagana des Schweines sind *T. congolense* verursacht wird (*Bourguignon*, 1935; *Schwetz*, 1930; *Hoare*, 1936), eine akut bis perakut somenarten, die beim Schweine vorkommen. Er gibt an, daß *T. brucei* bei Schweinen in Westafrika eine *subchronische* Erkrankung erzeuge, während *T. congolense* für eine *akute*, so gut wie immer tödlich verlaufende Infektion des Schweines verantwortlich sei, die großen Schaden anrichten könne. Die meisten Forscher sind anderer Meinung. Sie beschreiben aus Afrika neben der Nagana des Schweines, die chronisch verläuft und durch T. brucei oder T. congolense verursacht wird (*Bourguignon*, 1935; *Schwetz*, 1930; *Hoare*, 1936), eine akut bis perakut verlaufende Erkrankung durch *T. simiae Bruce et al. 1912*, ein polymorphes Trypanosom, das in 4 Formen auftritt, die z. T. als selbständige Trypanosomenarten beschrieben wurden. Das T. simiae ist klein und dem T. congolense ähnlich oder etwas breiter (T. montgomeryi), auch treten längere Formen mit kurzer, freier Geißel und gut entwickelter undulierender Membran (T. simiae, T. suis) und lange, schlanke Formen mit freier Geißel und schwach entwickelter undulierender Membran (T. rodhaini) auf (*Schwetz*, 1934)*. Nach *Hoare* (1936, 1937), *Bourguignon* (1935), *Hornby* (1936, 1937) und *Gillain* (1937) handelt es sich aber bei allen Formen um ein Trypanosom, dem der Name T. simiae zukommt, wogegen *Schwetz* (1937) sich für den Namen T. suis Ochmann 1905 einsetzt. Der Verlauf ist, wie erwähnt, meist *perakut* oder *akut* und endet häufig mit dem Tode (*Hornby*, 1937; *Stewart*, 1936). Das Krankheitsbild ist das einer *septikämischen Erkrankung*, ähnlich dem Milzbrand (*Stewart*, 1936). Die Ausbrüche zeichnen sich dadurch aus, daß sie plötzlich aufflammen und ebenso schnell wieder erlöschen (Tang. vet. Ber. 1930). Bei der Übertragung soll die *mechanische Übertragung durch andere Stechfliegen als Glossinen* eine Rolle spielen (Conf. on co-ord. of tsetse and tryp. research, 1936). T. simiae ist nach *Wenyon* (1926) zuerst von *Bruce* in Nyassaland beschrieben worden, später auch von *Kinghorn* und *Yorke* (1912) in Rhodesien. Bruce konnte *G. brevipalpis* als Überträger nachweisen und stellte 1914 das *Warzenschwein* als natürliches Vorratsbecken der Schweinetrypanosomen fest. Nach dem Weltkriege ist über Ausbrüche von Schweinetrypanosomosis durch T. simiae berichtet worden von der *Goldküste* (*Stewart*, 1936; *Hoare*), aus *Belgisch-Kongo* (*Bourguignon* und *Jussiant*, 1934; u. a.), dem unter Mandat stehenden Schutzgebiet *Deutsch-Ostafrika* (*Hornby*, 1937) und *Italienisch-Somaliland* (*Pellegrini*, 1937). Angaben über die Bekämpfung werden mit einer Ausnahme nicht gemacht. *Hornby* (1937) gibt an,

* Hinter den einzelnen Formen sind in Klammern die Namen gegeben, die ihnen von verschiedenen Autoren beigelegt worden sind.

daß zur Behandlung noch kein geeignetes Mittel gefunden sei, obwohl Antimosan die T.-simiae-Infektion eines Versuchsschweines geheilt habe. Zur Vermeidung der gelegentlich auftretenden schweren Verluste sind die Schweine gegen die Stech- oder Tsetsefliegengefahr (Übertragungsgefahr auch durch Bremsen u. a.) und gegen Berührung mit den als Vorratsbecken des Erregers dienenden Wildschweinen zu schützen.

Trypanosoma theileri. Trypanosoma theileri ist bei Rindern als *harmloser Parasit* überall sehr häufig, auch in Europa. Es zeichnet sich durch seine bedeutende Größe aus und ist daher leicht von den anderen Trypanosomen zu unterscheiden (30 bis 70 μ lang und 2 bis 5 μ breit nach *v. Hutyra-Marek-Manninger*). Es kommt im Blute vor, ist aber dort meist wegen seiner geringen Zahl nicht mikroskopisch, sondern nur durch die Blutkultur nachzuweisen. Wenn man 2 bis 4 ccm des zu untersuchenden defibrinierten Blutes mit 7 bis 10 ccm Nährbouillon mischt, vermehren sich die in dem Blute enthaltenen Trypanosomen in 3 bis 4 Tagen bei Zimmertemperatur zu sichtbaren Häufchen. Die Übertragung erfolgt offenbar durch Bremsen (*Nöller,* zit. nach *v. Hutyra-Marek-Manninger). Knuth* hat das T. theileri in Deutschland bei 67 v. H. der älteren und 14,6 v. H. der Jungrinder nachgewiesen (*v. Hutyra-Marek-Manninger*). Das T. theileri ist gewöhnlich ein zufälliger Befund; es sind aber auch wiederholt schwere *septikämische Erkrankungen* mit *Blutungen* und *Vergrößerung der Milz* beobachtet worden (*Klepp, Knuth, Wyßmann,* zit. nach *v. Hutyra-Marek-Manninger; Schmid,* 1938). In Afrika kann es anläßlich von *Rinderpestimpfungen* schwere, ja tödliche Erkrankungen hervorrufen (*Richardson,* 1928 aus Uganda; *Croveri,* 1920 aus Italienisch-Somaliland). Aus dem unter Mandat stehenden Schutzgebiet Deutsch-Ostafrika berichten *Hornby, Evans* und *Cornell* (1934) über die Bedeutung von T. theileri, in den meisten Gegenden des Schutzgebiets werde die Immunität gegen T. theileri durch eine ohne Krankheitserscheinungen verlaufende Infektion im frühesten Kälberalter gewonnen. Es gebe aber auch Gegenden, in denen das T. theileri selten ist oder fehlt; dort bestehe also die Möglichkeit einer Durchseuchung im Kälberalter meist nicht. Wenn in solchen Gegenden bei der Serumblutimpfung gegen Rinderpest mit dem Blut T. theileri übertragen wird, könne eine tödliche Erkrankung entstehen. Diese Impfzufälle können vermieden werden durch die Verwendung von Ziegenblut als Virus, das das Trypanosom nie beherbergt. Durch Zusatz von Brechweinstein zum Virusblut läßt sich T. theileri im Gegensatz zu den Naganatrypanosomen nicht abtöten. Möglicherweise sind die T.-theileri-Erkrankungen bei der Rinderpest als Niederbruch einer Prämunität anzusehen (*Richardson,* 1928).

58. *Surraähnliche Erkrankungen in Afrika*

Wesen, Ursachen, Vorkommen, Übertragung usw. Als Surra bezeichnet man Trypanosomenerkrankungen der Haustiere in *Südostasien,* die durch das *Trypanosoma evansi* verursacht werden. *In Afrika kommt die eigentliche Surra nicht vor.* Dagegen gibt es *surraähnliche Erkrankungen bei Dromedaren, Einhufern* und *Hunden,* die durch Trypanosomen hervorgerufen werden, welche mit dem T. evansi große Ähnlichkeit besitzen und als Abarten dieses Erregers aufzufassen sind. Als Erreger gelten *Trypanosoma mborii, T. berberum, T. marocanum* und *T. soudanense.* Sie unterscheiden sich von T. evansi nur dadurch, daß sie gegen dieses und untereinander keine Kreuzimmunität besitzen. *Carpano* (1930) macht mit Recht darauf aufmerksam, daß es erst dann berechtigt wäre, die Arten voneinander zu trennen, wenn sie sich in *mehreren* Eigenschaften voneinander unterschieden. Von den Eingeborenen werden die Krankheiten als *„El Debab“* (*„Zousfana“*), durch T. berberum ver-

Abb. 44

ursacht *(Donatien* u. *Salord,* 1924*), Mbori oder Tahaga,* durch T. mborii erzeugt, *„Gufar"* und *„Slima"*, durch T. soudanense hervorgerufen, bezeichnet. Die Übertragung erfolgt wie bei der Surra durch *Tabanus-* und *Stomoxysarten.* Die Trypanosomen der Evansigruppe sind monomorph und schlank; sie besitzen stets eine frei endigende Geißel und zeichnen sich durch lebhafte Bewegung aus. Länge 18 bis 34 μ, Breite 1,5 bis 2 μ. Die Erscheinungen bei diesen Krankheiten sind denen bei Nagana sehr ähnlich.

Was das *Vorkommen* der surraähnlichen Erkrankungen in Afrika anbelangt, so erzeugt in *Marokko* das *T. marocanum* bei Pferden eine solche (Ber. 1920). Es kommt dort häufig vor und wurde außer beim Pferde auch beim Hunde beobachtet *(Delanoë,* 1920*)*. Von dem T. marocanum wird in Marokko das *T. berberum* wegen seines abweichenden Verhaltens Versuchstieren gegenüber als Erreger des „Debab" der Kamele unterschieden. Man betrachtet es als unwahrscheinlich, daß das Pferd als Vorratsbecken für das Trypanosom des Kameles und umgekehrt diene *(Nattan-Larrier* und *Noyer,* 1930, 1931*).* Das in *Algerien* vorkommende, ebenfalls durch T. berberum hervorgerufene „Debab" ist eine chronische, manchmal jahrelang dauernde Erkrankung der Dromedare mit z. T. geringer Sterblichkeit. Die Tiere machen nach Überwindung einer kurzen akuten Erkrankung oft monatelang einen ganz gesunden Eindruck, während derer die Trypanosomen nur durch Überimpfung des Blutes auf den Hund nachzuweisen sind, und erleiden gelegentlich einen Fieberanfall, während dessen die Trypanosomen im Blute erscheinen. Das Vorhandensein *chronisch infizierter Kamele* bedeutet eine *große Gefahr für Pferde,* ebenso wie für *Maultiere, Esel* und *Hunde.* Die Erkrankung bei Pferden verläuft in kurzer Zeit fast immer tödlich. Während der akuten Erkrankung können die Trypanosomen von der Mutter auf den Fötus übergehen und Absterben der Frucht mit Abort erzeugen; während der chronischen Erkrankung geborene Fohlen werden nicht infiziert *(Sergent* u. *Donatien,* 1920*).* In Tripolis herrscht die als „Slima" bezeichnete Krankheit der Dromedare, die, wie angegeben, durch *T. soudanense* verursacht wird. Sie tritt akut und chronisch auf; für die chronisch kranken Tiere gilt dasselbe hinsichtlich der Gefährlichkeit als Infektionsquelle wie für die T.-berberum-Infektion. Sehr empfänglich sind *Kamele, Pferde, Hunde,* während *Maultiere* geringere Empfänglichkeit zeigen. Bei *Rindern* und *Schafen* ist eine gutartige Form gesehen worden *(Alongi* u. *Balboni,* 1935; *Rinaldi,* 1933*).* In *Ägypten* ist eine Erkrankung hauptsächlich bei *Dromedaren,* viel seltener bei *Pferden* und *anderen Tieren* festgestellt worden, die durch ein Trypanosom hervorgerufen wird, das dem Surratrypanosom sehr ähnelt *(Rabagliati,* 1925*). Nattan-Larrier* und *Noyer* halten es für eine besondere Art und nennen es *T. aegypticum.* Die durch *T. soudanense* hervorgerufene Erkrankung des Kameles kommt in chronischer Form häufig in *Italienisch-* und *Britisch-Somaliland* vor *(Tarantino,* 1934; *Peck,* 1936) und hat bis zur Einführung der Naganolprophylaxe viel Schaden verursacht. Im *Englisch-ägyptischen Sudan* ist die Kameltrypanosomosis durch *T. soudanense* ebenfalls weitverbreitet. Auch beim *Esel* hat man dort das *T. soudanense* beobachtet (Sudan-Ber. 1930). Der Eingeborenenname der Krankheit ist *„Gufar".* Nach *Knowles* (1926) ist die Seuche wahrscheinlich nahe verwandt, wenn nicht identisch mit der Surra; sicher sei sie identisch mit Debab und Mbori in Nordafrika. Die Erscheinungen sind die der Surra, in keinem Fall sind aber Gehirnsymptome beobachtet worden. In *Französisch-Äquatorialafrika* ist die Krankheit beim Kamele nicht beobachtet worden *(Malbrant* u. *Dugué,* 1933*).* Beim *Pferde* dagegen stellt im *Französischen Sudan* die durch T. mborii hervorgerufene *„Tahaga"* eine schwere Erkrankung dar, die sich durch schnellen und schweren Verlauf von der dort ebenfalls herrschenden „Souma" (T.-vivax-Infektion, s. Nagana) unterscheidet. Auch ist die mikroskopische Unterscheidung der Trypanosomen nicht schwer. „Tahaga" zeichnet sich klinisch durch das Auftreten von Schwächeerscheinungen im Bereiche der Hinterhand aus, denen *Lähmung* folgt *(Delpy*, 1929, 1931*)*. *Curasson* (1933/34) berichtet über einen Ausbruch von Tahaga in Französisch-Westafrika, bei dem 100 Pferde eingingen. *Kamele, Rinder* und *Schafe* seien weniger empfindlich gegen das verursachende Trypanosom. Nach dem Bericht für Französisch-Westafrika für 1935 ist die Kameltrypanosomosis weitverbreitet, was wohl für den Französischen Sudan gilt. Im Süden Afrikas sind nur gelegentlich bei eingeführten Kamelen Trypanosomen vom Typus evansi gefunden worden und haben keine Ausbreitung erlangt, so daß die Seuche bis heute auf Nord-, Nordwest- und Nordostafrika beschränkt geblieben ist.

Mittel zur sicheren Feststellung. In den akuten Stadien ist die *Diagnose* durch Nachweis der Trypanosomen im strömenden Blute zu stellen, der aber im chronischen Stadium mikroskopisch meist nicht gelingt, weshalb der Tierversuch anzustellen ist. Bei geimpften Rennmäusen (Gerbils, engl.) erscheinen die Trypanosomen nach 10 Tagen im Blut *(Knowles*, 1927*)*. Auch Kaninchen, Hunde, Meerschweinchen und Ratten sind sehr empfänglich *(Alongi* u. *Balboni*, 1935*)*. Bei Durchführung der Behandlung der erkrankten Kamele ist der Tierversuch natürlich im großen nicht verwendbar, weswegen man verschiedene andere Methoden auf ihre Brauchbarkeit untersucht hat *(Knowles*, 1927*)*. *Bennett* u. a. (1928, 1929) haben im Sudan die *Sublimatprobe* als Grundlage der Bekämpfung angewandt und damit so gute Erfolge erzielt, daß die Methode auch in vielen anderen Gebieten eingeführt worden ist. Nach *Bennett* und *Kenny* (1928) ist die Reaktion als positiv anzusehen bei Auftreten einer Trübung, wenn ein Tropfen Blutserum eines Kameles zu 1 ccm einer Sublimatlösung 1 : 20000 oder mehr zugefügt wird. Infizierte Tiere können schon reagieren, bevor Trypanosomen im Blute erscheinen. In der Praxis ergab es sich, daß die Probe mit einer Genauigkeit von 99 v. H. die Infektion anzeigt. Die Gefahr, daß alte, abgeheilte Fälle noch positive Reaktionen geben, besteht kaum (Sudan-Ber. 1929/30).

Bekämpfung. Die Bekämpfung der übertragenden *Fliegen* steht bei Surra meist nicht im Bereich der Möglichkeiten *(Nieschulz)*. Allerdings hat man Tabanus mit gutem Erfolge in *Harrisfallen* (s. Nagana) fangen können *(Bouvier)*. Hinsichtlich der *Behandlung* hat man ganz ausgezeichnete Erfolge bei den durch die afrikanischen Abarten des T. evansi hervorgerufenen Erkrankungen und auch zur *Vorbeuge* gegen dieselben mit *Naganol* (Bayer 205, Germanin) erzielt. 1924 berichteten *Ilovaisky* und *Zeiß*, daß man bei Surra mit 3 bis 6 g je nach dem Körpergewicht eine ganz hervorragende Wirkung erzielen könne; sie glaubten, Sterilisierung erreichen zu können. Die Erfahrungen in Afrika haben ihnen rechtgegeben. Seit 1925 wird das Naganol mit dem besten Erfolg im *Englisch-ägyptischen Sudan* angewandt, nicht nur bei den Kamelen des Kamelkorps, sondern auch bei denen der privaten Kamelbesitzer, die die Behandlung in immer größerer Zahl trotz der Kosten durchführen lassen. Nach *Bennett* (1935) *heilt eine einmalige Dosis von 4 g Naganol fast alle Kamele* und erzeugt eine *Immunität,* die *etwa 2 Monate* anhält. Wenige Kamele werden durch diese Dosis nicht geheilt; diese brauchen manchmal eine viel größere Dosis. Um die Schutzperiode nach der Anwendung des Mittels zu verlängern, wird es neuerdings in der Dosis von 5 g gegeben. Man läßt das Naganol in 10prozentiger Lösung in die Vene einlaufen. Die Einführung dieser Behandlung hatte im Sudan den Erfolg, daß die Verluste beim Kamelkorps von 40 auf 8 v. H. sanken *(Sudan-Ber.* 1932*).* 1935 wurden ungefähr 10 000 Kamele auf diese Weise behandelt; davon waren 7600 in Privatbesitz (Ber. 1935). Seitdem man 1930 festgestellt hatte, daß auch Esel das Trypanosom beherbergen können, behandelt man sie mit 1 g Naganol, sofern sie als Infektionsquelle für Dromedare in Frage kommen (Ber. 1930). *Cocksedge* (1934) ist im Somaliland mit der Dosis bis auf 3 g heruntergegangen. Er fand, daß *prophylaktische Gaben* von 3 g Naganol der Ansteckung ausgesetzte Tiere gegen Surra schützten; die Anwendung der Sublimatprobe bei den behandelten Tieren nach 3 und wieder nach 3 Monaten zeigte, daß keine Neuinfektionen stattgefunden hatten. *Peck* (1938) gibt *entgegen den Anweisungen der Hersteller* das Naganol in Lösung an die Eingeborenenhelfer in den Außenstationen ab, weil er ihnen die Verdünnung nicht anvertrauen will. Trotzdem die Hersteller darauf hinweisen, daß Naganol in Lösung aufbewahrt durch Entstehung von Niederschlägen an Wert verliert, hat Peck nie Nachteile bei seiner Methode gesehen, nach der er 17 000 Kamele behandelt hat. Auch bei den Eingeborenen hat die Beliebtheit der Methode immer mehr zugenommen. Er löst 90 g Naganol in 850 ccm destilliertem Wasser, schüttelt gut durch, füllt dann je 150 ccm dieser Lösung in sterile, mit Watte verschlossene Flaschen und sterilisiert 10 Minuten lang im Dampfsterilisator bei ungefähr 95^0. Dann werden die Flaschen verkorkt und die Korken in Wachs getaucht. 30 ccm dieser Lösung enthalten 3 g Naganol. Nach dreimonatiger Aufbewahrung hatte sich nach *Peck* der Wert der aufbewahrten Lösung nicht beträchtlich verringert. In Marokko sind gute Erfolge bei der Behandlung des Debab mit Naganol erzielt worden *(Herzog* u. *Lavier,* 1923*). Lavier* und *Velu* (1923) behandelten ferner Hunde mit T.-marocanum-Infektion mit bestem Erfolg mit Naganol. *Morcos* (1931) bestätigt die Ergebnisse von *Bennett,* daß eine einzige Injektion von 4 g Naganol ein Kamel heilen kann, auch für Ägypten, warnt aber davor, bei Bestehen starker Albuminurie Naganol anzuwenden. *Dank der Naganolbehandlung hat heute die Trypanosomosis der Kamele in Ägypten keine große Bedeutung mehr. Tarantino* (1934) hat bei Infektion eines Kameles mit T. soudanense mit „Neojacol" gute Erfolge gehabt.

Die *wirtschaftliche Bedeutung* der surraähnlichen Erkrankungen des Kamels war in den Gebieten Afrikas, in denen sie vorkommen, groß, bevor es möglich war, die Erkrankung durch Naganolgaben in der gefährlichen Zeit (Regenzeit) zu verhüten. Die surraähnliche Erkrankung der Pferde (Tahaga) kann im Französischen Sudan schwere Verluste hervorrufen.

59. *Beschälseuche (Dourine)*

Wesen, Ursache, Erscheinungen usw. Unter Beschälseuche versteht man eine durch den Beschälakt zur Übertragung gelangende *Geschlechtskrankheit* der *Pferde* und *Esel,* die durch das *Trypanosoma equiperdum* erzeugt wird. Dieses ist monomorph, 16 bis 35 μ lang, 1,5 bis 2,5 μ breit und dem T. evansi zum Verwechseln ähnlich. Die Krankheitserscheinungen zeigen sich zunächst an den *Geschlechtsteilen.* Bei *Hengsten* beginnt die Krankheit mit einer teigigen, nicht schmerzhaften Anschwellung des Schlauches, die sich auf die Nachbarschaft ausbreitet. Außerdem schwillt die Eichel der Rute an, und aus der Harnröhre sickert grau durchscheinender oder gelblichgrauer Schleim. Bei näherer Untersuchung zeigt sich der Rand der Harnröhrenmündung geschwollen und leicht gerötet. Später entstehen in der Umgebung der Harnröhrenmündung, ferner auf der Eichel und am Körper der Rute erbsengroße, gelbrötliche Knötchen, die sich in 12 bis 36 Stunden in kreisrunde, flache Geschwürchen umwandeln. Diese heilen mit Zurückbleiben *weißer Fleckchen* ab. Gleichzeitig zeigen die Tiere Harndrang und häufig erhöhten Geschlechtstrieb. Bei *Stuten* setzt die Krankheit mit teigiger Schwellung der Schamlippen, schleimigem Scheidenausfluß sowie Rötung und entzündlicher Schwellung der Scheiden-

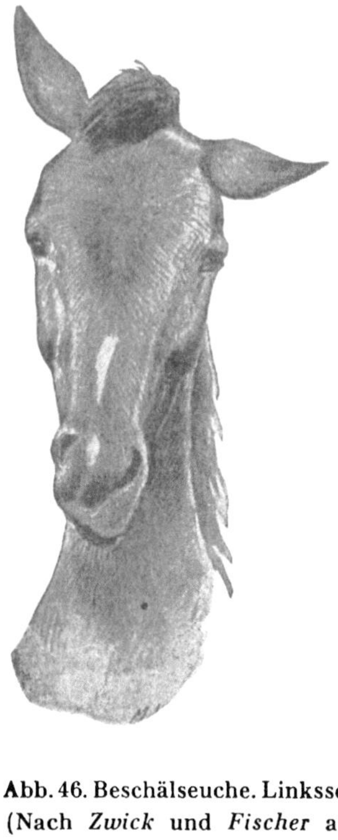

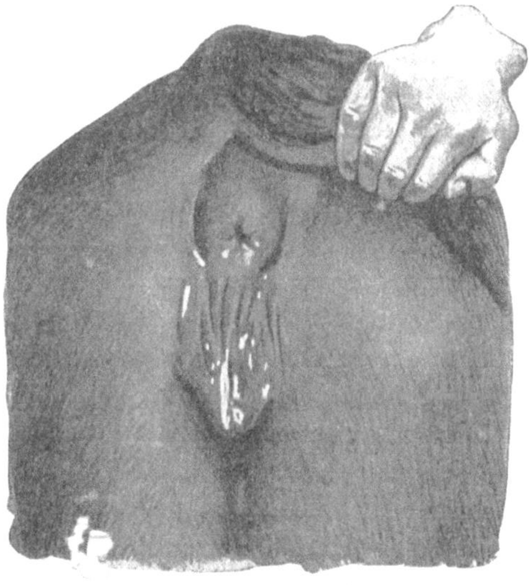

Abb. 45. Beschälseuche. Pigmentdefekte an Scham und After einer beschälseuchekranken Stute. (Nach *Zwick* und *Fischer* aus *Knuth* und *du Toit,* „Tropenkrankheiten der Haustiere", Verlag J. A. Barth)

Abb. 46. Beschälseuche. Linksseitige Lähmung des Gesichtsnerven (N. facialis) bei Beschälseuche. (Nach *Zwick* und *Fischer* aus *Knuth* und *du Toit,* „Tropenkrankheiten der Haustiere", Verlag J. A. Barth) schleimhaut ein. Auch diese Schwellungen sind nicht schmerzhaft. Die Scheidenschleimhaut ist namentlich in der Nähe der unteren Kommissur des Scheidenvorhofs sulzig infiltriert, fleckig gerötet und mit Schleim bedeckt. Die Scheidenfollikel sind geschwollen, bilden hirsekorngroße, selten größere Knötchen und können sich zu kleineren runden Geschwüren umwandeln, die spurlos abheilen und scharf umschriebene *pigmentlose Flecken* zurücklassen können. Diese sogenannten *„Krötenflecke“* können auch ohne Geschwürbildung entstehen. An diese Veränderungen der Geschlechtsorgane schließen sich Erkrankungen der Haut und nervöse Erscheinungen an. Auf der *Haut* schießen Quaddeln, am häufigsten in Form der sogenannten *Talerflecke,* auf, die gewöhnlich nur einige Tage bestehen und dann verschwinden. Die Quaddeln sind schmerzlos und nicht höher temperiert. Die *nervösen Erscheinungen* äußern sich durch Überempfindlichkeit an der ganzen Körperoberfläche oder im Bereiche einiger Nervenstämme. Die Tiere gehen steif und gespannt. Die erhöhte Empfindlichkeit geht allmählich in verringerte Empfindlichkeit und in Lähmung der der Bewegung dienenden Nerven über. Kennzeichnend ist die besonders häufig auftretende *linksseitige Lähmung der Gesichtsnerven,* die sich durch *schiefes Herunterhängen der Ober- und Unterlippe kennzeichnet* (Abb. 46). Auch die *Nerven der Gliedmaßen* können gelähmt sein, so daß sich *Bewegungsstörungen* ausbilden. Im Lähmungsstadium *magern* die Tiere sehr *stark ab,* trotz guter Freßlust, die fast bis zum Schluß der Krankheit anhält. Schließlich können die Tiere sich nicht mehr vom Boden erheben. Bei den *eingegangenen* Tieren findet man sehr starke Abmagerung und die Erscheinungen an den äußeren Geschlechtsteilen, die schon während des Lebens festzustellen waren. Der *Verlauf* ist in den nördlichen Gegenden in der Regel chronisch, in den südlichen mehr akut, so daß die Tiere schon nach 1 bis 2 Monaten, ja sogar binnen 6 bis 8 Tagen zugrunde gehen können, noch ehe sich die Nervenstörungen ausgebildet haben. Der Verlust wird im allgemeinen auf 50 v. H. angegeben. In der Südafrikanischen Union können schwerere Verluste vor allem dann auftreten, wenn die Seuche auf eine Farm neu eingeschleppt wird *(Schulz,* 1935*).* Im allgemeinen scheint die Krankheit nach *de Kock* (1938) in subtropischen Gegenden einen sehr milden Verlauf zu nehmen, und charakteristische klinische Erscheinungen scheinen sich selten zu entwickeln. Manchmal wiesen Tiere jahrelang eine positive Reaktion bei der Komplementbindungsprobe auf und erschienen dabei klinisch völlig gesund.

Vorkommen. Außer aus *Algerien, Marokko* und *Tunesien,* wo die Seuche sehr selten ist (Tunis-Ber. 1937), der *Südafrikanischen Union* und dem unter Mandat stehenden Schutzgebiet *Deutsch-Südwestafrika,* in dem die Seuche 1914 festgestellt wurde — in der Südafrikanischen Union soll sie den Farmern schon vorher bekannt gewesen sein *(Schulz, 1935)* — wird über das Vorkommen der Beschälseuche aus keinem Teile Afrikas berichtet.

Die *sichere Feststellung* der Beschälseuche erfolgt durch den Nachweis der Trypanosomen in dem Ausfluß aus Harnröhre und Scheide, in dem die

Abb. 47

Erreger aber nicht immer zugegen sind. Im Blute sind sie schwer nachweisbar. Etwas leichter ist der Nachweis in der *Gewebeflüssigkeit der Talerflecke* und der *teigigen Anschwellungen der äußeren Geschlechtsteile*. Zur Sicherung der Diagnose verwendet man die Blutuntersuchung durch die *Komplementbindungsprobe,* die aber eine Gruppenreaktion ist und daher nur in Gegenden verwendbar ist, wo andere Trypanosomen bei Pferden nicht vorkommen. Nach *de Kock* (1938) hat die Komplementbindung in Südafrika bei Pferden sehr gute Ergebnisse gezeitigt, während diese bei Maultieren und insbesondere bei Eseln unbefriedigend waren. Aus Französisch-Nordafrika, wo die Bekämpfung der Dourine nach *Zottner* (1934) in großem Maßstabe auf Grund der Komplementbindung durchgeführt wird und sich auch auf Esel erstreckt, wird über schlechte Erfahrungen mit der Methode nicht berichtet.

Zur *Behandlung* sind nach *v. Hutyra-Marek-Manninger* verschiedene *chemische Mittel* versucht worden. Mit *Naganol* wurde durch *intravenöse* Verabreichung (je 2 g auf 100 kg Lebendgewicht, Höchstdosis 5 g), dreimal in Abständen von 8 Tagen, insbesondere in nicht fortgeschrittenen Fällen, Besserung erzielt, während endgültige Heilung nur ganz selten, wenn überhaupt, vorkommt. Bei der Anwendung treten *unangenehme Nebenwirkungen,* insbesondere hochgradige *Hufiederhautentzündungen,* auf, die sich vielleicht nach *Pataki* durch Herabsetzung der Dosis auf die noch wirksame Menge von 0,5 g/100 kg vermeiden lassen. *Ciuca* hat 600 kranke Tiere mit *Neosalvarsan,* 4 bis 4,5 cg je kg Körpergewicht, zweimal im Abstande von 24 Stunden intravenös behandelt und nur in 7 Fällen vollständige Heilung vermißt. Bei über 10 000 Stuten, die von 127 so behandelten Hengsten gedeckt worden waren, sei bei keiner Beschälseuche aufgetreten. Dagegen hat *David* nach wiederholter Anwendung kleinerer Dosen (3,5 cg in 4- bis 5tägigen Abständen) keine Dauerheilung gesehen. Die Anwendung sonstiger Arsenverbindungen und kombinierter Verfahren hat auch keine durchschlagenden Erfolge gehabt. Neuerdings befürworten *Gurwitsch* und *Sobotnik* (zit. nach *v. Hutyra-Marek-Manninger*) die *kombinierte Anwendung von Brechweinstein und Naganol,* 0,5 cg bzw. 1 cg je kg Körpergewicht, im Abstand von 24 Stunden intravenös. In Französisch-Nordafrika wird die Dourine mit Naganol und Novarsenobenzol (Neosalvarsan) bekämpft. Zur Behandlung wird mit leidlichem Erfolg die Methode von *Ciuca* verwendet (s. o.). Günstige Erfolge wurden beim Pferde mit großen Dosen erzielt *(Velu* u. *Zottner,* 1935*).* Vor 1933 war zur Behandlung kranker Tiere auch das Naganol verwendet worden, wurde dann aber wegen der starken Reaktionen, die bei den behandelten Tieren manchmal auftraten, verlassen *(Eyraud,* 1934*).* Das Naganol in kleinen Dosen wird heute in großem Maße zur *Vorbeuge* gegen die Ansteckung angewandt, und zwar in der Dosis von 0,0035 g auf 100 kg Körpergewicht *(Eyraud, Velu* u. *Zottner,* 1936*).* Die Wiederholung der Injektion erfolgt alle 14 Tage. Schwache, wiederholte Dosen von Naganol sind nach *Velu* (1938) nicht toxisch. Die Reaktionen kann man vermeiden, wenn man eine *frische Lösung* benutzt und die Dosis an verschiedenen Stellen des Körpers in *fraktionierten Dosen* unter die Haut spritzt *(Eyraud, Velu* u. *Zottner,* 1936*).*

Zur *Vorbeugung* empfiehlt es sich, abgesehen von der Verwendung schützender Arzneimittel, Hengste und Stuten vor dem Beschälakt zu untersuchen und *Tiere mit entzündlichen Veränderungen an den Geschlechtsorganen von der Begattung auszuschließen.* Außerdem ist es ratsam, die *Rute des Hengstes nach jeder Begattung* mit einem in reines Wasser getauchten *Tuch* oder *Schwamme abzuwischen.*

Behördliche Maßnahmen zur Bekämpfung. In nicht oder nur wenig verseuchten Ländern sind strenge Maßnahmen zur Unterdrückung der Seuche durchzuführen. Die kranken *Hengste* sind, da eine sichere Heilung nicht festzustellen ist, zu *kastrieren* und kranke *Stuten dauernd von der Verwendung zur Nachzucht auszuschließen*. Die seuchenkranken Hengste dürfen bis zur Kastration nicht mit gesunden Stuten und die seuchenkranken Stuten nicht mit gesunden Hengsten zusammen untergebracht werden. Der Besitzer hat Anordnungen und Einrichtungen zu treffen, die eine geschlechtliche Berührung der kranken Pferde mit gesunden wirksam verhindern. Seuchenverdächtige Hengste und Stuten dürfen solange nicht zur Begattung zugelassen werden, als nicht durch den behandelnden Tierarzt ihre Unverdächtigkeit festgestellt ist. Die der Ansteckung verdächtigen Tiere sind durch die Komplementbindung, soweit diese als zuverlässig zu erachten ist, darauf zu prüfen, ob sie als seuchenkrank oder verdächtig zu betrachten sind. Im übrigen sind sie mindestens für die Dauer von einem Jahre seit der Begattung von weiterer Begattung auszuschließen. Als ansteckungsverdächtig gelten Pferde, die mit seuchenkranken oder -verdächtigen Stuten oder Hengsten in geschlechtliche Berührung gekommen sind. Dies sind praktisch die Kernpunkte des deutschen Viehseuchengesetzes vom 26. Juni 1909 und der hierzu erlassenen Ausführungsvorschriften zur Bekämpfung der Beschälseuche.

In der *Südafrikanischen Union* und dem unter Mandat stehenden Schutzgebiet *Deutsch-Südwestafrika* wird die Bekämpfung der Beschälseuche auf gesetzlicher Grundlage durch Tötung oder, wo diese wegen der Verbreitung der Seuche nicht möglich ist, durch Kastration der Hengste und durch Absonderung der durch die Komplementbindungsprobe als infiziert gefundenen Stuten durchgeführt. Als besondere Quelle neuer Ausbrüche gelten die Eingeborenenreservate, da die Eingeborenen meist ihre Hengste aus Furcht vor etwaigen Folgen nicht kastrieren und durch ihre Tiere die Seuche bei Besuchsritten weit verbreiten können. Wenn die Beschälseuche stärker verbreitet ist, empfiehlt es sich, die Pferde eines ganzen Bezirkes auf das Vorhandensein der Infektion durchzuuntersuchen, wie es in dem unter Mandat stehenden Schutzgebiet *Deutsch-Südwestafrika* nach dem Weltkriege durch die deutschen Tierärzte mit Genehmigung und Unterstützung der Mandatsregierung geschehen ist. Diese Maßnahme hat dazu geführt, daß in den späteren Jahren die Beschälseuche nur noch in Einzelausbrüchen beobachtet wurde (Mand.-Ber.). In der *Südafrikanischen Union* sind größere Gebiete mittels der Komplementbindungsprobe durchuntersucht worden, und man hat stellenweise bis zu 10 v. H. Verseuchung enzootischer Gebiete feststellen können *(du Toit,* 1933). Den Farmern ist die Möglichkeit geboten, ihre Pferdebestände einem Tilgungsverfahren zu unterwerfen *(du Toit,* 1937). Ein größerer Bekämpfungsfeldzug mit Tötung der positiv reagierenden Tiere mußte 1935 eingestellt werden *(de Kock,* 1938). In *Marokko* führt man unter Zuhilfenahme der Naganolprophylaxe seit einigen Jahren einen Bekämpfungsplan durch, von dem man sich gute Erfolge verspricht. Die einzelnen Maßnahmen sind:

1. Überwachung der Hengste durch regelmäßige Blutuntersuchungen mittels der Komplementbindungsprobe.

2. Kastration oder Tötung geringwertiger Hengste mit positiver Blutreaktion.

3. Behandlung wertvoller Hengste nach der Methode von *Ciuca* (s. o.); sie dürfen erst dann wieder zur Zucht benutzt werden, wenn die Komplementbindungsprobe negativ ist.

4. Naganolprophylaxe bei allen Deckhengsten *(Eyraud, Velu* u. *Zottner*, 1936*)*.

60. Leishmaniose

Wesen, Ursache, Erscheinungen. Die Leishmaniose ist im wesentlichen nur beim *Hunde* beobachtet worden. Die Erreger, die Leishmanien, sind ovale, unbewegliche, etwa 2 bis 4 μ lange und 1,5 bis 2 μ breite Protozoen aus der Verwandtschaft der Trypanosomen, mit einem großen, rundlichen, nach Giemsa sich hellrot färbenden Kern und einem kleineren, stäbchenförmigen, sich dunkelrot färbenden Parabasalkörperchen. Sie schmarotzen in den *Retikuloendothelien* des befallenen Tieres, seltener in den *Leukozyten* des kreisenden Blutes. Man findet den Erreger auch in der *Lederhaut,* sogar wenn diese nicht erkrankt ist. *Donatien* und *Lestoquard* unterschieden 1936 zwischen 2 Formen der Erkrankung beim Hunde, der *Hautleishmaniose* durch *L. tropica* und der *viszeralen Leishmaniose,* verursacht durch *L. donovani.* Auf dem XIII. internationalen tierärztlichen Kongreß in Zürich 1938 faßten sie alle Leishmaniosefälle beim Hunde unter dem Namen *„Allgemeine Leishmaniose des Hundes"* ohne zoologisch-systematische Definierung des Erregers zusammen. Die Krankheit verläuft meist *chronisch* und dauert sehr lange. Oft sind in den ersten 4 Monaten gar keine Erscheinungen festzustellen, unter Umständen dauert die Inkubationszeit 6 Monate *(Donatien* u. *Lestoquard,* 1936*)*. Manchmal lassen sich, gewöhnlich bei jungen Hunden, nur *mäßiges Fieber* und allmähliche *Abmagerung* und *Blutarmut* feststellen, wobei die Tiere nach Monaten an Erschöpfung eingehen. Bei manchen Tieren zeigt sich *Vergrößerung des Bauchumfanges* durch die *Schwellung der Milz* und durch Ansammlung von Flüssigkeit in der Bauchhöhle, ferner *Schwellung der Lymphknoten,* manchmal Durchfall, Hornhautentzündung, *Geschwürbildung in der Haut,* gegen Ende der Krankheit oft auch *lähmungsartige Schwäche der Nachhand.* Bei den *verendeten Tieren* findet man eine mehr oder weniger hochgradige *Schwellung der Milz* und *himbeerrote Färbung des Knochenmarks,* außer hochgradiger Abmagerung und Blutarmut.

Übertragung. Die künstliche Übertragung auf Hunde gelingt am besten durch Einspritzung von parasitenhaltigem Organsaft in die Leber oder in die Bauchhöhle. Die *natürlichen* Überträger sind beim Hunde wie bei der Menschenleishmaniose wahrscheinlich *Gnitzen* (Sandfliegen, Phlebotomen, Pappatacimücken — *Sergent,* 1935).

Mittel zur sicheren Feststellung. Das Vorhandensein von Leishmanien wird, wenn auch die *Formolgelprobe* und die *Serumflockungsreaktion* von gewissem Wert sind, am besten durch die *mikroskopische Untersuchung* auf Leishmanien festgestellt. Beim Hunde wird dazu zweckmäßig Lederhautsaft aus gesunden Hautstellen benutzt. Saft der geschwollenen oberflächlichen Lymphknoten und Brustbeinmark sind aber auch geeignet *(Donatien* u. *Lestoquard,* 1938*).*

Behandlung. Die Behandlung mit Antimonverbindungen, z. B. Anthiomalin *(Faure-Brac,* 1936*),* Neostibosan *(Sergent,* 1935*),* ist nur dann aussichtsreich, wenn sie im Frühstadium der Erkrankung begonnen wird. Dies ist aber bei Hunden selten möglich, weil die Krankheit im Frühstadium meist übersehen wird *(Donatien* u. *Lestoquard,* 1938*).*

Übertragung auf den Menschen. Da die Hunde als das wahrscheinliche Vorratsbecken der menschlichen Leishmaniose anzusehen sind, ist die Tötung aller infizierten Hunde zu fordern *(Donatien* u. *Lestoquard,* 1938; *Christophers* u. a., 1935*).*

Vorkommen. In Marokko ist die Hundeleishmaniose selten *(Gaud,* 1935*).* In *Algerien* kommt sie vor *(Donatien* u. *Lestoquard,* 1935*),* und in *Tunesien* soll sie häufig sein (Off. int. Hyg. publ. 27. 519, 1935). In *Tripolitanien* ergab die Untersuchung von 117 Hunden (Ausstriche aus Leber und Milz) bei zwei Hunden Leishmanienbefall *(Funajoli,* 1925*).* In *Ägypten* ist nach *Carpano* (1935) die Leishmaniose der Hunde bislang noch nicht nachgewiesen worden. In *Dakar* (Französisch-Westafrika) wurden von 83 untersuchten Hunden 5 infiziert gefunden *(Curasson, Sissiko* u. *Laurence,* 1937*).* Im *Englisch-ägyptischen Sudan* konnte trotz Untersuchung einer großen Anzahl von Hunden und Katzen bei diesen nie Leishmaniose gefunden werden *(Archibald* u. *Mansour,* 1936*).*

Vorkommen von Leishmanien bei anderen Tieren als Hunden. Nach *v. Hutyra-Marek-Manninger* sind Leishmanien beim *Pferde* in *Uganda (Richardson)* in der Milz und bei einer *Katze* in *Algerien* gefunden worden *(Sergent, Lombard* u. *Quilichini). Bennett* (1935) hat einen Fall von Hautleishmaniose beim *Pferde* im *Englisch-ägyptischen Sudan* beschrieben. *Curson* (1926) fand bei einer *Ziege* in *Südafrika* einige *leishmanienähnliche* Parasiten. Nach *Donatien* und *Lestoquard* (1936) sind Leishmanien nachgewiesen außer beim Hunde: beim Schakal, bei der Katze, beim Pferd und Bär. Die Befunde bei Ziege und Pferd halten sie allerdings für keine Leishmanien, sondern für Entwicklungsformen von Trypanosomen.

IV. TIERISCHE PARASITEN UND HERDENKRANKHEITEN

A. Allgemeines

Wesen. Unter tierischen Parasiten oder tierischen Schmarotzern versteht man Lebewesen aus dem Tierreich, die bei höheren Tieren Wohnung und Nahrung finden. Zwei Arten von tierischen Schmarotzern haben wir bereits besprochen, die im Blute lebenden, zu den Protozoen gehörigen Piroplasmen und die Trypanosomen, die eine große Bedeutung als Erreger von Krankheiten in tropischen und subtropischen Ländern besitzen. Es bleiben noch die übrigen Parasiten zu besprechen, die mit Ausnahme von zwei Arten (Blutfilarien und Schistosomen) außerhalb der Blutbahn leben, auch wenn sie während ihrer Entwicklung die Blutbahn z. T. als Transportweg benützen.

Zoologische Zugehörigkeit. Die große Gruppe der tierischen Parasiten — abgesehen von den Piroplasmen und Trypanosomen, die im Nachstehenden nicht weiter berücksichtigt werden — werden eingeteilt in die *Urtiere* oder Protozoen und in die *Würmer* oder Vermes (Helminthes). Die Würmer werden untergeteilt in die *Rundwürmer* (Nematoden) und in die *Plattwürmer* (Plathelminthen) mit den großen Unterabteilungsgruppen der *Saugwürmer* (Trematoden) und der *Bandwürmer* (Cestoden). Ferner spielen von den *Gliedertieren* oder Arthropoden einige *Insekten* und *Arachnidenarten* die Rolle von tierischen Schmarotzern.

Grundsätzlich sei bemerkt, daß es nicht Aufgabe dieser Abhandlung sein kann, alle bei den Haustieren und beim Wilde vorkommenden tierischen Parasiten zu schildern. Der Raum reicht auch nicht aus, um auch nur bei den meisten Form, Entwicklung und etwaige Wirkung auf den Wirt des einzelnen darzulegen. In dieser Hinsicht sei verwiesen auf die Lehr- und Handbücher der Parasitenkunde, insbesondere auf *C. E. W. Sprehn, Lehrbuch der Helminthologie* (374 Abb., Berlin 1932, Verlag Gebr. Bornträger); auf *Josef Fiebiger, Die tierischen Parasiten der Haus- und Nutztiere sowie des Menschen,* ein Lehr- und Handbuch mit Bestimmungstabellen für Tierärzte, Ärzte und Studierende, 3. Aufl. (352 Abb. u. 1 farb. Tafel, Berlin und Wien 1936, Verlag Urban und Schwarzenberg); *Felix Schmid, Diagnose und Bekämpfung der parasitären Krankheiten unserer Haustiere* (66 Abb. u. 1 Übersichtstafel, 134 S., Berlin 1937, Verlag Richard Schoetz); *H. O. Mönnig, Veterinary Helminthology and Entomology,* 2. Auflage (264 Abb., London 1938, Verlag Baillière, Tindall and Cox), das für den vorliegenden Zweck den Vorteil hat, daß es die in Afrika vorkommenden Parasiten und ihre Biologie und Bekämpfung besonders berücksichtigt, und das für praktische Zwecke gedachte australische Buch von *J. Cl. Roß* und *H. Mcl. Gordon, The internal parasites and parasitic diseases of sheep. Their treatment and control* (zahlr. Abb., Sydney 1936, Angus and Robertson Ltd.).

Krankmachende Bedeutung. Die tierischen Parasiten schädigen ihren Wirt in erster Linie durch *Stoffentzug.* Diese Schädigung tritt besonders dann in Erscheinung, wenn die Parasiten ihrem Wirte *Blut durch Saugen entziehen*, wie z. B. bestimmte Eingeweidewürmer. Hier ist die schädigende Wirkung abhängig von der Zahl der eingedrungenen Würmer, gleichzeitig aber auch von dem besonderen Zustand des Wirtes, vom Alter und Ernährungszustand. Junge Tiere sind im allgemeinen gegenüber der Wurmeinwanderung empfindlicher als ältere. Bestimmte Parasiten, die bei jugendlichen Tieren krankmachend wirken, vermögen bei älteren keine Krankheit auszulösen. Auf die Bedeutung des guten Ernährungszustandes für die Angriffswirkung der tierischen Parasiten weist auch *Mönnig* (1929) hin, wenn er sagt, *die Kondition des Wirtes sei von entscheidender Bedeutung für den Erfolg einer Wurmeinwanderung und die Dauer ihrer Haftung.* Es könne kein besseres Beispiel gefunden werden als der *Trichostrongylus,* der bekannte, im Magen und Darm schmarotzende Wurm („Bankrottwurm" der Farmer). Es habe sich herausgestellt, daß es ganz unmöglich sei, gut genährte, im übrigen aber völlig empfängliche Lämmer mit den Würmern krank zu machen, ferner verlören mit Trichostrongylus behaftete Schafe, die ihren Ernährungszustand wiederherstellen könnten, die Würmer sehr schnell wieder. Eine natürliche Trichostrongylusinfektion finde sich nur bei unterernährten oder durch andere Würmer, wie den Haemonchus contortus, schwer geschädigten Schafen. *Mönnig* bezeichnet es als merkwürdig, daß Würmer, von denen man erwarten sollte, daß sie bei kräftigen Tieren mehr Nahrung finden können, gerade bei den schwachen angehen, und er denkt sogar an eine lokale Immunität. Andere Parasiten schädigen den Wirt durch *Veränderungen,* die sie *an den befallenen Organen* erzeugen, Schwund und Entzündung verschiedenster Grade. Auf diese Weise kann schon ein einzelner Parasit die Gesundheit schwer schädigen und selbst das Leben bedrohen, wie der *Gehirnblasenwurm* (Coenurus cerebralis). Auch ein beim Menschen vorkommender Parasit, die gesundheitsschädliche *Schweinefinne,* die sich im Gehirn und in den Augen ansiedeln kann, vermag schwere Erkrankungen auch dann hervorzurufen, wenn sie nur vereinzelt oder in geringer Zahl in diesen Organen zugegen ist. *Van Coller* (zit. nach *Viljoen,* 1938) hat bei Untersuchungen in Südafrika gefunden, daß ein großer Teilsatz der Fälle von Psychose des Menschen auf Invasion von Finnen ins Gehirn zurückzuführen ist. Es ist in Südafrika festgestellt worden, daß verhältnismäßig viele Fälle von Epilepsie beim Menschen sich bei der Sektion als durch das Vorhandensein der Schweinefinne im Gehirn verursacht erwiesen, und Dr. *Cawston* in Durban verlangt deshalb, daß bei allen gestorbenen Epileptikern obligatorisch Sektionen gemacht werden. Eine einzige Finne im Auge kann Blindheit verursachen.

Von einem Teil der Parasiten wird angenommen, daß sie ihren Wirt durch Giftstoffe, *Toxine,* die entweder durch den Zerfall ihrer Leibessubstanz freiwerden oder die sie absondern und die hierauf in die Blutbahn aufgenommen werden, schädigen.

Nachweis. Der Nachweis der tierischen Schmarotzer ist, soweit es sich um Hautschmarotzer handelt, z. T. mit *bloßem Auge,* z. T. mit Hilfe des *Mikroskops* (Räudemilben) ohne Schwierigkeiten zu führen. Auch die im Magen und Darm schmarotzenden Parasiten können unmittelbar nachgewiesen werden durch Untersuchung des Kotes auf ganze Würmer oder Wurmteile (Bandwurmglieder); mittelbar durch *Untersuchung des Kotes* nach einer bestimmten Methodik auf Wurmeier, die an ihrem für die verschiedenen Wurmarten charakteristischen Bau erkennbar sind. Bei anderen Parasiten geben die *klinischen Erscheinungen* u.U. einen Hinweis auf das Vorhandensein, wie beim Coenurus cerebralis.

Behandlung. In der Behandlung der tierischen Schmarotzer sind durch das planmäßige Studium der wurmtötenden Mittel in neuerer Zeit große Fortschritte gemacht worden. Zu diesen rechnen wir auch, daß das Kupfersulfat durch sorgfältige wissenschaftliche Untersuchungen wieder als Wurmmittel zu seinen Ehren gekommen ist. Das Kupfersulfat, dessen genaue Dosierung wir jetzt kennen, ist bei den wichtigsten Wurmkrankheiten der Haustiere allein oder mit anderen Mitteln kombiniert eines der *wirksamsten Mittel* (Rundwürmer, Bandwürmer in Magen und Darm). Es erleichtert auch durch Hervorrufung des *Schlundrinnenreflexes* die Behandlung der im Labmagen und Darmkanal sitzenden Würmer der Wiederkäuer (s. Hakenwürmer, Knötchenwürmer). Die auf der Haut sitzenden Schmarotzer sind wie die in der Haut sitzenden (Räudemilben) der medikamentösen Behandlung unmittelbar zugänglich, ferner die im *Magen-* und *Darmkanal* schmarotzenden Würmer. Bemerkenswert ist, daß wir auch Mittel besitzen, die die in den *Gallengängen* schmarotzenden Würmer (Leberegel) abtöten, wahrscheinlich durch Ausscheidung der im Blute kreisenden Stoffe in die Gallengänge (Chlorkohlenstoffpräparate), und daß wir die in den *Blutgefäßen* sitzenden Schistosomen durch mit dem Blute einverleibte Antimonpräparate erreichen können.

Aufnahme der Wurmbrut. Die Würmer werden in der Regel in der Außenwelt aufgenommen, Ausnahmen sind die Finnen, die durch Verzehren von Teilen des Wirtes als Nahrungsmittel in den Körper des anderen Wirtes eingeführt werden. Diese Schmarotzer haben also einen *Wirtswechsel.* Einen ähnlichen Wirtswechsel haben auch die Leberegel und Bilharzien (Schistosomen), die in Schnecken einen Entwicklungsgang durchmachen müssen, ehe sie von den empfänglichen Tieren an Gräsern aufgenommen werden. Deshalb brauchen die Leberegel zur Entwicklung *Wasser.* In dem unter Mandat stehenden Schutzgebiet *Deutsch-Südwestafrika* ist fließendes Wasser eine der Seltenheiten; wir haben im besiedelten Teile nur einen dauernd fließenden Fluß, den Oranje, an der Südgrenze und nur wenige dauernd fließende Quellen und die artesischen Brunnen im Süden. So erklärt es sich, *daß in Deutsch-Südwestafrika die Leberegelschnecke nicht vorkommt und die Leberegelseuche als Krankheit fehlt.* Im Gegensatz hierzu ist die Leberegelseuche in dem sumpf-, fluß- und seenreichen Caprivizipfel im Norden des Landes und in anderen feuchten Teilen Afrikas weitverbreitet.

Die übrigen Parasiten haben keinen Wirtswechsel, sie entwickeln sich *im Freien.* Als der eine von uns *(v. Ostertag)* im Jahre 1910 nach Deutsch-Südwestafrika kam, gehörte die Feststellung zu seinen großen Überraschungen, daß die Magenwurmseuche im Schutzgebiet nicht nur häufig vorkam, sondern auch schweren Schaden anrichtete. Aus seiner europäischen Einstellung heraus war er der Meinung, daß in einem trockenen Gebiet, wie Deutsch-Südwestafrika, der Magenwurm keine Existenzmöglichkeit habe. Er fand als einzige Entwicklungsmöglichkeit der Magenwürmer die *Grünstreifen um die Wasserstellen,* von denen die Schafe nach dem Trinken fraßen. Dasselbe hat *Mönnig* (1929) im Betschuanaland nachgewiesen. Er fand dort das bekannte dürre Gebiet und trotzdem die Schafe schwer verwurmt, mindestens teilweise. Sogar Hakenwürmer waren häufig, und im Winter starben viele Schafe an Wurmkrankheiten. Man könne nicht verstehen, sagt Mönnig, wie das komme. Er bezeichnet als Ursache den Umstand, daß sich im Sommer viele kleine Pfannen füllen und um sie herum die Weide lange grün bleibt. Am Anfang der Trockenheit weiden hier die Schafe, und solche Stellen werden durch die Wurmbrut, die die weidenden Schafe ausscheiden, schwer verseucht. Die Einflüsse des Wurmbefalles machen sich geltend, wenn es dann ganz trocken wird und die Schafe abmagern. *Mönnig* betont auch, es sei sicher, daß das *Tränken aus Dämmen* für einen großen Teil des Wurmbefalles in der Südafrikanischen Union verantwortlich sei. Man solle die *Dämme einzäunen* und *das Wasser durch Rohre nach sauber zu haltenden Tränken leiten.*

Weidebeschaffenheit und Wurmentwicklung. Die *Beschaffenheit der Weide* ist von entscheidender Bedeutung hinsichtlich der Entwicklung und Haltbarkeit der *Rundwurmlarven* und der mengenmäßigen Übertragung auf die Wirte. *Taylor* (1938) spricht in diesem Zusammenhang von einer *Weidehygiene, die sich mit der Biologie der ruhenden Larvenstadien parasitischer Würmer und der Umstände zu befassen habe,* die eine Anhäufung krankmachender Larven im Weidegras bedingen. Weidetiere scheiden täglich *Millionen von Wurmeiern* aus. Da die *Larven langlebig* sind, häuft sich die Schädlichkeit mengenmäßig. Die Untersuchung von natürlichem Weidegras in England hat nach *Taylor* ergeben, daß es 6000 Wurmlarven je Pfund enthalten kann. Auf gewöhnlichen Weiden nehmen die Schafe täglich 1500 bis 3000 Magenwurmlarven auf. Es kommt aber nur dann zu einer *Erkrankung, wenn die aufgenommene Wurmmenge eine gewisse Schwelle überschreitet.* Diese Menge wird bestimmt durch die *Umstände, die die Anhäufung von krankmachenden Larven auf der Weide und ihre Zugänglichkeit für das Weidetier beeinflussen.* Diese Umstände sind: Weidezeit (Jahreszeit), Beschickung der Weide, Erdfeuchtigkeit, Trockenheit, Frost, Regen, Menge und Wüchsigkeit des Grases, Art des Grases, Gleichmäßigkeit oder Ungleichmäßigkeit des Graswuchses, Tageszeit und Einstampfen von Kot in das Gras. Eine *Verminderung der Larven auf der Weide* und ihrer Aufnahme durch die Tiere wird nach *Taylor* u. a. bewirkt durch *Leerlassen der Weide, Förderung des Graswuchses, Beweiden durch ungeeignete Wirtstiere, Heubereitung, Abbrennen und Umpflügen.* Auch für Afrika betont *Mönnig* (1938) die Wichtigkeit der Weidehygiene, hauptsächlich für die Bekämpfung der Innenschmarotzer (Endoparasiten, also Würmer), in geringem Maße auch für die Außenschmarotzer (Ektoparasiten). Wärme, Feuchtigkeit, Anhäufung von Tieren und längeres Begehen einer Weide begünstigen, wie bekannt, im allgemeinen die Parasiteninvasion. Daneben spielen die Bodenverhältnisse, der Pflanzenwuchs und das Bestehen von Wechselweiden eine Rolle, außerdem die Frage, ob die Wurmlarven mit dem Futter aufgenommen werden oder durch die Haut in den Wirt eindringen (s. Hakenwürmer). *Mönnig* (1938) bezeichnet als die *wichtigsten Faktoren der Weide hinsichtlich der Entwicklung und Übertragung der Wurmlarven ohne Zwischenwirt* den *Bodentyp*, den *Vegetationstyp* und die *Vegetationsüppigkeit,* die *Feuchtigkeit* und *Temperatur,* die *Zahl der Tiere auf der Bodeneinheit,* die *Dauer der kontinuierlichen Beweidung,* die *Zeit zwischen zwei Weideperioden* und die *Empfänglichkeit der Tiere* nach ihrem Alter und ihrem Ernährungszustand (Zufütterung!). Nach *Mönnig* (1938) scheint *sandiger Boden* der Entwicklung und Haltbarkeit von *Nematodenlarven günstiger* zu sein als feiner, lehmiger Boden. Magenwurmlarven entwickeln sich besser *in mit Boden vermischtem Kot* als in reinem Kot. Vielleicht gilt dies auch für andere Rundwürmer. Die Bedeutung des sandigen Bodens für die Wurmentwicklung sieht *Mönnig* in seiner besseren Durchlüftung; ferner können die Larven in sandigen Boden besser eindringen, wenn sie morgens von ihrer Grashalmwanderung zurückkommen, die sie bei genügender Regen- oder Taufeuchtigkeit nachts vornehmen, und leichter schützende Bodenschichten erreichen. Der Hakenwurm *Gaigeria pachyscelis* kommt in Süd- und Südwestafrika *nur auf Sandboden* vor; die Häufigkeit seines Vorkommens wird bei eingeschobenen Streifen härteren Bodens sofort geringer. Seine Larven sind ebenso feuchtigkeitsbedürftig wie die anderer Hakenwürmer, kommen aber doch nur in trockenen Gegenden vor. Der Grund sei wohl der, daß in trockenen, sandigen Böden etwaige Bodenfeuchtigkeit leichter auf kapillarem Wege die Oberfläche erreicht und so leichter den Larven zugänglich wird. *Dichtes Gras* ist für die Entwicklung der Larven *günstiger* als dünnes, wie die Karru zeigt, deren Vegetation fast nur aus Futterbusch besteht, der den Boden freiläßt und den Kot schnell austrocknet. Wo an Stelle von Büschen Gras steht, zeigen sich sofort, trotz gleich geringer Regenmenge, mehr Würmer. Dies bezeichnet *Mönnig* mit Recht als *wichtig mit Bezug auf die Einführung neuer Weidegräser.* Auf einer Versuchsstation konnten *Ausbrüche von Wurmerkrankung* damit in Zusammenhang gebracht werden, daß ein Gras *mehr Schatten* gab als ein anderes. Im allgemeinen ist die *Übertragung der Wurmlarven* auf den Wirt *um so massiver, je kürzer das Gras* ist. Wenn aber das Gras so lang wird, daß die Schafe es nicht mehr fressen können, suchen sie zwischen dem langen Grase auf dem Boden kurze Halme und können sich dann stark mit Würmern behaften, besonders, da die größere Feuchtigkeit zwischen den langen Gräsern das Gedeihen der Wurmlarven begünstigt. Was den *Zwischenraum zwischen zwei Weideperioden* betrifft, so weist *Mönnig* darauf hin, daß sich die *Dauer* einer *Weideinfektion* zwischen 2 Wochen und 3 Jahren hält. *Taylor* (1934) fand, daß die Haemonchusinfektion früher abstarb, während Ostertagia und Nematodirus 8 bis 10 Monate lang in genügender Zahl übrig blieben. Wie *Mönnig* (1930) festgestellt hat, können sich vollentwickelte Eier von Trichostrongylus in Afrika 15 Monate lang halten, also müssen bei dieser Frage die *verschiedenen Wurmarten* berücksichtigt werden. Im ganzen kann man aber nach Mönnig annehmen, *daß eine mehrmonatige Trockenperiode (wie in Südafrika) die Weide weitgehend sterilisiert.* Er empfiehlt für Südafrika *Lammenlassen im April* (Herbst), *da während des Winters die Lämmer mit ihren infizierten Müttern ohne Bedenken zusammengelassen werden können,* weil keine Gefahr der Wurmübertragung besteht. Im *September,* vor Beginn der Regenzeit, *sollen die Lämmer abgesetzt und in ein für sie reserviertes Kamp gebracht werden,* das bis dahin frei gewesen und daher fast wurmfrei ist. *Die Lämmer werden bis April hier gehalten und können dann wieder zur Herde gebracht werden.* Zum Anfang der nächsten Regenzeit sind sie über die gefährlichste Zeit hinweg und werden dann zur Herde getan.

Bedeutung der Wurmkrankheiten. Die hohe Bedeutung der Wurmkrankheiten in Afrika, das gleich allen subtropischen und tropischen Gebieten als ein „Paradies der Parasiten“ bezeichnet werden kann, erhellt die Feststellung von *le Roux* (1930) für die Südafrikanische Union: *„Die Würmer allein haben viel dazu beigetragen, die Reihen der Armen zu vergrößern und die Menschen von den Farmen zu vertreiben.“* Kennzeichnend ist auch, daß einer der Rundwurmschädlinge in der Südafrikanischen Union und in dem Schutzgebiet Deutsch-Südwestafrika als *„Bankrottwurm“* bezeichnet wird (Trichostrongylus spp.).

B. Besonders erwähnenswerte parasitäre Krankheiten (Herdenkrankheiten)

61. Durch Kokzidien verursachte Darmerkrankungen

Wesen, Verbreitung usw. Die Kokzidien gehören zu den Protozoen. Die Darmkokzidien dringen auf einer bestimmten Entwicklungsstufe in die Epithelien des Darmes ein, zerstören sie und verursachen dadurch eine leichtere oder schwerere, oft tödliche Darmerkrankung. Die Dauerformen der Kokzidien (Oozysten) werden mit dem Kote ausgeschieden und dadurch in der Natur weitverbreitet. Sie sind außerordentlich widerstandsfähig, ertragen Fäulnis über 3 Monate und bewahren auf Wiesen und an unsauberen Stellen über 1 Jahr ihre Ansteckungsfähigkeit. Die Oozysten sind runde oder ovale, doppeltkonturierte Gebilde, die bei dem Erreger der Kokzidienruhr des Rindes, der *Eimeria zürni*, etwa 12 bis 25 μ lang sind, aber bis zu 35 μ lang werden können. Die Oozysten von *E. faurei* sind durchschnittlich 30 bis 40 μ lang und 18 bis 26 μ breit, die Oozysten von *E. arloingi* 25 bis 28 μ lang und 16 bis 18 μ breit. Kokzidien kommen im Darme häufig vor, ohne die Gesundheit des Wirtes zu schädigen. Dies ist namentlich dann der Fall, wenn sie in geringer Menge vorhanden sind. Bei massenhaftem Befall können sie eine Erkrankung hervorrufen. Im übrigen bedarf es zur *Auslösung der krankmachenden Wirkung* der Kokzidien meist des Hinzukommens einer *anderen Krankheit,* wie z. B. der *Rinderpest* oder der *Piroplasmose.* Deshalb ist in jedem Falle, in dem Kokzidien bei großen Haustieren als Erreger einer Krankheit verdächtigt werden, durch genaue Untersuchung festzustellen, *ob die Kokzidien wirklich als Ursache* und als *alleinige Ursache der Erkrankung anzusehen sind* oder ob nicht gleichzeitig eine *andere, wichtigere Krankheit* vorliegt.

Die Kokzidienruhr des Rindes besitzt insofern für die Tropen ein besonderes Interesse, als sie nach *Knuth* und *du Toit* z. B. in *Deutsch-Ostafrika* eine Zeitlang zu *Verwechslungen mit der Rinderpest* Anlaß gab. Außer in Deutsch-Ostafrika ist sie nach *Knuth* und *du Toit* in *Kenya, Südafrika, Tunesien* und im *Sudan* festgestellt worden. In dem Schutzgebiet *Deutsch-Südwestafrika* wurde 1935 ein Fall von Kokzidiose beim Rinde beobachtet (Mand.-Ber.). Für das Schutzgebiet *Deutsch-Ostafrika* bestätigt *McCall* (1928), daß die Erscheinungen bei Kokzidiose denen bei Rinderpest ähneln können. *Cornell* (1929) glaubt, daß bei Rinderpestanfällen alte, latente Kokzidieninvasionen wieder aufleben können. Nach *Jakimov* (1927) kann die Kokzidiose auch durch Piroplasmose oder die Piroplasmoseimpfungen aktiviert werden. In *Französisch-Westafrika* tritt bei den einheimischen Tieren die Kokzidiose anscheinend nur bei Jungtieren als selbständige Krankheit auf, sie ist bei Kälbern in gutem Ernährungszustand beobachtet worden (Ber. 1930); im allgemeinen wird sie aber nur als Komplikation nach Rinderpestimpfungen gesehen (Ber. 1932). In *Nigeria* werden Kokzidien beim Rinde häufig gefunden; inwieweit sie als mögliche Todesursache anzusehen sind, ist unklar (Ber. 1929). In *Südrhodesien* ist von *Bevan* und *Kingcome* (1925) ein hartnäckiger, verlustreicher Kokzidioseausbruch bei Jährlingsrindern beobachtet worden, der trotz mehrfachen Weidewechsels erst mit dem Ende der Regenzeit nachließ. Besonders erwähnt wird, daß Durchfall nicht regelmäßig aufgetreten und kaum „Rote Ruhr“ beobachtet worden sei. In *Erythrea* verursacht nach *Pirani* (1929) die Kokzidiose des Rindes unbedeutende Verluste, wenn abgemagerte Tiere befallen werden. „Rote Ruhr“ wurde selten als Krankheitserscheinung beobachtet. Bei Rindern in guter Verfassung sind die Parasiten u. U. harmlos. Die Krankheit tritt hauptsächlich im Sommer auf und ist auf einzelne Landstriche beschränkt. Die Inkubationszeit beträgt etwa 3 Wochen. Die Krankheit beginnt ganz unvermittelt mit einem oft *blutigen Durchfall,* von dem die Krankheit den Namen „Rote Ruhr“ erhalten hat, und die Tiere magern schnell ab. Schon eine Woche nach Beginn der Erkrankung können sie sterben. Oft dauert die Krankheit aber mehrere Monate. Bei den *gefallenen* Tieren, die in der Regel hochgradig abgemagert sind, findet man die *Schleimhaut des Dickdarmes geschwollen, in Falten gelegt* und *mit abgestorbenen Teilen belegt.* Die Oberfläche ist höckerig und das Epithel an vielen Stellen abgelöst, so daß es in Fetzen an der Schleimhaut hängen kann.

Kokzidienruhr bei Schafen und Ziegen. Bei Schafen und Ziegen kommen ähnliche Erkrankungen wie beim Rinde vor. Die Erreger sind beim Schafe *Eimeria faurei, E. arloingi* und andere (E. intricata, parva, nina-kohl-yakimovi — *Balozet,* 1932). Akute Erkrankungen werden in der Regel nur bei Lämmern beobachtet. Sie zeigen Durchfall, kurz vor dem tödlichen Ende auch nervöse Erscheinungen *(Curasson,* 1921 für Fr.-Westafrika; *Bouin,* 1919 für Marokko*).* Aus Natal berichtete *Canham* (1932) über Einzelfälle von Kokzidiose bei Lämmern, die gleichzeitig Wurmbefall zeigten. Der Tod kann in 48 Stunden auftreten. Erwachsene Tiere zeigen in der Regel keine Krankheitserscheinungen; manchmal wird Anämie beobachtet. Lämmer weisen im Darme wie die erwachsenen Schafe oft Kokzidien auf, ohne Krankheitserscheinungen zu zeigen *(Thomson* u. *Hall,* 1931 für Nigeria; *Kulenkampff,* unveröff. für Deutsch-Südwestafrika*).*

Kokzidiose des Geflügels. Beim *Huhn* kommen verschiedene Eimeriaarten vor, die wichtigste ist *Eimeria tenella.* Ihre Oozysten messen 13 bis 30 : 11 bis 24 μ. Die Erscheinungen sind Durchfall und Niedergeschlagenheit. Bei Kücken oder Enten kann der Tod sehr schnell eintreten. Für das Auftreten der Kokzidiose kann fast immer Mangel an Sauberkeit und sonstiger Sorgfalt verantwortlich gemacht werden. In *Südafrika* ist sie die wichtigste Protozoenseuche der Hühner; sie tritt besonders nach schweren Regen auf *(Martinaglia,* 1929*).* Ferner ist über Kokzidiose bei Kücken aus *Erythrea (Pirani,* 1933*)* und aus *Kenya (Hudson,* 1931*)* berichtet worden. Auch Erkrankungen von *Puten* wurden gemeldet *(Martinaglia,* 1929; *Hudson,* 1931*).*

62. *Magenwurmseuche des Schafes*

Wesen. Unter der Magenwurmseuche des Schafes versteht man eine durch verschiedene Arten von Rundwürmern, und zwar von *Trichostrongyliden,* im *Labmagen,* z. T. auch im Dünndarm verursachte Erkrankung mit schwerer Störung des Allgemeinbefindens. Als wichtigste krankmachende Gattungen der Trichostrongyliden kommen in Betracht: *Haemonchus, Ostertagia, Trichostrongylus.* Inwieweit andere Gattungen wie *Nematodirus* und *Cooperia* für die Entstehung der Magenwurmseuche in Frage kommen, ist noch nicht hinreichend geklärt. Bei *Haemonchus contortus (Magen- oder Drahtwurm)* ist das Männchen 10 bis 20, das Weibchen 20 bis 30 mm lang. Der Wurm ist fadenförmig, oft hellrot oder rot gestreift. Von der Gattung Ostertagia ist das Männchen der Art *Ostertagia ostertagi* 6,5 bis 7,5, das Weibchen 8,2 bis 9 mm lang und mit einer klappenförmig bedeckten Vulva ausgestattet. Die Würmer der Gattung *Trichostrongylus („Bankrottwurm")* sind noch kleiner, das Männchen ist 4,3 bis 7,7, das Weibchen 5 bis 8,6 mm lang. Das beste Unterscheidungsmerkmal zwischen Ostertagia und Trichostrongylus liefern die Mittelrippen des Schwanzbeutels (Bursa) des Männchens.

Erscheinungen. Zur Auslösung von Krankheitserscheinungen ist bei den verschiedenen Gattungen eine verschieden große Zahl erforderlich. Nach *Mönnig* sind bei H. concortus 150 oder mehr, bei Trichostrongylus mindestens 2000 Parasiten nötig, um den Wirt krank zu machen. Auch sind verschiedene Tierschläge verschieden empfänglich. Der Trichostrongylus ist Perser-, Bastard-

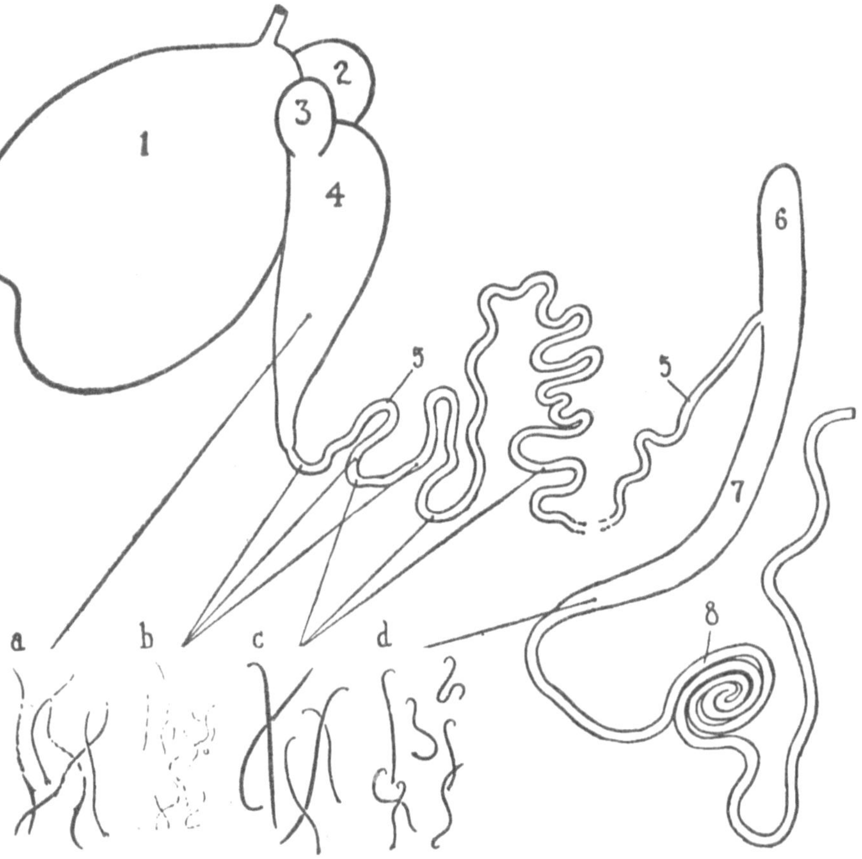

Abb. 48. Die wichtigen Magen- und Darmwürmer des Schafes und ihr Sitz in Magen und Darm. Schematisch (nach *Mönnig*)

1 = Erster Magen (Pansen)
2 = Zweiter Magen
3 = Dritter Magen
4 = Vierter Magen (Labmagen)
5 = Dünndarm
6—8 = Dickdarm: 6 Blinddarm; 8 Spiraldarm
a—d = Würmer in natürlicher Größe
a = Magenwurm (Drehwurm) Haemonchus contortus, v. l. n. r. ♀ ♂ ♀ ♀ ♂
b = Bankrottwurm (Trichostrongylus spp.)
c = Hakenwurm (Gaigeria pachyscelis)
d = Knötchenwurm (Oesophagostomum)

und Karakulschafen (Haarschafen) schädlicher als den Merinos (Wollschafen). Die Erscheinungen sind fortschreitende *Abmagerung, Verringerung der Lebhaftigkeit, Entkräftung, Abnahme der Freßlust,* zeitweiliger oder andauernder *Durchfall* mit Beschmutzung des Hinterteils oder auch trockener Kot, je nach

Schafart, Wurmart oder Gebiet. Die Sterblichkeit wechselt zwischen 20 und 100 v. H., wobei sehr junge und schwache Tiere schon in wenigen Tagen sterben können, während sonst die Krankheit Wochen und Monate dauern kann. Bei den *gefallenen* und *getöteten* Tieren findet man außer den Erscheinungen der Abmagerung und der Blutarmut bei starkem Haemonchusbefall kurz nach dem Tode die *Labmagenschleimhaut* mit einer *rötlichen bis schokoladebraunen, in ständiger Bewegung befindlichen Masse* überzogen, die im wesentlichen aus den verfilzten, sehr beweglichen Würmern und Schleim besteht. Die *Feststellung* des Trichostrongylusbefalls des Labmagens und des Dünndarmes kann insofern Schwierigkeiten bereiten, als die sehr kurzen und dünnen, kaum leichtbräunlich gefärbten Würmer erst bei *guter Beleuchtung* oder bei *Sonnenlicht,* ferner *beim Halten der stark auseinander gezogenen Darmwand gegen eine Lichtquelle* erkannt werden, ja sogar erst dann, wenn in Wasser aufgeschwemmter Darmschleim in dünner Schicht in einem Glasgefäß gegen das Licht gehalten wird. Für einen starken *Ostertagiabefall* ist kennzeichnend das Vorhandensein von *braungefärbten, verfilzten, feinen Fadenwürmern in einer zähen Schleimmasse* auf der geröteten oder graurot gefärbten Schleimhaut des Magens; häufig findet man linsenförmige, trübe Herde in der Schleimhaut des Labmagens, die durch Epithelabhebungen entstehen, unter denen die Würmer ihren Sitz haben.

Feststellung. Bei Verdacht auf Magenwurmseuche empfiehlt es sich, *den Labmagen- und Dünndarminhalt* oder etwas *abgeschabten Schleim von der Schleimhautfläche* in Wasser aufzuschwemmen und über einer *dunklen Unterlage* oder *gegen das Licht* mit bloßem Auge, bei kleinen Magenwürmern besser mit einer starken *Lupe* oder dem *Mikroskop* zu untersuchen.

Bekämpfung. Es ist schon in der Einleitung zu dem Abschnitt „Tierische Parasiten" dargelegt worden, in welchem Maße die Vorbeuge und Bekämpfung der Magendarmwurmseuche eine hygienische und eine Fütterungsfrage ist. Die Wirksamkeit aller Mittel zur Bekämpfung insbesondere der Magenwurmseuche ist nur bedingt, d. h. es gibt kein Mittel, mit dem man Magen- und Darmwürmer so sicher bekämpfen kann wie die meisten wichtigen Blutprotozoenkrankheiten, die Nagana eingeschlossen. Da aber die hygienischen Maßnahmen nie vollendet durchgeführt werden und deshalb die Wurminvasion nicht verhütet werden kann und es auch nicht überall möglich ist, die Tiere das ganze Jahr über in gutem Futterzustand zu halten, ist es notwendig, *Wurmmittel* zur Bekämpfung der Magenwurmseuche zu benützen. Glücklicherweise ist in Afrika die Erkenntnis weitverbreitet, daß Wurmmittel bei Magenwurmseuche *nur dann einen Erfolg versprechen,* wenn sie *in regelmäßigen Zeitabständen,* die in ihrer Dauer nach dem Lebenskreislauf des erregenden Wurmes zu bestimmen sind, verabreicht werden. Zweckmäßig ist dazu ein geeigneter *Dosierkral,* der die Behandlung, die nach einigen Wochen zu wiederholen ist, jedes einzelnen Schafes der ganzen Herde erleichtert. Hierzu genügt ein in Verbindung mit dem Kral angebrachter schmaler Gang, der so niedrig ist, daß die Schafe gerade darüber hinwegsehen können, und dessen Breite geringer ist als die Länge der Schafe von Brust bis Schwanz, so daß sie sich nicht ohne Schwierigkeiten umdrehen können. Dieser Gang wird mit den zu behandelnden Schafen gefüllt, die dann ohne Jagen und ohne die Gefahr einer Doppelbehandlung durchbehandelt werden können (s. Abb. 49).

Das klassische Mittel bei Magenwurmseuche in Afrika ist eine *Kupfersulfat-Natriumarsenitmischung,* das *„Wire Worm Remedy"* der südafrikanischen Regierung, das aus 4 Teilen Kupfersulfat und 1 Teil Natriumarsenit besteht und in Pulverform oder in Wasser aufgelöst gegeben wird. Zur besseren Lösung muß dann dem Lösungswasser etwas Salzsäure zugefügt werden (s. u.). Die Dosierung erfolgt bei *Verabreichung in Pulverform* in kleinen Meßlöffeln, die geeicht und in einem Satz käuflich erhältlich sind. Die Mengen sind für Lämmer von 2 bis 4 Monaten 0,2 g, von 4 bis 6 Monaten 0,25 g, von 6 Monaten bis „Zweizähner" 0,375 g, für „Zweizähner" 0,5 g, für „Vierzähner" und darüber 0,625 g. Perserschafe erhalten die nächstkleinere Dosis. Das Mittel wird mit dem Löffel abgemessen und auf der Spitze eines Teelöffels dem Schafe auf den hinteren Teil des Zungenrückens gegeben, worauf das Maul des Schafes geschlossen wird. Wenn die Schafe in sehr schlechter Verfassung sind, gibt man eine niedrigere Dosis, diese auch dann, wenn sie noch nicht an das Mittel gewöhnt sind oder wenn sie auf jungem Grase weiden. 7 *Stunden vor* und *nach der Behandlung* sind die Tiere *nicht zu tränken,* da sonst eine Arsenvergiftung durch zu schnelle Resorption des Mittels eintreten kann *(Mönnig).* Bei Verabreichung des Mittels in *flüssiger Form* löst man das Pulver klar in heißem Wasser im Verhältnis von 1 : 20 unter Zusatz von 1,2 Prozent konzentrierter Salzsäure und gibt davon Lämmern von 2 bis 4 Monaten 4 ccm, von 4 bis 6 Monaten 5 ccm, von 6 bis 10 Monaten 7 ccm, Jährlingen 10 ccm, erwachsenen Tieren 13 ccm *(v. Hutyra-Marek-Manninger).* Wenn *Trichostrongylusbefall vorliegt,* kann die gereizte Magenwand so viel von dem Mittel aufnehmen, daß eine Arsenvergiftung eintritt. Deshalb ist bei Trichostrongylusbefall die *Kupfersulfat-Arsenitmischung nicht* zu verabreichen *(Mönnig,* 1938*).* Beim Vorhandensein von Trichostrongylus ist die *Kupfersulfat-Nikotinmischung* vorzuziehen, die auch eine ausgezeichnete Wirksamkeit gegen Haemonchus und gegen den Bandwurmbefall bei Schafen besitzt. Die Kupfersulfat-Nikotinmischung wird so bereitet, daß in 1800 ccm Wasser 30 g Kupfersulfat und 30 ccm handelsübliches 40prozentiges Nikotinsulfat gelöst werden. Von dieser Mischung erhalten Lämmer von 1 bis 4 Monaten 15 ccm, von 4 bis 8 Monaten 25 ccm, von 8 bis 12 Monaten 30 ccm, Schafe über 12 Monate 60 ccm mit einer graduierten Spritze oder einem besonderen Dosiergerät. Am besten wird das Mittel nachmittags gereicht. Vorher sollen die Tiere nicht von Wasser und Weide ferngehalten, nach der Verabreichung aber *in den ersten zwei Stunden nicht getränkt* werden. *Lämmer* sollen *4 Stunden vor und 2 Stunden nach der Behandlung keine Milch* bekommen *(v. Hutyra-Marek-Manninger; Mönnig).* Auch *Kupfersulfatlösung* allein (1- bis 2prozentig) ist wirksam; Dosis: Lämmer unter 4 Mo-

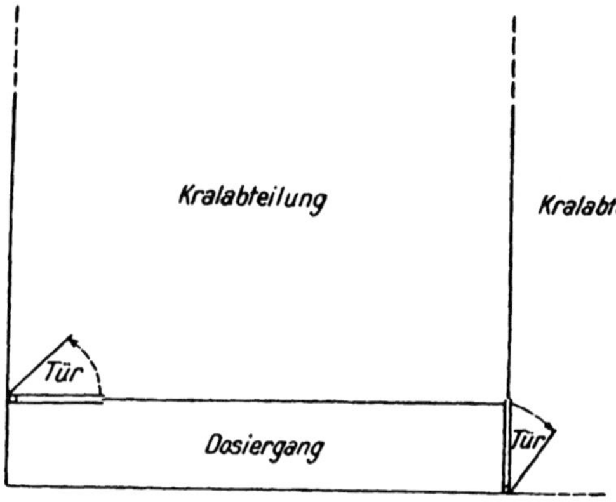

Abb. 49.
Dosiergang an einem Schafkral aus Drahtzaun oder Mauerwerk. Schematisch

naten 30 oder 15 ccm, von 4 bis 12 Monaten 50 oder 25 ccm, Jährlinge 90 oder 45 ccm, erwachsene Schafe 120 oder 60 ccm *(v. Hutyra-Marek-Manninger).*

Ostertagiaarten sind durch chemische Mittel wenig beeinflußbar. Am meisten kann *Tetrachloräthylen* (s. Hakenwurmseuche) empfohlen werden *(Mönnig,* 1938*).*

Auf schwerverseuchter Weide sollten die Schafe alle *14 Tage* behandelt werden. Im allgemeinen genügt aber Behandlung in Abständen von 3 bis 4 Wochen, um die Würmer zu erreichen, bevor sie anfangen, Eier zu legen. Es ist nicht immer nötig, die Behandlung auch auf die Trockenzeit auszudehnen. Jedenfalls kann man in der Trockenzeit größere Zwischenräume nehmen, 4 bis 5 Wochen (s. a. bei Knötchenwurmseuche).

Wirtschaftliche Bedeutung, Vorkommen. Die größte Bedeutung erlangen die überall vorkommenden Magen- und Darmwürmer dort, wo eine ausgedehnte Schafzucht getrieben wird. So gehört die Magenwurmseuche in der *Südafrikanischen Union* und besonders in dem unter Mandat stehenden Schutzgebiet *Deutsch-Südwestafrika* zu den *wirtschaftlich wichtigsten Krankheiten.* Hier wurden 1934 1 332 700 Dosen Magenwurmmittel abgegeben (Mand.-Ber.). Diese Zahl beleuchtet am besten die Bedeutung, die die Krankheit besitzt. Die Verluste durch die Krankheit sind überall schwer einzuschätzen. Tatsache aber ist, daß heute noch Farmer die Schafzucht aufgeben, weil sie zuviel Schafe an Würmern verlieren. Nicht nur im Süden Afrikas haben die Magenwürmer des Schafes solche Bedeutung. Aus *Kenya* berichtet *Daubney* (1933) über schwere Verluste auf den Schaffarmen. 1930 wurden fast eine Million Dosen Magenwurmmittel verkauft! In *Französisch-Nordafrika* verursachen die parasitären Krankheiten wohl 85 v. H. der Verluste bei Schafen *(Piettre,* 1929*),* wobei ein wesentlicher Anteil auf die Magenwurmseuche entfallen dürfte; in Marokko z. B. werden jährlich Millionen von Schafen staatlich unentgeltlich mit dem südafrikanischen Magenwurmmittel behandelt *(Eyraud,* Bull. Off. int. Epiz. *16,* 386, 1938*). Balozet* schätzte 1922 die Verluste durch Magendarmwurmseuche auf 30 v. H. des gesamten Schafbestandes, wobei auch der Hakenwurm

(s. d.) eine Rolle spielte. In *Basutoland* wird neuerdings zwangsweise monatliche Behandlung der Schafe der Eingeborenen mit Wurmmitteln durchgeführt, wobei die Besitzer die Kosten zu tragen haben (Off. Yearbook UoS.-Africa, 1937). Aus *Ägypten* berichtet *Rachad* (Bull. Off. int. Epiz. *3.* 980. 1929/30), daß Haemonchus contortus 1922 in Senai 40 v. H. der Schafe und Ziegen hinweggerafft habe. Auch in *Westafrika* herrscht die Magenwurmseuche stark. Diese Beispiele zeigen, daß der Magenwurmseuche überall höchste Beachtung zukommt, wo Schafzucht, insbesondere gehobene Schafzucht, getrieben wird. Die volkswirtschaftliche Bedeutung der Seuche erklärt die großen Anstrengungen mancher Länder, wie der Union von Südafrika, die Krankheit zu bekämpfen.

Magenwurmseuche anderer Farmtiere. Bei der Ziege und beim Rinde spielt die Magenwurmseuche, die im übrigen durch dieselben Würmer erzeugt wird und unter denselben Erscheinungen verläuft wie die der Schafe, in Afrika keine so große wirtschaftliche Rolle wie beim Schafe. Bei der *Ziege* liegt dies in den Steppengebieten Süd- und Ostafrikas sicher z. T. daran, daß sie sich anders ernährt als das Schaf, hauptsächlich von Büschen lebt, wobei sie keine Larven mit aufnimmt, und daß sie sich dadurch auch besser und vielseitiger ernährt und auf diese Weise widerstandsfähiger wird. Starke Verluste können aber unter ungünstigen Verhältnissen auch bei Ziegen auftreten, wie die Angabe von *Rachad* (s. o.) aus Ägypten zeigt, wonach 1922 in Senai 40 v. H. der Ziegen an Magenwurmseuche eingegangen sind. Die Magenwurmseuche des *Rindes* wird in der Regel nur bei *Kälbern* beobachtet. So berichtet *Henderson* (1936) aus *Nigeria,* daß sich die Behandlung von Kälbern gegen Magenwürmer auf den Zuchtfarmen der Regierung als sehr nützlich erwiesen habe. Auch in dem unter Mandat stehenden Schutzgebiet *Deutsch-Südwestafrika* ist die Magenwurmseuche bei Kälbern beobachtet worden.

Ebenso wichtig wie die Möglichkeit der Erkrankung durch Magen- und Darmwürmer ist bei Rindern (auch erwachsenen) und Ziegen die Möglichkeit, *Parasitenträger* zu sein und so zur Verwurmung der Weiden beizutragen. Diese Tatsache erschwert es, Weiden durch Beweiden mit anderen Tierarten als Schafen wurmfrei zu machen, da hierfür nur Einhufer in Frage kommen. Über das Vorkommen von verschiedenen, als Magenwurmseucheerreger in Frage kommenden Würmern beim Rinde in Afrika wird z. B. berichtet, daß es in Belgisch-Kongo kaum ein Rind gebe, das nicht die Eier von Magenwürmern und Leberegeln ausscheide *(Bouvier, G. u. Bouvier, S.,* 1937*).* Nach *Mönnig* (1931) führt Zusammenweidenlassen von Schafen und Rindern zu vermehrter Invasion bei Schafen! Daß auch das *Wild* (Antilopen) die krankmachenden Würmer der Haustiere beherbergen kann, haben *Mönnig* (1931 und 1933) und *Ortlepp* (1926) wiederholt nachgewiesen. *Mönnig* stellte auch mit Erfolg Übertragungsversuche vom Wild auf Schafe (1931, 1932) und vom Schaf auf das Wild (1933) an und mißt dem Wilde Bedeutung als Infektionsträger zu.

Die *Bekämpfung* der Magenwurmseuche der *Ziegen* erfolgt nach denselben Regeln wie bei den Schafen. Zur Bekämpfung der Magenwurmseuche des *Rindes* wird *Kupfersulfatlösung* empfohlen. 40 bis 70 ccm einer 5prozentigen Lösung soll unschädlich und wirksam sein (Tanganyika-Ber. 1934). Weiter empfiehlt sich bei Magenwurmseuche wie auch beim Bandwurmbefall der Rinder die Kupfersulfat-Nikotinmischung (s. Magenwurmseuche der Schafe) in der Menge von 30 ccm auf 25 kg Lebendgewicht, aber nicht mehr als 90 ccm bei Rindern bis zu 2 Jahren. Ältere Tiere können 120 bis 150 ccm erhalten *(Mönnig).*

Magenwurmseuche des Kameles. Bei Kamelen kommen z. T. besondere Trichostrongylidenarten vor, die schwere Verluste verursachen können. Beim Dromedar wurden gefunden *Trichostrongylus probolurus* und *T. axei (Croveri,* 1929; *Peck,* 1938*), Haemonchus contortus (le Roux,* 1929*),* ferner *Haemonchus longistipes (le Roux,* 1929 in Südafrika; *Rachad,*

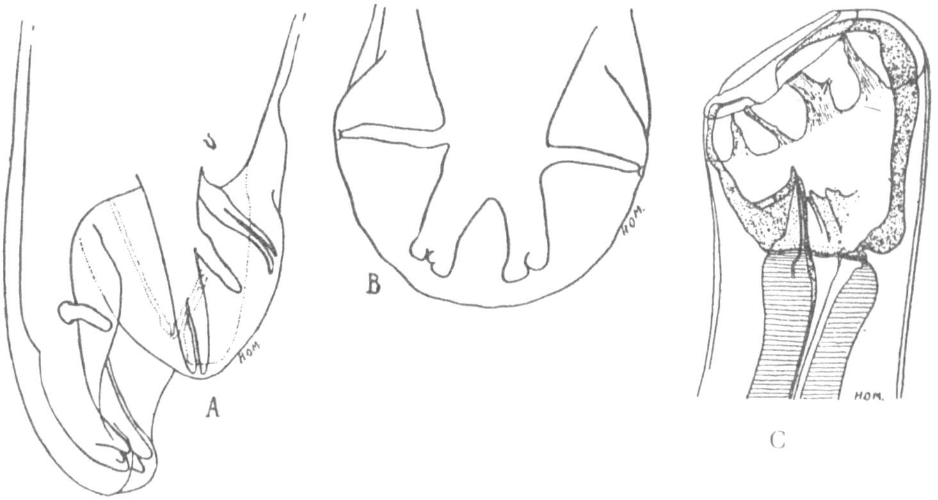

Abb. 50. *Gaigeria pachyscelis*, der Hakenwurm der Trockengebiete Süd- und Südwestafrikas. (Nach *Mönnig*)
A = Hinterende des Männchens von der Seite (Schwanzbeutel-Bursa)
B = Rückenlappen des männlichen Schwanzbeutels von oben, Dorsalrippen.
C = Vorderende, Mundkapsel mit Zähnen.

Bull. Off. int. Epiz. *3*, 980, 1929/30 in Ägypten*)* und *Anthostrongylus somalilensis (Croveri*, 1929 in Italienisch-Somaliland), den *Croveri* zusammen mit den beiden Trichostrongylusarten verdächtigt, die im Somaliland als *„Ber Cursu"* bekannte schwere Erkrankung der Dromedare zu verursachen. Zur Bekämpfung wird *1prozentige Kupfersulfatlösung* gegen H. longistipes angewandt („eine Rinderdosis") *(Peck*, 1936—1938*)*. *Rachad* gibt dagegen an, daß diese Behandlung in der Praxis schlecht durchzuführen sei und empfiehlt daher *Weidewechsel* beim Auftreten der Krankheit, um weitere Invasionen zu verhüten. Ferner ist zu empfehlen Verhinderung der Larvenaufnahme durch *einwandfreie Tränkanlagen* und *Ausmerzen der Parasitenträger (Croveri*, 1929*)*. Bei Anthostrongylus somalilensis sollen auch *Thymol* und *Farnkrautextrakt* wirksam sein *(v. Hutyra-Marek-Manninger)*.

63. *Hakenwurmseuche*

Wesen, Ursache, Erscheinungen usw. Die Hakenwurmkrankheit (Hakenwurmseuche) kommt bei den *Wiederkäuern*, ferner auch beim *Hunde* und beim *Menschen* vor und wird durch Hakenwürmer erzeugt, deren gemeinsames Merkmal die *hakenförmige Abbiegung des Kopfendes nach dem Wurmrücken* und das Vorhandensein von *chitinigen Zähnen* und *Leisten in der Mundkapsel* sind. Die Hakenwürmer haben *weiße Farbe*, werden aber durch *Blutsaugen rot*. Die Hakenwurmkrankheit des *Rindes* wird hervorgerufen durch *Bunostomum* (Monodontus) *phlebotomum*, dessen Männchen 1,0 bis 1,8 cm, dessen Weibchen 1,5 bis 2,8 cm lang sind. Die Erkrankung des *Schafes* und der *Ziege* wird durch *Bunostomum* (Monodontus) *trigonocephalum*, in trockenen Gegenden aber *nur* durch *Gaigeria pachyscelis* erzeugt. Von B. trigonocephalum ist das Männchen 1,2 bis 1,7 cm, das Weibchen 1,9 bis 3,6 cm lang, von G. pachyscelis das Männchen 1,2 bis 2 cm, das Weibchen 1,7 bis 3 cm. Die Hakenwurmkrankheit des Hundes und des Menschen werden durch andere Würmer hervorgerufen, jede durch besondere Arten. Die Hakenwürmer der Wiederkäuer schmarotzen im *Dünndarm*. Sie schädigen ihren Wirt sehr stark durch *Blutsaugen,* wobei als besonderer Nachteil in Betracht kommt, daß sie meist immer wieder ihren Platz wechseln, wobei Nachblutungen an den verlassenen Stellen auftreten. Der Blutentzug wird für einen Wurm im Verlauf von 24 Stunden auf 0,8 ccm berechnet. Dies erklärt die Entstehung einer *Blutarmut* bei starker Einwanderung der Parasiten. Die Übertragung erfolgt durch *unreines Wasser, Schlamm* und *feuchten Boden,* wenn diese durch eihaltigen Kot verunreinigt worden sind. Die Aufnahme geschieht nicht nur mit der Nahrung, sondern *die Larven wandern auch durch die Haut ein.* Bei Gaigeria scheint nur der Weg durch die Haut in Frage zu kommen *(Ortlepp,* 1937*).* In dem unter Mandat stehenden Schutzgebiet *Deutsch-Südwestafrika* wird angenommen, daß die in den Fuß einwandernden Hakenwurmlarven Nekrosebazillen den Weg bereiten und so zur Entstehung der Moderhinke beitragen.

Wirtschaftliche Bedeutung, Vorkommen. Die Hakenwurmseuche ist die *gefährlichste Wurmseuche der Schafe.* Sie ist in Afrika weitverbreitet. *Gaigeria pachyscelis* kommt in *Belgisch-Kongo* entlang der Westküste, in dem unter Mandat stehenden Schutzgebiet *Deutsch-Südwestafrika,* in *Rhodesien,* im *Betschuanaland* und in Teilen der *Südafrikanischen Union* vor *(Ortlepp,* 1937*). Bunostomum trigonocephalum* spielt im *Kapland, in Kenya (Daubney)* und *Französisch-Nordafrika (Balozet,* 1922*)* eine große Rolle. In Französisch-Nordafrika waren 65 v. H. aller von *Balozet* untersuchten Schafe mit Hakenwürmern befallen!

Mittel zur Feststellung. Durch die Krankheitserscheinungen ist die Hakenwurmseuche nicht mit Sicherheit von der Magenwurmseuche zu unterscheiden. Der Hakenwurmbefall kann aber festgestellt werden durch Nachweis der *Eier im frischen Kote,* die sich von denen anderer Magen- und Darmwürmer dadurch unterscheiden, daß sie nur wenige, jedenfalls unter 16 Furchungszellen besitzen.

Die *Bekämpfung* erfolgt bei allen Hakenwürmern der Wiederkäuer am besten durch *Tetrachloräthylen,* nach *Ortlepp* in der Dosis von 7,5 ccm für Schafe über 9 Monate, 5 ccm für Lämmer, gemischt mit der gleichen Menge flüssigen Paraffins oder in Form einer Emulsion mit Paraffin. Die Darreichung geschieht nach *Mönnig* mit einer Spritze oder einem Dosiergerät seitlich ins Maul (in die Backentasche) sofort nach Einspritzung von 2 ccm einer 10prozentigen *Kupfersulfatlösung,* die dazu dient, *den Schlundrinnenreflex auszulösen,* damit das Mittel gleich in den Labmagen gelangt. Fernhalten der Schafe von Wasser und Futter ist nicht nötig. Das Eingeben soll spät nachmittags oder frühmorgens erfolgen, wenn es kühl ist. Die Tiere sollen nicht gejagt und hernach vor der heißen Sonne geschützt werden. *Über 4 Monate trächtige Mutterschafe sind nicht zu behandeln.* Eine dreimalige Behandlung in Abständen von 10 bis 21 Tagen ist zu empfehlen. Auch Haemonchus und Trichostrongylus, sogar Ostertagia sollen durch das Mittel beeinflußt werden. Empfehlenswert, auch bei anderen Wurmseuchen, ist *Darreichung von Lecken: Knochenmehl* und *Kochsalz* (3 : 1) mit Zusatz von *1 bis 2 v. H. Eisensulfat,* bei starkem Befall auch für 3 bis 4 Wochen 3 v. H. *(Mönnig)* und 0,07 v. H. Kupfersulfat *(v. Hutyra-Marek-Manninger).* Wenn man den Hakenwurm ausrotten will, behandele man alle Schafe und Ziegen während der Trockenzeit und führe Maßnahmen zur Vernichtung der Larven durch (s. u. Vorbeuge). Bei *Rindern* bekämpft man die Hakenwurmseuche, die nur durch B. phlebotomum erzeugt wird, durch Gaben von *Tetrachloräthylenemulsion* (10 ccm Tetrachloräthylen auf 50 kg Lebendgewicht, Höchstgabe 30 ccm) sofort nach vorheriger Gabe von 300 ccm einer 5prozentigen Natriumbikarbonatlösung *(Mönnig).*

Vorbeuge. Wo die Hakenwurmseuche nicht vorkommt, muß ihre Einschleppung verhütet werden. Nur unverdächtige Schafe sind neu in die Herde einzustellen. Zur Vorbeuge gegen die Infektion vermeide man auf verseuchten Farmen feuchte Stellen und halte die Umgebung der Tränken trocken. Jedenfalls darf nur aus *sauberen Trögen* getränkt werden, die so gebaut sind, daß die Schafe nicht hineinspringen können. Zur *Vernichtung der Larven* kann man *Kochsalz* verwenden, wie auch *Mönnig* rät. *Fischer* (1928) empfahl, zur Vernichtung der Hakenwurmlarven des Menschen auf 1 qm Boden 1 Pfund Salz auf $2^1/_2$ Liter Wasser zu verwenden. Damit werde der Boden bis zu einer Tiefe von wenigstens 5 cm gesättigt, so daß Larven dort nicht mehr leben könnten. Es wäre zu prüfen, ob die Einwanderung der Hakenwurmlarven nicht auch in der Regenzeit im Kral erfolgt. Wenn dies der Fall ist, wäre der Kot regelmäßig jede Woche zu entfernen und zu versuchen, die Entwicklung der Larven im Boden durch Anwendung der angegebenen Salzlösung zu verhindern.

64. *Knötchenwurmseuche des Schafes und der Ziege*

Wesen, Ursache, Erscheinungen usw. Die Knötchenwurmseuche wird durch den *Knötchenwurm (Oesophagostomum columbianum)* verursacht, einen 1,5 bis 2 cm langen, ziemlich steifen Wurm, der im *Dickdarm* vom Schaf, außerdem bei der Ziege lebt. Die Würmer finden sich hauptsächlich am Ende des zweiten Abschnitts und vor dem spiraligen Teil des Dickdarms. Der Schmarotzer saugt kein Blut, erzeugt aber beim Schafe nach *Mönnig* offenbar einen *Giftstoff* (Toxin), der Abmagerung, Schwäche und u. U. einen dem Verhungern ähnlichen Tod verursacht. Etwa 150 bis 200 Würmer können Kranksein bedingen. Die vom Schafe aufgenommenen Larven dringen in die Darmwand von Dünn- und Dickdarm ein, wo sie 5 Tage verbleiben, um einen Abschnitt ihrer Entwicklung durchzumachen. Um einen Teil der eingedrungenen

Larven bildet sich eine bindegewebige Kapsel, in der die Wurmlarven absterben können; es bilden sich dann (durch Verkalkung) die bekannten *Wurmknötchen,* die aus einer Wand und einem grünen oder gelblichbraunen, käsigen Inhalt bestehen. Aus den Knötchen können die Wurmlarven wieder auswandern, ehe die Kapsel hart wird, was nach etwa 3 Wochen eintritt. Die nicht eingekapselten Larven wandern aus der Darmwand wieder in den Darm, und zwar zum Dickdarm, wo sie in etwa 5 Wochen geschlechtsreif werden *(Fourie,* 1936*)*. Die Knötchen schädigen die Tiere nicht, wenn sie nicht in übergroßen Mengen vorhanden sind; sie scheinen auch mit der „Reksiekte" (Darmeinstülpung, s. Reksiekte) nicht in Zusammenhang zu stehen.

Feststellung. Bei getöteten und verendeten Tieren weisen meist die geschilderten Knötchen in der Darmwand auf das Vorhandensein des Wurmes hin. Der Nachweis, daß die Würmer eine vorliegende Erkrankung verursacht haben, ist aber erst als erbracht anzusehen, wenn *erwachsene Würmer* in genügender Zahl nachgewiesen worden sind, die, wie die Mehrzahl aller Darmwürmer, *zwischen Darmwand und Inhaltsmassen* zu suchen sind. Es ist zu beachten, daß bei Vorhandensein zahlreicher Knötchen die Würmer fehlen können und daß auch ein schwerer Wurmbefall vorliegen kann, ohne daß auffällige Knötchenbildung beobachtet wird. Der Knötchenwurm kann mit *Chabertia ovina* verwechselt werden, die ähnlich aussieht, sich aber durch ihren etwas abgebogenen, im Gegensatz zum Knötchenwurm dicken (wie beim Hakenwurm) Kopf unterscheidet, der unter dem Mikroskop eine große *Mundkapsel mit Zähnen* erkennen läßt wie der Hakenwurm, der aber nie im Dickdarm zu finden ist. Chabertia verursacht sehr selten Schaden, obwohl sie nach *Wetzel* von Stücken der Darmschleimhaut lebt, die sie in ihre Mundkapsel zieht.

Bekämpfung. Wegen seines schwer zugänglichen Sitzes im Dickdarm ist der Knötchenwurm schwer zu beeinflussen. Klistiere sind angewandt worden, haben sich aber nicht als besonders wirksam erwiesen. Seit einigen Jahren wird ein von *Mönnig* (1935) empfohlenes Mittel mit zum Teil gutem Erfolg verwendet, das aus *Kupferarsenat* und *Kupfertartrat* besteht. Da gelegentlich Vergiftungserscheinungen beobachtet wurden, wohl weil sich infolge zu hohen Säuregrades des Mageninhalts im Labmagen zu viel von den Salzen löste, wird der Mischung *gelöschter Kalk* hinzugefügt. Die fertige Mischung besteht aus 1 Gewichtsteil Kupferarsenat, 2 Gewichtsteilen Kupfertartrat und 2 Gewichtsteilen Kalziumhydroxyd. Von dieser Mischung werden sofort nach Verabreichung von 2 ccm einer 10prozentigen Kupfersulfatlösung (zur Auslösung des Schlundrinnenreflexes) 0,25 g an Lämmer von 3 bis 7 Wochen, 0,5 g an Lämmer von 8 bis 12 Wochen, 1 g an Lämmer von 3 bis 6 Monaten, 1,8 g an Jungschafe von 6 bis 18 Monaten, 2,5 g an Schafe über 18 Monate verabreicht. Das Mittel soll nach *Mönnig* (1938) auf *vollen Magen* gegeben werden, *2 Tage vorher* darf *kein Körnerfutter* oder *Salz* verabreicht werden. *Sauglämmer* sollen *4 Stunden vor bis 4 Stunden nach der Behandlung keine Milch* bekommen. Die Behandlung wirkt auf grüner Weide besser als auf trockener, da die grüne

Weide die Geschwindigkeit des Durchtritts des Mittels durch den Darm und der Erreichung des Dickdarms durch das Mittel beeinflußt. Die Tiere sollen *so ruhig wie möglich* gehalten werden. Die angegebenen Dosen können nach 24 Stunden wiederholt und diese doppelten Behandlungen können alle 6 Wochen vorgenommen werden. Es sind aber auch schon gute Erfolge im Kampfe gegen den Knötchenwurm und Haemonchus contortus erzielt worden, wenn alle 3 Wochen einmal behandelt wurde. Wegen der *Vorbeuge* gilt dasselbe wie für die Vorbeuge der Magenwurmseuche.

Die *wirtschaftliche Bedeutung* ist wegen der Häufigkeit des Wurmes in manchen Gebieten und der Schwierigkeit der Behandlung groß. Für das Schutzgebiet *Deutsch-Südwestafrika* geht sie aus der Tatsache hervor, daß 1936 2 272 400 Dosen des *Mönnigschen* Mittels ausgegeben worden sind, gegen 1 354 200 Dosen des Magenwurmmittels („Wire Worm Remedy") (Mand.-Ber. 1936). Auch außerhalb der großen Schafzuchtgebiete ist der Wurm in Afrika sehr verbreitet. Im Schlachthof in Tamale *(Goldküste)* wiesen 1929/30 54,7 v. H. der Schafe und Ziegen Oesophagostomenknötchen im Darm auf (Ber.). In dem Schutzgebiet *Deutsch-Ostafrika* kommt neben dem Magenwurmmittel auch das Knötchenwurmmittel in großen Mengen zur Verwendung.

Anweisung für die Behandlung von Magen- und Darmwürmern der Schafe in dem Schutzgebiet Deutsch-Südwestafrika nach H. O. Mönnig:

1. Ist der Trichostrongylus (Bankrottwurm) nicht sehr lästig, gebe man, solange die Weide grün ist, beim Vorhandensein von Knötchenwürmern und Fehlen von Hakenwürmern regelmäßig das Knötchenwurmmittel (s. o.) ein, bei trockener Weide die Kupfersulfat-Nikotinmischung mit 4- bis 5wöchentlicher Pause.

2. Tritt der Bankrottwurm (Trichostrongylus) gefährlicher auf als der Knötchenwurm und fehlt der Hakenwurm, dann gebe man im Sommer alle 3 Wochen, im Winter alle 4 bis 5 Wochen die Kupfersulfat-Nikotinmischung. Sobald die Weide grün ist, führe man anstatt des dreimaligen Dosierens mit der Kupfersulfat-Nikotinmischung dreimal die Doppelgabe mit dem Knötchenwurmmittel mit je 6wöchentlichem Abstand durch.

3. Sowie der Hakenwurm festgestellt wird, ist sofort gegen diesen zu behandeln! Alle verendeten Schafe sind auf sein Vorhandensein zu untersuchen, und es ist auf Bleichsucht bei den Schafen zu achten (Lidbindehäute ansehen!).

Unterscheidung der verschiedenen Magen- und Darmwürmer durch Kotuntersuchung. Die mit dem Kote ausgeschiedenen Eier der verschiedenen schädlichen und der meisten unschädlichen Magen- und Darmwürmer sehen sich so ähnlich, daß sie auch mikroskopisch nicht mit Sicherheit zu unterscheiden sind. Die einzige Ausnahme stellen, wie schon erwähnt, die Eier der Hakenwürmer dar, deren Embryo eine geringere Anzahl von Furchungszellen aufweist (weniger als 16), solange der Kot ganz frisch ist.

Die Unterscheidung der verschiedenen Würmer aus dem Kot ist aber mit einiger Übung an Hand der dritten, invasionstüchtigen Larve möglich, die durch Kotkultur in feucht gehaltenen Gefäßen nach etwa 10 Tagen zu erhalten sind *(Dikmans* u. *Andrews,* 1933, u. a.*)*.

Andere Rundwürmer im Verdauungskanal bei den Farmtieren. Bei den Farmtieren kommen noch zahlreiche andere Rundwürmer vor, insbesondere *Spulwürmer* (Askariden). Die Spulwürmer sind große, langgestreckte, glatte, weißliche Würmer, die, wenn sie überhaupt Krankheitserscheinungen hervorrufen, Abmagerung und schlechte Entwicklung bedingen. Sie erzeugen in der Regel nur bei jungen Tieren Krankheitserscheinungen und auch bei diesen nur dann, wenn sie in sehr großen Mengen im Darme zugegen sind. Die Aufnahme der entwickelten Eier geschieht mit dem Futter und Trinkwasser, die mit den Darmausscheidungen spulwurmkranker Tiere verunreinigt sind. Beim *Pferde* kommt vor *Parascaris equorum,* Männchen 15 bis 25, Weibchen 18 bis 37 cm lang, beim *Rinde,* in der Regel nur beim Kalbe, *Ascaris vitulorum,* 15 bis 25 und 22 bis 30 cm lang, beim *Schweine,* gelegentlich auch beim Schafe, *Ascaris lumbricoides,* 15 bis 25 und 20 bis 40 cm lang, der gewöhnliche Spulwurm des Menschen. *Behandlung* mit verschiedenen bekannten Wurmmitteln, *Vorbeuge* durch Sauberkeit.

Palisadenwurmkrankheit bei Pferden. Bei den Einhufern kommen sehr häufig folgende Palisadenwürmer (Strongyliden) vor: *Strongylus equinus,* Männchen 3 bis 3,5, Weibchen bis 4,6 cm lang; *Str. vulgaris,* der kleinste Palisadenwurm, nur 1,2 bis 1,7 und 2,3 bis 2,4 cm lang; *Str. edentatus,* 2,3 bis 2,5 und 3,3 bis 3,6 cm lang; ferner *Trichonema* und andere kleine Strongyliden, die nicht größer als 1,0 bis 1,5 cm sind. Die Ansteckung erfolgt durch die Larven, die sich im Wirtstier bis zum reifen Tier entwickeln. In den Entwicklungskreis der Gattung Strongylus sind Wanderungen der Larven im Körper des Wirtstieres eingeschaltet. Bei *Str. vulgaris* ist die Wanderung mit zeitweiligem Aufenthalt in Blutgefäßen, und zwar in den *Gekrösarterien,* seltener in anderen großen Arterien, verbunden. Die Zurückwanderung der Larven aus den Blutgefäßen in den Darm soll durch den Blutstrom erfolgen, wo die Larven in kleinen Arterien der Darmwand festgehalten werden, sich eine Zeitlang in Wurmknoten aufhalten und schließlich geschlechtsreif ins Darminnere gelangen. Bei den Larven des *Str. edentatus* ist der Hauptentwicklungsort das Gewebe unter dem Bauchfell. Die erwachsenen Würmer finden sich im Blind- und Grimmdarm in der Zahl von wenigen Stücken bis zu Hunderten und Tausenden, und, wie *v. Hutyra-Marek-Manninger* hervorheben, ausnahmsweise geradezu von Milliarden. Sie schädigen z. T. durch Blutentziehung und die hierbei gesetzten kleinsten Schleimhautverletzungen. Die Ansiedlung in der Gekrösarterie erzeugt die bekannte *Gefäßerweiterung (Aneurysma),* die *Ursache der habituellen Kolik des Pferdes.* Im übrigen hängt die Bedeutung des Wurmbefalls von der Zahl der eingewanderten Würmer ab. *Behandlung* mit wurmwidrigen Mitteln, z. B. *Tetrachlorkohlenstoff* oder *Brechweinstein.* Wichtig ist die *Vorbeuge* durch Entfernung des Kotes.

65. *Lungenwurmseuche*

Wesen, Ursache, Erscheinungen usw. Die Lungenwurmseuche ist eine durch Rundwürmer, *Lungenmetastrongyliden,* hervorgerufene, gehäuft auftretende Entzündung der Bronchien mit anschließender Entzündung der Lunge. Die Lungenwurmseuche kommt bei *Schaf* und *Ziege,* viel seltener beim *Rinde* und *Kamel,* ferner beim *Schwein* vor. Gelegentlich kann sie aber bei Kälbern große Verluste erzeugen. Die Erreger der Lungenwurmseuche gehören, wie die Magen- und Darmwürmer, zu den Strongyloiden, unterscheiden sich aber von diesen biologisch dadurch, daß nicht ihre Eier, sondern nur ihre unbescheideten Larven im Kote erscheinen. Wenn in frischem, nicht verunreinigtem Kote Wurmlarven zu finden sind, kann es sich nur um Lungenwurmlarven handeln. Als Erreger der Lungenwurmseuche kommen in Betracht beim *Rinde Dictyocaulus viviparus,* Männchen 4,5 bis 5 cm und Weibchen 6 bis 8 cm, besonders die Weibchen fallen durch ihre milchweiße Farbe auf; beim *Schaf* und bei der *Ziege* sowie beim *Kamele D. filaria,* Männchen 3 bis 8 cm, Weibchen 5 bis 10 cm lang. Die Dictyocaulusarten wandern *durch die Haut* ein.

Außer den genannten Lungenwürmern kommen bei Schaf und Ziege noch *Müllerius capillaris* und *Protostrongylus rufescens* vor; beide entwickeln sich in Landschnecken, mit denen sie von den Schafen aufgenommen werden. Bei Müllerius capillaris ist das Männchen 12 bis 14, das Weibchen 19 bis 23 mm lang und weiß; die Maße von P. rufescens sind 18 bis 28 und 25 bis 35 mm. Diese letztgenannten Würmer rufen kleine, herdförmige Lungenentzündungen hervor; die befallenen Tiere zeigen bei schwachem Befall keine Krankheitserscheinungen, dagegen können sie bei sehr schwerem Befall unter den Erscheinungen einer Entzündung der Schleimhaut der Luftwege und der Lunge erkranken. Lungenwurmseuchekranke Tiere zeigen Husten, z. T. in Form von Hustenanfällen, mit Aushusten von Würmer, Eier und Larven enthaltenden Schleimklumpen, Nasenausfluß, erschwerte Atmung, Fieber, Blutarmut, häufig Durchfall. Sterblichkeit im allgemeinen 10 bis 70 v. H. *(v. Hutyra-Marek-Manninger)*. Bei *verendeten* oder *geschlachteten* Tieren findet man außer der Beeinträchtigung des Ernährungszustandes Schleim und Würmer z. T. in sehr großen Mengen in der Luftröhre und ihren Verzweigungen, herdförmige oder umfangreiche Verdichtungen (Entzündung) des Lungengewebes mit Lungenwürmern, Larven und Eiern.

Vorkommen. Nachrichten über das Vorkommen von *Müllerius* liegen für Afrika nur aus *Kenya* vor (Conf. on co-ord. of vet. research, 1936). Nach *Mönnig* (1938) kommt von den kleinen Lungenwürmern auch *Protostrongylus rufescens* in Afrika vor. Verluste durch Lungenwurmseuche *(Dictyocaulus)* werden aus *Nordafrika* berichtet *(Velu* und *Zottner,* 1937*),* wo die Krankheit bei Schafen sehr häufig zu sein scheint, denn in Marokko wird die Bekämpfung von Staats wegen durchgeführt. Aus dem Schutzgebiet *Ruanda-Urundi* wird über Lungenwurmseuche bei Rindern berichtet; es traten Verluste von 40 v. H. auf *(v. Saceghem,* 1923*)*. In dem Schutzgebiet *Deutsch-Südwestafrika* sind Lungenwürmer in den von Weißen besiedelten Gebieten noch nicht gefunden worden.

Bekämpfung. Zur Bekämpfung der Lungenwürmer sind Meidung verseuchter Weiden und ausreichende Ernährung zu empfehlen. Zur Behandlung dient die intranasale oder intratracheale Einspritzung bestimmter Arzneimittel. In Marokko wird in großem Maße zur Behandlung der Lungenwürmer der Schafe *Pyrethrin* verwandt (1 mg auf 10 ccm Wasser intranasal). Zur Behandlung werden die Schafe auf die Hinterhand gesetzt und etwas rückwärts geneigt. Danach werden sie einige Augenblicke auf den Rücken gelegt, um das Herabfließen des Arzneimittels in die Bronchien zu erleichtern *(Velu* u. *Zottner,* 1937*)*. Zur intratrachealen Einspritzung sind zu empfehlen *Lugolsche Lösung* (für Kälber 30 bis 40 ccm, für Schafe 10 ccm) und *Jodbenzin,* 1:10 (für Schafe 2 bis 3 ccm, für Kälber 4 bis 5 ccm). Die Jodbehandlung wird wie die Pyrethrinbehandlung in Marokko staatlich und unentgeltlich durchgeführt *(Eyraud,* Bull. Off. int. Epiz. *16*, 386, 1938). *Peters* (Zschr. Fl. M. Hyg. 1901) hat pikrinsaures Kalium intratracheal in Dosen von 5 g einer 0,2 prozentigen

Lösung mit gutem Erfolg gegen die Lungenwurmseuche bei Lämmern und in Dosen von 120 bis 150 g der genannten Lösung intratracheal auch bei Lungenwurmseuche des Rindes angewandt. Er hat ferner festgestellt, daß das pikrinsaure Kalium auf die Lungenwurmseuche auch bei oraler Verabreichung günstig wirkt durch die Tötung der Lungenwurmlarven, die auf der Auswanderung durch den Verdauungskanal begriffen sind. Da wegen der Explosionsgefahr pikrinsaures Kalium von der Eisenbahnlieferung ausgeschlossen ist, verwandte er eine aus Pikrinsäure und kohlensaurem Kalium hergestellte gesättigte Lösung von pikrinsaurem Kalium, die besonders hergestellt wurde. Sehr gerühmt wird neuerdings nach den Erfahrungen in Deutschland auch das *Antimosan* gegen Lungenwurmseuche der Schafe bei intratrachealer Anwendung. Die Dosis beträgt nach *Ruffner* (pers. Mittlg.) 1 ccm auf 5 kg Lebendgewicht für Schafe und Rinder, so daß sich bei Schafen eine Durchschnittsdosis von 5 bis 7 ccm ergeben würde. Ruffner betont, zur Injektion müßten die Tiere auf den Rücken gelegt werden. Im allgemeinen genüge *eine* Behandlung, bei sehr schwerem Befall könne diese nach einer Woche wiederholt werden.

Nierenwurm des Schweines (Stephanurus dentatus). In verschiedenen Teilen Afrikas ist der Nierenwurm des Schweines (Stephanurus dentatus) beobachtet worden, ein Rundwurm aus der Familie der *Strongyliden,* der hauptsächlich durch *Entwertung des Fleisches von Schlachttieren* von Bedeutung ist. Zum Tode führt die Einwanderung des Nierenwurms in der Regel nicht *(le Roux,* 1930*).* Das Männchen ist 20 bis 30, das Weibchen 30 bis 45 mm lang. Die Entwicklung läuft ähnlich wie beim Palisadenwurm des Pferdes. Das Eindringen in den Wirt erfolgt durch die Haut oder das Maul. Nach einer Wanderung durch den Körper siedeln sich die Würmer in Zysten in der Nähe der Niere an, die offene Verbindung mit den Harnleitern haben, so daß ihre Eier mit dem Harn abgehen können *(Mönnig,* 1938*).* Der Befall führt mitunter zu *urinösem Geruch und Geschmack des Fleisches.* Das Vorkommen des Wurmes ist in Afrika bekannt aus *Französisch-Kongo, Belgisch-Kongo, Portugiesisch-Ostafrika* und *Madagaskar (le Roux,* 1930*).* Nach *du Toit-Mönnig* (1936) verursacht der Wurm in vielen Gebieten große wirtschaftliche Schäden, und die Autoren machen auf die Gefahr der Einschleppung in die Südafrikanische Union aufmerksam. In *Angola* fand *Almeida* (1928) Stephanurus morai im Nierenbindegewebe eines Schweines.

Filariose der Haustiere. Die Filarien (Fadenwürmer), eine Familie der Nemathelminthen, zeichnen sich durch ihren sehr langen, dünnen Körper von annähernd durchweg gleichem Durchmesser aus. Von größerer Bedeutung sind 2 Filarien, die *Blutfilarie des Hundes* und die Blutfilarie des *Pferdes.* Die Blutfilarie des Hundes, *Dirofilaria immitis,* ist 12 bis 30 cm lang und sehr dünn. Die Blutfilarie des Pferdes, *Setaria equina,* mißt 50 bis 80 cm (Männchen) und 90 bis 150 cm (Weibchen). Die Blutfilarie des Hundes findet sich in der rechten Herzhälfte, während sie als Larve (Mikrofilarie, ¼ mm lang, 0,005 mm dick) zum Teil in großen Mengen im Blute kreist. Die Filarie des Pferdes schmarotzt in reifem Zustand in der Bauch-, seltener in der Brusthöhle; die Larve kreist ebenfalls im Blute. Bei den mit Blutfilarien behafteten Hunden vergehen 8½ bis 9 Monate nach der Invasion bis zum Auftreten der Mikrofilarien im Blute, und es werden darauf nur in den höhergradigen Fällen Krankheitserscheinungen beobachtet, die in Blutarmut und Abmagerung trotz guter Freßlust bestehen. Die Filariose des Pferdes verläuft ebenfalls zumeist symptomlos oder höchstens unter leichten, unbestimmten Störungen. Die Diagnose wird dargestellt durch den Nachweis der Mikrofilarien im Blute. Als Erreger von Herdenkrankheiten kommen die Filarien in der Regel nicht in Frage. Beim *Kamele* kommen wie beim Pferde *Blutfilarien* vor. Nachrichten hierüber liegen vor aus *Ägypten, Tripolis, Algerien,* dem *Sudan* und *Westafrika.*

Festgestellt sind *Filaria evansi* und *F. leesei.* Der letztgenannte Parasit wird häufig im *Auge* von Kamelen angetroffen, und zwar unter der Nickhaut und zuweilen auch in der vorderen Augenkammer. Weitaus die meisten mit Filarien behafteten Kamele zeigen keine Krankheitserscheinungen. *Leese* (1911, zit. nach *Knuth* und *du Toit*) ist der Meinung, daß es nur bei 4 bis 5 v. H. der Tiere zu Gesundheitsstörungen komme, und zwar dann, wenn die Zahl der Mikrofilarien im Blute mehr als etwa 50 im Kubikmillimeter betrage. Als Krankheitserscheinungen in schweren Fällen werden angegeben Abmagerung, Schwäche und Augenausfluß. Bei den *gefallenen* und *getöteten Tieren* findet man in der *Arteria spermatica* bis walnußgroße *Aneurysmen* und das Hodengewebe z. T. *atrophisch.* Die besten Erfolge der Behandlung werden durch gute Fütterung und Pflege erreicht. Von sonstigen Filarien sind noch die *Augenfilarien* (Thelazien) von Interesse, die sich in den Lidsäcken verschiedener Tiere finden, gelegentlich beim Rinde Bindehautentzündung erzeugen und sogar in den Augapfel eindringen können *(Sprehn)* (s. a. u. Ophthalmie).

Onchocerca gibsoni beim südafrikanischen Rinde. Bei den südafrikanischen Rindern schmarotzt die Filarienart *Onchocerca gibsoni,* 2 bis 11 cm lang, im *Unterhaut- und Zwischenmuskelgewebe,* bei starkem Befall auch im *Muskelgewebe* selbst und erzeugt hier ovale *Wurmnestknoten* von Erbsen- bis Hühnereigröße, die eine glatte Oberfläche und feste Konsistenz haben. Lieblingssitze Brust- und Flankengegend. In den Knoten finden sich die geschlechtsreifen Würmer in mehreren Exemplaren. Die Würmer sind lebendgebärend. Die *Mikrofilarien* finden sich im Lymphgefäßsystem und in den Lymphspalten der Gewebe. Krankheitserscheinungen ruft der Befall nicht hervor. Bedeutung für die *Fleischbeschau.* Beanstandungen in England bei der Einfuhr südafrikanischen wie australischen Gefrierfleisches. In Australien soll starker Befall zur Unverkäuflichkeit des Fleisches führen (Ref. Bemerkung Trop. Vet. Bull. *9.* 153, 1921). In *Rhodesien* werden bei 3 bis 5 v. H. aller Rinder Onchozerkenknoten in der Haut gefunden *(de Kock* u. *Snyman,* 1928*). Ortlepp* (1937) berichtet über schweren Befall — mehrere Hundert Knoten bei einzelnen Rindern — in *Südafrika.* Die Übertragungsweise ist noch nicht geklärt; nach *Ortlepp* (1937) kommen möglicherweise Simuliumarten (Kriebelmücken) in Frage, während *Strong* (1937) Culicoides für den Überträger hält. Vielleicht sind wildlebende Wiederkäuer als die Vorratskammer der Würmer zu betrachten *(de Kock* u. *Snyman,* 1928; *Strong,* 1937*). Strong* (1937) fand bei einem *Elen* (Taurotragus) Onchozerken, die mit O. volvulus des Menschen identisch zu sein schienen. Der Parasit findet in Südafrika große Beachtung; schon 1930 empfahl *le Roux,* in einem nicht zu schwer befallenen Gebiet alle befallenen Tiere zu töten und Maßnahmen gegen die Einfuhr infizierter Tiere zu treffen. *Ortlepp* (1937) erörtert die Frage für Südafrika und ist der Meinung, wenn es sich herausstellen sollte, daß der Überträger ein Simulium sei, Bekämpfung und Vorbeuge kaum möglich sein würden und den Farmern in schwer verseuchten Gebieten empfohlen werden müßte, sich auf andere Wirtschaftszweige als die Erzeugung von Schlachtrindern zu legen, u. U. auf Milchwirtschaft. In *Madagaskar* ist starker Befall mit Onchozerken bei *Zebus* festgestellt worden *(Chrétien,* 1920*).* Zum Nachweis der Onchozerken drückt man ein Stück Haut über einem Knoten zusammen und schabt die Epidermis mit einem scharfen Messer ab. In der austretenden Flüssigkeit kann man die Mikrofilarien feststellen, die sich manchmal sogar finden lassen, wenn keine Knoten vorhanden sind. Die Mikrofilarien sind 220 bis 350 μ lang und 3 bis 4 μ dick und nicht bescheidet *(Mönnig,* 1938*).*

66. *Leberegelseuche (Distomatosis)*

Wesen, Ursache, Erscheinungen usw. Die Leberegelseuche ist eine bei den Wiederkäuern vorkommende Herdenkrankheit, die durch die zu den Saugwürmern *(Trematoden)* gehörigen *großen Leberegel (Fasciolaarten)* verursacht wird. Die Fasziolen sind Zwitter. Als Erreger der Leberegelseuche in Afrika sind zu nennen *Fasciola hepatica,* 2 bis 3 cm lang, 0,8 bis 1,3 cm breit, und *Fasciola gigantica,* 2,5 bis 7,5 cm lang und 1,2 cm breit. Der *kleine Leberegel (Dicrocoelium lanceatum),* 4 bis 9 mm lang und 1,5 bis 2,5 mm breit, spielt keine krankmachende Rolle. Er ist auch in Mittel- und Südafrika noch nicht beobachtet worden *(Mönnig,* 1938*)* und scheint ebenso in Algerien nicht vorzukommen *(Lièvre,* 1933*).* Wie schon bei anderem Anlaß erwähnt, macht Fasciola einen Wirtswechsel in den *Leberegelschnecken* durch. In Südafrika sind Limnaea natalensis *(Mönnig,* 1938*)* und L. truncatula *(le Roux,* 1930*)* Überträger der Leberegelbrut. Auch Physopsis africana und Bulinus tropicus sind beschuldigt worden *(Mönnig,* 1938*).* Die Ansteckung der Wiederkäuer mit der *Brut der großen Leberegel* findet *nur auf nassen, sumpfigen Weiden* und an den Uferrändern langsam fließender Bäche statt, im Gegensatz zum kleinen Leberegel, der an Bodenfeuchtigkeit nicht gebunden ist. Die Krankheit äußert sich bei den *Schafen* und *Ziegen* durch Blässe der Schleimhäute, ödematöse Anschwellungen unter der Haut, durch Bauch- und Brustwassersucht und durch fortschreitende Abmagerung, die schließlich zum Tode führt. Bei *Rindern, Büffeln* und *Kamelen* ist das Krankheitsbild ein ähnliches, nur mit dem Unterschied, daß die Krankheit besonders bei erwachsenen Tieren nur selten einen schweren Verlauf nimmt, selten auch mit Ödemen einhergeht, während Durchfall regelmäßiger auftritt.

Behandlung mit Distol, Tetrachlorkohlenstoff, Hexachloraethan.

Vorbauung durch Fernhalten der Tiere von feuchten Weiden und Weidestellen, auf denen sie die Leberegelbrut aufnehmen können und, wo durchführbar, durch Bekämpfung der Schnecken auf dem Wege der Flußkorrektur, Schaffung schnellfließenden Wassers und Trockenlegung sumpfiger Weiden, weil auf diese Weise den Leberegelschnecken die Entwicklungsmöglichkeit genommen wird. Es ist auch empfohlen worden, Weiden und Wasser zur Abtötung der Leberegelschnecken mit Kupfersulfat zu behandeln. (Verd. 5 : 1 Million.)

Vorkommen und wirtschaftliche Bedeutung. Die Leberegelseuche kann auch in Afrika zu schweren Verlusten bei *Rindern* führen *(Nordrhodesien: Hornby,* 1921; *Algerien:* 15 bis 18 v. H. der Rinder sind befallen, *Lièvre,* 1933; *Französisch-Guinea: Salliou,* 1937, bei Kälbern am Anfang der Regenzeit; *Erythrea: Colli,* 1936*),* ferner bei *Schafen* und *Ziegen (Nigeria:* Ber. 1935, schwere Verluste bei Ziegen; *Algerien: Lièvre,* 1933, 5 bis 6 v. H. befallen; *Südafrikanische Union* und *Basutoland: Melck,* 1927*).* Neben *der Bedeutung der Leberegel* als Ursache der Leberegelseuche führt der Befall auch in geringeren Graden zu wirtschaftlichen Verlusten durch Genußuntauglichkeit der Leber. Im Schlachthof von Tamale *(Goldküste)* waren 30,2 v. H. der Rinderlebern und 5,8 v. H. der Schaf- und Ziegenlebern mit Leberegeln befallen (Ber. 1929/30); in *Uganda* schwankte der Befall zwischen 1 und 48 v. H. (Ber. 1933).

In den Vormägen schmarotzende Egel. In Pansen und Netzmagen der Wiederkäuer kommen die Egelarten *Paramphistomum cervi* und *Cotylophoron cotylophorum (le Roux,* 1930; *Mönnig,* 1935, 1938*)* vor. Nach *Mönnig* können diese Schmarotzer im Jugendstadium stinkenden Durchfall und Anämie verursachen. Indessen werden Erkrankungen durch diese Egel selten beobachtet. Auch diese Egel machen wie die Leberegel einen Wirtswechsel durch. *Behandlung* der erkrankten Tiere mit Tetrachloraethylen, der erkrankten Rinder mit Hexachloraethan.

67. *Schistosomiasis (Bilharziosis)*

Wesen, Ursache, Erscheinungen usw. Eine besondere Art der Saugwürmer bilden die Schistosomen, die *getrenntgeschlechtlich* sind und *im Blute* der *Wiederkäuer,* außerdem beim *Menschen* leben. Das Männchen besitzt am Bauch eine Rinne, in die es das Weibchen aufnimmt. Die Würmer sind in tropischen und subtropischen Gebieten mit ausreichender Feuchtigkeit häufig. Hierzu gehören *Schistosoma bovis* (10 bis 18 mm lang), ferner *Sch. margrebowiei (le Roux,* 1933*), Sch. curassoni* und *Sch. rodhaini (Brumpt,* 1931*)*. Auch bei *wildlebenden Wiederkäuern* werden Schistosomen beobachtet *(van den Berghe,* 1937, bei *Sitatunga,* Limnotragus spekei; *le Roux,* 1933*)*. Die Schistosomen haben ebenso wie die Leberegel einen *Wirtswechsel,* der über *Sumpfschnecken* geht (nach *Mönnig,* 1938: Physopsis africana, Ph. globulosa und Bulinus contortus), aus denen Gabelschwanzzerkarien (Jugendstadien) schlüpfen, die sich nicht, wie beim Leberegel, verkapseln, sondern im Wasser umherschwärmen, bis sie durch die Haut eines Wirtes einzuwandern vermögen. Das Schaf soll sich nach *Mönnig* (1938) wahrscheinlich auch durch Aufnahme der Zerkarien mit dem Trinkwasser infizieren. Die Zerkarien wandern mit dem Lymph- und Blutstrom wie die Hakenwurmlarven und gelangen schließlich in die Venen des Pfortadersystems, wo sie zu geschlechtsreifen Tieren heranwachsen. Die Jugendstadien können während ihrer Wanderung Reizerscheinungen hervorrufen, aber die Schädigung des Organismus ist hauptsächlich auf die mit dem Blute fortgeschwemmten Eier zurückzuführen, die die Darmwand und andere Organe reizen, ferner auf das Blutsaugen der erwachsenen Würmer *(Mönnig,* 1938). Die Eier gelangen bei den Schistosomen der Wiederkäuer meist in den Darm, selten (wie gewöhnlich bei Sch. haematobium des Menschen) in die Harnblase, so daß die Feststellung des Befalles durch Nachweis der Eier im Kot geschehen kann. Die Eier von Sch. bovis sind spindelig an den Polen ausgezogen. Klinisch äußert sich die Erkrankung meist durch Erscheinungen eines subakuten bis chronischen *Darm-* oder auch *Blasenkatarrhs* mit zeitweiligem Auftreten von *Blut* in Kot und Harn.

Die *Bekämpfung* erfolgt einmal wie beim Leberegel durch Vermeidung der Infektion — wenn man Schafe von den gefährlichen Gewässern zurückhält, geht die Infektion meist bald zurück *(Cawston,* 1929*)* — oder indem man die Schnecken vernichtet und die Würmer im befallenen Tier durch verschiedene chemische Mittel bekämpft. Gute Erfolge hat man erzielt mit intravenösen Einspritzungen von *Natriumantimontartrat* (Natriumbrechweinstein) in

6prozentiger steriler Lösung. Bei *Schafen* sind 10 Einspritzungen erforderlich, beginnend mit 2 ccm, worauf 3, dann 4 ccm einen um den anderen Tag folgen. Für *Rinder* ist 6prozentiges Antimosan benutzt worden; man gab an 10 Tagen mit je einem Tag Zwischenraum je 25 ccm *(Mönnig,* 1938*)*.

Vorkommen. Die Krankheit ist beim *Schafe* hauptsächlich in *Südafrika,* aber auch andernorts beobachtet worden (Natal); ferner beim Rind *(Nordrhodesien: le Roux,* 1933; *Südrhodesien: Blackie,* 1932, fand bei 11,3 v. H. der untersuchten Schafe und bei 30,8 v. H. der untersuchten Rinder den Parasiten; *Belgisch-Kongo: van den Berghe,* 1934; *Englisch-ägyptischer Sudan: Archibald,* 1933, beim Rinde).

Frage der Übertragung der Farmtierschistosomen auf den Menschen. Die Möglichkeit, daß Schafe und Rinder als Vorratsbecken menschlicher Schistosomen dienen, wird von *McHattie, Mills* und *Chadwick* (1933) für Afrika bestritten. Auch im Englisch-ägyptischen Sudan stellt *Archibald* (1933) fest, daß er die charakteristischen Eier von Sch. bovis trotz weiter Verbreitung des Wurmes beim Rinde bei den Eingeborenen nie gefunden habe. Die Meinung von *Blackie* (1932), daß beim Menschen Eier von Sch. bovis vorkämen, wird damit erklärt, daß B. atypische Eier des nur beim Menschen vorkommenden Sch. haematobium vor sich gehabt habe *(van den Berghe,* 1936*)*.

68. *Bandwurmseuche der Wiederkäuer*

Bei den Wiederkäuern kommen Bandwürmer (Cestodes) vor, die namentlich bei Lämmern unter 6 Monaten bei starkem Befall schwere Krankheitserscheinungen hervorrufen können. Die Krankheitserscheinungen bestehen neben Verdauungsstörungen in Mattigkeit, *Abmagerung,* schlechter Entwicklung, *Wollausfall, Blutarmut,* Drängen auf den Kot und *Durchfall.* Tod durch Erschöpfung. Die Bandwurmbrut wird, wie neue Feststellungen ergeben haben, durch Zwischenwirte übertragen. Auf infizierten Weiden beginnen Lämmer schon nach 40 bis 50 Tagen *Bandwurmglieder* und *Bandwurmeier* mit dem Kote auszuscheiden. In Betracht kommen als Erreger der Krankheit Moniezia- und Avitellinaarten, und zwar *Moniezia expansa,* 4 bis 10 m lang, der längste aller Tierbandwürmer, *M. denticulata,* 25 bis 80 cm, selten 1,7 m und darüber lang, *M. benedeni,* bis 4 m und darüber lang. Therapeutisch hat sich die *Kupfersulfat-Nikotinbehandlung* und das *Knötchenwurmmittel* (s. u. Magenwurm- und Knötchenwurmseuche) bewährt *(Mönnig,* 1938*)*.

Stilesia hepatica in der Leber des Schafes und der Ziege. Ein Kuriosum in bezug auf seinen Sitz ist der Bandwurm *Stilesia hepatica* beim Schafe, bei der Ziege, ferner beim Rinde und bei wilden Wiederkäuern in vielen Gegenden Afrikas zu nennen, der nicht im Darme, sondern in den *Gallengängen* der Leber schmarotzt. Er ruft schwere Veränderungen der Gallengänge, besonders auch Verkalkung, hervor. Länge 20 bis 50 cm, Breite bis zu 3 mm. Krankmachende Bedeutung besitzt er nicht, dagegen eine wirtschaftliche Bedeutung wegen der Beschlagnahme der befallenen Lebern bei der *Fleischbeschau.* In dem Schutzgebiet

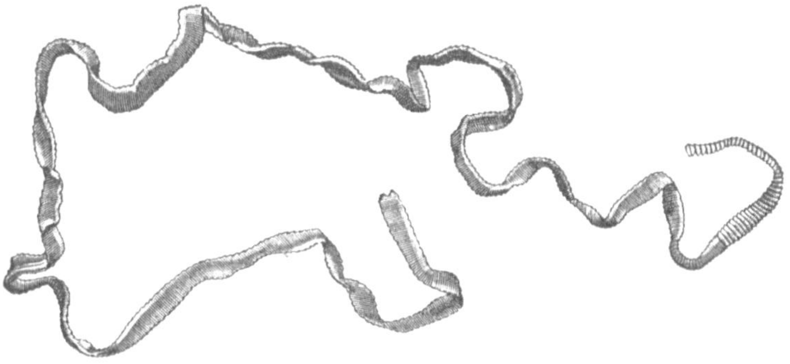

Abb. 51. Stilesia hepatica, der unschädliche Leberbandwurm des Schafes. (Aus *v. Ostertag* nach *Brauer-Wolffhügel*, aus „Lehrbuch der Schlachtvieh- und Fleischbeschau", Verlag Enke)

Deutsch-Südwestafrika wurden nach dem Bericht des Administrators 1918 „1944 Lebern wegen Leberegeln bei der Fleischbeschau für untauglich erklärt". Sollte es sich dabei nicht, da über das Vorkommen des Leberegels in dem Gebiet nichts Sicheres bekannt ist, um den dort häufiger vorkommenden Lebergallengangbandwurm gehandelt haben? In der *Südafrikanischen Union* führt Stilesia hepatica in steigendem Maße zu Beschlagnahmen von Lebern bei der Fleischbeschau *(du Toit-Mönnig,* 1936*)*.

69. *Bandwurmfinnen. Für den Menschen schädliche Finnen des Rindes und Schweines*

Wesen, Vorkommen, Bedeutung usw. Beim Rinde und beim Schweine kommen *Finnen,* die *Vorstufen* der Entwicklung von *Bandwürmern,* vor, die sich *beim Menschen* zu Bandwürmern zu entwickeln vermögen. Wir bezeichnen diese Finnen als *gesundheitsschädliche Finnen.* Beim *Rinde* findet sich die *unbewaffnete Finne (Cysticercus inermis),* so genannt, weil sie keine Haken an ihrem Kopfe (Scolex) besitzt; beim *Schweine der Zellgewebsblasenschwanz (C. cellulosae),* der im Gegensatz zur Rinderfinne einen doppelten Hakenkranz am Skolex aufweist. Die Finnen sind rundliche oder längliche Bläschen, die im Muskelfleisch und in Ausnahmefällen auch in bestimmten Eingeweiden (Leber, Lunge und Gehirn), in den Lymphknoten und in anderen Körperteilen ihren Sitz haben. Die Größe schwankt je nach dem Grade der Entwicklung von der eines Stecknadelkopfes bis zu derjenigen einer Erbse. Die *Lieblingssitze* sind bei der *Rinderfinne* die Kaumuskeln und das Herz, die bei allen Schlachttieren angeschnitten werden müssen, um die in der Tiefe sitzenden Finnen zu entdecken. Weitere Lieblingssitze sind die Muskulatur des Schlundes, die Nacken- und Halsmuskeln, der muskulöse Teil des Zwerchfells sowie die Zwischenrippen- und Brustmuskeln Die *Schweinefinne* hat als Lieblingssitze die Bauchmuskeln, zu deren Freilegung für die Untersuchung die Entfernung des sie bedeckenden Liesen- oder Flomenfettes nötig ist, die muskulösen Teile des Zwerchfelles, die Lendenmuskeln, die Zunge, das Herz, die Kau-, Zwischenrippen- und Nackenmuskeln, die Einwärtszieher der Hinterschenkel. Außer dem Herzen gehören von den Eingeweiden das Gehirn, von sonstigen Organen die Lymphknoten und das Bauchfettgewebe zu den Lieblingssitzen der gesundheitsschädlichen Finnen. Nach *Viljoen* (1938) ist es in Südafrika bei Schweinen nicht üblich, die Lieblingssitze der Finnen anzugeben, weil die Schweine in der Regel schwer befallen sind, während für die Rinderfinne betont wird, daß neben den gewöhnlichen Lieblingssitzen, die die europäischen Forscher bezeichnen, noch die Muskeln des Hinterviertels häufig Sitz der Rinderfinnen sind. Er empfiehlt, dieser wichtigen Lieblingsstelle der Rinderfinnen in Afrika Aufmerksamkeit zu widmen und tiefe *Einschnitte in die Einwärtszieher des Hinterschenkels* zu machen, parallel zu der Beckensymphyse und gleich unterhalb, wodurch die Viertel nicht entwertet würden. In Bloemfontein sei die genaue Untersuchung der Rinder auf Finnen, verbunden mit tiefen, langen Einschnitten an den genannten Stellen, dadurch belohnt worden, daß viermal soviel finnige Rinder festgestellt wurden als zuvor. Auch aus dem Schutzgebiet *Deutsch-Ostafrika* berichtet *Armfield* (1928), daß dort der Hauptsitz der Rinderfinnen nicht die Kaumuskeln, sondern Hinterviertel („Buttocks"), Schulter und Herz seien. Deswegen würde in der Praxis der Fleischbeschau je ein tiefer Schnitt in das „Hinterteil" und ein *tiefer Schnitt in die Schulter* auf beiden Seiten angelegt.

Häufigkeit des Vorkommens. Im *Johannesburger Schlachthof* betraf die Finnigkeit 1934/35 bei den verschiedenen Sendungen 2,5 bis 60 v. H. der *Rinder,* während bei den *Schweinen* in den letzten 11 Jahren 2,89 bis 6,49 v. H. mit Finnen befallen waren *(Irvine-Smith, 1937).*

Im allgemeinen kommt C. inermis in *Südafrika* nach *Viljoen* (1938) viel seltener vor als C. cellulosae. In 18 Schlachthöfen wurden Befallszahlen von unter 1 v. H. errechnet; nur 9 Schlachthöfe wiesen Zahlen von 5 v. H. und mehr auf, die höchsten Befallssätze wurden festgestellt im östlichen Transvaal, an der Grenze des Swasilandes bei Barberton, dann in 4 Schlachthöfen Natals, die viel Schlachtvieh aus dem Sululand bekommen, und in den 4 östlichen Kapschlachthöfen East London, Kingwilliamstown, Fort Beaufort und Port Elizabeth. Im ganzen scheint es, als ob C. cellulosae in der Südafrikanischen Union etwas im Abnehmen begriffen ist, während sich C. inermis im entschiedenen Anstieg befindet. C. cellulosae tritt in Südafrika gewöhnlich in Form sehr schwerer Masseneinwanderung des Parasiten auf; das Verhältnis von schweren Invasionen zu leichten beträgt ungefähr 5 : 1, bei C. inermis ist das Gegenteil der Fall. In *Nordrhodesien* ist die Rinderzystizerkose ziemlich selten, während die Schweinezystizerkose sehr häufig ist *(le Roux,* 1932*).* In dem Schutzgebiet *Deutsch-Südwestafrika* ist es umgekehrt; bei Schweinen werden sehr selten Finnen gefunden, während die Rinderfinne häufig beobachtet wird. Nach den Feststellungen des einen von uns *(v. Ostertag)* im Jahre 1913 sind die Zahlen des Vorkommens von C. inermis in *Deutsch-Ostafrika* viel höher als die von *Viljoen* für Südafrika angegebenen. Im Schlachthof von Nairobi werden alle Rinder beanstandet, die mehr als 6 Finnen aufweisen. Dadurch werden 10,75 v. H. aller Schlachtrinder beanstandet (Stockowners conference, 1936). In *Abessinien* soll ein Bandwurm fast selbstverständlicher Besitz der Eingeborenen sein, was damit zusammenhängen soll, daß die Abessinier ihre Notdurft auf den Weiden hinter den Hütten verrichten, auf denen die Rinder des Dorfes weiden, und daß sie das Rindfleisch roh genießen. Im *tropischen Afrika* ist die Bandwurmplage überhaupt weitverbreitet. In *Madagaskar* ist die Schweinezystizerkose sehr häufig, die Rinderfinne etwas seltener *(Poisson u. Randriambeloma,* 1929*)*; mindestens 10 v. H. aller zur Schlachtung kommenden Schweine haben Finnen *(Poisson,* 1929*).* In Tamale *(Goldküste)* wiesen 12 v. H. aller geschlachteten Rinder Finnen auf (Ber. 1930/31), in *Französisch-Guinea* waren von 11070 geschlachteten Rindern 1715 Finnenträger, das sind etwa 15 v. H. *(Salliou,* 1937*).* In *Uganda* (Ber. 1933) wurde bei Schlachtvieh aus einem Bezirk ein Finnenbefall bei 26 v. H. aller Tiere festgestellt! In *Marokko* sind 10 v. H. aller Schlachtrinder finnig *(Jazas,* 1927*).*

Verfahren mit dem finnigen Fleische. Das Fleisch finniger Tiere ist als untauglich zu behandeln und unschädlich zu beseitigen, wenn es stark mit Finnen durchsetzt ist oder wenn es infolge der Finneneinwanderung wäßrig geworden ist. Schwachfinniges Fleisch kann *nach ausreichendem Kochen* unter Angabe der besonderen Beschaffenheit *in den Verkehr gegeben werden.*

Das finnige Fleisch ist nur *in rohem* oder *unvollständig gekochtem oder gebratenem*

Zustand schädlich. Nach Genuß solchen Fleisches entstehen beim Menschen *Bandwürmer*, und zwar die *Taenia saginata* nach Aufnahme finnigen Rindfleisches und die *T. solium* nach Aufnahme finnigen Schweinefleisches. *Bei den Trägern von T. solium können sich,* wie bereits an anderer Stelle erwähnt, sekundär, durch Selbstinfektion, *Finnen im Gehirn* und *in den Augen* entwickeln, wodurch schwere Gehirnstörung und Erblindung hervorgerufen werden können. *Van Coller* hat, wie auch schon angegeben, gefunden, daß ein großer Teilsatz der Fälle von *Psychose* in Südafrika auf Bandwurminvasion zurückzuführen war. Verhältnismäßig viele Fälle von *Epilepsie* beim Menschen erwiesen sich bei der Sektion als verursacht durch C. cellulosae im Gehirn (s. Einleitung zu Kapitel IV).

Durch *Kochen, Dämpfen* oder *Braten* werden die Finnen *unschädlich* gemacht. Das Kochen, Dämpfen, Braten ist aber nur dann als genügend anzusehen, wenn das Fleisch unter Einwirkung der Hitze *auch in den innersten Schichten grau verfärbt* ist und wenn der von den frischen Schnittflächen *abfließende Saft* eine *rötliche Farbe nicht mehr* besitzt. Auch *3 Wochen lange Pökelung* in einer Lake von mindestens 25 Gewichtsteilen Kochsalz auf 100 Gewichtsteile Wasser macht finniges Fleisch unschädlich. Wenn die Pökellake mit Lakespritzen eingespritzt wird, genügt schon 14tägige Behandlung. *Viljoen* (1938) hat festgestellt — zum Teil in Abweichung von in Deutschland ausgeführten Versuchen —, daß in keinem Falle C. cellulosae mehr als 4tägiges und C. inermis mehr als 5tägiges *Gefrieren des Fleisches* überstanden haben.

Wirtschaftliche und gesundheitliche Bedeutung. Viljoen bezeichnet die *Finnenplage* für die südafrikanische Landwirtschaft als einen *schweren wirtschaftlichen Schaden* und die mit der Finnenplage zusammenhängende *Bandwurmplage des Menschen* als eine *ernste und widerwärtige Infektion der südafrikanischen Bevölkerung.*

Zur Bekämpfung sind *sorgfältige Ausübung der Fleischbeschau* und *Verhütung der Aufnahme von Bandwurmbrut durch Rinder und Schweine notwendig.* In *Südafrika* ist anscheinend die Quelle der Invasion des C. cellulosae beim *Schweine* dieselbe wie in allen anderen Ländern, in denen C. cellulosae noch verhältnismäßig häufig vorkommt. Auf primitiven Farmen und Eingeborenenwerften dürfen Schweine auf dem Hof oder in der Nähe der menschlichen Wohnungen umherlaufen. Auf vielen derartigen Farmen und auf Eingeborenenwerften herrschen die ursprünglichsten hygienischen Verhältnisse. Da wirkt das Schwein, wie *Viljoen* ausführt, gleichzeitig als eine Art Straßenreiniger und wird stark von der Bandwurmbrut befallen. Es ist beobachtet worden, daß der Befall von *Rindern* während oder kurz nach Dürreperioden höher ist, wenn im Felde wenig Weide ist und deshalb die Rinder dazu neigen, sich in der Nähe der menschlichen Behausungen aufzuhalten. Am geringsten ist das Vorkommen bei Rindern von Großfarmen. Flüsse spielen eine geringe Rolle bei der Verbreitung der T.-saginata-Eier in Südafrika. Teiche mit stehendem Wasser in Flußbetten, die als Tränkplätze für Rinder benutzt werden, können als mögliche Gefahrenquelle verdächtigt werden. Verunreinigung durch Rieselwasser auf Weiden ist in Südafrika nicht als ernstere Invasionsquelle festgestellt worden; Tatsachen, wie sie hierüber aus Deutschland, Holland und Australien vorliegen, sind in Südafrika nicht bekannt geworden. Im ganzen *übrigen Afrika* liegen die Verhältnisse ähnlich dadurch, daß die Eingeborenen ihre Notdurft überall verrichten und natürlich am häufigsten in der Nähe der Wohnplätze, die auch von den Rindern häufig besucht werden. Es ist daher darauf hinzuwirken, daß für die Eingeborenen Latrinen eingerichtet werden und daß die Eingeborenen die Latrinen auch benützen. Den Zweck erfüllt gut eine umzäunte Grabenlatrine an einem schattigen Platze *(Teppaz,* 1926; *Schmid,* 1927; *Parlier,* 1938). In *Tunesien* nimmt der Finnenbefall von Norden nach Süden entsprechend der Verschlechterung der hygienischen Bedingungen zu, 0,66 bis 3,5 v. H. *(Faure,* 1929).

Viljoen (1938) empfiehlt folgende *Maßnahmen zur Bekämpfung der gesundheitsschädlichen Finnen:*

a) *Enge Zusammenarbeit zwischen ärztlichem und tierärztlichem Beruf.*

b) *Genaue Untersuchung der Schweine und Rinder auf den Schlachthöfen der größeren Städte,* wenn möglich, mit *tierärztlicher Kontrolle in Städten mit mehr als 7500 europäischen Einwohnern.*

c) *Obligatorische Fleischbeschau an allen anderen Schlachtstellen durch besonders ausgebildete Fleischbeschauer.* Diese Schlächtereien sollen zu Gruppen zusammengefaßt werden, und der in dem zentral gelegenen städtischen Gebiet stationierte *Inspektor habe das zugehörige Gebiet zu kontrollieren.* Schlächter in kleinen Dörfern, wo keine Fleischbeschau besteht, dürfen gegenüber ihren Berufsgenossen in den größeren Stadtbezirken, die Verluste durch Beschlagnahme erleiden, nicht bevorzugt werden. Der Farmer darf kein Schlupfloch mehr für den Verkauf seines finnigen Viehs haben, ohne den Verlust tragen zu müssen.

d) *Aufklärung der Europäer und der Eingeborenen über die Grundsätze der Hygiene,* zusammen mit Aufklärung über die *Lebensgeschichte der beiden Parasiten. Die Hilfe der Siedlungsbeamten* (extension officers), *Tierzuchtinspektoren* und *Sanitätsinspektoren* kann zur Erweiterung dieses Elementarunterrichts nutzbar gemacht werden.

e) *Abschaffung aller Versicherungssysteme, die Entschädigung für Finnen einschließen, auf Schlachthöfen.* Diese Versicherungen haben keinen Nutzen, sondern bewirken nur, daß der sorglose Farmer nicht zum Gefühl der Verantwortung kommt, seinen Viehbestand vor der Invasion schützen zu müssen.

f) *Zwang, alle Schweine, deren Fleisch auf städtischen Märkten verkauft werden soll, in den städtischen Schlachthöfen zu schlachten.* Die Gewohnheit mancher verantwortungsloser Farmer, Schweine, die bei der Schlachtung als finnig erkannt werden, an ihre *Eingeborenen* zu verteilen, wird *sehr streng verurteilt.*

g) *Freie Behandlung für Bandwurmträger* und *Gewährung von Prämien an behandelte Träger* entweder *für die Ablieferung ganzer Bandwürmer oder für ein Stück mit Kopf.*

Finnen bei Schaf und Ziege. Beim Schaf und bei der Ziege findet sich eine Finne, *Cysticercus ovis,* die aber nicht zu den für den Menschen gesundheitsschädlichen Finnen gehört. Sie ist die Vorstufe eines Hundebandwurms (Taenia ovis). Das Vorkommen des C. ovis ist in Afrika aus Algerien, Deutsch-Südwestafrika und Tunesien *(Faure,* 1936*)* gemeldet.

70. Hülsenwürmer (Echinokokken)

Wesen. Bei den schlachtbaren Haustieren kommen Finnen eines Bandwurmes des Hundes, *Echinococcus granulosus* (Taenia echinococcus), vor, die als Hülsenwürmer *(Echinokokken)* bezeichnet werden und *mittelbar schädlich für den Menschen* sind, da sie erst nach der Reifung beim Hunde auf den Menschen übertragen werden können. Die Echinokokken beim Zwischenwirt sind runde, pralle, mit Flüssigkeit gefüllte Blasen von Hanfkorn- und Erbsen- bis Faustgröße und darüber *(Echinococcus unilocularis).* Sie liegen vereinzelt oder unregelmäßig verstreut in den Eingeweiden, namentlich in Leber und Lunge, ausnahmsweise auch in Herz, Muskelfleisch und anderen Teilen des Körpers. Eine besondere Form der Hülsenwürmer ist dadurch ausgezeichnet, daß die Blasen nicht einzeln liegen, so daß geschwulstartige Bildungen entstehen mit zahlreichen durch Bindegewebe verbundenen Blasen *(Echinococcus multilocularis).* Die Echinokokkenkrankheit tritt auch beim Menschen in Form von Blasen in verschiedenen Eingeweiden, insbesondere in der Leber, auf und ist eine gefährliche Krankheit, die zum Tode führen kann.

Vorkommen und Bedeutung. Aus manchen Teilen Afrikas liegen eingehende Nachrichten über die Bedeutung der Echinokokken vor. Eine große Rolle scheinen sie in *Französisch-Nordafrika* zu spielen; sie werden dort beim Menschen, beim Rinde, Schafe, bei der Ziege und beim Dromedar sehr häufig gefunden *(Faure,* 1928*).* In *Tunesien* sind nach *Dévé* (1923) fast alle Rinder, 20 bis 60 v. H. der Schafe, 30 v. H. der Kamele, weniger häufig die Ziegen befallen. Für *Marokko* macht *Robert* (1928) ähnliche Angaben. In *Algerien* ist die Echinokokkose beim Menschen häufig, besonders bei den Eingeborenen; die

Sterblichkeit beträgt 7 v. H. *(Senevet* u. *Witas,* 1926*)*. Nach *Martin, Arnaud* und *Velu* (1935) kommen in Marokko die meisten Echinokokken beim Menschen und bei den Haustieren in den Rinderzuchtgebieten vor. In *Madagaskar* hat *Randriambeloma* (1931) in Schlachthöfen 2,7 v. H. unter 38 696 Schlachttieren, an manchen Tagen bis zu 5 v. H. der Tiere mit Echinokokken behaftet gefunden. Aus der *Südafrikanischen Union* berichtet *Ortlepp* (1934) über das Vorkommen des Echinokokkusbandwurms beim Hunde.

Zur *Bekämpfung* ist die Ermittlung und Entfernung aller Echinokokken bei den Schlachttieren durch eine *sorgfältige Fleischbeschau* geboten, um die Weiterentwicklung zu Bandwürmern beim Hunde zu verhüten. Die mit Echinokokken behafteten Organe und etwa einzelne ausgeschnittene Echinokokken sind durch Verbrennen oder tiefes Vergraben unschädlich zu beseitigen. Hunde sind von Schlächtereibetrieben fernzuhalten; wo man glaubt, auf sie nicht verzichten zu können, sind sie regelmäßigen Bandwurmkuren zu unterwerfen, und der hierbei abgesetzte Kot ist ebenfalls durch Verbrennen oder Vergraben unschädlich zu beseitigen. Das gleiche empfiehlt sich für Schäferhunde, weil diese erfahrungsgemäß oft die mit Echinokokken behafteten Organe der von den Schäfern geschlachteten Schafe erhalten. Die *Gefahr der Übertragung* der Echinokokken *auf den Menschen* ist so groß, weil der Echinokokkenbandwurm sehr klein ist. Er hat nur 3 bis 4 Glieder und ist nur 2,5 bis 5 mm lang. Durch *unvorsichtigen Umgang mit Hunden* kann das kleine reife Glied des Bandwurms auf den Menschen leicht übertragen werden.

Der Gehirnblasenwurm (Coenurus cerebralis) ist die Finne des beim Hunde schmarotzenden Bandwurmes *(Polycephalus multiceps* [Taenia coenurus]*)*. Der Gehirnblasenwurm kommt beim *Schafe,* seltener beim *Rinde* und in Ausnahmefällen bei der *Ziege* und beim *Ducker* (Cephalophus) vor. Sitz Gehirn und Rückenmark. Der C. cerebralis ist von rundlicher oder länglicher Gestalt und von Hirsekorn- bis Hühnereigröße. Er erzeugt die *Drehkrankheit,* die durch Zwangsbewegungen gekennzeichnet ist. Bekämpfung durch unschädliche Beseitigung der mit dem Schmarotzer behafteten Organe und regelmäßige Bandwurmkuren bei den Hirtenhunden (vgl. u. Hülsenwürmer).

Trichinose. In diesem Zusammenhang sei erwähnt, daß der gefürchtete Rundwurm Trichine *(Trichinella spiralis)*, der beim Menschen Massenerkrankungen (Trichinose) hervorrufen kann, in der *Südafrikanischen Union* nicht vorzukommen scheint *(Mönnig,* nach *du Toit,* 1936*)* und daß ihr Vorkommen in anderen Teilen des Kontinents zweifelhaft ist. Ob die Tatsache, daß in *Ägypten* die Trichinose anzeigepflichtig ist, dahin gedeutet werden muß, daß sie dort vorkommt, ist aus den uns zur Verfügung stehenden Quellen nicht zu ersehen *(Rabagliati,* 1925*)*.

71. Schäden durch Dasselfliegenlarven

Wesen, Ursache, Erscheinungen usw. Bei den Haustieren kommen Larven von *Dasselfliegen (Oestriden)* vor, die beim Schafe bis zur Puppenreife parasitisch in den Lufthöhlen des Kopfes leben. Beim Pferde und bei den übrigen Einhufern schmarotzen die Larven anderer Arten im Magen und Darm und beim Rinde unter der Haut.

I. Die *Larve der Schafnasenbremse* (Oestrus ovis) wird von der Fliege in die Naseneingänge des Schafes abgesetzt und wächst in der Stirn- und Hornzapfen-, gelegentlich auch in der Kieferhöhle und in den Nasengängen zu 22 bis 28 mm langen, walzenförmigen, hellbraunen Larven heran. Diese erzeugen in der Schleimhaut der befallenen Tiere Reizungszustände von geringerer und schwererer Art, Katarrhe, bis zur sogenannten *Schleuderkrankheit.* Die schweren Erscheinungen werden durch die Reizwirkungen der auswandernden, gestachelten Larven hervorgerufen. Im Zusammenhang mit den häufigen, plötzlichen Bewegungen der Larven werden die Tiere zum plötzlichen Heben und Senken, Rückwärtsziehen oder Seitwärtsziehen des Kopfes veranlaßt unter gleichzeitigem Schwanken oder Umfallen. In dem ausgeschleuderten Nasenauswurf oder auf der Streu finden sich gelegentlich die Bremsenlarven. Es können sich auch *Gehirnstörungen* anschließen, die sich durch Aufregung, Abstumpfung, Verdrehen der Augen und Zwangsbewegungen äußern *(Bremsenschwindel).* Beim gewöhnlichen Verlauf erfolgt mit der Auswanderung der Larven in etwa 1 bis 2 Wochen Genesung, während beim Vorliegen nervöser Störungen in 5 bis 8 Tagen der Tod eintreten kann. Die Larven erreichen in etwa 10 Monaten ihre volle Entwicklung. Nach *Mitchel* und *Cobbett* ist die Entwicklungsdauer viel kürzer; sie geben eine solche von $3^1/_2$ bis $4^1/_2$ Monaten an, wobei die Larvenauswanderung bereits nach $2^1/_2$ bis $3^1/_2$ Monaten erfolge (zit. nach *v. Hutyra-Marek-Manninger).* Die Larven befinden sich bis zu 80 Stück in der Stirn- und Hornzapfenhöhle, gelegentlich, wie erwähnt, auch in der Kieferhöhle sowie in der Nasenhöhle und haften der Schleimhaut stark an.

Vorkommen. Die Larven der Nasenbremse kommen in Afrika beim Schafe *weitverbreitet* vor und verursachen bei ihm Schäden durch die Reizwirkung auf die befallenen Tiere und die damit verbundene Abmagerung sowie durch einige Todesfälle. Bei *Ziegen* sind die Larven viel seltener, bei *Antilopen* sind sie gelegentlich festgestellt worden *(Mönnig,* 1938; *Symes* und *Roberts,* 1932*).* *Van Saceghem* (1923) berichtet aus *Ruanda* über ernste Verluste bei *Schafen* und *Ziegen.* Im *Süden Afrikas* werden die Schafnasenbremsen in steigender Häufigkeit beobachtet und haben z. T. große Bedeutung erlangt.

Zur *Behandlung* müssen larventötende Mittel an den Sitz der Larven gebracht werden. Dies kann geschehen durch Ausspülung der Stirnhöhle von der Nasenhöhle aus bei seitlicher Lagerung des Kopfes, wobei in den unteren Nasengang 3 ccm einer Mischung von gleichen Teilen von *Schwefelkohlenstoff* oder *Tetrachlorkohlenstoff mit Paraffinöl* eingespritzt werden. Wenn der Nasengang vorher durch Ausspülung von den Sekretmassen befreit wird, sickert das larventötende Mittel durch die in der Richtung des unteren Nasenganges liegende Eingangsöffnung der Stirnhöhle in diese hinein *(v. Hutyra-Marek-Manninger).* Ein weiteres Verfahren, das eine größere Gewähr gibt, daß wirksame Mengen des Mittels in die zu behandelnde Kopfhöhle gelangen, ist die Eröffnung durch einen *Trokar* und die hierauf folgende Einspritzung von

2 ccm der angegebenen Mischung. Diese Art der Behandlung hat sich in Afrika auch in der Hand von Farmern unter Verwendung einer von *R. du Toit* und *Clark* (1935) beschriebenen *Trokarspritze* bewährt (s. a. Tanganyika-Ber. 1932, 13 bis 71). Die Behandlung darf nur bei Schafen über 6 Monate durchgeführt werden. Eine wirksame *Vorbeuge* gibt es nicht.

II. Im *Verdauungskanal der Einhufer* findet man *Larven der Pferdedasselfliegen,* und zwar im Schlundkopf und Magen die Larven von *Gastrophilus equi,* bis 19 mm lang, im Zwölffingerdarm die von *G. veterinus,* 13 bis 15 mm lang, im Magen, Schlund und Dünndarm, bei der Auswanderung auch im Mastdarm die Larve der Mastdarmbremse, *G. haemorrhoidalis,* im Magen und Darm von *Pferden* und *Rindern* die Larven der Viehbremse, *G. pecorum,* bis 13 mm lang. Im Magen erwachsener Pferde können bis zu 200 Bremsenlarven zugegen sein, ohne notwendigerweise Störungen hervorzurufen. Starke Invasionen können aber solche Störungen und damit eine Beeinträchtigung des Ernährungszustandes verursachen. Besonders bei jüngeren Pferden, Fohlen von 8 Monaten bis 3 Jahren, können Krankheitserscheinungen auftreten, die sich durch wechselnde Freßlust, Blässe der Schleimhäute, Abmagerung, Mattigkeit und Schwäche äußern.

Vorkommen und Behandlung. Die *Magenbremsenlarven* sind beim Pferde in *Afrika weitverbreitet.* Sobald sich ein begründeter Verdacht auf das Vorhandensein der Larven ergibt, empfiehlt sich eine *Behandlung,* die darin besteht, daß den Pferden nach 18- bis 24stündigem Hungern ohne Entziehung des Trinkwassers *Schwefelkohlenstoff* in Gelatinekapseln eingegeben wird. Erwachsene Pferde und Fohlen über 2 Jahre erhalten eine einmalige Dosis von 28 g, Fohlen unter 2 Jahren die Hälfte bis ein Viertel je nach der Körpergröße. Es können aber auch 2 Dosen von je 18,5 g in zweistündigen Zeitabständen oder 3 Dosen von je 14 g in einstündigen Zwischenräumen verabreicht werden *(v. Hutyra-Marek-Manninger).*

III. Die *unter der Haut* schmarotzenden Larven der *Rinderdasselfliegen* (Hypodermaarten, *Hypoderma bovis* und *H. lineata*) sind in Afrika ohne Bedeutung, da sie bei den einheimischen Rindern *nicht* vorkommen. Zur *Verhütung der Einschleppung* empfiehlt sich das in *Kenya* geübte Verfahren der *Abdasselung aller zur Einfuhr gelangenden Rinder,* das durchgeführt wird, obwohl sich die sicher mit früheren Transporten in das Land gelangten Dasselfliegen nicht weiter bemerkbar gemacht haben *(Lewis,* 1933*).* Bei *Antilopen* werden gelegentlich Dassellarven unter der Haut beobachtet.

72. Fliegenlarvenplage (Myiasis)

Wesen und Ursache. Die Fliegenlarvenplage (Myiasis) ist eine durch *Larven (Maden) verschiedener nichtstechender Fliegen-(Musciden-)arten* hervorgerufene, schwerschädigende Erkrankung der *Wollschafe,* die sich in den Geweben unter der Haut abspielt. Nach *Smit* (1928) sind es 3 Fliegenarten, die in Südafrika den Schafen gefährlich werden können: *Lucilia sericata (grüne Schmeißfliege), Chrysomyia chloropyga (grünblaue Schmeißfliege)* und *Chrysomyia albiceps (blaue Schmeißfliege),* die unter dem Namen „Schmeißfliegen" („Blowflies", Sheep maggot flies) zusammengefaßt werden. Lucilia sericata war in Holland schon seit langer Zeit als Fliege bekannt, die durch ihre Larven den Schafen schädlich werden kann. Man wußte dort, daß die Larve von

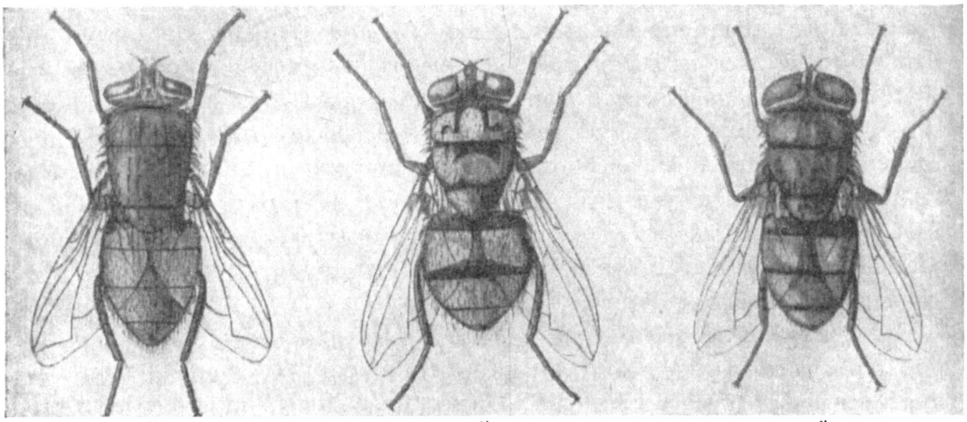

Abb. 52. Die wichtigsten Myiasisfliegen des Schafes in der Südafrikanischen Union. (Nach *Smit*)
1 = Lucilia sericata. 2 = Chrysomyia chloropyga. 3 = Chrysomyia allbiceps.

L. sericata die Haut von Wollschafen durchbohren und eine als „Wurmziekte" bezeichnete Hauterkrankung, namentlich in der Umgebung des Afters, hervorzurufen vermag, durch welche die Wollerzeugung schwer geschädigt wird. Die Fliegen, die durch den Wollschweißgeruch angezogen werden, legen ihre Eier auf das Vlies ab, wenn dieses feucht und schmutzig ist, wodurch sich auch die Vorliebe für die Umgebung des Afters erklärt. Der gewöhnliche Brutplatz der Fliegen ist faulendes Fleisch. Binnen 24 Stunden nach Ablage der Eier auf das Schaf schlüpfen aus den Eiern die Larven und wandern in die Tiefe, wenn sie auf die Oberfläche des Vlieses abgelegt worden sind. Die Larven durchdringen die Haut und gelangen in die Unterhaut, wo sie durch die Absonderung eines Verdauungsfermentes aus der Mundöffnung, durch welches — als eine Merkwürdigkeit in der Natur — das lebende Gewebe verflüssigt wird, umfangreiche Zerstörungen anrichten können *(Smit,* 1928*).* Es entstehen auf diese Weise große Wunden, in denen sich förmliche Fliegenlarvennester befinden. In ähnlicher Weise wirken die beiden anderen Haupterreger der Fliegenlarvenplage, die Chrysomyia chloropyga und Ch. albiceps. Außer den genannten Fliegenarten kommen noch weitere vor, deren Larven sich auf dem Körper der Schafe ansiedeln können, sogar die kleine Stubenfliege und andere Fliegenarten, deren

Larven aber in der Hauptsache nicht primär unter die Haut gelangen, indem sie dieselbe durchdringen, sondern sekundär, indem sie in Wunden der Haut abgesetzt werden.

Zeitliches und örtliches Vorkommen. Die Myiasis tritt nach *Knuth* und *du Toit* zu verschiedenen Jahreszeiten auf, je nach der Fliegenart. Gewöhnlich pflegen sich die Fälle im Frühjahr oder im Sommer bemerkbar zu machen. Tiere, die sich in der Nähe menschlicher Wohnungen aufhalten, erkranken leichter als solche, die im Freien leben. Außer in *Südafrika* und in *Rhodesien (Cuthbertson, 1932)* ist die Krankheit auch in *Belgisch-Kongo* beobachtet worden.

Erscheinungen und Verlauf. Infolge der Fliegenlarvenansiedlung unter der Haut und des Durchbruches des Krankheitsherdes nach außen entsteht eine *bis faustgroße Wunde* mit senkrechten Wänden, in deren Innerem sich eine *lebende Larvenmasse* bewegt. Aus der Wunde entleert sich eine übelriechende, blut- und eiterhaltige Flüssigkeit. Die Tiere leiden stark unter den Wunden, zeigen wenig Appetit und können an den Folgeerscheinungen der Eiterung, die durch die Larven hervorgerufen wird, zugrunde gehen. Welche Zerstörungen die Larven hervorzurufen imstande sind, zeigt ein von *Dunn* (1918, zit. nach *Knuth* und *du Toit)* berichteter Fall beim Hunde, bei dem die Larven einer Chrysomyiaart von der Nase in die Maulhöhle vordrangen, den Knochen zerstörten und mehrere Zähne zum Ausfallen brachten.

Behandlung und Vorbeuge. Zur Behandlung sind nach Abscheren der Wolle an den erkrankten Stellen in erster Linie die Larven aus der Wunde zu entfernen. *Knuth* und *du Toit* empfehlen, die Larven zunächst mit Chloroform abzutöten; *Smit* empfiehlt hierzu statt des teuren Chloroforms eine Mischung, die aus 45 Teilen Baumwollsamenöl, 40 Teilen Benzin („petrol"), 10 Teilen Holzteer und 5 Teilen Karbolsäure besteht. Hierauf werden die Larven mit einer Pinzette oder mit einem scharfen Löffel aus der Wunde entfernt. Bei sehr tiefen Wunden empfiehlt *Dunn* (1918, zit. nach *Knuth* und *du Toit*) zunächst etwas Glyzerin einzuspritzen, um die Larven hervorzulocken, worauf das larventötende Mittel angewandt wird. Nachdem die Wunde von allen Larven gereinigt worden ist, wird sie mit einer Salbe bedeckt, die die Fliegen abhält und einen Neubefall der Wunde verhindert. *Van Saceghem* (1916, zit. nach *Knuth* u. *du Toit*) empfiehlt 10prozentige Karbolvaseline, im Notfall Holzteer, der aber den Nachteil der Beschmutzung der Wolle hat. *Mönnig* (zit. nach *v. Hutyra-Marek-Manninger)* hält folgende Mischung zum Bedecken der gereinigten Wunde für zweckmäßig: 200 ccm Tetrachlorkohlenstoff, 60 g Wollfett, 50 ccm Tagetesöl, 700 ccm Wasser. Der Mischung werden zur Neutralisierung 12 ccm 10prozentige Natronlauge zugefügt.

Wirtschaftliche Bedeutung. Die Myiasis ist in allen tropischen und subtropischen Ländern mit Wollschafzucht eine schwere Geißel und verlangt daher das im Nachstehenden geschilderte planmäßige Vorgehen zur *Ausrottung der Fliege,* das, wie *Mönnig* (1935) sagt, *in erster Reihe* steht, an dem in den befallenen Gebieten jeder Farmer tatkräftig teilnehmen muß; die Behandlung der befallenen Schafe kommt erst in zweiter Linie. *In Südafrika kann die Kadaverbeseitigung für verseuchte Gebiete gesetzlich vorgeschrieben werden („proclaimed areas“).* *Smit* (1928) sagt, die *Fliegen, die die Fliegenlarvenplage verursachen, seien die schlimmsten Feinde des Farmers;* Tausende von Schafen fallen ihnen jährlich zum Opfer. *Roß* (1938) bezeichnete die Fliegen, die die Myiasis hervorrufen, für Australien, was die Schafe anbetrifft, als den *„Staatsfeind Nr. 1“;* der jährliche Verlust sei auf £ 4 000 000 zu schätzen.

Zur *Abwehr der an der Entstehung der Myiasis beteiligten Fliegenarten* empfehlen sich folgende Maßnahmen *(Smit* u. a.*): Unschädliche Beseitigung aller Tierkadaver,* gleichgültig, an welcher Krankheit sie gestorben sind, weil die Fliegen ihre Eier auf die Kadaver legen. Die Kadaver sind so schnell wie möglich zu vergraben oder zu verbrennen. Beim Vergraben ist zu beachten, daß die Larven aus der Tiefe an die Oberfläche kommen können und daß selbst 2 m tiefes Eingraben davor nicht schützt. Deswegen ist das beste, die Kadaver zu *verbrennen.* Wo dies wegen Holzmangels oder aus anderen Gründen nicht möglich ist, hat das *Vergraben unter Vergiftung der Kadaver* zu geschehen, um die Entwicklung von Larven in den Kadavern zu verhindern. Vergraben ohne Vergiftung ist nutzlos. Auch bei verbrannten Kadavern bleibt häufig noch ein ungenügend verbrannter Rest übrig, der den Fliegenlarven aufs neue Entwicklungsmöglichkeiten bieten kann und deshalb unschädlich zu beseitigen ist. Sofort nach dem Tode, bei schwerkranken Tieren sogar schon vor dem Tode legen die Fliegen ihre Eier an die Körperöffnungen; deshalb muß jeder zu vergrabende Kadaver ohne Verzug vergiftet werden. Dies geschieht nach Öffnung und Einschneiden (soweit dies gesetzlich zulässig ist, s. Milzbrand) durch Besprengen mit einer starken *Natriumarsenitlösung* (1 v. H.) oder durch gründliches *Bestäuben* auf allen Seiten mit einem *arsenhaltigen Pulver* (z. B. Räude- oder Zeckenbadepulver).

Ein zweites Mittel der Bekämpfung ist das *Wegfangen der Fliegen mit Hilfe besonderer Fallen. Mönnig* (1935) empfahl als einfachste, aber wirksame Falle einen Sack mit Fleisch dauernd mit der angegebenen Arsenlösung zu beträufeln, woran die Fliegen lecken und sterben. Man sollte möglichst jeden Kadaver für die Vernichtung der Fliegen nutzen. Dazu sind verschiedene weitere Fallen im Gebrauch. In Südafrika ist eine sehr wirksame Falle angegeben worden *(Smit,* 1926*)*, die aus 2 Benzinkannen (tins) zusammengestellt ist (s. Abb. 53): In den unteren Raum wird Kadaverfleisch getan, das in Wasser liegt, dem 0,002 v. H. Nikotin zugesetzt ist *(R. du Toit,* 1938*)*. Die Fliegen werden durch seitlich angebrachte Schlitze in die Falle gelockt. Wenn sie ihre Eier abgelegt haben — die Larven können sich in dem vergifteten Fleisch nicht entwickeln —, versuchen sie durch die Öffnung in der im oberen Teil befindlichen Pyramide ins Licht zu gelangen und werden dadurch in der oberen Hälfte der Falle gefangen, die von Zeit zu Zeit zu entleeren ist. Diese Falle ist in Südafrika sehr beliebt und verbreitet *(R. du Toit,* 1938*)*.

Die *Schafe selbst* kann man nach *Smit* (1931) am besten durch *„Wegscheren“* („crutching“) der Wolle an den gefährdeten Körperstellen schützen. Man schneidet den Schafen die *Wolle über dem Schwanz* und *zwischen den Hinterbeinen* weg, so daß die ganze Gegend zwischen After und Scheide wollfrei ist.

Nach *Mönnig* (1938) ist auch eine Bekämpfung durch *Zuchtmaßnahmen* möglich, und zwar dadurch, daß *Falten am Schwanz* und sonstige, den Fliegenlarvenbefall begünstigende *Körperverhältnisse weggezüchtet* werden.

In Australien habe man sogar versucht, die *Schwanzfalten* bei kleinen Lämmern *operativ zu entfernen.*

Wirksam ist auch die *Abwehr der Fliegen* mit *chemischen Mitteln,* wozu man die oben angegebenen Mischungen verwenden kann, bes. Tagetesöl. In Südafrika hat man mit dem

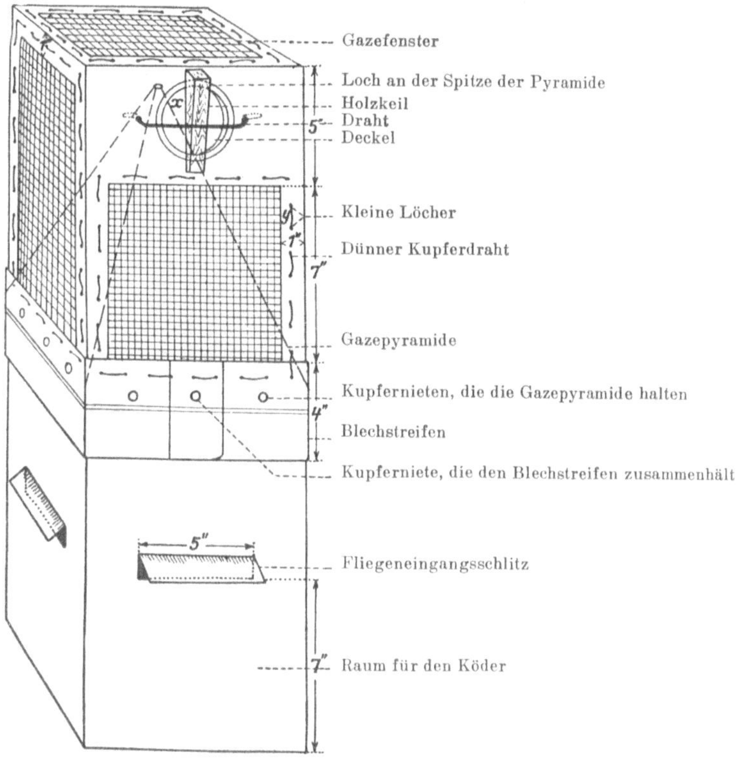

Abb. 53. Schmeißfliegenfalle (aus zwei Benzinkannen und Fliegengaze). (Nach *Smit*) Maße in Zoll

Tagetesöl, dem ätherischen Öl der Tagetes minima („Khakibos", Samt- oder Tuneserblume), als Fliegenschutzmittel sehr gute Ergebnisse erzielt (*Mönnig*, 1936).

Beiläufig sei erwähnt, daß an eine *biologische Bekämpfung* durch Züchtung von Feinden der Fliegen zu denken ist. So zerstört manchmal Mesocomys pulchriceps aus der Familie der Calchididae (Insekten) große Mengen der Puppen der hier in Betracht kommenden Fliegen. *Mönnig* weist aber mit Recht darauf hin, daß die Puppen meist schwer zugänglich für derartige Feinde sind und daher die biologische Bekämpfungsmethode nicht zur völligen Ausrottung der „blowflies" führen kann.

Miller (1935) beobachtete in Schottland, daß *braune Schafe nicht von den Schmeißfliegen zur Eiabgabe aufgesucht werden.* Man glaubt, daß die braune Farbe die Fliegen nicht anlockt.

Fliegenlarvenschäden bei anderen Tieren. Fliegenlarvenplage kommt auch bei anderen Tierarten vor, bei allen Haustieren, beim Wild, ferner bei Ratten. Die Larve der auch den *Menschen* befallenden *Cordylobia anthropophaga* ist vielfach bei *Hunden* beobachtet worden. Beim *Kamel* kommt in Marokko *Wohlfarthia magnesia* vor; Wunden sind nicht immer nötig, um ihre Ansiedlung zu ermöglichen (*Delanoë*, 1922). Bei *Rindern, Pferden* und *Schweinen*, besonders aber bei *Schafen, Ziegen*, gelegentlich auch bei *Antilopen* und anderen Tieren treten Larven der Fliege *Cochliomyia bezziana* („screwworm") auf, die bei Rindern in feuchten Gegenden ziemlich große Verluste verursachen können. In *Französisch-Guinea* kommen in der Regenzeit viele Fälle dieser Hautmyiasis vor (*Salliou*, 1937). Im Gebiete der *Goldküste* (Ber. 1926) ist die Hautmyiasis beim Rinde häufig und ist verantwortlich für viele Todesfälle; in leichteren Fällen verursacht sie Abmagerung. Häufig sind es *Zeckenwunden*, die die Fliegen zur Ansiedlung benutzen *(Lewis, 1934)*. Zeckenbekämpfung vermindert die Verluste durch die Krankheit (Goldküsteber. 1926). Ferner ist die Krankheit in *Südrhodesien* und *anderen Gebieten* beobachtet worden; auch hier wird berichtet, daß besonders die Bißstellen der buntfüßigen Zecke wichtige Angriffspunkte der Fliege seien. Zur Bekämpfung werden Schmierkur gegen die Zecken und eine nach den allgemeinen Regeln der Chirurgie vorgenommene Wundbehandlung empfohlen *(Cuthbertson, 1934)*. Neben den Zeckenwunden werden alle *sonstigen Wunden* befallen. Deswegen ist bei der *Kastration* vorsichtig zu verfahren; Wunden sind dabei zu vermeiden. Am besten sind Kastrieren, Markieren und sonstige Operationen in der Fliegenzeit zu unterlassen. Es kommt aber auch Befall ohne Verwundungen vor, z. B. bei weiblichen Tieren um die Scheide herum oder bei Kälbern am Nabel *(Mönnig, 1938)*. Die Behandlung erfolgt wie bei der Myiasis des Schafes. Cochliomyia bezziana legt wie die „Blowflies" des Schafes ihre Eier gewöhnlich an Kadaver.

73. Zeckenlähme (Zeckenbißfieber und Zeckenparalyse)

Die Bedeutung der Zecken als Schädlinge bei Haustieren, insbesondere als Überträger wichtiger Krankheiten, der Piroplasmosen und Anaplasmosen u. a., ist bereits geschildert worden. Im übrigen können die Zecken, wie auch schon gestreift, Schaden anstiften durch Blutsaugen, wenn sie in größerer Zahl die Tiere befallen, ferner durch Beschädigung der Haut und dadurch, daß sie Eingangspforten für andere Schädlinge, wie für die Fliegenlarven (s. diese), schaffen.

Eine besondere, sehr merkwürdige, in ihrem Wesen noch nicht geklärte Krankheit ist die als *Zeckenbißfieber* und als *Zeckenparalyse* bezeichnete, bei den Tieren und beim Menschen vorkommende Erkrankung. Diese kommt *in verschiedenen Kontinenten* vor und wird in Australien durch Ixodes holocylus, in Amerika durch Dermacentor venustus und in *Südafrika* durch *Ixodes-Zekken* verursacht. *Henning* (1932), der Untersuchungen über die *südafrikanische Krankheit* angestellt hat, gibt an, daß ihre Übertragung durch Blut auf gesunde Schafe auch anderen Forschern nie gelungen sei. Er erörtert die verschiedenen Theorien über die Ursache und das Wesen der Zeckenparalyse und stellt die *„Toxintheorie"* und die *„Virustheorie"* einander gegenüber. Nach *Hennings* Darstellung scheint es, als ob es sich bei den in den verschiedenen Ländern als Zeckenbißfieber oder als Zeckenparalyse bezeichneten Krankheiten um *verschiedene Krankheiten* handelt; denn ihre Beschreibungen weichen in entscheidenden Punkten voneinander ab. So ist bei der australischen Zeckenparalyse der Verlauf sehr schwer; die Erscheinungen werden immer schlimmer und schlimmer, gleichgültig, ob die verursachende Zecke oder die Zecken abgenommen werden oder nicht, während bei der südafrikanischen Form der Krankheit selbst bei schwerster Erkrankung auf Abnehmen der Zecken schnelle Genesung folgen soll. Versuchsergebnisse, die auf die Möglichkeit eines Zeckentoxins hinweisen, wurden von *Regendanz* und *Reichenow* (1931, zit. nach

Henning) gewonnen. Sie erzielten Vergiftungserscheinungen nach Einspritzung von zerriebenen Imagines von Rhipicephalus sanguineus, die vollgesogen waren, nicht aber von solchen, die hungrig oder nicht vollgesogen waren. Sie stellten fest, daß sich das Toxin bei vollgesogenen Zecken in den Eierstöcken findet.

Zur Zeckenlähme in Afrika ist zu bemerken, daß Näheres nur aus *Südafrika* bekannt ist. Dort wird die Krankheit durch den Biß der Zecken *Ixodes pilosus* und *I. rubicundus* verursacht *(Mönnig,* 1938*)*, tritt nur in der kalten Zeit (März bis September) auf und ist *in den kältesten Monaten am häufigsten.* Sowie warmes Wetter einsetzt, hören die Krankheitsfälle auf. Nach *Henning,* dessen Darstellung der Krankheit wir hier folgen, kommt die Krankheit außer beim *Schaf* auch bei der *Ziege* vor; bei *Rindern* und *Antilopen* ist sie nur selten beobachtet worden. *Eine Zecke genügt zur Hervorrufung der Krankheit.* Über 90 v. H. der Tiere genesen in Südafrika nach Abnehmen der Zecken, während die Tiere, wenn die Zecken nicht abgenommen werden, tagelang halb bewußtlos liegen können, wobei sie schnell abmagern. Aber selbst in solchen Fällen erfolgen noch häufig Genesungen. Die Erscheinungen sind zuerst Teilnahmslosigkeit, Nachlassen des Appetits und unbeständiger Anstieg der Körpertemperatur, dann Inkoordination der Bewegung mit den Hintergliedmaßen, die zur Lähmung wird. Schließlich liegt das Tier bei vollem Bewußtsein flach auf der Seite. Bei *verendeten* Tieren findet man keine kennzeichnenden Veränderungen. Die *Behandlung* erfolgt durch *Entfernung aller Zecken* von den kranken Tieren mit der Hand oder durch Baden in einer zeckentötenden Badeflüssigkeit für die Dauer von 2 Minuten. Zur *Vorbeuge* stehen zwei Wege zur Verfügung. Der eine besteht in der *Entfernung der Tiere aus den Zeckengebieten,* der zweite im *Baden* gegen die Zecken. Dies hat Schwierigkeiten, weil es im Winter oft nachteilig wirkt. Nach *van Rensburg* kann man aber auch im Winter baden, wenn man die Tiere durch ein Bad schickt, das nur so tief ist, daß Bauch und Beine der Schafe, die Stellen, an denen sich die Zecken meist aufhalten, genäßt werden. *Van Rensburg* und *Silcock* haben ein besonders gebautes Bad für diesen Zweck empfohlen. Das Bad soll für Perser- und Afrikanerschafe etwa 38 bis 40 cm und für Merinoschafe 23 bis 25 cm tief sein. Zum Baden benutzt man 225 g *Natriumarsenit* auf 100 Liter Wasser *(de Vries,* 1938*)*.

Die *wirtschaftliche Bedeutung* erhellt aus der Angabe von *de Vries* (1938), wonach die Paralysezecke viele Verluste, besonders in den östlichen Teilen der Karru, verursacht.

Zeckenlähme beim Kamel. Peck (1937, 1938) berichtet über das Vorkommen einer in den Erscheinungen der Zeckenlähme ähnelnden Krankheit bei Kamelen in *Britisch-Somaliland,* die von den Eingeborenen mit dem Biß von Zecken in Verbindung gebracht wird. *Peck* konnte diese Ursache zwar nicht bestätigen, gibt aber an, daß frühzeitige Waschung des ganzen Körpers mit Jeyes Fluid, einem Karbolpräparat, in einprozentiger Lösung häufig eine Heilung bewirke, während ohne Behandlung eine ziemlich große Sterblichkeit möglich sei.

74. Ohrzecke

Die *borstige Ohrzecke (Argas megnini)* ist von *Bedford* schon 1920 als verbreitet in *Südafrika* erwähnt worden. Sie wurde aus Amerika eingeschleppt. Die Zecke ist nach *Sigwart* auch im Süden des Schutzgebietes *Deutsch-Südwestafrika* beobachtet worden. Sie siedelt sich im Gehörgang an und kann zu schweren Erscheinungen, selbst zum Tode führen. Es besteht gewöhnlich wachsähnlicher oder öliger Ausfluß aus dem befallenen Ohre. Die *Behandlung* hat durch Eingießen eines *Kreolin-Ölgemisches* (1:10) oder eines ähnlichen Mittels zu erfolgen *(Mönnig, 1938).*

75. Räude (Scabies)

Wesen und Ursache. Die Räude ist eine durch *Räudemilben* verschiedener Gattungen verursachte *ansteckende Hautkrankheit,* die durch heftigen *Juckreiz,* Ausfall der Wolle bei Schafen und durch Veränderungen der oberflächlichen Hautschicht (Ekzem) gekennzeichnet ist. Die größte Bedeutung hat sie beim *Schafe.* Außerdem kommt sie bei der *Ziege,* beim *Rinde,* beim *Pferde,* beim *Schweine* und *Kamele,* beim *Hunde,* bei der *Katze* und *anderen Tieren* vor; auch *Antilopen* werden befallen. Die Schafräude kommt wohl überall dort vor, wo Schafe gehalten werden, sofern nicht durch planmäßiges Vorgehen ihre Ausrottung geglückt ist, wie in Australien oder Neuseeland.

Als Erreger der Räude kommen bei den Haustieren vor die Gattungen: 1. *Sarcoptes* (Grabmilben), 0,2 bis 0,5 mm lang; 2. *Psoroptes* (Saugmilben), 0,5 bis 0,8 mm lang; 3. *Chorioptes* (schuppenfressende Milben), 0,3 bis 0,4 mm lang. Diese Milben treten in mehreren Arten und in Wirtsvarietäten auf, die wirtsspezifisch sind, d. h. bei keiner anderen Tiergattung als der zugehörigen Räude erzeugen können. Dies gilt *nicht* für die Sarkoptesmilben, die von einer Tierart auf die andere übergehen können (s. u.).

Die nachfolgenden Erörterungen gelten vorerst der

Schafräude

als der bei den Farmtieren wichtigsten Räude.

Ursache. Die Schafräude im engeren und eigentlichen Sinne ist eine *Psoroptesräude,* die sich *über den ganzen Körper* ausbreitet, während die Sarkoptesräude im wesentlichen an den unbewollten oder wenig bewollten Körperteilen, wie dem Kopfe, vorkommt und die Chorioptesräude auf die Fußenden und die Steißgegend (Fuß- und Steißräude) beschränkt ist.

Erscheinungen. Die Psoroptesräude des Schafes entwickelt sich, wie angedeutet, an den dichtbewollten Körperteilen, beginnt meist in der Kreuzgegend und am Rücken und verbreitet sich von hier aus über den Körper. Die Tiere zeigen Unruhe, durch Reiben und Benagen der erkrankten Körperstellen sich äußernden Juckreiz, ferner das Gefühl des Wohlbehagens beim Kratzen und

Reiben der erkrankten Stellen durch Bebbern und Andrücken des Körpers an die kratzende Hand, das als besonders typische Erscheinung hervorgehoben zu werden verdient. Ferner lockert sich die Wolle, so daß einzelne Wollbüschel über das Vlies hervorragen. Bei Untersuchungen der erkrankten Haut findet man im ersten Stadium flohstichähnliche Rötungen, bald kleine, rötliche oder gelbliche Knötchen, gelegentlich auch Bläschen und Pusteln, später gelbliche oder graue Krusten und Borken.

Mittel zur sicheren Feststellung. Zur sicheren Feststellung der Räude gehört der *Nachweis der Räudemilben.* Dieser kann dadurch geführt werden, daß Borken vom Rande der erkrankten Stellen abgekratzt und auf eine *schwarze Unterlage* gebracht werden, wobei man bemerken kann, daß die in den Borken enthaltenen Milben bei Einwirkung von Wärme als kleine weiße punktförmige Gebilde von den Borken wegwandern. Versagt dieser Nachweis, so ist er in den mit Kalilauge aufgeweichten Borken unter dem *Mikroskop* zu führen. Hierzu ist ein Anreicherungsverfahren (Zentrifuge, Absetzenlassen o. ä.), wie sie von verschiedenen Autoren empfohlen worden sind, zweckmäßig. Da die Milben oft schwer festzustellen sind, ist ein negatives Ergebnis einer einmaligen Untersuchung nicht entscheidend. Diese ist gegebenenfalls zu wiederholen.

Bekämpfung. Die Bekämpfung kann mit Erfolg nur durch Baden durchgeführt werden. Als *Bademittel* steht eine größere Zahl von wirksamen, milbentötenden Mitteln zur Verfügung. Am wirksamsten sind das *Schwefelkalkbad* (Calciumpolysulfidlösung, Durchschnittsformel: $Ca\ S_{4,6 \text{ bis } 4,8}$ im frischen Zustand nach *Hambrock, Wilken-Jorden* und *Graf,* 1934) und geeignete *arsenhaltige Bäder**. Das *Schwefelkalkbad* steht als Bekämpfungsmittel an der Spitze, weil es das billigste ist und zudem kein gefährliches Gift wie Arsen enthält. Das Schwefelkalkbad ist allerdings wenig haltbar. Da es aber noch nicht gelungen ist, ein ebenso wirtschaftliches Mittel zu finden, das haltbar ist, muß gleichwohl das Schwefelkalkbad in erster Linie zur Anwendung empfohlen werden. Außer dem vom Farmer selbst zum baldigen Gebrauch herzustellenden Schwefelkalkbad sind in Südafrika auch käufliche, für den Badezweck besonders hergestellte Schwefelkalkbäder *(Polysulfidlösungen)* in Gebrauch. Von *arsenhaltigen Bademitteln* ist jetzt in Südafrika nur noch ein *Trinatriumorthodithioarsenat* in Gebrauch, das in zwei Marken auf den Markt kommt, bei deren Anwendung die den Mitteln beigegebene Gebrauchsanweisung zu beachten ist. Bei *Arsenitlösungen* muß die Stärke etwa 0,1 v. H. As_2O_3 entsprechen. Von der überragenden Bedeutung der oben besprochenen Polysulphide und des Trinatriumorthodithioarsenats zeugt die Tatsache, daß in Südafrika andere Mittel zur Räudebekämpfung nicht zugelassen sind *(Bekker,* 1938).

Andere Badeflüssigkeiten, wie die Phenol enthaltenden, sind nicht zu empfehlen, weil bei Anwendung dieser Mittel immer wieder Vergiftungen mit schweren Verlusten auftreten. Beim Schwefelkalkbad sind die Verluste stets

* Z. B. Antisarnico der I.-G. Farbenindustrie.

sehr gering. Für das Basutoland (Eingeborenengebiet!) berichtet *Verney* (1926), daß die Verluste nur 0,002 v. H. betragen haben. In der Südafrikanischen Union betrugen die Verluste bei Verwendung des Schwefelkalkbades 1926 0,024 v. H., wobei zu berücksichtigen ist, daß es sich um ein Zwangsbaden gehandelt hat, von dem 6 176 000 Schafe erfaßt worden waren (SWA.-Farmer, 1927). Bedenken wegen einer etwaigen Schädigung durch das Baden bestehen nicht. *Duerden, Maré* und *Bosman* (1933) haben Wollschafe ein Jahr lang wöchentlich einmal gebadet und festgestellt, daß das Baden das Befinden der Schafe gegenüber nicht gebadeten, unter den gleichen Bedingungen gehaltenen Kontrolltieren nicht verschlechterte. Eine geringe Wertminderung der Wolle wurde beobachtet, die durch die Härte des Wassers erklärt wird. *Roux* (1936) hat festgestellt, daß das Baden die Fruchtbarkeit der Tiere nicht vermindert.

Die *Herstellung des Schwefelkalkbades* geschieht in folgender Weise *(Bademerkblatt für das Schutzgebiet Deutsch-Südwestafrika 1938)*:

Bringe $7^1/_2$ kg *ungelöschten Kalk* in einen Behälter und mische ihn mit 12,5 kg gut gesiebtem Schwefel *(Schwefelblüte)*. Füge genügend Wasser hinzu, so daß ein steifer Brei entsteht. Bringe diesen „Brei" in einen Topf, der 50 bis 125 Liter kochendes Wasser enthält, und koche die Mischung, bis sie eine dunkelorange oder grüne Farbe annimmt. Dies dauert mindestens 40 Minuten. Sollte die gewünschte Farbe nicht auftreten, so ist dies ein sicheres Zeichen, daß der Kalk nicht sehr gut ist, und es muß mehr Kalk zugefügt und weitergekocht werden, wenn nötig, einige Stunden lang, bis sich die richtige Farbe zeigt. Wenn mehr als 15 kg ungelöschter Kalk nötig sind, um die gewünschte Farbe zu erreichen, ist die Mischung ungeeignet und darf nicht verwendet werden, und es ist Kalk von besserer Güte zu beschaffen. Ist die Mischung gut gekocht und die richtige Farbe erreicht, so leert man die fertige Mischung in ein Faß, das ein Spundloch 10 bis 11 cm über dem Boden hat, und läßt sie absetzen. Dann wird die Flüssigkeit abgelassen in die Badewanne, der Bodensatz bleibt im Faß zurück. Die Mischung kann auch durch einen Sack filtriert werden, nachdem sie sich abgesetzt hat. Zu je 50 oder 125 Liter der auf diese Art hergestellten Flüssigkeit gießt man 375 bis 450 Liter reines Wasser, um die Mischung auf das richtige Verhältnis von 500 Liter Wasser zu 25 Pfund Schwefel zu bringen.

Die Flüssigkeit in dem Bade soll möglichst *lauwarm* gehalten werden, und zu diesem Zweck ist es empfehlenswert, einen Topf mit heißer, richtig gemischter Badeflüssigkeit bereit zu halten und hiervon von Zeit zu Zeit etwas in das Bad zu gießen, wenn die Temperatur sich in demselben stärker abzukühlen beginnt. Um gute Erfolge zu erzielen, muß der benutzte *Kalk* frisch und von guter Qualität sein und soll *erst vor Herstellung der Mischung gelöscht werden*. Nur dann besteht der Kalk ausschließlich aus Kalziumoxyd und nach dem Löschen aus Hydroxyd, das notwendig ist für die richtige Verbindung mit dem Schwefel; Kalk, der der Luft ausgesetzt oder schon einige Zeit vorher gelöscht war, verwandelt sich in Kalziumkarbonat, das sich nicht mit dem Schwefel verbindet und deshalb für die Herstellung der Badeflüssigkeit wertlos ist.

Gebrauch des Bades. Das Bad muß *frisch* verwandt werden. Das frische Bad soll eine *Stärke von 1,5 v. H. Polysulfidschwefel* haben. Wenn die Stärke des Bades auf 1 v. H. gefallen ist, muß man sie durch Nachfüllen frischer Badeflüssigkeit wieder auf 1,5 v. H. erhöhen. Jedenfalls darf man die Stärke nicht unter 0,75 v. H. fallen lassen *(Bekker, 1938)*. Wenn man durch Kontrolle der Stärke feststellt, daß die Stärke des Bades noch genügt, kann man die Restbadeflüssigkeit nach Ergänzung auf 1,5 v. H. Gehalt auch zu dem nach 8 bis 10 Tagen vorzunehmenden *zweiten Bade* verwenden *(van Zyl, 1926)*. Die Feststellung der Stärke des Bades ist mit einem geeigneten Gerät möglich. In der Südafrikanischen Union ist zu diesem Zwecke ein Gerät im Gebrauch, der *„Calsorimeter"*, in dem man die filtrierte Badeflüssigkeit

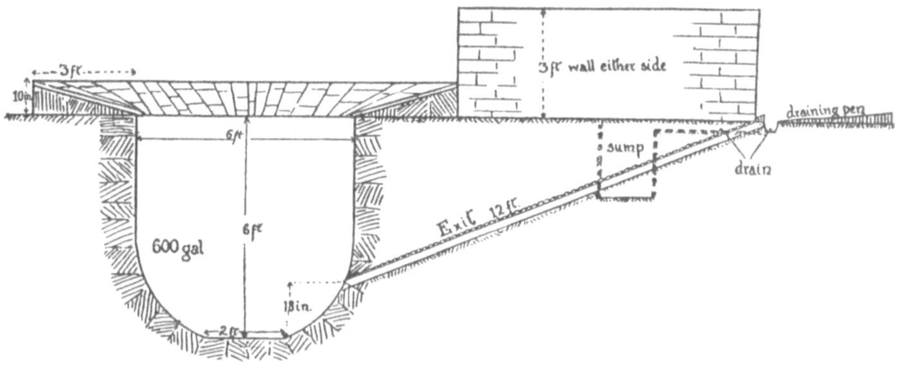

Abb. 54. Bad zum Baden gegen Schafräude. (Vom Landwirtschaftsministerium der Südafrikanischen Union empfohlene Anlage.) (Nach *Mönnig*)

des Schwefelkalkbades mit einer in einem keilförmigen Glasgefäß beigegebenen Kaliumbichromatlösung vergleicht, eine Prüfungsmethode, die ausreichende Genauigkeit besitzen soll (*Bekker*, 1938). In den Vereinigten Staaten von Nordamerika ist seit Jahrzehnten ein Gerät in Gebrauch, mit dessen Hilfe durch eine Jodreaktion die Stärke der Flüssigkeit festgestellt wird und das sich sehr gut bewähren soll. Auch in Deutschland wurden mit einem nach dem Muster des amerikanischen „Prüfers" (Bureau of Animal Industry, Bull. No. 163 von *R. H. Chapin*) gefertigten Gerät gute Erfolge erzielt (*Kulenkampff*, unveröff.). Daneben sind noch andere Methoden angegeben worden, um die Stärke der Lösung im Laboratorium zu prüfen, die eine größere Genauigkeit besitzen als die Feldmethoden (*Wilken-Jorden* u. a.).

Das Baden erfolgt in einer *Wanne von genügender Größe. Gemauerte Bäder* sollten in

Abb. 55. Rundbad zum Baden gegen Schafräude. Der Mittelpfeiler bietet gewisse Vorteile. (Photographische Aufnahme von *R. Wetzel*)

jedem Schafzuchtland überall in erreichbarer Nähe sein. Im übrigen sind auch bewegliche Badewannen aus Zinkblech geeignet (*Bartels* und *Rosenberger*, Deutsch. tierärztl. Wochenschr. 1937). Am besten bewährt hat sich für Herden bis zu einigen Tausend Schafen das *Rundbad ohne Mittelpfeiler* nach dem Bulletin Nr. 7/1912 der Südafrikanischen Union, das *„Seifentopfbad"* (s. Abb. 54 und 55). Es faßt 6 Schafe auf einmal. Es ist in den Boden eingelassen und mit geeigneten Krälen umgeben zum Antrieb und Fangen der Schafe und zum Abtropfen nach dem Baden.

Baderegeln (nach dem obenerwähnten Merkblatt):

1. Die Badewanne muß vollständig in Ordnung und sauber sein.

2. Die *Tiere müssen vor dem Baden Wasser bekommen* und *einige Zeit Ruhe haben*, so daß sie nicht durstig oder erhitzt zum Bade kommen.

3. Die *Mischung* der Badeflüssigkeit muß *genau nach den Vorschriften* vorgenommen werden, die Flüssigkeit muß unmittelbar vor Beginn und öfters während der Arbeit *gut durchgerührt* werden.

4. Es muß besonders darauf geachtet werden, *daß das ganze Tier, einschließlich des Kopfes, vollständig untergetaucht wird.* Der Kopf muß einige Male untergetaucht werden. Die Schafe sollen in Bewegung bleiben im Bad, *damit die Flüssigkeit das Vlies bis auf die Haut durchtränken kann.*

5. Nach den Vorschriften dürfen die Tiere *nicht weniger als 2 Minuten im Bade bleiben.* Um ganz sicher diese Zeit einhalten zu können, muß eine *Sanduhr* benutzt werden.

6. *Das zweite Bad muß in der vorgeschriebenen Zeit (nach 8 bis 10 Tagen) stattfinden.* Wenn z. B. Schafe am 1. April gebadet sind, muß das zweite Baden am 9. April stattfinden. Es kann auch am 10. oder 11. vorgenommen werden, *aber wo möglich, sollte es am 9. April* stattfinden.

7. *Nach dem Bade* sollen die *Tiere* möglichst *im Schatten*, nicht in der heißen Sonne *trocknen* und während des Trocknens im engen Kral *nicht zu dicht in Haufen* zusammenstehen.

8. *Dauerkräle* aus Felssteinen oder Backsteinen können *desinfiziert* und der *Mist verbrannt* werden, oder sie können *3 Wochen nach dem Tage des ersten Badens leer stehen bleiben.* Buschkräle können durch Verbrennen unschädlich beseitigt und neue Kräle hergestellt werden. Wo dies möglich ist, können die *Schafe 3 Wochen nach dem ersten Baden auf frischem Weideland* gehalten werden.

Folgende *Fehler* und *Unregelmäßigkeiten* sind nach dem Merkblatt beim letzten Baden vorgekommen und können vermieden werden, wenn obige Regeln genau befolgt werden:

1. *Falsche Mischung der Badeflüssigkeit.* Eine Benzinkanne wurde für 4,54 Liter Flüssigkeit gerechnet statt für 18 Liter. Das Ergebnis war, daß statt 16 Paketen „Coopers Double Dipping Powder" nur 4 verwendet wurden.

2. Tiere wurden verloren zwischen den Badezeiten. Um die Räude auszurotten, ist es unbedingt nötig, *daß alles Kleinvieh beim ersten und zweiten Baden gebadet wird.* Es muß deshalb besonders darauf geachtet werden, daß kein Tier in der Zwischenzeit verloren geht.

3. *Nichtbeachten der Zwischenzeit.* In einigen Fällen wurde das zweite Bad nach 6 Tagen, in anderen nach 20 Tagen vorgenommen. In solchen Fällen ist die ganze Arbeit umsonst.

Die strenge Einhaltung der Wiederholungsfrist des Badens ist deshalb so entscheidend wichtig, weil sich in 8 bis 10 Tagen aus den Eiern, die sich beim ersten Baden auf dem Körper der räudigen Schafe befinden und die durch die Badeflüssigkeit nicht angegriffen werden, neue Milben entwickeln, die vom 11. Tage an wieder Eier legen können. Diese Jungmilben müssen durch das zweite Bad abgetötet werden. Kräle, Eisenbahnwagen usw. bleiben nicht länger als 17 Tage nach der Entfernung der räudigen Schafe infektiös *(du Toit, 1924)*.

Farmer, die Räudebäder besitzen, rühmen an dem Räudebad, daß es nicht nur die Räudemilben töte, sondern auch die übrigen Hautschmarotzer, deren Anwesenheit das Vlies unmittelbar oder mittelbar schädigt. Auch zur Bekämpfung der *Schaftecke (Melophagus ovinus,* Schaflausfliege, sheep ked*)* leistet das Baden der Schafe in räudewidrigen Mitteln sehr gute Dienste. Es muß allerdings wegen der längeren Entwicklungsdauer der in der Wolle sitzenden widerstandsfähigen Puppen des Schmarotzers bis zum Ausschlüpfen dreimal innerhalb 24 Tagen gebadet werden. Arsenhaltige Badeflüssigkeiten sind gegen die Schaftecke besonders wirksam; aber auch das Schwefelkalkbad entfaltet meist eine ausreichende Wirksamkeit. In der Südafrikanischen Union wird der Schaden durch die sich in neuerer Zeit immer mehr ausbreitende Schaftecke auf 1000 £ geschätzt (Unkosten der Bekämpfung, Verlust an Wolle und Wollqualität. SWA.-Farmer *6.* 21. 11. 1929).

Behördliche Maßnahmen zur Räudebekämpfung, verbunden mit der staatlichen Förderung der *Einrichtung von Räudebädern,* die jedem Schafbesitzer zur Pflicht zu machen ist, sind eine *Lebensnotwendigkeit für jedes tropische und subtropische Schafzuchtland.* Daß diese Maßnahmen bei tatkräftiger Durchführung Erfolg bringen, zeigt das Beispiel von *Australien* und *Neuseeland,* wo *trotz des gewaltigen Schafbestandes die Schafräude schon in den achtziger Jahren des vorigen Jahrhunderts ausgerottet wurde.* 1864 war Queensland frei, 1871 Südaustralien, 1876 Viktoria, 1879 Tasmanien und 1898 Westaustralien (Union agric. J. IV. 813, 1921; sowie *Hopkirk,* pers. Mittlg. an einen von uns, *Kulenkampff,* 1938). In der *Südafrikanischen Union* sind folgende Erfolge zu verzeichnen: 1922 waren in der Kapprovinz und im Transkei 6,88 v. H. der Herden verräudet *(van Heerden, 1937),* in der ganzen Union 1928/29 1,87 v. H., 1930/31 0,46 v. H., 1935/36 0,1 v. H. *(du Toit, 1936).* Über die Gründe, weswegen in Südafrika eine Ausrottung der Räude noch nicht gelungen ist, s. unten. Für *Deutsch-Südwestafrika* hat schon *v. Ostertag* (1910) auf die Notwendigkeit der Einführung des allgemeinen Badesystems nach den obigen Richtlinien zur Bekämpfung der damals weitverbreiteten Schafräude nachdrücklich hingewiesen. Diesen Mahnungen ist aber nicht gefolgt worden, und daher war Ende des Weltkrieges die Lage im Schutzgebiet noch nicht besser. Hier wie in der Südafrikanischen Union hat erst das in den zwanziger Jahren dieses Jahrhunderts eingeführte Verfahren der veterinärpolizeilichen Bekämpfung durch *gleichzeitiges Baden innerhalb großer Gebiete* und Verhängung von Sperrmaßnahmen, die eine Verschleppung in oder aus verseuchten Gebieten wirksam verhinderten, Erfolg gebracht. Während 1922 von den Schafen aus dem unter Mandat stehenden Schutzgebiet Deutsch-Südwestafrika auf dem Schlachthof von Johannesburg noch 18,52 v. H., auf dem Schlachthof von Maitland 8,57 v. H. verräudet waren, wurde 1923 nur noch bei 1,72 v. H. aller aus Deutsch-Südwestafrika nach Südafrika ausgeführten Schafe Räude festgestellt (Ber. 1923). 1927 ging der Teilsatz auf 0,92 v. H. herunter (Mand.-Ber. 1927). Wiederholt ist erneutes Wiederumsichgreifen der Räude beobachtet worden. Die Antwort darauf kann nur die Festlegung eines gleichzeitigen Badens für das ganze Land oder für größere befallene Gebiete sein, wobei Gebiete ausgelassen werden können, die seit längerer Zeit räudefrei geblieben sind. 1934 erfolgten 538 Räudeausbrüche, 1936 294, 1937 sind nur noch 69 Ausbrüche festgestellt worden (Mand.-Ber. 1934, 1937). Nachdem ein wiederholt durchgeführtes allgemeines Baden im April 1938 die Räude weiter vermindert hat, ist für April 1939 nochmals ein allgemeines Baden vorgesehen.

Wenn die Tilgung der Schafräude in Afrika trotz der einschneidenden Maßnahmen nicht schnellere Fortschritte macht, so liegt dies einmal daran, daß von nachlässigen Besitzern immer wieder das Baden ungenau durchgeführt wird, sowohl was die Zubereitung des Bades anbetrifft, als auch die Einhaltung der übrigen, zur Verbürgung des Erfolges notwendigen Maßnahmen. In der Südafrikanischen Union spielen weiter eine besondere Rolle die minderwertigen *Eingeborenenschafe*. Viele Eingeborene besitzen einige wenige Schafe, mit denen sie in der bekannten Weise hin- und herziehen. Ein weiteres Hindernis der Räudebekämpfung kann die Dürre sein, die oft dazu zwingt, die Sperrbestimmungen zu mildern, während gleichzeitig ein Baden der Tiere wegen ihres schlechten Allgemeinzustandes nicht möglich ist *(Viljoen,* 1930*)*.

Die Regelung der Räudebekämpfung erfolgt in dem Schutzgebiet *Deutsch-Südwestafrika* nach den 1920 bekanntgemachten Gesetzen und Erlassen *(Official Gazette,* 1920*)*, die auch die gesetzlichen Handhaben für die Durchführung des allgemeinen Zwangsbadens bieten. Diese Maßnahme verspricht bei der Unmöglichkeit, jedes Bad zu überwachen, natürlich nur bei verständnisvoller Mitarbeit der ganzen Farmerschaft Erfolg, und deshalb werden die Zeiten und die einzelnen Bedingungen des Zwangsbadens jedesmal mit den Vertretern der Bevölkerung und der beteiligten Behörden besprochen und beschlossen. Nachdem verschiedene Male ein allgemeines Zwangsbaden im ganzen Lande durchgeführt worden ist, will man künftig solche Bezirke ausnehmen, die 2 Jahre räudefrei geblieben sind, wenn in sie nicht mittlerweile Schafe aus verräudeten Bezirken eingeführt worden sind.

Eine *Entschädigung* von Verlusten, die beim Baden eintreten, findet in dem unter Mandat stehenden Schutzgebiet Deutsch-Südwestafrika nicht statt (SWA.-Farmer 2. 48, 1. 1925). In der Südafrikanischen Union wird diese gewährt (SWA.-Farmer 4. 3. 1. 1927).

Die Räude ist selbstverständlich *anzeigepflichtig*, und auf Vorhandensein von nichtangezeigter Räude bei dem Schafe stehen hohe Strafen, selbst dann, wenn das Vorhandensein der Räude dem Farmer nicht bekannt war. *Die Polizeibeamten sind im Erkennen der Räude ausgebildet*, und ihr erster Gang auf der Farm bei ihren regelmäßigen monatlichen Kontrollbesuchen führt in den Schafkral, um die Untersuchung auf Räude vorzunehmen.

Ähnliche Maßnahmen wie in Südafrika werden auch in anderen Schafzuchtgebieten Afrikas durchgeführt. Im *Basutoland* wird seit 1932 auf Grund von 201 Badeeinrichtungen, die in Abständen von ungefähr 19 km errichtet worden sind, ein Bekämpfungsplan durchgeführt, der aber nur die Schafe, nicht auch die Ziegen erfaßt (Basutoland hat über 2 Millionen Schafe und 1 Million Ziegen). Die Maßnahmen sind folgende: Beim ersten und beim zweiten Baden werden die Schafe gekennzeichnet. Alle Schafe im Bereich eines Bades werden gleichzeitig gebadet. Sehr großer Wert wird auf das wiederholte Tauchen des Kopfes gelegt *(Verney,* 1926, 1931, 1932*)*. Die Kosten des Verfahrens werden, da von den Besitzern der Schafe unmittelbare Gebühren nicht erhoben werden, durch eine Ausfuhrabgabe auf Wolle beglichen *(Verney,* 1926*)*. Räudefreie Gebiete werden zur Verhütung der Verseuchung gesperrt. In *Tunesien* führt man neuerdings mit Hilfe der „*Union Ovine*" einen Bekämpfungsplan durch, der ebenfalls auf der Errichtung von festen Bädern fußt. 1934 wurden 90 000 Schafe gebadet (Tunis-Ber. 1934). 1937 wurde die Zahl der festen Bäder auf 12 verdoppelt (Ber. 1937). In *Kenya* wird die Schafräude mittels des Schwefelkalkbades und der arsenhaltigen Badeflüssigkeiten bekämpft *(Lewis,* 1938*)*.

Desinfektion der Aufenthaltsorte und der Geräte. Wichtig ist bei der *Bekämpfung der Räude sämtlicher Tierarten die Abtötung aller Räudemilben in den Aufenthaltsorten* und *an den Geräten, die mit räudigen Tieren in Berührung gekommen sind.* Hierzu ist erforderlich, die *Aufenthaltsräume* und *Geräte* bei der Psoroptes- und Sarkoptesräude mindestens für *3 Wochen außer Gebrauch zu lassen,* während sonst, wie z. B. bei Eisenbahnwagen, eine sorgfältige *Desinfektion* nach den geltenden Vorschriften mit räudewidrigen Mitteln durchgeführt werden muß, wie mit *Kreolin-, Kresol-, Lysol-, Karbollösungen,* die in diesen Fällen in stärkerer Konzentration anzuwenden sind (Karbolsäurelösung 3prozentig, Kresolwasser 2,5prozentig, Kresolschwefelsäure 3prozentig). Wichtig ist sorgfältiges *Einbürsten* in das zu desinfizierende Material, da sich die Milben in den Ritzen und Spalten verkriechen.

Wirtschaftliche Bedeutung. Die wirtschaftliche Bedeutung der Schafräude für ganz Afrika ist sehr groß, da ohne ihre planmäßige, von der Behörde unnachsichtlich durchgeführte Bekämpfung eine lohnende Schafzucht undenkbar ist. Dadurch erklären sich auch die großen Anstrengungen der Schafzuchtkolonien, der Räude Herr zu werden. Diese Bemühungen haben, wie erwähnt, in den fortgeschrittenen Ländern große Erfolge gehabt, so z. B. die vollständige Ausrottung der Räude in Australien mit 100 Millionen Schafen.

Sarkoptes- und Chorioptesräude beim Schafe. Verglichen mit der Psoroptesräude, haben die Sarkoptes- und die Chorioptesräude beim Schafe keine große Bedeutung. Sollte aber doch die *Sarkoptesräude* beim Schafe im Einzelfalle größere Bedeutung erlangen, so wäre sie durch häufig wiederholtes Baden, das aber nicht immer so sicher wirkt wie bei der Psoroptesräude, oder durch Anwendung der im Nachstehenden genannten *Schmiermittel* zu bekämpfen. Bei der Fuß- und Steißräude *(Chorioptesräude)* dürfte eine Behandlung kaum erforderlich werden. Bemerkt sei, daß die *Sarkoptesräude* des Schafes wie alle Sarkoptesräuden der Tiere, *auf den Menschen übertragen werden kann.*

Räuden bei den übrigen Haustieren. Beim *Rinde* kommen alle drei Räudeformen vor, Sarkoptes-, Psoroptes- und Chorioptesräude. Die *Sarkoptesräude* entwickelt sich meist am Kopfe und am Halse, die *Psoroptesräude* am oberen Halsrand, am Grund der Hörner, am Widerrist und an den Halsseiten, auch an der Schweifwurzel und in der Kruppengegend, während die *Chorioptesräude* wie beim Schafe als Fuß- und Steißräude auftritt. Soweit es sich bei der Rinderräude um *vereinzelte Fälle* handelt, ist sie durch *Schmiermittel* zu behandeln. Es empfehlen sich Kreolinliniment, bestehend aus 1 Teil Kreolin, 1 Teil Schmierseife, 8 Teilen Spiritus; ferner Öllinimente mit 2 bis 5 v. H. Kreosot, 50 v. H. Benzinöl, 5 bis 20 v. H. Teeröllliniment, um einige Beispiele anzuführen. Bei gehäuftem Auftreten kann dort, wo Rinderbäder zur Verfügung stehen, auch die *Badebehandlung* in Frage kommen unter Anwendung des bei der Räude des Schafes angegebenen Schwefelkalkbades in der gleichen Zusammensetzung wie beim Schafe. Auch beim Rinde muß die Behandlung nach etwa einer Woche wiederholt werden. Beim *Kamel* tritt die Räude in ähnlicher Weise wie beim Rinde auf. Die Hauptrolle spielt die Sarkoptesräude, daneben sind nach *v. Hutyra-Marek-Manninger* auch Psoroptes- und Chorioptesräude gesehen worden. In *Französisch-Nordafrika spielt die Kamelräude eine große Rolle.* Nach *Sergent* und *Lhéritier* (1919) ist „Djirab", wie die Araber die Sarkoptesräude des Kameles nennen, neben Debab die zweitwichtigste Krankheit. Sie verläuft, wenn sie nicht behandelt wird, tödlich. Da die Kamele sehr empfindlich gegen die Anfeuchtung ihrer Haut seien (die Innentemperatur soll alsbald sinken, wenn die Haut angefeuchtet wird), wurden bei der Anwendung von Kresyllösungen schlechte Erfahrungen gemacht. Selbst nach Anwendung einer schwachen Lösung starben alle behandelten Tiere. Es wird zur Behandlung mit Teeren (Juniperus- oder Thujateer) geraten (*Sergent* u. *Lhéritier*, 1919). Nach *Mousso* (1920) hat sich *Koloquinthenteer* zur Behandlung bewährt. Oft ergebe eine einmalige Behandlung gute Erfolge, und mit zweimaliger Anwendung seien auch die schwersten Fälle zu heilen. Der Teer wird von den algerischen Eingeborenen aus den gesammelten Kernen der Koloquinthe (kürbisartige Pflanze) hergestellt. Nach *Peck* (1938) ist die beste Methode der Räudebehandlung beim Kamel folgende: Scheren der Tiere, Anfeuchten der Räudeborken, dann Abkratzen derselben mit einem Bündel Zweige oder einem geeigneten Stein und hierauf Einreiben mit einer *11prozentigen Lösung von Jeyes Fluid* (Karbolpräparat). Zweimalige Anwendung dieser Behandlung innerhalb 8 Tagen heile die meisten Fälle, und selbst bei schwersten Fällen beobachtete *Peck* keine Phenolvergiftung. Auch *Edmonds* und *Walker* (1929) empfehlen, die Kamele vor der Behandlung zu scheren und zu waschen, wenn das Wetter nicht zu kalt ist. Sie halten zur Einreibung eine *Mischung von 2 Teilen Schwefelblüte, 1 Teil Kaliumbikarbonat und 8 Teilen eines milden Öls* für zweckdienlich. Nach der Behandlung sollen die Tiere nicht der Sonne ausgesetzt werden, weil sich sonst Blasen bilden können. Die Räude der Kamele spielt wohl überall eine gewisse Rolle, wo Kamele benutzt werden, wenn es nicht gelungen ist, die Räude auszurotten oder ihre Einschleppung zu verhüten.

Pferderäude. Auch beim Pferde kommen sämtliche drei Räudeformen vor. Die *Sarkoptesräude* beginnt gewöhnlich am Kopfe, an den Halsseiten und Schultern, während die *Psoroptesräude* die mehr geschützten Stellen, nämlich die Haut unter dem Schopf, am Genick, unter der Mähne, am Schweifansatz und Kehlgang, bevorzugt. Die *Chorioptesräude* tritt nur als Fußräude unter Befall der Fesselbeuge, meist der Hinter-, seltener der Vordergliedmaßen auf. Bei *Einzelfällen* empfiehlt sich *Schmierbehandlung,* z. B. mit dem bereits angegebenen *Kreolinliniment* oder *Ölliniment.* Notwendig ist, daß die Tiere vorher geschoren werden, und zwar mit Einschluß der Schweifwurzel. Wo Bäder zur Verfügung stehen, empfiehlt sich das bereits im *Basutoland* gebräuchliche *Baden in Rinderbädern,* und zwar in Schwefelkalklösung oder 0,1prozentiger Arsenlösung bei 30 bis 40° Wärme. Im Basutoland hat die Pferderäude zeitweilig eine gewisse Ausbreitung erlangt, so daß man in den Gebieten, in denen Großviehbadeeinrichtungen vorhanden waren, die Pferde an diesen zusammenholte und badete (Ber. 1930). In Deutschland hat sich insbesondere bei dem gehäuften Auftreten der Räude nach dem Weltkriege das *Begasungsverfahren mit Schwefeldioxyd (SO_2)* ausgezeichnet bewährt. Die Durchführung des Verfahrens erfordert aber die Erstellung besonderer Gasanlagen, die gasdicht herzustellen sind und besondere Bedienung benötigen, ferner die Verwendung von Schwefeldioxyd in Stahlflaschen. Aus diesen Gründen dürfte die Begasung in Afrika nur unter ganz besonderen Umständen bei gehäuftem Auftreten dort, wo keine Badeeinrichtungen zur Verfügung stehen, in Tierseucheninstituten und ähnlichen Einrichtungen in Frage kommen. Sehr wichtig ist eine *kräftige Fütterung der räudekranken Pferde,* die die Heilung der Räude ungemein begünstigt. Man gewinnt den Eindruck, als ob bei guter Fütterung die Räude beim Pferde auch von selbst heilt oder jedenfalls keine große Bedeutung erlangt. *Gray* (1920) erwähnt aus der *Südafrikanischen Union* einige Ausbrüche bei Pferden, die durch *Dürre* geschwächt wurden. Über sonstiges Vorkommen der Pferderäude in Afrika findet sich noch ein Vermerk in dem Mandatsbericht für den unter französischem Mandat stehenden Teil des deutschen Schutzgebietes *Kamerun* für 1933 über das Vorkommen der „Räude der Beine und des Körpers". Im allgemeinen findet die Pferderäude in Afrika wenig Beachtung.

Bei den *Ziegen* ist die *Sarkoptesräude* die häufigste Räudeform. Sie beginnt im Gesicht, greift in den stärkeren Graden auch auf den Rumpf, den Unterbauch, das Euter bei weiblichen Tieren und die Gliedmaßen über. Die *Psoroptesräude* tritt als *Ohrräude* nach *v. Hutyra-Marek-Manninger* in Belgisch-Kongo seuchenartig auf; sie führt zur Ansammlung von braunen, bierfilzähnlichen Massen im äußeren Gehörgang, ferner zur Verringerung der Freßlust und kann nach mehreren Monaten den Tod bedingen. Die *Chorioptesräude* tritt am Halse und längs des Rückens und an der Schwanzwurzel, weiter auch an den Maulwinkeln auf. Psoroptes communis caprae verursacht beim Schafe keine Räude. Wenn beim Baden der Schafe gegen Psoroptesräude auch zu empfehlen ist, die Ziegen mitzubaden, hat das nur den Grund, daß sich Ps. communis ovis einige Tage auf der Ziege und anderen Wirten am Leben erhalten kann, wie auch in der freien Natur. *v. Hutyra-Marek-Manninger* geben an, daß Ziegen besser nicht zu baden seien, da sie das Baden schlecht vertrügen; sie empfehlen daher die Schmierbehandlung; diese besondere Empfindlichkeit besteht in Afrika wie in Deutschland im Sommer nicht. Nach *Hornby* (1931) ist die Ziegensarkoptesräude völlig heilbar durch *Schmierkur* mit einer Mischung von Öl, Schwefel und Teer. Eine wirksame Badeflüssigkeit für Sarkoptesräude der Ziegen könne nicht angegeben werden. *Verney* (1933) schreibt einige Ausbrüche der Ziegenräude Milben zu, die von Schweinen und Pferden stammten. Auch bei der Sarkoptesräude der Ziege haben *du Toit* und *Bedford* (1932) festgestellt, daß die Kräle nicht länger als 17 Tage infektiös bleiben.

Beim *Schweine* tritt lediglich die *Sarkoptesräude* auf, die in größeren Beständen eine starke Verbreitung finden kann. Die ersten Erscheinungen treten am Kopfe, am Rücken, am Rumpfe auf, um schließlich auf die ganze Haut überzugreifen und eine starke Verdickung derselben mit Bildung starker Falten herbeizuführen. *Velu* (1920) heilte einen großen Ausbruch der Schweineräude in Marokko durch viermaliges *Baden* in „Coopers Dip", das aus Arsenik (20 Teilen), Schwefel (60 Teilen) und Schwefelarsen und Soda (je 5 Teilen) besteht, indem er die Schweine *in siebentägigen Abständen* badete.

Beim *Hunde* ist die *Sarkoptesräude* die gewöhnliche Räudeform, die sich in erster Linie am Kopfe entwickelt, auf Vorderbrust, Unterbauch, Innenfläche der Schenkel, Schwanzwurzel übergeht, um schließlich die Haut des ganzen Körpers zu ergreifen. Die Haut wird kahl, krustig und bildet durch das Scheuern blutige Falten. Behandlung durch Schmierkur.

Demodexräude des Rindes und der Ziege (Akarusausschlag, Acariasis)

Wesen und Ursache. Die Demodexräude ist ein durch die gleich den Räudemilben zu den Arachniden gehörige *Haarbalgmilbe (Demodex)* hervorgerufener Hautausschlag, der mit der Räude das Merkmal des *Haarausfalles* gemeinsam hat, sich von ihr aber dadurch unterscheidet, daß er *ohne Juckreiz* oder höchstens mit geringem Juckreiz einhergeht und im übrigen zur *Pustelbildung* und zur *Verdickung der Haut* führt. Die Erreger sind beim Rinde *Demodex bovis* und bei der Ziege *D. caprae.*

Vorkommen. Beim *Rinde* kommt die Demodexräude in Afrika, nach *v. Hutyra-Marek-Manninger* im *Kongogebiet,* in *Ostafrika, Erythrea, Südafrika* und *Madagaskar* (hier *„Boka"* genannt) z. T. stark verbreitet und enzootisch vor. In dem Schutzgebiet *Deutsch-Ostafrika* ist die Demodexräude beim Rinde wichtig; die Zebus sind ziemlich widerstandsfähig, die Ankolerinder sind es weniger *(Lowe,* 1933*).* Auch in dem Schutzgebiet *Kamerun* ist die Demodexräude beim Rinde häufig *(Poisson,* 1930*).* Ferner wird aus *Nigeria* über die Rinderdemodexräude berichtet (Ber. 1932, 1933). In *Ägypten* beobachtete *Rabagliati* (1923) einen Ausbruch in einer Herde sehr gut gehaltener Bullen, der lange jeder Behandlung trotzte. Noch wichtiger ist die *Ziegendemodexräude. Beaton* (1933) hat in *Nigeria* eingehende Untersuchungen über die Hautkrankheiten der Ziegen angestellt, und der Veterinärbericht für 1932 meldet, daß 34 v. H. der Ziegen mit Demodexräude befallen seien. Nach *Gärtner* (1920) kommt in *Deutsch-Ostafrika* die Demodexräude der Ziege bei etwa 25 v. H. aller Ziegen vor. Auch in *Nyassaland* ist sie häufig (Ber. 1936). Im tropischen *Westafrika* findet sie allgemein größte Beachtung. In der *Südafrikanischen Union* ist die Ziegendemodexräude sehr selten *(Fourie,* 1928*). Hornby* gab 1920 an, daß sie südlich des Sambesi überhaupt fehle.

Erscheinungen. Die erkrankten *Rinder* zeigen in der Haut am Rumpfe, am Halse und an den Schultern, gelegentlich auch an anderen Stellen oder am ganzen Körper stecknadelkopf- bis haselnußgroße, haarlose Knoten und Pusteln mit eitrigem Inhalt, in denen sich zahlreiche Demodexmilben befinden, die bei ihrer erheblichen Größe (0,22 bis 0,25 mm das Männchen und 0,24 bis 0,30 mm das Weibchen) schon mit bloßem Auge, unter allen Umständen aber bei schwacher mikroskopischer Vergrößerung als lanzettförmige oder lorbeerblattähnliche, wurmförmige Gebilde mit stummelförmigen Füßen erkannt werden können. Die Demodexmilben haben ihren Sitz in den Haarbälgen. Durch Verschmelzung der Demodexpusteln können größere, bis hühnereigroße Eiterherde mit starkem Borkenüberzug und Haarausfall entstehen *(v. Hutyra-Marek-Manninger).* Bei der *Ziege* bilden sich nur ausnahmsweise und, wie *v. Hutyra-Marek-Manninger* hervorheben, besonders während der Trächtigkeit erbsen- bis haselnußgroße, über die Haut hervorragende oder in die Haut eingebettete Knoten, besonders am Rumpf, Kopf und an den Beinen. Viel häufiger kommt die Demodexräude bei der Ziege in *verborgener Form* vor und zeigt sich erst *nach dem Abhäuten an der Fleischseite der Haut* in Form linsen- bis walnußgroßer, weißgelblicher, länglicher *Knoten* und *Knötchen,* hauptsächlich in der Rücken-, Kreuz-, Flanken- und Halsgegend. Ihre Bedeutung liegt in der Entwertung der Haut, die nicht zu gering zu veranschlagen ist (s. u. „wirtschaftliche Bedeutung").

Zur *Behandlung* werden die üblichen Räudemittel empfohlen, und zwar in Form von Bädern. *Lowe* (1934) gibt an, daß das Baden Besserung und langsame Heilung bringe. In dem unter Mandat stehenden Schutzgebiet *Deutsch-Ostafrika* solle man *wegen der Demodexräude ohne eine Badeeinrichtung nicht mit der Aufkreuzung beginnen* (s. u. „wirtschaftliche Bedeutung"). Nach *Rabagliati* (1925) hat sich bei Rindern nach langen erfolglosen Behandlungsversuchen Besprühen oder besser Baden in „Coopers Dip" (s. u. „Schweineräude") in der Lösung 1 : 150 in wöchentlicher, später mit Fortschreiten der Behandlung in 14tägiger Anwendung als wirksam erwiesen. Aus Nigeria wird berichtet (Ber. 1933), daß das Baden in arsenhaltigen Bädern keine eindeutigen Erfolge gezeitigt habe, es verhindere aber weiteren Befall und habe eine vorbeugende Wirkung.

Die *wirtschaftliche Bedeutung* der Demodexräude des Rindes und der Ziege ist groß, vor allem wegen der *starken Wertminderung der Häute.* Bei Ziegen hat auch die verborgene Form der Demodexräude oft eine Entwertung der Häute bis zu 50 und 75 v. H. des Normalwertes zur Folge, da die befallenen Häute nach dem Gerben Verdickungen, vor allem aber

Löcher aufweisen. *Beaton* (1933) hat festgestellt, daß in *Westafrika* durch Demodexräude 15 v. H. aller Ziegenhäute von erstklassiger Ware zu minderwertiger werden. In *Deutsch-Ostafrika* hat *Gärtner* (1920) nachgewiesen, daß etwa 80 v. H. aller Rinderhäute aus der Gegend des Viktoriasees mehr oder weniger stark durch Demodexräude entwertet sind. Die Demodexherde in der Haut fallen beim Gerben aus, so daß die Häute oft siebartig durchlöchert erscheinen. Eine weitere große Bedeutung der Demodexräude liegt nach *Hornby* (1927) darin, daß sie im Verein mit der Streptotrichose zu den *Krankheiten* zählt, die in dem unter Mandat stehenden Schutzgebiet *Deutsch-Ostafrika* die *Aufkreuzung des Viehs fast unmöglich machen.*

V. MANGELKRANKHEITEN

76. *Phosphormangel*

Vorkommen. In Afrika gibt es weite Gebiete, in denen der Boden einen sehr geringen Phosphorgehalt aufweist, was sich in einem unzureichenden Phosphorgehalt der Weidepflanzen auswirkt. In gewissen Teilen des *Betschuanalandes* und in *Osttransvaal* z. B. ist der zitratlösliche Phosphor (P) im Boden nicht höher als 0,0005 bis 0,0013 v. H. P_2O_5. Der P-Mangel macht sich besonders dort, wo er mit Regenarmut verbunden ist, in dem P-Gehalt der Weidepflanzen stark bemerkbar (*Henrici*, 1929). In manchen Gebieten Afrikas enthalten die Gräser in der Trockensubstanz nur 0,194 v. H. P_2O_5 gegen Werte von 0,538 v. H. in der Schweiz (*Theiler*, 1933). Nach Abfallen der Samen kann der P-Gehalt des Weidegrases bis auf 0,08 v. H. in der Trockensubstanz fallen (*Henning*, 1932). Da der P-Mangel der Weide auch in einem P-Mangel im Körper der dort gehaltenen Tiere zum Ausdruck kommt, der im Blute verhältnismäßig leicht nachzuweisen ist, spiegelt das Ergebnis einer Blutuntersuchung den P-Gehalt der Weide wider, auf der das Tier gehalten wurde (*Malan*, 1930). Auf dieser Grundlage wurden in *Südafrika* Untersuchungen vorgenommen, die eine *weite Verbreitung des P-Mangels für große Teile der Südafrikanischen Union* ergaben (*du Toit, Malan, Louw, Holzapfel* u. *Roets*, 1932; *Malan*, 1934). Der anorganische P-Gehalt im Blutserum zeigt sich bis auf 1,9 mg v. H. gegenüber 5 bis 6,5 mg v. H. unter normalen Verhältnissen vermindert (*Theiler*, zit. nach *v. Hutyra-Marek-Manninger*). Auch für andere Gebiete Afrikas ist auf diese Weise oder durch Untersuchung der Weidepflanzen z. T. hoher P-Mangel nachgewiesen worden. Für das unter Mandat stehende Schutzgebiet *Deutsch-Ostafrika* hat *French* (1937) durch Blutuntersuchung in den überstockten Gebieten des Singiddadistrikts bei Kühen nach Trächtigkeiten P-Werte gefunden, die denen in südafrikanischen P-Mangelgebieten ähnlich waren. Auch für die Tangaprovinz wird der P-Mangel der Weide betont, der sich dadurch bemerkbar macht, daß die Fortpflanzung des Viehs herabgesetzt ist (Memorandum on the economics of the cattle industry in Tanganyika, 1934). In der Bukobaprovinz führt *French* (1937) das schlechte Wachstum und die geringe Vermehrung der Rinder auf andere Ursachen zu-

Abb. 56. Styfsiekte (Aphosphorose: Osteomalazie). Steifheit der Vordergliedmaßen. (Versuchstier, nach *Henning*)

rück. Aus *Moçambique* berichtet *Sheppard Cruz* (1930) über eine Erkrankung, die er als durch P-Mangel verursacht ansieht. „Pica" (s. u.) wird häufig bei Rindern mit hochgradiger Nagana beobachtet (*Martinho*, 1930). Für das *Goldküstengebiet* berichtet *Beal* (1920), daß in den tiefliegenden Gegenden im Boden ein Mangel an Phosphaten und Karbonaten bestehe, und nimmt an, daß der P-Mangel für die geringe Größe der in diesen Gegenden vorkommenden Rinder verantwortlich sei. *Van Saceghem* (1931) macht auf den Mangel der Weide an bestimmten Bestandteilen in *Belgisch-Kongo* aufmerksam; er hält Knochenmehlzufütterung für dringend geboten. Auch die Weiden in *Kenya* zeigen, verglichen mit Weiden in England, besonders starken P-Mangel (6. Rep. of the comm. on the mineral content of natural pastures, 1931). Ferner scheint in *Nordafrika* P-Mangel eine Rolle zu spielen; denn *Ed. Sergent* und *Et. Sergent* (1934) geben an, daß sich die Zugabe von Knochenmehl zur Ration bei algerischen Kühen sehr günstig ausgewirkt habe. Weitere Angaben machen sie nicht. In *Nordnigeria* ist die Weide sehr mineralarm; man beobachtet dort bei Rindern, die mit Naganatrypanosomen behaftet sind, eine Krankheit, die mit „Pica" (s. u.) verbunden und möglicherweise auf P-Mangel zurückzuführen ist (*Henderson*, 1931). Ob die „Pica" bloß eine Folge der durch die Nagana vermehrten P-Ausscheidung (*French*, 1937) ist, erscheint nicht geklärt.

Wesen, Ursache und Erscheinungen. Der P-Mangel „äußert sich in den höheren Graden meist durch eine *triebmäßige Begier nach den mangelnden Stoffen*" (*v. Hutyra-Marek-Manninger*), die in Afrika als „Pica" bezeichnet wird (von „Pica" [lat.], die Elster, übertragen wegen des elstermäßigen Gelüstes nach ungewöhnlichen Stoffen). Im weiteren Verlauf kann die durch den P-Mangel hervorgerufene Störung des Mineralstoffwechsels zu *schweren Veränderungen des Knochengerüstes, Rachitis und Osteomalazie,* führen, die eine Form der südafrikanischen *Steifsiekte* sind (die andere Form wird durch eine Pflanzenvergiftung verursacht, Crotalariavergiftung, s. u. Futtervergiftungen). Wegen der Beziehungen des P-Mangels zur Lahmkrankheit s. diese.

Die *Rachitis* besteht in einer *Störung* der *Knochenbildung beim wachsenden Tiere* und äußert sich durch verminderte Knochenfestigkeit und die hierdurch bedingten bekannten mannigfaltigen *Verkrümmungen und Auftreibungen am Knochenskelett.* Bei vorgeschrittener Rachitis findet man die Fugenknorpel der Röhrenknochen und die Rippenenden beim Übergang in das Brustbein kolbenförmig verdickt, ferner Verkrümmungen der Knochen. Bei der *Osteomalazie* wird der *fertige Knochen des erwachsenen Tieres* seiner Mineralbestandteile beraubt, so daß er weicher und brüchig wird und zu Gestaltsveränderungen neigt. *Theiler* (1931, 1933), *Theiler, du Toit* und *Malan* (1937) sowie *du Toit* und *Malan* (1937) haben nachgewiesen, *daß in Südafrika für die Entstehung der Rachitis und der Osteomalazie nur der P-Mangel verantwortlich gemacht werden kann.* Durch hochgradigen Kalziummangel der Nahrung ließen sich Rachitis und Osteomalazie nie verursachen; dieser führte lediglich bei sehr langer Versuchsdauer (über ein Jahr) zu Osteoporose und -fibrose. *Osteoporose* besteht in einer Vergrößerung der Knochenbinnenräume (Knochenabbau) ohne Knochenzubildung, *Osteofibrose* in einem Umbau des Knochengewebes, verbunden mit einer bindegewebigen Umwandlung des wuchernden Knochenmarks. Auch das gegenseitige Verhältnis des Phosphors und des Kalziums zueinander in der Ernährung scheint in Südafrika keine Rolle bei der Entstehung der Rachitis und Osteomalazie zu spielen. Erscheinungen der Rachitis und Osteomalazie traten nur dann auf, wenn die Mindestmenge Phosphor in der Nahrung unterschritten wurde. Eine durch Kalziummangel bedingte Erkrankung ist in Südafrika nie in natürlichem Vorkommen beobachtet worden. Obwohl die Weidegräser sehr kalkarm sind, scheint Kalküberschuß sogar die Auswirkungen des P-Mangels verstärken zu können *(Theiler,* 1933*),* was auch entsprechende Beobachtungen in dem unter Mandat stehenden Schutzgebiet *Deutsch-Südwestafrika* erklären mag. Eine wertvolle Erörterung der Frage des Kalzium : Phosphor-Verhältnisses in der Nahrung liefert *Otto* (1938), nach dem dieses nur bei Pferden und Schweinen und auch da nur unter besonderen Umständen Bedeutung zu haben scheint. Dem sonst bei der Entstehung der Rachitis in Frage kommenden Mangel an Vitamin D wird in Südafrika keine Bedeutung zugemessen, da angenommen wird, daß durch die starke anhaltende Sonnenbestrahlung die Tiere stets in der Lage sind, genügend Vitamin D in der Haut zu bilden.

Eine weitere Folge des P-Mangels ist die *Verminderung der Fruchtbarkeit* und *Verlangsamung des Wachstums bei den Farmtieren.*

Wirtschaftliche Bedeutung. Theiler (1933) führt die vorübergehende Unfruchtbarkeit südafrikanischer Rinder und Schafe auf P-Mangel zurück. In Großversuchen in einem P-Mangelgebiet gebaren Rinder, die ausreichend P (in Form von Knochenmehlzufutter) erhielten, 87,3 v. H., die Kontrolltiere, die auf die natürliche Weide angewiesen waren, 56,5 v. H. Kälber. Den Einfluß des P-Mangels auf das Wachstum erläutert die Bildbeigabe in anschaulicher Weise. *Du Toit* und *Bisschop* (1929) fanden bei Versuchen, bei denen eine Kälbergruppe *ausreichend Knochenmehl* bekam, die andere nicht, daß im Alter von einem halben Jahr die Knochenmehlgruppe an Gewicht die andere um 14,5 v. H. übertraf. Nach zweieinhalb Jahren betrug der *Vorsprung 33,2 v. H.* (zit. nach *Henning,* 1932*).*

Hervorzuheben ist, daß der P-Mangel der Weide *auch außerhalb der*

Lahmkrankheitsgebiete (s. Lahmkrankheit) in Afrika *weitverbreitet* ist und daß daher in den meisten Fällen in den Grassteppen eine Zufütterung von phosphorsäurehaltigen Stoffen die Viehzucht wesentlich wirtschaftlicher machen würde. Dies gilt nicht nur für Rinder, sondern auch für Schafe. Ein ausgeglichener P-Bedarf vermindert auch die Verluste an anderen Erkrankungen als Lahmkrankheit. Welchen Erfolg die Zufütterung von Knochenmehl und Salz auch außerhalb der Lahmkrankheitsgebiete Afrikas hat, zeigen folgende Angaben aus *Kenya,* die dem 6. Bericht des Komitees für Untersuchungen über den Mineralgehalt natürlicher Weiden (Ref. Vet. Rec. *11,* 564, 1931) entnommen sind: Bei *Milchkühen vermehrte* die Zufütterung von Knochenmehl und Salz den *Milchanfall um 40 v. H.* Die Kühe blieben im besseren Ernährungszustand. Bei *Schaflämmern* ergab „Mineralversorgung" *Zuwachszunahme von*

Abb. 57. Einfluß der Knochenmehlfütterung auf den Allgemeinzustand der Tiere. Die vier Rinder haben alle ungefähr dasselbe Alter. Sie leben sämtlich im freien Feld unter denselben Bedingungen. Nr. 1 und Nr. 3, von links, erhielten täglich drei Unzen Knochenmehl, Nr. 2 und 4 nicht. Farm Armoedsvlakte. (Nach *Küpfer*)

10 v. H., zusätzliche Proteinzufütterung ergab 30 v. H. Wachstumszuwachs und einen um 5 bis 10 v. H. erhöhten Wollanfall ohne Qualitätsminderung. Von besonderer Bedeutung wird der P-Mangel der afrikanischen Weide dort, wo eine Erreichung eines höheren Leistungsvermögens des Viehs angestrebt wird. Die Eingeborenenrassen mit ihrer geringen Milchleistung und ihrem langsamen Wachstum sind an den geringen P-Gehalt der afrikanischen Weide angepaßt. Aber sobald die Aufkreuzung einsetzte, machte man die Feststellung, daß das „alte erfreuliche Märchen" von dem vollen Gehalt der Trokkenweide zu den Irrtümern gerechnet werden muß. Sehr lehrreiche Aufschlüsse geben in dieser Hinsicht die lange Jahre hindurch auf der Versuchsfarm der Südafrikanischen Regierung „Armoedsvlakte" im Betschuanaland durchgeführten Versuche, über die *Bisschop* auf dem XIII. internat. tierärztl. Kongr. in Zürich 1938 berichtet hat. Er stellt fest, daß die Ergebnisse dreißigjähriger Aufkreuzung in *Südafrika* sehr enttäuschten, wenn „ranching conditions", also praktische Farmverhältnisse, zugrundegelegt würden. Das Vieh sei nicht besser geworden, sondern schlechter. *Die europäischen Rassen seien nur in der ihnen angemessenen Umgebung brauchbar, in der südafrikanischen Mangelsteppe würden sie schlechter.* Ein häufiger Erfolg der Kreuzungen mit den europäischen Rassen sei das *Kleinerwerden* der späteren Generationen, eine Erscheinung, die auch in dem Schutzgebiet *Deutsch-Südwestafrika* dem Züchter nicht unbekannt ist, wenn er sich auch häufig in der ersten Kreuzungsgeneration durch das „Luxurieren der Bastarde“ (Größerwerden als beide Elternteile bei Paarung verschiedener Rassen) täuschen läßt. Nach *Bisschop* geht die Anpassung europäischer Rinder an durchschnittliche Weideverhältnisse Südafrikas durch Aufkreuzung einheimischer Rinder langsamer vor sich als eine Leistungssteigerung bis zur angestrebten Höhe durch Weiterzucht reiner (einheimischer) Rassen und deren Verbesserung durch Auslese. *Die bodenständigen Rassen sind bei einer Verbesserung des Phosphorgehaltes der Weide imstande, höhere Leistungen zu erzielen, während dies bei den Tieren mit europäischem Blut nicht der Fall ist.* Bei diesen treten auch durch die Einwirkung einer ganzen Reihe anderer Umstände Änderungen ihrer Erscheinungsform (Phänotyp) ein, die zum Verlust der Eigenschaften führen, um derentwillen die Tiere eingeführt wurden.

Für die *Südafrikanische Union* gilt, *daß P-Zufütterung bei Rindern fast in allen Teilen des Landes nötig ist,* besonders in der *Trockenzeit.* Auch bei *Schafen* ist diese Zufütterung nicht nur wertvoll, sondern fast unumgänglich notwendig *(du Toit* u. *Malan,* 1936*).* Dieses gilt auch für das unter Mandat stehende Schutzgebiet *Deutsch-Südwestafrika.* Dem P-Mangel kann, wie schon wiederholt angeführt, durch Darreichung von phosphorsauren Salzen in geeigneter Form abgeholfen werden. Wegen der *Form der Darreichung* s. u. „Lahmkrankheit“.

77. *Lahmkrankheit (Lamsiekte) des Rindes (Botulismus, Sandfeldkrankheit)*

Wesen, Ursache, Vorkommen. Die Lahmkrankheit ist eine auf der Grundlage des Mangels an Phosphor (P) des Bodens und der auf ihm wachsenden Pflanzen sich entwickelnde Erkrankung des Rindes, deren Wesen eine sich sekundär entwickelnde Botulinusvergiftung *(Botulismus)* ist. Nach *Theiler* ist die Lahmkrankheit schon seit mehr als 100 Jahren in *Südafrika* bekannt. Auch die Eingeborenen in *Deutsch-Südwestafrika* kennen die Krankheit schon seit langer Zeit, und die Hereros schufen Abhilfe durch das Verlassen der gefährlichen Gebiete in der Trockenzeit. Das Wesen der Krankheit wurde seit dem Jahre 1882 von dem bedeutenden südafrikanischen Staatstierarzt *Hutcheon,* dem wegen der Bedeutung der Tierkrankheiten für die Entwicklung der Viehzucht in der Kapkolonie die Stelle eines Direktors des Landwirtschaftsdepartements übertragen worden war, studiert, und er ist zu der Überzeugung gekommen, daß die Krankheit auf einem Mangel an P-Salzen beruhe (zit. nach *Knuth* und *du Toit).* In Deutsch-Südwestafrika hat man lange vor Aufklärung der Ursache der Krankheit Knochenmehlfütterung als Abhilfe empfohlen.

Die Krankheit kommt in *zahlreichen Teilen Südafrikas,* im *Betschuana-*

land und in dem unter Mandat stehenden Schutzgebiet *Deutsch-Südwestafrika* vor. Ihr Auftreten ist auf die Bezirke beschränkt, *in denen P-Mangel besteht*, und innerhalb dieser Bezirke auf Gebiete, *in denen der Erreger, der Bacillus botulinus, günstige Bedingungen findet, um im Boden fortzukommen.* In dem Schutzgebiet *Deutsch-Südwestafrika* sind dies die Gebiete im Osten (roter Sand auf Kalk). Wahrscheinlich war die von *Croveri* (1920) beschriebene „Sarkosporidiose" bei Rindern im *Somaliland* in Wirklichkeit Lahmkrankheit, denn hierauf läßt die Beschreibung schließen. Jedenfalls wurde die Haltlosigkeit der Sarkosporidiosetheorie der Lahmkrankheit von *Viljoen* (1920) erwiesen. Die meisten Fälle von Lahmkrankheit zeigen sich in der *Trockenzeit.* Das starke Auftreten der Krankheit in den Jahren 1909 und 1910 wird allgemein auf die damals herrschende Dürre zurückgeführt. Der Regenfall ist von großem Ein-

Abb. 58
Lahmkrankheit. Fortgeschrittenes Stadium. Bezeichnende Lage. (Nach *Henning*)

fluß auf die Lahmkrankheit. Schon die frühesten Berichterstatter geben an, daß die Krankheit in Trockenjahren viel häufiger auftritt als in nassen. Dadurch ist es auch zu erklären, daß 1934 und 1935 nach dem starken Regenjahr in dem unter Mandat stehenden Schutzgebiet Deutsch-Südwestafrika kaum Verluste durch die Lahmkrankheit beobachtet worden sind. Am ehesten erkranken *Milchkühe* und Jungrinder. Auch *Schafe* sind nach *Sigwart* (1929) in hohem Grade für Lahmkrankheit empfänglich.

Erscheinungen. Die Erscheinungen der die Krankheit kennzeichnenden Botulinusvergiftung sind *Lähmungen,* die in verschiedener Form und Heftigkeit auftreten können. Die *Lähmungen des Bewegungsapparates* stehen *im Vordergrund* gegenüber den Lähmungen des Kau- und Schlingapparates (*Theiler* u. *Robinson,* 1927). Bei der *perakuten* Form können Tiere, die am Abend noch vollkommen gesund erschienen, am folgenden Morgen tot aufgefunden werden. Einige Tiere liegen schlafsüchtig am Boden und sterben alsbald, andere zeigen Gehirnreizungen. Die *akute* Form dauert 2 Tage bis eine Woche, die erste Erscheinung ist nach *Knuth* und *du Toit* eine kaum merkbare Steifheit, die besonders in den Schultern ihren Sitz zu haben scheint. Der Rücken wird etwas gekrümmt, und in seltenen Fällen werden die Ellbogen nach außen gedreht. Das erkrankte Tier bleibt hinter der Herde zurück und legt sich, steht nur unwillig auf und legt sich alsbald wieder. Nach einiger Zeit vermag sich das Tier nicht mehr aufzurichten, die *Hinterbeine sind gelähmt,* und die *Lähmung schreitet nach vorne fort,* so daß schließlich auch *Schlundkopf, Zunge* und *Unterkiefer* von ihr ergriffen werden. Temperaturerhöhung fehlt. Die akute Form der Lahmkrankheit endet gewöhnlich mit dem Tode. Bei den *verendeten* Tieren findet man keine kennzeichnenden Veränderungen, höchstens katarrhalische Entzündung und kleine Hämorrhagien im Magendarmkanal, besonders im Darme. Oft geben Fremdkörper im Magen einen Hinweis auf das Vorliegen der Krankheit. Bei der *subakuten* Form fressen die Tiere noch gut und schleppen sich beim Suchen nach Futter auf der Weide umher. Die Tiere können wochenlang leben. Einige magern ab und gehen an den Folgen der Druckstellen der Haut von dem andauernden Liegen zugrunde. Bei anderen bessert sich der Zustand. Ein solches Tier kann plötzlich aufstehen und fortgehen. Die subakute Form, die in der Regel 1 bis 2 Wochen dauert, kann in die *chronische* übergehen, die bis zu 3 Monaten dauert. Die Krankheit zeigt alle Merkmale der Vergiftung mit dem Gift (Toxin) des Bacillus botulinus. Dieses Gift wird aufgenommen mit herumliegenden Knochen und Kadaverteilen. Die Tiere nehmen diese fremdartigen Stoffe infolge der *„Pica“* (s. o.) auf. Sie fressen bei den leichteren Graden des P-Mangels nur ausgelaugte, „süße“, geruchlose Knochen, in den höheren Graden auch faule, stinkende. Nur bei diesen besteht die Gefahr der Aufnahme des Toxins des B. botulinus, so daß für die Entstehung der Lahmkrankheit ein höherer Grad von P-Mangel und die hierdurch verursachte „Pica“ in der Regel die Voraussetzungen sind (*Theiler*, 1920).

Abb. 59. Lahmkrankheit. Knochenfresser. (Nach *Theiler*)

Bekämpfung. Zwei Maßnahmen sind notwendig, um die Lahmkrankheit zu bekämpfen:

1. Muß das Knochenfressen bekämpft werden, indem den Tieren in der Trockenzeit ausreichende Mengen Phosphor in geeigneter Form gereicht werden, damit die „Pica“ verschwindet.

2. Muß alles Kadavermaterial und alle faulenden Knochen entfernt werden, die zur Vergiftung der Tiere führen können.

Nur *beide Maßnahmen verbunden* versprechen *vollen Erfolg* und können, wo sie gewissenhaft durchgeführt werden, fast jeden Verlust an Lahmkrankheit verhindern.

Zur *Behandlung* empfiehlt sich die Darreichung von *Phosphor.* Diese erfolgt am besten in der Form von *Knochenmehl.* Kein Mittel ist so sicher imstande, die „Pica“ zu beheben wie das Knochenmehl. Alle anderen Phosphorträger wirken nicht mit der gleichen Sicherheit. Ob dabei noch andere Bestandteile des Knochenmehls außer dem Phosphat (Eiweiß?) eine Rolle spielen, ist unbekannt *(du Toit,* 1937*).* Knochenmehl muß in einer Durchschnittsmenge von rund 80 g für das Tier am Tag gegeben werden. Die jährlichen Kosten betragen nach *Henning* etwa 5 sh für das Tier, die sich schon allein durch die höhere Leistung der Tiere, vermehrten Milchanfall bei weiblichen Tieren und das bessere Wachstum der Jungtiere bezahlt machen (s. „Phosphormangel“), ganz abgesehen von der Vermeidung der Verluste durch Lahmkrankheit. Bei Milchkühen soll eine größere Menge gegeben werden, ungefähr 170 g täglich. Ist bereits „Pica“ aufgetreten, so erhalten die Knochenfresser höhere Gaben; Gaben von ½ bis 1 Pfund werden die „Pica“ sicher zum Verschwinden bringen, wenn sie etwa 3 Wochen lang gegeben werden *(Theiler,* 1920*).* Man darf es in Lahmkrankheitsgegenden aber gar nicht dazu kommen lassen, daß sich die „Pica“ ausbildet, sondern man muß rechtzeitig mit der Knochenmehlverabreichung anfangen, sobald der Wert der Weide nachläßt, die in der Regenzeit, solange sie grün ist, auch in den schlimmsten Lahmkrankheitsgegenden genügend P enthält, um das Auftreten von P-Mangelerscheinungen zu verhüten. Nach *Henning* schwankt die tägliche P-Aufnahme mit der Weide in ausgesprochenen Lahmkrankheitsgebieten zwischen 37 g P_2O_5 auf 450 kg Lebendgewicht im Frühjahr (Oktober—November) und 11 g und weniger in der Mitte des Winters (Juni). Für andere Gebiete Afrikas mit abweichendem Eintritt der Regenzeit verschieben sich diese Zeiten etwas.

Es genügt also die in der Weide vorhandene Menge P in der kalten Zeit nicht, um Knochenfressen zu verhüten; man muß daher in dieser Zeit P zufüttern. Ein Gehalt der Weide von nicht weniger als 0,16 v. H. P_2O_5 in der Trockensubstanz reicht bei gewöhnlichen Rindern aus, um Knochenfressen zu verhüten. Sobald aber der Gehalt unter etwa 0,1 v. H. sinkt, wie dies in den Lahmkrankheitsgebieten der Fall ist, setzt das Knochenfressen ein. Eine Darreichung von 27 g P_2O_5 auf 450 kg Lebendgewicht wird für ausreichend erachtet, um Knochenfressen zu *verhüten.* Deshalb wird eine tägliche Gabe von 80 g Knochen-

Abb. 60. Lahmkrankheitsgebiet: Knochenmehldarreichung in der Manga („crush-pen"). (Nach *Henning*)

mehl, die etwa 20 g P_2O_5 enthält, für ausreichend angesehen, um den Mangel einer Tagesweide mit 8 bis 11 g P_2O_5 in einer Lahmkrankheitsgegend auszugleichen.

Die *Verabreichung des Knochenmehls* erfolgt auf verschiedene Weise. Am einfachsten, aber unrichtig, ist die Darreichung im Sammeltrog, da hierbei ein Teil der Tiere viel zu große Mengen aufnimmt, der andere dagegen zu wenig bekommt. Besser ist die Fütterung in *Einzeltrögen*. Dazu ist eine Anzahl von kleinen Trögen nötig, die jeweils die tägliche Menge für ein Tier enthalten und die in einen Kral gestellt werden, in den zur Fütterung jeweils so viel Tiere auf einmal hineingelassen werden, wie Tröge vorhanden sind. Das zweckdienlichste Verfahren ist, *jedem Tier in einer Manga* (eingefriedigter Gang) *die ihm zukommende Menge täglich zu geben*. Natürlich ist mit dieser Darreichungsart ein höherer Arbeitsaufwand verbunden. Wo die Arbeitskräfte dazu nicht vorhanden sind, empfiehlt sich die *Darreichung* besonderer *wasserlöslicher Phosphate im Trinkwasser*.

In dem unter Mandat stehenden Schutzgebiet *Deutsch-Südwestafrika* ist ein wasserlösliches Phosphorsäurepräparat im Gebrauch, dessen Verabreichung im Jahr 3 sh kosten soll (SWA.-Farmer *8*, 6, 10 und *8*, 11, 8, 1931). In den letzten Jahren sind die wasserlöslichen Phosphate auch in der *Südafrikanischen Union* zur Verwendung gekommen; sie sind aber noch im Versuchsstadium *(Enigk*, pers. Mittlg. an einen von uns, *Kulenkampff)*. Nach *Bekker* (1932) wird *Dinatriumphosphat von 20 v. H. P_2O_5-Gehalt* in solcher Menge im Tränkwasser gelöst, daß jedes Tier etwa 43 g, das sind 10 g P_2O_5 am Tage, bekommt. Um völlige Lösung der Phosphate zu erreichen, wurde von *Bekker 1 ccm handelsübliche 90prozentige Schwefelsäure auf 4,54 Liter Wasser* zugesetzt. Außerdem wurde eine Spur *Kupfersulfat* (1 : 250000) hinzugefügt, um das Wachstum von Algen zu verhüten. Man kann nach Bekker bei erwachsenen, nicht milchenden Rindern mit einem täglichen Verbrauch von rund 27 Litern Wasser rechnen. In diesem Maßstabe wurde das P-Salz dem Tränkwasser zugesetzt, und es ergab sich, daß im Verlaufe des Versuches für die Tiere je Kopf und Tag rund 45 g des Salzes verbraucht wurden, was die Genauigkeit der Dosierung beweist. Für wachsende Rinder und milchende Kühe soll die Verdünnung 10 g P_2O_5 auf nur rund 18 Liter Wasser betragen, so daß diese Tiere mit der gleichen Wassermenge ihrem höheren Bedarf an Phosphorsäure entsprechend eine größere Menge des Salzes täglich aufnehmen. Nach *Otto* (1938) kann man vor allem beim Dinatriumphosphat damit rechnen, daß fast der gesamte P tatsächlich von den Tieren in den Körper aufgenommen wird. Aber auch für die anderen gebräuchlichen P-Quellen fand Otto, daß die P-Retention im Körper fast 100 v. H. beträgt, jedenfalls, wenn die Tiere unter P-Mangel leiden. Nach *du Toit* und *Malan* (1936) enthalten die wasserlöslichen

P-Salze Dinatrium- und Monoammoniumphosphat, etwa 50 v. H. Phosphor (nach anderen Angaben ist der P-Gehalt der löslichen Salze bedeutend niedriger). *Du Toit* und *Malan* (1936) empfehlen, in rund 455 Liter Tränkwasser 680 g Dinatrium- oder Monoammoniumphosphat zu lösen. Dinatriumphosphat sei aber so teuer, daß es wohl praktisch nicht benützt werde. Monoammoniumphosphat greife bei seiner Verwendung Metalle an; dieses ist aber bei hartem Wasser allein verwendbar, da sich Dinatriumphosphat in diesem ungenügend löst. Wie schon angegeben, berichtet *du Toit* (1937) über Versuche, die zeigen, *daß die Zufütterung mit Knochenmehl die „Pica" sicherer zum Verschwinden bringt als die Darreichung von Phosphaten.* Bei dem Versuch waren neben Knochenmehl wasserlösliche Phosphate benutzt worden.

Da die Zufütterung von löslichen Phosphaten ziemlich teuer ist und auch das zu verabreichende Knochenmehl durch die Bahnfracht teuer wird — wegen seines großen Volumens, bedingt durch seinen geringen P-Gehalt — hat man sich nach *Ersatzstoffen* umgesehen. Bei Knochenmehl rechnet man mit einem Gehalt von 22 v. H. P_2O_5. Das weiterhin in sehr großem Maße gebräuchliche *entleimte Knochenmehl* enthält 30 v. H. P_2O_5, es stellt nach *Otto* (1938) wohl die *billigste P-Quelle* für die Zufütterung dar; das ebenfalls zur Verwendung gelangende *präzipitierte Kalziumphosphat* enthält 40 v. H. P_2O_5 *(du Toit* u. *Malan,* 1936). Mit *mineralischen Phosphaten* hat man verschiedene Ergebnisse erzielt. Sie weisen einen hohen Gehalt an ausnutzbarem Phosphor auf, hatten aber oft bedenkliche Schädigungen der Tiere zur Folge. Die meisten mineralischen Phosphate enthalten mehr oder weniger starke *Verunreinigungen durch Arsen* und vor allem durch *Fluor,* welche ihre *Benutzung* als Phosphorquelle für das Vieh *verbieten.* Nach *Slagsvold* (zit. nach *du Toit, Smuts* u. *Malan,* 1937) verursacht Fluoraufnahme Osteomalazie; die Darreichung fluorhaltiger Phosphate an Rinder würde also, wie *du Toit, Smuts* und *Malan* (1937) betonen, das Auftreten von Osteomalazie begünstigen. Untersuchungen darüber, wie hoch die zulässige Grenze für den Fluorgehalt bei für die Verfütterung geeignetem mineralischem Phosphat ist, werden in Onderstepoort vorgenommen; ihr Ergebnis ist noch nicht bekannt geworden (s. a. Fluorvergiftung).

Schutzimpfung. Der Vollständigkeit halber sei erwähnt, daß man gegen die Toxine des Botulismuserregers einen aktiv immunisierenden Schutzstoff in Form einer *Formolvakzine* (Formoltoxoid) herstellen kann, deren Anwendung es möglich machen würde, durch in jährlichen oder halbjährlichen Abständen erfolgende Einspritzungen eine genügende Immunität gegen die Erkrankung aufrechtzuerhalten. Diese Vakzine ist aber praktisch nicht verwendet worden, sondern diente nur als Hilfsmittel in einem Versuch, um eine Herde von Versuchstieren in einem Lahmkrankheitsgebiet am Leben zu halten, ohne daß sie P-Zufütterung erhielten.

Wirtschaftliche Bedeutung. Die großen Verluste, die die Lahmkrankheit früher in den Lahmkrankheitsgebieten hervorgerufen hat, zeugen von der großen wirtschaftlichen Bedeutung der Krankheit. Aus einem durchschnittlichen Bestand von 400 Rindern sind auf einer Farm in 8 Jahren 400 Stück an Lahmkrankheit eingegangen (SWA.-Farmer 7, 2, 14, 1930), wobei die guten Regenjahre niedrigere, die Trockenjahre höhere Verluste brachten. Lahmkrankheitsfarmen waren für Rinder oft während der Trockenzeit nicht zu benutzen; sie konnten nur in der Regenzeit beweidet und mußten bald nach Anfang der Trockenzeit wieder verlassen werden, wenn große Verluste vermieden werden sollten (SWA. Mand.-Ber. 1923). *Dank der Klarlegung des Wesens der Lahmkrankheit durch Theiler und seine Mitarbeiter hat die Krankheit ihre Schrekken verloren.* Das ist einer der Beweise, welchen tausendfältigen Nutzen die

Abb. 61. Lahmkrankheit (Botulismus) beim Schafe. Bezeichnende Kopfhaltung und abnorme Unterstellung der Hinterbeine beim rechten Schafe. Botulismuslähmung. (Photographische Aufnahme *H. Sigwart*)

Tierkrankheitsforschung und die darauf gestützte Krankheitsbekämpfung den Kolonien bringen, in denen die Tierzucht eine Rolle spielt. Im Sandfeld ist die Lahmkrankheit praktisch dort verschwunden, wo nach Vorschrift Phosphate gegeben werden. Nach einer Mitteilung *Theilers,* die er bei seinem letzten Besuch in Deutschland 1936 dem früheren leitenden Veterinär in Deutsch-Ostafrika, Dr. *Lichtenheld,* gemacht hat, hat sich durch die wirksame Bekämpfung der Lahmkrankheit sogar in dem Britischen Betschuanaland-Protektorat mit seinem jetzigen Viehbestand von einer Viertelmillion Rindern eine Milchwirtschaft entwickeln lassen. Im Betschuanaland-Protektorat sei früher wegen der Lahmkrankheit eine Rinderhaltung kaum möglich gewesen. In der *Südafrikanischen Union* ist die Lahmkrankheit der Rinder nach *du Toit* (1932) *fast völlig verschwunden.*

Lahmkrankheit beim Schafe. Im Gegensatz zu der früheren Meinung, daß die Lahmkrankheit beim Schafe kaum vorkomme, jedenfalls keine besondere Rolle spiele, ist von *Sigwart* (1929) im Süden des Schutzgebietes *Deutsch-Südwestafrika* Lahmkrankheit bei Schafen mit Auftreten großer Verluste beobachtet worden. In *Südafrika* ist 1929 durch *Bekker* und *Rossouw* Knochenfressen und Lahmkrankheit beim Schafe in größerem Umfang in einem bestimmten Gebiet festgestellt worden. In dem Schutzgebiet *Deutsch-Südwestafrika* kommt Lahmkrankheit des Schafes im gesamten Rinderlahmkrankheitsgebiet vor, mit Ausnahme der Teile, in denen es reichlich Futterbusch gibt, wobei die Schafe durch die Aufnahme der verhältnismäßig P-reichen Blätter dieser Büsche vor übergroßem P-Mangel geschützt werden. *Sigwart* sah im übrigen *nie bei Merinos* die Krankheit, sondern nur bei Perser-, Afrikaner- und Karakulschafen, und er knüpft daran die Vermutung, daß das Merino wohl den Instinkt verloren habe, der die übrigen Tiere dazu bringe, Knochen zu kauen, um den P-Mangel zu beheben.

Die *Erscheinungen* der Lahmkrankheit der Schafe sind nach *Sigwart* anfänglich infolge beginnender Lähmung der Bewegungsnerven eigentümlicher Gang mit Unterschieben der Hintergliedmaßen unter den Körper und Kopfhaltung wie bei einem beigezäumten Pferde (s. Abb. 61). Mit fortschreitender Lähmung wird der Nacken völlig gelähmt und flankenwärts gebogen. Zungenlähmung und Speichelfluß („nat bek") vervollständigen in akuten Fällen, die beim Schafe häufiger vorkommen als beim Rinde, das Krankheitsbild. Die *Vorbeuge* geschieht wie bei der Lahmkrankheit des Rindes. Es muß die Aufnahme von *Knochenmaterial* verhindert werden. Häufig wurden auch *Nachgeburten* als Ursache der Erkrankung festgestellt, durch deren Beseitigung in einigen Fällen Aufhören der Krankheitsfälle zu erreichen war. Weiter ist die Ergänzung der Nahrung wegen ihrer P-Armut nötig. Ein Schaf benötigt etwa 80 g Knochenmehl in der Woche, das am besten in Form einer Lecke zu reichen ist, wobei auf 4 Teile Knochenmehl 1 Teil Salz zugesetzt werden kann. Die Zusammensetzung der Lecke sollte aber nach den besonderen örtlichen Verhältnissen abgestimmt werden. Die Lahmkrankheit des Schafes hat in den befallenen Gebieten Süd- und Südwestafrikas eine *große wirtschaftliche Bedeutung.* In dem Schutzgebiet Deutsch-Südwestafrika wird hauptsächlich das Dünengebiet der Westkalahari heimgesucht. 1927 sind nach den Angaben des Bezirkstierarztes im Bezirk Keetmannshoop 50000 Schafe daran eingegangen. *Sigwart* (1929) schätzt die Verluste niedrig gegriffen auf 3 v. H. der gesamten Mutterschafe und berichtet von Farmen, auf denen er bis zu 10 v. H. Verluste gesehen hat. Einige Farmer meldeten sogar Verluste bis zu 50 v. H. (Mand.-Ber. 1927).

Bei *Ziegen* kommt die Lahmkrankheit viel seltener vor als beim Schafe.

78. *Mangel an anderen mineralischen Bestandteilen des Futters, abgesehen vom Phosphor*

Neben dem Mangel an Phosphor ist vielerorts auch der *Kalziummangel* für die Entstehung von Schäden verantwortlich gemacht worden. Wie schon erwähnt, mißt man dem Kalziummangel nach eingehenden Untersuchungen für die Südafrikanische Union praktisch keine Bedeutung als Krankheitsursache mehr zu.

In *Belgisch-Kongo* scheint nach *van Saceghem* (1919) die *„Osteoporose"* der Equiden sehr verbreitet zu sein; Pferde werden häufiger befallen als Esel. In allen Gebieten des Kongo, wo die „Osteoporose" häufig war, enthielt der *Boden sehr geringe Mengen von löslichem Kalzium und Phosphor*, in einem Gebiet jedoch, in dem die „Osteoporose" fehlte, war genügend gelöstes Kalzium im Trinkwasser vorhanden. Als weiteren Beweis für die ursächliche Bedeutung des Kalziums führt *van Saceghem* die Tatsache an, daß die Darreichung von *kohlensaurem Kalk* im Trinkwasser die „Osteoporose" in einem Bezirk zum Verschwinden brachte, in dem sie enzootisch geherrscht hatte.

„Kieferkrankheit" des Pferdes (Osteofibrosis). Die wiederholt als besondere Krankheit beschriebene afrikanische „Osteomalazie" oder Kieferkrankheit des *Pferdes (Ziemann*, 1905; *Tissié*, 1928) ist nach *Robin* (1931) eine Mangelkrankheit. Er sieht die in *Belgisch-Kongo* und in *Madagaskar* beim Pferde beobachtete Krankheit als Mangelkrankheit an. Die Krankheit äußert sich vor allem durch Auftreibung der Knochen des Oberkiefers. In Madagaskar tritt sie nur bei *eingeführten,* nicht bei den einheimischen Tieren auf *(Robin,* 1931*). Groenewald* (1937) stellt fest, daß im allgemeinen von den Autoren als Ursache der Osteofibrose entweder überreichlicher Phosphor- oder zu geringer Kalziumgehalt der Nahrung angesehen werde, und betont, daß in beiden Fällen das Tier Kalziumhunger entwickeln

müßte. Er stellte Versuche an, bei denen sich bei Pferden, die bei reichlichen Phosphorgaben *zu wenig Kalzium* erhielten, die bekannten Gesichtsschwellungen und die übrigen klinischen und pathologisch-anatomischen Erscheinungen der Osteofibrose sowie starke „Pica" zeigten. Die Gesichtsschwellungen gingen wieder zurück, wenn genügend Kalzium gefüttert wurde.

Mangel an anderen Mineralstoffen. Daß *Magnesiummangel* in der Ernährung der Rinder eine Gefahr in Südafrika bedeute, bezweifeln *du Toit, Malan* und *Groenewald* (1934). Daß Mangel an *verschiedenen Mineralien* zweifellos eine Rolle bei den Pflanzenfressern Afrikas spielt, beweist das *große Verlangen besonders der Rinder und Antilopen nach „Brack"* (Erdstellen mit besonders hohem Gehalt an verschiedenen Salzen). *French* (1934) hat in dem Schutzgebiet *Deutsch-Ostafrika* festgestellt, daß die Rinder an jeder Bodenstelle lecken, die einen höheren Reichtum an Salzen aufweist als die Umgebung; aus dem Mineralstoffgehalt der Erde von bevorzugten Leckstellen konnte ein Schluß auf den Mangel an irgendeinem bestimmten Mineral in der Nahrung nicht gezogen werden. In 16 untersuchten Bodenproben war Natrium das wichtigste Kation mit Chlorid, Karbonat und Sulfat als Anionen. Die Leidenschaft, die die meisten Pflanzenfresser in Afrika für Kochsalz zeigen, läßt darauf schließen, daß durch die Weide ihr Natriumbedarf nicht gedeckt wird. So empfiehlt auch *Malan* (1934) die Benutzung einer *Salzlecke,* um Natriummangel zu verhüten, ein Brauch, der in vielen Gebieten Afrikas zur Selbstverständlichkeit gehört.

Mangel an „Spurelementen". Nakuruitis. In einem Gebiet in der Gegend von *Nakuru* (Kenya), das sich durch *vulkanischen Boden* auszeichnet *(Aston,* 1931*)*, gibt es eine Krankheit bei Rindern, die folgende Erscheinungen aufweist (6. Rep. comm. on the mineral cont. of natural pastures, 1931): 6 bis 8 Monate, nachdem die Tiere die Weiden bezogen haben, pflegen sie abzumagern, es entwickeln sich Steifheit, Inkoordination der Bewegungen und Anämie, gefolgt von fortschreitender Abmagerung und Tod in weiteren 2 bis 4 Monaten, wenn die Tiere nicht auf eine andere Weide gebracht werden. Da in dem Gebiet in großem Maße Arbeitsochsen benötigt werden und man die Krankheit für eine Mangelkrankheit hält, hat man Fütterungsversuche angestellt mit Knochenmehl, Salz und verschiedenen Eisenverbindungen. Die besten Ergebnisse wurden erzielt mit der *Zugabe* von rund 28 g einer *Mischung von gleichen Teilen Eisenoxyd und Kochsalz. Orr* (1935) berichtet, daß die Ursache der Gruppe von Erkrankungen, zu der man die Nakuruitis rechnet *(pine, bush sickness),* noch unbekannt sei. Manchmal bewirke die Gabe von Eisen- und Salzmischungen Erfolg, aber die Erscheinungen seien anscheinend nicht auf einen einfachen Eisenmangel zurückzuführen. Neuerdings führt man die Nakuruitis und nach *Astons* (1931) Annahme verwandte Erkrankungen (pine, bush sickness u. a.) auf *Kobaltmangel* zurück *(Green,* 1938*).* Hinsichtlich der Nakuruitis in Kenya stellt der Veterinärbericht für Kenya für 1936 fest, daß die Eisenoxydfütterung versagt habe, dagegen scheine sich *Kobaltnitrat* zu bewähren. Es werden genauere Versuche hierüber angekündigt.

Vitaminmangel. Es ist bereits erwähnt worden, daß man in Südafrika dem Mangel an Vitamin D keine Bedeutung beimißt, weil man annimmt, daß die starke Sonnenbestrahlung es den Tieren ermögliche, stets genügend Vitamin D in der Haut zu bilden. Vielleicht werden diese Verhältnisse auf der Grundlage der Strahlungsforschungen von *Grober* und *Riemerschmid* in Südafrika eine weitere Aufklärung erfahren. Eher scheint man mit der Möglichkeit eines Vitamin-A-Mangels rechnen zu müssen. *Myburgh* (1935) hat festgestellt, *daß die südafrikanischen Weiden für den größeren Teil des Jahres sehr arm an Karotin sind,* dem Stoff, aus dem der tierische Organismus das Vitamin A bildet, und er glaubt, daß man bei Tieren unter „Ranching conditions", also bei Tieren, die auf die natürliche Weide angewiesen sind, die Möglichkeit des Vorkommens einer A-Avitaminose annehmen könne. *Robin* erwähnte auf dem internationalen tropischen Landwirtschaftskongreß in Paris 1931 den Zusammenhang der A-Avitaminose mit *Augenschädigungen* und brachte die Annahme zum Ausdruck, daß vielleicht die Häufigkeit der Augenschädigungen beim Vieh in trockenen Sommern mit Vitamin-A-Mangel zusammenhänge (s. u. „Ophthalmie").

VI. GIFTPFLANZEN UND PFLANZEN-VERGIFTUNGEN. SONSTIGE VERGIFTUNGEN (ARSEN- UND FLUORVERGIFTUNGEN)

A. *Allgemeines über Giftpflanzen und Pflanzenvergiftungen*

In den tropischen und subtropischen Ländern kommen nicht wenige Giftpflanzen vor, die alljährlich schwere Verluste unter den Farmtieren, hauptsächlich unter *Rindern, Schafen* und *Ziegen,* herbeiführen. Nach *D. G. Steyn* sind in der *Südafrikanischen Union mehr als 200 Pflanzen mit giftigen Eigenschaften* bekannt, und es ist anzunehmen, daß ihre Zahl durch Forschungen, wie sie insbesondere von dem ausgezeichneten Spezialisten auf dem Gebiet der afrikanischen Giftpflanzen, Steyn, betrieben werden, wahrscheinlich noch vergrößert werden wird. Auch *in den anderen Teilen Afrikas* haben die Pflanzenvergiftungen bei den Farmtieren eine sehr große wirtschaftliche Bedeutung. So zählt *Curasson* in seinem Buch über tropische Veterinärmedizin (Traité de pathologie exotique vétérinaire et comparée, 1936) über 250 Pflanzen auf, die er als Giftpflanzen bezeichnet; unter diesen befindet sich eine große Anzahl von Weidepflanzen, die in den französischen Kolonien in ganz Afrika schwere Verluste verursachen. Zum Teil sind es dieselben oder ähnliche Pflanzen wie die in Südafrika als Giftpflanzen festgestellten, zum Teil aber fußen die Angaben von *Curasson* auf eigenen Forschungen der französischen Kolonialtierärzte. Auch in *Belgisch-Kongo (van Saceghem* u. *Witvrouwen,* 1926; *Bouvier,* 1937) sind Verluste durch Pflanzenvergiftungen festgestellt worden. In *Französisch-Nordafrika* ist eine ganze Anzahl von bestimmten Pflanzen als Ursache von häufigen Weidevergiftungen bekannt (s. a. *Curassons* Werk). Aus *Italienisch-Ostafrika* berichtet *Tarantino* (1929) und aus *Kenya Mettam* (1928, 1930, 1933) über eine ganze Reihe von Pflanzenvergiftungen. *Mettam* gibt an, daß Erkrankungen und Verluste bei Farmtieren besonders in der Trockenzeit sehr häufig seien. Später hat *Mettam* (1935) für *Uganda* ähnliche Feststellungen gemacht. Hiernach nimmt es nicht wunder, daß auch in dem Schutzgebiet *Deutsch-Ostafrika* Pflanzenvergiftungen festgestellt wurden (s. Ber. 1924), wenn sie auch dort infolge der wenig entwickelten Kreuzungs- und Leistungszucht noch keine allzu große Bedeutung erlangt haben. In *Nord-* und *Südrhodesien* haben die Pflanzenvergiftungen eine ziemlich große Bedeutung (*Macdonald* u. *le Roux,* 1932; *Brain,* 1934; *Stent* u. *Lawrence,* 1932).

Man fragt sich, *wie es kommt, daß in Afrika die Farmtiere Giftpflanzen fressen,* da uns aus Europa bekannt ist, daß die Tiere triebmäßig Giftpflanzen meiden. Die Tiere in Europa lassen sie auf der Weide stehen, wie die Herbstzeitlose, und Pferde lesen die Giftpflanzen auch im gehäckselten Zustand in der Krippe aus dem Häcksel aus und schieben sie beim Fressen vorsorglich in eine Ecke. Nur wenige giftige Gewächse werden von den Tieren in Europa — vielleicht aus Unkenntnis — aufgenommen, wie die Nadeln der Eibe (Taxus baccata), wenn Pferde versehentlich an einem solchen Baum angebunden werden. Wahrscheinlich verwechseln die Tiere die Eibe mit der Tanne.

Auch *Steyn* hat die Frage, *„Warum fressen Tiere Giftpflanzen?"*, in einem an die Farmer des unter Mandat stehenden Schutzgebietes Deutsch-Südwestafrika gerichteten *Merkblatt* gestellt und beantwortet sie wie folgt:

1. In Zeiten der Dürre und im Frühjahr vor dem ersten Regen ist die Weide dürftig, und die Tiere fressen mitunter notgedrungen giftige Pflanzen, z. B. das Speikraut („Vermeerbos"). Wir müssen hier vor dem *schweren Fehler* warnen, der so oft von vielen Farmbesitzern gemacht wird, nämlich vor der *Überstockung ihrer Farm.* Diese vermindert nicht nur den Wert der Weide, da die besten Futterpflanzen durch scharfes Abweiden und durch Zerstampfen ausgerottet werden, sondern sie zwingt die Tiere auch, wegen des Mangels an genügenden Futterpflanzen Giftpflanzen zu fressen.

2. *Einige Giftpflanzen* (z. B. der rote Schlangenkopf und Epaltes alata) *beginnen zu sprießen, ehe die Sommerregen niedergehen,* und solche Pflanzen sind dann, wenn die übrigen Feldpflanzen noch dürr sind, eine große *Verlockung für die Tiere.* Das Speikraut braucht viel weniger Regen, um aufzusprießen, als viele andere Feldpflanzen. Wenn es an feuchten Stellen, z. B. auf Vleys, wächst, erscheint es auch beim Fehlen von Regen.

3. Wenn Tiere auf derselben Farm geboren und großgezogen werden, werden sie in der Regel die verschiedenen Weiden kennen und in den meisten Fällen keine Giftpflanzen fressen, falls sie dazu nicht durch Dürren und Überstockung gezwungen sind. Werden Tiere in eine *andere Umgebung* gebracht, wo sie mit der Vegetation nicht bekannt sind, dann ist die *Gefahr,* daß sie Giftpflanzen fressen, *viel größer.* Wir müssen hier die Tatsache betonen, *daß hochgezüchtete Tiere viel mehr dazu neigen, Giftpflanzen zu fressen* als gewöhnliche Tiere, erstens, weil sie teilweise Stallfütterung erhalten und infolgedessen mit der Weide nicht so gut bekannt sind, und zweitens, weil hochgezüchtete Tiere das Vermögen verlieren, zwischen eßbaren und giftigen Pflanzen zu unterscheiden. Ich möchte hier die Tatsache erwähnen, daß *Wild und Eingeborenenvieh sehr selten infolge Genusses von Giftpflanzen eingehen.* Dies kann vielleicht in manchen Fällen dem Umstand zugeschrieben werden, daß die Tiere

ein gewisses Maß von Widerstandsfähigkeit oder Immunität entwickelt haben, da sie und schon Generationen ihrer Vorfahren an den Genuß dieser Giftpflanzen gewöhnt sind. Immer wieder machen Farmer die Erfahrung, *daß gekaufte reinblütige Karakulramme und -muttern binnen weniger Wochen, nachdem sie auf die Farm gebracht worden sind, eingehen.* Die meisten solchen Verluste sind aller Wahrscheinlichkeit nach auf Pflanzenvergiftungen, und zwar aus den schon dargelegten Gründen, zurückzuführen. Tiere, die *aus überseeischen Ländern* eingeführt sind, sind natürlich die *ersten,* die Giftpflanzen fressen, da sie überhaupt keine Kenntnis von unserer Weide haben.

4. Auch *hungrige Tiere* verlieren in sehr großem Maße das Vermögen, eßbare von giftigen Pflanzen zu unterscheiden. Aus diesem Grunde, und weil sie mit der Weide nicht bekannt sind, sind Zugtiere so geneigt, giftige Pflanzen zu fressen.

B. Allgemeine Vorbeugungsmaßnahmen gegen Pflanzenvergiftungen

Die verschiedenen Pflanzenvergiftungen erfordern je nach der Art des wirksamen Giftes verschiedene *Vorbauungs- und Behandlungsmaßnahmen.* Es ist aber sehr lehrreich, daß *Steyn* auch hierfür aus seiner reichen Erfahrung *allgemeine Maßnahmen* anzugeben imstande ist. Er sagt: Nach den voraufgegangenen Darlegungen ist es klar, daß wir viele Fälle von Pflanzenvergiftung auf folgende Weise verhüten können:

1. Es sollte nicht zugelassen werden, daß Tiere, insbesondere wertvolle Tiere, die in eine *fremde Umgebung* versetzt werden, auf einem Feld weiden, auf dem Giftpflanzen vorkommen. Bei *hochgezüchteten Tieren* sollte man besonders vorsichtig sein, selbst wenn ihnen das Feld bekannt ist. Wo Giftpflanzen (z. B. Speikraut, roter Schlangenkopf und Epaltes) in Menge vorkommen, und ebenso auch während der Geilsiektezeit (s. u.) ist es *nicht ratsam, daß man wertvolle Tiere (z. B. Bullen und Karakulramme) mit den Herden zusammen weiden läßt.* Sie werden die ersten sein, die die Giftpflanzen fressen. Für solche Tiere sollten kleine Pferche in der Nähe des Farmhauses hergestellt und von Giftpflanzen gesäubert werden. Ist der Eigentümer überzeugt, daß keine Gefahr der Vergiftung auf dem Felde besteht, dann kann man natürlich zulassen, daß auch wertvolle Tiere mit der Herde weiden. In jedem Fall ist es aber ratsam, solchen Tieren *eine kleine Menge Futter (Luzerne oder Hafer und Mais) zu verabreichen, ehe sie morgens hinausgelassen werden.* Das wird zur Folge haben, daß sie bei der Futteraufnahme im Felde wählerischer sind und sich so die Möglichkeit einer Vergiftung verringert.

2. Wenn irgendwelche Vergiftungsgefahr besteht, sollte man die Tiere täglich in einer anderen Richtung weiden lassen und, wenn möglich, *von Fluß-*

betten und Teichen fernhalten, weil dort mitunter Giftpflanzen, z. B. Speikraut und Epaltes, in großen Mengen wachsen.

3. Ein Punkt von *größter Wichtigkeit* ist der, *daß die Tiere in den Jahreszeiten, in denen Vergiftungsgefahr besteht, morgens getränkt werden,* ehe sie auf die Weide hinausgehen, und *nicht abends,* wenn sie heimkommen. Dies wird Vergiftungen in großem Umfang verhindern, weil das Gift schneller aufgelöst und vom Blut aufgenommen wird, wenn die Tiere, kurz nachdem sie Giftpflanzen gefressen haben, trinken (s. besonders Blausäurevergiftung!). Eine andere Gefahr, die mit dem abendlichen Tränken des Viehs verbunden ist, besteht darin, daß sie aufblähen, nachdem sie gewisse Pflanzen (z. B. Klapperschote, Crotalaria; die Elandserbse, Cassia obovata) gefressen haben, namentlich, wenn die Pflanzen welk waren.

Es versteht sich von selbst, daß die *Ausrottung von Giftpflanzen das zuverlässigste Mittel zur Verhinderung von Pflanzenvergiftung* ist. Eine solche Ausrottung kann mitunter mit geringen Kosten durchgeführt werden, indem man ein paar auf der Farm lebende Eingeborenenweiber und -kinder die Pflanzen sammeln läßt und ihnen für eine Benzinkanne oder einen Sack voll dieser Pflanzen ein kleines Entgelt zahlt.

C. Allgemeine Behandlung von Pflanzenvergiftungen (Steyn)

1. *Man lasse die Tiere soviel wie möglich in Ruhe;* man jage sie nicht, wenn sich das vermeiden läßt. Man stelle sie in den Schatten.

2. Wenn in einer Herde Vergiftungserscheinungen vorgekommen sind, sollte *die übrige Herde langsam nach einem anderen Teil des Feldes getrieben werden.* In solchen Fällen ist es ratsam, *die Weide alle Tage zu wechseln.*

3. Wenn in einer Herde Vergiftungsfälle vorgekommen sind, halte man die *ganze Herde* einen bis zwei Tage lang *vom Wasser fern.* Den vergifteten Tieren sollte kein Zugang zum Wasser gelassen werden, bis die Verdauungsorgane infolge der Anwendung von *Abführmitteln* gearbeitet haben. Man lasse die Tiere jedoch *nicht länger als drei Tage ohne Wasser;* am *vierten* Tage gebe man ihnen *1 Liter Wasser,* vom nächsten Tage an können sie dann nach Belieben Wasser trinken. Es ist übrigens besser, den Tieren statt reinen Wassers Gerstenwasser zu geben. Auch Milch kann gereicht werden.

4. Kristalle von *übermangansaurem Kalium* können bei Vergiftungsfällen als Gegenmittel gebraucht werden; dieses muß aber genau nach Vorschrift angewandt werden, sonst wird es mehr schaden als nützen. Ein Schaf soll 5 mittelgroße Kristalle, in einem halben Tassenkopf Wasser aufgelöst, und ein Rind 20 bis 30 mittelgroße Kristalle, in 2 Tassen Wasser aufgelöst, erhalten.

5. Um das Herz anzuregen, geben wir dem Tier etwas sehr starken *schwar-*

zen Kaffee, etwa eine Viertelstunde nach der Behandlung mit übermangansaurem Kalium. Schafe sollen eine Tasse voll und Rinder ein halbes Liter, und zwar dreimal am Tage, erhalten. In jedem Tassenkopf voll Kaffee muß ein Eßlöffel Zucker aufgelöst werden.

6. Eine halbe Stunde nach Verabreichung des Kaffees muß dem Tier ein Abführmittel gegeben werden. Wenn nicht bereits infolge des Giftes heftiger Durchfall besteht, soll ein Schaf 4 bis 6 Eßlöffel Rizinusöl nebst 6 bis 8 Tropfen Crotonöl erhalten. *Hat bereits heftiger Durchfall eingesetzt,* so ist die Verabreichung eines Abführmittels nicht ratsam. In solchen Fällen muß das Tier *rohes Leinöl und Kalkwasser* erhalten, um der Entzündung entgegenzuwirken. Kalkwasser wird hergestellt, indem man einen Teelöffel voll gelöschten Kalks in einem halben Liter Wasser gut durchschüttelt und, sobald sich der Kalk niedergeschlagen hat, die Flüssigkeit abgießt. Dann mische man gleiche Teile rohes Leinöl und Kalkwasser („Carron-Öl") und gebe zweimal täglich Schafen etwa eine Dreivierteltasse hiervon und Rindern ein halbes Liter. Die Wirkung des „Carron-Öls" kann beträchtlich verstärkt werden, wenn man es mit einer *Abkochung der Wurzel von Elephantorrhiza Burchelli* und *E. suffruticosa* (Elandsbohne oder Elandswurzel oder Gerbwurzel) mischt. Statt Elandsbohne kann auch die *Rinde wilder Akazien* (Tanningehalt) gebraucht werden. Für ein Schaf müssen etwa 85 g der gepulverten frischen Wurzel oder Rinde (etwa 15 g der getrockneten Wurzel oder Rinde) 5 Minuten lang in einem Tassenkopf voll Wasser und für Rinder etwa das Vierfache dieser Wurzel- oder Rindenmenge in einem halben Liter Wasser gekocht werden.

7. Um die Tiere bei Kräften zu erhalten und der Entzündung des Magens und der Verdauungswege entgegenzuwirken, kann man ihnen ein Gemisch von *Milch, rohen Eiern und Branntwein oder Bier* verabfolgen. Schafe müssen täglich 2 bis 4 Hühnereier erhalten, die in ein paar Tassen Milch hineingeschlagen sind, denen eine halbe Tasse Brandy oder eine halbe Flasche Bier zugesetzt worden ist.

Die Behandlung muß in der oben angegebenen Reihenfolge geschehen.

D. *Wichtigere Giftpflanzen und Pflanzenvergiftungen*

Bei der sehr großen Zahl der in Frage kommenden Pflanzen ist es unmöglich, im Rahmen dieser Abhandlung auch nur einen Teil der in den verschiedenen Teilen Afrikas vorkommenden Pflanzenvergiftungen der Farmtiere erschöpfend darzustellen. Die folgenden Darstellungen können nur einen Einblick in die Bedeutung dieser Frage geben, so wie Vorstehendes dem Farmer ein Anhalt sein kann, wie er sich der Gefahr der Pflanzenvergiftung bei seinen Nutztieren gegenüber zu verhalten hat.

Wegen eingehenderer Angaben über Pflanzen, die als Ursache von Pflanzenvergiftungen in Afrika festgestellt worden sind, muß auf die Spezialwerke hingewiesen werden. An erster Stelle steht in dieser Hinsicht *D. G. Steyn, „The Toxicology of Plants in South Africa* together with a consideration of poisonous foodstuffs and fungi", South Africa: Central News Agency, Ltd., 1934. Von weiteren Werken sind zu empfehlen: *G. Curasson, „Traité de pathologie exotique vétérinaire et comparée", Band III,* Paris: Vigot Frères, Editeurs, 23, Rue de l'école de médecine; ferner *J. M. Watt & M. G. Meyer-Brandwyk, „The Medicinal and Poisonous Plants of Southern Africa",* Edinburgh: E. & S. Livingstone, 1932; *M. W. Henning, „Animal Diseases in South Africa", Band II,* South Africa: Central News Agency, Ltd., 1932.

Bevor wir auf Grund einer Arbeit von *Steyn* aus dem Jahre 1938 unter Einfügung einiger Angaben aus anderen Quellen einige wirtschaftlich besonders wichtige Pflanzenvergiftungen besprechen, sollen zum besseren Verständnis noch einige Angaben über die Giftigkeit und Giftwirkung von Pflanzen gemacht werden.

Nicht alle „Gift"pflanzen, die eine große wirtschaftliche Bedeutung haben, sind „giftige Pflanzen" im üblichen Sinne des Wortes. Zweifellos gibt es zahlreiche Pflanzen, die ein stark wirkendes Gift enthalten, das in kleinen Mengen imstande ist, ein Tier zu töten. Aber oft handelt es sich um Pflanzen, bei denen die Verhältnisse ganz anders liegen. Nicht selten bedarf es der Aufnahme großer Mengen der Pflanzen über längere Zeiträume, um schädliche Wirkungen hervorzurufen (Dunsiekte). Deshalb ist es oft schwer gewesen, auch im Fütterungsversuch nachzuweisen, daß eine bestimmte verdächtigte Pflanze tatsächlich die Ursache der Schäden war, die ihr zugeschrieben wurden. So sind mit den Geigeriaarten (Speikraut) jahrzehntelang erfolglose Fütterungsversuche gemacht worden, obwohl jeder Farmer wußte, daß das „Vermeerbossie" Schuld an der bekannten und weitverbreiteten Vermeersiekte (Speikrankheit) ist, bis es endlich — 1928 — *du Toit* gelang, den experimentellen Nachweis zu führen, daß Geigeria passerinoides, wenn es in genügend großen Mengen an Schafe verfüttert wird, die „Vermeersiekte" hervorruft, an der in vielen Jahren Hunderttausende von Schafen eingehen, und erst dadurch wurden genauere Untersuchungen der Krankheit möglich. Wenn man bei Senecio und Geigeria vielleicht von *kumulierender Wirkung* des in ihnen enthaltenen Giftes sprechen kann, liegen bei anderen Pflanzen umgekehrte Verhältnisse vor: Das Tier kann sich an den Giftstoff gewöhnen, eine *Toleranz* erlangen *(Steyn,* 1933*)*. Wieder andere Pflanzen enthalten nur zu gewissen Jahreszeiten Stoffe, die zu Erkrankungen führen können. Weiter gibt es eine ganze Reihe *wertvoller Futterpflanzen,* die *unter besonderen Umständen,* wie *Welken bei Dürre und Hitze kurz nach einem Regen, oder auch in bestimmten Wachstumsstadien* (Sorghumarten) Stoffe aufweisen, aus denen sich im Körper der Tiere schwere Gifte entwickeln können (Akazien, Hornklee [Lotus jolyi] in Nordafrika, Gräser). Es handelt sich meist um *blausäurehaltige Glykoside,* die oft nur dann zur

Vergiftung führen, wenn sie im *Magen* des Tieres mit einer genügenden Menge Wasser zusammenkommen. So können die Schoten des Kameldornbaumes (Acacia giraffae) meist ohne Schaden in kleineren Mengen an Schafe und Rinder verfüttert werden, wenn man sie nicht schrotet und mit Wasser anfeuchtet und die Tiere nach dem Genuß größerer Mengen der Schoten kein Wasser aufnehmen können *(Boß)*. Bei vielen Giftpflanzen hat auch der *Boden, auf dem sie wachsen,* Einfluß auf ihre Giftigkeit. Nach *Boß* ist das Speikraut (Geigeria passerinoides) meist harmlos, wenn es auf Tonschiefer wächst.

Aus dem vorstehend Ausgeführten und aus den folgenden Angaben über wichtige Giftpflanzen geht hervor, daß es sich bei den Pflanzenvergiftungen in Afrika um einen Gegenstand handelt, der weitgehendste Beachtung verdient, und wir unterstreichen die Mahnung von *Steyn, der Landwirt in Südafrika* (wie auch im übrigen Afrika!) *tue gut, wenn er sich bemühe — erforderlichenfalls unter sachverständiger Anleitung der Regierungsbotaniker oder Regierungstierärzte — sämtliche Pflanzen, die giftige Eigenschaften besitzen, kennenzulernen,* damit er die notwendigen Maßnahmen ergreifen kann, um sich große Verluste zu ersparen. Farmerversammlungen, Flugblätter, die Presse, Wanderausstellungen, dauernde Sammlungen in den tierärztlichen Instituten sind wertvolle Mittel, um diese wichtigen Kenntnisse über die Pflanzenvergiftungen zum Allgemeingut zu machen.

Der erwähnten Arbeit von *Steyn* aus dem Jahre 1938 über Pflanzen, die er als äußerst gefährlich für Farmtiere bezeichnet, sind folgende, z. T. durch anderes Schrifttum ergänzte Angaben über Giftpflanzen und Pflanzenvergiftungen entnommen.

79. Senecioarten (Kreuzkraut)

Die Pflanzen enthalten Alkaloide, die hauptsächlich *Lebergifte* sind. Sie erzeugen trübe Schwellung und fettige Metamorphose der Leber, denen nach einiger Zeit die Ausbildung einer Leberzirrhose folgt. Aus den Seneciopflanzen sind giftige Alkaloide (Retrorsin, Isatidin und Jacobin) dargestellt worden. Die chronische Seneciovergiftung beim *Pferde* wird als *Dunsiekte (Magerkrankheit)* bezeichnet. Sie äußert sich, wie der Name besagt, durch starke Abmagerung. Die Tiere irren mit hängendem Kopfe herum und laufen sich an Gegenständen fest, wobei sie sich schwere Verletzungen zuziehen können. Bei der akuten und subakuten Erkrankung ist stets *Gelbsucht* vorhanden. Die akut erkrankten Pferde zeigen häufig Anfälle starker *Aufregung,* die von den Farmern als *„Staggers" (Taumelkrankheit)* bezeichnet werden. Beim *Rinde* ist die Krankheit unter dem Namen „Moltenokrankheit" (nach dem Moltenobezirk) oder *„straining disease"* bekannt. Die Haupterscheinung ist das starke *Drängen auf den Kot* („straining"), das zum Mastdarmvorfall führen kann. Manchmal zeigen Rinder wie *Schafe* starke Aufregung („Staggers"), die aber gewöhnlich nie so ausgeprägt ist wie bei Pferden. Bei *gestorbenen* Tieren findet man eine hochgradige *parenchymatöse Leberentzündung, fettige Metamorphose der Leber* oder eine *starke atrophische Leberzirrhose,* je nachdem die Krankheit einen akuten oder chronischen Verlauf genommen hatte. In den akuten und subakuten Fällen besteht auch schon klinisch feststellbare *Gelbsucht,* die in chronischen Fällen fehlt.

Erwähnt sei, daß es auch *eine für den Menschen giftige Senecioart* gibt, *S. ilicifolius,* die in gewissen Gegenden auf *Weizenfeldern* wächst und deren Samen beim Dreschen in das Getreide gelangen können. Nach dem Genuß des *Brotes aus solchem Weizen* entsteht eine Vergiftung, die sich durch Magenkrämpfe, Übelkeit und Erbrechen (hauptsächlich nach den Mahlzeiten), Leberschwellung, die später zur atrophischen Leberzirrhose führt, und wohl auch durch Bauchwassersucht gekennzeichnet ist. Erkrankte Personen können bald oder erst nach Monaten, selbst nach Jahren an der Krankheit sterben.

Behandlung bei der Seneciovergiftung der *Tiere* ist *aussichtslos;* alle erkrankten Tiere gehen daran früher oder später zugrunde. *Steyn* hebt hervor, daß bei der Seneciovergiftung die Krankheitserscheinungen bei Pferden und Rindern manchmal erst Monate nach Aufnahme der Pflanze hervortreten.

80. Geigeriaarten (Speikraut)

Von den Geigeriaarten sind vier bekannt, die *krankhaftes Erbrechen,* die *„Speisucht“* („vermeersiekte“), hervorrufen. Diese Pflanzen sind nicht sehr giftig und haben sogar einen gewissen Nährwert, wenn die Schafe sie nicht in größerer Menge aufnehmen. Gewöhnlich müssen sich die Tiere mehrere Tage von der Pflanze ernährt haben, ehe irgendwelche Krankheitserscheinungen auftreten. Wenn die Geigeriaarten zusammen mit ungiftigen Futterpflanzen aufgenommen werden, bleibt die Vergiftung in der Regel aus. Dies erklärt es, daß Speisucht auf guten Weiden selten — wenn überhaupt — vorkommt, auch wenn Geigeria dort in großen Mengen wächst. Wo große Mengen der Pflanze in kurzer Zeit aufgenommen werden, tritt der Tod plötzlich ohne vorhergehende Anzeichen des die Krankheit kennzeichnenden Erbrechens ein. In *Griqualand West* (Union von Südafrika) sind vom Juli 1929 bis Dezember 1930 mehr als 500000 Stück Kleinvieh an Geigeriavergiftung eingegangen. Es ist *kein Mittel gegen die Krankheit* bekannt. Verabreichung von Natriumbikarbonat und Kalkwasser verhindert anscheinend nur das Erbrechen. Einer massenhaften Vergiftung kann dadurch *vorgebeugt* werden, *daß man die Schafe abwechselnd auf geigeriafreiem und geigeriabefallenem Lande weiden* läßt oder die Tiere *jeden Tag zunächst eine halbe Stunde auf grüne Grasflächen* treibt, ehe sie auf Geigeriafeld gelassen werden.

a

b

Abb. 62. Brechkrankheit (Geigeriavergiftung). (Nach *du Toit*)
a = Sich erbrechendes Schaf. b = Brechkrankes Schaf. Maul und Nase beschmutzt.

81. Chrysocoma tenuifolia (Goldaster, Bitterbossie, Beesbossie, Brandbossie, Bitterkaroo)

Wenn Mutterschafe oder Mutterziegen die Pflanze aufnehmen, erkranken sie anscheinend nicht. *Mit der Milch der Muttertiere* aber wird *ein Gift ausgeschieden,* das *bei den Lämmern,* die die Milch aufnehmen, 3 bis 14 Tage später zum *Verlust der Wolle oder Haare führt („Kaalsiekte").* Sterblichkeit 50 bis 90 v. H. Die Krankheit kann verhütet werden, *wenn trächtige Schafe und Ziegen je 2 Wochen vor und nach dem Lammen von Chrysocomaarten ferngehalten werden.*

82. Dichapetalum cymosum (Giftblatt, Gifblaar, „Maak gou" = Mach schnell)

Die Pflanze ist in bestimmten Teilen von *Transvaal* weitverbreitet und verursacht *schwere Verluste,* hauptsächlich bei *Wiederkäuern.* Die Pflanze hat Wurzeln, die bis 18 m tief in die Erde eindringen, und treibt schon früh im Frühling vor dem Regenfall neue Triebe, während das Gras noch ruht. Die jungen Blätter enthalten wesentlich mehr als ältere das Gift, das ein wasserlösliches, rasch wirkendes tödliches *Herzgift* ist. Tiere, die die Pflanze aufgenommen haben, sterben innerhalb einiger Stunden bis einiger Tage an Herzlähmung. Die *Wirkung* wird *beschleunigt, wenn die Tiere Wasser trinken, kurz nachdem sie das Giftblatt aufgenommen haben.* Unter solchen Umständen kommt es oft vor, daß Tiere plötzlich tot niederstürzen („Maak gou"). Die chemische Natur des Giftes ist noch nicht geklärt. Die große wirtschaftliche Bedeutung des Giftblattes — der Name stammt nach *Steyn* schon von den

Abb. 63. Dichapetalum cymosum = Giftblatt.
Blühender Schößling. (Nach *Henning*)

Voortrekkern, die also die Vergiftung gekannt haben — ergibt sich daraus, daß in der *Südafrikanischen Union* von der Regierung *Zuschüsse* an Farmer gegeben werden, *um die Ausrottung der Pflanze zu ermöglichen* (Fmg. S. Afr. *10*, 143, 1935). Die Pflanze hat ein *weitverbreitetes System von unterirdischen Ausläufern und Schößlingen*, daher ist sie sehr schwer auszutilgen. Nach *Viljoen* (1937) ergaben jedoch die Untersuchungen, daß es möglich ist, die Pflanze auszurotten, wenn sie nicht zu zahlreich vorkommt oder etwa durch Pflügen oder durch Bekämpfungsversuche oft zerschnitten worden ist. Die *unterirdischen Ausläufer* werden bloßgelegt und mit einer *Mischung von Kalziumchlorid und Kupfersulfat* behandelt (s. Abb. 64). Es hat sich gezeigt, daß 75 v. H. der Pflanzen eingehen, wenn nur die Hauptpflanze mit diesem Gift behandelt wird.

Nach *Viljoen* werden *zwei Bekämpfungspläne* durchgeführt: 1. In den *weniger befallenen* Gebieten werden *Ausrottungskolonnen* der Regierung angesetzt. Wenn diese die Arbeit zu einem gewissen Abschluß gebracht haben, muß sich der Farmer darum bemühen, den günstigen Stand auf seiner Farm aufrechtzuerhalten, was er erfahrungsgemäß auch tut. Zu diesem Zweck werden das Gift und ein Vormann, der die Anweisungen gibt, dem Farmer kostenlos zur Verfügung gestellt. Bei der späteren Prüfung von Gebieten, die gereinigt worden waren, hat sich gezeigt, daß in der Regel 75 bis 90 v. H. der Pflanzen durch die erste Behandlung vernichtet worden waren. 2. *Schwerbefallene* Gebiete werden *eingezäunt* und dadurch für das Vieh unzugänglich gemacht. Zu diesem Zwecke werden Geldbeträge an die Farmer ausgezahlt.

Abb. 64. Eine Giftblattpflanze. Vorne der unterirdische Hauptstamm ausgegraben. Die längsten ausgegrabenen Ausläufer sind ungefähr 20 m lang. (Nach *Léemann*)

83. *Urginea burkei („Roter Schlangenkopf"), eine giftige Lilie*

Die weit in Südafrika verbreitete Pflanze, die schon sproßt, ehe die Frühlingsregen fallen, ist eine schwere und ernste Gefahr für die *Wiederkäuer* und *Einhufer* gegen Ende der Trockenzeit, ehe das Gras hervorsprießt. Die *Blüten,* die vor den Blättern erscheinen, sind die *hauptsächlichsten Träger des Giftes,* das *Herzlähmung* verursacht. Das Gift besteht aus zwei den Digitalis-Glykosiden ähnlichen Glykosiden. Das Krankheitsbild hängt von der Menge der von den Tieren verzehrten Blüten ab und davon, ob sie kurz darauf Wasser aufgenommen haben. Wenn die Tiere eine *große Menge Blüten aufgenommen* und *darauf getrunken haben,* zeigen sie *Aufblähung* und *gehen bald ein.* Nach Aufnahme *kleinerer Mengen* zeigt sich das typische *„Schlangenkopf"-Krankheitsbild:* Durchfall, der mitunter blutig ist, Muskelzittern, Schwäche der Nachhand, mitunter Abbiegungen des Halses nach einer Seite, eine Erscheinung, die manche Farmer im Schlangenkopfgebiet fälschlich „Krimpsiekte" nennen.

Die Erkrankung darf nicht mit der echten Krimpsiekte verwechselt werden, die durch Dickblattgewächse (Cotyledon) verursacht wird. Bei der echten „Krimpsiekte" kommt Durchfall nur selten vor.

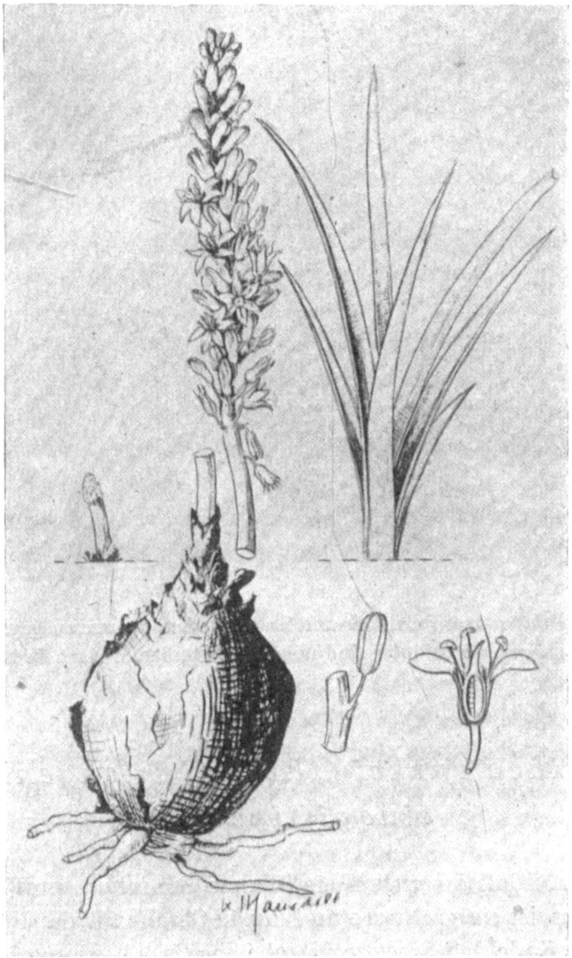

Abb. 65. Schlangenkopf (Urginea burkei). (Nach *Henning*)

84. Homeria- und Moraeaarten (Giftige „Tulpen")

Von der Gattung Homeria können 7, von der Gattung Moraea 4 Arten tödliche Vergiftungen verursachen. Die mit dem Sammelnamen „Tulpen" bezeichneten Pflanzen sind keine echten Tulpen, sondern haben schwertlilienähnliche, meist blaue oder gelbe Blüten. Die Krankheitserscheinungen gleichen denen bei Schlangenkopfvergiftung. Auch die „Tulpen" enthalten den *Digitalis-Glykosiden ähnliche Gifte.* Besonders *Zugtiere* sind, wie *Steyn* hervorhebt, in ständiger Gefahr, Opfer der Tulpen zu werden, da die Fahrer die feuchten Täler mit dem frischen Grün als Ausspannplätze bevorzugen. Verluste dieser Art werden in Süd- und Südwestafrika immer wieder beobachtet. Zur Vorbeuge sollen alle Tiere von Weiden, wo Tulpen vorkommen oder vermutet werden können, ferngehalten werden.

Abb. 66. An Krimpsiekte leidende Ziege (Vergiftung durch Cotyledon wallichii.) (Nach *Henning*)

85. Cotyledonarten (Dickblatt)

In den trockenen Gegenden Süd- und Südwestafrikas kommen viele Cotyledonarten vor (in Südafrika 7), die die bereits erwähnte *echte Krimpsiekte* („Nenta") hervorrufen. Die Krankheit tritt am häufigsten bei *Ziegen* auf, da diese Tiere mehr dazu geneigt sind, die Cotyledonpflanzen anzuknabbern als Schafe. Hinzukommt, daß die Ziegen mehr in den Bergen weiden, wo die Pflanzen hauptsächlich wachsen. Die Erscheinungen der Krankheit machen sich besonders in Herden bemerkbar, die getrieben werden. Vergiftete Tiere zeigen einen *mühsamen Gang* und *legen sich bald hin.* In diesem Zustand bemerkt man an ihnen ein heftiges *Zittern* und *Zucken der Muskeln.* Wenn die Tiere rennen, ist in manchen Fällen der *Hals gekrümmt,* und der Kopf schwankt hin und her. Nach krampfartigen Zuckungen bricht das Tier zusammen und ist dann völlig gelähmt. In diesem Zustande verharren die Tiere tage- und selbst wochenlang. *Nach der Heilung* kann ein *Krummhals (*Torticollis) noch einige Monate festgestellt werden. Trächtige Tiere können abortieren. *Kamerman* hat das wirksame Prinzip, das er als *Cotyledotoxin* bezeichnet, isoliert. *Behandlung* symptomatisch: Chloralhydrat während eines Krampf-

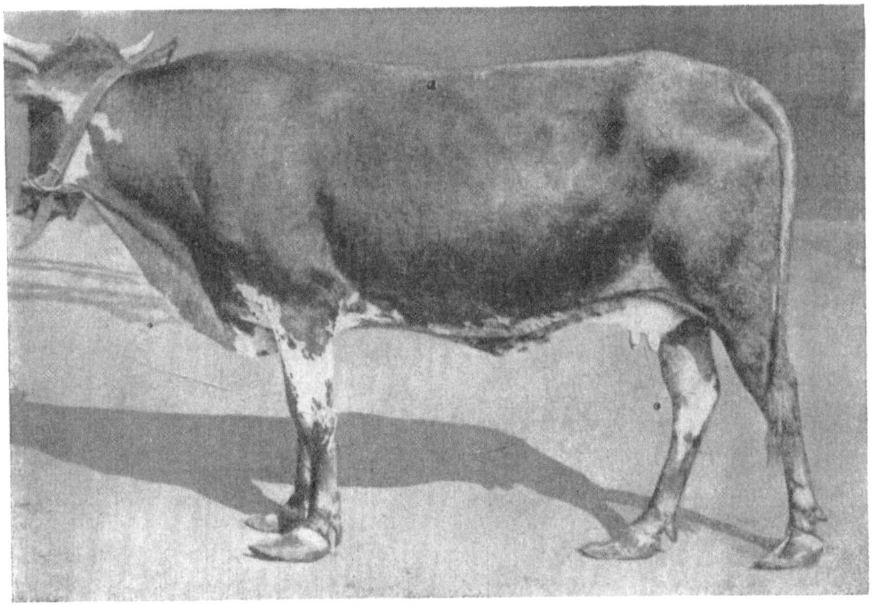

Abb. 67. Styfsiekte (Crotalaria burkeana-Vergiftung). Langwachsen der Klauen bei *Entlastung* der vorderen Klauenteile („Langklou"). (Nach *Henning*)

anfalles und Versuch, die allgemeine Lähmung durch Reizmittel, z. B. Strychnin, zu mildern. Da die Pflanze auffällig und leicht erkennbar ist, ist hier bei nicht zu häufigem Vorkommen der *Versuch, sie durch Eingeborene* gegen geringe Bezahlung *einsammeln zu lassen,* zur *Bekämpfung aussichtsreich.*

86. Crotalaria burkeana (Klapperschote)

Diese Pflanze, eine Leguminose, ist als Erregerin der *Steifkrankheit (styfsiekte),* als „styfsiekte bossie" und, da man mit der Schote ein klapperndes Geräusch hervorrufen kann, als „Klapperschote" („klappers" oder „rattles") allgemein bekannt. Ihre Aufnahme erzeugt eine *der Hufrehe ähnliche, akute Entzündung der Huflederhaut,* die nach einiger Zeit chronisch wird und dazu führt, daß *das Klauenhorn immer mehr in die Länge wächst, so daß sich schließlich die beiden Klauenschuhe eines Fußes kreuzen* (s. Abb. 67 u. 68), im Gegensatz zu der Phosphormangelstyfsiekte, bei der die Klauen zwar auch in die Länge wachsen, es aber nicht zur Bildung der sich kreuzenden langen Schuhe kommt. Die durch Aufnahme von Crotalaria erkrankten Tiere werfen beim Gehen wie bei der Rehe des Pferdes die Füße weit nach vorne und fußen mit den Ballen, um ihre schmerzenden Zehen zu entlasten, während bei der Phosphormangelstyfsiekte (Osteomalazie) die Tiere wegen der Steifheit und

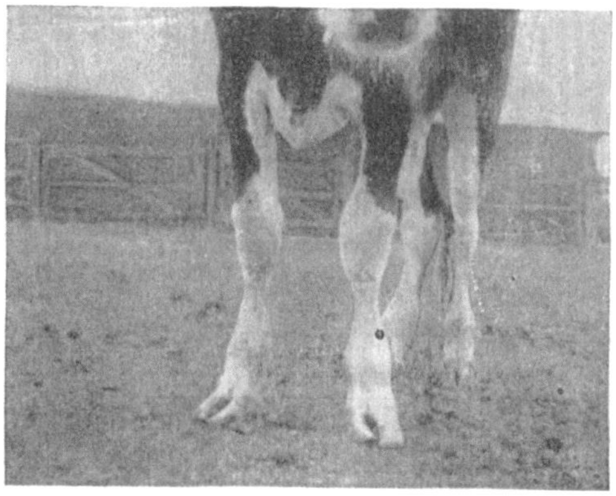

Abb. 68. Styfsiekte (Aphosphorose: Osteomalazie). Langwachsen der Klauen bei *Belastung* der vorderen Klauenteile. (Nach *Henning*)

der Schmerzen im Bereich der oberen Gliedmaße mit den „Zehenspitzen" auftreten. Die durch Crotalaria burkeana bedingte Steifkrankheit ist auch in Teilen des Schutzgebietes *Deutsch-Ostafrika* häufig (Ber. 1924).

87. *Crotalaria dura und C. globifera*

Diese beiden Leguminosenarten sind den Farmern als *„jagsiektebossie"* oder *„wilde lusern"* bekannt. *Pferde,* die die Pflanzen fressen, erkranken an einer *chronischen Lungenentzündung,* die wegen der damit verbundenen Atemnot als *Jagsiekte* bezeichnet wird. Gleichzeitig besteht eine parenchymatöse Entzündung der Leber, an die sich später eine Leberzirrhose anschließt. *Behandlung zwecklos.* Die Krankheit darf nicht mit der gleichnamigen Krankheit des Schafes verwechselt werden, deren Ursache noch ungeklärt ist (s. Krankheiten unbekannter Ursache).

88. *Vangueria pygmaea (Pachystigmum pygmaeum, „Gousiektebossie")*

Die Pflanze Vangueria pygmaea enthält ein starkes Gift, dessen Natur unbekannt ist und das bei Tieren, die von der Pflanze gefressen haben, zu der sogenannten *„Gousiekte"* führt, deren Hauptmerkmal eine starke *Herzerweiterung* ist. Der Tod erfolgt meist plötzlich durch Herzlähmung. Genesung wird sehr selten beobachtet. Eine *Behandlung* ist *nicht möglich.* Auch die Ausrottung der Pflanze ist kaum durchführbar, so daß als einzige Vorbeuge bleibt, *die befallenen Gebiete nicht zu beweiden (Henning,* 1932 u. *Steyn,* 1934*).* Welche Ausmaße die Gousiekte annehmen kann, zeigt eine Beobachtung *(Adelaar,* 1936*)*, wonach Anfang Dezember auf einer Farm mit 3000 Rindern etwa 400 sehr plötzlich unter den Erscheinungen des Milzbrandes starben. Die genaue Untersuchung ergab, daß als Ursache Vergiftung mit Vangueria pygmaea angenommen werden mußte.

89. Ferula communis (Steckenkraut)

Um auch ein Beispiel aus *Nordafrika* zu bringen, sei Ferula communis genannt. Sie ist ein 2,5 bis 3 m hohes *Doldengewächs* (Umbellifere), das besonders in Marokko bei Beginn der Vegetationszeit häufig schwere Vergiftungen bei den Weidetieren verursacht. Das Gift bewirkt eine schwere hämorrhagische Diathese mit *Blutungen* in den Organen, auf den Schleimhäuten, in der Muskulatur und der Unterhaut, *die die Größe von Hämatomen erreichen können,* und verläuft gewöhnlich *bald tödlich.* Die Giftigkeit ist abhängig vom Boden, von der Jahreszeit und von der Boden- und Luftfeuchtigkeit. Die Tiere scheinen sich allmählich *an das Gift zu gewöhnen,* über dessen chemische Natur nichts bekannt ist *(Girard, 1934).* Wenn man die nicht gewöhnten Tiere von den gefährlichen Weiden nicht entfernt, werden bei Schafen, die sehr empfindlich sind, Verluste bis zu über 10 v. H. am Tage beobachtet *(Curasson,* 1936*).*

90. Blausäure entwickelnde Pflanzen und „Geilsiekte"

Es gehört zu den Merkwürdigkeiten des süd- und südwestafrikanischen Pflanzenwuchses, die sich auch in manchen anderen Gebieten finden, daß einige der besten Futtergräser in Jahreszeiten mit abnormen klimatischen Zuständen äußerst giftig wirken können, wenn sie *verwelkt* sind und in diesem Zustand von den Tieren gefressen werden. Das Welken der Pflanzen kommt in großem Maße vor, *wenn kurz nach einem Regen Zeiten von Dürre und Hitze folgen.* Unter diesen wechselnden klimatischen Verhältnissen treten nicht selten große Viehverluste auf. Es entwickelt sich in den verwelkten Gräsern Blausäure, das so schwere Gift. Die unter besonderen Umständen blausäurehaltigen Weidegräser sind z. T. wertvolle, weitverbreitete Weidegräser, wie die Aristidaarten. Nach *Henrici* (1926) sollen Gräser, die Blausäure enthalten, in Trockenzeiten nie Purpurfarbe aufweisen, während Gräser, in denen wenig oder gar nicht Stoffe zu finden sind, aus denen Blausäure entstehen kann, Anthozyanin enthalten und daher mehr oder weniger die Purpurfarbe zeigen. *Steyn* führt *18 Gramineenarten* an, die durch Verwelken Blausäure bilden können, darunter 2 Aristidaarten, 4 Cynodonarten, 4 Sorghumarten und auch den Mais. Daß *Hirsearten* Blausäure bilden können, ist auch aus anderen Ländern bekanntgeworden. Nach *Tarantino* (1929) enthält frische, junge Durra Blausäure und kann Vergiftungen hervorrufen (Italienisch-Ostafrika). Aus Australien berichtet *Coleman* (1933/34), daß er in verschiedenen Sorghumarten Blausäure gefunden habe; mit dem Wachstum der Pflanzen nahm der Blausäuregehalt ab. Sorghum sudanense enthielt weniger als S. vulgare, dagegen enthielten S. halepense und S. verticilliflorum sehr viel Blausäure. Auch *Horn-*

klee (Lotus) enthält während des Wachstums, wie oben schon gestreift, blausäurehaltige Glykoside (s. *Curasson,* 1936). In Neuseeland ist festgestellt worden, daß der weiße Klee (white clover) normalerweise einen hohen Blausäuregehalt hat, der aber ständig wechselt. Ferner gehören die *Luzerne* (Medicago sativa) und der *kriechende Salzbusch* (Atriplex semibaccata) zu den Pflanzen, die Blausäure entwickeln können! In gewelkter Luzerne hat *Steyn* (1937, 1938 a. a. O.) Blausäure festgestellt. Der Salzbusch, der unter dem Verdacht eingesandt worden war, eine Vergiftung hervorgerufen zu haben, schien ein blausäurehaltiges Glykosid zu enthalten. Der Salzbusch ist in Südafrika als Futterreservepflanze sehr verbreitet. Auch *Gräser,* die *durch den Reif geschädigt* sind, können gefährliche Mengen von Blausäure bilden, wenn auf sie die Sonne scheint.

Die Blausäurevergiftungen beim Vieh, die durch das Fressen von verwelkten oder bereiften Gräsern entstehen, werden als *Geilsiekte* bezeichnet. Es gibt aber auch Pflanzenarten (Dimorphoteca- und Akazienarten u. a.), die normalerweise Blausäure entwickeln. Nach *Steyn* enthalten die *Blätter, Blüten* und *Schoten* des *Kameldornbaumes* (Acacia giraffae), der *Kerzenakazie* („Otjimbuku", Acacia hebeclada) und möglicherweise auch anderer Akazienarten Stoffe, aus denen unter gewissen Umständen Blausäure frei werden kann. Wenn im September oder Oktober die Blüten dieser Akazien abfallen, sind die Tiere geneigt, die massenhaft unter den Bäumen liegenden süßen Blüten gierig zu fressen und können dann an Blausäurevergiftung eingehen. Die stärkereichen Schoten enthalten ebenfalls Blausäure, und man sollte beim Verfüttern nur kleinere Mengen geben (bis zu 2,5 kg je Tag und Rind, nicht auf einmal, sondern geteilt in kleineren Mengen — *Boß*). Wo viel Kameldornbäume vorkommen, sollte man auch die Möglichkeit der Vergiftung beim Weiden in deren Nähe durch Aufnahme der Schoten beachten.

Die Blausäure ist ein äußerst heftiges Gift, das meist in kürzester Zeit den Tod herbeiführt. Die Tiere werden trommelartig aufgebläht, namentlich wenn sie Wasser getrunken haben. Sie zittern und torkeln und haben einen stieren und ängstlichen Gesichtsausdruck, brechen zusammen und sterben. Wenn die Kadaver geöffnet werden, zeigen sich Magen und Darm mit Gas gefüllt. Das Blut ist von dunkelroter Farbe, alle Organe sind stark blutreich, und die Lidbindehaut ist dunkelpurpurrot gefärbt. Da die Erscheinungen bei akuter Blausäurevergiftung und bei perakuter Lahmkrankheit des Rindes oft sehr ähnlich, d. h. wenig charakteristisch sind, ist es möglich, daß mancher trotz Lahmkrankheitsbekämpfung gemeldete Fall von *Lahmkrankheit* sich bei genauer Untersuchung als Blausäurevergiftung erklärt („Psalterverstopfung", „droe geilsiekte") *(Schmid,* pers. Mittlg. an einen von uns, *Kulenkampff,* 1938; und frühere derartige Hinweise in dem unter Mandat stehenden Schutzgebiet Deutsch-Südwestafrika).

Geilsiekte ist bei *verendeten* und *getöteten* Tieren durch Blausäurenachweis im Mageninhalt festzustellen. Im Versuch konnte *Steyn* (1931) bei verendeten Kaninchen noch nach 48 Stunden Blausäure im Magen feststellen, in dem in einer Glasflasche aufbewahrten Mageninhalt eines Kaninchens noch nach 44 Tagen. Den *Nachweis der Blausäure im Mageninhalt* kann auch der Farmer mittels der *Pikrinsäureprobe* führen, die nach *Boß* in Übereinstimmung mit *Henrici* (1926) folgendermaßen auszuführen ist:

Zum Nachweis der Blausäure durch die Pikrinsäureprobe dienen Streifen von Filtrierpapier, die mit einer Lösung von Pikrinsäure getränkt sind. Bei Anwesenheit von Blausäure färben sich die zitronengelben Streifen je nach der vorhandenen Menge *hell-* bis *dunkelrotbraun. Herstellung der Lösung:* 5 g Soda und 0,5 g Pikrinsäure werden in 100 ccm destilliertem Wasser (auch Regenwasser ist geeignet) gelöst. Diese Lösung hält sich lange brauchbar, wenn sie in gut verschlossener Flasche aufbewahrt wird. Mit dieser Lösung werden die Filtrierpapierstreifen getränkt. Am besten stellt man sich diese Streifen erst kurz vor der Untersuchung her; denn ihre Empfindlichkeit auf Blausäure nimmt mit der Zeit ab. Besonders ist darauf zu achten, daß die Streifen bei Vornahme einer Untersuchung *deutlich feucht sind.* Ausführung: Ungefähr 5 g der zu untersuchenden Pflanzenmasse werden in ein etwa 10 cm langes Reagenzglas oder ein anderes Glasröhrchen gebracht. Blätter oder Stengelteile der zu untersuchenden Pflanze müssen vorher auf einer Platte oder einem Stein zerrieben werden. In gleicher Weise verfährt man mit dem Mageninhalt von Tieren, die vermutlich an Blausäurevergiftung eingegangen sind. Es empfiehlt sich, 2 oder 3 Tropfen Chloroform zuzusetzen; dadurch wird das Freiwerden der gebundenen Blausäure beschleunigt. An Stelle von Chloroform kann man zu demselben Zwecke auch einige Tropfen Pepsin-Salzsäure zusetzen. (Pepsin-Glyzerin und verdünnte Salzsäure sind in jeder Apotheke zu erhalten.) Dann wird einer der oben erwähnten Streifen (feucht!) dazugesteckt und das Glas mit einem Korken gut verschlossen. Man steckt das Glas nun in den von der Sonne erwärmten Sand oder in Wasser von etwa 50°. Beobachtung und Ergebnis: 1. Nach einigen Stunden hat sich der Streifen schon rotbraun gefärbt: Blausäure ist in erheblichen Mengen vorhanden. 2. Nach 24 Stunden hat sich die Farbe des Streifens noch nicht verändert: es ist entweder gar keine Blausäure vorhanden oder nur so wenig, daß sie praktisch unschädlich ist.

Es können Fälle vorkommen, in denen trotz vorhandener Blausäure dieser einfache Nachweis versagt.

Die *Behandlung* ist gewöhnlich ohne Erfolg, da die Krankheit zu schnell verläuft. Jedenfalls sollte man bei Verdacht aber eine Behandlung nicht unversucht lassen. Man wende intravenös, notfalls auch durch Einguß, *Natriumthiosulfatlösung* an *(Zschokke,* 1935). Zur *Vorbeuge* besitzen wir in der *Schwefelblüte* ein gutes Mittel. Diese wird in die Lecken zu Salz und Knochenmehl gemischt. Der Schwefel kann das ganze Jahr über an die Tiere verfüttert werden. Wo die Tiere viel von der Lecke verzehren, sollte ein Teil Schwefel mit 19 Teilen Lecke vermischt werden, während im übrigen ein Teil Schwefel mit 12 Teilen Lecke gemischt wird. In Zeiten, in denen eine besondere Gefahr der Geilsiekte besteht, insbesondere sobald das junge Gras stark gewachsen ist, dann der Regen aufgehört hat, die Sonne sehr heiß ist, kann für ein paar Wochen, jedoch nicht für mehr als drei, 1 Teil Schwefel sogar mit 7 Teilen Lecke vermischt gegeben werden. Bei wertvollen Tieren ist es ratsam, darüber hinaus noch Schwefel einzugeben, und zwar, sobald die Gefahr der Blausäurevergiftung besteht, jeden 4. Tag jedem Schaf einen Teelöffel und jedem Rind einen Eßlöffel Schwefelblüte. Die Unschädlichkeit der Schwefelblütefütterung hat *Steyn* in verschiedenen Versuchen bewiesen. Er hat z. B. 16 Monate lang ohne schädliche Wirkungen täglich 5 g Schwefelblüte an junge Schafe verfüttert (1935). Er macht allerdings darauf aufmerksam, daß es notwendig ist, *den Schwefel aus zuverlässigen Quellen zu beziehen,* weil in ungenügend gereinigter Schwefelblüte oft gefährliche Mengen *Arsenik* vorhanden sind (1931). *Steyn* (1932) hat experimentell nachgewiesen, daß Schafe, die Schwefel erhalten hatten, einen ziemlich hohen Grad von Widerstandskraft gegenüber Kaliumcyanid, der gefährlichen Blausäureverbindung, zeigen. In Rattenversuchen konnte *Kellermann* (1938) zeigen, daß die Zufütterung von 3 v. H. Schwefel zur täglichen Futterration keinen nachteiligen Einfluß auf Fruchtbarkeit und Milchergiebigkeit hatte. Auf manchen Farmen, namentlich dort, wo viel Brack vorhanden ist, nehmen die Tiere nicht genügend Schwefellecke auf, um gegen Geilsiekte geschützt zu sein. In solchen Fällen muß man an Stelle des Schwefels in der Lecke die Schwefelverbindung *Natriumthiosulfat* (Fixiersalz der Photographen) im Verhältnis von 1 kg auf 1000 Liter im *Tränkwasser* gelöst geben. Ist die Geilsiektegefahr weniger groß, so genügt die Hälfte oder ein Drittel der Natriumthiosulfatmenge.

91. Pflanzen, die Lichtempfindlichkeit (Photosensibilisierung) herbeiführen

Unter bestimmten klimatischen und atmosphärischen Bedingungen (unregelmäßiger Regenfall, große Hitze usw.) werden Verluste beim Kleinvieh durch das Fressen von *Tribulus terrestris,* dem weitverbreiteten *Morgenstern,* der vom Kunene bis zum Kap bei günstigen Bedingungen am Anfang der Regenzeit ganze Gebiete dicht bedecken kann (s. Abb. 69) und von den Tieren im allgemeinen gern und ohne Schaden verzehrt wird, und wahrscheinlich auch durch andere Arten von Pflanzen verursacht. Die als *Geeldikkop* (Gelber Dickkopf) bezeichnete Krankheit tritt nur bei *Tieren mit nicht pigmentierter Haut* auf. Von Zeit zu Zeit kommt die Lichtempfindlichkeit auch bei Tieren vor, die auf Grasweiden fressen. Hier sind wahrscheinlich das *Panicum maximum* und vielleicht auch andere Arten der Gattung Panicum die Ursache. *Steyn* hebt mit Recht hervor, daß alle diese Pflanzen ein ausgezeichnetes Futter sind und Lichtempfindlichkeit der unpigmentierten Hautstellen nur unter *anomalen klimatischen Verhältnissen* verursachen, *wenn nach einem leichten Regen große Dürre und Hitze einsetzen.* Die Lichtempfindlichkeit wird durch das *Phylloerythrin,* ein Pflanzenporphyrinderivat des Chlorophylls, verursacht, neben dem noch ein *ikterogener (Gelbsucht erzeugender) Faktor* eine Rolle spielt. Als Geeldikkop wird nur die durch den Morgenstern hervorgerufene Krankheit bezeichnet. Die anderen Lichtempfindlichkeitserkrankungen sind für die Tierzucht von geringerer Wichtigkeit. Der *Geeldikkop* ist in der *Karru* die *wichtigste Krankheit des Schafes,* da in dem dürren baumlosen Gebiet die

Abb. 69. „Morgensterne", Tribulusarten im Anfang der Regenzeit. Ein blühender Teppich bedeckt das ganze Land

im übrigen Schafzuchtgebiet wichtigsten Krankheiten, Magenwurmseuche und Blauzunge, keine Rolle spielen (*Quin* u. *Rimington*, 1934).

Auf die verwickelten *pathologisch-physiologischen Vorgänge der Photosensibilisierung* werfen Untersuchungen von *Rimington, Quin* und *Roets* (1933, 1934, 1935, 1937) Licht, die neuerdings auch mit der regelmäßiger als Tribulus die Erscheinung des Geeldikkop verursachenden Pflanze *Lippia rehmanni* angestellt wurden. Die Entstehung der Erscheinung muß man sich nach dem heutigen Stande der Erkenntnis so vorstellen, daß das „Ikterogenin" aus den Tribuluspflanzen die Ausscheidung der Gallenbestandteile aus dem Blute stört, wodurch Gelbsucht entsteht. Weiter wird auch die Ausscheidung des Pflanzenporphyrins „*Phylloerythrin*", eines normalerweise aus dem Verdauungskanal (den Vormägen, wo an seiner Bildung vielleicht die Panseninfusorien und -bakterien beteiligt sind — *Quin, Rimington* u. *Roets*, 1935) in Spuren in die Blutbahn gelangenden, hochfluoreszenten Farbstoffes, verhindert,

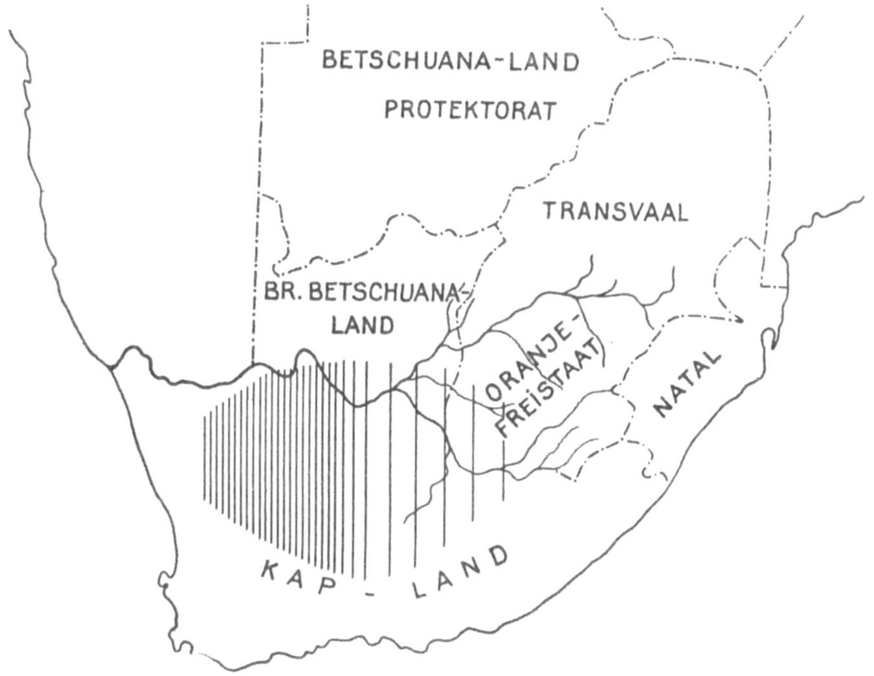

Abb. 70. Das Vorkommen von Geeldikkop in Afrika. (Nach *Quin* und *Rimington*)

die sonst die Galle regelmäßig bewerkstelligt. Der fluoreszierende Stoff gelangt so in sich anhäufenden Mengen in den großen Blutkreislauf und damit in die Hautkapillaren, wo die durch ihn hervorgerufenen Umsetzungen die hochgradigen Lichtempfindlichkeitserscheinungen verursachen (s. a. *Henrici*, 1938).

Erscheinungen. Nach *Steyn* beobachtet man *5 verschiedene Stadien* der Erkrankung. Im ersten Stadium sind die Tiere sehr unruhig, meiden die Sonne, stellen sich in den Schatten und reiben Ohren und Nasen an erreichbaren Gegenständen. Die Kopfhaut ist warm. Fieber besteht nicht. Das zweite Stadium tritt ein paar Stunden bis einen Tag später ein. Die Tiere sind traurig, *Ohren, Augenlider, Gesicht, Lippen und Kehlgang sind stark geschwollen* und *sehr empfindlich.* Fieber kann vorhanden sein; die Futteraufnahme ist erschwert. Das dritte Stadium dauert ungefähr vom 4. bis 8. Tage nach eingetretener Vergiftung. Zu den starken Schwellungen am Kopfe gesellen sich Ausflüsse aus Augen, Nasen und dem Maule. Aus der Haut quillt gelbe Flüssigkeit, die eintrocknet und zur Bildung harter Krusten führt. Fieber ist in den meisten Fällen vorhanden. Sehr oft entsteht eine Entzündung der Hornhaut des Auges. Am Ende dieses Stadiums gehen die Schwellungen zurück, und es wird Gelbsucht bemerkbar. Außerdem magern die Tiere rasch ab. Im vierten Stadium sind die Schwellungen so gut wie verschwunden, aber es kommt ein *brandiges Absterben* (trockener Brand, Mumifikation) *der Haut* am Kopfe zustande. Die Wasser- und Futteraufnahme ist behindert. Zunahme der Gelbsucht. Im fünf-

Abb. 71. Geeldikkop. Vorbeugende Wirkung des Schwärzens des Gesichtes. Links: geschwärzt, keine Schwellung. Rechts: ungeschwärzt, akute Schwellung des ungeschützten weißen Gesichts und der Ohren. (Aus Farming in South Africa)

ten Stadium sind die Schwellungen verschwunden, dagegen ist die Haut hart und brüchig geworden, und an den verhärteten Stellen entstehen Risse und Geschwüre, später auch eine eitrige Hornhautentzündung. In vielen Fällen führt die Hornhautentzündung des Auges zur vollständigen *Erblindung*. Es können auch Zerreißungen des Augapfels zustandekommen. Ohren und Lippen fallen vielfach ab. Die erkrankten Schafe verlieren oft ihre ganze Wolle. Die Krankheit führt in der Mehrzahl der Fälle zum Tode. Es verenden manchmal 90 v. H. der erkrankten Tiere.

Die *Behandlung* ist rein symptomatisch, auf Linderung der verschiedenen Erscheinungen gerichtet. Wichtiger als jede arzneiliche Behandlung ist, wie *Steyn* hervorhebt, *freundliche Fürsorge,* indem man kranke Tiere sofort *in guten Schatten* bringt. Wo die Krankheit häufig vorkommt, sollen *Bäume auf den Weiden angepflanzt* werden, damit sich die Schafe in ihrem Schatten aufhalten können. Wo dies nicht möglich ist, sind *Schattendächer* in den Kamps anzubringen *(Quin* u. *Rimington,* 1935). Zur *Vorbeuge* empfiehlt *Steyn,* wie dies auch beim Buchweizenausschlag in Deutschland, der ebenfalls eine Lichtempfindlichkeitskrankheit ist, geübt wird, das *Anstreichen der Köpfe und Ohren* empfänglicher Tiere, bei Schwarzkopfpersern der *Beine,* mit *dunkelbraunen oder schwarzen Farbstoffen* als hilfreiche Abwehr. Man nimmt schwarzes Tätowierungsöl oder andere Schafmarkierflüssigkeiten und reibt sie mit den Fingern in die nicht durch dickeren Haar- oder Wollwuchs geschützten Teile ein (*Quin,* 1938), soweit sie nicht pigmentiert sind.

Außer dem Geeldikkop ist von größerer Bedeutung nur noch das in manchen Jahren außerhalb des eigentlichen Geeldikkopgebietes (der Karru) vorkommende *„Dikoor"*, das im *Transvaaler Hochfeld* und im *Oranjefreistaat* nicht unbekannt ist. In von *Rimington* und *Quin* beschriebenen Fällen waren die Ursache Gräser, und zwar das *Panicum laevifolium* und das *P. coloratum*. Die Erscheinungen des „Dikoor" sind denen bei Geeldikkop ganz ähnlich (*Steyn,* 1928).

E. *Sonstige Vergiftungen. Arsen- und Fluorvergiftung*

92. *Arsenvergiftung*

Arsenvergiftungen haben bei den Farmtieren eine nicht unbeträchtliche Bedeutung aus zwei Ursachen. Einmal kommen Vergiftungen durch *arsenhaltige Badeflüssigkeit* bei der Bekämpfung des Texasfiebers, der Anaplasmose, des Küstenfiebers usw. vor. Diese haben, wenn das Baden mit dem gebotenen, an sich geringen Aufwand an Sorgfalt durchgeführt wird, keine praktische Bedeutung. Ihre Verhütung ist bei der Besprechung der Bademethoden (s. Texasfieber und Ostküstenfieber) erörtert worden. Sodann können sich Vergiftungen durch *Heuschreckengift* ereignen. Diese werden in Afrika häufiger beobachtet. Zur Vernichtung der Heuschreckenschwärme wird die Weide mit Natriumarsenit vergiftet, entweder in Form von Pulver oder von arsenit- und syruphaltigen Zerstäubungsflüssigkeiten oder neuerdings in ungefährlicherer Form durch „vergiftete Köder", wobei vergiftete Kleie gestreut wird, die von den Heuschrecken aufgenommen wird. Das letztgenannte Verfahren erwies sich als das am wenigsten gefährliche, während bei den beiden erstgenannten unter besonderen Umständen nicht unerhebliche Verluste bei Farmtieren beobachtet wurden (*Gaud,* 1937 in Marokko; *du Toit,* 1936 in Südafrika; *Husband,* 1936 in Südrhodesien; *Macdonald* u. *Purchase,* 1934 in Nordrhodesien). Bei den durch *Steyn* in Onderstepoort durchgeführten Versuchen hat sich ergeben, daß eine Weide, die nach den Anweisungen des Landwirtschaftsministeriums der Südafrikanischen Union mit *flüssigem Heuschreckengift* bespritzt wird (rund 520 bis 545 Liter einer 0,6 prozentigen Natriumarsenitlösung auf rund 0,405 ha Weide), zweifellos gefährlich ist, wenn das Vieh bald nach dem Bespritzen auf die Weide gelassen wird. Auf stark bespritzten Weiden sind Fälle von subakuter Arsenvergiftung bei Tieren selbst noch nach starkem Regen beobachtet worden. In einigen Fällen, in denen die Weide stark mit *pulverförmigem Natriumarsenit* bestäubt worden war, enthielten die nach Regen entstandenen *Pfützen gefährliche* Mengen von Arsenit (*du Toit,* 1936). Die vergifteten Heuschrecken scheinen ohne Gefahr an Hühner verfüttert werden zu können (*Chorley* u. *McChlery*, 1935).

Zur *Behandlung* empfiehlt es sich, den Tieren keinen Zutritt zum Wasser zu gestatten und die übrigen, schon bei Pflanzenvergiftungen allgemein empfohlenen Maßnahmen (s. S. 318) zu treffen, dazu intravenöse Einverleibung von Natriumthiosulfatlösung (*Steyn*, 1937). Zur *Vorbeuge* ist es geboten, die Heuschreckengifte in sorgsamer, gleichmäßiger Verteilung auf die Weide zu bringen. Wenn auf das Giftsprengen gegen Heuschrecken lange Dürreperioden folgen, ist es ratsam, das Gras abzubrennen, bevor man das Vieh auf die vergifteten Weiden läßt (*Steyn*, 1937). Regen reinigt im allgemeinen die Weide ausreichend. Im übrigen muß wegen der Gefahr der Arsenvergiftung, wie dies bereits beim „Zeckenbaden" ausgeführt wurde, auch für die Heuschreckenbekämpfung nach Mitteln gesucht werden, die nicht ein so gefährliches Gift wie das Arsen enthalten (Komiteebericht, Völkerbund, 1936, Quart. Bull. Health Org. League of Nations *5*, 157).

93. *Fluorvergiftung*

„Darmous" ist der Name einer Krankheit, deren Entstehung lange ungeklärt war, bis festgestellt wurde, daß es sich um eine *chronische Fluorvergiftung* handelt. Sie kommt in *Marokko* in den *Phosphatgebieten* vor und entsteht, wenn das natürliche Trinkwasser (Brunnen, Quellen) durch Berührung mit unterirdischen Lagern von Phosphatgestein (das fluorhaltig ist) einen gewissen Gehalt an Fluor erhält (*Velu*, 1938). Die Erscheinungen machen sich bei *Schafen* nur *an den Zähnen* bemerkbar (*Velu*, 1934), die zuerst gelbe Verfärbung des Emails, dann Erosion der Oberfläche zeigen, die immer stärker wird, bis schließlich die ganze Schmelzoberfläche rauh und zerstört ist. Das Durchbrechen der Zähne bei wachsenden Tieren ist verzögert (*Velu* u. *Balozet*, 1931). Die in den gefährdeten Gegenden gehaltenen *Pferde* zeigen *schwere Veränderungen am Unterkiefer* (*Velu*, 1938). Bei *Kälbern* sowie *Pferde-* und *Maultierfohlen* beobachtet man eine beträchtliche *Wachstumsstörung* (*Velu*, 1934).

Wie schon unter *Lahmkrankheit* ausgeführt wurde, enthalten im Handel erhältliche mineralische Phosphate oft Fluor, das nach neueren Untersuchungen auch Osteomalazie verursacht (*Slagsvold*, zit. nach *du Toit*, *Smuts* u. *Malan*, 1937). Es ist deshalb an Fluorvergiftung zu denken, wenn bei Behandlung von Lahmkrankheit mit mineralischen Phosphaten keine Besserung eintritt oder sich sogar eine Verschlimmerung unter Auftreten von Knochenveränderungen zeigt.

VII. KRANKHEITEN UNBEKANNTER ODER TRAUMATISCHER URSACHE

94. *Schwitzkrankheit (sweating sickness)*

Wesen, Ursache, Erscheinungen. Die Schwitzkrankheit ist eine bei *Kälbern* auftretende Erkrankung unbekannter Ursache, die mit Fieber verläuft und deren Haupterscheinung in *Schwitzen, in schweren Fällen am ganzen Körper, mit nachfolgender Hautverhärtung, Haarausfall und Schorfbildung an den befallenen Hautteilen besteht.* Hinzu treten Bindehautentzündung Tränenfluß und Entzündung der Hornhaut, die zu *Erblindung* führen kann. Die Krankheit dauert meist nicht lange, in tödlich endigenden Fällen oft nur 2 bis 4 Tage. Sonst tritt in einer Woche Genesung ein. Die Sterblichkeit ist sehr verschieden, sie scheint im allgemeinen nicht höher als 10 v. H. zu sein, kann aber bis zu 75, ja 90 v. H. betragen (*du Toit*, 1924; Südrhod. Ber. 1920; *Clark*, 1933). Nach *Daubney* (Conf. on co-ord. of vet. research, 1936) ist nach dem Ergebnis seiner Untersuchungen die Schwitzkrankheit gewissen Mangelkrankheiten wie Pellagra und Sprue ähnlich.

Vorkommen. Die Krankheit tritt nur in den *heißesten Sommermonaten* auf und wird beobachtet in *Südafrika,* dem unter Mandat stehenden Schutzgebiet *Deutsch-Südwestafrika* (Mand.-Ber. 1935—1937), in *Süd-* und *Nord-*

Abb. 72
Schwitzkrankheit. Haarausfall, harte, faltige Haut.
(Photo *G. Schmid*)

rhodesien (Südrhod. Ber. 1920; *le Roux,* 1936*)*, in *Belgisch-Kongo (Leplae,* 1933*)* und in *Kenya* (Ber. 1931, 1934).

Bekämpfung. Henning meint, eine erfolgreiche Behandlung der Schwitzkrankheit sei z. Z. nicht möglich. *Le Roux* (1936) berichtet aber über schnelle Heilung durch intravenöse Einspritzung von 10 ccm einer 25prozentigen *Formalinlösung.* Ferner erzielte *Daubney* (1936, s. o.) gute Erfolge mit *Bäckerhefe* und käuflichem *Leberextrakt,* wie er für die Behandlung der perniziösen Anämie des Menschen verwendet wird, was auf die Möglichkeit hinweist, daß die Schwitzkrankheit eine Avitaminose ist (B_2-Komplex). *Clark* empfiehlt zur *Vorbeuge* auf stärker befallenen Farmen die *Gebärperiode der Kühe so zu legen, daß die Kälber in der gefährlichen Zeit schon 6 Monate alt sind,* da die Schwitzkrankheit bei älteren Tieren selten auftritt.

95. *Ophthalmie*

Unter dem Namen „Ophthalmie“ wird in Afrika eine ganze Reihe von Erkrankungen des Auges bekannter und unbekannter Ursache zusammengefaßt. Es handelt sich z. T. um Bindehautentzündungen verhältnismäßig harmloser Art, z. T. wird aber auch der Augapfel ergriffen, und die Krankheit erlangt dann, insbesondere bei gehäuftem Auftreten, unter Umständen eine ziemlich große Bedeutung.

Unter den Augenkrankheiten spielt in Afrika die *seuchenhaft auftretende Ophthalmie der Wiederkäuer* eine besondere Rolle, deren Ursache noch nicht geklärt ist. Ein Teil der Fälle, die in der Praxis zu dieser Krankheit gerechnet werden, ist durch eine der nachstehend bezeichneten Ursachen bedingt. Es bleibt aber noch der Großteil der Fälle von seuchenhaft auftretender Ophthalmie übrig, der ursächlich unklar ist. Die hier in Rede stehende Ophthalmie findet am meisten Beachtung im *Süden Afrikas,* die Krankheit wird aber auch aus dem *Französischen Sudan (Curasson,* 1928*), Uganda* (Ber. 1933) und dem unter Mandat stehenden Schutzgebiet *Deutsch-Ostafrika (Lowe,* 1935*)* gemeldet. In der *Südafrikanischen Union, Rhodesien* (Südrhod. Ber. 1929; Nordrhod. Ber. 1928), *Nyassaland* (Ber. 1932) und dem Schutzgebiet *Deutsch-Südwestafrika* ist sie weitverbreitet und wohl jedem Viehbesitzer bekannt. Die *Erscheinungen* sind nach *Coles* (1930) zuerst *katarrhalische Bindehautentzündung,* verbunden mit einer *akuten Hornhautentzündung,* später lösen sich Stücke des Hornhautepithels ab, und es entstehen, wohl unter Einwirkung von Bakterien, *flache Geschwüre.* Diese heilen meist unter Hinterlassung einer weißen Narbe ab, die nach Monaten verschwindet. Manchmal greift die Krankheit auf das Augeninnere über, auf manchen Farmen anscheinend häufiger als auf anderen, was zu *Erblindung* führt. Meist ist nur ein Auge betroffen; die Erkrankung kann aber auch auf das andere Auge übergreifen. Die Krankheit tritt in Form von Einzelfällen oder seuchenartig (enzootisch oder

Abb. 73. „Ophthalmie", beiderseits. Rechts Exophtalmus, starker Tränenfluß, links weißliche Trübung des Augapfels. (Photographische Aufnahme von *G. Schmid*)

epizootisch) auf. *Behandlung* mit desinfizierenden wäßrigen Lösungen. Nach *Zschokke* (1935) können die meisten Erkrankungen geheilt werden, wenn sie im Frühstadium mit irgendeinem Desinfiziens in wäßriger Lösung behandelt werden. Solche Lösungen sind Sublimat 1:2000, das bei der Magenwurmseuche genannte „Südafrikanische Regierungsdrahtwurmmittel" in saurer Lösung, die nach folgender Anweisung (Fmg. S. Afr. Nr. 21. 1927) herzustellen ist: Man mische 1 Liter Wasser mit 15 ccm konzentrierter Salzsäure (unter Vermeidung von Metallgefäßen, da die Salzsäure Metall angreift) und löse in dieser Mischung eine Dose „Regierungsdrahtwurmmittel". Die Behandlung erfolgt so, daß jedem Tier, bei dem man Augentränen beobachtet, täglich einige Tropfen des Augenwassers in den Lidsack geträufelt werden. Erkrankte Tiere sind wegen der Ansteckungsgefahr — die Übertragung erfolgt wahrscheinlich durch Insekten — von den gesunden abzusondern.

Für eine Reihe von Ophthalmien sind folgende *Ursachen* anzunehmen oder wahrscheinlich:

Traumen. Sie können durch *Verletzungen* an *Dornbüschen,* ferner durch *Filarien* herbeigeführt werden. Die Filarien (s. u. „Tierische Parasiten"), die beim Rinde häufig im Lidsack vorkommen *(Thelazia rhodesii),* verursachen gewöhnlich keine Störungen *(Coles,* 1930*),* können aber nach *Sprehn* (1932) gelegentlich Bindehautentzündung herbeiführen und auch in den Augapfel dringen. Die bei *Pferden* und *Kamelen* vorkommenden Augenfilarien *(Thelazia lacrymalis* und *Th. leesei)* werden gelegentlich im Augapfel gefunden, aus dem sie auf operativem Wege entfernt werden können *(Edmonds* u. *Walker,* 1929*). Gärtner* beobachtete in *Deutsch-Ostafrika* (nachträgl. Veröff. 1920) Hornhautentzündungen, die er auf Sekundärinfektion von Wunden zurückführt, welche durch das Ansaugen der *„Filaria (Thelazia) lacrymalis"* auf der Hornhaut verursacht wurden. Der Vollständigkeit halber mag noch erwähnt werden, daß man auch die *Nasenbremsenlarven* (s. Dassellarvenplagen) beschuldigt hat, an der Entstehung des *„Linsenstars"* beteiligt zu sein, der in dem Schutzgebiet *Deutsch-Südwestafrika* in steigendem Maße beobachtet wird (Mand.-Ber. 1934).

Bakterien. Besonders beim *Pferde* wird in manchen Gegenden Afrikas häufig eine *seuchenhafte Bindehaut-* und *Tränengangsentzündung* beobachtet, die durch Spülungen vom Nasengang aus durch den Tränenkanal mit antiseptischen Mitteln behandelt und, da sie durch Fliegen verbreitet wird, durch Verwendung von *Augenfransen* wirksam bekämpft werden kann *(Peck,* 1936, der allerdings die Ursache nicht angibt). *Ruppert* (1920) hat bei seuchenhafter Konjunktivitis in Deutsch-Ostafrika die Anwesenheit bipolarer Bazillen festgestellt.

Rickettsia conjunctivae. Beim *Schafe* und bei der *Ziege (Coles,* 1931, 1935 für *Südafrika; Donatien* und *Lestoquard,* 1937 für *Algerien; Cordier* und *Ménager,* 1937 für *Tunesien)* sowie beim *Rinde (Coles,* 1936; *Donatien* u. *Lestoquard,* 1937*)* wurden bei spezifischen *Bindehautentzündungen* im Tränensack in nach Giemsa gefärbten Ausstrichen von Lidsackflüssigkeit im Zellplasma der losgelösten Epithelzellen Rickettsien gefunden. Sie lagen meist intrazellulär und erschienen in großer Zahl in den befallenen Zellen *(Coles,* 1936; *Donatien* u. *Lestoquard,* 1937*).* In *Französisch-Nordafrika* macht man die Rickettsia conjunctivae für eine in bestimmten Jahreszeiten weitverbreitete, gehäuft auftretende, ziemlich ansteckende Bindehautentzündung der *Schafe* und *Rinder* verantwortlich, die in manchen Fällen zu schwerer *Hornhautentzündung* führen kann *(Cordier* u. *Ménager,* 1937; *Donatien* u. *Lestoquard,* 1937*).* In Südafrika hat man nach den Angaben von *de Kock* auf dem XIII. internat. tierärztl. Kongr. in Zürich 1938 Bedenken, R. conjunctivae als den Erreger der dort schon lange bekannten und weitverbreiteten „Rinderophthalmie" (s. o.) anzuerkennen. Nach *de Kock* scheint jedoch eine enge Beziehung zwischen der Ophthalmie und der Rickettsie zu bestehen, vor allem, da der Parasit in den ersten Stadien der Erkrankung festzustellen ist, wenn man sorgfältig nach ihm sucht.

Avitaminose. Bei der Beziehung des Vitamines A zum Auge liegt es nahe, bei unerklärlichen Augenerkrankungen an Vitaminmangel als Ursache zu denken, vor allem, nachdem *Myburgh* (1935) auf die Möglichkeit einer A-Avitaminose bei Tieren unter südafrikanischen Weideverhältnissen hingewiesen hat (s. Vitaminmangel). Auch *Robin* (1931) macht auf die Möglichkeit der A-Avitaminose in trockenen Sommern aufmerksam, und *Schmid* (pers. Mittlg. an einen von uns, *Kulenkampff)* gibt der Meinung Ausdruck, daß bei der südwestafrikanischen Ophthalmie A-Avitaminose beteiligt sein könnte (Abb. 73).

Sonstige Ursachen. Coles (1930) erörtert noch einige weitere Entstehungsmöglichkeiten, ohne aber zu einem bestimmten Schluß zu kommen. Im übrigen hat man auch an ein unbekanntes Pflanzengift als Ursache von Ophthalmien gedacht *(Lawrence,* Südrhod. Ber. 1929*).*

96. Domsiekte („Pregnancy Disease")

Als Domsiekte bezeichnet man in Südafrika eine Krankheit, die *Mutterschafe in den letzten Wochen der Trächtigkeit* befällt. Sie setzt meist wenige Tage vor dem Lammen ein. Ausnahmsweise wurde sie auch wenige Stunden nach dem Lammen gesehen *(van Rensburg,* 1931*).* Die Krankheitserscheinungen erinnern an die *Gebärparese der Kühe,* wenn auch die Erkrankung nicht so schnell verläuft wie die Gebärparese. Man beobachtet Teilnahmlosigkeit, fortschreitende Schwäche und in den schweren Fällen Koma und Tod. Bei den gestorbenen Tieren findet man nach *Henning* (1932) die *Leber* durch fettige Metamorphose hellrotbraun und brüchig, manchmal auch fettige Metamorphose der *Nieren* und des *Herzens.* Die Ursache der Krankheit ist noch nicht geklärt. *Steyn* (1938) hält es für möglich, daß in manchen Fällen Domsiekte eine *Pflanzenvergiftung* durch *Hertia pallens* ist. Zur *Behandlung* hat *van Rensburg* mit gutem Erfolg eine Mischung von *Knochenmehl (3 Teile), Salz (1 Teil) und etwas Kerol* verwandt. In *schweren* Fällen von Koma empfiehlt er, die *Mutter* zu töten, um das *Lamm* zu gewinnen. Zur *Vorbeuge* hat *van Rensburg* mit bestem Erfolg die *Darreichung von Knochenmehl* in *Form einer Lecke* verwendet, was für einen Zusammenhang der Krankheit mit einer bestimmten Bodenbeschaffenheit spricht. Die Verluste durch die Krankheit waren, bevor eine erfolgreiche Behandlung eingeleitet worden war, z. T. sehr groß. Manche Farmer hatten bis zu 300 Schafe an der Krankheit verloren *(van Rensburg,* 1931*)*.

97. *Jagsiekte (Hetzkrankheit) der Schafe*

Beim Schafe kommt in *Südafrika* und in *Kenya* (Conf. on co-ord. of vet. research, 1936) eine *chronische katarrhalische Lungenentzündung (Cowdry,* 1925) vor, deren Ursache noch nicht festgestellt ist. Die Krankheit scheint nicht ansteckend zu sein *(de Kock,* 1929*)*; man sieht nur *Einzelerkrankungen*. In den befallenen Gebieten wird eine niedrige, aber gleichmäßige jährliche Sterblichkeit von 1,6 v. H. beobachtet *(Mandon,* 1935*)*. Fieber fehlt meist. Der Name rührt daher, daß die erkrankten Tiere oft ganz gesund erscheinen, aber, wenn sie gejagt werden, plötzlich unter den Erscheinungen der Atemnot zusammenbrechen. Bei den *verendeten* und *getöteten* Tieren findet man eine *Lungeninduration*. Die frühesten Veränderungen bestehen in Wucherungen der die Lungenbläschen umgrenzenden Einzelzellen. Mit dem Fortschreiten der Erkrankung nehmen die Wucherungen den Charakter von *Epitheliomen* an *(Mandon,* 1935*)*. Das Wesen der Veränderungen ist besonders von *Cowdry* (1925), *Cowdry* und *Marsh* (1927) und *de Kock* (1929) untersucht worden. Hiernach hält man die Krankheit für identisch mit der *„Montanapneumonie" in den Vereinigten Staaten von Nordamerika* und *ähnlichen Erkrankungen* in *Island* und *England (Creech* u. *Gochenour,* 1936; *Taylor,* 1937*)*.

98. *Schäden durch Stechgrassamen*

Im *Süden Afrikas* kommen einige Futtergrasarten vor, die sogenannten *Stechgräser,* deren federkielförmige Samen Widerhaken besitzen, die sie befähigen, besonders bei *Wollschafen,* in *die Haut einzudringen*. Es kommen *Aristidaarten* (A. congesta) sowie *Heteropogon contortus* u. a. in Frage *(Viljoen,* 1918*)*. Die Erscheinungen sind *kleine Abszesse in der Haut,* die sich durch die Menge der durch die Haut gedrungenen Samen wie ein Nadelkissen anfühlen können *(Viljoen,* 1918*)*. *Robinson* (1932) sah auch Abszesse in den Lungen, die ersichtlich durch die Aufnahme von Stechgrassamen mit dem Futter entstanden waren.

Im Norden des Schutzgebietes *Deutsch-Südwestafrika* kennt man eine Krankheit des *Rindes,* die als *Mumps* oder „pampoentjies" (Melonenkopf) bezeichnet wird. Hier handelt es sich nach *Schulz* (1933) um eine *Entzündung* der *Speicheldrüsen,* die durch die Samen eines Stechgrases, *Enneapogon,* hervorgerufen wird, welche sich in die Drüsengänge einbohren.

Zur *Bekämpfung* und *Vorbeuge* ist *Entfernung der Schafe* — nur bei diesen hat der Stechgrasschaden eine größere Bedeutung — *von der Stechgrasweide* notwendig; hiernach verschwinden die Schäden von selbst. Gelegentliches Baden beschleunigt die Heilung *(Viljoen,* 1918*).* Größere Abszesse, wie beim Mumps des Rindes, spalte man. Im übrigen kann man das *Stechgras* dadurch *bekämpfen,* daß man die befallenen Gebiete vor der *Blüte des Grases abweiden* läßt. Kamps, in denen hohes Stechgras steht, soll man nicht mit Merinoschafen beweiden. Das Gras soll möglichst durch Abbrennen beseitigt werden *(Mogg,* 1934*).*

Zur wirtschaftlichen Bedeutung ist zu bemerken, daß bei starker Verbreitung des Stechgrases die durch seine Samen hervorgerufenen Schäden so beträchtlich werden können, daß nach *Viljoen* (1918) manche Farmer die Merinozucht aufgeben und zur Zucht der weniger empfindlichen Kurzhaarschafe übergehen mußten.

99. Der Blutfleckenkrankheit ähnliche Erkrankungen des Rindes

Die Blutfleckenkrankheit gehört zu den Krankheiten, über deren Ursache noch nichts Endgültiges bekannt ist. In *Ägypten* ist eine der Blutfleckenkrankheit ähnliche Erkrankung *bei Ochsen* beobachtet worden, *die gegen die Rinderpest immunisiert worden waren (Rabagliati,* J. comp. Path. a. Ther. 9. 113, 1906*).* Als wahrscheinlich identisch bezeichnen *v. Hutyra-Marek-Manninger* die in *Kenya* beobachtete *„Nairobi-Quarantäne-Krankheit",* die bei Rindern beobachtet wurde, welche der *Schutzimpfung gegen Texasfieber und Anaplasmose* unterworfen worden waren *(Mettam,* 1930*).* Dieselbe Krankheit soll nach den Angaben einiger Distriktstierärzte auch außerhalb der Impfanstalt bei Rind und Hund vorkommen. *Mettam* selbst sah sie bei einer Färse, die nicht geimpft worden war. Ferner sind zwei Arbeitsochsen an der Krankheit gestorben. Unbehandelte Tiere starben regelmäßig. Seitdem aber die *Behandlung* der kranken Tiere mit *Adrenalin* (2 intramuskuläre Einspritzungen von 2 ccm 1 : 1000 „Parke-Davis-preparation"-Lösung) durchgeführt wurde, hörten die Verluste auf.

Später wurde über ein *„neues spezifisches, übertragbares Petechialfieber bei Rindern"* berichtet, das anscheinend durch *Insekten* übertragen wird, und bei dem ausgedehnte Hämorrhagien zu beobachten sind. Der Erreger ist noch nicht festgestellt. Die Krankheit ist im *Kenya-Hochland* ziemlich stark verbreitet; die Sterblichkeit kann bis zu 20 v. H. betragen (Kenya-Ber. 1936).

Ob die 1930 in *Nordrhodesien* beobachtete *„Pseudourtikaria der Rinder“* mit der später in den Veterinärberichten für 1934 und 1935 erwähnten und näher beschriebenen Krankheit identisch und in die Gruppe der der Blutfleckenkrankheit ähnlichen Erkrankungen einzureihen ist, läßt sich aus den uns zugänglichen Berichten nicht ersehen.

100. „Reksiekte“ (Darmeinstülpung)

Die Reksiekte des *Schafes (Darmeinstülpung)* ist eine sporadische Krankheit. Wenn sie trotzdem hier behandelt wird, geschieht dies wegen der *großen wirtschaftlichen Bedeutung,* die sie in den *höher entwickelten Schafzuchtgebieten Süd- und Südwestafrikas hat,* und weil sie *eigentümlich für die subtropischen Schafzuchtgebiete* ist. *Walker* (1938) berichtet, daß die Krankheit auf manchen Farmen bis zu 5 bis 10 v. H. Sterblichkeit verursache. Laut der Statistik habe sie in der zweiten Hälfte des Jahres 1917 in manchen Bezirken eine Sterblichkeit von *0,75 bis 7 v. H. der Gesamtschafzahl* verursacht. Daß auch heute noch die Reksiekte eine große Bedeutung besitzt, zeigen die Angaben der Mandatsberichte für das Schutzgebiet *Deutsch-Südwestafrika,* die der Krankheit ziemlich großen Raum widmen und feststellen, daß sie große Verluste verursacht.

Die Ursache der Reksiekte ist noch unklar. Man hat die durch die *Knötchen des Knötchenwurms* (s. d.) verursachten Schädigungen der Darmwandmuskulatur mit Darmverengungen verantwortlich machen wollen. Wenn diese auch vielleicht in hochgradigen Fällen eine Rolle spielen mögen, treten doch ebensoviele Fälle von Einstülpung bei Tieren mit knötchenfreien Därmen auf *(Mönnig,* 1936*).* Als Ursache kommen nach *Mönnig* (1936) weiter in Frage: *Anstrengungen* (länger dauernder Bahntransport), *Unregelmäßigkeiten in der Fütterung* (plötzlicher Beginn mit dem Zufüttern in der Trockenzeit, plötzlicher Übergang von Grasfeld auf Buschfeld, junge Weide, besonders auf gebranntem Feld). *Mönnig* faßt sein Urteil dahin zusammen, daß es sich bei der Reksiekte *immer um einen Futterwechsel* handele, *dem ein Futtermangel vorausgegangen sei.* Hierdurch werde vielleicht die Darmtätigkeit geschwächt, und wenn hierauf eine plötzliche Darmtätigkeit einsetze, stülpe sich das tätige vordere Darmstück über das noch träge hintere. Auch die Regierungstierärzte in dem Schutzgebiet *Deutsch-Südwestafrika* glauben an eine ähnliche Ursache. Sie beschuldigen aber auch *Pflanzenvergiftungen, Wurmbefall* und *Behandlung mit Hausmitteln* als Ursachen der Darmeinstülpungen (Mand.-Ber. 1936).

Was die *Erscheinungen* anbelangt, so bleiben die erkrankten Tiere hinter der Herde zurück, *sehen sich zeitweilig nach dem Hinterleibe um* und machen im übrigen einen *kranken Eindruck.* Gelegentlich *strecken die Tiere den Rükken,* wobei sie die *Hinterbeine weit nach hinten* setzen („Reksiekte“). Die Menge des Kotes wird im Laufe der Erkrankung immer geringer, und der Kot wird härter, manchmal teerartig, blutig und schleimig. Einige Tage (4 bis 14 Tage nach *Walker)* nach dem Auftreten der ersten Erscheinungen tritt in der Regel der Tod ein. Bei den *verendeten* Tieren findet man die *Darmeinstülpung* in Form einer dunkelroten Geschwulst gewöhnlich am hinteren Ende des Dünndarmes; bei den von *Walker* (1918) beobachteten Fällen war dies 23 bis 164 cm oberhalb der Einmündung des Dünndarms in den Blinddarm der Fall.

Zschokke (1937) empfiehlt zur *Behandlung,* in frühen Stadien Lentin einzuspritzen, dann zur *Vorbeuge* in der Regenzeit abends nicht zu tränken, da die Aufnahme von Wasser in den vollen Magen die Wirkung möglicherweise aufgenommener Pflanzengifte begünstige. Zur Vorbeuge ist weiter zu empfehlen, *schroffe Übergänge in der Fütterung zu vermeiden,* im übrigen für ausreichende Ernährung der Schafe zu sorgen und den Wurmbefall niedrig zu halten.

SCHRIFTTUM

(Zusammengestellt von Dr. Gerhard Kulenkampff.)

(Das Schrifttum ist bis zum 1. Dezember 1938 berücksichtigt worden.)

Abkürzungen:

TVB.	= Tropical Veterinary Bulletin
Jber.	= Jahresberichte für Veterinärmedizin
Zbl.	= Zentralblatt für Bakteriologie und Parasitenkunde Abt. I
Fmg. S. Afr.	= Farming in South Africa
Mitt. FWG.	= Mitteilungen der Farmwirtschaftsgesellschaft für Südwestafrika
J. comp. Path.	= Journal of comparative Pathology and Therapeutics

Adelaar, T. F., Gousiekte in the Waterberg district. J. S. Afr. vet. med. Ass. 7, 51—53 (1936).

Adler, S., A disease of fowls in Palestine, characterised by leucocyte inclusions. Ann. trop. Med. Parasit. 19, 127—135 (1925).

Aillerie, Enquête sur la mouche tsé-tsé et les trypanosomiases en Côte-d'Ivoire. Rec. Méd. vét. exot. 3, 28—33 (1930).

Aillerie, Les maladies du Bétail à la Côte-d'Ivoire. Rec. Méd. vét. exot. 5, 110—112 (1932).

Aldigé, E., Microfilariose du cheval en Afrique occidentale française. Rec. Méd. vét. 96, 46—54 (1920).

Alexander, R. A., Immunization of sheep against Bluetongue. Fmg. S. Afr. 5, 277/8 (1930).

Alexander, R. A., Preliminary note on the infection of white mice and Guinea pigs with the virus of horsesickness. J. S. Afr. vet. med. Ass. 4, 1—9 (1933).

Alexander, R. A. & du Toit, P. J., The immunization of horses and mules against horsesickness by means of the neurotropic virus of mice and guineapigs. Onderstepoort J. vet. Sci. 2, 375—391 (1934).

Alexander, R. A., Studies on the neurotropic Virus of Horse-Sickness. I. Neurotropic Fixation. II. Some physical and chemical Properties. III. The intracerebral Protection Test and its application to the Study of Immunity. IV. The Pathogenesis in Horses. Onderstepoort J. vet. Sci. 4, 291—388 (1935).

Alexander, R. A. and van den Vyver, B., Horsesickness. Field Experiments with Neurotropic Vaccine during the Season 1933—34. J. S. Afr. vet. med. Ass. 6, 33—38 (1935).

Alexander, R. A., Studies on the neurotropic virus of horse sickness. V. The antigenic response of horses to simultaneous trivalent immunization. Onderstepoort J. vet. Sci. 7, 11—16 (1936).

Alexander, R. A., The Horsesickness Problem in South Africa. J. S. Afr. vet. med. Ass. 7, 211—220 (1936).

Alexander, R. A., The in vitro cultivation of the filterable viruses, with particular reference to vaccine. S. Afr. med. J. 10, 467—470 (1936), Ref. Vet. Bull. 7, 227 (1937).

Alexander, R. A., Neitz, W. O. and du Toit, P. J., Horsesickness Immunization of mules and horses in the field during the season 1934—35 with a description of the techniques of preparation of polyvalent mouse neurotropic vaccine. Onderstepoort J. vet. Sci. 7, 17—30 (1936).

Alexander, R. A., Future of horsebreeding in South Africa. Fmg. S. Afr. 12, 391 (1937).

Alla, Ch., Moyens de combattre les piroplasmoses bovines en Algérie. Lyon: Diss. 1937 67 pp. Ref. Jber. 62, 516 (1938).

Allan, W. A., Rinderpest in Game. Rep. vet. Dep. Uganda 1933, 48—53 (1934), Ref. Vet. Bull. 5, 486 (1935).

Alleaux, V., L'élevage et les maladies des animaux domestiques à Madagascar. Rev. gén. Méd. vét. 31, 697—710 (1922).

Almeida, Stephanurus morai. Bol. assist. med. indig. Angola, 1928, p. 240, Ref. Rec. méd. vét. exot. 2, 169 (1929).

Alongi, G. & Balboni, A., La tripanosomiasi del dromedario in Tripolitania. Clin. vet., Milano 58, 110—131 (1935), Ref. Vet. Bull. 5, 803 (1935).

Schrifttum

Alves de Souza, M. & de Abreu Martins, I., Heartwater no Lazareto quarentenario do Ministerio da Agricultura no Rio de Janeiro. (Herzwasser in der Quarantäne von Rio de Janeiro.) Foha vet., Brazil. 2, 1—2 und Bol. Soc. brasil. Med. vet. 6, 6—8 (1937). Ref. Vet. Bull. 7, 471 (1937).

Andrews, W. H., Animal Diseases in Southern Africa. Vet. Rec. 6, 447—455 (1926).

Andrievsky, P., Au sujet des Trypanosomes bovines et porcines au Soudan français. Rec. Méd. vét. exot. 4, 84—86 (1931).

Andrievsky, P., Les manipulations techniques dans la production du sérum antipestique à Bamako. Rec. Méd. vét. exot. 4, 129—136 (1931).

Andrievsky, Sur la préparation du vaccin contre la peste bovine et son application méthodique. Rev. gén. Méd. vét. 40, 728—733 (1931).

Archibald, R. G., The endemiology and epidemiology of schistosomiasis in the Sudan. J. trop. Med. 36, 345 (1933).

Archibald, R. G. and Monsour, H., Some observations on the epidemiology of kalaazar in the Sudan. Trans. R. Soc. trop. Med. 30, 395 (1936).

Armfield, J. M., Cysticercus bovis in Tanganyika (Eingesandt). Vet. Rec. 8, 783 (1928).

Ascoli, M. & Sanfilippo, E., Über Immunisierung gegen Mittelmeerfieber. Z. Immun. Forschg. 60, 422 (1929).

Askar, Mohammad Bey, Expérience pour déterminer la sensibilité des Veaux sevrés à la peste bovine. Min. agric. Egypt Techn. et scient. Bull. no. 42, Cairo 1924, Ref. Rec. méd. vét. exot. 1, 137 (1928).

Aston, B. C., Some present-day views on the metabolism of iron, with remarks on „Bush sickness". New Zealand J. Sci. and Tech. 13, 181—188 (1931), Ref. Vet. Bull. 3, 41 (1933).

Austen, E., Hegh, E., Tsetse-Flies. Their characteristics, distribution and bionomics with some account of possible methods for their control. London: The imperial bureau of entomology, 41, Queens Gate, London SW 7 (1922).

Bailly, J., Pratique de la vaccination antirabique des solipèdes par le virus-éther (Méthode de Remlinger). Rev. Gén. Méd. vét. 36, 254—258 (1927).

Bailly, J., Les acquisitions scientifiques récentes sur la rage. Rev. vét. milit. 15, 347—364 (1931).

Balozet, L., Fréquence des formes latentes de piroplasmose bovine au Maroc. Bull. Soc. Path. exot. 13, 733—734 (1920).

Balozet, Epizootie de gastroentérite parasitaire et faune du tube digestif du mouton au Maroc. Bull. Soc. Path. exot. 15, 820—824 (1922).

Balozet, L., Diagnostic expérimental du charbon symptomatique par culture de la moelle osseuse. Bull. Soc. Path. exot. 19, 515—518 (1926).

Balozet, L., Les coccidies du mouton et de la chèvre. Cycle évolutif de Eimeria ninakohl-yakimovi Yakimoff et Rastagaieva 1930. Arch. Inst. Pasteur Tunis. 21, 88—118 (1932).

Balozet, L., Les six premiers mois d'application de la vaccination antirabique des animaux à l'Institut Pasteur de Tunis. Arch. Inst. Pasteur Tunis. 21, 176—180 (1932).

Balozet, L. & Reynal, J., La fièvre ondulante d'origine bovine à Tunis. Arch. Inst. Pasteur Tunis. 21, 273—275 (1932).

Balozet, L. & Reynal, J., La fièvre ondulante d'origine bovine à Tunis (Note Préliminaire). 1. internat. Hyg. Kongr. Mittelmeer 1932. I. 654—656 (1933), Ref. Vet. Bull. 4, 460 (1934).

Balozet, L. & Aoustin, L., Premier cas d'anémie infectieuse des équides observé en Tunisie. Bull. Soc. Path. exot. 27, 639—641 (1934).

Balozet, L., Cordier & Ménager, J., L'infection de la mamelle par les brucella et les réactions d'agglutination avec le lacto-sérum. Arch. Inst. Pasteur Tunis. 23, 332—347 (1934).

Balozet, L., Sensibilité de l'âne africain à l'inoculation du virus de l'anémie infectieuse. C. R. Soc. Biol. Paris. 119, 65—67 (1935).

Balozet, L., Rickettsies et Rickettsioses. Rev. gén. Méd. vét. 45, 385—408 (1936).

Balozet, L., La vaccination antirabique des animaux en Tunisie du 1er janvier au 31 décembre 1935. Arch. Inst. Pasteur Tunis. 25, 353—361 (1936).

Bardez, Contribution à l'étude de la trypanosomiase équine et bovine au Cameroun. Rev. vét. milit. 18, 457—467 (1934).

Bauer, H., Die Lahmkrankheit des Rindes in Südwestafrika und Kochsalzvergiftungen. Diss. Berlin 1925.

Beal, W. P., s. auch Goldküste.

Beal, W. P., Gold Coast. Report on Live Stock Industries of the Northern Territories. Bericht an das Colonial Office, 1920, Ref. TVB. 9, 36—50 (1921).

Beaton, W. G., Rinderpest in Goats in Nigeria. J. comp. Path. 43, 301—307 (1930).

Beaton, W. G., Foot and Mouth disease in Nigeria. Vet. Rec. 11, 1019 (1931).

Beaton, W. G., Infectivity of shade-dried Hides from rinderpest infected cattle. Vet. J. 87, 532—533 (1931).

Beaton, W. G., Nigeria (1933). Appendix B (Skin Diseases of Goats). Annual Report of the Veterinary Department for the Year 1932. Lagos govt. Printer 1933, 17—21. Ref. Vet. Bull. 4, 141 (1934).

Bedford, G. A. H., Über die in Südafrika beim Menschen, Haustieren und Geflügel gefundenen Zeckenarten. U. S. Afr. J. Dep. Agric. Juli 1920, Ref. Jber. 39—40, 123 (1919—1920).

Schrifttum

Bedford, G. A. H., Report on the transmission of Nagana in the Ntabanana and Mhlatuze Settlements, Zululand. 11. u. 12. Rep. Dir. vet. Ed. U. v. S. A. Part. I, 275—300 (1926).

Bedford, G. A. H., The effect of various dipping fluids upon the ovigerous females of Psoroptes communis var. ovis. and their ova. 13. u. 14. Rep. Dir. vet. Ed. U. v. S. A. II, 859—879 (1928).

Bedford, G. A. H., The effect upon ticks of dipping cattle regularly at short intervals in arsenical baths. 15. Rep. Dir. Vet. Serv. U. v. S. A. I, 551—573 (1929).

Bedford, G. A. H. & **Coles**, J. D. W. A., The transmission of Aegyptianella pullorum, Carpano, to fowl by means of ticks belonging to the genus Argas. Onderstepoort J. vet. Sci. **1**, 15—18 (1933).

Bedford, G. A. H., South African Ticks. Part I. Onderstepoort J. vet. Sci. **2**, 49—99 (1934).

Bedford, G. A. H. & **Wilken-Jorden**, T. J., Researches into dips and dipping. A. Lime-Sulphur Dips. Paper V. The Minimum effective Concentration of Lime-Sulphur Dips for Sheep Scab Eradication. Onderstepoort J. vet. Sci. **2**, 239—241 (1934).

Bedford, G. A. H. and **Wilken-Jorden**, T. J., Researches into dips and dipping. C. Miscellaneous. The Effect of dosing Aloes to tickinfested cattle. Onderstepoort J. vet. Sci. **2**, 267—269 (1934).

Bedford, G. A. H. and **Graf**, H., Ticks, tickborne diseases and their eradication in South Africa. III. The transmitters of East Coast fever and Red-water in cattle. Fmg. S. Afr. **9**, 431 ff. (1934), **10**, 14—17, 20 (1935).

Bekker, J. G., Undescribed skin diseases of sheep in South Africa. J. S. Afr. vet. med. Ass. **1**, 51—57 (1928).

Bekker, J. G., The relation of the virulence of attenuated anthrax strains to their immunizing value. 15. Rep. Dir. Vet. Serv. U. v. S. A. I, 183—191 (1929).

Bekker, J. G., A note on the addition of glycerine as a preservative for anthrax spore vaccine. 16. Rep. Dir. Vet. Serv. U. v. S. A. 147—148 (1930).

Bekker, J. G. and **Rossouw**, S. D., A note on some conditions in sheep in the Strandveld of the Bredasdorp district. 16. Rep. Dir. Vet. Serv. U. v. S. A. 293—300 (1930).

Bekker, J. G., Studies in Mineral Metabilism. XXIII.: Phosphorus and Iodine Supplements in Field Experiments with Sheep. XXIV. „On the Administration of Phosphorus to Animals through their Water Supply.“ 18. Rep. Dir. Vet. Serv. U. v. S. A. II, 733—750 und 751—797 (1932).

Bekker, J. G., **de Kock**, G. and **Quinlan**, J. B., A preliminary note on the occurence of bluetongue in cattle (the so-called pseudo foot and mouth disease). J. S. Afr. vet. med. Ass. **4**, 230—231 (1933).

Bekker, J. G., **de Kock**, G. v. d. W. and **Quinlan**, J. B., The Occurence and identification of Bluetongue in cattle—the so-called Pseudo-Foot and Mouth Disease in South Africa. Onderstepoort J. vet. Sci. **2**, 393—507 (1934).

Bekker, P. M., A new field dip tester or Calsorimeter. Fmg. S. Afr. **13**, 18—19, 33 (1938).

Bekker, P. M., New field dip tester or Calsorimeter. II. Testing the strength of the concentrated dip. Fmg. S. Afr. **13**, 142, 151 (1938).

Benazatto, L., Contributo alla studio e alla cura della „peste equina“ nel Tigrai (A. O. I.). Clin. vet. Milano. **59**, 755—762 (1936).

Bennett, S. C. J., s. auch Englisch-ägyptischer Sudan.

Bennett, S. C. J., A note on the nature of the rabies virus in the Anglo-Egyptian Sudan. Vet. J. **83**, 123—126 (1927).

Bennett, S. C. J. and **Kenny**, P. A. C., Mercuric chloride as a diagnostic agent for trypanosomiasis in Camels. J. comp. Path. **41**, 341—353 (1928).

Bennett, S. C. J., The mercuric chloride test for camel trypanosomiasis. J. comp. Path. **42**, 118—126 (1929).

Bennett, S. C. J., Cryptococcus Pneumonia in Equidae. J. comp. Path. **44**, 85—105 (1931).

Bennett, S. C. J., The control of camel Trypanosomiasis. J. comp. Path. **46**, 67—77 und 174—185 (1933).

Bennett, S. C. J., Equine cutaneous leishmaniasis: Treatment with berberine sulphate. J. comp. Path. **48**, 241—243 (1935).

Bennett, S. C. J., Camel Trypanosomiasis Control. Rep. vet. Serv. Sudan, 1935, 30—31 (1936).

Bennett, S. C. J., Cattle plague vaccine. Studies on glycerinised spleen pulp. J. comp. Path. **49**, 1—48 (1936).

Bennett, S. C. J., The treatment of equine Trypanosoma congolense infections with Surfen C (Bayer). J. comp. Path. **49**, 151—159 (1936).

Bennett, S. C. J., Toleration of Naganol (Bayer 205) by horses. J. comp. Path. **49**, 304—309 (1936).

Bennett, S. C. J. and **Evans**, J. T. R., Influence of the dose of virus employed in testing the immunity of cattle vaccinated against cattle plague. J. comp. Path. **51**, 1—8 (1938).

Van den Berghe, L., Les schistosomiases humaines et animales au Katanga (Congo belge). Ann. Soc. belge Méd. trop. **14**, 313—374 (1934).

Van den Berghe, L., Sur le polymorphisme des oeufs de Schistosoma haematobium et la présence d'oeufs du type bovin dans les infections de l'homme au Katanga (Congo belge). Bull. Soc. Path. exot. **29**, 41—46 (1936).

Van den Berghe, L., Schistosoma bovis chez deux antilopes, Limnotragus spekei (parc national de la Kagera, Ruanda sous mandat belge). Ann. Parasit. hum. comp. **15**, 518—519 (1937).

Bertling, F., Baden erwachsener Hühner gegen Zecken. SWA.-Farmer 7. 4. 11. (1930).

Bevan, Ll. E. W., s. a. Südrhodesien.

Bevan, Ll. E. W., Inoculation of cattle against Redwater and Gall-Sickness. Dep. Agric. Rhod. Bull. No. 316 (1919), Salisbury: Argus P. & P. Co., Ltd. 1919, Ref. TVB. 7, 182 (1919).

Bevan, Ll. E. W., Infectious abortion of cattle and its possible relation to human health. Rhod. Agric. J. 18, 582—592 (1921), Ref. TVB. 10, 42 (1922).

Bevan, Ll. E. W., The Trypanosomiases of men and animals in Southern Rhodesia. Vet. J. 81, 536—546 (1925).

Bevan, Ll. E. W., The abortoscope. A simple apparatus for the detection of infectious abortion of cattle. Vet. J. 81, 476—479 (1925).

Bevan, Ll. E. W. and Kingcome, M. H., An outbreak of bovine coccidiosis in Southern Rhodesia. J. comp. Path. 38, 292—294 (1925).

Bevan, Ll. E. W., A Method of inoculating cattle against Trypanosomiasis. Trans. R. Soc. trop. Med. Hyg. 22, 147—156 (1928).

Bevan, Ll. E. W., Some notes on virus diseases. Vet. J. 86, 451—462 (1930).

Bevan, Ll. E. W., The correlation between infectious abortion of cattle and undulant fever of man. Vet. Rec. 11, 547—548 (1931).

Bevan, Ll. E. W., Sheep diseases in Southern Rhodesia. Vet. J. 87, 537 (1931).

Bevan, Ll. E. W., Foot and Mouth Disease. Some Peculiarities presented by the Disease in Southern Rhodesia. Vet. J. 88, 98—107 (1932).

Bevan, Ll. E. W., Foot and Mouth Disease in Southern Rhodesia and a Method of Emergency Inoculation. Trans. R. Soc. trop. Med. Hyg. Lond. 26, 89—93 (1932).

Bevan, Ll. E. W., Further note on foot and mouth disease in Southern Rhodesia and an emergency method of inoculation. Trans. R. Soc. trop. Med. 27, 105—108 (1933).

Bevan, Ll. E. W., The Tsetse Fly Disease. Rhod. agric. J. 33, 746—769 (1936), Ref. Vet. Bull. 7, 374 (1937).

Bevan, Ll. E. W., Progress Report on Research in Trypanosomiasis in Southern Rhodesia. Rep. S. Rhod. Tryp. Comm. & Bur., pp. 19—21 (1937), Ref. Vet. Bull. 8, 17 (1938).

Bevan, Ll. E. W., Progress Report on Research on Trypanosomiasis in Southern Rhodesia. Vet. Rec. 49, 770 (1937) (Ref.).

Bevan, Ll. E. W., Notes on the treatment and prevention of trypanosomiasis. Vet. J. 93, 368—376 (1937).

Bigot, Au sujet de l'anémie infectieuse du cheval au Maroc. Bull. Soc. Path. exot. 16, 634—635 (1923).

Bigot, A. & Velu, H., Blastomycose des voies lacrymales de l'âne. Anatomie pathologique, Bull. Soc. Path. exot. 17, 551—553 (1924).

Bigot, A. & Velu, H., Isolement rapide de Cryptococcus mirandei en culture pure. Bull. Soc. Path. exot. 18, 127—129 (1925).

Bigot, A. et Velu, H., Contribution à l'étude des blastomycoses animales. Rec. Méd. vét. 102, 245—246 (1926).

Bisschop, J. H. R., s. auch Green, H. H., 1932 (Sammelreferat).

Bisschop, J. H. R., The relation between environment and animal breeding with special reference to the breeding of cattle in the semi-arid regions of South Africa. XIII. int. tierärztl. Kongr. 1938, Hft. 12, 3—48 (1938).

Blackie, W. A., A helminthological survey of Southern Rhodesia. Trans. R. Soc. trop. Med. Hyg. Lond. 26, 201 (1932).

Blacklock, B. and Thomson, M. G., A study of the Tumbu-Fly, Cordylobia anthropophaga Grünberg, in Sierra Leone. Ann. trop. Med. Parasit. 17, 443—510 (1923).

Blanc, G. & Martin, L. A., Sensibilité du lapin et de l'homme au virus de la stomatite des ovins. C. R. Acad. Sci. 197, 586—587 (1933).

Blondin, Wilbert, R. et Delorme, M., Contribution à l'étude de la rage en A. O. F. Bull. Soc. Path. exot. 20, 404—407 (1927).

Bobimarga, V., L'agalassia contagiosa. Terapia e profilassi immunitaria. Critica zootecnica 11, 155—175 (1934).

Boquet, A., Contribution à l'étude de la lymphangite ulcéreuse des solipèdes. Rev. vét. 72, 10—19, 78—90, 137—145 (1920).

Boß, G., Die Giftpflanzen Südwestafrikas. 35 S. Herausgegeben von der SW.-Persianer-Verkaufsgesellschaft, Kalkfeld, SW.-Afrika.

Bosselut, R., Les piroplasmoses des solipèdes en Algérie. Toulouse: Diss. 1927, 40 pp. Ref. Jber. 47, II. 1005 (1927).

Bouffard, G., De la rage canine en Afrique Occidentale Française. Bull. Soc. Path. exot. 14, 6—9 (1921).

Bourguignon, G. C., Le premier cas de fièvre ondulante diagnostiqué bacteriologiquement au Congo belge et ses affinités sérologiques avec le B. abortus. Ann. Soc. belge Méd. trop. 13, 249—258 (1933).

Bourguignon, G. C., La typhose aviaire à Stanleyville. Bull. agric. Congo belge 24, 236—264 (1933), Ref. Vet. Bull. 5, 332 (1935).

Bourguignon, G. C. & Jussiant, A., Notes sur une épidémie de trypanosomiase porcine observée au Katanga. Ann. Soc. belge Méd. trop. 14, 393—399 (1934).

Bourguignon, Contribution à l'étude des trypanosomiases des suides au Congo belge. Ann. Soc. belge Méd. trop. **15**, 491—499 (1935).

Bouvier, G., Mukupa: Rage canine congolaise? (Lomami-Kasai). Bull. Soc. Path. exot. **27**, 821—825 (1934).

Bouvier, G., Note sur les tsé-tsés et les trypanosomes du secteur nord „pastorale", Katanga. Ann. Soc. belge Méd. trop. **14**, 401—407 (1934).

Bouvier, G. et S., Aperçu sur l'élevage bovin dans la province du Lomami-Kasai (Congo belge). Schweiz. Arch. Tierheilk. **79**, 121—129 (1937).

Bouvier, G., Moyens de lutte contre les effets néfastes du climat, de la flore et de la faune dans les pays tropicaux. Rec. méd. vét. exot. **10**, 162—168 (1937).

Boyé, La rage canine au Moyen Congo. Ann. Méd. et. Pharm. Colon. 228—231 (1922), Ref. TVB. **11**, 32 (1923).

Boynton, W. H., Further Observations on Anaplasmosis. Cornell Vet. **22**, 10—28 (1932).

Brain, C. K., The Weeds and Poisonous Plants of Southern Rhodesia. Rhod. agric. J. **31**, 779—791 (1934), Ref. Vet. Bull. **5**, 455 (1935).

Van den Branden, F., Action de la combination atoxyl, émétique, tryparosan, sur le Trypanosoma congolense. Bull. Soc. Path. exot. **12**, 514—517 (1919).

Van den Branden, F., Nouvelle contribution à l'étude de la transmission héréditaire du trypanosome. Ann. Soc. belge Méd. trop. **15**, 567 (1935).

Van den Branden, F., Recherches sur la transmission de Trypanosoma „brucei" par le lait maternel. Ann. Soc. belge Méd. trop. **17**, 57—58 (1937).

Brandt, F. R., s. auch Nigeria.

Brassey-Edwards, H. H., s. auch Kenya.

Brassey-Edwards, H. H., Rinderpest control in Kenya. Vet. Rec. **7**, 1063—1067 (1927).

Bridré & Donatien, Le microbe de l'agalaxie contagieuse du mouton et de la chèvre. Ann. Inst. Pasteur **39**, 925—951 (1925).

Bridré J., Donatien, A. et Lestoquard, F., Observations sur le virus claveleux. Rec. Méd. vét. **102**, 323—326 (1926).

Bridré, J., Donatien, A. et Hilbert, Le stovarsol spécifique de l'agalaxie contagieuse du mouton et de la chèvre. C. R. Acad. Sci. **187**, 262—263 (1928).

Bridré, J. & Boquet, A., Vingt ans de vaccination anticlaveleuse par virus sensibilisé. Ann. Inst. Pasteur **41**, 761—762 (1933).

Bridré, Diagnostic de la peste porcine en France et en Afrique du Nord. Méthodes classiques et méthode nouvelle. Bull. Acad. vét. France. **9**, 251—257 (1936).

Brocq-Rousseu, Sur la lymphangite épizootique. Rec. Méd. vét **98**, 84—91 (1922).

Brogan, E. H., Heartwater. Ann. Bull. Dep. Anim. Health, North-Rhod. pp. 40—42 (1932), Ref. Vet. Bull. **3**, 358 (1933).

Brooks, A. J., s. auch Gambia.

Browning, C. H. & Gulbransen, R., Immunity following cure of experimental Trypanosoma brucei infection by a chemotherapeutic agent. J. Path. Bact. **43**, 479—486 (1936).

Brumpt, E., Transmission de la piroplasmose canine tunisienne par le Rhipicephalus sanguineus. Bull. Soc. Path. Exot. **12**, 757—764 (1919).

Brumpt, E., Les Piroplasmes des bovidés et leurs hôtes vecteurs. Bull. Soc. Path. exot. **13**, 416—460 (1920).

Brumpt, E., Description de deux Bilharzies de Mammifères Africains, Schistosoma curassoni sp. inquir. et Schistosoma rodhaini n. sp. Ann. de Parasitol. **9**, 325—338 (1931).

Buck, G., Existence de Babesiella berbera à Madagascar. Bull. Soc. Path. exot. **30**, 436—437 (1937).

Buck, M., Prémunition des zébus malgaches vis-à-vis des piroplasmoses et splénectomie chez un veau zébu. Bull. Soc. Path. exot. **26**, 919—922 (1933).

Bull, L. B., „Swelled Head" or „Big Head" in Rams due to Localised Infection by Clostridium oedematiens. Serous, Non-Gaseous, Malignant Oedema of the Head of Rams. J. comp. Path. **48**, 21—35 (1935).

Caccavella, Observations sur la transmission de la peste bovine chez les antilopes Pongo (Tragelaphus pictus) et Isha (Sylvicapra grimmi). Sérothérapie et virus de passage sur les bovidés. Ann. Soc. belge Méd. trop. **16**, 309—312 (1936).

Campbell, W. and Greenfield, E. C., The incidence of undulant fever in cases of pyrexia of uncertain origin in the Cape province of the Union of South Africa. Verh. 2. internat. Kongr. Mikrobiol. 122—123 (1937), Ref. Jber. **62**, 41 (1937).

Canham, A. S., Coccidiosis of sheep in Natal. J. S. Afr. vet. med. Ass. **3**, 38—40 (1932).

Canham, A. S., Immunisation of fowls against fowl pox by use of pigeon pox virus. 18. Rep. Dir. Vet. Res. U. v. S. A. I, 111—140 (1932).

Carmichael, J., Rinderpest Serum and the Pathogeneicity of Trypanosoma theileri. Trans. R. Soc. trop. Med. Hyg. **20**, 303—304 (1926).

Carmichael, J., Anti-rinderpest serum preliminary field research in Uganda. J. comp. Path. **41**, 185—190 (1928).

Carmichael, J., A note on the treatment of trypanosomiases in dogs in Uganda. Vet. Rec. **13**, 886—887 (1933).

Carmichael, J., The Uganda veterinary service. Vet. Rec. **14**, 229—231 (1934).
Carmichael, J., Trypanosomes pathogenic to domestic stock and their effect in certain species of wild fauna in Uganda. Ann. trop. Parasit. **28**, 41—45 (1934).
Carmichael, J., A note on the treatment of canine Babesiasis. Vet. J. **91**, 449—450 (1935).
Carmichael, J., Report on tuberculosis research, veterinary laboratory, Entebbe. Rep. vet. Dep. Uganda 1934, pp. 19—20 (1935).
Carmichael, J., Notes on Tuberculosis in Uganda. Conf. on co-ord. of vet. Res. Brit. East Africa 1936, 98—100 (1936).
Carmichael, J., A brief note on tuberculosis in tropical Africa with special reference to Uganda. J. comp. Path. **50**, 383—385 (1937).
Carmichael, J., Tuberculosis of Goats in Uganda. Vet. Rec. **50**, 1147—1154 (1938).
Carmichael, J., Tuberculosis of sheep in Uganda. Vet. Rec. **50**, 1138—1147 (1938). Auszug aus Diss.
Carougeau, Lymphangite ulcéreuse à Madagascar. Rev. gén. Méd. vét. **34**, 8—9 (1925).
Carpano, M., s. auch Ägypten.
Carpano, M., Sur la piroplasmose des oiseaux domestiques déterminée par Aegyptianella pullorum. Deuxième note. Ann. Parasit. hum. comp. **7**, 365—366 (1929).
Carpano, M., Le principali malattie infettive del pollame in Egitto e la loro profilassi. Clin. vet. **52**, 597—612 (1929).
Carpano, M., Su di un piroplasma osservato nei polli in Egitto (Aegyptianella pullorum). Nota preventiva. Clin. Vet. **52**, 339—351 (1929), Ref. TVB. **17**, 115/6 (1929).
Carpano, M., Sulla piroplasmosi dei volatili domestici determinati della „Aegiptianella pullorum". Clin. Vet. **52**, 475—476 (1929), Ref. TVB. **18**, 10 (1930).
Carpano, M., Su di una grave infezione dei cani in Egitto. Ann. Igiene. **39**, 488—509 (1929), Ref. Zbl. **97**, 66 (1930).
Carpano, M., Pluralité des virus dans les infections par hémoprotozoaires et valeur de l'immunité croisée dans la création de nouvelles espèces. Ann. de Parasitol. **8**, 1—7 (1930).
Carpano, M., La peste equina co particulare riguardo a quella osservato in Egitto e in Erytrea. Clin. vet. **53**, 325—341 und 471—484 (1930), Ref. Bull. Off. int. Epiz. **4**, 421—432 (1930/31).
Carpano, M., Sulla transmissione della febbre della costa orientale (theileriosi da Theileria parva) a mezzo del sangue circolante e qualche considerazione sulla differenziazione delle Theileria parva alla Theileria annulata. Clin. vet. **53**, 261—268 (1930), Ref. Jber. **50**, II. 1100 (1930).
Carpano, M., On the Principal Types of Piroplasm observed in Bovines in Egypt. Bull. Min. Agric. (Egypt). No. 116 (1932). Ref. Vet. Bull. **3**, 412 (1933).
Carpano, M., I corsi d'acqua quali veicoli di malattie infettive in Egitto. Clin. vet. **56**, 750—754 (1933), Ref. Jber. **54**, 161 (1934).
Carpano, M., Fowl-Plague in Egypt. Fowl-Disease or Fowl-Plague of Newcastle, Egyptian Pseudo Fowl-Plague. Min. Agric. Egypt. Tech. & Sci. Serv. Vet. Section Bull. No. 129 (1933), Ref. Vet. Bull. **4**, 574 (1934).
Carpano, M., L'infezione da Anaplasma del tipo marginale dei bufali in Egitto. Clin. vet. **57**, 589—592 (1934), Ref. Vet. Bull. **5**, 206 (1935).
Carpano, M., Sulla tuberculosi dei bufali in Egitto e su alcune experience di tubercolinizzazione. Bull. Minist. Agr. Egypt. Nr. 138, pp. 18 (1934), Ref. Vet. Bull. **6**, 487 (1936).
Carpano, M., Latent haemoprotozoal infections, intercurrent and recidivious diseases. Observations and researches on the comparative pathology. Bull. Minist. Agr. Egypt. No. 136 (1935) pp. 17, Ref. Vet. Bull. **6**, 506 (1936).
Carpano, M., La leishmaniose canine en Egypte. Bull. Off. int. Hyg. publ. **27**, 548—549 (1935).
Carpano, M., Sulla vecesutà intensificare in Egitto la lotha contro la tuberculosis degli animali domestici. (Bekämpfung der tierischen Tuberkulose in Ägypten.) Clin. vet. **58**, 362—370 (1935), Ref. Vet. Bull. **6**, 200 (1936).
Carpano, Découverte de corps intraleucocytaires chez les poulets d'Egypte et considérations sur leur nature. Ann. Parasit hum. comp. **14**, 380—384 (1936).
Carpano, M., Tuberculosis of Buffalos in Egypt with Some Tuberculosis Test Experiments. Rep. vet. Serv. Egypt. 1932—33 pp. 100—117 (1937), Ref. Vet. Bull. **8**, 201 (1938).
Carré, H. & Verge, J., Les anémies infectieuses des animaux domestiques. Bull. Off. int. Epiz. **10**, 87—150 (1935).
Catanei, A., Premières recherches sur les teignes du chien en Algérie. Arch. Inst. Pasteur Alg. **14**, 104—108 (1936).
Cawston, F. G., Schistosomiasis in South African sheep. Vet. Rec. **9**, 1038 (1929).
Cawston, F. G., Schistosomes in South African Stock. Vet. Rec. **13**, 1178—1179 (1933).
Cawston, F. G., Bilharzia disease in the Union of South Africa. Vet. J. **93**, 334—336 (1937).
Cernajanu, C. und Schuldner, J., Die Piroplasmose der Schafe in Rumänien und ihre Behandlung mit Trypaflavin (Bayer) und Acaprin (Bayer). Dtsch. Tierärztl. Wschr. 518—519 (1935).
Cernaianu, C., Sur la chimiothérapie des piroplasmoses par un nouveau médicament, l'acaprine (Bayer). Bull. Soc. Path. exot. **28**, 793—796 (1936).

Cerutti, C. G. e Fantoni, F., Richerche sulla chemotherapia della piroplasmosi con il nuovo prodotto Bayer „Acaprin", Clin. vet. **58**, 542—552 (1935). Ref. Vet. Bull. **6**, 547 (1936).

Charrier, H., Ixodes de la région de Tanger. Bull. Soc. Path. exot. **18**, 469—470 (1925).

Chase, W. H. & Hobday, J. H. N., Report of the inoculation campaign against Foot and Mouth disease in the Bechuanaland Protectorate, 1934. Vet. J. **92**, 395—407 (1935).

Chorley, J. K. and McChlery, R., Experiments on the toxicity to fowls of arsenite of Soda and poisoned locusts. Rhod. agric. J. **32**, 322—326 (1935). Ref. Vet. Bull. **5**, 761 (1935).

Chrétien, A., L'onchocercose du boeuf de Madagascar. Rec. Méd. vét. **96**, 168—172 (1920).

Christophers, R., Caronia, Sergent, Ed., Pittaluga & Adler, S., Sur le diagnostic. le traitement et l'épidémiologie de la leishmaniose viscérale dans le bassin méditerranéen. Bull. trimestr. de l'organ. d'hygiène, **4**, 817 (1935).

Cilli, V., s. auch Erythrea.

Cilli, V., L'anémia infettiva degli equini e i suci rapporti con le anémie tipo pernicioso dell'uomo. Az. vet. **5**, 624—626 (1936), Ref. Jber. **61**, 666 (1937).

Cilli, V., Il problema della peste bovina nell'Africa Orientale Italiana. Nuova Vet. **15**, 91—103 (1937) (und Azione vet. **6**, 409—412), Ref. Vet. Bull. **8**, 218 (1938). Ref. Bull. Off. int. Epiz. **15**, 744—747 (1937/38).

Clark, R., Observations on Sweating Sickness in Northern Zululand. J. S. Afr. vet. med. Ass. **4**, 10—20 (1933).

Claverie, J., Au sujet du charbon bactéridien et de la vaccination par le voie intradermique en Guinée française. Bull. Soc. Path. exot. **19**, 864—870 (1926).

Claverie, J., La lutte contre la peste bovine en Guinée française. Rec. Méd. vét. exot. **4**, 121—128 (1931).

Cocksedge, T. A. B., s. auch Britisch-Somaliland.

Cocksedge, T. A. B., Notes on the practice of Bennetts test for Surra in Camels combined with the use of Naganol. J. comp. Path. **47**, 64—66 (1934).

Colback, H. R. F. and Caccavella, Note on the duration of infectivity in cattle inoculated against rinderpest by the serum-simultaneous method. Conf. on co-ord. of vet. Res. Brit. East Afr. 104—106 (1936).

Coleman, F. F., Poisonous Properties of Sudan and other Sorghums. Rep. Dep. Agric. Queensland 1933/34, 144—147 (1934), Ref. Vet. Bull. **6**, 82 (1936).

Coles, J. D. W. A., Specific ophthalmia of cattle. Pan. afr. agr. & vet. conf. pap. vet. sect. 86—89 (1930).

Coles, J. D. W. A., An unknown intracellular organism of the conjunctival epithelium of sheep. Preliminary report. 17. Rep. Dir. Vet. Serv. U. v. S. A., I, 187—189 (1931).

Coles, J. D. W. A., Mortality in Fowls due to Aegyptianella pullorum. Onderstepoort J. vet. Sci. **1**, 9—14 (1933).

Coles, J. D. W. A., An outbreak of Aegyptianellosis in Pekin ducks. J. S. Afr. vet. med. Ass. **5**, 131 (1934).

Coles, J. D. W. A., A rickettsia-like Organism and an unknown Intracellular Organism of the conjunctival epithelium of Goats. Onderstepoort J. vet. Sci. **4**, 389—395 (1935).

Coles, J. D. W. A., A rickettsia-like organism of the conjunctival epithelium of cattle. J. S. Afr. vet. med. Ass. **7**, 221—225 (1936).

Coles, J. W. D. A., Bacillary white diarrhoea. Fmg. S. Afr. **12**, 295—298 (1937).

Coles, J. D. W. A., Aegyptianellosis and Leg-Weakness of the Goose. J. S. Afr. vet. med. Ass. **8**, 98—100 (1937).

Cooley, R. A., A search for tick parasites in South Africa. Onderstepoort J. vet. Sci. **3**, 23—42 (1934).

Conti, G., Sul potere emolitico del siero iperimmune contro la peste bovina. Nuova vet. **9**, 93—96 (1931), Ref. Jber. **51**, II. 999 (1931).

Conti, G., L'impiego del Trypanblau nella pratica della siero-vaccinatione contro la peste bovina. Clin. vet. Milano. **56**, 592—595 (1933), Ref. Vet. Bull. **4**, 346 (1934).

Conti, G., Piroplasmosi da babesiella nei bovini della colonia Eritrea. Arch. ital. Sci. med. colon. e Parasitol. **17**, 453—454 (1936), Ref. Jber. **61**, 261 (1937).

Conti, P. A. & van Dac, Utilisation du porcelet pour l'entretien du virus pestique servant aux pratiques d'immunisation antipestique. Rec. Méd. vét. exot. **2**, 205—215 (1929).

Cordier, G., Vaccination contre le choléra aviaire. C. R. Soc. Biol. **107**, 129—131 (1931).

Cordier, G. et Ménager, J., Etude sur la Dourine. Rev. vét. **86**, 185—201 (1934).

Cordier, G., Ménager, J. et Delorme, A., Etude de la souche Algérienne „Kouba" de Theileria dispar. Son importance dans la prémunition antitheilerique bovine. Bull. Soc. Path. exot. **29**, 313—327 (1936).

Cordier & Ménager, Septicémie des agneux à bacille du rouget. Rec. Méd. vét. **113**, 215—221 (1937).

Cordier, G. & Ménager, J., Existence de Rickettsia conjonctivae du mouton Coles 1931, en Tunisie. Bull. Soc. Path. exot. **30**, 224—227 (1937).

Cordier, G. & Ménager, J., Premier cas „africain" de maladie d'Aujetzky. Bull. Acad. Méd. Paris III, 117, 532—533 (1937).

Cordier, G. & Ménager, M. J., Septicémie des agneux à bacille du rouget. Rec. Méd. vét. **113**, 215—221 (1937).

Cornell, R. L., s. a. unter Mandat stehendes Schutzgebiet Deutsch-Ostafrika.

Cornell, R. L., Ecthyma contagiosum of sheep and goats. Ann. rep. dep. vet. sci. Tanganyika, 1928, 28 (1929).

Cornell, R. L., Coccidiosis. Ann. rep. dep. vet. sci. Tanganyika 1928, 29 (1929).

Cornell, R. L., Rinderpest in Wildebeeste. Ann. rep. dep. vet. sci. Tanganyika 1933, 37—42 (1934).

Cornell, R. L., The incidence of tuberculosis among cattle belonging to the Wachagga tribe in Tanganyika Territory (E. Africa). J. comp. Path. **47**, 320—329 (1934).

Cornell, R. L., Report on the Work of the Mpwapwa Laboratory, and some Research Notes. Rep. dep.vet. sci. Tanganyika 1936, 16—30 (1937).

Cornell, R. L. & Evans, S. A., On the value and limitations of tissue vaccines against rinderpest. J. comp. Path. **50**, 122—135 (1937).

Da Costa, A. Monteiro, L'élevage et les services vétérinaires dans les domaines portugais d'outre-mer. Extrait de „les colonies portugaises". Publication du Commissariat Général du Portugal à l'exposition coloniale de Paris 1931. Lissabon: Bertrand (Irmaos) Ltd. Gravadores-Impressores. T. da Condessa do Rio, 27 Lisboa, 1933.

D'Costa, J., Rinderpest. Methods of Immunisation. The Indian Vet. J. **14**, 331 (1938).

Cottier, H., s. auch Tunesien.

Cottier, H., Les affections à hématozoaires endoglobulaires en Afrique du Nord. Bull. Off. internat. Epiz. **12**, 345—359 (1936), Diskussion pp. 588—608.

Cowdry, E. V., Studies on the etiology of heartwater. I. Observation of a Rickettsia, Rickettsia ruminatium (spp.) in the tissues of infected animals. J. exp. Med. **42**, 231—252 (1925).

Cowdry, E. V., Studies on the etiology of heartwater. II. Rickettsia ruminantium (n. sp.) in the tissues of ticks transmitting the disease. J. exp. Med. **42**, 253—274 (1925).

Cowdry, E. V., Studies on the etiology of jagsiekte. I. The primary lesions. J. exp. Med. **42**, 323—333 (1925).

Cowdry, E. V., Studies on the etiology of jagsiekte. II. Origin of the epithelial proliferations, and the subsequent changes. J. exp. Med. **42**, 335—345 (1925).

Cowdry, E. V., Studies on the etiology of heartwater. III. The multiplication of Rickettsia ruminantium within the endothelial cells of infected animals and their discharge into the circulation. J. exp. Med. **44**, 803—814 (1926).

Cowdry, E. V. and Marsh, H., Comparative Pathology of South African Jagziekte and Montana Progressive Pneumonia of Sheep. J. exp. Med. **45**, 571—585 (1927).

Cowdry, E. V. & Ham, A. W., The life cycle of the parasite of East Coast Fever in ticks transmitting the disease. Science **72**, 461—462 (1930).

Cowdry, E. V. & Danks, W. B. C., Studies on East Coast Fever. II. Behaviour of the parasite and the development of distinctive lesions in susceptible animals. Parasitology **25**, No. 1 (1933).

Cowin, G. S., „East coast fever." (Eingesandt.) Vet. Rec. **15**, 656 (1935).

Creech, G. T. & Gochenour, W. S., Chronic progressive pneumonia of sheep, with particular reference to its etiology and transmission. J. agric. Res. **52**, 667—679 (1936), Ref. Vet. Bull. **7**, 239 (1937).

Croveri, P., Prima constatazioni di peste equina in Somalia. Bull. Soc. Path. exot. **12**, 485—487 (1919).

Croveri, P., Osservazioni sulla biologica della „Glossina pallidipes" della Somalia Italiana e sulla transmissione agli animali domestici Trypanosi detta „Ghendi". Ann. d'Igiene **29**, 432—447 (1919), Ref. TVB. 8, III. (1920).

Croveri, Trypanosoma theileri, varietas somaliensis, chez les bovidés somaliens, consideré par rapport à la peste bovine et séro-vaccinations antipesteuses. Rev. Path. comp. **20**, 183 (1920).

Croveri, P., La sarcosporidiosi bovina nella Somalia italiana Suoi rapporti colla deficienza di nutrizione, peste bovina e trypanosi. Clin. Vet. **43**, 65—92 (1920), Ref. TVB. **9**, 208—213 (1921).

Croveri, P., La peste bovina. Il virus pestoso, l'immunità, le vaccinazioni antipestose. Giorn. ital. Mal. esot. **2**, 389—396 (1929), Ref. Jber. **49**, II. 925 (1929).

Croveri, P., Un nuovo strongilide: Anthostrongylus Somalilensis Croveri 1917 (n. g. n. s.) Parassita dei dromedari somali e la strongylosi entestinale epizootica dei dromedari: Ber Cursu. Arch. ital. Sci. Med. colon. **10**, 145—172 (1929), Ref. Jber. **49**, **II. 1148** (1929).

Cruz, Sheppard, A., Hypothesis concerning the etiology of „stiffsickness". Pan-afr. agr. and vet. conf. pap. vet. sect. 89—93 (1930).

Cuillé, J., Chelle et Berlureau, Identité de l'anaplasmose ovine française et algérienne, C. R. Acad. Sci. Paris. **201**, 179—180 (1935).

Cuillé, J. & Chelle, L'ictère hémorrhagique du mouton. Rev. vét. **87**, 5—13 (1935).

Curasson, G., s. auch Französisch-Westafrika (Afrique occidentale française).

Curasson, G., Le galyl dans le traitement de la souma du cheval. Rec. Méd. vét. **94**, 497—500 (1918).

Curasson, G., Note sur la production rapide de sérum contre la peste bovine et son utilisation en région infectée. Rec. Méd. vét. **95**, 323—327 (1919).

Curasson, G., Sur l'infection du cheval et du mulet par Trypanosoma dimorphon. Rec. Méd. vét. **96**, 55—59 (1920).

Curasson, G., Traitement des trypanosomiases du cheval en Afrique occidentale française. Rec. Méd. vét. **97**, 689—694 (1921).

Curasson, G., Coccidiose de la chèvre en A. O. F. Rev. vét. 73, 614 (1921).
Curasson, G., Les lésions cutanées dans la peste bovine et le rôle des peaux dans la transmission de la maladie. Rec Méd. vét. 97, 19—26 (1921).
Curasson, G., La tuberculose bovine à l'abattoir de Bamako. Bull. Soc. Path. exot. 18, 687—689 (1925).
Curasson, G., Les séquelles de la peste bovine et les porteurs de germes. Rev. Gén. Méd. Vét. 34, 549—554 (925).
Curasson, G., Expériences sur la peste bovine. Rec. Méd. vét. 102, 247—249 (1926).
Curasson, G. & Delpy, L., Sur l'immunisation contre la peste bovine par le virus formolé. Rec. Méd. vét. 102, 297—300 (1926).
Curasson, G., Au sujet des tuberculoses animales en Afrique Occidentale Française. Rec. Méd. exot. vét. 1, 113—114 (1928).
Curasson, G., Les maladies infectieuses des animaux domestiques au Soudan. Rev. gén. Méd. vét. 37, 609—622 (1928).
Curasson, G. & Delpy, L., La ,,Heartwater" au Soudan. Bull. Acad. vét. France 1, 231—244 (1928).
Curasson, G., Les piroplasmoses au Soudan. Bull. Soc. Path. exot. 22, 319 (1929).
Curasson, G., Hépatite nécrotisante du mouton au Soudan. Rec. méd. vét. exot. 2, 65—70 (1929).
Curasson, G. & Delpy, L., Le vaccin formolé contre la peste bovine. Rev. gén. Méd. vét. 38, 201—206 (1929).
Curasson, G., Un vaccin économique et facile à préparer contre la peste bovine. Rev. gén. Méd. vét. 38, 584—588 (1929).
Curasson, G. & Hanras, Un vaccin contre la péripneumonie bovine. Bull. Acad. vét. France. 3, 95—98 (1930).
Curasson, G., La ,,blue-tongue". Rec. Méd. vét. exot. 3, 113—121 (1930).
Curasson, G., La prophylaxie de la peste bovine. Kongr. Ber. 11. intern. tierärztl. Kongr. 1930.
Curasson, G. & Deschamps, A., Au sujet de l'unicité de la rage en Afrique Occidentale Française. Bull. Soc. Path. exot. 24, 154—155 (1931).
Curasson, G., Essais de Vaccination contre la ,,blue tongue" par virus tué. Bull. Acad. vét. France. 4, 324—328 (1931).
Curasson, M. G., Nouvelles recherches sur la peste bovine. Bull. Acad. vét. Fr. 4, 304—310 (1931).
Curasson, G. (Generalinspekteur des Kolonialen Veterinärdienstes), La peste bovine. Paris: Vigot Frères 1932, 334 S. (42 S. Literatur).
Curasson, G., Le traitement curatif de la péripneumonie bovine par le néosalvarsan. Bull. Acad. vét. Fr. 5, 173—178 (1932).
Curasson, G., Les maladies du Bétail au Soudan français. Congr. int. d'agric. trop., Paris, 1931, Ref. Rec. méd. vét. 5, 100—110 (1932).
Curasson, G. & Didier, L., Recherches sur les pasteurelloses ovines et bovines. Rec. Méd. vét. exot. 5, 121—133 (1932).
Curasson, G. & Didier, L., Sur la persistance de l'ultra-virus pestique dans les viandes salées. Bull. Soc. Path. exot. 25, 287 (1932).
Curasson, G., Recherches sur la clavelée au Soudan français. Bull. Acad. vét. Fr. 6, 202—206 (1933).
Curasson, G., La peste bovine en Afrique. Situation comparée dans les colonies françaises et étrangères. Bull. Acad. vét. France. 6, 348—351 (1933).
Curasson, G., La fièvre aphteuse en pathologie exotique. Rec. méd. vét. exot. 6, 65—76 (1933).
Curasson, G., La ,,fièvre de la Vallée du Rift" existe-t-elle au Soudan français? Bull. Soc. Path. exot. 27, 599—602 (1934).
Curasson, G., La peste bovine dans l'Afrique occidentale française pendant l'année 1933. Bull. Off. int. Epiz. 9, 2—12 (1934).
Curasson, G., Le charbon bactéridien. Particularités étiologiques en pathologie exotique. Rec. méd. vét. exot. 7, 105—114 (1934).
Curasson, G., Sur la durée de conservation du vaccin formolé contre la peste bovine. Bull. Soc. Path. exot. 27, 419—421 (1934).
Curasson, G., Les maladies épizootiques en Afrique Occidentale Française, pendant l'année 1933. Rec. méd. vét. exot. 7, 153—163 (1934).
Curasson, G., Sur la toxicité de la sécrétion buccale des sauterelles. Bull. Acad. vét. Fr. 7, 377—382 (1934).
Curasson, G. & Zylbertal, Sur la vaccination intradermique dans la peste bovine. Bull. Acad. vét. Fr. 7, 265—267 (1934).
Curasson, G., Un vaccin nouveau contre la peste bovine. Le virus saponiné. Note. prélim. Bull. Acad. vét. France. 8, 250—253 (1935).
Curasson, G. (1935), Recherches sur la péripneumonie bovine. Rec. méd. vét. exot. 8, 65—70 (1935).
Curasson, G., La vaccination contre la peste bovine à l'aide du melange virussaponine. Bull. Soc. Path. Exot. 28, 912—914 (1935).
Curasson, G., Les maladies épizootiques en Afrique Occidentale Française pendant l'année 1934. Rec. méd. vét. exot. 8, 105—111 (1935).

Curasson, G., Traité de Pathologie exotique vétérinaire et comparée. 3 Bde. Paris: Vigot Frères, Editeurs 1936, I. 610 S., II. 689 S., III. 613 S.
Curasson, G., La police sanitaire en Afrique occidentale. (Konferenz Dakar 1936). Bull. Off. int. Epiz. **13**, 891—896 (1936/37).
Curasson, G., Sissiko, B. & Laurence, La leishmaniose canine à Dakar. Bull. Soc. Path. exot. **30**, 684—686 (1937).
Curasson, G., Sur les méthodes d'immunisation à employer contre la peste et la péripneumonie bovine. Rec. méd. vét. exot. **10**, 5—20 (1937).
Curasson, G., Le vaccin saponiné contre la peste bovine. Bull. Acad. vét. France. **10**, 323—331 (1937).
Curasson, G., Les trypanosomiases virulentes du porc en Afrique. Observations personelles sur celle à T. brucei en Afrique Occidentale française. Rec. méd. vét. exot. **10**, 109—119 (1937).
Curasson, G., Répartition géographique des maladies tropicales. XIII. internat. tierärztl. Kongress 1938, Hft. 9, 77—82 (1938).
Curasson, G., Sur les méthodes d'immunisation à employer contre la peste et la péripneumonie bovine. Conf. consult. Elevage Afrique occ. franç. pp. 41—55, Corée: Imprimerie du Gouvernement général, Ref. Vét. Bull. **8**, 25 (1938).
Curson, H. H., Rinderpest in the New Langenberg Province of German East Africa during 1917—1918. J. comp. Path. **32**, 197—210 (1919).
Curson, H. H., Saria. Vet. J. **76**, 405—412 (1920).
Curson, H. H., Nagana and the Tartar Emetic Treatment. J. Dep. Agric. U. v. S. A. **5**, 249—253 (1922), Ref. TVB. **11**, 7 (1923).
Curson, H. H., Die Behandlung von „Nagana" mit Brechweinstein in Zululand in den Jahren 1921—1923. Hannover: Diss. 1926, 93 S.
Curson, H. H., Does a species of Leishmania occur in the goat? 11. & 12. Rep. Dir. vet. Ed. U. v. S. A I. 29—30 (1926).
Curson, H. H., A note on the Trypanosomes of Nagana in South Africa. Trans. R. Soc. trop. Med. Hyg **21**, 109—112 (1927).
Curson, H. H., Nagana in Zululand. 13. u. 14. Rep. Dir. vet. Res. U. v. S. A. I, 309—414 (1928).
Curson, H. H., Distribution of glossina in the Bechuanaland Protectorate. 18. Rep. Dir. vet. serv. I, 197—219 (1932).
Curson, H. H., Native animal husbandry. X. The west African shorthorn (Bos brachyceros). J. S. Afr. vet. med. Ass. **5**, 202—212 (1934).
Curson, H. H. & Neitz, W. O., The approximate distribution of the genus Glossina. Onderstepoort J. vet. Sci. **9**, 101—104 (1937).
Cuthbertson, A., Notes on the habits of some diptera in Rhodesia. Proc. Rhod. Sci. Ass. **31**, 31—36 (1932), Ref. Vet. Bull. **3**, 418 (1933).
Cuthbertson, A., Screw-Worm. A pest of range cattle in Southern Rhodesia. Rhod. agric. J. **31**, 100—111 (1934), Ref. Vet. Bull. **4**, 577 (1934).
Danks, W. B. C., A preliminary note on spirochaetosis of pigs in Kenya Colony. Rep. dep. agric. Kenya 1930, 136—139 (1931).
Danks, W. B. C., Methods of segregation for control and eradication of bovine contagious abortion. Vet. Rec. 1931 II, 1173—1175 (1931).
Daubney, R., s. auch Kenya.
Daubney, R., Bovine Lymphangitis or Tropical Actinomycosis. J. comp. Path. **40**, 195—216 (1927).
Daubney, R., Parathypoid (Salmonella) infection of calves in Kenya. Vet. Rec. **7**, 793—801 und 818—822 (1927).
Daubney, R., Observations on Rinderpest. J. comp. Path. **41**, 228—248 (1928).
Daubney, R., Prophylactic vaccination against Rinderpest. Kenya Dep. Agric. Bull. No. 8b v. 1929, Ref. TVB. **18**, 26/27 (1930).
Daubney, R., Rinderpest. Ann. Rep. Dep. Agric. Kenya, 210—224 (1930).
Daubney, R., Heartwater (Rickettsia ruminantium). Ann. Rep. Agric. Kenya, 325—332 (1930).
Daubney, R., Miscellaneous experiments with anthelmintics, chiefly alkyl-chlorides, in the treatment of nematode Infestations of sheep. Vet. J. **86**, 5—30 (1930).
Daubney, R., Prophylactic vaccination against Rinderpest. Pan. afr. agr. & vet. conf. pap. vet. sect. 57—85 (1930).
Daubney, R., Natural transmission of heart-water of sheep by Amblyomma variegatum (Fabricius, 1794). Parasitology **22**, 260—267 (1930).
Daubney, R. & Hudson, J. R., Nairobi Sheep Disease. Parasitology **23**, 507—524 (1931).
Daubney, R. & Hudson, J. R., Nairobi Sheep Disease. Ann. Rep. Dep. Agric. Kenya 1930, 127—131 (1931).
Daubney, R. & Hudson, J. R., Enzootic Hepatitis or Rift Valley Fever. An undescribed Virus Disease of Sheep, Cattle and Man from East Africa. J. Path. Bact. **34**, 545—579 (1931).
Daubney, R. & Hudson, J. R., Rift Valley Fever. Lancet **222**, 611—612 (1932).

Daubney, R. & Hudson, J. R., Rift Valley Fever. East Afr. med. J. 10, 2—19 (1933), Ref. Vet. Bull. 4. 469 (1934).
Daubney, R., Trichostrongylid Nematodes from Sheep in Kenya. Parasitology 25, 224—241 (1933).
Daubney, R., Rinderpest. Rep. Dep. Agric. Kenya 1933, 358—365 (1934).
Daubney, R., Hudson, J. R. & Roberts, J. I., Preliminary note on the transmission of bovine haemorrhagic septicaemia by the flea Ctenocephalus felis Bouche. J. comp. Path. 47, 211—213 (1934).
Daubney, R. & Hudson, J. R., Nairobi Sheep Disease: Natural and Experimental Transmission by Ticks other than Rhipicephalus appendiculatus. Parasitology 26, 496—509 (1934).
Daubney, R., Diskussion über paratyphoide Erkrankungen. Verhdlg. 12. Internat. Vet.-Kongr. 1934, 2, 279—281 (1934).
Daubney, R., Foot and Mouth Disease: The fixed virus types. J. comp. Path. 47, 259—281 (1934).
Daubney, R., Contagious bovine pleuropneumonia. Note on experimental reproduction and infection by contact. J. comp. Path. 48, 83—96 (1935).
Daubney, R. & Hudson, J. R., Transmission experiments with bovine malignant catarrh. J. comp. Path. 49, 63—89 (1936).
Daubney, R., Rinderpest: A résumé of recent progress in East Africa. J. comp. Path. 50, 405—409 (1937).
Daubney, R., Newer researches regarding tropical and subtropical diseases. XIII. internat. tierärztl. Kongreß 1938, Hft. 9, 21—33.
Dauzats, H., Essais de traitement des trypanosomiases des équidés dans le Nord-Caméroun. Rev. vét. et J. méd. vét. et Zootech. 80, 431—439 (1928).
Dauzats, A., Isolement du virus pestique (Peste bovine) d'une souche polluée de trypanosomes. Rev. vét., Toulouse 86, 322—326 (1934).
Davis, L. J., On a piroplasm of the Sudanese wild cat (Felis ocreata). Trans. R. Soc. trop. Med. Hyg. 22, 523—534 (1929).
Dekester, M. & Jeaume, G., Cas multiples d'une Blastomycose des voies lacrymales observée chez les ânes dans la région de Fez (Maroc). Bull. Soc. Path. exot. 16, 478—480 (1923).
Delanoe, P., Un cas d'infection spontanée du chien par T. marocanum Sergent, Lhéritier et Belleval 1915. Bull. Soc. Path. exot. 13, 23—26 (1920).
Delanoe, P., La spirochaetose des oies dans le Cercle des Doukkala. Bull. Soc. Path. exot. 16, 582—587 (1923).
Delorme, M., Association fuso-spirillaire (ulcère phagédénique tropical) chez le chien. Bull. Soc. Path. exot. 20, 548—553 (1927).
Delpy, L., L'infection charbonneuse et la vaccination intra-cutanée en un temps avec les vaccins pastories en Guinée Française. Bull. Soc. Path. exot. 19, 499—503 (1926).
Delpy, L., Peste bovine atypique transmise par passages, Contribution à l'étude de porteurs de virus. Rev. gén. méd. vét. 37, 259—264 (1928).
Delpy, L., Epizootie de Tahaga (Tr. soudanense) sur les chevaux du Niger Sabarien. Bull. Soc. Path. exot. 22, 662—665 (1929).
Delpy, L., Cauvin & Riou, Contribution à l'étude de la rage en A. O. F. Transmission de la rage du chien (Oulou fato) à l'homme et au guépard. Bull. Soc. Path. exot. 22, 635—639 (1929).
Delpy, L., Les formes atypiques de la peste bovine et les porteurs de virus (2e note). Rev. gén. méd. vét. 39, 138—141 (1930).
Delpy, L. P., Contribution à l'étude de la peste bovine et des trypanosomiases animales en Afrique Occidentale Française. Paris: Diss. 1931, 88 pp. Ref. Jber. 51, II. 991 (1931).
Delpy, L., Renseignements pratiques pour l'identification des trypanosomes des animaux en A. O. F. Rec. méd. vét. exot. 4, 31—40 (1931).
Delpy, L., Sur la préparation du vaccin antipestique desséché, hors du laboratoire, avec un matérial simplifié. Rec. méd. vét. exot. 9, 145—151 (1936).
Dévé, F., Enquête étiologique sur l'échinocoque en Tunisie. Arch. Inst. Pasteur Tunis 12, 353—386 (1923),
Didier, L., Peste equine ou typhus amaril du cheval. Lyon: Diss. 1934, Ref. Jber. 57, 209 (1935).
Diesel, A. M., The control and eradication of ticks in South Africa with particular reference to the province of Natal. J. S. Afr. vet. med. Ass. 6, 263—269 (1935).
Dikmans & Andrews, A comparative Study of the infective larvae of the common nematodes parasitic in the alimentary tract of sheep. Transactions of the American Microscopial Society 52, 1—25 (1933).
Dixon, R. W., Enquiry and report into conditions affecting African Coast fever. Rhod. Agric. J. 25, 522—536 (1928), Ref. TVB. 16, 89 (1928).
Doak, B. W., Hydrocyanic acid in white clover. Rep. Dep. Agric. N. Z. 1935—36, 52 (1936), Ref. Vet. Bull. 7, 357 (1937).
Doherty, A. G., s. auch Kenya.
Doherty, A. G., The veterinary profession in Kenya—the past, present and future. Vet. Rec. 6, 399 ff. (1926).
Doherty, A. G., African horse sickness. Evidence of natural resistance under certain conditions. Vet. Rec. 12, 1131—1132 (1932).

Di Domizio, G., „Dell'Anaplasma marginale. (Corpi di Jolly nel sangue anemico. — Forme anaplasmatiche di piroplasmi)". Clin. vet. 42, 203—220, 237—251, 292—311 (1919), Ref. TVB. 7, 152 (1919) mit 1 Tafel.

Di Domizio, G., Su due Tripanosomi del Bestiame nella Somalia Italiana. Bull. Soc. Path. exot. 14, 423—433 (1921).

Di Domizio, G., Trypanosoma brucei nella Somalia Italiana. Nuova Vet. 4, 262—271, 290—297 (1926). Ref. TVB. 15, 94 (1927).

Di Domizio, G., Trypanosoma tipo simiae e Trypanosoma tipo montgomeryi nella Somalia Italiana. Nuova Vet. 7, 259—268 (1929), Ref. Vet. Bull. 18, 3 (1930).

Di Domizio, „Sul trypanosoma Cazalboui nei bovini in Colonia Eritrea. Nuova Vet. 8, 37 (1939), Ref. Deutsche Tierärztl. Wschr. 40, 219 (1932).

Di Domizio, G. & Tarantino, G. B., Sul Trypanosoma brucei nei dromedari nella Somalia Italiana. Arch. ital. Sci. med. colon. 16, 293—298 (1935), Ref. Vet. Bull. 6, 501 (1936).

Donatien, A. & Espérandieu, G., „Bukhchem", Maladie enzootique des chiens kabyles. Bull. Soc. Path. exot. 13, 811—816 (1920).

Donatien, A., Gale du dromedaire (3e note). Essais de traitement par le guetran (Goudron arabe) et par le pétrole sulfocarboné. Bull. Soc. Path. exot. 13, 545—548 (1920).

Donatien, A., El Ghedda. Septicémie hémorrhagique des dromedaires. Arch. Inst. Pasteur Afr. Nord 1, 242—249 (1921).

Donatien, A. & Salord, Chr., Inoculation expérimentale de Trypanosoma berberum à l'âne. Bull. Soc. exot. 17, 887—888 (1924).

Donatien, A. & Lestoquard, F., L'anémie pernicieuse du mouton et de la chèvre. Rec. méd. vét. 100, 386—391 (1924).

Donatien, A., Plantureux, E. & Lestoquard, F., La typhose aviaire en Algérie. Rev. gén. méd. vét. 33, 65—83 (1924).

Donatien, A. & Lestoquard, F., Etiologie des anémies du mouton et de la chèvre. Rev. vét. 78, 597—609 und 675—694 (1926).

Donatien, A. & Lestoquard, F., Specificité du Trypanbleu dans le traitement des piroplasmoses vraies des ruminants. Rev. vét. 79, 133—139 (1927).

Donatien, A., Lestoquard, F., Rampon, L. & Hilbert, D., Immunisation des bovidés contre la fièvre charbonneuse. Arch. Inst. Pasteur Algér. 5, 38—40 (1927).

Donatien, A. & Lestoquard, F., Sur l'emploi du trypanbleu dans le traitement des piroplasmoses des ruminants. Bull. Soc. Path. exot. 20, 64—77 (1927).

Donatien, A. & Lestoquard, F., L'élevage algérien et les principales maladies microbiennes de l'Algérie. Rec. méd. vét. exot. 1, 24—29 (1928).

Donatien, A. & Lestoquard, F., Recherches sur l'immunisation contre la peste porcine. Résultats obtenus. Ann. Inst. Pasteur 43, 1560—1598 (1929).

Donatien, A. & Lestoquard, F., Présence d'Aegyptianella pullorum chez les poules en Algérie. Bull. Soc. Path. exot. 24, 371—372 (1931).

Donatien, A. & Lestoquard, F., Les theilérioses. Rev. vét. 83, 305—331 (1931).

Donatien, A., Les piroplasmoses. Rec. méd. vét. 107, 959—976 (1931).

Donatien, A. & Lestoquard, F., L'Ichthargan dans le traitement des babésielloses bovines. Rev. vét. et J. Méd. vét. 84, 70—71 (1932).

Donatien, A. & Lestoquard, F., La peste porcine (Nouvelles acquisitions). Rev. vét. 123—141 (1932).

Donatien, A. & Lestoquard, F., Essais de vaccination anticlaveleuse en France. Rev. vét. et J. Méd. vét. 84, 565—568 (1932).

Donatien & Lestoquard, Les maladies du bétail en Algérie. Quinz. nat. prod. agric. d'Outre-Mer. Rev. méd. vét. exot. 5, 37—52 (1932).

Donatien, A. & Lestoquard, F., Traitement curatif de la piroplasmose de la poule à Aegyptianella pullorum. Bull. Soc. Path. exot. 27, 647—649 (1934).

Donatien & Lestoquard, Sur une Bartonella nouvelle du boeuf: Bartonella bovis n. sp. Bull. Soc. Path. exot. 27, 652—654 (1934).

Donatien, A. & Lestoquard, F., Purification d'une souche de Theileria dispar contaminée par Anaplasma marginale. Bull. Soc. Path. exot. 27, 650—652 (1934).

Donatien, A. & Lestoquard, F., Observations et réflexions sur la leishmaniose générale du chien. Arch. Inst. Pasteur Alg. 13, 320 (1935).

Donatien, A. & Lestoquard, F., Existence d'Eperythrozoon ovis en Algérie. Bull. Soc. Path. exot. 28, 423—426 (1935).

Donatien, A. & Lestoquard, F., La prémunition et les vaccinations prémunitives dans la pathologie vétérinaire. Bull. Acad. vét. Fr. 8, 125—131 (1935).

Donatien, A. & Lestoquard, F., Existence en Algérie d'une Rickettsia du chien. Bull. Soc. Path. exot. 28, 418—419 (1935).

Donatien, A. & Lestoquard, F., Le virus claveleux. 3. Internat. Kongr. vgl. Path. 1936 1. Teil I. Vet. Sect., 155—181 (1936).

Donatien, A. & Lestoquard, F., Recherches sur Rickettsia canis comparaison avec Rickettsia conori. Bull. Soc. Path. exot. **29**, 1052—1056 (1936).

Donatien, A. & Lestoquard, F., Existence de la prémunition dans la rickettsiose naturelle ou expérimentale du chien. Bull. Soc. Path. exot. **29**, 378—383 (1936).

Donatien, A. & Lestoquard, F., Rickettsia bovis, nouvelle espèce pathogéne pour le boeuf. Bull. Soc. Path. exot. **29**, 1052—1061 (1936).

Donatien, A. & Lestoquard, F., Leishmanioses animales. Pathogénie, pathologie, traitement. Rev. Path. comp. et Hyg. gén. **36**, 77—102 (1936).

Donatien, A. & Lestoquard, F., Particularités de Rickettsia des monocytes. Bull. Acad. vét. France **10**, 183—187 (1937).

Donatien, A. & Lestoquard, F., Etat actuel des connaissances sur les rickettsioses animales. Arch. Inst. Pasteur Alg. **15**, 142—187 (1937).

Donatien, A. & Lestoquard, F., Existence de Rickettsia conjunctivae du mouton Coles 1931 en Algérie. Bull. Soc. Path. exot. **30**, 18—20 (1937).

Donatien, A. & Lestoquard, F., Existence de Rickettsia conjunctivae du boeuf en Algérie. Bull. Soc. Path. exot. **30**, 451—452 (1937).

Donatien, A. & Lestoquard, F., Transmission naturelle d'Eperythrozoon wenyoni par une tique du genre Hyalomma. Bull. Soc. Path. exot. **30**, 459—460 (1937).

Donatien, A. & Lestoquard, F., Mesures sanitaires à prendre en Afrique du Nord pour éviter l'introduction de la „Heartwater" de l'Afrique Noire. Arch. Inst. Pasteur Alg. **15**, 424—426 (1937).

Donatien, A. & Lestoquard, F., Sur quelques maladies subtropicales du bassin méditerranéen. XIII. internat. tierärztl. Kongreß 1938. Hft. 9, 60—68.

Donatien, A. & Lestoquard, F., Les Rickettsioses animales. Rev. Méd. vét. **90**, 121—139 (1938).

Donnat, Diphterie aviaire. Rec. Méd. vét. **95**, 248—259 (1919).

Doutressoulle, G., Plan décennal de la mise en valeur du cheptel guinéen. Rec. méd. vét. exot. **10**, 21—34 (1937).

Dubois, Ch., Bataillé, J. M., Bataillé, G., & Canaby, Pratique simultanée, chez les ovins, de la vaccination préventive contre la clavelée et de la prémunition contre la mélitococcie. Rev. gén. Méd. vét. **44**, 653—656 (1935).

Duerden, J. E., Maré, G. S. & Bosman, V., Influence of regular dipping on the Merino sheep and its fleece. Onderstepoort J. vet. Sci. **1**, 567—580 (1933).

Duke, H. L., An enquiry into the relations of Glossina morsitans and ungulate game, with special reference to Rinderpest. Bull. ent. Res. **10**, 7—20 (1919).

Duke, H. L., On the zoological status of the polymorphic mammalian trypanosomes of Africa and their relation to man. Parasitology **13**, 352—397 (1921).

Duke, H. L., Observations on the direct passage from vertebrate to vertebrate of recently isolated strains of Trypanosoma brucei and T. rhodesiense. Trans. R. Soc. trop. Med. **28**, 77—84 (1934).

Dunning, F. J., Observations on glanders at the end of the South-West African campaign 1915. Vet. Rec. **11**, 11—12 (1931).

Dunning, F. J., Reminiscences of trypanosomiasis in Tanganyika in 1917. Vet. Rec. **12**, 523 (1932).

Dunning, F. J., African horse sickness (Eingesandt). Vet. Rec. **13**, 798 (1933).

Dunning, F. J., Observations on Keel disease in ducklings occuring in South Africa. Vet. Rec. **14**, 423—424 (1934).

Dunning, F. J., Personal reminiscences with a mobile veterinary section in the South-West African campaign, 1915. J. S. Afr. vet. med. Ass. **7**, 7—10 (1936).

Durieux & Randriambeloma, L'amélioration de l'élevage du boeuf à Madagascar et la ferme zootechnique de Kianjasoa. Rec. méd. vét. exot. **5**, 142—167 (1932).

Edgar, G., Anaerobic infection in sheep brought about by the attack of crows (Corvus spp.) („Crow Pick"). Austral. Vet. J. **7**, 64—68 (1931).

Edmonds, C. R. & Walker, G. K., Diseases of Animals in tropical Countries. II. Auflage, London: Baillière, Tindall & Cox, 1929, 407 S., 37 Abb.

Edwards, J. T., (Über Rinderpestimpfung mit Ziegenvirus). Imp. Inst. Agric. Res. Pusa Bull. No. 199 (1930).

El-Gheriany, M. G., La fréquence de la mammite streptococcique chez les bovins d'Egypte. Bull. Off. int. Epiz. **16**, 244—248 (1938).

Van der Elst, Nockerman & Missal, Lutte contre la trypanosomiase animale au Katanga. Bull. Agric. Congo Belge **20**, 374—394 (1929), Ref. TVB. **18**, 39 (1930).

Evans, J. T. R., Trypanosoma congolense infection in cattle: treatment by antimosan and Surfen C. J. comp. Path. **49**, 160—162 (1936).

Evans, S. A., s. auch unter Mandat stehendes Schutzgebiet Deutsch-Ostafrika.

Evans, S. A. & Cornell, R. L., Rinderpest research. Ann. rep. dep. vet. sci. Tanganyika 1928, 14—19 (1929).

Evans, S. A., Rinderpest research. Ann. rep. dep. vet. sci. Tanganyika 1931, 25—32 (1932).

Evans, S. A., Report on the work of the veterinary laboratory, Mpwapwa. Ann. rep. dep. vet. sci., Tanganyika 1932, 13—24 (1933).
Evans, S. A., Some Notes in Brucella infections in Tanganyika Territory. Rep. dep. vet. sci., Tanganyika 1935, 21—25 (1936).
Eyraud, E., La prophylaxie de la rage au Maroc. Bull. Off. int. Epiz. **10**, 67—86 (1935).
Eyraud, E., Velu, H., & Zottner, G., Vers une police sanitaire nouvelle. L'éradication de la dourine basée sur la chimiothérapie et le contrôle sérologique. Bull. Soc. Path. exot. **29**, 202—210 (1936).
Facer, A. W., Hints on Dips and Diptesting. Rhod. Agric. J. **17**, 255—261 (1920), Ref. TVB. **8**, 189 (1920).
Faird, A., s. auch Ägypten.
Faure, Contributions à l'étude de l'echinococcose des animaux de boucherie du Sud-Tunesien. Rec. Méd. vét. exot. **1**, 163—167 (1928).
Faure, La ladrerie bovine en Tunisie. Rec. Méd. vét. exot. **2**, 144—149 (1929).
Faure, Contribution à l'étude des fourrages vulnérantes. Rec. méd. vét. exot. **6**, 102—108 (1933).
Faure, Intoxications alimentaires dues à l'ingestion des plantes exotiques vénéneuses. Rec. Méd. vét. exot. **7**, 16—20 (1934).
Faure, L., Un cas de ladrerie caprine. Ann. Parasit. hum. comp. **14**, 485—488 (1936).
Faure-Brac, Quelques considérations sur le traitement de la leishmaniose canine par l'antimoine. Rev. Path. comp. et Hyg. gén. **36**, 105—110 (1936).
Fiebiger, J., Die tierischen Parasiten der Haus- und Nutztiere sowie des Menschen. 3. Aufl. Berlin und Wien: Urban und Schwarzenberg 1936, 374 S., 352 Abb., 1 farb. Tafel.
Findlay, G. M. & Daubney, R., The virus of Rift Valley fever or enzootic hepatitis. Lancet **221**, 1350—1351 (1931).
Findlay, G. M., The relation between Dengue and Rift Valley Fever. Trans. R. Soc. trop. Med. Hyg. Lond. **26**, 157—160 (1932).
Findlay, G. M., Rift Valley fever or enzootic hepatitis. Trans. R. Soc. trop. Med. Hyg. Lond. **25**, 229—265 (1932).
Findlay, G. M., Variation in animal viruses. A review. J. R. micr. Soc. **56**, 213—299 (1936).
Findlay, G. M. & Mackenzie, R. D., Studies on neurotropic rift valley fever virus: „spontaneous" encephalomyelitis in mice. Brit. J. exp. Path. **17**, 441—447 (1936).
Findlay, G. M., Mackenzie, R. D. & Stern, R. O., Studies on neurotropic Rift Valley Fever virus. Brit. J. exp. Path. **17**, 431—441 (1936).
Findlay, G. J., Stefanopoulo, G. M. & MacCallum, F., Présence d'anticorps contre la fièvre de la vallée du Rift dans le sang des Africains. Bull. Soc. Path. exot. **29**, 986—996 (1936).
Fischer, W. O., Über eine Methode zum Abtöten von Hakenwurmlarven im Boden. Arch. f. Schiffs- u. Tropenhyg. **32**, 163—175 (1928).
Foley, H. & Musso, L., Les plantes du Sahara toxiques pour les animaux. Présence d'un glucoside cyanhydrique dans le Lotus jolyi Battandier. Arch. Inst. Pasteur Algér. **3**, 394—400 (1925).
Fotheringham, W., A preliminary note on the occurence of inclusionlike Bodies in experimental and natural cases of african Horse-sickness and the probable significance of their presence in relation to the diagnosis of the disease. J. comp. Path. **49**, 268—273 (1936).
Fotheringham, W. & Lewis, E. A., Transmission of East Coast fever by a species of Hyalomma. Ann. rep. dep. Agr. Kenya 1936, 149 (1937).
Fotheringham, W. & Lewis, E. A., East Coast Fever: Its transmission by ticks in Kenya Colony. Hyalomma impressum near Planum P. Sch. as a vector. Parasitology **29**, 504—523 (1937).
Foulton, A., An immunisation camp. Vet. Rev. **13**, 1296 (1933).
Fourie, P. J. J., A case of demodectic mange in the goat. 13. & 14. Rep. Dir. vet. Ed. 1, 627—631 (1928).
Fourie, P. J. J., The haematology and pathology of Haemonchosis in sheep. 17. Rep. Dir. Vet. Serv. U. v. S. A. I, 495—572 (1931).
Fourie, P. J. J., A Contribution to the Study of the Pathology of Oesophagostomiasis in Sheep. Onderstepoort J. vet. Sci. **7**, 277—347 (1936).
French, M. H. & Hornby, H. E., Tanganyika territory. Studies concerning the effect of the plane of nutrition on the course of animal trypanosomiasis. 1. Introduction, and 2. T. congolense Disease from infection to crisis. Rep. Dep. vet. Sci. Tanganyika 1934, 40—58 (1935).
French, M. H., „Nitrogen and mineral metabolism in T. congolense Disease." Rep. dep. vet. Sci. Tanganyika 1934, 59—64 (1935).
French, M. H., Tanganyika territory. Some so-called „salt licks" of Tanganyika territory. Rep. Dep. vet. Sci. Tanganyika 1934, 69—72 (1935).
French, M. H. & Hornby, H. E., Studies concerning the effect of the plane of nutrition on the course of animal trypanosomiasis. III. T. congolense disease from crisis to recovery. IV. T. brucei in sheep from infection to death. Rep. Dep. vet. Sci. Tanganyika 1935, 49—64 and 64—73 (1936).
French, M. H., A further examination of the blood of cattle of the Bukoba District. Rep. Dep. vet. Sci. Tanganyika 1936, 41—43 (1937).
French, M. H., A Blood survey of the native stock of the Singida District. Rep. dep. vet. Sci. Tanganyika 1936, 51—52 (1937).

French, M. H., Changes in the sedimentation rates of the red blood corpuscles during trypanosome infections. J. comp. Path. **50**, 191—194 (1937).

Fröhner-Zwick, bearbeitet von D. Wirth und W. Zwick, Kompendium der speziellen Pathologie und Therapie für Tierärzte. V. Auflage, Stuttgart: F. Enke, 1938.

Full, A., 50 Jahre Togo. Berlin: Dietrich Reimer, 1935.

Fuller, C., Tsetse in the Transvaal and Surrounding Territories: An Historical Review. 9. & 10. Rep. Dir. vet. Ed. U. v. S. A. 317—378 (1924).

Funajoli, G., La leishmaniosi canina in Tripolitania. Arch. Ital. Sci. Med. Colon. **6**, 12—14 (1925), Ref TVB. **14**, 60 (1926).

Gärtner, W., Beiträge zur tropischen Veterinärmedizin. Berl. Tierärztl. Wschr. **36**, 503 (1920).

Gaud, M., La leishmaniose viscérale au Maroc. Bull. Off. int. Hyg. publ. **27**, 533—535 (1935).

Gaud, M., Méthodes employées au Maroc pour la destruction des sauterelles et accidents causes au bétail et à l'homme par l'emploi des produits toxiques. Bull. Off. int. Hyg. publ. **29**, 977—991 (1937).

Geiger, W., Virusschweinepest und afrikanische Virusseuche der Schweine. Hannover: Habilitationsschrift 1937.

Geoffroy, Le charbon bactéridien à Madagascar. Rec. Méd. vét. exot. **3**, 122—124 (1930).

Geoffroy, P., La tuberculose bovine du bétail à Madagascar. Rec. Méd. vét. exot. **3**, 76—83 (1930).

Gerlach, F., Infektiöse Anämie der Schafe. Wien: Tierärztl. Wschr. **20**, 577—588 (1933).

Gilbert, F. W., Human anthrax in Barotseland treated with novoarsenobenzene. Lancet 1935, II, 1283—1285 (1935).

Gillain, J., Note sur la présence d'Aegyptianella pullorum chez les poules au Congo belge. Ann. soc. belge Méd. trop. **15**, 299—300 (1935).

Gillain, J., L'ecthyma contagieux des lèvres forme oculaire. Pouvoir infectieux du sang. Ann. Méd. vét. **81**, 209—212 (1936).

Gillain, J., Transmission naturelle de la fièvre aphteuse (virus africain) des bovidés à l'homme et de l'homme à l'homme. Ann. Soc. belge Méd. trop. **16**, 85—87 (1936).

Gillain, J., Quel est le trypanosome de la trypanosomiase virulente des suides au Congo belge? Que penser de Trypanosoma montgomeryi en tant qu'espèce. Ann. Soc. belge Méd. trop. **17**, 219—228 (1937).

Girard, F., Le férulisme dans la région de Meknès. Lyon: Diss. 1934, 61. Ref. Jber. **57**, 156 (1935).

Girard, G., Rapport annual de l'institut pasteur de Tananarive. Année 1935. Tananarivo: Imprimerie Officielle 1936, Ref. Vet. Bull. **8**, 549 (1938).

Girard, Rapport annual de l'Institut Pasteur de Tananarive. Tananarivo; Imprimerie Officielle 1937. Ref. Vet. Bull. **8**, 617 (1938).

Giraud, P. & Cabassu, H., Le diagnostic de la leishmaniose canine par la ponction ganglionaire. Bull. Soc. Path. exot. **29**, 958—963 (1936).

Götze, R. und Ließ, J., Erfolgreiche Übertragungsversuche des bösartigen Katarrhalfiebers von Rind zu Rind. Identität mit der südafrikanischen Snotsiekte. Deutsche Tierärztl. Wschr. **37**, 433—437 (1929).

Graf, H. & Wilken-Jorden, T. J., A Lime-Sulphur Dips. Paper I: General introduction. Lime-Sulphur Dips. 18. Rep. Dir. Vet. Serv. U. v. S. A. II. 1005—1014 (1932).

Graf, H. & Wilken-Jorden, T. J., Researches into dips and dipping. A Lime-sulphur dips. Paper II: A new laboratory method of chemical analysis. 18. Rep. Dir. vet. Serv. U. v. S. A. II. 1015—1028 (1932).

Gray, C. E., s. auch Union von Südafrika.

Gray, C. E., Rinderpest Campaign in East Africa. Final Report, Rinderpest Commission. MS received from the Colonial Office 7th March 1919, 11 p., Ref. TVB. **7**, 90 (1919).

Green, H. H., s. auch Green, H. H., 1932 (Sammelreferat).

Green, H. H., (Sammelreferat über die mit der Erforschung der Lahmkrankheit und der Aphosphorose in der Südafrikanischen Union verbundenen Untersuchungen). Veterinary Bulletin **2**, 168—178 (1932).

Green, H. H., The importance of Trace Elements in Veterinary Science. Vet. Rec. **50**, 1185—1191 (1938).

Green, W. J. B., Immunization against anaerobes of the gas-gangrene type in South Africa by means of „Anatoxins". 15. Rep. Dir. Vet. Serv. U. v. S. A. I, 193—221 (1929).

Green, W. J. B., Notes on the Double Intradermal Tuberculin Test carried out in Durban and Neighbourhood. J. S. Afr. vet. med. Ass. **4**, 27—31 (1933).

Green, W. J. B., Fowl typhoid. Fmg. S. Afr. **11**, 84 (1936).

Griffiths, J. A., s. auch Nyassaland.

Grignani, U., L'Abissinia dal punto die vista igienico zootecnico. Az. vet. **4**, 334—339 (1935), Ref. Jber. **59**, 59 (1936).

Grignani, A., La patologia veterinaria nell'A. O. I. Azione vet. **5**. 469—476 (1936), Ref. Vet. Bull. **7**, 394 (1937).

Grimpret, A., Traitement de l'agalaxie contagieuse de la chèvre par l'urotropine. Bull. Soc. Path. exot. **30**, 122—125 (1937).

Grimpret, J., La theilériose bovine au Maroc. Maroc. méd. **17**, 22—28 (1937), Ref. Vet. Bull. **7**, 522 (1937).

Grimpret, G., Fièvre aphteuse et theilériose bovine. Bull. Soc. Path. exot. **31**, 33—37 (1938).

Guibert, Les glossines du Cameroun. Bull. Soc. Path. exot. **30**, 283—286 (1937).

Guidi, Tierkrankheiten im italienisch-abessinischen Krieg. Deutsche Tierärztl. Wschr. **46**, 129—133 (1938).

Guyaux, R. & Devos, R., Pasteurellose porcine au Katanga. Bull. agric. Congo belge 28, 299—301 (1937), Ref. VB. 8, 343 (1938).
Hall, Sir A. D., The improvement native agriculture in relation to population and public health. Humphrey Milford, Oxford University Press, London, 1936, 104.
Hall, G. N., (A.), s. auch Nigeria.
Hall, G. N., Rinderpest. Ann. Rep. Vet. Dep. N. Prov. Nigeria, 1929, 53—68 (1930).
Hall, G. N., Pleuro-pneumonia contagiosa bovum. Ann. Rep. Vet. Dep. N. Prov. Nigeria, 1929, 68—74 (1930).
Hall, G. N., Trypanosomiasis, 5th Annual Report of the Vet. Lab. Vom, N. Prov. Nigeria, for the Year ending 31st December, 1929. — Ann. Rep. Vet. Dep. N. Pro. Nigeria, 74—76, Lagos: Govt. Printer (1930).
Hall, G. N. & Beaton, W. G., The infectivity of the blood in artificial and natural cases of bovine pleuro-pneumonia. J. comp. Path. 44, 170—179 (1931).
Hall, G. N., Tuberculosis in cattle - its occurence in Northern Nigeria. Vet. J. 88, 327—331 (1932).
Hall, G. N., Investigations on Rinderpest Immunisation. Zürich: Diss. 1933.
Hall, G. N. & Ford, J., Immunisation against Anthrax with a Saponified Culture. Vet. J. 90, 446—454 (1934).
Hambrock, H. A. & Wilken-Jorden, T. J., Researches into dips and dipping. D. Effects of dips on wool. I. The effect of arsenical dips on wool. Onderstepoort J. vet. Sci. 2, 271—298 (1934).
Hambrock, H. G., Wilken-Jorden, T. J. & Graf, H., A Survey of the behaviour of Lime-Sulphur Dips under Field Conditions. Onderstepoort J. vet. Sci. 2, (1934).
Harris, R. H. T. P., Trapping Tsetse as a means for the control of Trypanosomiasis (Nagana). J. S. Afr. vet. med. Ass. 2, 27—30 (1931).
Harrison, E., The native cattle problem. Pan.-Afric. Agric. & Vet. Conf. Papers, Agric. Sect. 309—311 (1929).
Hartig, R., Boden und Klima Südwestafrikas in ihrem Einfluß auf die Entstehung südafrikanischer Tierkrankheiten, unter besonderer Berücksichtigung der Lahmkrankheit der Rinder. SWA.-Farmer 4, 30. 3. 32. 11; 5, 1. 9., 2. 9. (1937/38).
Hartig, R., Merkblatt betr. Bekämpfung der Lamsiekte. SWA.-Farmer 7, 12. 12. (1930).
Van Heerden, C. J., Räude unter den Schafen. Karakulzüchter 5, 3. 2. (1937).
Helm, R., Rinderpest in Kamerun. Zschr. Inf. Krkh. Haust. 21, 333 (1921).
Henderson, W. W., s. auch Nigeria.
Henderson, W. W., The relationship of pica in cattle to trypanosomiasis. Vet. J. 87, 518—529 (1931).
Henderson, W. W., The veterinary department of Nigeria. Vet. Rec. 14, 65—67 (1934).
Henning, M. W., Animal Diseases in South Africa. South Africa: Central News Agency, Ltd. (1932). 2 Bde.
Henning, M. W. & Coles, J. D. W. A., On fowl cholera in South Africa. J. S. Afr. vet. med. Ass. 4, 166—169 (1933)
Henning, M. W., Salmonella onderstepoort: a new type of Salmonella from a sheep. J. Hyg., Camb. 36, 525—531 (1936). Ref. Vet. Bull. 7, 318 (1937).
Henning, M. W. & Brown, M. H. V., Pasteurellosis: an outbreak amongst sheep. Onderstepoort J. vet. Sci. 7, 113—132 (1936).
Henning, M. W. & Greenfield, E. C., Salmonella bovis-morbificans (Basenau) from an outbreak of food-poisoning in the Cape-Province. Onderstepoort J. vet. Sci. 8, 351—356 (1937).
Henrici, M., s. auch Green, H. H., 1932 (Sammelreferat).
Henrici, M., Preliminary report upon the occurence of hydrocyanic acid in the grasses of Bechuanaland 11. & 12. Rep. Dir. vet. Ed. I. 493—498 (1926).
Henrici, M., Mineral deficiency in South African veld. Pan-Afric. Agr. & Vet. Conf., Papers, Agric. Sect. 191—194 (1929).
Henrici, M., Some physiological aspects of the genus tribulus. Onderstepoort J. vet. Sci. 10, 367—394 (1938).
Henry, A. & Masson, G., La coccidiose du Dromedaire. Rec. méd. vét. exot. 5, 185—193 (1932).
Herzog, L. & Lavier, G., Traitement d'un cas de Debab du Dromedaire par le „Bayer 205". Ann. Parasit. hum. comp. 1, 73—74 (1923).
Hetsch, H., Mikrobiologie und Immunitätslehre. Berlin und Wien: Urban und Schwarzenberg, 1931.
Heymann, B., Über chemotherapeutisch wirksame organische Verbindungen, insbesondere „Bayer 205". Zschr. f. angew. Chemie 1924, 585.
Hoare, C. A., Note on Trypanosoma simiae from an outbreak amongst pigs in the Gold Coast. Trans. R. Soc. trop. Med. Hyg. 30, 315—316 (1936).
Hoare, C. A., Morphological and taxonomic studies on mammalian trypanosomes. II. Trypanosoma simia and acute porcine trypanosomiasis in tropical Africa. Trans. R. Soc. trop. Med. Hyg. 29, 619—645 (1936).
Hoare, C. A., On the nomenclature of the trypanosome causing acute porcine trypanosomiasis in Africa. Bull. Soc. Path. exot. 30, 686—693 (1937).
Hobday, J. H. N., s. auch Betschuanaland-Protektorat.
Van Hoof, L. & Henrard, C., Recherches sur les trypanosomes pathogènes du betail à Leopoldville (Congo Belge). Ann. Soc. belge Méd. trop. 13, 495—516 (1933).
Hooper-Sharpe, G. C., Sharpe, G. C. Hooper, s. auch Südrhodesien.

Hörlein, H., Zur Chemotherapie der durch Protozoen und Bakterien verursachten Infektionskrankheiten. Medizin und Chemie. Bd. III. (Bayer, Leverkusen 1936), 7—25.

Hornby, H. E., s. auch z. Z. unter Mandat stehendes Schutzgebiet Deutsch-Ostafrika.

Hornby, H. E., Some notes on the use of tartar emetic in the treatment of domestic animal affected with Trypanosomiasis. Vet. J. **75**, 89—103 (1919).

Hornby, H. E., The Trypanosomes found in the Domestic Mammals in South-Central Africa. Vet. J. **75**, 128—138 (1919).

Hornby, H. E., The diagnosis of African equine Trypanosomiasis. Vet. J. **75**, 218—225 (1919).

Hornby, H. E., A contagious impetigo of cattle. Vet. J. **76**, 210—216 (1920).

Hornby, H. E., Trypanosomes and Trypanosomiasis of Cattle. J. comp. Path. **34**, 211—240 (1921).

Hornby, H. E., Some notes on liver fluke disease as observed in Northern Rhodesia. Vet. J. **77**, 171—174 (1921).

Hornby, H. E. & Hall, G. N., Studies in Rinderpest immunity: I. Susceptibility and resistance. Vet. J. **81**, 529—536 (1925).

Hornby, H. E., Tryparsamide and Trypanosoma congolense infection of bovines. Trans. R. Soc. trop. Med. Hyg. **19**, 317—320 (1925).

Hornby, H. E. & Burns, W. A., An attempt, with the aid of drug treatment, to keep cattle in a tsetse-fly belt. J. compt. Path. **39**, 30—38 (1926).

Hornby, H. E., Studies in Rinderpest Immunity. (2) Methods of infection. Vet. J. **82**, 348—355 (1926).

Hornby, H. E., Successful treatment of a dog infected with Trypanosoma congolense. Vet. Rec. **6**, 486 (1926).

Hornby, H. E., The relationship of veterinary science to animal husbandry in the younger african colonies. Ann. rep. dep. vet. sci. & anim. husb. Tanganyika 1927, 43 (1928).

Hornby, H. E., The detection, by means of the van den Berg reaction, of incipient liver necrosis due to antimon therapy. Vet. Rec. **8**, 648—653 (1928).

Hornby, H. E., Notes on the toxicity of tartar emetic given intravenously to cattle: with special reference to the drugs action on the liver. Vet. Rec. **8**, 41—45 (1928).

Hornby, H. E., The distribution of Rinderpest virus in infected blood. J. comp. Path. **41**, 17—24 (1928).

Hornby & Bailey, Research in trypanosomiasis. Ann. rep. vet. sci. Tanganyika 1928, 19—28 (1929).

Hornby, Peste bovine. Pan. afr. vet. Konf. Pretoria, Bull. Off. int. Epiz. **4**, 214—218 (1930).

Hornby, H. E., Control of animal trypanosomiasis. Kongr. Bericht 11. int. Tierärztl. Kongr. Lond. 1930.

Hornby, H. E., Trypanosomiasis. Pan. Afr. agr. & vet. Conf. Pap. vet. sect. 1930, 7—9 (1930).

Hornby, H. E. & Bailey, H. W., Diurnal variations in the concentration of Trypanosoma congolense in the blood-vessels of the ox's ear. Trans. R. Soc. trop. Med. Hyg. Lond. **24**, 557—564 (1932).

Hornby, H. E. & Bailey, H. W., Research on Trypanosomiasis. Ann.rep. dep. vet. sci. Tanganyika 1931, 10—25 (1932).

Hornby, H. E., Notes on Trypanosomiasis Research. Ann. Rep. Dep. Vet. Sci. Tanganyika 1932, 24—28 (1933).

Hornby, H. E. & Bailey, H. W., Trypanosomiasis Research. Rep. Dep. vet. Sci. Tanganyika 1933, 19—34 (1934).

Hornby, H. E., Evans, S. A. & Cornell, R. L., Pathogeneicity of Trypanosoma theileri. Ann. Rep. Dep. vet. Sci. Tanganyika 1933, 34—36 (1934).

Hornby, H. E., Bovine Tuberculosis in Tropical Africa. E. Afr. med. J. **11**, 9—16 (1934), Ref. Vet. Bull. **5**, 781 (1935) und Vet. Rec. **14**, 1360 (1934).

Hornby, H. E., On the nature of the resistance to treatment shown by some cases of bovine trypanosomiasis. Rep. Dep. vet. Sci. Tanganyika 1934, 37—39 (1935).

Hornby, H. E., Trypanosomiasis of pigs due to Trypanosoma simiae. Rep. Dep. vet. Sci. Tanganyika 1935, 43—48 (1936).

Hornby, H. E., Pathology and Therapy of Nagana: An Appeal. J. comp. Path. **50**, 312—316 (1937).

Hornby, H. E., The control of animal diseases in relation to overstocking and soil erosion. Emp. J. exp. Agric. **5**, 143—154 (1937).

Houzé, La lymphangite épizootique de l'ane. Bull. Acad. vét. France **10**, 231—234 (1937).

Howes, F. M., Les variabilités de toxicité des plantes nuisibles au bétail. Rev. bot. applique **57**, 289—290 (1934).

Huddleson, F., Etude sur les infections à Brucella observées à Tunis et à Malte. Arch. Inst. Pasteur Tunis **19**, 391—421 (1930).

Hudson, J. R., Contagiosus pustular dermatitis of sheep. Ann. Rep. Dep. Agric. Kenya 1930, 132—133 (1931).

Hudson, J. R., Coccidiosis in Birds. Ann. Rep. Dep. Agric. Kenya 1930, 146—149 (1931).

Hudson, J. R., Fowl Typhoid in Kenya Colony. Vet. J. **90**, 344—355 (1934).

Hudson, J. R., Observations on a highly fatal virus disease of fowls from East Africa. Vet. J. **93**, 356—368 (1937).

Husband, A. D., Southern Rhodesia (1936). Annual report of the branch of chemistry (Min. of Agric.) for year ending 31st December, 1935. Rhod. agric. J. **33**, 252—272 (1936), Ref. Vet. Bull. **7**, 45 (1937).

Hutchins, E., s. auch Uganda.

Hutyra, F. v., Marek, J. und Manninger, R., Spezielle Pathologie und Therapie der Haustiere. Jena: Gustav Fischer, 1938, 3 Bde., VII. Auflage.

Jack, R. W., Ticks infesting Domestic Animals in Southern Rhodesia. Rhod. Agric. J. 18, 361—371 (1921) (to be continued), Ref. Trop. Vet. Bull. 10, 6. (1922).

Jack, R. W., Tsetse Fly and Game. Rhod. agric. J. 31, 259—294 (1934), Ref. Vet. Bull. 5, 23 (1935).

Jack, R. W., The control of Tsetse Fly in Southern Rhodesia. Rhod. agric. J. 32, 237—261 (1935).

Jack, R. W., Southern Rhodesia (1936). Annual Report of the division of entomology (Min. of Agric.) for year ending 31st December, 1935. Salisbury: Art Printing Works (1936), Ref. Vet. Bull. 7, 44 (1937).

Jack, R. W. & Williams, W. L., The effect of temperature on the reaction of Glossina morsitans, Westw., to light. A preliminary note. Bull. ent. Res. 28, 499—503 (1937).

Jackson, C., The microscopic diagnosis of heartwater, a preliminary note on the value of intima smears, 17. Rep. Dir. Vet. Serv. U. v. S. A. I, 161—173 (1931).

Jackson, C. & Neitz, W. O., On the Aetiology of Heartwater. 18. Rep. Dir. Vet. Serv. U. v. S. A. I, 49—70 (1932).

Jackson, Sir R. & Cabot, D. A. E., La résistance du virus de la peste bovine. Bull. Off. int. Epiz. 3, 775—783 (1929/30).

Jacotot, H., Recherches sur la vaccination contre la peste bovine. Bull. Soc. Path. exot. 24, 789—793 (1931).

Jacotot, H., Etudes sur la Peste Bovine. I.—III. Ann. Inst. Pasteur 48, 377—399, 648—765, 744—783 (1932).

Jakimov, V., Piroplasmose und Coccidiose beim Rinde. Prakticeskaje veterinarija i konevodstvo Nr. 8, 48—50 (1927), Ref. Jber. 47, II. 1005 (1927).

Jazas, P., Enquête sur la ladrerie bovine au Maroc. Diss. Paris 1926 und Rec. Méd. vét. 103, 60—61 (1927).

Jessen, O., Reisen und Forschungsarbeiten in Angola. Berlin: Dietrich Reimer, 1936, 397 S.

Ilovaisky, S. und Zeiß, H., „Bayer 205" bei experimenteller Kameltrypanosomiasis (Su-auru). Arch. Schiffs. Trop. Hyg. 28, 7 (1924)

Jones, F. F., Heartwater. Rep. vet. Dep. N. Rhod. 1936, 171—176 (1937).

Jonescu-Braila, G. & Cernajanu, C., Les affections hémozytoaires endoglobulaires des animaux. Bull. Off. in. Epiz. 12, 276—343 (1936).

Joyeux, Ch., Gendre, E. & Baer, J. G., Recherches sur les helminthes de l'Afrique Occidentale Française. (Collect. de la Soc. Path. exot., Monogr. II, 120 p., 52 Abb.) Paris, Masson et Cie., 1928, Ref. Zbl. 93, 3 (1929).

Irvine-Smith, Johannesburg, report of the director of abattoir and live stock department, 1928—1929. Ref. Vet. Rec. 10, 629 (1930).

Irvine-Smith, J., Report of the director of abattoir and live stock department, Johannesburg 1930, Ref. Vet. Rec. 11, 631 (1931).

Irvine-Smith, J., Union of South Africa, City of Johannesburg (1935). Report of the Director of Abattoir, Live Stock Markets, Veterinary Services, Ice and Cold Storage Department for the period 1st July 1934 30th June, 1935. Jo'burg: Radford. Adlington, Ltd. 1937, Ref. Vet. Bull. 8, 402 (1938).

Judge, J., Notes on African horse sickness in mules in the Anglo-Egyptian Sudan. J. R. Army Vet. Corps 1, 179—180 (1930).

Jussiant, Belgian Congo (1933) Service Vétérinaire. Bull. agric. Congo belge. 24, 329—337 (1933), Ref. Vet. Bull. 5, 392 (1935).

Ivanfi, E., Über die fleischfärbende Eigenschaft von Trypanblau. Allat. Lapok. 54—148 (1931) (Ungarisch), Ref. Jber. 51, II. 1311 (1931).

Kellermann, J. H., Sulphur metabolism. V. The effect of elementary sulphur on fertility, reproduction and lactation in the white rat. Onderstepoort J. vet. Sci. 10, 221—226 (1938).

Kelser, R. A., A new vaccine for Rinderpest immunization. Milit. Surgeon 61, 31—33 (1927).

Kennedy, W., s. auch Englisch-ägyptischer Sudan.

Keppel, J. J. G. & Robinson, E. M., An outbreak of ulcerative Stomatitis in Cattle. J. S. Afr. vet. med. Ass. 3, 176—177 (1932).

Kerr, P. J. & Menon, M. B., Preliminary note on the use of goat tissue vaccine alone for the control of outbreaks of rinderpest. Indian J. vet. Sci. 4, 75—80 (1934).

Kikuth, W., Zur Chemotherapie der Piroplasmosen. Zbl. Bakt. I. (Orig.) 135, 135—147 (1935).

Kleine, F. K. und Fischer, W., Über die Anwendung von „Bayer 205" bei tsetsekranken Rindern in Afrika. Deutsche Tierärztl. Wschr. 31, 519—521 (1923).

Knowles, R. H., s. auch Englisch-ägyptischer Sudan.

Knowles, R. H., Treatment of camels affected with Trypanosoma with „Bayer 205" and further observations on the formol-gel-test. J. comp. Path. 38, 42—46 (1925).

Knowles, R. H., Trypanosomiasis of camels in the Anglo-Egyptian Sudan: Diagnosis, Chemotherapy, Immunity. J. comp. Path. 40, 59—71 und 118—143 (1927).

Knowles, R. H., Contagious bovine pleuro-pneumonia immunisation. J. comp. Path. 40, 230—241 (1927).

Knuth, P. und du Toit, P. J., Tropenkrankheiten der Haustiere. Leipzig: J. A. Barth, 1921, in: C. Mense, Handbuch der Tropenkrankheiten, 2. Aufl., Bd. 6, 889 S., 142 Abb., 4 farbige Tafeln.

Kobek, E., Wie lange kann der Argas persicus ohne Nahrung am Leben bleiben. Allatorv. Lapok. **59**, 367—368 (1936) (Ungarisch), Ref. Jber. **61**, 374 (1937).

De Kock, G., Further observations on the disease equine pernicious anaemia. 5. & 6. Rep. Dir. vet. Res. U. v. S. A. 1918, 587—636 (1919).

De Kock, G. v. d. W., Beiträge zur Kenntnis des Erregers, zur Hämatologie und zur pathologischen Anatomie und Histologie der infektiösen Anämie der Pferde, wie sie in Südafrika beobachtet wird. Diss. Bern 1923, sowie Ztschr. Inf. Krkh. Haust. **27**, 30—46 (1924).

De Kock, G., A contribution to the study of the virus, haematology, and pathology of infectious anaemia of equines under South African conditions. 9. & 10. Rep. Dir. vet. Ed. U. v. S. A. 253—313 (1924).

De Kock, G. & Quinlan, J. B., The appearance of Gonderia ovis in the blood of spleenectomised sheep. 11. & 12. Rep. Dir. vet. Ed. U. v. S. A. I. 255 (1926).

De Kock, G. & Quinlan, J., Splenectomy in domesticated animals and its sequelae, with special reference to anaplasmosis in sheep. 11. and 12. Rep. Dir. vet. Ed. U. v. S. A. I. 369—480 (1926).

De Kock, G., Diseases of sheep in relation to the pasture under South African conditions. S. Afr. vet. med. Ass. **2**, 29—38 (1928).

De Kock, G. & Snyman, P. S., Occurence of onchocerca in South Africa. 13. & 14. Rep. Dir. vet. Ed. U. v. S. A. **1**, 601—607 (1928).

De Kock, G., The relation of the spleen to immunity in bovine piroplasmosis. 15. Rep. Dir. Vet. Serv. U. v. S. A. I. 9—14 (1929).

De Kock, G., Are the lesions of Jaagsiekte in sheep of the nature of a neoplasm? 15. Rep. Dir. Vet. Serv. U. v. S. A. II. 611—641 (1929).

De Kock, G., A short note on chronic anaplasmosis and gonderiasis in small ruminants after spleenectomy. 16. Rep. Dir. Vet. Serv. U. v. S. A. 3—10 (1930).

De Kock, G., The bovine tuberculosis problem in South Africa. J. S. Afr. vet. med. Ass. **3**, 53—65 und 97—105 (1932).

De Kock, G., Bovine Tuberculosis in its Relation to public Health. S. Afr. med. J. **8**, 640—648 (1934).

De Kock, G. & Robinson, E. M., African swine fever. Control measures. Fmg. S. Afr. **11**, 333—334 (1936).

De Kock, G., van Heerden, C. J., du Toit, R. & Neitz, W. O., Bovine theileriasis in South Africa with special reference to Theileria mutans. Onderstepoort J. vet. Sci. **8**, 9—128 (1937).

De Kock, G., du Toit, R. & Neitz, W. O., Observations on Bluetongue in Cattle and Sheep. Onderstepoort J. vet. sci. **8**, 129 ff. (1937).

De Kock, G., Recent research regarding tropical and sub-tropical diseases in the Union of South Africa. XIII. int. tierärztl. Kongreß 1938, Hft. **9**, 3—20 (1938).

De Kock, G., Foot and Mouth Disease. Fmg. S. Afr. **13**, 337—338 (1938).

De Kock, G., The slaughter-out policy in foot and mouth disease control. Fmg. S. Afr. **13**, 379 (1938).

Küpfer, M., Die Theilerschen Forschungs- und Lehrinstitute für Veterinärmedizin und Biologie in Südafrika. Schweiz. landw. Monatshefte 4, 1926, 233—247, 282 ff., 300 ff., **5**, 21—28. 52 ff., 66 ff. (1927).

Lagrange, E., Une nouvelle maladie des poules à virus filtrable observée en Egypte. Bull. Soc. Path. exot. **22**, 64—68 (1929).

Lagrange, E., Etudes sur la peste aviare d'Egypte. Ann. Inst. Pasteur **48**, 208—267 (1932).

Lamborn, W. A., Nyassaland Protectorate (1932). Medical Entomologists Report for the Year ending the 31st december, 1931, Ann. Med. Rep. Health Nyassaland Protectorate, 1931. App. I, 1—20. Zomba: Govt. Printer 1932, Ref. Vet. Bull. **4**, 430 (1934).

Lamborn, W. A., Nyassaland Protectorate (1936). Annual Report of the Medical Entomologist for 1935. Ann. med. Rep. Nyassaland, 1935, 50—52 (1936), Ref. Vet. Bull. **8**, 97 (1936).

Lasnet, La psittacose en Algérie. Office intern. d'Hyg. publ. **26**, 1256 (1934).

Lavier, G. & Velu, H., Traitement des trypanosomoses à Trypanosoma marocanum par le „Bayer 205". Ann. Parasit. hum. comp. **1**, 71—72 (1923).

Lawrence, D. A., s. auch Südrhodesien.

Lawrence, D. A., Foot and Mouth disease in Southern Rhodesia. J. S. Afr. vet. med. Ass. **6**, 253—262 (1935).

Leclainche, E., Un foyer d'anaplasmose en France. Bull. Off. int. Epiz. **3**, 276—277 (1929/30).

Leclainche, E., La situation sanitaire en 1933. Bull. Off. int. Epiz. **8**, 1—18 (1934).

Leclainche, E., La situation sanitaire en 1937. Bull. Off. int. Epiz. **16**. 5—16 (1938).

Leclainche, E., L'épizootie actuelle de fièvre aphteuse d'avril 1937 à mars 1938. Bull. Off. int. Epiz. **16**, 17—46 (1938).

Ledentu, G. & Daude, J., Contribution à l'étude du produit „309" la trypanosomiase des bovidés. Action préventive et action curative. Bull. Soc. Path. exot. **19**, 614—620 (1926).

Léemann, A. C., The Eradication of Gifblaar. Fmg. S. Afr. **10**, 233 (1935).

Leese, A. S., A treatise on the one-humped Camel in health and in disease. Stamford, Lincolnshire: Haynes & Son, Maiden Lane 1927.

Leger, M. & Bédier, E., Piroplasmose à Gonderia mutans chez les Bovidés au Sénégal. Bull. Soc. Path. exot. **16**, 60—62 (1923).

Leger, M. & Teppaz, L., Le „Horse-Sickness" au Sénégal et au Soudan Français: Documents historiques, cliniques et épizootiques. Extrait du Bulletin du comité d'Etudes historiques et scientifiques de l'Afrique Occidentale Française, 1922, 1—22, Ref. TVB. **12**, 137 (1924).

Lelen, R., Contribution à l'étude de la fièvre aphteuse en Tunisie. Rec. Méd. vét. **107**, 625—639 (1921).

Lemétayer, La tuberculose du zébu à Madagascar. Bull. Soc. centr. vét. 262 (1925).

Leplac, E., Organisation et Exploitation des Elevages au Congo belge. I. Bêtes bovines. II. Traitement des Maladies du Bétail aux Tropiques. Brüssel: Imprimerie Industrielle et Financière (1933), 2. Ausgabe.

Lester, H. M. O., Report of the Tsetse investigation. Rep. med. Dep. Nigeria, 1934, Appendix B, 69—88 (1935).

Lestoquard, F., Les piroplasmoses du mouton en Algérie. Note préliminaire. Bull. Soc. Path. exot. **17**, 122—128 (1924).

Lestoquard, F., Deuxième note sur les piroplasmoses du mouton en Algérie. L'anaplasmose ovis n. sp. Bull. Soc. Path. exot. **17**, 784—788 (1924).

Lestoquard, F., Troisième note sur les piroplasmoses du mouton en Algérie. La piroplasmose vraie: Piroplasma (s. str.) ovis (n. sp.). Comparaison avec Babesiella ovis. Bull. Soc. Path. exot. **18**, 140—145 (1925).

Lestoquard, F., Les piroplasmoses du mouton et de la chèvre. Arch. Inst. Pasteur Alg. **4**, 222—317 (1926).

Lestoquard, F., Existence de „corps en grénade" dans le cycle évolutif de Gonderia ovis. C. R. Soc. Biol. **100**, 1177—1178 (1929).

Lestoquard, F. & Donatien, A., Sur une nouvelle Rickettsia du mouton. Bull. Soc. Path. exot. **29**, 105—108 (1936).

Lestoquard, F. & Donatien, A., Sur deux parasites des hématies du mouton et du boeuf d'un genre nouveau: Eperythrocytozoon N. G. Bull. Soc. Path. exot. **30**, 454—459 (1937).

Lewis, E. A., Report on tick survey in Kenya Colony. Rep. dep. agric. Kenya 1930, 151—162 (1931).

Lewis, E. A., Observations on ticks and tick-borne diseases. Bull. Dep. Agric. Kenya No. 2, 1931.

Lewis, E. A., Some Tick investigations in Kenya Colony. Parasitology **24**, 175—182 (1932).

Lewis, E. A., Observations on some diptera and myiasis in Kenya Colony. Bull. ent. Res. **24**, 263—269 (1933).

Lewis, E. A., A study of the ticks in Kenya Colony. Dep. agr. Kenya Bull. No. 17, 1931 und No. 6, 1932, Ref. Vet. Bull. **4**, 241 (1934).

Lewis, E. A., A Study of the Ticks in Kenya Colony. The Influence of natural Conditions and other Factors on their Distribution and the Incidence of Tick-borne Disease. Part III. Investigations into the Tick Problem in the Masai Reserve. Bull. Div. anim. Industr., Kenya, No. 7 (1934), Ref. Vet. Bull. **6**, 343 (1936).

Lewis, E. A., Sheep scab in Kenya Colony. E. Afr. Agric. J. **3**, 298—306 (1938) 8 lit, Ref. Vet. Bull. **8**, 707 (1938).

Leynen, E., La peste aviaire. 12. Internat. Vet. Kongr. 1934. **3**, 132—134.

Lichtenheld, G., Rinderpest in Ostafrika. Deutsche Tierärztl. Wschr. **29**, 209—212 (1921).

Lièvre, H., La cachexie aqueuse algérienne. Rev. vét. **85**, 553—559 (1933).

Lignières, J., „Estudio y profilassia de las Piroplasmosis, Babesiellosis y Anaplasmosis, bovina en la Republica argentina." Rev. Zootechn. 1924, H. 126, 129—146, Ref. Jber. **45**, 55 (1925).

Lignières, J., Sur la vaccination des bovides contre la piroplasmose, la babésiellose et l'anaplasmose. Comparaison des precédés employés en Argentine et en Algérie. Bull. Soc. Path. exot. **21**, 371—378 (1928).

Lionnet, F. E., Colony of Mauritius (1935). (Report of) Veterinary Division. Rep. Dep. Agric. Mauritius 1935, 28—30, Ref. Vet. Bull. **8**, 485 (1938).

Little, A., The Tampan or Poultry Tick. Rhod. Agric. J. **16**, 42—44 (1919), Ref. TVB. **7**, 190 (1919).

Littlewood, W. L., s. auch Ägypten.

Loubser, J. N. W., Über Ohrzecken (Ornithodorus megnini) beim Menschen. Arch. Schiffs-Tropen-Hyg. **31**, 45 (1927).

Lourie, E. M., The effect of „Höchst 4002" on Trypanosoma gambiense and T. evansi in mice and rats. Ann. trop. Med. Parasit. **25**, 123—217 (1931).

Lowe, H. T., A veterinary survey of the Bukoba district, Tanganyika Territory. Vet. J. **81**, 592—608 (1925).

Lowe, H. J., Disease control. Rep. dep. vet. sci. Tanganyika 1932, 2—13 (1933).

Lowe, Disease control. Ann. rep. dep. vet. sci. Tanganyika 1933, 3—15 (1934).

Lowe, Disease control. Ann. rep. dep. vet. sci. Tanganyika 1934, 6—19 (1935).

Lowe, Disease control. Ann. rep. dep. vet. sci. Tanganyika 1935, 7—18 (1936).

Lüders, H., Filaria bancrofti in Abessinien. Arch. Schiffs- und Tropenhyg. **41**, 349—350 (1937).

Maag, A., Klinische Beobachtungen über Beschälseuche in Südwestafrika, 1918—19. Berl. Tierärztl. Wschr. **37**, 136—138 (1921).

Maaß, E., Zur Pathologie des liberianischen Hinterlandes. Abhandl. a. d. Geb. d. Auslandk. (Nocht-Festschrift) 1927, 26, 268.

MacCall, F. J., s. auch z. Z. unter Mandat stehendes Schutzgebiet Deutsch-Ostafrika.

Macdonald, R. A. S., s. auch Nordrhodesien.

Macdonald, R. A. S. & le Roux, P. L., Inoculation against redwater and gallsickness. Ann. Bull. Dep. Anim. Health, N. Rhcd. 1931, 43—44 (1932).

Macdonald, R. A. S. & le Roux, P. L., Plant Poisoning in Cattle and Sheep in Northern Rhodesia. Ann. Bull. Dept. Anim. Health, N. Rhod. 1932, 29—37 (1933).

Macdonald, R. A. S. & Purchase, H. S., Notes on Arsenical Poisoning in Cattle. Vet. Rec. **14**, 644—645 (1934).

MacHattie, C., Mills, E. A. & Chadwick, C. R., Can Sheep and Cattle act as Reservoirs of Human Schistosomiasis? Trans. R. Soc. trop. Med. Hyg. **27**, 173—184 (1933).

Mackenzie, R. D., The cultivation of the virus of Rift valley fever. J. Path. **37**, 75—79 (1933).

Malan, A. I., s. auch Green, H. H., 1932 (Sammelreferat).

Malan, A. I., Studies in mineral metabolism. 11. Mineral metabolism and blood analysis. 16. Rep. Dir. vet. serv. U. v. S. A., Part I, 307—311 (1930).

Malan, A. I. & du Toit, P. J., Studies in mineral metabolism XXI. A comparison of phosphatic supplements for the prevention of Aphosphorosis. 18. Rep. Dir. vet. serv. 677—702 (1932).

Malan, A. I., Mineral metabolism in relation to production in livestock. S. Afr. med. J. **8**, 514—517 (1934).

Malan, A. I., Calcium and Phosphorus Metabolism in relation to the production of osteodystrophic diseases in domestic animals. J. S. Afr. vet. med. Ass. **8**, 91—97 (1937).

Malbrant, R. & Dugué, J. M., Les trypanosomiasis animales en Afrique équatoriale française. Rec. Méd. vét. exot. **6**, 77—101 & 121—138 (1933).

Mandon, A., La jaagsiekte de l'Afrique du Sud. Rec. Méd. vét. exot. **8**, 25—32 (1935).

Manley, F. H., Blackquarter in Nigeria. J. comp. Path. **42**, 196—205 (1929).

Manley, F. H., A note on the mercuric chloride test for Trypanosomiasis. J. comp. Path. **42**, 268 (1929).

Manley, F. H., A note on bovine tuberculosis in tropical Africa (British Cameroons). J. comp. Path. **42**, 276—278 (1929).

Manley, F. H., Observations on active immunisation against anthrax. Vet. J. **90**, 245—262 (1934).

Mansfield-Aders, W., Trypanosomiasis of Stock in Zanzibar. Trans. R. Soc. trop. Med. Hyg. **17**, 192—200 (1923).

Manusardi, L., Il cavallo da guerra in A. O. Az. vet. **5**, 605—607 (1936), Ref. Jber. **61**, 691 (1937).

Manusardi, L., Della peste equina in Eritrea. Profilassi **10**, 19—21 (1937), Ref. Jber. **61**, 667 (1937).

Marais, I. P., Some experiments with Vuilbek (Ecthyma contagiosum). J. S. Afr. vet. med. Ass. **1**, 63—66 (1928).

Marcato, A., Le lesioni anatomo-isto-patologiche dell'anemia infettiva degli asini in Eritrea. Azione vet. **6**, 144—145 (1937), Ref. Vet. Bull. **8**, 221 (1938).

Marshall, R. S., Lester, H. M. O. and Jones, A. G. F., Some experiences with potassium antimonyl tartrate in the treatment of bovine trypanosomiasis in Nigeria. J. comp. Path. **48**, 58—67 (1935).

Martin, Arnaud et Velu, H., Epidémiologie de la „maladie hydatique" au Maroc. L'echinococcose humaine. L'echinococcose du bétail. 5. Congr. Ann. Fed. Sci. méd. Algérie Tunisie et Maroc (1935), Ref. Vet. Bull. **6**, 349 (1936).

Martinaglia, G., Fowl Typhoid. J. Dep. Agric. U. v. S. A. **12**, 298—304 (1926), Ref. TVB. **14**, 153 (1926).

Martinaglia, G., A note on Salmonella gallinarum infection of ten-day old chicks and adult turkeys. J. S. Afr. vet. med. Ass. **1**, 35—36 (1929).

Martinaglia, G., Diseases of domesticated animals in South Africa due to organisms of the Salmonella group. 15. Rep. Dir. Vet. Serv. U. v. S. A. I, 233—295 (1929).

Martinaglia, G., Poultry diseases in South Africa. Papers for Pan-African agric. conf. Part. III, anim. husb. and vet., 122—131 (1929).

Martinaglia, G., Redwater (Babesiosis) in a Sable antelope. J. S. Afr. vet. med. Ass. **1**, 41—42 (1930).

Martinaglia, G. and Robinson, E. M., An outbreak of Paratyphoid in pigs. J. S. Afr. vet. med. Ass. **3**, 79—80 (1932).

Martinho, Jacinto Pereira, Essay on the economic possibilities of the treatment of trypanosomiasis in cattle (bovines) working in areas affected by glossina. Pan. afr. agr. and vet. conf. pap. vet. sect, 22—38 (1930).

Martins, V., Identifiacao de trypanosomi Pecaudi, e ensaio de tratamento, num animal enviado a Escola Soperior de Medicina Veterinaria pela Direccao do Servicos Pecuarios de Angola. (Identifizierung von Tryp. pecaudi Infekt. und Versuche der Behandlung dieser Inf.). Rev. Med. vet. Lisboa. **28**, 6—23 (1934), Ref. Vet. Bull. **5**, 265 (1935).

Mary, A., Une enzootie de Gallsiekte au Togo. Rec. Méd. vét. exot. **8**, 23—24 (1935).

Mason, F. E., Pseudo-Actinomycosis or Streptothrichosis in the Camel. J. comp. Path. **32**, 34—42 (1919).

Mason, F. E., Egyptian fever in cattle and buffalos. J. comp. Path. **35**, 33—39 (1922).

Mason, J. H. and Bekker, J. G., Further Notes on lumpy Wool in South Africa. Onderstepoort J. vet. Sci. **3**, 211—216 (1934).

Mason, J. H., The Production of immunity against Cl. welchii, Type B, Wilsdon. Onderstepoort J. vet. Sci. **5**, 391—416 (1935).

Mason, J. H. and Scheuber, J. R., The production of immunity to Cl. chauvoci. Onderstepoort J. vet. Sci. 7, 143—165 (1936).
Mason, J. H., Steyn H. P. and Bisschop, J. H. R., The immunization of bovines against lamsiekte. J. S. Afr. vet. med. Ass. 9, 65—70 (1938).
Masson, G., Etude de la gonacrine etc. Paris: Diss. 1934, Ref. Jber. 57, 36 (1935).
Mattlet, G., Contribution à l'étude de la répartition des foyers de rage canine au Congo belge. Ann. Soc. belge Méd. trop. 15, 221—223 (1935).
Maybin, J. A., Field observations on ovine Pasteurellosis in South West Africa. J. S. Afr. vet. med. Ass. 2, 45—53 (1931)
Maybin, J. A., Field observations on ovine pasteurellosis in South West Africa. Vet. Rec. 11, 848—851 (1931).
Meier, H., s. auch Green, H. H., 1932 (Sammelreferat).
Melck, G. H., Liver fluke in sheep, goats and cattle. J. S. Afr. vet. med. Ass. 1, 40—44 (1927).
De Mello, F. et Rebello. F., Anaplasmose du Bos brachyceros d'Angola. Revista Med. de Angola (Kongreßbericht) 531—532 (1923), Ref. TVB. 13, 51 (1925).
De Mello, F., Deuxième Contribution à l'étude des piroplasmidés de la Province d'Angola. Revista Méd. d'Angola (Kongreßbericht), 539—543 (1923), Ref. TVB. 13, 50 (1925).
De Mello, F. et Cabral, E., Troisième contribution à l'étude des piroplasmidés de la province d'Angola. Revista Méd. de Angola (Kongreßbericht), 547—554 (1923), Rev. TVB. 13, 50 (1925).
Mettam, R. W. M., s. auch Uganda.
Mettam, R. W. M., Snotsiekte in Cattle. 9. et 10. Rep. Dir. Vet. Ed. U. v. S. A., 395—432 (1924).
Mettam, R. W. M., An introduction to the study of poisonous plants of Kenya. Vet. Rec. 8, 963—967 and 983—988 (1928).
Mettam, R. W. M., Recent contribution to our knowledge of poisonous plants as affecting domestic animals. Kenya and East Afric. Med. J. 5, 68—76 (1928). Ref. TVB. 17, 37 (1929).
Mettam, R. W. M., Contagious Pleuro-Pneumonia of Goats in East Africa. Kenya Dep. Agric. Bull. No. 8e v. 1929, Ref. TVB. 18, 27 (1930).
Mettam, R. W. M., Contagious pleuro-pneumonia of goats in East Africa. Pan. afric. agr. and vet. conf. pap. vet. sect., 173—187 (1930).
Mettam, R. W. M., Nairobi quarantine disease. Ann. Rep. Dep. Agric. Kenya, 1929, 243—293 (1930).
Mettam, R. W. M., Laikipia lung disease. Ann. Rep. Dep. Agric. Kenya, 1929, 333—363 (1930).
Mattam, R. W. M., Poisonous plants of Kenya. Ann. Rep. Dep. Agric. Kenya, 1929, 377—417 (1930).
Mettam, R. W. M., Trypanosomiasis. Redwater. Anaplasmosis. Blood Parasites of Wild Game. Chemotherapy of Babesia canis Infection in Dogs. Ann. Rep. Vet. Dep. Uganda, 1932, 25—32 (1933).
Mettam, R. W. M., Some poisonous plants of Kenya. Vet. J. 89, 37—47 (1933).
Mettam, R. W. M., Rinderpest. Rep. vet. Dep. Uganda, 1933, 32—34 (1934).
Mettam, R. W. M., Trypanosomiasis Research. Ebda. 34—40 (1934).
Mettam, R. W. M., Turning sickness and East coast fever. Parasitology 26, 150—151 (1934).
Mettam, R. W. M., Investigations into poisonous plants of Uganda. Part I. Vet. J. 91, 153—161 (1935).
Mettam, R. W. M. and Carmichael, J., Turning sickness, a protozoan encephalitis of cattle in Uganda. Its relationship with East Coast Fever. Parasitology, 28, 254—283 (1936).
Mettam, R. W. M., Wild game and rinderpest experiences in Uganda. Conf. on co-ord. of vet. Res. E. Afr., 113—114 (1936).
Mettam, R. W. M., East Coast Fever and Turning Sickness. Ann. Rep. vet. dep. Uganda, 1936, 31—32 (1937).
De Meza, J., s. auch Nyassaland.
Miegeville, Note clinique sur la blastomycose oculaire de l'ane. Bull. Soc. Path. exot. 17, 543—545 (1924).
Miegeville, Un fait, une hypothèse du rôle possible de la sangsue dans la pathogénie de l'anémie infectieuse. Rev. Path. comp. et Hyg. gén. 26, 220—226 (1926).
Miegeville, Le pseudo-ecthyma contagieux des lèvres du mouton et de la chèvre et la stomatite contagieuse des agneaux et des chevreaux au Maroc. Rev. vét. et J. Méd. vét. 79, 313—319 (1927).
Miegeville, M., Quelques cas de theilériose après prémunition. Bull. Soc. Path. exot. 26, 775—778 (1933).
Miegeville, G., Notes et remarques dur l'épizootie de fièvre aphteuse de 1937. Maroc méd. 17, 263—265 (1937), Ref. Vet. Bull. 8, 505 (1938).
Miller, W. C., Some observations on the prevention of blowfly attack in sheep. Vet. J. 91, 464—469 (1935).
Missenard, Sur la clinique de l'Ecole vétérinaire de Bamako. Rec. Méd. vét. exot. 6, 185—191 (1933).
Missenard et Zylbertal, Quelques observations sur la peste bovine au Soudan. Rec. Méd. vét. exot. 7, 5—9 (1934).
Missenard, Le service de l'abattoir à Bamako en 1933. Rec. Méd. vét. exot. 7, 67—70 (1934).
Missenard, Au sujet de quelques Pasteurellas. Rev. Méd. vét. exot. 7, 129—132 (1934).
Missenard, Lymphadénie caséeuse du Mouton. Bull. Acad. vét. Fr. 7, 195 (1934).
Missenard, Essais de traitement de la lymphadénie caséeuse du mouton et de la chèvre au Soudan Français. Bull. Acad. vét. Fr. 8, 314—319 (1935).
Mogg, A. O. D., Steekgras in relation to the sheep industry. S. Afr. J. Sci. 31, 394—395 (1934).

Moggridge, J. Y., Experiments on the crossing of open spaces by Glossina swynnertoni. Bull. ent. Res. 27, 435—448 (1936).
Molinari, P., Rilievi sulla peste equina in A. O. I. Urbania: Tip. „Bramante", 1937, 15 pp., Ref. Jber. 63, 85 (1938).
Molinari, P., Rilievi sulla peste equina en A. O. Boll. vet. ital. 33, 2039—2040 und 2057 (1937); 34, 2072—2073 und 2088—2091 (1938), Ref. Jber. 63, 576 (1938).
Molinia, J. P., La Peste Bovine. Contamination à l'espèce porcine. Rec. Méd. vét. exot. 4, 5—26 (1931).
Monfrais, Note sur la durée de l'immunité acquise par une première atteinte de peste bovine. Rec. Méd. vét. 96, 224—225 (1920).
Mönnig, H. O., Epizootology of worm infection. Pan. afr. agr. and vet. conf. pap. Part III, anim. husb. and vet., 82—89 (1929).
Mönning, H. O., Studies on the bionomics of the freeliving stages of Trichostrongylus spp. and other parasitic Nematodes. 16. Rep. Dir. Vet. Serv. U. v. S. A., 175—196 (1930).
Mönnig, H. O., Wild antelopes as carriers of nematode parasites of domestic ruminants. 17. Rep. Dir. Vet. serv. U. v. S. A. I, 233—254 (1931).
Mönnig, H O., The development of nematode eggs and larvae in cattle dung. — Preliminary note. 17. Rep. Dir. Vet. serv. U. v. S. A., 267—268 (1931).
Mönnig, H. O., Wild antelopes as carriers of Nematode parasites of domestic Ruminants. Part II. 18. Rep. Dir. Vet. Serv. U. v. S. A., I, 153—172 (1933).
Mönnig, H. O. and Quin, J. I., Studies on the alimentary tract of the merino sheep in South Africa. I. Investigations into the Physiology of deglutition. Onderstepoort. J. vet. Sci. 1. 117—133 (1933).
Mönnig, H. O., Würmer in den Schafen Südwestafrikas. Merkblatt (1935).
Mönnig, H. O., Oesophagostomiasis in sheep. J. S. Afr. vet. med. Ass. 6, 250—252 (1935).
Mönnig, H. O., The chemotherapy of Oesophagostomiasis in sheep. II. Onderstepoort J. vet. Sci. 5, 419—438 (1935).
Mönnig, H. O., Blowflies and Measures for their Control. Fmg. S. Afr. 10, 61—62, 90 (1935).
Mönnig, H. O., Worms in sheep. Fmg. S. Afr. 10. 175—182 (1935).
Mönnig, H. O., Bankrupt Worms in Persian sheep. Fmg. S. Afr. 10, 419 (1935).
Mönnig, H. O., Nodular worm Remedy. Fmg. S. Afr. 10. 463. 466 (1935) (Merkblatt).
Mönnig, H. O., Gut-tie (Intussusception) in Sheep. Fmg. S. Afr. 11, 369 (1936).
Mönnig, H. O., Internal parasites. Fmg. S. Afr. 11, 431 (1936).
Mönnig, H. O., A new fly repellent and a blowfly dressing. Onderstepoort J. vet. Sci. 7, 419—430 (1936).
Mönnig, H. O., Pasture hygiene with respect to parasitic diseases. XIII. internat. tierärztl. Kongreß 1938, Heft 8, 42—47.
Mönnig, H. O., Veterinary Helminthology and Entomology. II. Auflage, London: Baillière, Tindall & Cox. 1938, 409 S., 264 Abb.
Monod, Th. et Velu, H., Quelques faits relatifs à la prophylaxie vaccinale contre le charbon bactéridien au Maroc. Bull. Soc. Path. exot. 13, 4—16 (1920).
Monod, T. et Velu, H., Intradermovaccination en un temps contre le charbon bactéridien. Rec. Méd. vét. 101, 67—73 (1925).
Monod, T. et Velu, H., L'intradermovaccination en un temps contre le charbon bactéridien et ses avantages. C. R. Soc. Biol. 92, 251—253 (1925).
Monod, Th. et Velu, H., La vaccination intradermique contre le charbon bactéridien d'après les results pratiqués. Rec. Méd. vét. 102, 72—79 (1926).
Monteiro da Costa, A., s. auch Costa, A. Monteira da.
Monteverde, G., Anaplasmosi nei camelli in Cirenaica. Clin. vet. 40, 73—76 (1937), Ref. Vet. Bull. 8, 23 (1938).
Montgomery, R. E., On a form of swine fever occuring in British East Africa (Kenya Colony). J. comp. Path. 34, 159—191, 243—262 (1921).
Morcos, Z., An organism simulating the Preisz-Nocard Bacillus. Vet. Rec. 11, 34 (1931).
Morcos, Z., A peculiar disease of dogs. Vet. Rec. 11, 83 (1931).
Morcos, Z., Bacterial abortion in mares and normal flora of virgin mares. Vet. Rec. 11, 118 (1931).
Morcos, Z., Remarks on Naganol treatment (Bayer 205): Trypanosomiasis in Camels. Vet. Rec. 11, 162 (1931).
Morcos, Z., A double infection of B. caballi and Nuttallia equi (1929). Vet. Rec. 11, 187 (1931).
Morcos, Z., Prevention of anaphylaxis in Rinderpest serum-producing animals (1928—30). Vet. Rec. 11, 230 (1931).
Morcos, Z., Rinderpest Virus and Laboratory Animals. Vet. Rec. 11, 231 (1931).
Morcos, Z., Avian pox immunization. Vet. Rec. 11, 463 (1931).
Morcos, Z., Preliminary studies in fowl spirochaetosis in Egypt. Vet. J. 91, 161—171 (1935).
Morenas, L. et Ronan, E., Transmission héréditaire de Trypanosoma brucei chez le rat. Bull. Soc. Path. exot. 30, 376—379 (1937).
Morgan, E. S. and Bennett, S. C. J., The mercury chloride test for trypanosomiasis in camels. Mechanism of the reaction. J. comp. Path. 42, 188—196 (1929).

Morris, J. P. A., s. auch Nordrhodesien.

Muraz, G., Résumé de l'action en Afrique équatoriale française pendant huit ans (1920—1927) d'un recheur de prophylaxie de la maladie de somneil. Bull. Soc. Path. exot. **21**, 54, 141 (1928).

Murgatroyd, F. and **Yorke**, W., Studies in Chemotherapy. XIV. The stability of drug-resistance in trypanosomes. XV. Observations on the loss of transmissibility by Glossina morsitans of T. brucei maintained in a European Laboratory. Ann. trop. Med. Parasit. **31**, 145—163 (1937).

Musso, L., Traitement de la gale du dromedaire par le goudron de coloquinte (Deuxième note). Bull. Soc. Path. exot. **13**, 29—34 (1927).

Myburgh, S. J., The carotene content of some South African feeds. Onderstepoort J. vet. Sci. **5**, 475—482 (1935).

Nägelsbach, In „Rundfrage betr. Maltafieber und Bangsche Krankheit in Südwest". Arch. Schiffs-Tropen-Hyg. **40**, 126 (1936).

Nainsouta, R., Au sujet du traitement de la lymphangite épizootique par le biiodure de mercure. Bull Soc. Path. exot. **20**, 829—830 (1927).

Nainsouta, R., Note sur la peste du cheval au Sénégal. Rev. gén. Méd. vét. **36**, 644—646 (1927).

Nakamura, J., **Wagatuma**, Sh. and **Fukusho**, K., On the experimental infection with rinderpest virus in the rabbit. I. Some fundamental experiments. Journ. of the Jap. Society of Vet. Sci. **17**, 25—30 (1938). (Engl. Zusammenfassung.)

Nash, T. A. M., The Relationship between the Maximum Temperature and the Seasonal Longevity of Glossina submorsitans, Newst. and G. tachinoides, Westw., in Northern Nigeria. Bull. ent. Res. **27**, 261—267 (1936).

Nash, T. A. M., The Part played by microclimates in enabling Glossina submorsitans and G. tachinoides to withstand the high temperatures of a West African dry season. Bull. ent. Res. **27**, 339—345 (1935).

Nash, T. A. M., Climate, the vital factor in the ecology of Glossina. Bull. ent. Res. **28**, 75 (1937).

Nattan-Larrier, L. et **Noyer**, B., Trypanosome du dromedaire et trypanosome du cheval au Maroc. Bull. Soc. Path. exot. **23**, 747 (1930).

Nattan-Larrier, L. et **Noyer**, B., Trypanosome du dromedaire et trypanosome du cheval au Maroc. Bull. Soc. Path. exot. **24**, 112—122 (1931).

Nattan-Larrier, L. et **Noyer**, B., Le trypanosome du debab égyptien (2e note). Bull. Soc. Path. exot. **25**, 748—755 (1932).

Nayar, P. U. and **Srikantajah**, G. N., Duration of immunity in Amrit Mahal cattle inoculated with goat virus alone against Rinderpest. Indian. vet. J. **13**, 344—351 (1937).

Nègre, L. et **Boquet**, A., Sur le traitement spécifique de la lymphangite épizootique par les cultures stérilisées de cryptococces. Bull. Soc. Path. exot. **13**, 777—779 (1920).

Neitz, W. O. and **Canham**, A. S., A short note on the spirochaetal wound infection of pigs. 16. Rep. Dir. Vet. Serv. U. v. S. A., 69—72 (1930).

Neitz, W. O., Blood parasites of game in Zululand. 17. Rep. Dir. vet. serv. U. v. S. A., I, 45—60 (1931).

Neitz, W. O. and **du Toit**, P. J., Bovine Anaplasmosis: a method of obtaining pure strains of Anaplasma marginale and Anaplasma centrale by transmission through antelopes. 18. Rep. Dir. vet. Serv. U. v. S. A. I, 3—20 (1932).

Neitz, W. O. and **Marais**, I. P., Rabies as it occurs in the Union of South Africa. 18. Rep. Dir. Vet. Serv. U. v. S. A., I, 71—98 (1932).

Neitz, W. O. and **Thomas**, A. D., Rabies in South Africa. Occurence and distribution or cases during 1932. Onderstepoort J. vet. Sci. **1**, 51—56 (1933).

Neitz, W. O., Blood Parasites of Game in Zululand. Further Report. Onderstepoort J. vet. Sci. **1**, 411—417 (1933).

Neitz, W. O., The Blesbuck (Damaliscus albifrons) as a carrier of Heartwater and Blue Tongue. J. S. Afr. vet. med. Ass. **4**, 24—26 (1933).

Neitz, W. O., **Alexander**, R. A. and **du Toit**, P. J., Eperythrozoon ovis (sp. nov.) Infection in Sheep. Onderstepoort J. vet. Sci. **3**, 263—271 (1934).

Neitz, W. O. and **Thomas**, A. D., Rabies in South Africa. Occurence and distribution of cases during 1933. Onderstepoort J. vet. Sci. **3**, 335—343 (1934).

Neitz, W. O., The blesbuck (Damaliscus albifrons) and the black Wildebeest (Conochaetes Gnu) as carriers of heartwater. Onderstepoort J. vet. Sci. **5**, 35—40 (1935).

Neitz, W. O., Anthrax: Death in Blesbuck (Damaliscus albifrons) following the use of goat anthrax vaccine. J. S. Afr. vet. med. Ass. **7**, 119—120 (1936).

Neitz, W. O., Eperythrozoonosis in sheep. Onderstepoort J. vet. Sci. **9**, 9—30 (1937).

Neitz, W. O., The transmission of heartwater to and from Blesbuck (Damaliscus albifrons) by means of the bont tick (Amblyomma hebraeum). Onderstepoort J. vet. Sci. **9**, 37—48 (1937).

Neitz, W. O., Rabies in South Africa. Fmg. S. Afr. **12**, 130—133 (1937).

Neitz, W. O. and **du Toit**, P. J., Tick-Borne Diseases. J. S. Afr. vet. med. Ass. **9**, 85—124 (1938).

Newstead, **Evans** and **Potts**, Guide to the study of tsetse-flies. Liverpool School of Trop.-Med. Memoir (N. S.), Bd. XI., Nr. 1. 266 pp. 28 Taf., 4 Karten, 59 Textabb.

Nicol, J., Anthrax control in native reserves. J. S. Afr. vet. med. Ass. **4**, 46—47 (1933).

Nicol, J., A short note on the control and eradication of ticks in the Cape Province. J. S. Afr. vet. med. Ass. **6**, 270—273 (1935).

Nicolau, S., Mathis, C. et Constantinesco, V., Sur un virus de l'Oulou-Fato (Maladie du chien fou) isolé chez l'homme. Bull. Soc. Path. exot. **24**, 931—939 (1931).

Nicolau, S., Mathis, C. et Constantinesco, V., La rage autochtone (maladie du chien fou) en Afrique Occidentale Française (Etude critique et expérimentale). Ann. Inst. Pasteur **50**, 778—839 (1933).

Nicolle, C., Fonctionement des services de l'Institut Pasteur pendant l'année 1934. Arch. Inst. Pasteur Tunis **24**, 371—395 (1935).

Nieschulz, O., (Übertragung der Pferdesterbe auf Mäuse). Tydschrift v. Diergeneeskunde, Dezember 1932.

Nieschulz, O., Über Infektionen von Ratten mit Pferdesterbevirus. Zschr. Inf. Kr. Haust. **43**, 257—260 (1933).

Nieschulz, O., Über Infektion von Mäusen mit dem Virus der südafrikanischen Pferdesterbe. Zbl. Bakt. I. (Orig.) **128**, 465—482 (1933).

Nieschulz, O., Bedford, G. A. H. and du Toit, R. M., Investigations into the transmission of bluetongue in sheep during the season 1931/32. Onderstepoort J. vet. Sci. **2**, 509—562 (1934).

Nieschulz, O., Bedford, G. A. H. and du Toit, R. M., Results of a Mosquito survey at Onderstepoort during the Summer 1931—32 in Connection with the Transmission of Horsesickness. Onderstepoort J. vet. Sci. **3**, 43—77 (1934).

Nieschulz, O., Bedford, G. A. H. and du Toit, R. M., Investigations into the transmission of horsesickness at Onderstepoort during the season 1931—32. Onderstepoort J. vet. Sci. **3**, 275—334 (1934).

Nieschulz, O., Proeven met het virus van den blauwtong der Zuid-Afrikaansche schapen in muisen. Ned. Tjidschr. Hyg. **8**, 189—193 (1934).

Nieschulz, O., Weitere Versuche über die Infektion von Ratten mit Pferdesterbevirus. Zbl. Bakt. I. Orig. **132**, 199—203 (1934).

Nieschulz, O. and du Toit, R. M., Investigations into the transmission of horsesickness at Onderstepoort during the season 1932—1933. Onderstepoort J. vet. Sci. **8**, 213—268 (1937).

Nieschulz, O., Über eine Bartonellainfektion beim Rinde. Ztschr. Inf. Krkh. Haustiere. **53**, 175—179 (1938).

Noell, R. E. E., Quelques cas de Coryza gangreneux des Bovidés en Tunisie. Rec. méd. vét. exot. **2** (1929).

Noell, R. E. E., La rage en Tunisie. Paris: Diss. 1926 und Rec. Méd. vét. **103**, 371.

Oliver, A., A note on the Control of Rinderpest in India. Agric. Live-stck. India **6**, 626—631 (1936), Ref. Vet. Bull. **7**, 422 (1937).

Omlin, A., Versuche zur Immunisierung gegen die „Tristeza". Piroplasmose und Anaplasmose der Rinder. Schweiz. Arch. Tierheilk. **74**, 559—569 (1932).

Orr, J. B., Discussion on nutrional Anaemias. The role of inorganic elements in nutritional anaemia. Proc. R. Soc. Med. **28**, 469—475 (1935).

Ortlepp, R. J., On a collection of helminths from a South African farm. J. helminth. **4**, 127—142 (1926).

Ortlepp, R. J., Echinococcus in Dogs from Pretoria and Vicinity. Onderstepoort J. vet. Sci. **3**, 97—108 (1934).

Ortlepp, R. J., Preliminary note on the life-history of Gaigeria pachyscelis (Raill. and Henry, 1910), hookworm of sheep. Onderstepoort J. vet. Sci. **3**, 347—349 (1934).

Ortlepp, R. J. and Mönnig, H. O., Anthelmintic tests, chiefly with tetrachlorethylene, for the removal of the hookworm, Gaigeria pachyscelis from infected sheep, with observations on the effects of this drug on other parasitic nematodes. Onderstepoort J. vet. Sci. **7**, 399—417 (1936).

Ortlepp, R. J., South African Helminths, Part I. Onderstepoort J. vet. Sci. **9**, 311—336 (1937).

Ortlepp, R. J., Observation on the morphology and life-history of Gaigeria pachyscelis Raill. & Henry, 1910, a hookworm of sheep and goats. S. Afr. J. Sci. **33**, 875—876 (1937).

Ortlepp, R. J., Beware of the deadly hookworm in merino sheep. Fmg. S. Afr. **12**, 21 (1937).

Ortlepp, R. J., The biology of Onchocercasis in man and animals. J. S. Afr. med. vet. Ass. **8**, 1—6 (1937).

v. Ostertag, R., Das Veterinärwesen und Fragen der Tierzucht in Deutsch-Südwestafrika. Jena: Gustav Fischer, 1912, 188 S., 87 Abb.

v. Ostertag, R., Über Rinderpest. Zschr. Inf. Krkh. Haustiere **18**, (1916) (Sonderdruck).

v. Ostertag, R. (als Zusammensteller), Festschrift Herrn Geh. Reg.-Rat Prof. Dr. Dr. E. Fröhner zu seinem 70. Geburtstage. Stuttgart: F. Enke, 1928, 433 S.

v. Ostertag, R., Lehrbuch der Schlachtvieh- und Fleischbeschau. Stuttgart: F. Enke, 1932, 1208 S., 358 Abb., 5 farbige Tafeln.

Ota, M. et Galliard, H., Sur une teigne trichophytique d'un bovidé du Cameroun produite par une espèce nouvelle de Grubyella, G. camerounensis n. sp. Ann. parasit. hum. comp. **4**, 14—21 (1926).

Otto, J. S., The assimilation of calcium and phosphorus by the growing bovine. Onderstepoort J. vet. Sci. **10**, 281—366 (1938).

Paine, R. and Martinaglia, G., Tuberculosis in Wild Buck living under Natural Conditions. J. S., Afr. vet. med. Ass. **1**, 87—91 (1928).

Paine, R. and Martinaglia, G., Tuberculosis in Wild Buck living under Natural Conditions. J. comp. Path. **42**, 1—8 (1929).
Paine, R., The veterinarian and some of South Africas little problems. Vet. Rec. **10**, 42—47 (1930).
Paine, R., An Observation on the Preparation of Blood Smears for the Diagnosis of Piroplasmosis. J. S Afr. vet. med. Ass. **5**, 127 (1934).
Panisset, L., La fièvre charbonneuse. Considérations relatives à la maladie dans nos possessions d'outremer. Rec. Méd. vét. exot. **3**, 65—76 (1930).
De Paoli, P., La diffusione del tetano in Eritrea. Arch. ital. Sci. med. colon. **12**, 223—229 (1931), Ref. Jber. **51**, II, 963 (1931).
De Paolis, E., Di alcune forme di agalassia contagiosa della pecore e delle capre (Contributo alla connoscenza della malattia). Mongr. Staz. sper. „Salvatore Baldassare" Foggia. (1933), Ref Vet. Bull. **5**, 491 (1935).
Parkin, B. S. and Hornby, H. E., A contribution to the study of „immunity" in bovine trypanosomiasis. 16. rep. dir. vet. serv. U. v. S. A., 11—22 (1930).
Parkin, B. S., A study of bovine trypanosomiasis. 16. Rep. dir. vet. serv. U. v. S. A., 21 ff.. 1930.
Parkin, B. S., Antimosan therapy in Trypanosoma congolense infection of sheep 17. Rep. Dir. Vet. Serv. U. v. S. A. I, 67—76 (1931).
Parkin, B. S., Styrylquinoline No. 314 in Trypanosomiasis. 17. Rep. Dir. Vet. Serv. U. v. S. A. I, 77—82 (1931).
Parkin, B. S., A note on the diagnosis of bovine Trypanosomiasis. 17. Rep. Dir. Vet. Serv. U. v. S. A. I, 83—86 (1931).
Parkin, B. S., Treatment of piroplasmose with T. 21. 17. Rep. Dir. Vet. Serv. U. v. S. A. I, 27—43 (1931).
Parkin, B. S., The symptomatology and treatment of Trypanosoma congolense infection of canines. Onderstepoort J. vet. Sci. **4**, 247—250 (1935).
Parkin, B. S., Symptomatology of some Trypanosomiases of domestic animals. Onderstepoort J. vet. Sci. **4**, 251—267 (1935).
Parkin, B. S., A short study of bovine anaplasmosis, with special reference to the chemotherapy. Onderstepoort J. vet. Sci. **4**, 269—280 (1935).
Parkin, B. S., The Treatment of T. brucei Infection of Equines with Antimosan. Onderstepoort J. vet. Sci. **4**, 281—284 (1935).
Parkin, B. S., Antimosan-fastness of T. congolense. Onderstepoort J. vet. Sci. **4**, 285—286 (1935).
Parkin, B. S., The intravenous administration of styrylquinoline in equine trypanosomiasis. Onderstepoort J. vet. Sci. **4**, 287—288 (1935).
Parkin, B. S., Auto-sterilisation in Trypanosomiases. Onderstepoort J. vet. Sci. **10**, 21—28 (1938).
Parlier, La ladrerie bovine à Dakar. Rev. méd. vét. **90**, 504—515 (1938).
Parrot, L., Spirochétose naturelle du canard domestique. Bull. Soc. Path. exot. **13**, 647—648 (1920).
Parrot, G., Les Rickettsioses confèrent-elles l'immunité vraie ou la prémunition? Arch. Inst. Pasteur Alg. **15**, 142—187 (1937).
Pauli-Magnus, Über Trypanosomiasis bei Hunden an der Küste von Kamerun. Arch. Schiffs-Tropen-Hyg. **42**, 519—550 (1938).
Peck, E. F., s. auch Britisch-Somaliland.
Peck, E. F., An outbreak of infections conjunctivitis and dacryocystitis in troop ponies. Vet. Rec. **16**, 283 (1936).
Peck, E. F., The preparation of Naganol in solution. Vet. Rec. **50**, 436 (1938).
Peck, E. F., Notes relating to the Camel. Vet. Rec. **50**, 1052—1054 (1938).
Pellegrini, D., Tripanosi naturale del suino. Nuova vet. **15**, 305—308 (1937), Ref. Jber. **62**, 519 (1938).
Peltier, M., Arquié, E., Fabre, P., Durieux, C. et Jonchère, H., Brucellose humaine en Afrique occidentale française; isolement d'une souche de „Brucella Melitensis". Bull. Soc. Path. exot. **31**, 575 (1938).
Pergher, G. et Noel, G., Note sur la fièvre ondulante au Ruanda-Urundi. Ann. Soc. belge Méd. trop. **16**, 216—225 (1936).
Phipps, F. E., Les Trypanosomiases dans la région de Carnot (Haute-Sangha). Bull. Soc. Path. exot. **12**, 416—434 (1919).
Piettre, M., Les bases d'un grand élevage colonial. Paris: Ass. Col. Sci. 1929, pp. 15.
Pigneur, G., Ruanda-Urundi. Ann. méd. vét., Juni 1928, Ref. Rec. méd. exot. **2**, 114—115 (1929).
Pigneur, G., Au sujet du Butake dans le bétail des Ruanda-Urundi et Kivu. Ann. Soc. belge méd. trop. **12**, 337—349 (1932).
Pigneur, G., Sur la Transmission héréditaire du Trypanosome Cazalboui-vivax chez le bovidé du Ruanda-Urundi. Ann. Soc. belge Méd. trop. **12**, 545—547 (1932).
Piot Bey, Recrudescence de la peste bovine en Egypte etc. etc. Ann. Inst. Pasteur **33**, 197—207 (1919).
Piot Bey, La fièvre aphteuse. Mémoires presentés à l'Institut d'Egypte. Cairo 1920.
Piot Bey, Hémosérothérapie de la peste bovine en Egypte et dans le Grand Liban. Rec. Méd. vét. **103**, 306—310 (1927).

P i r a n i , A., Sulla piroplasmosi bovina nell'altipiano della Colonia Eritrea. Clin. vet., 439 (1923), Ref. Jber. **43**, 56 (1923).

P i r a n i , A., Sull àzione del tripanbleu nella piroplasmosi dei bovini della colonia Eritrea. Cin. vet., 451. (1923), Ref. Jber. **43**, 56 (1923).

P i r a n i , A., Sulla peste bovina nei suini importati nella Colonia Eritrea. Clin. vet., p. 460 (1923), Ref. Jber. **43**, 16 (1923).

P i r a n i , A., L'attività dell'istituto siero-vaccinogene Eritreo nei riguardi delle malattie della carenza. Clin. vet. **52**, 311—327 (1929), Ref. Jber. **49**, II. 1101 (1929).

P i r a n i , A., Spirillosi e altre malattie dei polli nella colonia Eritrea. Nuova vet. **7**, 95—101 und 131—136 (1929), Ref. Jber. **49**, II, 1116 (1929).

P i r a n i , A., Sulla peste bovina. Arch. ital. Sci. med. colon. **10**, 328—354 (1929). Ref. Jber. **49**, II, 923 (1929).

P i r a n i , A,, Sulle infezioni carbonchiose e sul comportamento del bacillo del carbonchio ematico nella Colonia Eritrea. Clin. vet. **52**, 780—787 (1929), Ref. Jber. **49**, II, 890 (1929).

P i r a n i , A., Tripanosomiasi nei bovini della Colonia Eritrea. Nuova Vet. **7**, 159—166 und 201—203 (1929), Ref. TVB. **18**, 2 (1930).

P i r a n i , A., Sull'azione del tripanbleu nella piroplasmosi dei bovini della Colonia Eritrea. Giorn. ital. di malattie esotiche e tropical della Colonia Eritrea 1929, No. 8, Ref. Zbl. Bact. **97**, 513 (1930).

P i r a n i , A., Sulla peste equina in Eritrea. Nuova vet. **8**, 82—96 (1930), Ref. Jber. **50**, II, 1164 (1930).

P i r a n i , A., Contributo alla conoscenza di alcune infezioni del bestiame in Eritrea (farcino criptococcico, farcino bovino, tetano, cimurro dei cani, infezione streptococciche). Clin. vet. **53**, 216—222 (1930), Ref. Jber. **50**, II. 1118 (1930).

P i r a n i , A. e M o r s e l l i , G., Sulla pleuropneumonite essudativa dei bovini in Eritrea. Nuova vet. **9**, 69—74 (1931), Ref. Jber. **51**, II, 1112 (1931).

P i r a n i , A., Nuovo contributo alla conoscenza delle infezioni del bestiame in Eritrea. (Coccidiosi dei polli-colera dei polli-spirillosi degli agazen-cenuro cerebrale-afta epizootica). Clin. vet. **56**, 341—348 (1933), Ref. Jber. **54**, 624 (1934).

P i r a n i , A., Ambiente zootecnico del Harar: Profilassi generale e miglioramento del bestiame in A. O. I. Profilassi **11**, 16—24 (1938), Ref. Jber. **63**, 625 (1938).

P l a n t u r e u x , E., Fréquence et gravité des pneumonies sur les chevaux traités antérieurement, pour lymphangite épizootique, par le biodure de mercure. Rev. vét. mil. **11**, 321—322 (1927), Ref. Jber. **47**, II, 963 (1927).

P l a n t u r e u x , Essais de vaccination préventive contre la lymphangite épizootique, Rev. Vét. et J. Méd. vét. et Zootech. **80**, 382—384 (1928).

P l a n t u r e u x , E., Sur la vaccination antirabique des chiens avant morsure. Ann. Inst. Pasteur. Rabies Suppl. 176—180 (1935).

P l a n t u r e u x , E., Traitement et prévention de la maladie du jeune âge (maladie de Carré) par le serum des chiens adultes. Rev. méd. vét. **89**, 321—324 (1937).

P o i s s o n , H., La ladrerie du porc à Madagascar. Rec. Méd. vét. exot. **2**, 9—19 (1929).

P o i s s o n et R a n d r i a m b e l o m a , Cysticercose bovine à Madagascar. Rec. Méd. vét. exot. **2**, 70—72 (1929).

P o i s s o n , H., Note sur la distomatose des moutons de Madagascar. Bull. Soc. Path. exot. **22**, 521—523 (1929).

P o i s s o n , H., The veterinary service in Cameroon. Pan. afric. agric. and vet. conf. pap. vet. sect., 188—192 (1930).

P o i s s o n , H., Veterinary legislation in Madagascar. Pan. afr. agr. and vet. conf. pap. vet. sect., 193—197 (1930).

P o i s s o n , H., Veterinary education in Madagascar. Pan. afr. agr. and vet. conf. pap. vet. sect., 301—304 (1930).

P o i s s o n , H. et B u c k , G., A propos d'un cas de tuberculose pulmonaire du chat. C. R. Soc. Biol. Paris **107**, 1058—1060 (1931).

P o i s s o n , H. et B u c k , G., Sur trois cas intéressants de lymphangite ulcéreuse du Cheval. Coup d'oeil historique sur l'existence de cette maladie à Madagascar. Rec. Méd. vét. exot. **5**, 207—213 (1932).

P o i s s o n , H., Les helminthiases du porc à Madagascar. Rec. Méd. vét. exot. **7**, 10—15 (1934).

P o s t i g l i o n e , E., Il servizio veterinario e le più gravi malattie difusibili del bestiame nelle nostre colonie dell'Africa Orientale. Clin. vet. **58**, 614—690 (1935), Ref. Jber. **58**, 615 (1936).

P o t t s , W. H., The Distribution of Tsetse-flies in Tanganyika Territory. Bull. ent. Res. **28**, 127—148 (1937).

P o u l t o n , W. F., s. auch Uganda.

P r i c o l o , A. e F e r r a r o , G., Identificazioni dei Trypanosomi della Colonia Eritrea. Clinica Vet. **43**, 111—123 (1920). Ref. TVB. **9**, 204 (1921).

P r ö l s , W., Das Phosphatproblem in der Tierzucht Südwestafrikas. SWA.-Farmer 8, 6. 10. (1931).

P r u n i e r , R., Le cheptel bovin d'A. O. F. est-il suffisement protégé contre la peste bovine? Rec. Méd. vét. exot. **3**, 176—185 (1930). Ref. Jber. **50**, II, 999 (1930).

P r u n i e r , Les maladies du Bétail en A. O. F. (Sénégal-Mauritanie). Rec. Méd. vét. exot. **5**, 110 (1932).

P u r c h a s e , H. S., A study of cross-immunity with viruses of fowl-plague and observations on the duration of immunity. Brit. J. expt. Path. **12**, 199—201 (1931).

P u r c h a s e , H. S., An atypical fowl plague virus from Egypt. J. comp. Path. **44**, 71—82 (1931).

Purchase, H. S., Northern Rhodesia (1937). Report of Officer in Charge of Veterinary Experimental Station, Machili, 1936. Rep. vet. Dep. N. Rhod. 1936, 42—45 (1937).

Purvis, G. B., East coast fever—a warning (Eingesandt). Vet. Rec. **15**, 280 (1935).

Purvis, G. B., East coast fever (Eingesandt). Vet. Rec. **15**, 685 (1935).

Purvis, G. B., The control of east coast fever in Africa, with some remarks on colonial office policy. Vet. Rec. **49**, 119 (1937).

Quin, J. I. and Rimington, C., Geeldikkop. A critical review of the problem as it affects sheep farming in the Karoo together with recommendations in the light of newer knowledge. J. S. Afr. vet. med. Ass. **6**, 16—24 (1934).

Quin, J. I., Rimington, C., Roets, G. C. S., Studies on the Photosensitation of Animals in South Africa VIII. The Biological formation of Phylloerythrin in the digestive tracts of various domesticated Animals. Onderstepoort J. vet. Sci. **4**, 463—478 (1935).

Quin, J. I. and Rimington, C., The Geeldikkop Disease in Sheep. Fmg. S. Afr. **10**, 101—102, 130 (1935).

Quin, J. I., Geeldikkop Disease. Practical Measure for its Control. Fmg. S. Afr. **13**, 301—303 (1938).

Quinlan, I., Researches into sterility of cows in South Africa. 13. and 14. Rep. Dir. vet. Ed. U. v. S. A. I, 553—573 (1928).

Quinlan, J., Researches into sterility of cows in South Africa. 15. Rep. Dir. vet. Serv. U. v. S. A. **2**, 833—1055 (1929).

Quinlan, J., Sterility or reduced fertility of cattle in South Africa. J. S. Afr. vet. med. Ass. **1**, 21—30 (1930).

Quinlan, J., Observations on Sterility of cattle in South Africa. 12. Internat. Vet.-Kongr. **1934**, **2**, **367—388**.

Quinlan, J., de Kock, G. and Marais, I. P., The operation of spleenectomy in horses, cattle, sheep. goats, pigs, dogs and some South African antelopes: a summary of the results of 98 spleenektomies. Onderstepoort J. vet. Sci. **5**, 273—303 (1935).

Quiroga, S. e Schanz, P. J., Il metodo intradermico di Donatien e Lestoquard nella diagnosi della peste porcina. Profilassi **10**, 213—217 (1937), Jber. **63**, 472 (1938).

Rabagliati, D. S., Notes on a few diseases met with in Egypt, of mutual interest to the medical and veterinary professions. Vet. J. **79**, 12—21 (1923).

Rabagliati, D. S., An outbreak of demodectic mange in cattle. Vet. J. **79**, 275—280 (1923).

Rabagliati, D. S., Experiments on the immunity conferred on calves by inoculation against cattle plague. J. comp. Path. **37**, 1—18 (1924).

Rabagliati, D. S., Veterinary Legislation in Egypt. Vet. J. **81**, 479—484 (1925).

Rabagliati, D. S., The Egyptians and their domesticated animals from a veterinarians standpoint. Vet. Rec. **5**, 333—345 (1925), Vortrag mit Diskuss.

Rabagliati, D. S., Notes on a few bovine diseases dealt with by the Egyptian veterinary service. Vet. J. **82**, 248—255 (1926).

Rabagliati. D. S., Sideligths on a veterinarians life in Egypt. Vet. Rec. **7**, 95—101 (1927).

Rabatel, M. J., La Gale sarcoptique du Mouton au Dahomey. Rec. Méd. vét. **102**, 285—287 (1926).

Rabatel, J. (1931—1933), La lutte contre la peste bovine au Dahomey. Rec. Méd. vét. exot. **4**, 65—83 (1931), **5**, 194—206 (1932), **6**, 139—144 (1933).

Rachad, A. M., Fowl Plague in Egypt. Bull. Minist. Agric. Egypt. No. 140 (1934), Ref. Vet. Bull. **6**, **340** (1936).

Rachad, Sitzungsbemerkung über ägyptisches Fieber. Bull. Off. int. Epiz. 12. Proces-Verbaux des Séances, 599 ff. (1936).

Rachad, III. Proces-verbaux des séances. Bull. Off. int. Epiz. **14**, 367—478 (1937).

Rahim-ud-Din, M., Rinderpest Immunisation at Sivestock Station Hosūr Cattle Farm. Indian. vet. J. **13**, 128—130 (1936), Ref. Vet. Bull. **7**, 468 (1937).

Randriambelona, M., Notes sur l'échinococcose à Madagascar. Bull. Soc. Path. exot. **24**, 972—973 (1931).

Regendanz, P. und Reichenow, E., Über Zeckengift und Zeckenparalyse. Arch. Schiffs.-Trop.-Hyg. **35**, 255 (1931).

Regendanz, P. und Reichenow, E., Die Entwicklung von Babesia canis in Dermacentor reticulatus. Arch. Protistenk. **79**, 50—71 (1933).

Regendanz, P., Über den Entwicklungsgang von Babesia bigemina in der Zecke Boophilus microplus. Zbl. Bakt. I. (Orig.) **137**, 423—428 (1936).

Reichenow, E., Die Übertragungsweise und Entwicklung der Piroplasmen. Zbl. Bakt. I. (Orig.) **135**, 108—119 (1935).

Reichenow, E., Über die Entwicklung von Theileria parva, dem Erreger des Küstenfiebers der Rinder, in Rhipicephalus appendiculatus. Zbl. Bakt. I. (Orig.) **140**, 223—226 (1937), (17. Tagg. dtsch. Ges. Mikrobiologie in Berlin 1937).

Reinboth, Immer noch die Rinderpestfrage in Äthiopien. Deutsche Landw. Tierzucht 1937, 315.

Remlinger, P., Leger, M. et Teppaz, Contribution à l'étude de la rage au Sénégal. Bull. Soc. Path. exot. **16**, 4—6 (1923).

Remlinger, P., Un procédé simple de diagnostic expérimental de la rage. Rec. Méd. vét. **102**, 80—81 (1926).

Remlinger, P. et Bailly, J., La vaccination antirabique du chien au Maroc. Rev. gén. Méd. vét. **38**, 193—200 (1929).

Remlinger, P. et Bailly, J., Unicité ou pluralité du virus rabique. Ann. Inst. Pasteur **45**, 376—385 (1930).

Remlinger, P. et Bailly, J., Les confusions entre les virus neurotropes et le virus rabique. Moyens de les éviter. Bull. Inst. Pasteur **29**, 1—13 (1931).

Remlinger, P. et Bailly, J., La vaccination antirabique des animaux au Maroc en 1930. Arch. Inst. Pasteur Algér. **9**, 333—341 (1931).

Remlinger, P. et Bailly, J., Etudes sur la rage (Deuxième mémoire). Ann. Inst. Pasteur **49**, 665—735 (1932).

Remlinger, P. et Bailly, J., La rage et le virus rabique au Maroc. Bull. Soc. Path. exot. **25**, 289—294 (1932).

Remlinger, P. et Bailly, J., Vaccination préventive du chat contre la rage. Bull. Acad. Méd. Paris III, S. 110, 577—581 (1933).

Remlinger, P., Sur le comportement du virus rabique en A. O. F. et en A. E. F. Bull. Soc. Path. exot. **26**, 941 (1933).

Remlinger, P. et Bailly, J., La vaccination antirabique des animaux au Maroc en 1935. Bull. Acad. vét. Fr. **9**, 131—139 (1936).

Remlinger, P. et Bailly, J., Transmission de la rage à cigogne (Ciconia ciconia). C. R. Soc. Biol. Paris **123**, 383—385 (1936).

Remlinger, P. et Bailly, J., Les vaccins antirabiques phéniqués ou la méthode italienne du traitement de la rage. Presse méd. 1936 II, 1682—1684, Ref. Jber. **61**, 251 (1937).

Remlinger, P. et Bailly, J., Contribution à l'étude de la vaccination antirabique par les vaccins phénoliques. Maroc. Méd. **16**, 628—630 (1936), Ref. Vet. Bull. 8, 362 (1938).

Remlinger, P. et Roumy, B., Un cas de rage à forme prurigineuse simulant la maladie d'Aujetzky. Bull. Acad. vét. Fr. **10**, 356—358 (1937).

Remlinger, P. et Bailly, J., La souche africaine de la maladie d'Aujetzky. Bull. Acad. Méd. Paris III, S. 118, 155—162 (1937).

Remlinger, P. et Bailly, J., Etudes sur la rage. Paris: Masson & Cie, 1938, pp. 174.

Remlinger, P. et Bailly, J., La vaccination antirabique des animaux au Maroc en 1937. Bull. Acad. vét. Fr. **11**, 122—130 (1938).

Van Rensburg, S., Pregnancy disease in ewes. A. In South Africa. Vet. Rec. **11**, 1147—1148 (1931).

Van Rensburg, S. W. J., The incidence and diagnosis of streptococcic mastitis. J. S. Afr. vet. med. Ass. **8**, 14—22 (1937).

Van Rensburg, S. W. J., Surfen C therapy in Trypanosoma congolense infection in bovines and ovines. Onderstepoort J. vet. Sci. **10**, 13—20 (1938).

Repetto, R., A propos de l'existence de la rage au Congo Belge. Ann. Soc. belge Méd. trop. **12**, 147—151 (1932).

Richardson, U. F., s. auch Uganda.

Richardson, U. F., s. auch Pan African veterinary congress, 1923.

Richardson, U. F. and Carmichael, J., Epizootic of Rinderpest dealt with by local serum production in an outlying district of the Uganda Protectorate. J. comp. Path. **39**, 311—317 (1926).

Richardson, U. F., Treatment of cattle infected by T. congolense with antimony potassium tartrate. J. comp. Path. **41**, 199—208 (1928).

Richardson, U. F., Notes on Trypanosomiasis of Cattle in Uganda. Trans. R. Soc. trop. Med. Hyg. **22**, 137 146 (1928).

Richters, C. E., Die Serumtherapie der Rinderpest in Deutsch-Ostafrika. Arch. Schiffs-Trop.-Hyg. **28**, 501—502 (1924).

Richters, C. E., Klinik und Prophylaxe der Piroplasmosen. Zbl. Bakt. I. Orig. 135, 119 (1935).

Richters, C. E., Die Bekämpfung der Tierseuchen im ehemaligen Deutsch-Ostafrika. Arch. Schiffs.-Trop.-Hyg. **41**, 207—213 (1937), nach Lichtenheld, Tropenpflanzer, 1923.

Rickmann, W., Tierzucht und Herdenkrankheiten in Deutsch-Südwestafrika. Berlin: Richard Schoetz, 1908, 364 S.

Rimington, C. and Quin, J. I., Studies on the photosensitization of animals in South Africa. II. The presence of a lethal factor in certain members of the plant genus Tribulus. Onderstepoort J. vet. Sci. **1**, 469—489 (1933).

Rimington, C. und Quin, J. I., Das Vorkommen eines Methämoglobinämie erzeugenden Prinzipes bei einigen Arten der Pflanzenfamilie Tribulus. Biochem. Z. **269**, 4—13 (1934).

Rimington, C. and Quin, J. I., Studies on the Photosensitisation of Animals in South Africa. VII. The Nature of the Photosensitising Agent in Geeldikkop. Onderstepoort J. vet. Sci. **3**, 137—157 (1934).

Rimington, C. and Quin, J. I., Dik-oor of Geeldikkop on Grass-Veld Pastures. J. S. Afr. vet. med. Ass. **8**, 141—146 (1937).

Rimington, C., Quin, J. I. and Roets, G. C. S., Studies upon the Photosensitisation of animals in

South Africa. X. The icterogenic factor in Geeldikkop. Isolation of active principles from Lippia rehmanni, Pears. (Verbenaceae). Onderstepoort J. vet. Sci. **9**. 225—258 (1937).

Rinaldi, L., Di una tripanosi dei dromedari riscontrata in Tripolitania (Misurata). Arch. ital. Sci. med. colon. **14**, 141—143 (1933). Ref. Vet. Bull. **6**, 412 (1936).

Robert, L'echinococcose. Rôle des carnassiers dans sa transmission. Rev. Vét. et J. Méd. vét. et Zootech. **80**, 270—279 (1928).

Robin, V., Les maladies par carence des animaux des pays-chauds. Congr. int. d'agric. trop., Paris 1931, Ref. Rec. méd. vét. exot. **5**, 226—229 (1932).

Robinson, E. M., s. auch Green, H. H., 1932 (Sammelreferat).

Robinson, E. M., Contagious abortion of cattle in South Africa. 5./6. Rep. Dir. vet. Res. 1918, 335 (1919).

Robinson, E. M., The value of the complement fixation test in the routine diagnosis of glanders. 7./8. Rep. Dir. vet. Res. 1918, 578 (1920).

Robinson, E. M., Serological investigations into some diseases of domesticated animals in South Africa caused by Trypanosomes. 11. and 12. Rep. Dir. vet. Ed. I, 9—25 (1926).

Robinson, E. M., Notes on a few outbreaks of botulism in domesticated animals and birds. 15. Rep. Dir. vet. Serv. U. v. S. A. I, 111—117 (1929).

Robinson, E. M., A note on Corynebakterium ovis (Bacillus of Preisz Nocard). 15. Rep. dir. vet. serv. U. v. S. A. I, 119—121 (1929).

Robinson, E. M., A note on the serological diagnosis of horsesickness. S. Afr. J. Sci. **29**, 353—354 (1932).

Robinson, E. M., On unusual pyogenic condition in young lambs. J. S. Afr. vet. med. Ass. **3**, 141—143 (1932).

Robinson, E. M. and Coles, J. D. W. A., A note on Aegyptianella pullorum in the Fowl in South Africa. 18. Rep. dir. vet. serv. U. v. S. A. I, 31—34 (1932).

Robinson, E. M., The outbreak of Foot and Mouth Disease at Germiston. J. S. Afr. vet. med. Ass. **4**, 173—177 (1933).

Robinson, E. M., Bloedpens. Fmg. S. Afr. **11**, 257 (1936).

Robinson, E. M. and Alexander, R. A., Infectious diseases of animals in South Africa. Fmg. S. Afr. **11**, 418—419 (1936).

Robinson, E. M., Veterinary bacteriological problems in South Africa. J. comp. Path. **50**, 325—329 (1937).

Robinson, E. M., Food poisoning caused by materials of animal origin. S. Afr. med. J. **11**, 455—463 (1937).

Robinson, E. M., Trichomonas infection in a heifer and a brief review of abortion in bovines due to Trichomonas infection. J. S. Afr. vet. med. Ass. **8**, 134—140 (1937).

Rodhain, J., Piroplasmes d'okapi et d'éléphants dans l'Ouelle. Bull. Soc. Path. exot. **29**, 877—881 (1936).

Rossi, P., La piroplasmose équine vraie. Observations cliniques, hématologiques et thérapeutiques. Rev. vét. Toulouse **88**, 7—25 (1936).

Roubaud, E., Les mouches „Tsétsés" et les conditions de l'élevage en Afrique Occidentale Française. Agr. Colon. Paris. 217—223, 254—262 (1922), Ref. Rev. appl. Ent. **10**, 212—214 (1922).

Le Roux, G. J. F., L'action préventive du 309 Fourneau dans les trypanosomiases animales. Essai sur la prévention de l'infection à Trypanosoma Brucei (nagana) du boeuf. Paris: Diss. 1930, Ref. Jber. **50**, II, 1105 (1930).

Roux, L. L., Sex physiology of sheep. Onderstepoort J. vet. Sci. **6**, 465—717 (1936).

Le Roux, P. L., s. auch Nordrhodesien.

Le Roux, P. L., Remarks on the habits and the pathogenesis of Schistosoma matthaei, together with notes on the pathological lesions observed in infected sheep. 15. Rep. Dir. vet. Serv. U. v. S. A. I, 347—406 (1929).

Le Roux, P. L., Two species of Haemonchus Cobb. 1898 parasitizing the Camel in the Cape Province. 15. Rep. Dir. vet. serv. U. v. S. A., 439—450 (1929).

Le Roux, P. L., A preliminary communication on the life cycle of Cotylophoron cotylophorum and its pathogeneicity for sheep and cattle. 16. Rep. Dir. Vet. Serv. U. v. S. A., 243—253 (1930).

Le Roux, P. L., Onchocerciasis of cattle, with special reference to its possible life cycle and control. Pan. afr. agr. and vet. conf. pap. vet. sect., 107—112 (1930).

Le Roux, P. L., A brief review of the literature dealing with the kidney-worm (Stephanurus dentatus Diesing 1839) of swine, together with suggestions for its control and ultimate eradication. Pan. afr. agr. and vet. conf. pap. vet. sect., 112—118 (1930).

Le Roux, P. L., Helminthiasis of domestic stock in the Union of South Africa. J. S. Afr. vet. med. Ass. 1, 43—65 (1930).

Le Roux, P. L., Notes on the more important worms of cattle, sheep and pigs in Northern Rhodesia. Ann. Bull. Dep. Anim. Health. N. Rhod. 1931, 9—24 (1932).

Le Roux, P. L., A preliminary note on Bilharzia margrebowiei, a new parasite of ruminants and possibly of man in Northern Rhodesia. J. Helminth. **11**, 57—62 (1933).

Ruppert, F., Präzipitinreaktion bei Rinderpest. Deutsche Tierärztl. Wschr. **27**, 423—424 (1919).

Ruppert, F., Die prophylaktische Anwendung von Atoxyl und Brechweinstein gegen Tsetse bei Maultieren im Deutsch-Ostafrikanischen Feldzug. Deutsche Tierärztl. Wschr. **27**, 507 (1919).

Ruppert, F., Bipolare Bazillen als Erreger einer seuchenhaften Konjunktivitis bei Einhufern in Ostafrika. Deutsche Tierärztliche Wschr. **28**, 73 (1920).

Ruppert, F., Über labile Immunität bei der Tsetsekrankheit. Arch. Schiffs.-Tropen-Hyg. **24**, 1—8 (1920).
Ruppert, F., Die prophylaktische Anwendung von „Bayer 205" bei Trypanosomeninfektion großer Haustiere. Berl. Tierärztl. Wschr. **32**, 369—370 (1923).
Van Saceghem, R., s. auch unter Mandat stehendes deutsches Schutzgebiet Ruanda-Urundi.
Van Saceghem, R., Contribution à l'étude de l'Osteoporose au Congo belge. Bull. Soc. Path. exot. **12**, 238—243 (1919).
Van Saceghem, R., L'avortement épizootique au Congo Belge. C. R. Soc. Biol. **83**, 187—188 (1920).
Van Saceghem, R., La trypanosomiasis du Ruanda (moyen Congo). Rev. vét. **73**, 619 (1921).
Van Saceghem, R., La trypanosomiase au Ruanda. C. R. Soc. Biol. **84**, 283—286 (1921).
Van Saceghem, R., L'anaphylaxie dans l'hyperimmunisation des Bovidés contre la peste bovine. C. R. Soc. Biol. **85**, 1105—1106 (1921).
Van Saceghem, R., La pneumonie contagieuse des chèvres au Ruanda. Ann. Soc. belge Méd. trop. **2**, 121—124 (1922).
Van Saceghem, R., L'oestre du mouton au Ruanda (Afrique Orientale). Bull. Soc. Path. exot. **16**, 17—18 (1923).
Van Saceghem, R., La bronchite vermineuse des Bovidés au Ruanda. Bull. Agric. Congo Belge **14**, 50—56 (1923), Ref. TVB. **11**, 132 (1923).
Van Saceghem, R., Action de l'hexamethylène-tétramine (Urotropine) dans les trypanosomiases animales. C. R. Soc. Biol. **91**, 917—918 (1924).
Van Saceghem, R., Propagation de Theileria parva par les tiques. Bull. Méd. Katanga. **2**, 213 (1925). Ref. TVB. **14**, 127 (1926).
Van Saceghem, R., Le traitement des trypanosomiases animales par le 205 Bayer (Naganol). Ann. Soc. belge Méd. trop. **5**, 101—107 (1925).
Van Saceghem, R. et Witvrouwen, Empoisonnements dues à des vegetaux, observés au Katanga chez les bovidés. Bull. Méd. Katanga **3**, 17—18 (1926), Ref. TVB. **14**, 162 (1926).
Van Saceghem, R., L'action du tryparsamide dans les trypanosomiases animales. Ann. Soc. Belge Méd. trop. **5**, 121—123 (1926).
Van Saceghem, R., La fièvre aphteuse dans l'est Africain Belge. Ann. Soc. belge Méd. trop. **5**, 209—214 (1926).
Van Saceghem, R., Note sur les piroplasmoses au Congo et le traitement au trypanbleu. C. R. Soc. Biol. **97**, 1196 (1927).
Van Saceghem, R., L'avortement épizootique des bovidés au Katanga (Congo belge). Ann. Soc. belge Méd. trop. **7**, 157—164 (1927).
Van Saceghem, R., Aperçu scientifique sur les élevages au Congo. Ann. Méd. vét. **76**, 430—441 (1931).
Van Saceghem, R., Essais thérapeutiques chez les bovidés infectés par Trypanosoma congolense. Ann. Soc. belge Méd. trop. **14**, 219—221 (1934).
Van Saceghem, R., Le butaka. Ann. Soc. belge Méd. trop. **14**, 225—229 (1934).
Van Saceghem, R., La séroinfection dans la vaccination contre la peste bovine. Ann. Soc. belge Méd. trop. **14**, 231—233 (1934).
Van Saceghem, R., La dermatose, dite contagieuse, des bovidés. Impétigo tropical des bovidés. Bull. agr. Congo belge **25**, 590—598 (1934), Ref. Vet. Bull. **6**, 399 (1936).
Van Saceghem, R., Sur le diagnostic des infections dues à Trypanosoma vivax chez les bovines. Bull. Soc. Path. exot. **27**, 733—734 (1934).
Van Saceghem, R., Le traitement de la trypanosomiase animale au laboratoire vétérinaire de Kisenyi Bull. Agr. Congo belge **26**, 476—479 (1935), Ref. Vet. Bull. **6**, 729 (1936).
Van Saceghem, R., La pasteurellose bovine au Ruanda-Urundi. Ann. Soc. belge Méd. trop. **16**, 125—128 (1936).
Van Saceghem, R., Les theilérioses. Bull. Soc. Path. exot. **30**, 675—679 (1937).
Van Saceghem, R., L'immunisation des bovidés contre la trypanosomiase. Bull. Soc. Path. exot. **31**, 296—298 (1938).
Sagne, J., Le rouget du porc sur les plateaux algériens. Arch. Inst. Pasteur Alg. **5**, 21 ff. (1927), Ref. Jber. **47**, II, 830 (1927).
Saillard, La gonacrine comporte des contre indications. Maroc méd. **18**, 73—74 (1938), Ref. Vet. Bull. **8**, 661 (1938).
Salliou, D., L'élevage dans le cercle de Kindia. Rec. méd. vét. exot. **10**, 72—81 (1937).
Samsonoff, Intoxication des ruminants par les sécrétions du criquet pèlerin. Rec. Méd. vét. **95**, 556—563 (1919).
Sanborn, C. E., Stiles, G. W. and Moe, L. H., Preliminary experiments in the transmission of Anaplasmosis by Horseflies. Oklahoma Agric. Expt. Sta. Bull. No. 204 (1932), Ref. Vet. Bull. **4**, 25 (1934).
Sandiford, B. R., Ali, M. and Sallam, H. A., Two outbreaks of food poisoning in Egypt associated with anaërogenic strains of Bacterium Aertrycke. J. Egypt. publ. Hlth. Ass. **10**, 16—20 (1936), Ref. Vet. Bull. **7**, 351 (1937).
Sarnowiec, W., Nouvelle méthode de diagnostic des maladies à virus filtrants, son application au diagnostic de la peste porcine. Bull. Acad. vét. France **7**, 147—149 (1934).

Saunders, P. T., and Kylasam Ayyar, An experimental study of rinderpest virus in goats in series of 150 direct passages. The Indian J. of vet. Sci. and Anim. Husb., März 1936, S. 1—8.

Scheben, L., Die Lahmkrankheit des Rindes. (Abh. FWG. f. SW.-Afrika.) Windhuk 1919.

Scheben, L., Eine seuchenhaft auftretende eiterige Nebenhodenentzündung des Schafes in Südwestafrika. Berl. Tierärztl. Wschr. 172 (1921).

Schellhase, Über das Vorkommen von kokkenähnlichen Gebilden in den Lungenexsudaten von Tieren, die an Lungenbrustfellentzündung leiden (ansteckende Lungenbrustfellentzündung der Ziegen, Schweinepest usw.). Zschr. f. Inf. Krkh. Haustiere **20**, 63 (1919).

Scheuber, J., A note on investigations into the distribution of Lamsiekte organism (Cl. parabotulinum C type). 15. Rep. Dir. vet. serv. U. v. S. A. I, 223—226 (1929).

Scheuber, J. R., Black-Quarter and allied anaerobic diseases in South Africa. Pap. Pan-Afr. agr. conf. Part. III. Anim. husb. and vet. 1929, 65—72 (1929).

Scheuber, J. R., Black Quarter and Malignant Oedema: A new Method for the Preparation of a Bivalent Vaccine against B. chauvoei and Vibrion septique. 17. Rep. Dir. Vet. Serv. U. v. S. A. I, 193—196 (1931).

Scheuber, J. R., The occurence of B. oedematiens in South Africa. 18. Rep. Dir. Vet. Serv. U. v. S. A. I, 141—143 (1932).

Schilling, C., Schreck, H., Neumann, H. und Kunert, H., Versuche zur Schutzimpfung gegen Tsetsekrankheit. Z. Immun. Forsch. **83**, 71—94 (1934).

Schilling, C., Bericht über eine Studienreise nach Ost- und Südafrika. Deutsche Med. Wschr. 1935, 1202—1206 (1935).

Schilling, C., Immunisierung gegen Trypanosomenkrankheiten. Deutsche Med. Wschr. 1936, 1715—1716 (1936).

Schmid, F., Diagnose und Bekämpfung der parasitären Krankheiten unserer Haustiere. Berlin: R. Schoetz, 1937, 134 S., 66 Abb., 1 Übersichtstafel.

Schmid, F., Trypanosomen bei einer milzbrandverdächtigen Kuh. Münch. Tierärztl. Wschr. 1938, 25—26 (1938).

Schmid, G., Die zur Gruppe der haemorrhagischen Septikämie gehörigen Tierseuchen in Südwestafrika. Mitt. FWG. 1919, 319, Forts.

Schmid, G., Hämorrhagische Septikämie bei Eseln in Südwestafrika. Deutsche Tierärztl. Wschr. **28**, 528—529 (1920).

Schmid, G., Betreffend Rinderseuche. Mitt. FWG. 1920, 179.

Schmid, G., Anaplasmose und Rinderzucht. Mitt. FWG. 1920, 510.

Schmid, G., Beobachtungen über eine ansteckende Hautkrankheit bei Ferkeln, verursacht durch Spirochaeten. Berl. Tierärztl. Wschr. **41**, 340—342 (1925).

Schmid, G., Beobachtungen über eine ansteckende Krankheit bei Ferkeln, verursacht durch Spirochaeten. SWA.-Farmer **2**, 7. 6. (1925).

Schmid, G., Das Vorkommen von Finnen beim Rind und ihre Bekämpfung. SWA.-Farmer **4**, 20. 10. (1927).

Schmid, G., Tierseuchen und Herdenkrankheiten in Südwest und ihre Bekämpfung. SWA.-Farmer **5**, 9—11 (1928).

Schmid, G., Fragen der Hygiene in der Karakulzucht. Der Karakulzüchter **1**, 2. 3. (1933).

Schmid, G., Field observations on ecthyma contagiosum of goats in South West Africa. J. S. Afr. vet. med. Ass. **5**, 16—17 (1934).

Schmid, G., Karakulzüchter **6**, 1. 4. (1938).

Schmidt, H. und Peter, F. M., Ergebnisse und Fortschritte der Antimontherapie. Leipzig: Georg Thieme (1937), pp. 218.

Schmidt, H. und Peter, F. M., Advances in the Therapeutics of Antimony. Leipzig: Georg Thieme (1938).

Schröder, In welchem Umfang kommen Maltafieber und Bangsche Krankheit in Südwest- und Südafrika vor? Arch. Schiffs-Trop.-Hyg. **40**, 169 (1936).

Schuler et Velu, H., L'anémie infectieuse des Equides au Maroc en 1932. Bull. Soc. Path. exot. **26**, 726—741 (1933).

Schulz, K., Abscesses in the salivary glands of cattle. J. S. Afr. vet. med. Ass. **4**, 13—15 (1933).

Schulz, K., Dourine or Slapsiekte. J. S. Afr. vet. med. Ass. **6**, 4—15 (1935).

Schwentker, F. F. and Rivers, Th. M., Rift valley fever in man, Report of a fatal laboratory infection complicated by thrombophlebitis. J. exper. Med. **59**, 305—313 (1934).

Schwetz, J., Notes sur les trypanosomiases animales du Haut-Katanga. Ann. Soc. belge méd. trop. **7**, 135—145 (1927), Ref. TVB. **16**, 78 (1928).

Schwetz, J., Notes sur les trypanosomiases animales de Stanleyville. Bull. Agric. Congo belge **19**, 562—576 (1928), Ref. TVB. **18**, 1 (1930).

Schwetz, J. and Collart, A., Notes protozoologiques. Spirochètes sanguicoles chez Cobus vardoni et Gonderia mutans chez Cobus ellipsiprymnus et chez Ourebia hastata. Bull. Soc. Path. exot. **22**, 651—656 (1929).

Schwetz, J. and Storck, N., On a case of triple infection in a cow.—Piroplasma bigeminum, Gonderia mutans and Trypanosoma uniforme. Trans. R. Soc. trop. Med. Hyg. **23**, 637—639 (1930).

Schwetz, J. and Storck, N., Theileria mutans et corps bleus de Koch. Bull. Soc. Path. exot.. 9 avril 1930, Ref. Rec. méd. vét. exot. 3, 95 (1930).

Schwetz, J., Contribution à l'étude des trypanosomiases des suidés. Ann. trop. Méd. Parasit. 24, 217—240 (1930).

Schwetz, J., Sur une épizootie de theilériose mortelle (East Coast Fever) à Stanleyville (Congo belge). C. R. Soc. Biol. Paris 111, 1100—1102 (1932).

Schwetz, J., Sur une épizootie de theilériose mortelle (East Coast Fever) à Stanleyville (Congo belge). Ann. Parasit. hum. comp. 12, 228—247 (1934), ausführlicher in: Bull. agric. Congo belge 26, 88—129, Ref. Vet. Bull. 6, 323 (1936).

Schwetz, J. and Els, Caccavella, Notes sur une épizootie de péripneumonie contagieuse bovine dans une ferme de Stanleyville. Ann. Soc. belge Méd. trop. 14, 65—74 (1934).

Schwetz, J., Présence de Theiléria dans le sang des antilopes du genre Cephalophus de la forêt équatoriale africaine. Ann. Parasit. hum. comp. 13, 32—35 (1935).

Schwetz, J., Trypanosoma suis Ochmann, 1905, Trypanosoma porci Schwetz, 1932, ou Trypanosoma simiae Bruce, 1912? A propos de la nomenclature de la trypanosomiase virulente du porc. Bull. Soc. Path. exot. 30, 501—511 (1937).

Schwonder, Die Landwirtschaft in Angola. SWA.-Farmer 7, 11. 4. (1930).

Sen, S. K., Three day sickness of cattle. (A résumé of the literature.) Ind. J. Vet. Sci. and Anim. Husb. 7. 14—23 (1931), Ref. Vet. Bull. 1, 129/30 (1931).

Sen, S. K. and Abdus Salam, Experiments on the transmission of Rinderpest through the agency of Stomoxys calcitrans Linn. Ind. J. vet. Sci. etc. 7, 219—224 (1937), Ref. Jber. 63, 140 (1938).

Senevet, G. and Witas, P., Enquète sur d'échinococcose en Algérie. Arch. Inst. Pasteur Algér. 4, 343—456 (1926).

De Sequeira, L. A. F., Ecole de médecine tropicale. Rapport de la mission médicale à la colonie de Guinée en 1932. Lissabon: Soc. nac. de tipografia (1935) (französisch), Ref. Vet. Bull. 7, 215 (1937).

Sergent, Ed., s. auch Algerien.

Sergent, Ed. et Lhéritier, A., Gale du dromedaire (première note). Bull. Soc. Path. exot. 12, 94—99 (1919).

Sergent, Ed. et Et. et Donatien, A., Deuxième Note sur l'hérédité de l'infection et de l'immunité dans la trypanosomiase des dromedaires. Bull. Soc. Path. exot. 13, 525—527 (1920).

Sergent et Donatien, Transmission naturelle et expérimentale de la trypanosomiase des Dromedaires par les stomoxes. Arch. Inst. Pasteur Afr. Nord. 2, 291 (1923).

Sergent, Ed., De l'association des différentes piroplasmoses entre elles, à propos du prétendu Piroplasma annulatum Dschunkowsky et Luhs 1904. Bull. Soc. Path. exot. 16, 23—30 (1923).

Sergent, Ed. et Donatien, A., Debab et nagana chez le dromedaire. Arch. Inst. Pasteur Alg. 2, 162 (1924).

Sergent, Ed., Donatien, A., Plantureux, E. et Deguillaume, A., Essais de traitement du Debab trypanosomiase des dromedaires (3me Mémoire). Arch. Inst. Pasteur Alg. 2, 166—177 (1924).

Sergent, Ed., Donatien, A., Parrot, E., Lestoquard, F., Plantureux, Ed. et Rougebieff, H., Etudes expérimentales sur les piroplasmoses bovines d'Algérie. Ann. Inst. Pasteur 38, 273—343 (1924).

Sergent, Donatien, Parrot, Lestoquard et Plantureux, Des piroplasmoses bovines du G. Babesiella. Description d'une nouvelle espèce B. major (origine: France). Ann. Inst. Pasteur 40, 582—594 (1926).

Sergent, Ed., Donatien, A., Parrot, L., Lestoquard, F. et Plantureux, E., Les piroplasmoses bovines. La „fièvre de la côte orientale" et la theilériose nord-africaine (étude expérimentale comparative). Ann. Inst. Pasteur 41, 489—506 (1927).

Sergent, Ed., Donatien, A., Parrot, L., Lestoquard, F. et Plantureux, E., Etudes expérimentales sur les piroplasmoses bovines d'Algérie. Ann. Inst. Pasteur 41, 721—784 (1927), s. a. Arch. Inst. Past. Algér. 5, 161—187 (1927).

Sergent, Ed., Donatien, A., Parrot, L., Lestoquard, F. et Plantureux, E., Etudes expérimentales sur les piroplasmoses bovines d'Algérie (2e Memoire). Ann. Inst. Pasteur 41, 1175—1188 (1927).

Sergent, E., Donatien, A., Parrot, L. et Lestoquard, F., Tiques et piroplasmoses bovines d'Algérie. Bull. Soc. Path. exot. 21, 846—849 (1928).

Sergent, E., Donatien, Parrot et Lestoquard, Sur la lutte biologique contre la piroplasmose bovine due à Theileria dispar. C. R. Acad. Sci. 187, 433—434 (1928).

Sergent, Ed., Un danger pour l'Afrique du Nord: La peste bovine qui règne en Afrique noire. Bull. Off. int. Epiz. 4, 353—356 (1930).

Sergent, Ed., Donatien, A., Parrot, L. et Lestoquard, F., Considérations étiologiques sur la theilériose bovine nord-africaine. C. R. Acad. Sci. 192, 393—395 (1931).

Sergent, E., Donatien, A., Parrot, L. et Lestoquard, F., Transmission héréditaire de Piroplasma bigeminum chez Rhipicephalus bursa. Persistance du parasite chez des tiques nourries sur des chevaux. Bull. Soc. Path. exot. 24, 195—198 (1931).

Sergent, E., **Donatien**, A., **Parrot**, L. et **Lestoquard**, F., La prémunition contre les piroplasmoses bovines dans l'Afrique du Nord. Ann. Inst. Pasteur **47**, 63—72 (1931).

Sergent, Ed., Donatien, A., Parrot, L. et Lestoquard, F., L'anaplasmose bovine à Anaplasma centrale. Arch. Inst. Pasteur Algér. **11**, 526—569 (1933).

Sergent, Ed., Donatien, A., Parrot, L. et Lestoquard, F., Dix ans de vaccination prémunitive contre les piroplasmoses bovines en Afrique du Nord. C. R. Acad. Agric. Fr. **20**, 169—172 (1934).

Sergent, Ed. et Sergent, Et., Expérience d'adjonction de phosphates au régime alimentaire de bovins algériens. Arch. Inst. Pasteur Algér. **12**, 339—402 (1934).

Sergent, Ed., Sur le diagnostic, le traitement et l'épidémiologie de la leishmaniose viscérale dans le bassin mediterranéen. II. B. Note sur le traitement employé en Algérie. Bull. trimestr. Organ. Hyg. (Soc. Nat.) **4**, 832 (1935).

Sergent, Ed., Donatien, A., Parrot, L. et Lestoquard, F., Etude morphologique du cycle évolutif de Theileria dispar chez le boeuf et chez la tique. Ann. Inst. Pasteur **57**, 30—55 (1936).

Sergent, E., **Donatien**, A., **Parrot**, L. et **Lestoquard**, F., Cycle évolutif de Theileria dispar du boeuf chez la tique Hyalomma mauritanicum. Arch. Inst. Pasteur Algér. **14**, 259—294 (1936).

Sergent, Ed. et Poncet, A., Tableau de la répartition saisonière des tiques les plus répandues en Algérie. Arch. Inst. Pasteur Algér. **15**, 220—224 (1937).

Sharpe, G. C. Hooper, s. Hooper-Sharpe, s. auch Südrhodesien.

Sicé, A. et Boisseau, R., Contribution à l'étude de la rage canine (virus des rues) en Afrique Equatoriale Française. Bull. Soc. Path. exot. **23**, 703—709 (1930).

Siebel und Walkiviecs, Über die Ansteckungsfähigkeit des gesalzenen Fleisches rinderpestkranker Tiere. Berl. Tierärztl. Wschr. 1922, 387.

Sigwart, H., Beitrag zur Zeckenkenntnis von Deutsch-Südwestafrika, unter besonderer Berücksichtigung der Funde in den Bezirken Outjo und Waterberg. Ztschr. Inf. Krkh. Haust. **16**, 434—444 (1914/15).

Sigwart, H., Die Dreitagekrankheit des Rindes. Mitt. FWG. 1919, 108.

Sigwart, H., Die borstige Ohrzecke. Mitt. FWG. 1920, 152.

Sigwart, H., Das ansteckende Verkalben (nach Robertson, J. Agric. S. A.. Aprilheft 1920, S. 8 ff.). Mitt. FWG. 1920, 237.

Sigwart, H., Zur Art des Auftretens des Rauschbrandes im südlichen Afrika. Berl. Tierärztl. Wschr. 1921, 304.

Sigwart, H., Die gutartigen Pocken der Ziegen Südwestafrikas. Mitt. FWG. **5**, 27 (1922).

Sigwart, H., Die Blauzunge der Schafe. SWA.-Farmer **4**, 32. 9. (1927).

Sigwart, H., Lamsiekte of sheep in South West Africa. J. S. Afr. vet. med. Ass. **1**, 25—30 (1929).

Sinclair, J. M., s. auch Südrhodesien.

Singh, U., „Ephemeral fever" or „three days sickness in cattle". Ind. vet. J. **3**, 205—207 (1927).

Smit, B., Sheep Blowfly Control. Fly-traps and their Construction. J. Dep. Agric. U. v. S. A. **12**, 132—143 (1926), Ref. TVB. **14**, 95 (1926).

Smit, B. and du Plessis, S., The distribution of Blow-flies in South Africa, with special reference to those species that attack sheep. U.v. S. A. Dep. Agric. Bull. No. **13**, 1—19 (1927), Ref. TVB. **16**, 55—56 (1928).

Smit, B., Observations on the life history of the sheep maggot fly, Lucilia sericata. U. v. S. A. Dep. Agr. Sci. Bull. No. **68**, Pretoria 1928, Ref. Zbl. Bact. **98**, 230 (1930).

Smit, B., The progress of the sheep-maggot fly investigation at Grootfontein school of agriculture. J. S. Afr. vet. med. Ass. **1**, 59—61 (1928).

Smit, B., A study of the sheep Blow-Flies of South Africa. 17. Rep. Dir. Vet. Serv. U. v. S. A. I, 299—421 (1931).

Smith, E. C., Canine Rabies in Nigeria. West. Afr. Med. J., Lagos. **2**, 120—125 (1928), Ref. TVB. **17**, 136—137 (1929).

Smith, Irvine, s. Irvine-Smith.

Smith, J., s. auch Nordrhodesien.

Smith, J., Veterinary problems of the African native. Pan. afr. agr. and vet. conf. vet. sect. pap. 290—292 (1930).

Smith, J., The combating of animal diseases and the improvement of stock in Empire countries. Vet. Rec. **49**, 2, 1232—1244 (1937).

Snyman, P. S., Vibrio fetus as a cause of bovine abortion in South Africa. 17. Rep. Dir. Vet. Serv. U. v. S. A. I, 197—203 (1931).

Snyman, P. S., Combating contagious Abortion. Fmg. S. Afr. **10**, 473 (1935).

Snyman, P. S., Rabies in South Africa. J. S. Afr. vet. med. Ass. **8**, 126—133 (1937).

Snyman, P. S., Combating contagious abortion. Fmg. S. Afr. **13**, 307—308 (1938).

Solomon, S. G., On a collection of parasitic worms from East Africa. J. Helminth. **10**, 209—230 (1932).

Sprehn, C. E. W., Lehrbuch der Helminthologie. Berlin: Gebr. Bornträger 1932, 998 S., 374 Abb., 1253 Lit.

Spreull, J., Heartwater. J. agric. Dep. U. v. S. A. **4**, 236—245 (1922), Ref. TVB. **10**, 87 (1922).

Spreull, J., A South African problem. Can we eradicate Anthrax? Vet. Rec. **3**, 559—561 (1923).

Springholz-Schmid, A. F., Zur Frage der Pferdenuttaliose. Ztschr. Inf. Krkh. Haustiere **52**, 221—231 (1937).

Srockantiah, G. N., Tissue vaccine against Rinderpest (a résumé of the litterature). Ind. vet. J. **14**, 22—27 (1937).

Staffe, A., Milchviehhaltung im tropischen Urwald? Deutsche Molkereizeitung Folge **9**, 4. März 1937. Sonderdruck.

Staffe, A., Die Bedeutung der Milchwirtschaft für die Bevölkerungspolitik im Urwaldbereich der Kameruner Tropen. Sonderdruck aus den Berichten des XI. Milchwirtschaftlichen Weltkongresses, Berlin 1937, 345—348.

Staples, R. R., The effects of burning on the pasturage of natural grasslands, with special reference to South Africa. Pan-Afric. Agric. and Vet. Conf. Papers, Agric. Sect., 202—210 (1929).

Steck, W., Pathological Studies on Heartwater. 13. and 14. Rep. Dir. vet. Ed. U. v. S. A., I, 283—305 (1928).

Stent, S. M. and **Lawrence**, D. A., Poisonous or suspected poisonous plants of Southern Rhodesia. Rhod. Agric. J. **29**, 15—20 (1932), Ref. Vet. Bull. **2**, 403 (1932).

Sterne, Max, The effects of different carbon dioxide concentrations on the growth of virulent anthrax strains. Pathogenicity and immunity tests on Guineapigs and Sheep with anthrax variants derived from virulent strains. Onderstepoort J. vet. Sci. **9**, 49—78 (1937).

Stewart, J. L., s. auch Goldküste.

Stewart, J. L., The veterinary service on the Gold Coast. Vet. Rec. **13**, 924—925 (1933).

Stewart, J. L., „Immune" Cattle plague Antiserum Manufactured in the Field. J. comp. Path. **48**, 117—124 (1935).

Stewart, J. L., Treatment of trypanosomiasis by tartar emetic, antimosan and „surfen" C 2 in the Gold Coast. J. comp. Path. **48**, 316—318 (1935).

Stewart, J. L., Porcine Trypanosomiasis in the Gold Coast. Trans. R. Soc. trop. Med. Hyg. **30**, 313—314 (1936).

Stewart, J. L., Tsetse-Fly-Eradication. Report on the eradication of Tsetse-Fly of the G. palpalis-group from the Pong-Tamale Area, Northern Territories, Gold Coast. Vet. Rec. **49**, 2, 1386 (1937).

Stewart, J. L., Production of anti-rinderpest serum from ex-serum bullocks. Vet. J. **93**, 294—295 (1937).

Steyn, D. G., Preliminary report on a South African virus disease amongst pigs. 13. and 14. Rep. Dir. vet. Ed. U. v. S. A., I, 415—428 (1928).

Steyn, D. G., Geilsiekte and its detection in the field. J. S. Afr. vet. med. Ass. **2**, 108—114 (1931).

Steyn, D. G., Investigations into the cause and transmission of lumpy wool affecting Merino sheep and its treatment. 17. Rep. Dir. Vet. Serv. U. v. S. A. I, 205—213 (1931).

Steyn, D. G., East African Virus Disease in Pigs. 18. Rep. Dir. Vet. Serv. U. v. S. A., I, 99—109 (1932).

Steyn, D. G., The effects of sulphur on merino sheep and their resistance to potassium cyanide poisoning. 18. Rep. dir. vet. serv. U. v. S. A., 597—610 (1932).

Steyn, D. G., Experiments with potassium cyanide on rabbits. 18. Rep. Dir. Vet. Serv. U. v. S. A. **II**, 939—945 (1932).

Steyn, D. G., Plant poisoning in stock and the development of tolerance. Onderstepoort J. vet. Sci. **1**, 149—156 (1933).

Steyn, D. G., The diagnosis, treatment, and prevention of vegetable poisoning. J. S. Afr. vet. med. Ass. **4**, 193—201 (1933).

Steyn, D. G., The Toxicology of plants in South Africa. together with a consideration of poisonous foodstuffs and fungi. Johannesburg: Central News Agency Ltd., 1934, 631 S., 135 Abb.

Steyn, D. G., The Toxicology of Plants in South Africa. Onderstepoort J. vet. Sci. **3**, 359—473 (1934).

Steyn, D. G., A further Experiment to determine the safe dose of sulphur for sheep. J. S. Afr. vet. med. Ass. **6**, 183—187 (1935).

Steyn, D. G., The toxicity of trypanblue. Onderstepoort J. vet. Sci. **5**, 467—471 (1935).

Steyn, D. G., Arsenical poisoning in stock. Fmg. S. Afr. **12**, 329—330 (1937).

Steyn, D. G., Recent investigations into the toxicity of known and unknown poisonous plants in the Union of South Africa. Onderstepoort J. vet. Sci. **9**, 111—126 (1937).

Steyn, D. G., Die wichtigsten südafrikanischen Giftpflanzen. Ztschr. Inf. Krkh. Haust. **53**, 333—349 (1938).

Steyn, D. G., The presence of hydrocyanic acid in stock feeds and other plants J. S. Afr. vet. med. Ass. **9**, 60—64 (1938).

Strong, R. P. (als Herausgeber), The African republic of Liberia and the Belgian Congo.—Contributions from the Department of Tropical Medicine and the Institute for tropical Biology and Medicine No. V. Cambridge: Harvard Univ. Press, 1930, 2 Bde.

Strong, R. P., Onchocerciasis in Central America and Africa. Trans. R. Soc. trop. Med. Hyg. **30**, 487—506 (1937).

Stylianopoulos, M., Considération sur la pleuropneumonie des chèvres en Grèce et contribution à son étude expérimentale. Rev. gén. méd. vét. **42**, 401 (1933).

Swynnerton, C. F. M., Some Traps for Tsetse-Flies. Bull. ent. Res. **24**, 69—106 (1933).

Swynnerton, C. F. M., Protection of vegetation against grass-fires as a possible solution for some Tsetse problems. Bull. ent. Res. **25**, 415—430 (1934).

Swynnerton, C. F. M., The Tsetse Flies of East Africa, first study of their ecology, with a view to their control. The Transactions of the Royal Entomological Society of London. Vol. **84**. London 1936, 88 Taf., Abb. u. a., Karten usw., 579 S.

Symes, C. B. and Roberts, J. I., A list of the Muscidae and Oestridae causing myiasis in men and animals in Kenya, recorded at the Medical Research Laboratory, Nairobi. East. Afr. Med. J. **9**, 18—20 (1932), Ref. Vet. Bull. **3**, 710 (1933).

Symes, C. B. and Vane, R. T., The Eradication of G. palpalis from River Areas by the „Block" Method. Nairobi: Govt. Printer 1937, 60 u. a. a. O. Ref. Vet. Bull. **8**, 224—225 (1938).

Tarantino, B., La peste equina in Eritrea. Clin. vet. **44**, 441—446 (1921), Ref. TVB. **10**, 23 (1922).

Tarantino, Nota di una dermatite non ancora classificata bovini in Eritrea. Clin. vet. 1921, 707, Ref. Jber. **41—42**, 243 (1921/22).

Tarantino, G. B., Peste bovina. Clin. vet. **51**, 739—745 (1928), Ref. Jber. **48**, II, 925 (1928).

Tarantino, G. B., Intossicazioni alimentari. Giorn. Med. vet. 1929, I, 133—137 und 155—162 (1929).

Tarantino, G. B., Dengue. Giorn. Med. vet. 1929, I, 287—291, Ref. Jber. **49**, II, 1090 (1929).

Tarantino, G. B., Tripanosomiasi animali esistenti nel comprensario della Agricola Italo Somala (S. A. I. S.). Profilassi e trattamento curativo. Arch. ital. Sci. med. colon. **15**, 431—449 (1934), Ref. Jber. **55**, 605 (1934).

Tarantino, G. B., Lotta contro la peste bovina. Az. vet. **6**, 77—78 (1937), Ref. Vet. Bull. **8**, 504 (1938).

Tassious, Urine—an agent of propagation of rinderpest. Conf. on co-ord. vet. Res. Brit. E. Afr., 112 (1936).

Taylor, E. L., An attempt to transmit Anaplasmosis by british biting flies. Vet. J. **91**, 4—11 (1935).

Taylor, E. L., Does Jaagsiekte occur in Great Britain? J. comp. Path. **50**, 317—320 (1937).

Taylor, E. L., Grazing Hygiene with respect to Parasitic Disease. XIII. int. tierärztl. Kongr. 1938, Heft **8**, 48—58 (1938).

Teppaz, L., La lutte contre la péripneumonie au Sénégal. Rec. Méd. vét. **95**, 614—617 (1919).

Teppaz, L., Au sujet de la peste bovine. Rec. Méd. vét. **95**, 642—644 (1919).

Teppaz, Un nouveau cas de rage du chien au Sénégal. Bull. Soc. Path. exot. **13**, 16—18 (1920).

Teppaz, L., A propos d'un cas de rage humaine au Sénégal. Rec. Méd. vét. 207—209 (1921).

Teppaz, L., Contribution à l'étude de la Horse-sickness au Sénégal. Rec. Méd. vét. **102**, 128—129 (1926), Auszug aus Diss.

Teppaz, L., Les tuberculoses animales en Afrique occidentale française. Rec. Méd. vét. **102**, 213—214 (1926).

Teppaz, L., La ladrerie du boeuf à l'abattoir de Dakar en 1923. Rec. Méd. vét. **102**, 408—409 (1926).

Theiler, A., s. auch Green, H. H., 1932 (Sammelreferat).

Theiler, A., Observations on an epizootic contagious catarrh of the respiratory organs of equines and its relation to purpura haemorrhagica. 7. und 8. Rep. Dir. vet. Res. U. v. S. A. 1918, 361—393 (1920).

Theiler, A., The cause and prevention of Lamsiekte. Repr. No. 13 from J. Dep. Agric. 1920, Ref. Zbl. **71**, 410 (1921).

Theiler, A., Die Ursache und Verhütung der Lahmkrankheit. Mitt. FWG. (J. Dep. Agric. Juni 1920) 1920, 366, Forts.

Theiler, A., African Horse Sickness (Pestis equorum). Peresiekte or Paardensiekte (Dutch), Pferdesterbe (German), La peste du cheval (French), La peste equina (Italian). Union of S. Afr. Dep. Agric. Sci. Bull. No. **19**. Pretoria 1921: Govt. Prt. Off., Ref. TVB. **10**, 44 (1922).

Theiler, A., du Toit, P. J. and Mitchell, D. T., Gousiekte in sheep. 9./10. Rep. Dir. vet. Res. U. v. S. A., 1 (1924).

Theiler, A. und Robinson, E. M., Der Botulismus der Haustiere. Definition, Historisches, Literaturübersicht, Experimentelles. Ztschr. Inf. Krkh. Haustiere **31**, 165—220 (1927).

Theiler, A. et du Toit, P. J., Theilériose sud-africaine expérimentale transmise par le sang. Bull. Soc. Path. exot. **21**, 121—132 (1928).

Theiler, A., Ecthyma contagiosum of sheep and goats. 13. and 14. Rep. Dir. vet. Ed. U. v. S. A., I, 9—14 (1928).

Theiler, A. and du Toit, P. J., The transmission of tickborne diseases by the intrajugular injection of the emulsified intermediary host itself. 13. and 14. Rep. Dir. vet. Ed. U. v. S. A., I, 17—44 (1928).

Theiler, A. and Graf, H., Gonderia mutans or Theileria mutans. 13. and 14. Rep. Dir. Vet. Ed. U.v. S. A., 71—106 (1928).

Theiler, Sir A., The pathological aspect of phosphorus and calcium deficiency in cattle. Vet. Rec. **11**, 1142 ff. (1931).

Theiler, A., The pathological aspect of mineral deficiency in cattle. Sect. Trans. Brit. Assoc. Adv. Sc. London, 157—158 (1931).

Theiler, Sir A., Untersuchungen über den Bau normaler und durch calcium- und phosphorarme Nahrung veränderter Rinderknochen. Denkschriften der Schweizerischen Naturforschenden Gesellschaft, Band **68**, Abh. 1. Kommissionsverlag von Gebrüder Fretz A.G., Zürich 1932.

Theiler, A., Das Phosphordefizit und die Unfruchtbarkeit der Rinder. Schweiz. Arch. Tierheilk. **75**, 47—66 (1933).

Schrifttum

Theiler, A., Untersuchungen über den Bau normaler und durch calcium- und phosphorarme Nahrung veränderter Rinderknochen. Schweiz. Arch. Tierheilk. **75**, 339—366 (1933).

Theiler, Sir A., Rabies in South Africa. Vet. J. **90**, 9—13 (1934).

Theiler, Sir A. †, du Toit, P. J. and Malan, A. I., Studies in mineral metabolism XXXVIII. Calcium and phosphorus in the nutrition of growing pigs. Onderstepoort J. vet. Sci. **9**, 127—164 (1937).

Theiler, Gertrud, The Strongylids and other nematodes parasitic in the intestinal tract of South African equines. 9. and 10. Rep. Dir. vet. Ed. Res., 601—773 (1923).

Theiler, H., Immunization against horsesickness. Fmg. S. Afr. **13**, 394 (1938).

Thomas, A., Actinobacillosis and other complications in sheep which may arise from the feeding of prickly pear (Opuntia spp.). 17. Rep. Dir. Vet. Serv. U. v. S. A., I, 215—229 (1931).

Thomas, A. D and Neitz, W. O., The importance of disease in wild animals. S. Afr. J. Sci. **30**, 419—425 (1933).

Thomson, J. G. and Hall, G. N., Observations on intestinal coccidiosis of sheep in Northern Nigeria. J. trop. Med. **34**, 369—373 (1931).

Thomson, J. G. and Hall, G. N., The Occurrence of Babesia motasi Wenyon, 1926 in Sheep in Northern Nigeria, with a Discussion on the Classification of the Piroplasms. J. comp. Path. **46**, 218—231 (1933).

Thomson, J. Gordon and Lamborn, W. A., Mechanical transmission of trypanosomiasis leishmaniasis and yaws through the agency of non-biting haematophagus flies; preliminary note on experiments. Brit. Med. J. 1934, II, 506—509 (1934).

Thornton, Sir, E. N., 1. Malta fever in South Africa. Quart. Bull. Hlth. Org. L. o. N. **5**, 1, 185—186 (1936).

Tissié, Contribution à l'étude de l'osteomalacie à Madagascar. Diss. Toulouse 1928.

Du Toit, P. J., s. auch Union von Südafrika.

Du Toit, P. J., s. auch Green, H. H., 1932 (Sammelreferat).

Du Toit, P. J., Sheep Scab: The infectivity of Kraals. 9. and 10. Rep. Dir. vet. Ed. U. v. S. A., 223—229 (1924).

Du Toit, P. J., Sweating sickness in calves (preliminary report). 9. and 10. Rep. Dir. vet. Ed. U. v. S. A., 233—250 (1924).

Du Toit, P. J., Tierseuchen in Südafrika. Bericht über die Verhandlungen der Abteilung 33 und 34 der 89. Vers. d. Ges. deutscher Naturforscher und Ärzte (1926). Ref. Zbl. Bakt. **84**, 507 (1927).

Du Toit, P. J., Investigations into the cause of Vomeersiekte (Vomiting sickness) in sheep. 13. and 14. Rep Dir. vet. Ed. U. v. S. A., I, 109—153 (1928).

Du Toit, P. J., The veterinary service of the Union of South Africa. J. S. Afr. vet. med. Ass. **2**, 9—18 (1928).

Du Toit, P. J., A note on the diagnosis of Trypanosoma vivax infection. 15. Rep. Dir. Vet. Serv. U. v. S. A., 3—8 (1929).

Du Toit, P. J. and Viljoen, P. R., Dipping as a method of eradicating East Coast fever. 15. Rep. Dir. Vet. Serv. U. v. S. A., I, 33—66 (1929).

Du Toit, P. J., The nature and the duration of the immunity against Bluetongue in sheep. 15. Rep. Dir. Vet. Serv. U. v. S. A. I, 69—78 (1929).

Du Toit, P. J., Studies on the virus of Bluetongue. 15. Rep. Dir. Vet. Serv. U. v. S. A., I, 79—93 (1929).

Du Toit, P. J. and Bisschop, J. H. R., The Breeding of Cattle on Phosphorus deficient Field. 15. Rep. dir. vet. serv. U. v. S. A., II, 1059—1166 (1929).

Du Toit, P. J., Rabies in South Africa. Pap. Pan-Afr. agr. conf. Part. III, anim. husb. and vet., 94—106 (1929).

Du Toit, P. J., Veterinary science and agriculture. (Address as president, section of agriculture, British association for the advancement of science, Bristol, 1930.) Vet. Rec. **10**, 897—904 (1930).

Du Toit, P. J., Immunity in East Coast Fever. 17. Rep. Dir. Vet. Serv. U. v. S. A., I, 3—25 (1931).

Du Toit, P. J. and Bedford, G. A. H., Goat Mange—the infectivity of kraals. 18. Rep. Dir. Vet. Serv. U. v. S. A. Part. I., 145—152 (1932).

Du Toit, P. J. and Alexander, R. A., An attempt to attenuate the „virus" of heartwater by passage. 17. Rep. Dir. Vet. Serv. U. v. S. A., I, 151—160 (1931).

Du Toit, P. J., Malan, A. I., Louw, J. G., Holzapfel, C. R. and Roets, G. C. S., A study of the mineral contents and feeding value of natural pastures in the Union of South Africa. 18. Rep. dep. vet. serv. U. v. S. A., 525—577 (1932).

Du Toit, P. J., Malan, A. I. and Groenewald, J. W., Studies in Mineral Metabolism XVIII. Phosphorus in the nutrition of sheep (Final report). 18. Rep. dir. vet. serv. U. v. S. A., 611—630 (1932).

Du Toit, P. J., Foot and Mouth Disease in Southern Rhodesia. J. S. Afr. vet. med. Ass. **3**, 26—37 (1932).

Du Toit, P. J., Africas Debt to Science. S. Afr. J. Sci. **29**, 1—18 (1932).

Du Toit, P. J., Transmission of animal diseases by aeroplanes. Indian J. vet. Sci. etc. **3**, 291—293 (1933), Ref. Jber. **54**, 93 (1934).

Du Toit, P. J., Anaplasmosis. 12. Intern. Vet.-Kongr. 1934, **3**, 325—345.

Du Toit, P. J., Malan, A. I. and Groenewald, J. W., Studies in mineral metabolism. XXXI. Minimum mineral requirement of cattle (2nd report). Onderstepoort J. vet. Sci. **2**, 565—606 (1934).

Du Toit, P. J., Acclimatization of animals. S. Afr. Med. J. **9**, 739—740 (1935).

Du Toit, P. J., Heartwater. Fmg. S. Afr. **10**, 372—393 (1935).

Du Toit, P. J., The dangers of the locust, campaign to stock. Quart. Bull. Hlth. Org. L. o. N. 5, 1, 159—160 (1936) (diese und folgende s. auch: Bull. trimestr. Organ. Hyg. [Soc. Nat.]. 5, [1936]).

Du Toit, P. J., Wild carnivora as carriers of rabies. Quart. Bull. Hlth. Org. L. o. N. 5, 1, 162—165 (1936).

Du Toit, P. J. (prepared by Dr. de Kock), Bovine Tuberculosis. Quart. Bull. Hlth. Org. L. o. N. 5, 1, 166—168 (1936).

Du Toit, P. J. (Parkin and Harris), Trypanosomiasis of domestic animals. Quart. Bull. Hlth. Org. L. o. N. 5, 170—179 (1936).

Du Toit, P. J. (H. O. Mönnig), Internal parasites in relation to meat supplies. Quart. Bull. Hlth. Org. L. o. N. 5, 1, 182—183 (1936).

Du Toit, P. J. (E. M. Robinson), II. Brucella infections from the public health point of view. Quart. Bull. Hlth. Org. L. o. N. 5, 1, 187—190 (1936).

Du Toit, P. J. (Alexander, R. A.), Virus diseases of animals communicable to man. Quart. Bull. Hlth. Org. L. o. N. 5, 1, 191—197 (1936).

Du Toit, P. J. and Malan, A. I., Mineral licks for Stock. I. Influence of Phosphorus-deficiency on pasture and cattle. Fmg. S. Afr. 11, 177 ff. (1936).

Du Toit, P. J., Anthrax vaccine. Directions for using anthrax single spore vaccine for cattle and sheep. Fmg. S. Afr. 11, 244 (1936).

Du Toit, P. J. and Malan, A. I., Mineral licks for stock. III. The composition of a few licks. Fmg. S. Afr. 11, 313—314, 323 (1936).

Du Toit, P. J., Smuts, D. B. and Malan, A. I., Studies in Mineral Metobolism XXXVI. Fluorine Metabolism in Rats and bovines. Onderstepoort J. vet. Sci. 8, 359—374 (1937).

Du Toit, P. J. and Malan, A. I., Phosphorus and Calcium Deficiency Diseases as two Aetiologically distinct Entities. Nature, 24. Juli (1937), Vet. Rec. 49, 1125—1126 (1937).

Du Toit, P. J. and Alexander, R. A., Malignant catarrhal fever and similar diseases. XIII. internat. tierärztl. Kongr. 1938, Heft 7, 15—21.

Du Toit, R. and Clark, R., The sheep nasal fly. A Method of Treatment for Sheep infected with Larvae of Oestrus ovis. J. S. Afr. vet. med. Ass. 6, 25—32 (1935).

Du Toit, R., The external parasites of sheep. I. Fly pests. Fmg. S. Afr. 13, 401—404, 407 (1938).

Traub, E., Über Immunität und aktive Immunisierung gegen Viruskrankheiten. Ztschr. f. Inf. Krkh. Haustiere 54, Heft 4 (1939).

Turnbull, D. O., s. auch Nyassaland.

Turnbull, D. O., Tropical piroplasmosis in the fort Jameson District of North-Eastern Rhodesia. With Plasma bodies representing development stages of a parasite morphologically similar to Gonderia mutans. J. comp. Path. 39, 307—311 (1926).

Vaucel, M. et Saleun, G., Rage canine en Afrique Equatoriale Française. Bull. Soc. Path. exot. 25, 1018—1021 (1932).

Veglia, F., Chemotherapy of Haemonchosis in Sheep. 5. and 6. Rep. Dir. Vet. Res. U. v. S. A., 377—482 (1918).

Velu, H., s. auch Marokko.

Velu, H., Le charbon bactéridien au Maroc. Bull. Soc. Path. exot. 12, 126—127 (1919).

Velu, H., Une affection non décrite du chien observée au Maroc. Bull. Soc. Path. exot. 12, 132—134 (1919).

Velu, H., La coccidiose de la Chèvre au Maroc et le Parasitisme latent de Eimeria arloingi. Bull. Soc. Path. exot. 12, 298—301 (1919).

Velu, H., Comment il convient d'organiser la lutte contre la gale des animaux domestiques aux Colonies. Bull. Soc. Path. exot. 13, 186—191 (1920).

Velu, H., Quelques observations relatives aux pasteurelloses au Maroc. Bull. Soc. Path. exot. 13, 493—497 (1920).

Velu, H., La fièvre aphteuse au Maroc. L'importance de la médication tonicardiaque. Bull. Soc. Path. exot. 13, 726—729 (1920).

Velu, H., Les anémies pernicieuses du cheval au Maroc et les diagnostics biologiques. Rec. Méd. vét. 97, 263—267 (1921).

Velu, H. et Barotte, J., Eléments pratiques de pathologie vétérinaire exotique. Applications du laboratoire en médicine vétérinaire. Paris: Emile Larose, Libraire-Editeur, 11, rue Victor-Cousin, 1924, pp. III et 435.

Velu, H., Rapidité de l'immunisation du mouton contre le charbon bactéridien par intradermovaccination en un temps: possibilité de l'intervention chez les animaux en période d'incubation. Bull. Soc. Path. exot. 17, 467—470 (1924).

Velu, H., La blastomycose des voies lacrymales de l'ane et son inoculabilité. Bull. Soc. Path. exot. 17, 545—547 (1924).

Velu, H. et Bigot, A., Vaccination du cheval contre le charbon bactéridien per intradermovaccination en un temps. Rec. Méd. vét. 101, 40—49 (1925).

Velu, H. et Vaysse, Au sujet de la durée de l'immunité conferée aux animaux vaccinés contre le charbon bactéridien par la méthode intradermique en un temps. Rec. Méd. vét. 101, 259—260 (1925).

Velu, H. et Balozet, Sur une maladie méconnue: La Bunostomiase ovine. Rec. Méd. vét. **102**, 434—437 (1926).

Velu, H., Vaccination contre le charbon bactéridien par inoculation intradermique en un temps. Ann. Inst. Pasteur **41**, 615—647 (1927).

Velu, H. et Vaysse, Durée de l'immunité consécutive à la vaccination intradermique en un temps contre le charbon bactéridien. Bull. Soc. Path. exot. **21**, 294—295 (1928).

Velu, H., Culture du cryptococcus farciminosus sur tiges de graminées fouragères. C. R. Soc. Biol. **99**, 1777—1778 (1928).

Velu, H., Equipement des fermes marocaines en vue de l'élevage. Terres marocaines. Casablanca 1930, Ref. Rec. méd. vét. exot. **4**, 41 (1931).

Velu, H., Zottner, G. et Iposteguy, Essais de traitement de la theilériose bovine nord-africaine par l'antimosane. Bull. Soc. Path. exot. **25**, 136 (1932).

Velu, H., Les maladies du bétail au Maroc. Congr. int. d'agric. trop., Paris 1931. Ref. Rec. méd. vét. **5**, 91—95 (1932).

Velu, H., Le Darmous (ou Dermes). Fluorose spontanée des zones phosphatées. Arch. Inst. Pasteur Algér. **10** (1932). Ref. Vet. Bull. **2**, 509 (1932).

Velu, H., Existe-t-il des rechutes dans la Theilériose Nord-Africaine? Rev. vét. milit. **17**, 303—306 (1933), Bull. Soc. Path. exot. **26**, 779—781 (1933).

Velu, H., Zottner, G. et Iposteguy, P., Piroplasmoses Nord-Africaines et Chimiothérapie. Bull. Soc. Path. exot. **26**, 67—82 (1933).

Velu, H. et Zottner, G., La gonacrine dans le traitement de la babesiellose ovine et de la nuttalliose. Bull. Soc. Path. exot. **27**, 835—839 (1934), (auch Rev. vét. milit. **18**, 413—417).

Velu, H., Darmous (fluorose chronique) et arrêt du dévelopment. Bull. Acad. vét. Fr. **7**, 108—109 (1934).

Velu, H., Zottner, G., et Weyland, H., La paraplégie infectieuse du cheval est-elle toujours apyretique? Bull. Soc. Path. exot. **28**, 70—74 (1935).

Velu, H. et Zottner, G. (1935), La prophylaxie de la dourine par chimioprevention et chimiothérapie sous contrôle sérologique. Arch. Inst. Pasteur Algér. **13**, 339—368 (1935).

Velu, H., Zottner, G. et Weyland, H., Anémie et paraplégie infectieuse du Maroc: diagnostic différentiei. Bull. Acad. vét. Fr. **8**, 132—134 (1935).

Velu, H., Zottner, G., Grimpret, G. et Petitdidier, M., Nouvelles recherches sur la chimiothérapie des piroplasmoses au Maroc (zothélone ou gonacrine?) I. les babésielloses à B. berbera et B. ovis. Bull. Soc. Path. exot. **29**, 1095—1098 (1936).

Velu, H., Zottner, G. et Grimpret, G., Nouvelles recherches sur la chimiothérapie des piroplasmoses au Maroc (zothélone ou gonacrine?). II. L'anaplasmose bovine. Bull. Soc. Path. exot. **29**, 1098—1099 (1936).

Velu, H. et Zottner, G., Les pyréthrines et la prophylaxie de la strongylose pulmonaire. Bull. Acad. vét. Fr. **10**, 53—58 (1937).

Velu, H., Zottner, G., Miegeville, J. et Grimpret, G., Nouvelles recherches sur la chimiothérapie des piroplasmoses au Maroc (zothélone ou gonacrine?). Bull. Soc. Path. exot. **30**, 20—26 (1937).

Velu, H., Rapport entre l'intoxication fluorique et la calcification de la denture de remplacement chez le mouton. C. R. Soc. Biol. Paris **127**, 854—855 (1938).

Verney, F., s. auch Basutoland.

Verney, F. A., Sheep and Goat Scab in Basutoland. J. comp. Path. **39**, 301—306 (1926).

Viglietta, C., Osservazioni epidemiologiche sulla brucellosi nella provincia di Derna, Arch. ital. Sci. med. colon. **16**, 526—532 (1935), Ref. Vet. Bull. **6**, 495 (1936).

Viljoen, N. F., Cysticercosis in swine and bovines, with special reference to South African conditions. Onderstepoort J. vet. Sci. **9**, 337—570 (1937).

Viljoen, P. J., Schafzucht in Südwestafrika (Schluß). SWA.-Farmer **6**, 19. 3. (1929).

Viljoen, P. R., s. auch Union von Südafrika.

Viljoen, P. R., s. auch Green, H. H., 1932 (Sammelreferat).

Viljoen, P. R., Preliminary Report on the harmful effects of „Steek" grass on the general health and condition of sheep. 5. and 6. Rep. Dir. vet. Res. U. v. S. A., 323—333 (1918).

Viljoen, P. R., On sarcosporidia in relation to lamsiekte. 7./8. Rep. Dir. vet. Res. U. v. S. A., 452 (1920),

Viljoen, P. R., Anthrax. Its Nature and Control. J. Dep. Agric. Pretoria 8, 276—285 (1924), Ref. TVB. **12**, 97 (1924).

Viljoen, P. R. and Scheuber, J. R., Black quarter in South Africa: with special reference to improved methods of protective inoculation. 11. and 12. Rep. Dir. vet. Ed. U. v. S. A., 499—570 (1926).

Viljoen, P. R. and Martinaglia, G., On the occurence of Paratyphoid. Bacillus enteritidis infection in calves. S. Afr. J. Sci. **23**, 532 (1926).

Viljoen, P. R., Tuberculosis in South Africa. J. S. Afr. vet. med. Ass. **1**, 20—32 (1927).

Viljoen, P. R., Curson, H. H. and Fourie, P. J. J., Anthrax in South Africa. With special reference to improved methods of protective inoculation. 13. and 14. Rep. Dir. vet. Ed. U. v. S. A., I, 431—531 (1928).

Viljoen, P. R. and Martinaglia, G., Preliminary report on the investigations carried out in connection with a calf disease in the Marico District, with special reference to Paratyphoid „B. enteritidis" Infection. 13. and 14. Rep. Dir. vet. ed. U. v. S. A., I, 535 (1928).

Viljoen, P. R., The east coast fever problem in the Union. Pan-afr. agr. and vet. conf. vet. sect. pap., 145—157 (1930).

Viljoen, P. R., The scab problem in the Union. Pan-afr. agr. and vet. conf. pap. vet. sect., 219—225 (1930).

Viljoen, P. R., Veterinary problems in native areas. Pan-afr. agr. and vet. conf. pap. vet. sect., 286—290 (1930).

Vitale, A., Vaccinazioni contre la peste bovina. Ann. Igiene 1934, 150—160.

De Vries, A. H., A cheap and effective Blow-Fly trap. Fmg. S. Afr. 8, 351—353 (1933).

De Vries, A. H., The paralysis tick. Fmg. S. Afr. 13, 346 (1938).

Wahby, A. M., The Hygienic Interrelationship of human and Animal Tuberculosis. Bull. Minist. Agric. Aegypt. No. 143 (1934), Ref. Vet. Bull. 6, 310 (1936).

Walker, J., s. auch Kenya.

Walker, J., Intestinal Invagination, Intusseption, in Sheep (Recksiekte or Knopderm). 5. and 6. Rep. Dir. vet. Res. U. v. S. A., 1918, 167—180 (1919).

Walker, J., Pleuropneumonia contagiosa bovum and the preventive method of inoculation. Kenya Col. Dep. Agric. Bull. Bd. 2, Ref. Esp. Sta. Rec. 47, 81 (1923), Ref. Jber. 43, 132 (1923).

Walker, J., Rinderpest. Vet. Rec. 6, 402—403 (1926).

Walker, J., Blackquarter. Vet. Rec. 6, 403 (1926).

Walker, J., Pleuropneumonia. Vet. Rec. 6, 403 (1926).

Walker, J., Immunisation of imported cattle against redwater and gallsickness. Vet. Rec. 6, 403 (1926).

Walker, J., Sheep-pox. Vet. Rec. 6, 403 (1926).

Walker, J. and Whitworth, S. H., East coast fever. Artificial immunisation and immunity in their relation to the control of east coast fever. Kenya Dep. Agric. Bull. No. 8 (1929), Ref. TVB. 18, 7 (1930).

Walker, J., Rinderpest Research in Kenya. Kenya Dep. Agric. Bull. No. 8a v. 1929, Ref. TVB. 18, 24—25 (1930).

Walker, J., Pleuro-pneumonia contagiosa bovum. Kenya Dep. Agric. Bull. No. 8c v. 1929, Ref. TVB. 18, 28 (1930).

Walker, J., Memorandum on research on East African swine fever immunisation in Kenya. Kenya Dep. Agric. Bull. No. 8g v. 1929, Ref. TVB. 18, 29—30 (1930).

Walker, J., Rinderpest. Ann. Rep. Dep. Agric. Kenya, 184—210 (1930).

Walker, J., Pleuro-pneumonia contagiosa bovum. Ann. Rep. Dep. Agric. Kenya, 240—243 (1930).

Walker, J., East African swine fever. Ann. Rep. Dep. Agric. Kenya, 366—375 (1930).

Walker, J., Rinderpest research in Kenya. Pan-afr. agr. and vet. conf. pap. vet. sect., 39—57 (1930).

Walker, J., Pleuro-pneumonia contagiosa bovum. Pan-afr. agr. and vet. conf. pap. vet. sect., 123—141 (1930).

Walker, J., Rinderpest. Ann. Rep. Dep. Agric. Kenya, 1930, 108—109 (1931).

Walker, J., East African Swine Fever. Diss. Zürich 1933.

Walker, J., Some observations on Foot and Mouth Disease in the Bechuanaland Protectorate. J. S. Afr. vet. med. Ass. 5, 73—91 (1934).

Watson, E. A., Ulcerative lymphangitis or „Preisz-Nocard Disease" of horses, with special reference to immune sera, toxin, and anti-toxin. J. Amer. Vet. Med. Ass. 57, 257—269 (1920).

Watt, J. M. and Breyer-Brandwijk, Maria G., The medicinal and poisonous plants of South Africa. Edinburgh: E. and S. Livingstone 1932. 314 S., 26 Tafeln (12 farbig).

Webb, H. M., Contagious Pleuropneumonia of Cattle. Vet. J. 91, 446—449 (1935).

Webb, H. M., East Coast Fever. Vet. J. 92, 55—58 (1936).

Wenyon, C. M., Protozoology. A manual for medical men. veterinarians and zoologists. 2. Bde. London: Baillière, Tindall & Cox, 1926, 1563 S., 565 Abb., 20 farbige Tafeln.

Whitworth, S. H., East Coast Fever. Ann. Rep. Dep. Agric. Kenya 1929, 224—239 (1930).

Whitworth, S. H., Redwater, Anaplasmosis and Gonderia mutans. Rep. dep. agric. Kenya 1929, 237—239 (1930).

Whitworth, S. H., Memorandum on the horse sickness immunisation. Kenya Dep. Agric. Bull. No. 8d v. 1929, Ref. TVB. 18, 29 (1930).

Wilken-Jorden, T. J., Researches into Dips and Dipping, A. Lime-Sulphur Dips. Paper II. A New Laboratory Method of Chemical Analysis. 18. Rep. Dir. Vet. Serv. U. v. S. A., II, 1015—1027 (1932).

Wilken-Jorden, T. J., Researches into Dips and Dipping. A. Lime-Sulphur Dips. Paper III. A Preliminary Study of a Colorimetric Method as a rapid means of control of Polysulphide Solutions. 18. Rep. Dir. Vet. Serv. U. v. S. A., II, 1029—1035 (1932).

Wilken-Jorden, T. J., Researches into Dips and Dipping. A. Lime-Sulphur Dips. Paper IV. Further Studies on the Colorimetric Method as a Rapid Means of Control of Polysulphide Solutions. Onderstepoort J. vet. Sci. 2, 231—237 (1934).

Williams, H. B., s. auch Englisch-ägyptischer Sudan.

Wilson, D. E., The human incidence of brucella infections in a cattle bearing district of Tanganyika Territory as determined by agglutination tests. E. Afr. med. J. 12, 108—110 (1935), Ref. Vet. Bull. 6, 795 (1936).

Wilson, D. E., The pathogenicity of Tanganyika strains of Brucella abortus and Br. melitensis for a local species of monkey (Ceropithecus sp.). J. Hyg., Camb. **36**, 125—127 (1936). Ref. Vet. Bull. **6**, 856 (1936).

Wilson, D. E., Human Brucellosis in Tanganyika territory. Trans. R. Soc. trop. Med. Hyg. **29**, 363—368 (1936).

Wilson, S. G., Bovine Piroplasmosis: A comparison of the results of treatment with trypaflavine and trypanblue. Vet. Rec. **16**, 68—70 (1936).

Wittebolle, P., Observations chez le rat et la souris sur l'hérédité de l'infection par „Trypanosoma gambiense". Ann. Soc. belge Méd. trop. **17**, 123 (1937).

Wyßmann, E., Weitere Mitteilungen zur Katarrhalfieberfrage. Schweiz. Arch. Tierhlk. **76**, 509—523 und 570—586 (1934).

Wyßmann, E., Bösartiges Katarrhalfieber und ähnliche Krankheiten. XIII. int. tierärztl. Kongr. Zürich 1938, Heft **7**, 22—30 (1938).

Xiroudakis, N., Lymphangite épizootique du boeuf (farcin du boeuf). Rec. Méd. vét. exot. **8**, 112—117 (1935).

Yakimoff, W. L., Die Ansteckung des Zebus mit Piroplasmiden. II. Mitt. Zbl. Bakt. I. Orig. **127**, 307—308 (1933).

Yorke, W., Murgatroyd, F. and Hawking, F., Studies in chemotherapy. X. Further observations on the transmissibility of Tryparsamide-resistance by Glossina. Ann. trop. Med. Parasit. **27**, 157—178 (1933).

Zanzucchi, A., Recherches épidémiologiques, cliniques, étiopathologiques sur le Coryza gangreneux. Clin. vet. **57**, 689 (1934).

Zeller, H., Über Pocken bei Ziegen Westafrikas. Arb. a. d. Reichsgesundheitsamt **52**, 501 (1920).

Ziemann, H., Über die sogenannte „Kieferkrankheit" der Pferde und Maultiere in Kamerun (Westafrika). Arch. Wiss. prakt. Tierheilk. **31**, 1905.

Zottner, G., Valeur pratique de la déviation du complément par antigène alcoolique stable dans le diagnostic de la dourine. Bull. Soc. Path. exot. **27**, 159—161 (1934).

Zschokke, SWA. Persianermarkt 1935, 16. 3.

Zschokke, Karakulzüchter **5**, 16, 4 (1937).

Zumpt, F., Die Tsetsefliegen. Jena: Gustav Fischer, 1936, 149 S., 121 Abb. und 15 Tafeln.

Van Zyl, J. P., s. auch Green, H. H., 1932 (Sammelreferat).

Van Zyl, J. P., On the determination of Arsenic, chiefly in dipwashes. 9. and 10. Rep. Dir. vet. Ed. U. v. S. A., 783—795 (1924).

Van Zyl, J. P., Oxidation in Arsenal Dipping Tanks. 9. and 10. Rep. Dir. vet. Ed. U. v. S. A., 799—808 (1924).

Van Zyl, J. P., Note on the decomposition of diluted polysulphide dips. 11. and 12. Rep. Dir. vet. Ed. **1**, 137—143 (1926).

BERICHTE,
WIEDERHOLT ODER EINMALIG ERSCHIENENE

Abkürzungen wie bei den Zeitschriften, im übrigen werden folgende Abkürzungen verwendet: Hinter dem Namen des Herausgebers die Angabe des Jahres der Veröffentlichung.

Agr. = agriculture
anim. = animal
ann. = annual oder annuel
app. = appendix
Crown ag. f. t. col. = Crown agents for the colonies
dep. = department
dép. = département
dir. = director, directeur
div. = division
Ebda. = Ebenda
fonct. = fonctionnement
govt. = government
husb. = husbandry
ind. = industry
inst. = institute
j. = journal
lab. = laboratory, laboratoire
min. = ministry, ministre
off. = officer
path. = pathological, pathologist
princ. = principal
rapp. = rapport
rep. = report
res. = research
sci. = science
serv. = service
vet. = veterinary
vét. = vétérinaire

Ägypten

(Littlewood, W. L.) 1920. Min. of agr., vet. serv., ann. rep. for the year 1918—1919. Cairo: Govt. Press, 39 S. Ref. TVB. 9. 188—192 (1921).

(Littlewood, W. L.) 1921. Min. of agr., vet. serv., ann. rep. for the year 1919—1920. Cairo: Govt. Press, 47 S. Ref. TVB. 9. 256—260 (1921).

(Littlewood, W. L.) 1922. Min. of agr., vet. serv., ann. rep. for the year 1920—1921. Cairo: Govt. Press. 77 + V S. Ref. TVB. 10, 101 (1922).

Rapp. ann. du serv. vét. du min. de l'agr. de l'Egypte (1926/27). Ref. Bull. Off. int. Epiz. 3. 263—266 (1929/30).

Do.: Ref. Vet. Bull. 9. 722 (1929).

Rapp. ann. du serv. vét., présenté par M. A. Farid, dir. du serv. vét., pour l'année 1928—1929. Cairo 1932. Ref. Bull. Off. int. Epiz. 6. 822—826 (1932/33).

Rapp. ann. du serv. vét. pour l'année 1919—1930. Ref. Bull. Off. int. Epiz. 7. 981—983 (1933/34).

Rapp. ann. du serv. vét. pour l'année 1930—1931. Ref. Bull. Off. int. Epiz. 7. 983—985 (1933/34).

(Faird, A.) 1937. Min. of agr., vet. serv., ann. rep. 1932—1933. Bulàq, Cairo: Govt. Press, Ref. Vet. Bull. 8. 486 (1938).

(Carpano, M.) 1937. Rep. of the vet. path. lab. 1932—1933. Rep. vet. serv. 1932—1933, 15—36, Ref. Vet. Bull. 8. 846 (1938).

(Guindi, M.) 1937. Ann. rep. of the serums inst. of the vet. serv., Cairo, for 1932—1933. Rep. vet. serv. 1932—1933, 150—190, Ref. Vet. Bull. 8. 486 (1938).

Algerien

(Sergent, Ed.) 1934. Rapp. sur la fonct. de l'Inst. Pasteur d'Algérie en 1933. Arch. Inst. Past. Alg. 12. 259—291.

(Sergent, Ed.) 1935. Dasselbe für 1934. Arch. Inst. Past. Alg. 13. 418—450.

(Sergent, Ed.) 1936. Dasselbe für 1935. Arch. Inst. Past. Alg. 14. 221—258.

(Sergent, Ed.) 1937. Dasselbe für 1936. Arch. Inst. Past. Alg. 15. 277—313.

Basutoland

(Verney, F. A.) 1930. Ann. rep. of the princ. vet. off. for the year 1929. Ref. Vet. Bull. 1. 260 (1931).

(Verney, F. A.) 1931. Dasselbe für 1930. Ref. Vet. Bull. 2. 690 (1932).

(Verney, F. A.) 1933. Dasselbe für 1932. Ref. Vet. Bull. 3. 514 (1933).

(Verney, F. A.) Ann. rep. of the princ. vet. and agr. off. for 1933. Ref. Vet. Bull. 6. 191 (1936) und Bull. Off. int. Epiz. 13. 624 (1936/37).
(Henderson, G. T.) 1935. Dasselbe für 1934. Ref. Vet. Bull. 6. 296 (1936).
(Henderson, G. T.) 1937. (Rep. of) vet. and livestock div. (1935—1936). Rep. dep. agr. Basutoland, 1936. 45—65 (1937). Ref. Vet. Bull. 8. 84 (1938).

Betschuanaland-Protektorat

(Hobday, J. H. N.) 1935. Vet. rep. for 1935. Ref. Vet. Bull. 8. 485 (1938).
(Hobday, J. H. N.) 1936. Vet. rep. for 1936. Ref. Vet. Bull. 8. 485 (1938).
Foot- and Mouth Disease in the Bechuanaland Protectorate. Vet. Rec. 48. 1101—1104 (1936).

Deutsch-Ostafrika

(McCall, F. J.) Ann. rep. of the dep. of vet. sci. and anim. husb. 1922. London: Crown ag. f. t. col. Ref. TVB. 12. 74 (1924).
Ann. rep. of the dep. of vet. sci. and anim. husb., Tanganyika Territory, 1924. Ref. Vet. Rec. 6. 291—294 (1926). Ref. Jber. 46. II. 852 (1926).
(McCall, F. J.) 1928. Ann. rep. of the dep. of vet. sci. and anim. husb. 1926. London: Crown ag. f. t. col. Ref. Vet. Rec. 8. 192—194 (1928).
(Hornby, H. E.) 1928. 5. ann. rep. of the vet. path. Mpwapwa, 1926. Ann. rep. dep. vet. sci. 1926, 37—50.
(McCall, F. J.) 1928. Ann. rep. of the dep. of vet. sci. and anim. husb. 1927. London: Crown ag. f. t. col. Ref. Vet. Rec. 8. 1008 (1928).
(Evans) 1928. 6. ann. rep. on the work of the vet. path. lab., Mpwapwa 1927. Ann. rep. dep. vet. sci. 1927, 21—34.
(McCall, F. J.) 1929. Ann. rep. of the dep. of vet. sci. and anim. husb. 1928. Dar es Salaam.
(Hornby, H. E.) 1929. 7. ann. rep. on the work of the vet. path. lab., Mpwapwa, 1928. Ann. rep. dep. vet. sci. 1928, 11—34.
(McCall, F. J.) 1930. Ann. rep. of the dep. of vet. sci. and anim. husb. 1929. Dar es Salaam: Govt. Printer. Ref. Vet. Bull. 1. 178—179 (1931).
(Hornby, H. E.) 1930. Rep. on the work of the vet. path. lab., Mpwapwa. Ann. rep. dep. vet. sci. and anim. husb. 1929, III. 17—54. Ref. Vet. Bull. 1. 180 (1931).
(McCall, F. J.) 1931. Ann. rep. of the dep. of vet. sci. and anim. husb. 1930. Dar es Salaam: Govt. Printer. Ref. Vet. Bull. 2. 628 (1932).
(Hornby, H. E.) 1931. Rep. on the work of the vet. lab., Mpwapwa. Ann. rep. dep. vet. sci. and anim. husb. 1930, 14—51. Ref. Vet. Bull. 2. 630 (1932).
(Hornby, H. E.) 1932. Ann. rep. of the dep. of vet. sci. and anim. husb. 1931. Dar es Salaam: Govt. Printer. Ref. Vet. Bull. 3. 390—391 (1933). Ref. Bull. Off. int. Epiz. 6. 847—857 (1932/33).
(Hornby, H. E.) 1932. Rep. on the work of the vet. lab., Mpwapwa. Ann. rep. dep. vet. sci. and anim. husb. 1931, 9—58. Ref. Vet. Bull. 3. 391—392 (1933).
(Hornby, H. E.) 1933. Ann. rep. of the dep. of vet. sci. and anim. husb. 1932. Dar es Salaam: Govt. Printer. Ref. Vet. Bull. 4. 295—296 (1934). Ref. Bull. Off. int. Epiz. 7. 802—813 (1933). Ref. Jber. 54. 410 (1934).
(Evans, S. A.) 1933. Rep. on the work of the vet. lab., Mpwapwa. Ann. rep. dep. vet. sci. and anim. husb. 1932, 13—71. Ref. Vet. Bull. 4. 297 (1934).
(Hornby, H. E.) 1934. Ann. rep. of the dep. of vet. sci. and anim. husb. 1933. Dar es Salaam: Govt. Printer. Ref. Vet. Bull. 5. 531 (1935).
(Evans, S. A.) 1934. Rep. on the routine and path. work of the vet. lab., Mpwapwa. Ann. rep. dep. vet. sci. and anim. husb. 1933, 16—48. Ref. Vet. Bull. 5. 532 (1935).
(Hornby, H. E.) 1935. Ann. rep. of the dep. of vet. sci. and anim. husb. 1934. Dar es Salaam: Govt. Printer. Ref. Vet. Bull. 6. 778 (1936). Ref. Bull. Off. int. Epiz. 11. 463—478 (1935). Ref. Jber. 60. 527 (1937).
(Evans, S. A.) 1935. Routine work of Mpwapwa lab. and some res. notes. Rep. dep. vet. sci. 1934, 20—26. Ref. Vet. Bull. 6. 835 (1936).
(Hornby, H. E.) 1936. Ann. rep. of the dep. of vet. sci. and anim. husb. 1935. Dar es Salaam: Govt. Printer. Ref. Vet. Bull. 7. 649 (1937).
(Cornell, R. L.) 1936. Rep. on the work of the vet. lab., Mpwapwa 1935. Rep. dep. vet. sci. 1935. 18—27. Ref. Vet. Bull. 7. 640 (1937).
(Hornby, H. E.) 1937. Ann. rep. dep. vet. sci. and anim. husb. 1936. Dar es Salaam: Govt. Printer. Ref. Vet. Bull. 8. 326 (1938). Ref. Bull. Off. int. Epiz. 15. 483 (1937/38).
The Department of Veterinary Science and Animal Husbandry. A memorandum on the economics of the cattle industry in Tanganyika. Dar es Salaam: Govt. Printer, 1934, 25 S.
Memorandum on Rabies by the Deputy Director of Laboratory Services, Tanganyika Territory. Conf. of. pp. s. u. 1936. Conf. Vet. res. 96—97 (1936).

Deutsch-Südwestafrika

Report of the administrator for the year 1918. Kapstadt: Cape Times Ltd., Govt. Printer, 1919, S. 10.
Dasselbe für 1919. Ebda. 1920, S. 11. Auszug in Mitt. FWG. 1920, 425 ff.
Dasselbe für 1920. Ebda. 1921, S. 18.

Dasselbe für 1921. Pretoria: Govt. Printer 1922, S. 18.
Dasselbe für 1922. Kapstadt: Cape Times Ltd., Govt. Printer, 1923. S. 30.
Report of the administrator of South-West Africa for the year 1923. Ebda. 1924, S. 26.
Dasselbe für 1934. Ebda. 1925, S. 13, 25, 31.
Rep. of the government of the Union of South Africa on South-West Africa for the year 1925. Ebda. 1926, S. 5, 29, 40.
Dasselbe für 1926. Ebda. 1927, S. 7, 31.
Dasselbe für 1927. Ebda. 1928, S. 6, 9, 45, 60.
Report presented by the Government of the Union of South Africa to the Council of the League of Nations concerning the administration of South-West Africa for the Year 1928. Pretoria: Govt. Printer, 1929, S. 45, 77.
Dasselbe für 1929. Ebda. 1930, S. 35, 62, 67.
Dasselbe für 1930. Ebda. 1931, S. 37, 72, 74.
Dasselbe für 1931. Ebda. 1932, S. 28.
Dasselbe für 1932. Ebda. 1933, S. 36.
Dasselbe für 1933. Ebda. 1934, S. 20.
Dasselbe für 1934. Ebda. 1935, S. 27—28.
Dasselbe für 1935. Ebda. 1936, S. 24 ff.
Dasselbe für 1936. Ebda. 1937, S. 23—26.
Dasselbe für 1937. Ebda. 1938, S. 23 ff., 27.

Erythrea

(Cilli, V.) 1936. Istituto Siero Vaccinogeno Eritrea, Relazione sull'attivita s'volta dall'istituto durante l'anno 1934—1935. Nuova Vet. 14. 85—120 (1936). Ref. Vet. Bull. 7. 402 (1937).
Dasselbe für 1935—1936. Nuova Vet. 15. 147—161 (1937). Ref. Vet. Bull. 8. 329 (1938).
Missione scientifica per l'Eritrea. Parma 1930, 308 S., 129 Abb. Ref. Arch. Schiffs.- u. Tropenhyg. 35. 673 (1931).

Gambia

The ann. rep. of the dep. of agr. for the year 1929—1930. London: Crown ag. f. t. col. 1931. Ref. Vet. Bull. 1. 83 (1931).
(Brooks, A. J.) 1931. The ann. rep. of the dep. of agr. for the year ended March 31st, 1931. London: Crown ag. f. t. col. Ref. Vet. Bull. 2. 690 (1932).
(Brooks, A. J.) 1932. Dasselbe für 1932. Ebda. Ref. Vet. Bull. 2. 690 (1932).
Dasselbe für 1934—1937 (4 Berichte). Ref. Vet. Bull. 8. 547 (1938).
Rapp. du dép. de l'agr. pour l'année se terminant le 31 mai 1937. Ref. Bull. Off. int. Epiz. 15. 720 (1937/38).

Goldküste

(O'Dea, M. E.) 1919. Rep. of the vet. dep. for the year 1918. Accra: Govt. Press. Ref. TVB. 8. 165 (1920).
(Beal, W. P. B.) 1920. Dasselbe für 1919. Ebda. 1921. Ref. TVB. 9. 194 (1921).
Rep. of the vet. dep. for the period January, 1922 to March, 1923. Ref. Vet. Rec. 4. 409 (1924).
Dasselbe für 1924/25. Ref. Vet. Rec. 6. 14 (1926).
Dasselbe für 1925/26. London: Crown ag. f. t. col. 1926. Ref. Vet. Rec. 7. 65 (1927).
Dasselbe für 1926/27. Ebda. 1927. Ref. Vet. Rec. 8. 69 (1928). Ref. Bull. Off. int. Epiz. 2. 368—369 (1928/29).
Dasselbe für 1927/28 und 1928/29. Accra: 1929. Ref. Vet. Rec. 10. 506 (1930).
(Stewart, J. L.) 1930. Ann. rep. of the princ. vet. off. for the year 1929/30. Accra: Govt. Printer. Ref. Vet. Bull. 1. 88 (1931). Ref. Vet. Rec. 10. 1204 (1930).
Rep. dep. anim. health 1930/31. Ref. Vet. Rec. 12. 74 (1932). Ref. Bull. Off. int. Epiz. 5. 748—751 (1932/33).
(Stewart, J. L.) 1932. Rep. on the dep. of anim. health for the year 1931/32. Accra: Govt. Printer. Ref. Vet. Bull. 4. 74 (1934). Ref. Bull. Off. int. Epiz. 6. 642—649 (1932/33).
(Stewart, J. L.) 1933. Dasselbe für 1932/33. Ebda. Ref. Vet. Bull. 4. 75 (1934). Ref. Bull. Off. int. Epiz. 7. 765—771 (1933/34).
(Stewart, J. L.) 1934. Dasselbe für 1933/34. Ebda. Ref. Vet. Bull. 4. 792 (1934). Ref. Vet. Rec. 14. 1363 (1934). Ref. Bull. Off. int. Epiz. 9. 431—438 (1934/35).
(Stewart, J. L.) 1935. Dasselbe für 1934/35. Ebda. Ref. Vet. Bull. 6. 624 (1936). Ref. Bull. Off. int. Epiz. 11. 620—628 (1935/36).
(Stewart, J. L.) 1936. Dasselbe für 1935/36. Ebda. Ref. Vet. Bull. 7. 148 (1937). Ref. Bull. Off. int. Epiz. 13. 450—457 (1936/37).
(Stewart, J. L.) 1937. Dasselbe für 1936/37. Ebda. Ref. Vet. Bull. 8. 260—261 (1938).

Kamerun

(Unter englischem Mandat stehender Teil des deutschen Schutzgebietes)
Parlaments- und Mandatsberichte für 1921—1936.
London: His Majesty's Stationary Office 1922—1937.

Kamerun (Unter französischem Mandat stehender Teil des deutschen Schutzgebietes)

Mandatsberichte von 1922—1936. Paris: 1923—1937.

Cameroun agricole. Togo-Cameroun, Magazone trimestrielle, Paris, Juliheft 1933.

L'Oeuvre de la France au Cameroun. Cameroun. Magazone trimestrielle, Paris, Oktoberheft 1937.

Kenya

(Harrison, E.) 1928. Dep. of agr., ann. rep. 1927. Nairobi. Ref. TVB. 17. 72 (1929). Ref. Vet. Rec. 8. 1125—1128 (1928).

(Doherty, A. G.) 1929. Rep. of the chief vet. off. Dep. agr. Rep. 1928, app. C, 71 ff. Ref. TVB. 18. 85 (1930). Ref. Vet. Rec. 9. 1040—1041 (1929).

(Brassey-Edwards, H. H.) 1930. Rep. of the chief vet. off. for the year ended December 31st, 1929. Ann. rep. dep. agr. Kenya, Ann. C. 97—173. Ref. Vet. Bull. 1. 83—85 (1931).

(Walker, J.) 1930. Rep. of the chief vet. off. Ann. rep. dep. agr. App. D. 174—417. Ref. Vet. Bull. 1. 85 (1931).

(Walker, J.) 1931. Ann. rep. of the chief vet. res. off. for the year 1930 (Kabete Lab.). Ann. rep. dep. agr. App. III. 95—189 (1931). Ref. Vet. Bull. 2. 124 (1932).

(Brassey-Edwards, H. H.) 1932. Ann. rep. of the deputy dir. (anim. industry) and chief vet. off. for 1931. Ann. rep. dep. agr. Kenya. 1931, 213—287. Nairobi: Govt. Printer. Ref. Vet. Bull. 4. 142 (1934).

(Walker, J.) Ann. rep. of the chief vet. res. off. for the year 1931. Ann. rep. dep. agr. Kenya 1931, 288—314. Nairobi: Govt. Printer. Ref. Vet. Bull. 4. 143 (1934).

(Brassey-Edwards, H. H.) 1933. Ann. rep. of the deputy dir. (anim. industry) and chief vet. off. for 1932. Ann. rep. dep. agr. Kenya 1932, 184—270. Nairobi: Govt. Printer. Ref. Vet. Bull. 4. 634 (1934). Ref. Bull. Off. int. Epiz. 11. 68—71 (1935/36).

(Daubney, R.) 1933. Ann. rep. of the chief vet. res. off. for 1932. Ann. rep. dep. agr. Kenya 1932, 271—291. Nairobi: Govt. Printer. Ref. Vet. Bull. 4. 491 (1934).

(Brassey-Edwards, H. H.) 1934. Rep. of the deputy dir. (anim. industry) and chief vet. off. Rep. dep. agr. Kenya 1933, 231—347. Ref. Vet. Bull. 6. 385 (1936). Ref. Bull. Off. int. Epiz. 11. 72—79 (1935/36).

(Daubney, R.) 1934. Rep. of the chief vet. res. off. Rep. dep. agr. Kenya 1933, 348—381. Ref. Vet. Bull. 6. 386 (1936).

(Brassey-Edwards, H. H.) 1936. Rep. of the deputy dir. (anim. industry) and chief vet. off. Rep. dep. agr. Kenya 1934, I. 114—145. Ref. Vet. Bull. 8. 57 (1938).

(Daubney, R.) 1936. Rep. of the chief vet. res. off for the year 1934. Rep. dep. agr. Kenya 1934, III. 2—32. Ref. Vet. Bull. 8. 58 (1938).

(Brassey-Edwards, H. H.) 1936. Rep. of the division of anim. industry for 1935. Rep. dep. agr. Kenya 1935, I. 89—124. Ref. Vet. Bull. 8. 122 (1938).

(Daubney, R.) 1936. Rep. of the chief vet. res. off. for 1935. Rep. dep. agr. Kenya 1935, II. 130—162. Ref. Vet. Bull. 8. 123 (1938). Ref. Vet. Rec. 49. 124 (1937).

(Brassey-Edwards, H. H.) 1937. Rep. of the dep. of agr. for 1936. Ref. Vet. Rec. 49. II. 1497—1498 (1937).

(Daubney, R.) 1937. Rep. of the chief vet. res. off. Rep. dep. agr. Kenya 1936, II. 55—89. Ref. Vet. Bull. 8. 482 (1938).

Stock owners conference 1936. Nairobi: Govt. Printer 1937. Ref. Vet. Bull. 8. 398 (1938).

Marokko (Französisch-)

(Velu, H.) 1921. Rapp. sur le fonct. du „Lab. des recherches au serv. de l'Elevage du Maroc" pendant l'année 1920. Arch. Inst. Pasteur Afr. Nord. 1. 338—344. Auch. Ref. TVB. 9. 260—262 (1921).

(Velu, H.) 1922. Dasselbe für 1921. Arch. Inst. Pasteur Afr. Nord. 2. 444—450.

(Velu, H. und Balozet, L.) 1928. Dasselbe für 1927. Ref. TVB. 16. 74 (1928).

(Velu, H.) 1933. Dasselbe für 1932. Arch. Inst. Pasteur Algér. 11. 252—265. Auch Rev. vét. milit. 17. 121—127.

(Velu, H.) 1934. Dasselbe für 1933. Arch. Inst. Pasteur Algér. 12. 292—304. Auch Bull. Off. int. Epiz. 9. 27—31 (1934/35).

(Velu, H.) 1935. Dasselbe für 1934. Rev. vét. milit. 19. 103—109.

(Velu, H.) 1936. Dasselbe für 1935. Arch. Inst. Pasteur Algér. 14. 72—83. Auch Rev. vét. milit. 20. 87—95 und Ref. Vet. Bull. 7. 46 (1937).

(Velu, H.) 1937. Dasselbe für 1936. Arch. Inst. Pasteur Algér. 15. 124—137. Auch Rev. vét. milit. 21. 83—88. Auch Bull. Off. int. Epiz. 15. 464—467 (1937/38).

(Velu, H.) 1938. Dasselbe für 1937. Rev. vét. milit. 22. 85—89.

Mauritius

(Lionnett, F. E.) 1933. Ann. rep. of the vet. division (for 1932). Ann. rep. dep. agr. Mauritius 1932, 41—43. Port Louis: Govt. Press. Ref. Vet. Bull. 4. 687—688 (1934).

Rapp. vét. pour l'année 1934, Bull. Off. int. Epiz. 11. 646—647 (1936).

(Lionnett, F. E.) 1935. Rep. of vet. division. Rep. dep. agr. Mauritius 1935, 28—30. Ref. Vet. Bull. 8. 485 (1938).

Moçambique (Portugiesisch-Ostafrika)

A pecuaria Moçambique. Ref. Bull. Off. int. Epiz. 6. 499—500 (1932/33).

Lorenzo-Marques Directory 1936/37. Lorenzo-Marques: Bayly & Co., Ltd. 1937.

Nigeria

(Brandt, F. R.) 1919. Ann. rep. on the agr. dep. for the year 1918. Rep. of the vet. dept. Lagos: Govt. Printer, 7—11. Ref. TVB. 8. 165—166 (1920).

(Brandt, F. R.) 1921. Ann. rep. of the vet. dep. for the year 1920. Ebda. Ref. TVB. 9. 263 (1921).

Veterinary Work in Nigeria (Veterinärbericht für 1922). Vet. Rec. 3. 732 (1923).

Rep. Nigerian vet. dep. in 1925. Ref. Vet. Rec. 7. 142 (1927).

The ann. rep. of the vet. dep. 1927. Ref. Vet. Rec. 9. 56 (1929).

(Henderson, W. W.) 1931. Ann. rep. of the vet. dep. for the year 1929. Lagos: Govt. Printer. Ref. Vet. Bull. 1. 328 (1931). Ref. Vet. Rec. 11. 288 (1931).

(Hall, G. N.) 1931. 5. ann. rep. of the vet. lab. Vom for the year ending 31st December, 1929. Ann. rep. vet. dep. for the year 1929, 47—84. Ref. Vet. Bull. 1. 259—260 (1931).

(Henderson, W. W.) 1931. Ann. rep. of the vet. dep. for the year 1930. Lagos: Govt. Printer. Ref. Vet. Bull. 2. 687—688 (1932).

(Hall, G. N.) 1931. Rep. of the vet. path. for 1930. Ann. rep. vet. dep. 1930, 20—46. Ref. Vet. Bull. 2. 689 (1932).

(Henderson, W. W.) 1933. Ann. rep. of the vet. dep. for the year 1931. Lagos: Govt. Printer. Ref. Vet. Bull. 4. 73 (1934). Ref. Bull. Off. int Epiz. 7. 582—589 (1933).

(Hall. G. N.) 1933. Ann. rep. of the vet. path. for the year 1931. Ann. rep. vet. dep. 1931, 20—27. Ref. Vet. Bull. 4. 74 (1934).

(Henderson, W. W.) 1933. Ann. rep. of the vet. dep. for the year 1932. Lagos: Govt. Printer. Ref. Vet. Bull. 4. 138 (1934). Ref. Bull. Off. int. Epiz. 7. 773—780 (1933/34).

(Hall, G. N.) 1933. Ann. rep. of the path. Ann. rep. vet. dep. 1932, 12—17. Ref. Vet. Bull. 4. 140 (1934).

(Henderson, W. W.) 1934. Ann. rep. of the vet. dep. for the year 1933. Lagos: Govt. Printer. Ref. Vet. Bull. 5. 464 (1935).

(Henderson, W. W.) 1935. Ann. rep. of the vet. dep. for 1934. London: Crown ag. f. t. col. Ref. Vet. Bull. 6. 294 (1936). Ref. Vet. Rec. 15. 845 (1935). Ref. Bull. Off. int. Epiz. 11. 453—462 (1935/36).

(Henderson, W. W.) 1935. Ann. rep. of the vet. path. Rep. vet. dep. 1934, 22—31. Ref. Vet. Bull. 6. 563 (1936).

(Henderson, W. W.) 1936. Ann. rep. on the vet. dep. 1935. Kaduna: Govt. Printer. Ref. Vet. Bull. 7. 147 (1937). Ref. Vet. Rec. 48. 1041 (1936). Rep. of the vet. dep. for 1936. Ref. Vet. Rec. 50. 1085—1086 (1938).

Nordrhodesien

Rep. of chief vet. off. for the year ended March, 1924. Ref. TVB. 13. 35 (1925).

Northern Rhodesia govt. vet. dep. ann. rep. 1926. Ref. Vet. Rec. 8. 336—338 (1928).

Ann. rep. of the vet. dep. of the govt. of Northern Rhodesia for the year 1927. Ref. Vet. Rec. 8. 691 (1928). Ref. Bull. Off. int. Epiz. 2. 366—367 (1928/29).

Rapp. ann. du dép. vét. pour 1928. Ref. Bull. Off. int. Epiz. 4. 587—589 (1930/31). Ref. Jber. 51. II. 1524 (1931).

(Smith, J.) 1930. Ann. rep. dep. for anim. health for the year 1929. London: Crown ag. f. t. col. Ref. Vet. Bull. 1. 85—86 (1931). Ref. Vet. Rec. 10. 1203 (1930). Ref. Bull. Off. int. Epiz. 4. 807 (1930/31).

(Macdonald, R. A. S.) 1930. Rep. of the vet. res. off. for the year 1929. Ann. rep. dep. anim. health 1930. Ref. Vet. Bull. 1. 86 (1931).

(Smith, J.) 1931. Ann. rep. dep. of anim. health for the year 1930. Livingstone: Govt. Printer. Ref. Vet. Bull. 2. 632—633 (1932). Ref. Bull. Off. int. Epiz. 5. 592 (1932/33).

(Macdonald, R. A. S.) 1931. Ann. rep. of the vet. res. off. for 1930. Ann. rep. dep. anim. health 1930, 17—24. Ref. Vet. Bull. 2. 633—634 (1932).

(Smith, J.) 1931. Ann. rep. dep. of anim. health for the year 1930. Livingstone: Govt. Printer. Ref. Vet. Bull. 3. 166—167 (1933). Ref. Bull. Off. int. Epiz. 6. 509—511 (1932/33).

(Macdonald, R. A. S.) 1932. Ann. rep. of the vet. res. off. for 1931. Ann. rep. dep. anim. health 1931, 23—44. Ref. Vet. Bull. 3. 167—168 (1933).

(Smith, J.) 1933. Ann. rep. of the dep. of anim. health for the year 1932. Livingstone: Govt. Printer. Ref. Vet. Bull. 4. 191 (1934). Ref. Bull. Off. int. Epiz. 7. 784—790 (1933/34).

(Morris, J. P. A.) 1934. Dep. of anim. health. Ann. rep. for the year 1933. Livingstone: Govt. Printer. Ref. Vet. Bull. 6. 837 (1936).

(le Roux, P. L.) 1934. Rep. of the assistent vet. res. off. Rep. dep. anim. health 1933, 28—71. Ref. Vet. Bull. 6. 838 (1936).

(Morris, J. P. A.) 1935. Ann. rep. of the dep. of anim. health for the year 1934. Lusaka: Govt. Printer. Ref. Vet. Bull. 6. 910 (1936).

(le Roux, P. L.) 1935. Rep. of the assistent vet. res. off. Rep. dep. anim. health 1934, 23—39. Ref. Vet. Bull. 6. 911 (1936).

(Morris, J. P. A.) 1936. Vet. dep. Ann. rep. for the year 1935. Lusaka: Govt. Printer. Ref. Vet. Bull. 7. 149 (1937).

(le Roux, P. L.) 1936. Rep. of the central res. station, Mazabuka, for 1935. Rep. dep. anim. health 1935, 29—35. Ref. Vet. Bull. 7. 150 (1937).

(Morris, J. P. A.) 1937. Ann. rep. of govt. vet. dep. for the year 1936. Lusaka: Govt. Printer. Ref. Vet. Bull. 8. 480 (1938). Ref. Vet. Rec. 50. 650 (1938). Ref. Bull. Off. int. Epiz. 15. 473 (1937/38).

(le Roux, P. L.) 1937. Ann. rep. of the res. section of the vet. dep. 1936. Rep. dep. vet. 1936, 46—70. Ref. Vet. Bull. 8. 481 (1938).

N y a s s a l a n d

(de Meza, J.) 1919. Ann. rep. dep. of agr. for the year ended 31st March, 1919, rep. dep. div. Zomba: Govt. Printer. Ref. TVB. 8. 169 (1920).

(Griffiths, J. A.) 1921. Vet. rep. for the year ended 31st March, 1920. Ann. rep. dep. agr. 1920, 8—10. Zomba: Govt. Printer. Ref. TVB. 9. 50—52 (1921).

(de Meza, J.) 1927. Ann. rep. of the dep. of agr. for 1936. Zomba: Govt. Printer. Ref. Vet. Rec. 8. 136—138 (1928).

(Turnbull, D. O.) 1932. Rep. of the vet. dep. for the year ended 31st December, 1931. Zomba: Govt. Printer. Ref. Vet. Bull. 3. 513 (1933). Ref. Vet. Rec. 12. 1465 (1932). Ref. Bull. Off. int. Epiz. 6. 652—654 (1932/33).

(Turnbull, D. O.) 1933. Rep. of the vet. dep. for the year ended 31st December, 1932. Zomba: Govt. Printer. Ref. Vet. Bull. 4. 450 (1934). Ref. Bull. Off. int. Epiz. 7. 780—784 (1933/34).

(Turnbull, D. O.) 1934. Rep. of the vet. dep. for the year ended 31st December, 1933. Ebda. Ref. Vet. Bull. 6. 911 (1936). Ref. Vet. Rec. 14. 1235 (1934). Ref. Bull. Off. int. Epiz. 9. 443—447 (1934/35).

(de Meza, J.) 1935. Rep. of the vet. dep. for the year ended 31st December, 1934. Ebda. Ref. Bull. Off. int. Epiz. 11. 79—83 (1935/36).

(de Meza, J.) 1936. Rep. of the vet. dep. for the year ended 31st December, 1935. Ebda. Ref. Vet. Bull. 7. 651 (1937).

(de Meza, J.) 1937. Rep. of the vet. dep. for the year ended 31st December, 1936. Ebda. Ref. Vet. Bull. 8. 126 (1938).

R u a n d a - U r u n d i (unter Mandat stehendes deutsches Schutzgebiet)

(van Saceghem, R.) 1922. Rapp. sur le fonct. du lab. de bactériologie vétérinaire de Kissengnie (Ruanda) en 1921. Bull. Agr. Congo Belge 13. 346—357 (1932). Ref. TVB. 11. 70 (1923).

Rapport presenté par le gouvernement Belge au Conseil de la Société des Nations au sujet de l'administration du Ruanda-Urundi pendant l'année 1932, S. 85. Brüssel: Etablissements généraux de l'imprimerie 1933.

Dasselbe für 1933, S. 115. Ebda. 1934.

Dasselbe für 1934, S. 106. Ebda. 1935.

Dasselbe für 1936, S. 113, 144. Ebda. 1937.

S a n s i b a r

(Report on) veterinary (work for 1936). Rep. dep. agr. Zanzibar 1936, 5—6 (1937). Ref. Vet. Bull. 8. 488 (1938).

Rapp. annuel du dép. de l'agr. pour l'année 1937 (Section vét.). Bull. Off. int. Epiz. 17. II. 256—257 (1938).

S o m a l i l a n d (Britisch-)

(Cocksedge, T. A. B.) 1930. 6. rep. of the vet. dep. for the year 1929. Ref. Bull. Off. int. Epiz. 4. 403 (1930/31).

(Cocksedge, T. A. B.) 1931. Ann. rep. of the vet. dep. 1930. Ref. Vet. Rec. 11. 389 (1931).

Ann. rep. of the vet. dep. for the year 1931. Ref. Bull. Off. int. Epiz. 6. 654—656 (1932/33).

(Cocksedge, T. A. B.) 1933. 9. ann. rep. of the vet. dep. for the year 1932. Ref. Vet. Bull. 3. 583 (1933).

(Peck, E. F.) 1936. The ann. rep. of the vet. and agr. dep. for 1935. Ref. Vet. Bull. 7. 44 (1937). Ref. Bull. Off. int. Epiz. 15. 729 (1937/38).

(Peck, E. F.) 1937. Ann. rep. of the vet. and agr. dep. for 1936. Ref. Vet. Bull. 8. 401 (1938).

(Peck, E. F.) 1938. Ann. rep. of the British Somaliland vet. and agr. dep. for 1937. Ref. Vet. Bull. 8. 616 (1938).

S u d a n (Englisch-ägyptischer)

(Knowles, R. H.) 1925. Rep. of the vet. res. off., Sudan govt., for the period October 1st, 1924, to September 30st, 1925. Ann. rep. vet. dep. Sudan govt. 1925, app. I, 24—47. Ref. TVB. 14. 122 (1926).

(Bennett, S. C. J.) 1928. Ann. rep. of the vet. dep. 1927. Ref. TVB. 17. 70—72 (1928).

(Kennedy, W.) 1930. Ann. rep. of the vet. serv., Sudan govt. 1929. Ref. Vet. Bull. 1. 182 (1931).

(Bennett, S. C. J.) 1930. Ann. rep. of the vet. res. off., Sudan govt. 1929. App. to rep. of the vet. serv., 29—39. Ref. Vet. Bull. 1. 183—186 (1931).

(Kennedy, W.) 1931. Ann. rep. of the Sudan vet. serv. 1930. Karthum: Govt. Printer. Ref. Vet. Bull. 2. 682—683 (1932). Ref. Bull. Off. int. Epiz. 6. 844—847 (1932/33).

(Bennett, S. C. J.) 1931. Ann. rep. of the vet. res. off., Sudan govt. 1930. Ann. rep. Sudan vet. serv. 1930, 28—53. Ref. Vet. Bull. 2. 683—684 (1932).

(Kennedy, W.) 1933. Ann. rep. of the Sudan vet. serv. 1932. Ref. Vet. Bull. 3. 448 (1933).

(Bennett, S. C. J.) 1933. Ann. rep. of the vet. res. off. Ann. rep. Sudan vet. serv. 1932, 24—42. Ref. Vet. Bull. 3. 450—451 (1933).

(Kennedy, W.) 1934. Ann. rep. of the vet. serv. 1933. Ref. Vet. Bull. 4. 590 (1934).

(Bennett, S. C. J.) 1934. Ann. rep. of the vet. res. off. 1933. Ann. rep. Sudan set. serv. 1933, 20—28. Ref. Vet. Bull. 4. 591 (1934).

(Williams, H. B.) 1935. Ann. rep. of the Sudan vet. serv. 1934. Ref. Vet. Bull. 6. 291 (1936).

(Bennett, S. C. J.) 1935. Ann. rep. of the vet. res. off. 1934. Rep. vet. dep. Sudan 1934, 22—29. Ref. Vet. Bull. 6. 292 (1936).

(Williams, H. B.) 1936. Ann. rep. of the vet. serv. 1935. Ref. Vet. Bull. 7. 94 (1937). Ref. Bull. Off. int. Epiz. 13. 888—889 (1937). Ref. Jber. 62. 127 (1937).

(Bennett, S. C. J.) 1936. Ann. rep. of the vet. res. off. Rep. vet. serv. Sudan 1935, 25—33. Ref. Vet. Bull. 7. 95—96 (1937).

(Williams, H. B.) 1937. Ann. rep. of the Sudan vet. serv. 1936. Ref. Vet. Bull. 7. 499 (1937).

(Bennett, S. C. J.) 1937. Ann. rep. of the senior res. off., Sudan vet. serv. 1936. Rep. vet. dep. Sudan 1936, 20—31. Ref. Vet. Bull. 7. 500 (1937).

Südrhodesien

(Sinclair, J. M.) 1919. Rep. of the chief vet. surgeon for the year 1918 (with rep. of the vet. bacteriologist). Salisbury: Govt. Printer. Ref. TVB. 8. 167—169 (1920).

(Sinclair-Bevan) 1920. Rep. of the chief vet. surgeon (Sinclair) for the year 1919 with the rep. of the vet. bacteriologist (Bevan). Salisbury: Govt. Printer. Ref. TVB. 8. 276 (1920).

(Sinclair-Bevan) 1921. Rep. of the chief vet. surgeon (Sinclair) for the year 1920 with the rep. of the vet. bacteriologist (Bevan). Salisbury: Govt. Printer.

(Sinclair-Bevan) 1922. Rep. of the chief vet. surgeon for the year 1921 (with rep. of the vet. bacteriologist). Ebda. Ref. TVB. 10. 100 (1922).

Infectious diseases in Southern Rhodesia. (Ref. des Vet.-Berichtes für 1922.) Vet. Rec. 3. 583 (1923).

Rep. of the chief vet. surgeon for 1923. Rhod. agr. J. 21. 413—423 (1924). Ref. TVB. 13. 36 (1925).

Rep. of the dir. of vet. res. for 1923. Rhod. agr. J. 21. 424—431 (1924). Ref. TVB. 13. 36 (1925).

Rapp. ann. du dép. vét. du gouvernement de la Rhodésie méridionale pour l'année 1927. Bull. Off. int. Epiz. 2. 368 (1928/29).

(Sinclair, J. M.) 1929. Rep. of the chief vet. surgeon for the year 1928. Ref. Vet. Rec. 9. 477 (1929).

(Bevan, Ll. E. W.) 1929. Ann. rep. of the dir. of vet. res. for the year 1928. Salisbury: Govt. Printer. Ref. TVB. 17. 90—91 (1929).

(Hooper-Sharpe). Rep. of the chief vet. surgeon for the year 1929. Ref. Vet. Rec. 10. 591 (1930).

(Bevan, Ll. E. W.) 1930. Rep. of the dir. of vet. res. for the year 1929. Salisbury: Govt. Printer. Ref. Vet. Bull. 1. 86—87 (1931). Ref. Vet. Rec. 10. 590 (1930).

(Bevan, Ll. E. W.) 1931. Rep. of the dir. of vet. res. for the year 1930. Salisbury: Govt. Printer. Ref. Vet. Bull. 2. 680 (1932). Ref. Bull. Off. int. Epiz. 7. 790—793 (1933/34).

Rep. of the chief vet. surgeon for the year 1931. Ref. Vet. Rec. 12. 824 (1932).

Abridged rep. of the dir. (1931). Vet. res. lab. Ref. Vet. Rec. 12. 1347 (1932). Ref. Bull. Off. int. Epiz. 7. 793—796 (1933/34).

(Sinclair, J. M.) 1933. Rep. of the chief vet. surgeon for the year 1932. Salisbury: Govt. Printer. Ref. Vet. Bull. 4. 555 (1934). Ref. Vet. Rec. 13. 542 (1933).

Abridged Rep. of the dir. of vet. res. for the year 1932. Vet. Rec. 13. 753 (1933) sowie Bull. Off. int. Epiz. 7. 796—799 (1933/34).

(Hooper-Sharpe, G. C.) 1934. Rep. of the chief vet. surgeon for the year 1933. Salisbury: Govt. Printer. Rev. Vet. Bull. 4. 686 (1934). Ref. Vet. Rec. 15. 750 (1935).

(Lawrence, D. A.) 1934. Rep. of the dir. of vet. res. for the year 1933. Ebda. Ref. Vet. Bull. 5. 99 (1935).

(Hooper-Sharpe, G. C.) 1935. Rep. of the chief vet. surgeon for the year 1934. Salisbury: Rhodesian Printing and Publishing Co. Ref. Vet. Bull. 6. 561 (1936). Ref. Bull. Off. int. Epiz. 11. 815—823 (1935/36).

(Lawrence, D. A.) 1935. Rep. of the dir. of vet. res. for the year 1934. Ebda. Ref. Vet. Bull. 6. 561 (1936). Ref. Vet. Rec. 15. 804 (1935).

(Sharpe, G. C. Hooper) 1936. Rep. of the chief vet. surgeon for the year 1935. Ebda. Ref. Vet. Bull. 6. 909 (1936).

(Lawrence, D. A.) 1936. Rep. of the dir. of vet. res. for the year 1935. Ebda. Ref. Vet. Bull. 6. 910 (1936).

(Sharpe, G. C. Hooper) 1937. Rep. of the chief vet. surgeon for the year 1936. Ebda. Ref. Vet. Bull. 8. 479 (1938). Ref. Bull. Off. int. Epiz. 15. 479—483 (1937/38).

(Lawrence, D. A.) 1937. Rep. of the dir. of vet. res. for the year 1936. Ebda. Ref. Vet. Bull. 8. 480 (1938).

Report on the Southern Rhodesia Trypanosomiasis Committee and Bureau (1937). Ref. Vet. Bull. 8. 18 (1938).

Fifth report of the foot and mouth disease research committee. Ministry of Agriculture and Fisheries, London 1937. Ref. Zbl. Bakt. 127. 200 (1937) enthält Angaben über Südrhodesien.

Togo

Rapp. ann. adressé par le gouvernement français au conseil de la société des nations sur l'administration sous mandat du territoire du Togo, pour l'année 1921, Paris: Larose Ed. 1922.

Dasselbe bis 1935.

Dasselbe für 1936, S. 54. Ebda. 1937.

Dasselbe für 1937, S. 73. Ebda. 1938. (Enthält Karte der Tsetsegrenzen Togos.)

Le Togo agricole. Togo-Cameroun, Magazone trimestrielle, Juli 1933, S. 125, Paris 1933.

Tunesien

Note sur l'Institut Pasteur de Tunis. Service antirabique. Arch. Inst. Pasteur Tunis. 15. 49—53 (1926).

(Cottier, H.) 1934. Le serv. vét. pendant l'année 1933. Bull. Off. int. Epiz. 9. 31—37 (1934).

L'activité de l'Institut Arloing (Lab. du serv. de l'élevage) pendant l'année 1933. Tunis: J. Aloccio 1934. Ref. Vet. Bull. 5. 55 (1935).

(Cottier, H.) 1935. Rapp. sur le service vét. pendant l'année 1934. Bull. Off. int. Epiz. 11. 92—96 (1935).

(Cottier, H.) 1936. Rapp. du chef du serv. de l'élevage pour l'année 1935. Bull. Off. int. Epiz. 13. 235—241 (1936).

Rapp. du chef du serv. de l'élevage pour l'année 1936. Bull. Off. int. Epiz. 15. 33—38 (1937/38).

Dasselbe für 1937. Bull. Off. int. Epiz. 17. 1. 25—29 (1938).

Uganda

(Hutchins, E.) 1920. Rep. of the chief vet. off. Rep. dep. agr. for the year ended 31st March 1919, 33—36. Entebbe: Govt. Printer. Ref. TVB. 8. 170—172 (1920).

(Richardson, U. F.) 1921. Rep. of the acting chief vet. off. Ann. rep. dep. of agr. for the year ended 31st March, 1920, 35—40. Ebda. Ref. TVB. 9. 132—134 (1921).

The ann. rep. of the vet. dep., Uganda Protectorate, 1927. Ref. Vet. Rec. 8. 1128 (1928).

Ann. rep. of the vet. dep. for the year ended 31st December, 1928. Entebbe: Govt. Printer 1929. Ref. Vet. Rec. 9. 762 (1929).

(Poulton W. F.) 1930. Vet. Dep., Uganda Protectorate. Ann. rep. for 1929. Ebda. Ref. Vet. Rec. 10. 873 (1930). Ref. Bull. Off. int. Epiz. 4. 404—408 (1930/31).

(Poulton, W. F.) 1931. Ann. rep. of the vet. dep. for the year ended 31st December, 1930. Ebda. Ref. Vet. Bull. 1. 257—259 (1931).

(Poulton, W. F.) 1932. Ann. rep. of the vet. dep. for the year ended 31st December, 1931. Ebda. Ref. Vet. Bull. 2. 685—686 (1932). Ref. Bull. Off. int. Epiz. 6. 519—522 (1932/33).

(Mettam, R. W. M.) 1932. Extracts from the ann. rep., 1931, of the vet. path. Ann. rep. vet. dep. 1931, 16—18. Ref. Vet. Bull. 2. 687 (1932).

(Poulton, W. F.) 1933. Ann. rep. of the vet. dep. for the year ended 31st December, 1932. Entebbe: Govt. Printer. Ref. Vet. Bull. 4. 790 (1934). Ref. Vet. Rec. 13. 1423 (1933). Ref. Bull. Off. int. Epiz. 7. 813—818 (1933/34).

(Mettam, R. W. M.) 1933. Ann. rep., 1932, of the vet. path., Entebbe. Ann. rep. vet. dep. 1932, 21—37. Ref. Vet. Bull. 4. 791 (1934).

(Poulton, W. F.) 1934. Ann. rep. of the vet. dep. for the year ended 31st December, 1933. Entebbe: Govt. Printer. Ref. Vet. Bull. 5. 534 (1935). Ref. Bull. Off. int. Epiz. 9. 271—281 (1934/35).

(Mettam, R. W. M.) 1934. Ann. rep. 1933, of the vet. path., Entebbe. Ann. rep. vet. dep. 1933, 29—45. Ref. Vet. Bull. 5. 535 (1935).

(Poulton, W. F.) 1935. Ann. rep. of the vet. dep. for the year ended 31st December, 1934. Entebbe: Govt. Printer. Ref. Vet. Bull. 6. 776 (1936). Ref. Bull. Off. int. Epiz. 11. 479—489 (1935/36).

(Mettam, R. W. M.) 1935. Ann. rep. of the vet. path., Entebbe, for the year 1934. Rep. vet. dep. 1934, 21—30. Ref. Vet. Bull. 6. 777 (1936).

(Poulton, W. F.) 1936. Ann. rep. of the vet. dep. for the year ended 31st December, 1935. Entebbe: Govt. Printer. Ref. Vet. Bull. 7. 497 (1937). Ref. Vet. Rec. 48. 1522 (1936). Ref. Bull. Off. int. Epiz. 13. 474—479 (1936/37).

(Mettam, R. W. M.) 1936. Ann. rep. of the vet. path., Entebbe, for the year 1935. Rep. vet. dep. 1935, 15—19. Ref. Vet. Bull. 7. 498 (1937).

(Poulton, W. F.) 1937. Ann. rep. of the vet. dep. for the year ended 31st December, 1936. Entebbe: Govt. Printer. Ref. Vet. Bull. 8. 544 (1938). Ref. Vet. Rec. 49. 1356 (1937). Ref. Bull. Off. int. Epiz. 15. 498—506 (1937/38).

(Mettam, R. W. M.) 1937. Ann. rep. of the senior vet. res. off., Entebbe, for 1936. Rep. vet. dep. 1936, 27—34. Ref. Vet. Bull. 8. 545 (1938).

Union von Südafrika

(Gray, C. E.) 1920. Rep. of the vet. div. for the year ended 31st March, 1919. Dep. agr. rep. App. I, 32—42. Kapstadt: Cape Times Ltd., Govt. Printers. Ref. TVB. 9. 272 (1921).

Ann. rep. of the dep. of agr. for the year ended June 30th, 1921. J. dep. agr. Union of South Africa 4, No. 1 (1922). Ref. TVB. 10. 57 (1922).

Dasselbe für 1922. Ebda. 5. (1922). Ref. TVB. 11. 80 (1923).

(du Toit, P. J.) 1933. The Unions Livestock Industry. Rep. of the division of vet. serv. and anim. industry. Fmg. S. Afr. 8. 477—485 (1933). Ref. Vet. Bull. 4. 589 (1934).

(du Toit, P. J.) 1934. Safeguarding stockfarming in the Union. Ann. rep. of the div. of vet. serv. and anim. industry. Fmg. S. Afr. 9. 530—538 (1934). Ref. Vet. Bull. 6. 93 (1936).

(Viljoen, P. R.) 1935. Fortifying the Union's Agriculture. Ann. rep. for the year ended 31st August, 1935. Fmg. S. Afr. 10. 528 ff. (1935).

(du Toit, P. J.) 1935: The Health and Nutrition of the Union's Livestock. Ann. rep. of the div. of vet. serv. Fmg. S. Afr. 10. 542—547 (1935). Ref. Vet. Bull. 7. 554 (1937).

(Viljoen, P. R.) 1936. Progress in Agriculture. Fmg. S. Afr. 11. 493 ff. (1936).

(du Toit, P. J.) 1936. Safeguarding the health of our livestock. Ann. rep. of the dir. of the div. of vet. serv. Fmg. S. Afr. 11. 551—557 (1936). Ref. Vet. Bull. 7. 648 (1937).

(Viljoen, P. R.) 1937. Strengthening Agriculture: Improved Agricultural Conditions in the Union. Ann. rep. of the secretary of agr. and forestry for the year ended August 1937. Fmg. S. Afr. 12. 471 ff. (1937).

(du Toit, P. J.) 1937. Protecting the Union's Livestock Industry. Ann. rep. div. vet. serv. Fmg. S. Afr. 518 ff. (1937).

Westafrika (Französisch-)

(Curasson, G.) 1931. Rapp. sur le fonct. du serv. zootechnique et des épizooties, au Soudan français, pendant l'année 1930. Bull. Off. int. Epiz. 7. 552—559 (1933/34).

Afrique occidentale française. Rapp. sur le fonct. du serv. zootechnique et des épizooties pendant l'année 1931. Bull. Off. int. Epiz. 7. 755—760 (1933). Ref. Jber. 54. 410 (1934).

Dasselbe für 1932. Bull. Off. int. Epiz. 9. 220—229 (1934/35).

(Curasson, G.) 1934. Rapp. d'ensemble sur le fonct. des serv. de l'élevage en Afrique Occidentale Française pendant l'année 1933. Ref. Vet. Bull. 5. 101 (1935).

(Curasson, G.) 1935. Rapp. sur le fonct. du serv. zootechnique et des épizooties pendant l'année 1934. Bull. Off. int. Epiz. 11. 407—413 (1935/36) sowie Ref. Vet. Bull. 6. 479 (1936).

Soudan français. Rapp. sur le fonct. du lab. de recherches et de sérothérapie pendant l'année 1930. Bull. Off. int. Epiz. 6. 461—462 (1932/33).

Afrique Occidentale Française. Rapp. sur le fonct. du serv. zootechnique et des épizooties pendant l'année 1935. Bull. Off. int. Epiz. 15. 870—882 (1937/38).

Rapp. sur le fonct. du serv. vét. pendant l'année 1936. Bull. Off. int. Epiz. 15. 882—889 (1937/38).

Konferenzen und Kongresse

Pan african veterinary congress. Specific animal diseases. Trypanosomiasis. Tsetse bionomics. The Farmer's Journal, Nairobi. 5. No. 19, 20, 21 (1923). Ref. TVB. 11. 113 (1923).

Pan African Agricultural and Veterinary Conference. Veröffentlichungen (2 Bände). Pretoria: Govt. Printer 1929 u. 1930. Bd. 1. Ref. Vet. Rec. 9. 1015 (1929).

Conference of Governors of British East African Territories. Nairobi: Govt. Printer 1934.

1. Conference on Tsetse and Trypanosomiasis (animal and human) research. Held at Entebbe, 22nd to 25th November, 1933. Ref. Vet. Bull. 5. 338 (1935).
2. Conference on co-ordination of veterinary research. Held at Kabete, 6th to 10th January, 1934. Ref. Vet. Bull. 4. 683—686 (1934).

Conference of Governors of East African Territories. Nairobi: Govt. Printer 1936.

1. Conference on co-ordination of Tsetse and Trypanosomiasis (animal and human) research in East Africa.
2. Conference on co-ordination of general medical research in East African territories.

West-african Veterinary Conference. Ref. Vet. Rec. 49. 426 (1937).

British East African Territories. Conference on Rinderpest. Held at Nairobi, 8th February, 1938. Nairobi: Meteorological Service Press 1938. Ref. Vet. Bull. 8. 699 (1938). Ref. Bull. Off. int. Epiz. 17. I. 62—64 (1938). Ref. Vet. Rec. 50. 374 (1938).

Sonstiges

Official Year Book of the Union of South Africa and of Basutoland, Bechuanaland Protectorate and Swasiland. 1937. Pretoria: Govt. Printer 1937, S. 466, 1283.

Sixth rep. of the committee on the mineral contents of natural pastures. The influence on animal health of minerals in diet. His Majesty's Stationary Office, 1931. Ref. Vet. Rec. 11. 564 (1931).

Angola (Servicos de veterinaria e pecuario). Boletim Sanitario. (Hefte: Jan., Febr., März 1938.) Luanda; Caixa Postal 342.

STICHWORTVERZEICHNIS

AFRIKA

Handbuch der praktischen Kolonialwissenschaften

VERZEICHNIS DER BÄNDE

Band I Vermessungswesen und Kartographie in Afrika

Von Professor Dr. Richard Finsterwalder, Techn. Hochschule Hannover und Dr. Ernst Hueber, Berlin.

Band II Geomorphologie Afrikas

Von Professor Dr. Erich Obst, Universität Breslau, Dr. Kurt Kayser, Berlin und Dozent Dr. Johannes F. Gellert, Universität Leipzig.

Band III Geologischer Bau, nutzbare Lagerstätten und Bergwirtschaft Afrikas

Von Dr. Werner Beetz, Berlin, Professor Dr. Fritz Behrend, Berlin, Dr. Fritz-Erdmann Klingner, Berlin und Dozent Dr. Georg Knetsch, Universität Bonn.
Unter der Schriftleitung von Professor Dr. Fritz Behrend, Berlin.
Teil I: Nordafrika, Teil 2: Westafrika, Teil 3: Ostafrika, Teil 4: Mittel- und Südafrika.

Band IV Die Böden Afrikas

Von Dr. Johann Heinrich Hellmers, Berlin.

Bodenverwüstung in Afrika

Von Professor Dr. Erich Obst, Universität Breslau.

Band V Meteorologie und Klimatologie von Afrika

Von Oberregierungsrat Dr. Wilhelm Semmelhack, Deutsche Seewarte, Hamburg, Dr. Erich Höller, Hamburg, Dr. Werner Koops, Berlin und Dr. Wolfgang Niemeyer, Hamburg.

Band VI Die Vegetation Afrikas

Von Professor Dr. Johannes Mildbraed, Botanischer Garten und Museum, Berlin-Dahlem, Professor Dr. Ludwig Diels, Generaldirektor des Botanischen Gartens und Museums, Berlin-Dahlem und Dr. Georg K. Schulze-Menz, Botanischer Garten und Museum, Berlin-Dahlem.

Band VII Die Wälder Afrikas, ihre Nutzung und Bewirtschaftung

Von Professor Dr. Franz Heske, Direktor des Reichsinstitutes für ausländische und koloniale Forstwirtschaft, Schloß Reinbek bei Hamburg.

Afrikanische Jagd

Von Forstmeister Karl Johannssen, Reichsinstitut für ausländische und koloniale Forstwirtschaft, Schloß Reinbek bei Hamburg.

Band VIII Die landwirtschaftlichen Nutzpflanzen Afrikas

Von Geheimem Regierungsrat Geo A. Schmidt, Kolonial-Wirtschaftliches Komitee, Berlin, Dr. August Marcus, Kolonial-Wirtschaftliches Komitee, Berlin, Dr. Waldemar Böckler, Berlin, Dr. Ulrich Berger-Landefeldt, Berlin und Dr. Walter Unteutsch, Berlin.

Krankheiten und tierische Schädlinge der Nutzpflanzen Afrikas

Von Professor Dr. Hermann Morstatt, Biologische Reichsanstalt für Land- und Forstwirtschaft, Berlin-Dahlem und Dr. Horst Klaus, Berlin-Dahlem.

Band IX Tierseuchen und Herdenkrankheiten in Afrika

Von Ministerialdirektor a. D., Geheimem Regierungsrat Professor Dr. Dr. h. c. Robert v. Ostertag † und Dr. Gerhard Kulenkampff, Berlin.

Band X Tierzucht in Afrika

Von Professor Dr. Arthur Golf †, Institut für Tierzucht und Milchwirtschaft an der Universität Leipzig, Dr. Hartwig Golf, Leipzig und Diplom-Landwirt Lothar Feinermann, Leipzig.

Biologie der afrikanischen Schelf-See

Von Professor Dr. Thilo Krumbach, Institut für Meereskunde, Berlin, Professor Dr. Hermann Wattenberg, Institut für Meereskunde, Kiel, Professor Dr. Otto Christian Schmidt, Botanischer Garten und

Museum, Berlin-Dahlem, Dr. Felix Roch, Institut für Marine-Biologie, Rovigno, Professor Dr. Helmut Hertling, Institut für Meereskunde, Berlin und Dr. Erich Fischer, Reichsamt für Fischerei, Berlin-Zehlendorf.

Band XI Krankheitsgeschehen und Gesundheitswesen in Afrika

Von Professor Dr. Peter Mühlens, Direktor des Instituts für Schiffs- und Tropenkrankheiten in Hamburg, Professor Dr. Curt Sonnenschein, Tropeninstitut in Hamburg und Dr. Karl Gert Lueken Hamburg.

Die Akklimatisation der Europäer in Afrika

Von Professor Dr. Julius Grober, Universität Jena.

Band XII Die Verteilung der Europäer und Eingeborenen in Afrika

Von Dozent Dr. Walter Iwan, Universität Berlin.

Band XIII Völker, Sprachen und Kulturen Afrikas

Von Professor Dr. Diedrich Westermann, Universität Berlin, Dr. Ursula Feyer, Berlin, Dr. Erich Keller, Berlin und Dr. Heinz Sölken, Berlin.

Band XIV Die Wasserwirtschaft in Afrika

Von Professor Dr. h. c. Adolf Ludin, Technische Hochschule, Berlin und Dr. Eugen Thoma, Berlin.

Band XV Das afrikanische Verkehrswesen

Teil 1:

Die Eisenbahnen im Rahmen des afrikanischen Gesamtverkehrs

Von Reichsbahndirektionspräsident Dr. Karl Remy, Köln.

Das Straßenwesen in Afrika

Von Professor Dr. Karl Krüger, Technische Hochschule, Berlin.

Der Luftverkehr in Afrika

Von Ministerialdirigent Albert Mühlig-Hofmann, Reichsluftfahrtministerium, Berlin.

Teil 2:

Häfen und Hafenverkehr in Afrika

Die Häfen West- und Südafrikas

Von Otto Martens, Abteilungsdirektor bei den Deutschen Afrika-Linien, Hamburg.

Die Häfen Ost- und Nordafrikas

Von Dr. Günther Jantzen, Afrika-Verein, Hamburg.

Band XVI Nachrichtenwesen und Publizistik in Afrika

Post- und Fernmeldewesen in Afrika

Unter Leitung von Staatssekretär Dipl.-Ing. Jacob Nagel und Ministerialdirektor Hans Rackow bearbeitet von Präsident a. D. Paul Peglow †, Vizepräsident Karl Dau, Oberpostrat Dr. Emil Hundertmark und Amtsrat Hans Werner, sämtlich Reichspostministerium, Berlin.

Das Rundfunkwesen in Afrika

Von Eduard Roderich Dietze, Berlin und Dozent Dr. Kurt Wagenführ, Berlin.

Das Zeitungswesen in Afrika

Von Professor Dr. Emil Dovifat, Institut für Zeitungswissenschaft an der Universität Berlin.

Band XVII Wirtschaft und Wirtschaftspolitik in Afrika

Von Dr. Kurt Weigelt, Direktor der Deutschen Bank, Berlin.

Band XVIII Die afrikanische Arbeiterfrage

Von Ministerialrat Dr. Oskar Karstedt, Reichsarbeitsministerium, Berlin und Dr. Peter v. Werder, Berlin.

Die Inderfrage von Afrika

Von Ministerialrat Dr. Oskar Karstedt, Reichsarbeitsministerium, Berlin.

Band XIX Landeskunde von Afrika. Eine Synthese

Von Professor Dr. Erich Obst, Universität Breslau.

DIE WICHTIGSTEN

in der Ze

Afrika Bd. IX

Entworfe

…RSEUCHEN AFRIKAS

…1918-1938

…Kulenkampff

Beilage 1

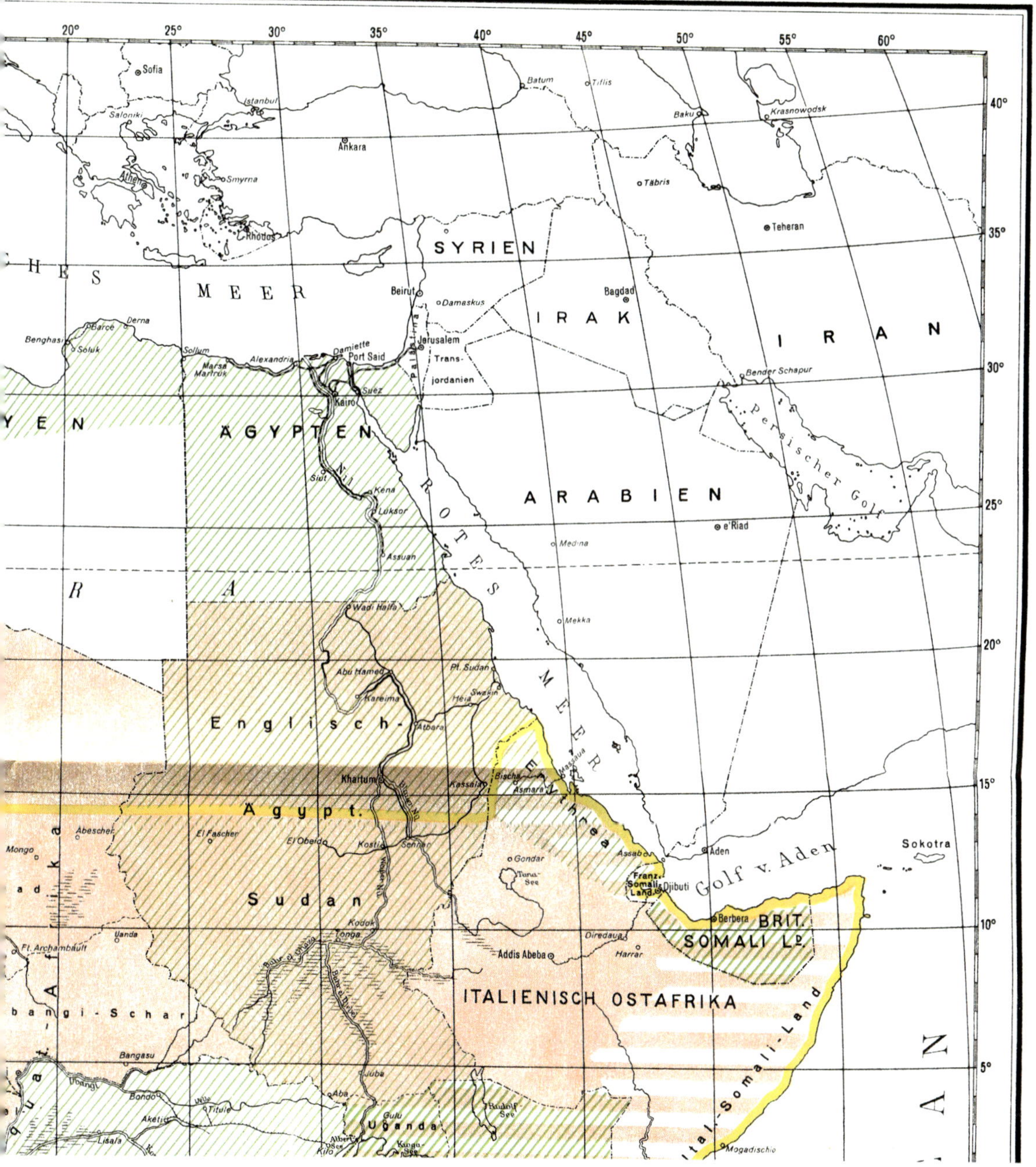

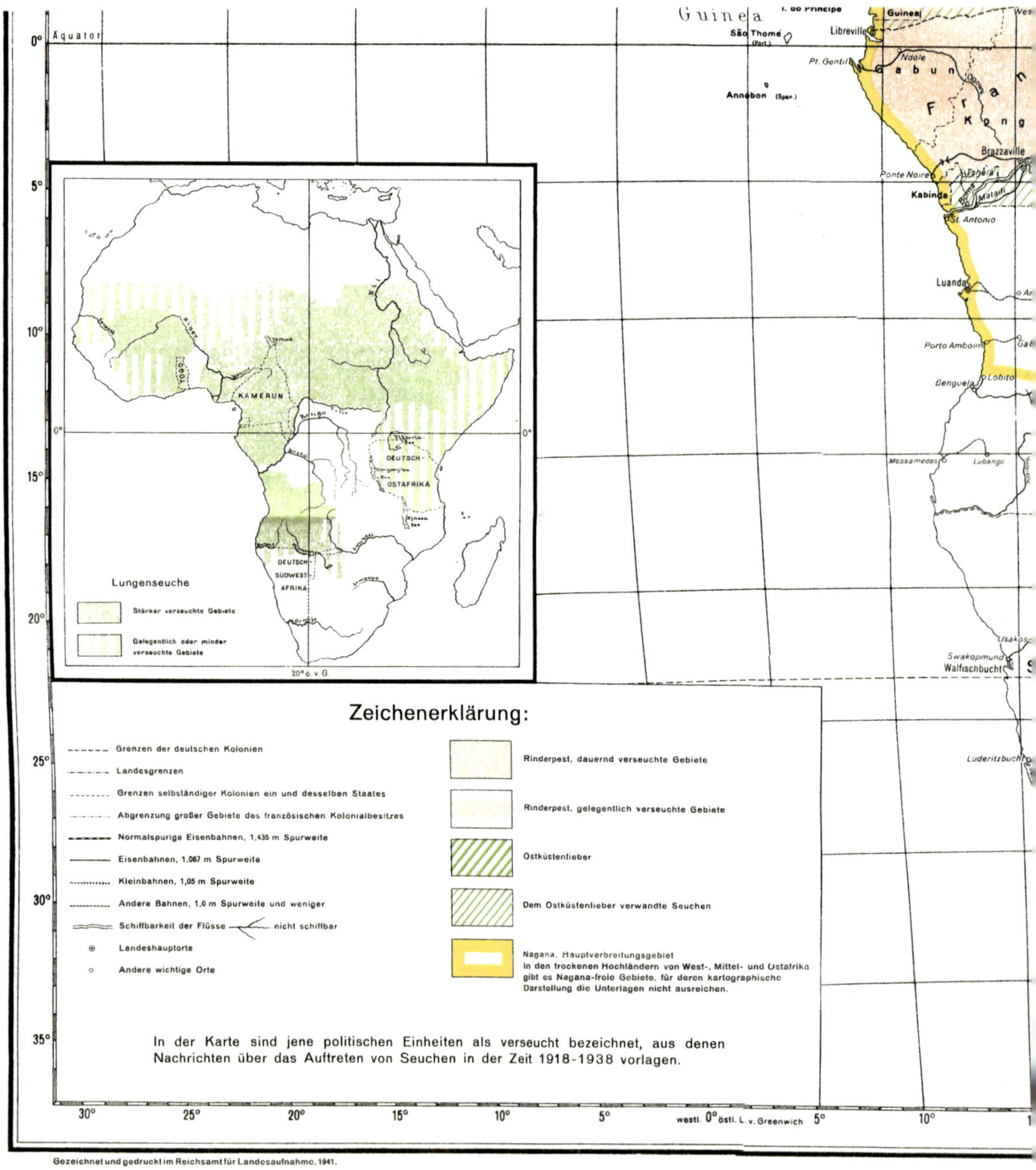

Gezeichnet und gedruckt im Reichsamt für Landesaufnahme, 1941.

Herausgegeben vom Kolonialpolitischen Amt der NSDAP.

Maßstab

Kilometer 500 400 300 200 100 0

Verlag Walter de Gruyter und Co. Berlin

)000

1000 1500 Kilometer

FSC
www.fsc.org
MIX
Papier | Fördert gute Waldnutzung
FSC® C083411

Kolibri 360 GmbH
Ferdinand-Jühlke-Straße 7
99095 Erfurt, Deutschland
produktsicherheit@kolibri360.de